高等学校教材

大气污染控制工程

张 玲 刘子祯 张庆竹 主编

化学工业出版社
·北京·

内容简介

本书共9章，主要内容按“大气污染物的生成控制（第2章）—颗粒污染物的控制（第3、4章）—气态污染物的控制（第5章～第7章）—大气污染物的稀释扩散控制（第8章）—废气净化系统的组成和设计（第9章）”编排，力求理论联系实际，注重培养学生分析和解决大气污染工程实践问题的能力。为便于学生学习，本书以二维码的形式给出了部分章节中个别公式的推导过程，同时给出了部分阅读材料，学生可自行选择。

本书可作为高等学校环境科学与工程类专业的教学用书，也可供从事环境保护工作的管理和技术人员参考。

图书在版编目（CIP）数据

大气污染控制工程／张玲，刘子祯，张庆竹主编.
—北京：化学工业出版社，2023.5
ISBN 978-7-122-43667-2

Ⅰ.①大… Ⅱ.①张…②刘…③张… Ⅲ.①空气污染控制-高等学校-教材 Ⅳ.①X510.6

中国国家版本馆CIP数据核字（2023）第105268号

责任编辑：李 琰 宋林青　　文字编辑：朱 允
责任校对：边 涛　　装帧设计：张 辉

出版发行：化学工业出版社（北京市东城区青年湖南街13号 邮政编码100011）
印 装：北京建宏印刷有限公司
787mm×1092mm 1/16 印张23¾ 字数574千字 2023年9月北京第1版第1次印刷

购书咨询：010-64518888　　售后服务：010-64518899
网 址：http://www.cip.com.cn
凡购买本书，如有缺损质量问题，本社销售中心负责调换。

定 价：68.00元

《大气污染控制工程》编写人员名单

主　　编：张　玲　刘子祯　张庆竹

副 主 编：周海红　李曦峰　冯祥军
张颖雪　高晓梅　刘　伟

编写人员（按汉语拼音排序）：

冯祥军　高晓梅　何　芳
李士伟　李曦峰　李旭光
刘　伟　刘英豪　刘子祯
庞桂斌　任小花　王仲鹏
许伟颖　张芬芬　张　玲
张妙临　张庆竹　张馨文
张颖雪　张永芳　赵春晖
赵艳侠　周海红

前言

《大气污染控制工程》是高等学校环境专业的一门重要专业课程。根据教育部高等学校环境科学与工程类专业教学指导委员会制定的基本要求，编者在多年讲授大气污染控制工程课程经验的基础上，广泛参考了国内外的优秀教材和专著，确定了本教材的编写原则和编写主线。

编写原则：

1.教材必须具有系统性和适当的覆盖面，符合教学要求，为此在内容选取和安排上做了仔细斟酌和筛选，以保证教学效果。

2.注重理论联系实际，注重与专业基础课程的联系，注重培养学生分析问题和解决问题的能力。在阐明基本理论的基础上，以国内常用的、较为成熟的技术为主介绍主要污染控制技术，控制设备的原理、结构及其工程应用，并强调控制系统的整体性和实用性。

3.随着科技的迅速发展，大气污染控制技术也在不断改善和进步，适当介绍了国内外的先进技术，以及当前主要发展前沿和热点。

4.注重便于学生自学的原则。为了使学生更好地理解课程的基本理论，提高学生解决实际问题的能力，本书以二维码的形式给出了部分章节中个别公式的推导过程，同时给出了部分阅读材料，以增强学生对该课程的学习兴趣。

5.注重课程内容的整体性和系统性。现有的优秀教材和专著大都把与净化装置设计理论相关的教学内容穿插于其对应的控制理论部分，这就使得学生对废气净化系统的设计理论缺少系统的、整体的理解。在注重理论教学内容完整性的前提下，为更好地帮助学生系统全面地理解大气污染控制系统的组成，为大气污染控制工程实践教学奠定更好的理论基础，编者把本书主要内容分为大气污染物基本控制理论（第2章～第8章）和废气净化系统设计理论（第9章）两大部分。

编写主线：

本书按“大气污染物的生成控制（第2章）—颗粒污染物的控制（第3、4章）—气态污染物的控制（第5章～第7章）—大气污染物的稀释扩散控制（第8章）—废气净化系统的组成和设计（第9章）”的主线编排，力求理论联系实际，注重培养学生分析和解决大气污染工程实践问题的能力。

本书各章节的编写分工如下：张玲负责编写第1、2、3、8章；刘子祯负责相关数学公式的推导；刘伟编写第4章；冯祥军编写第5章；李曦峰编写第6章；高晓梅和张颖雪编写第7章；周海红编写第9章。张玲和张庆竹编写了全书的大纲，并对全书各章节进行了认真、仔细的修改和审定。参与本书编写和校对的老师还有何芳、庞桂斌、王仲鹏、赵春晖、张芬芬、张永芳、李士伟、任小花、张妙临、张馨文、许伟颖、赵艳侠、刘英豪、李旭光。

由于编者水平有限，教材中的疏漏在所难免，恳请读者批评指正。

编者

2023年3月

目录

第4章 除尘装置

第5章 气态污染物控制技术基础

第1章

概论

1.1 大气的组成

按照国际化标准组织（ISO）的定义，大气（atmosphere）是指环绕地球的全部空气的总和。环境空气（ambient air）是指暴露在人群、植物、动物和建筑物之外的室外空气。可见，“大气”和“空气”是同义词，其组成成分在均质层内是一样的，区别是“大气”的范围更大，“空气”的范围相对小些。本书除在讨论大气的组成及结构、臭氧层破坏时所用“大气”一词涉及更大范围以外，其余部分所用“大气”和“空气”都是指与人类活动关系密切的“环境空气”。

大气由干洁空气、水蒸气和悬浮颗粒物三部分组成。干洁空气的主要成分是氮气（N_2）、氧气（O_2）和氩气（Ar），三者共占干洁空气总体积的99.96%；其他成分仅占0.04%左右。干洁空气的组成见表1-1。

表1-1 干洁空气的组成

气体成分	分子量	体积分数/%	气体成分	分子量	体积分数/%
氮气(N_2)	28.01	78.084	氪(Kr)	83.83	1.0×10^{-4}
氧气(O_2)	32.00	20.948	氢(H_2)	2.02	0.5×10^{-4}
氩(Ar)	39.94	0.934	一氧化二氮(N_2O)	44.01	0.3×10^{-4}
二氧化碳(CO_2)	44.01	0.033	氙(Xe)	131.30	0.08×10^{-4}
氖(Ne)	20.18	1.8×10^{-4}	臭氧(O_3)	48.00	0.02×10^{-4}
氦(He)	4.00	5.2×10^{-4}	甲烷(CH_4)	16.04	1.5×10^{-4}

大气的湍流运动和动植物的代谢作用使不同高度、不同地区的空气进行交换和混合，因而在85km以下的大气层中除CO_2和臭氧外，干洁空气组成的比例基本保持不变，称为均质层。均质层以上的大气层中，以分子扩散为主，气体组成随高度而变化，称为非均质

层。干洁空气的平均分子量为 28.966，在标准状态下（273.15K，101325Pa），其密度为 1.293kg/m^3。CO_2 和臭氧是干洁空气中的可变成分，对大气的温度分布影响较大。

CO_2 来源于大气底层燃料的燃烧、动物的呼吸和有机物的腐解等，因此它主要集中在 20km 以下的大气层内，其含量因时空而异，夏季多于冬季，陆地多于海洋，城市多于农村。

臭氧是大气中的微量成分之一，总质量约为 3.29×10^9t，占大气质量的 0.64×10^{-6}。它的含量随时空变化很大，在 10km 以下含量甚微，从 10km 往上，含量随高度增加而增加，到 20～25km 高空处，含量达到最大值，称为臭氧层，再往上又减少。臭氧层能大量吸收太阳辐射中波长小于 0.32μm 的紫外线，从而保护地球上有机体的生命活动。

大气中的水蒸气来源于地表水的蒸发，其平均体积分数不到 0.5%，随时空和气象条件而变化。在热带多雨地区，其体积分数可达 4%；而在沙漠和两极地区，其体积分数不到 0.01%。一般低纬度地区高于高纬度地区，夏季高于冬季，下层高于上层。观察表明，在 1.5～2.0km 高度上，空气中的水蒸气减小到地面的 1/2，在 5km 高度上则减少到地面的 1/10，再往上就更少了。水蒸气是大气中唯一能发生相变的成分，这种相变引起大气中云、雨、露、雪、雾、雹等天气现象的发生，故在天气变化中极为重要。

大气中的悬浮颗粒物是指飘浮在空气中的固态和液态颗粒物质，其粒径一般在 10^{-4}μm 到几十微米之间，多集中于大气低层，含量和成分都是变化的。一般陆地多于海上，城市多于农村，冬季多于夏季。其中有些物质是引起大气污染的物质。它们的存在对辐射的吸收和散射，云、雾和降水的形成等具有重要作用，对大气污染有重要影响。

1.2 大气层结构

随着距地面的高度不同，大气层的物理和化学性质有很大的变化。按气温的垂直变化特点，可将大气层自下而上分为对流层、平流层、中间层、暖层和逸散层，如图 1-1 所示。

（1）对流层

对流层是大气层中最靠近地面的一层，平均厚度约 12km，对流层集中了占大气总质量 75%的空气和几乎全部的水蒸气量，是天气变化最复杂的一层。该层的特点有：①气温随着高度的增加而降低。这是因为该层不能直接吸收太阳的短波辐射，但能吸收地面反射的长波辐射而从下垫面加热大气。因而靠近地面的空气受热多，远离地面的空气受热少。每升高 1000m，气温约下降 6.5℃。②空气具有强烈的对流（升降）运动，原因是近地表的空气接受地面的热辐射后温度升高，与高空的冷空气形成垂直对流。

对流层的下层约 1～2km，其中气流受到地面阻滞和摩擦的影响很大，称为大气边界层或摩擦层（如图 1-2 所示）。其中从地面到 100m 左右的一层又称近地层。在近地层中，垂直方向上热量和动量的交换甚微，上下气温之差很大，可达 1～2℃。在大气边界层以上的气流，几乎不受地面摩擦的影响，称为自由大气。

人类活动排入大气的污染物绝大多数在对流层聚集。因此，对流层的状况对人类生活的影响最大，与人类关系最密切。

（2）平流层

平流层位于对流层之上，其上界伸展至约 55km 处。在平流层的上层，即 30～35km 以

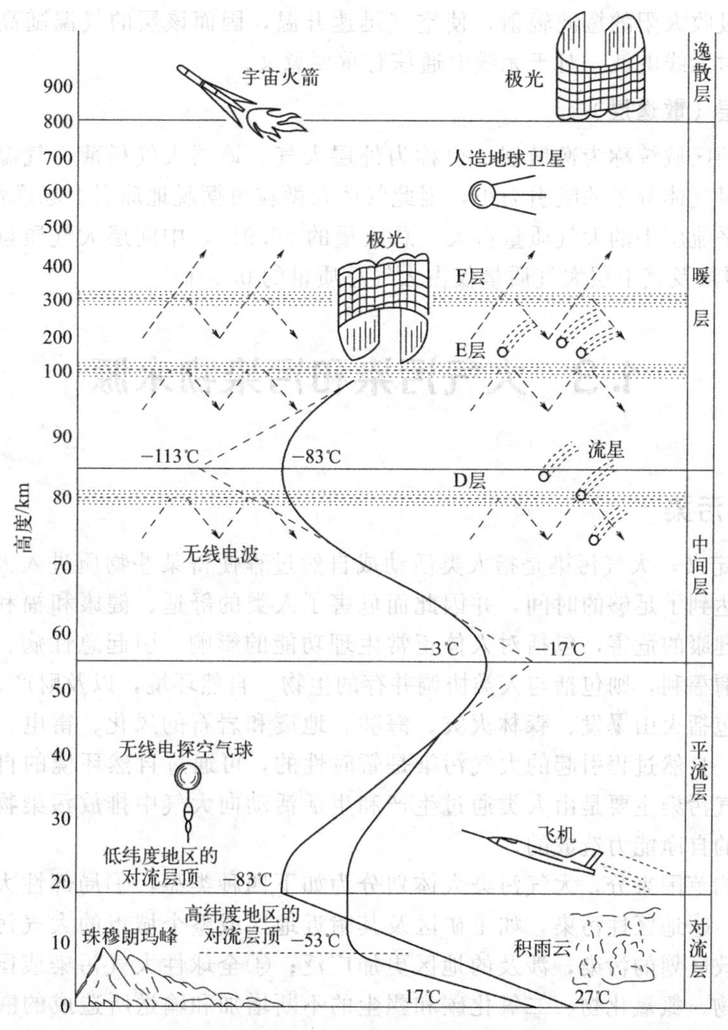

图 1-1　大气层垂直方向的分层结构示意

上，温度随高度升高而升高。在 30～35km 以下，温度随高度的增加而变化不大，气温趋于稳定，约－55℃，故称为同温层。平流层的特点是空气气流以水平运动为主。在高约 15～35km 处有厚约 20km 的臭氧层，其分布有季节性变动。臭氧层能吸收太阳的短波紫外线和宇宙射线，使地球上的生物免受这些射线的危害，能够生存繁衍。

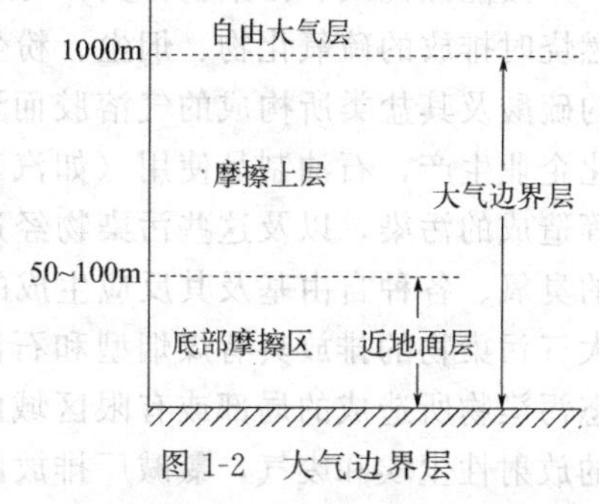

图 1-2　大气边界层

（3）中间层

从平流层顶至 80～85km 处的范围称为中间层。该层的气温随高度的增加而迅速降低，层顶温度可降至－83℃，该层也存在明显的空气垂直对流运动。

（4）暖层（热成层）

暖层位于 85～800km 的高度之间。该层的气体在宇宙射线作用下处于电离状态。电离后的氧能强烈吸收太阳的短波辐射，使空气迅速升温，因而该层的气温随高度的增加而增加。该层能反射无线电波，对于无线电通信有重要意义。

（5）逸散层（散逸层）

暖层以上的区域统称为逸散层，也称为外层大气。该层大气稀薄，气温高，分子运动速度快，地球对气体分子的吸引力小，因此气体及微粒可摆脱地球引力场逸散进入太空。

对流层和平流层中的大气质量占大气总质量的99.9%，中间层大气质量占大气总质量的0.099%，暖层及其上层大气质量仅占大气总质量的0.001%。

1.3 大气污染和污染物来源

1.3.1 大气污染

按ISO的定义，大气污染是指人类活动或自然过程使得某些物质进入大气中，呈现出足够的浓度，达到了足够的时间，并因此而危害了人类的舒适、健康和福利或环境。所谓人类的舒适、健康的危害，包括对人体正常生理功能的影响，引起急性病、慢性病，甚至死亡等；而所谓福利，则包括与人类协调并存的生物、自然环境，以及财产、器物等。

自然过程包括火山爆发、森林火灾、海啸、地震和岩石的风化、雷电、动植物尸体的腐烂等。但是，自然过程引起的大气污染是暂时性的，可通过自然环境的自净作用而自动消除。因而大气污染主要是由人类通过生产和生活活动向大气中排放污染物，在大气中累积，超过环境的自净能力造成的。

按污染影响范围来分，大气污染大体划分为如下四种类型：①局部性大气污染，如一个工厂的污染；②地区性污染，如工矿区及其附近地区或整个城市的大气污染；③广域性污染，即跨行政区划的污染，涉及的地区更加广泛；④全球性大气污染或国际性污染，如大气中硫氧化物、氮氧化物、二氧化碳和飘尘的不断增加和输送所造成的酸雨效应和暖化效应，已成为全球性大气污染问题。

按能源性质和污染物种类，可将大气污染分为如下四种类型：①煤烟型，主要由煤炭燃烧时排放的硫氧化物、烟尘、粉尘等造成的污染，以及这些污染物发生化学反应而生成的硫酸及其盐类所构成的气溶胶而形成的二次污染物；②石油型，在石油开采、冶炼，石化企业生产，石油制品使用（如汽车）中向大气排放的氮氧化物、碳氧化物、碳氢化合物等造成的污染，以及这些污染物经过光化学反应形成的光化学烟雾污染，或在大气中形成的臭氧、各种自由基及其反应生成的一系列中间产物与最终产物所造成的污染；③混合型，大气污染物的排放具有煤烟型和石油型的综合特征；④特殊型，由工厂排放某些特殊的气态污染物所造成的局部或有限区域的污染，其污染特征由所排污染物决定。如核工业排放的放射性尘埃和废气，氯碱厂排放的含氯气体，以及生产磷肥的工厂排放的特殊含氟气体所造成的污染等。

1.3.2 大气污染物的来源

大气污染物（ISO的定义）是指由人类活动和自然过程产生的并且对人或

环境有害的物质。按其来源可分为自然污染源和人为污染源两类。自然污染源是指自然过程向环境释放污染物的污染源，如火山喷发、森林火灾、土壤和岩石风化及生物腐烂等自然过程。人为污染源是指人类生产和生活活动形成的污染源。按人类社会活动功能的不同，人为污染源可分为生活污染源、工业污染源、交通污染源三大类。按污染源空间分布，人为污染源可分为点源和面源。

大气污染物的种类很多，按其存在状态分为气溶胶状态污染物和气体状态污染物两类。

1.3.2.1 气溶胶状态污染物

在大气污染中，气溶胶系指固体粒子、液体粒子或它们在气体介质中的悬浮体，为直径约 0.002～100μm 的液滴或固态粒子。大气气溶胶中各种粒子按其粒径大小又可分为：

① 总悬浮颗粒物（TSP）：指用标准大容量颗粒采样器（流量在 1.1～1.7m^3/min）在滤膜上所收集到的所有颗粒物。其粒径绝大多数在 100μm 以下，其中多数在 10μm 以下。它是分散在大气中的各种粒子的总称，也是大气质量评价中的一个通用的重要污染指标。

② 飘尘：指能在大气中长期飘浮的悬浮物质。主要是粒径小于 10μm 的微粒。由于飘尘粒径小，能被人直接吸入呼吸道内造成危害；又由于它能在大气中长期飘浮，易将污染物带到很远的地方，导致污染范围扩大，同时在大气中还可为化学反应提供反应床。因此，飘尘是从事环境科学工作者所关注的研究对象之一。

③ 降尘：是指用降尘罐采集到的大气颗粒物，在总悬浮颗粒物中直径一般大于 30μm 的粒子。由于其自身的重力作用会很快沉降下来，所以将这部分的微粒称为降尘。单位面积的降尘量可作为评价大气污染程度的指标之一。

④ 可吸入颗粒物（inhalable particles，IP）：通常是指空气动力学直径在 10μm 以下的颗粒物，又称 PM_{10}。可吸入颗粒物在环境空气中持续的时间很长，对人体健康和大气能见度的影响都很大。国际标准化组织（ISO）建议将 IP 定为粒径 $d_p \leqslant 10\mu m$ 的粒子，这里的 d_p 就是空气动力学直径（详见 3.2）。通常来自在未铺沥青、水泥的路面上行驶的机动车、材料的破碎研磨处理过程以及被风扬起的尘土。可吸入颗粒物被人吸入后，会积累在呼吸系统中，引发许多疾病，对人类危害大。

⑤ $PM_{2.5}$：是指环境空气中空气动力学直径≤2.5μm 的颗粒物，又称细粒、细颗粒。它能较长时间悬浮于空气中，其在空气中含量浓度越高，就代表空气污染越严重。虽然 $PM_{2.5}$ 只是地球大气成分中含量很少的组分，但它对空气质量和能见度等有重要的影响。与较粗的大气颗粒物相比，$PM_{2.5}$ 粒径小，比表面积大，活性强，易附带有毒、有害物质（如重金属、微生物等），且在大气中的停留时间长、输送距离远，因而对人体健康和大气环境质量的影响更大。

按照气溶胶的来源和物理性质，可将其分为如下几种：

① 粉尘（dust）：系指悬浮于气体介质中的小固体粒子，能因重力作用发生沉降，但在某一段时间内能保持悬浮状态。它通常是由固体物质的破碎、研磨、分级、输送等机械过程，或土壤、岩石的风化等自然过程形成的。粒子的形状往往是不规则的。粒子的尺寸一般为 1～200μm。

② 烟（fume）：一般指由冶金过程形成的固体颗粒的气溶胶。它是由熔融物质挥发后生成的气态物质的冷凝物。在生成过程中总是伴有诸如氧化之类的化学反应。烟的粒子尺

寸很小，一般为0.01～1μm。

③ 飞灰（fly ash）：指燃料燃烧产生的烟气排出的分散得较细的灰分。

④ 黑烟（black smoke）：指由燃料燃烧产生的能见气溶胶。

⑤ 雾（fog）：指气体中液滴悬浮体的总称。

本书为了方便叙述，把大于1μm的粉尘、小于1μm的烟和雾均称为粉尘。

1.3.2.2 气体状态污染物

污染物以气体状态存在时称为气体状态污染物，简称气态污染物。总体上可分为五大类：以SO_2为主的硫氧化物，以NO、NO_2为主的氮氧化物，碳氧化物（CO和CO_2），有机化合物，卤素化合物。

有机污染物种类繁多，有碳氢化合物（烃、芳烃、稠环芳烃等），含氧有机物（醇类、醛类、酸类、酮类等），含氮有机物（胺类、腈等），含硫有机物（硫醇、噻吩等），含氯有机物（氯代烃、有机氯农药等）等。挥发性有机物（volatile organic compound，VOC）是一类易挥发的含碳有机物的总称，近年来VOC引起的大气污染已受到广泛关注。

气态污染物又可分为一次污染物和二次污染物。一次污染物是指直接从污染源排到大气中的原始污染物质；二次污染物是指由一次污染物与大气中已有组分或几种一次污染物之间经过一系列化学或光化学反应而生成的与一次污染物性质不同的新污染物质。目前，在大气污染中受到普遍重视的一次污染物主要有硫氧化物、氮氧化物、碳氧化物以及碳氢化物等，受到普遍重视的二次污染物主要是硫酸烟雾（sulfurous smog）和光化学烟雾（photochemical smog）。污染物来源分析研究表明，北京$PM_{2.5}$中有60%～70%来源于二次颗粒物。

1.3.3 我国大气污染物的排放量和特点

图1-3是近20年中国能源的消费状况。可以看出，近年来，我国能源的消耗中石油、

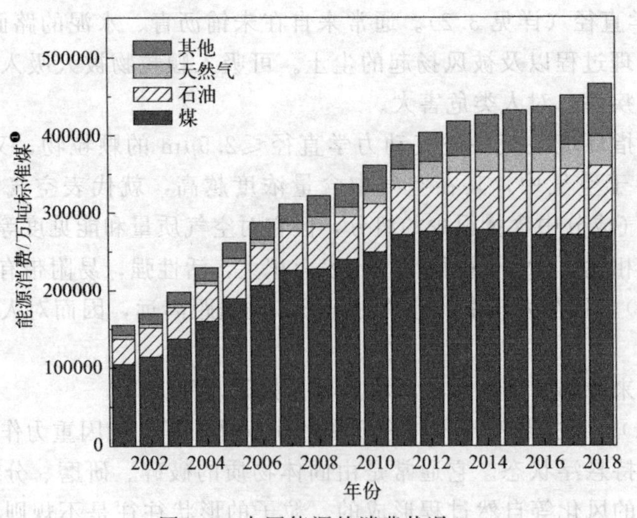

图1-3 中国能源的消费状况

❶ 1吨标准煤=29.3076MJ。

天然气和其他能源占比逐年增加；而煤的消耗量自 2011 年以来基本持平。

表 1-2 列出了我国 2015—2019 年的大气污染排放量。从表 1-2 中可以看出，我国大气污染物的排放总量依旧很大，主要大气污染物为 NO_x、粉尘和 SO_2；SO_2 的排放量逐年下降，这得益于近年来我国采取的一系列节能、减排的政策和措施；但 NO_x 和粉尘的排放量降低不明显。尽管我国也提高了机动车排放标准，但是随着机动车保有量逐年增加，NO_x 和机动车粉尘的排放量降低并不明显。

研究发现，在减排过程中 NO_x 可能成为降水的主要致酸物质；且 NO_x 的排放量与 $PM_{2.5}$ 的形成具有一定正相关性。可以看出，目前我国的大气污染物已从煤烟型向煤烟与机动车尾气混合型过渡。

表 1-2 我国 2015—2019 年大气污染排放量

年份	SO_2/万吨	NO_x/万吨	机动车 NO_x/万吨	烟(粉)尘/万吨	工业粉尘/万吨	机动车粉尘/万吨
2015	1859.1	1851.9	585.9	1538.0	1232.6	55.5
2016	854.9	1 503.3	631.6	1608.0	1376.2	12.3
2017	610.8	1348.4	641.2	1284.9	1067.0	11.4
2018	516.1	1288.4	644.6	1132.3	948.9	9.9
2019	457.3	1233.9	633.6	1088.5	925.9	7.4

数据来源：中国生态环境统计年报。

据中国生态环境状况公报报道，2016 年，全国 338 个地级及以上城市中，有 84 个城市环境空气质量达标，占全部城市数的 24.9%。以 $PM_{2.5}$ 为首要污染物的天数占重度及以上污染天数的 80.3%，以 PM_{10} 为首要污染物的占 20.4%，以 O_3 为首要污染物的占 0.9%。2017 年，全国 338 个地级及以上城市中，有 99 个城市环境空气质量达标，占全部城市数的 29.3%。以 $PM_{2.5}$ 为首要污染物的天数占重度及以上污染天数的 74.2%，以 PM_{10} 为首要污染物的占 20.4%，以 O_3 为首要污染物的占 5.9%。2018 年，全国 338 个地级及以上城市中，121 个城市环境空气质量达标，占全部城市数的 35.8%。以 $PM_{2.5}$ 为首要污染物的天数占重度及以上污染天数的 60.0%，以 PM_{10} 为首要污染物的占 37.2%，以 O_3 为首要污染物的占 3.6%。2019 年，全国 337 个地级及以上城市中，157 个城市环境空气质量达标，占全部城市数的 46.6%。以 $PM_{2.5}$、O_3、PM_{10}、NO_2 和 CO 为首要污染物的超标天数分别占总超标天数的 45.0%、41.7%、12.8%、0.7% 和不足 0.1%，未出现以 SO_2 为首要污染物的超标天。2020 年，全国 337 个地级及以上城市中，202 个城市环境空气质量达标，占全部城市数的 59.9%。以 $PM_{2.5}$、O_3、PM_{10}、NO_2 和 SO_2 为首要污染物的超标天数分别占总超标天数的 51.0%、37.1%、11.7%、0.5% 和不足 0.1%，未出现以 CO 为首要污染物的超标天。

从中国生态环境状况公报的数据可以看出，中国城市环境空气质量达标率逐年提高；我国城市大气污染首要污染物为：$PM_{2.5}$、O_3、PM_{10}、NO_2。

1.4 全球性大气污染问题

全球性大气污染问题主要包括温室效应（greenhouse effect，hot house effect）、臭氧层破坏（ozone layer depletion）和酸雨（acid rain）三个方面。

1.4.1 温室效应和气候变化

（1）温室气体（greenhouse gas）和温室效应

大气中的 CO_2、CH_4、CFCs（氯氟烃）、N_2O、O_3、H_2O 等气体，可以让太阳的短波辐射几乎无衰减地通过，同时强烈吸收地面及空气释放出的长波辐射，因此这类气体有类似温室的效应，称为温室气体。地球表面受到来自太阳的短波辐射增温后，又以长波辐射的形式向外散射热量，温室气体吸收的长波辐射部分发射回地球，从而减少了地球向外层空间散发的能量，使空气和地球变暖，这种暖和效应称为温室效应。

（2）温室气体对全球气候的影响

正常情况下，大气中各种气体的组成比例基本稳定，地球的能量收支基本处于平衡状态，因而地球及其大气的温度基本保持恒定。但是自工业革命以来，由于大量的化石燃料的燃烧，CO_2 累积量惊人。图 1-4 是夏威夷大气二氧化碳浓度（单位体积空气中 CO_2 的体积）的变化情况，从图中可以看出，大气中 CO_2 浓度不断增加，主要原因是人为排放 CO_2 的量不断增加和森林植被破坏打破了 CO_2 产生和吸收的自然平衡。

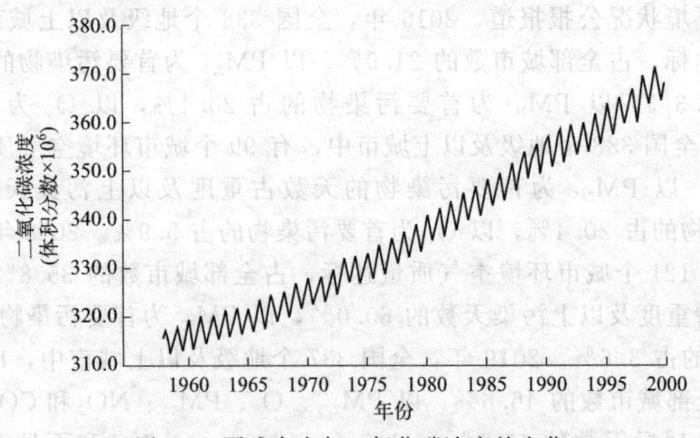

图 1-4　夏威夷大气二氧化碳浓度的变化

除 CO_2 外，大气中其他的温室气体含量也在不断增加（见图 1-5、图 1-6 和图 1-7）。

2021 年 8 月 9 日，联合国政府间气候变化专门委员会（IPCC）在瑞士日内瓦发布了一份关于气候变化的科学评估报告（由 234 名科学家完成）。报告显示，人类活动正在以前所未有，甚至不可逆转的方式改变地球气候。报告警告称，在未来十多年里地球会出现越来越多的极端热浪、干旱和洪水，并突破一个关键的气温上升极限。联合国负责人说，这份报告是向人类发出的一个“红色警报”。在 2011 年至 2020 年的十年间，全球地表温度比 1850—1900 年高出 1.09℃（见图 1-8）；最近五年是自 1850 年有记录以来最热的五年；与

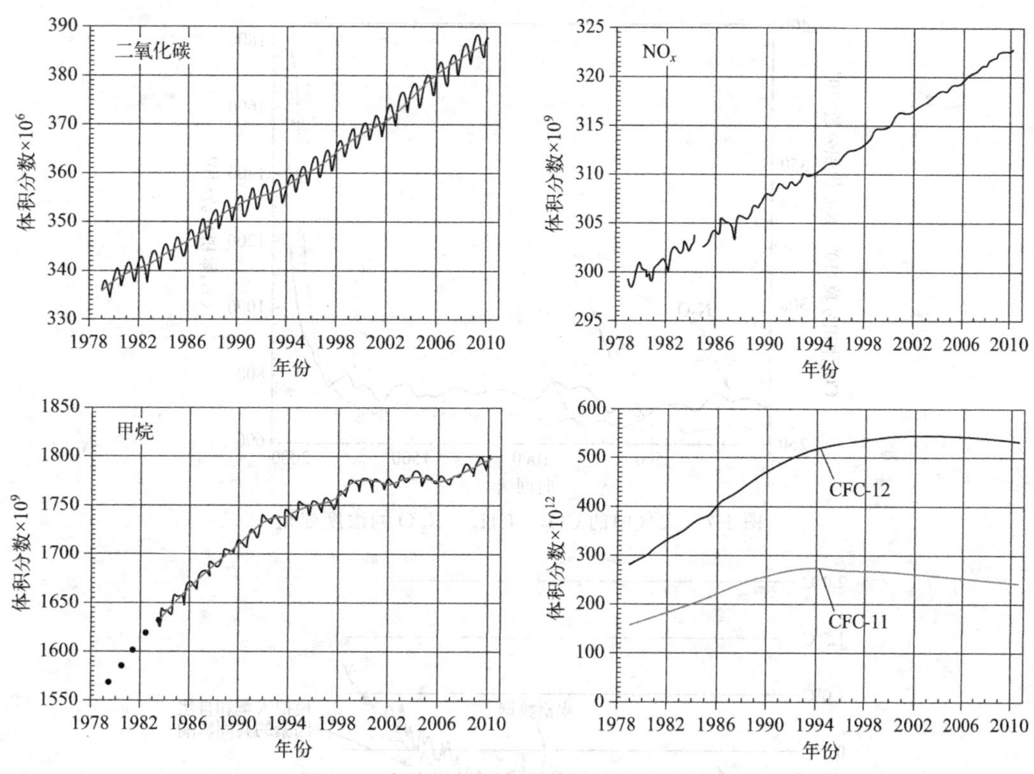

图 1-5　全球主要温室气体的浓度变化趋势

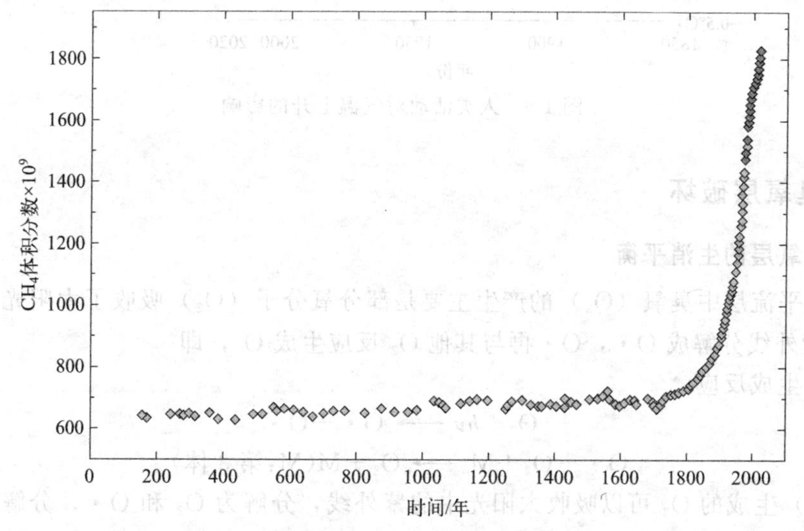

图 1-6　两千年来大气中的甲烷本底浓度

1901—1971年间相比，最近的海平面上升速度几乎增加了两倍。

该报告还明确指出，气温上升已经使许多地球支持系统发生了变化，这些变化在几百年到几千年的时间尺度上是不可逆转的。海洋将继续变暖并变酸，山地和极地的冰川将继续融化几十年或几百年。

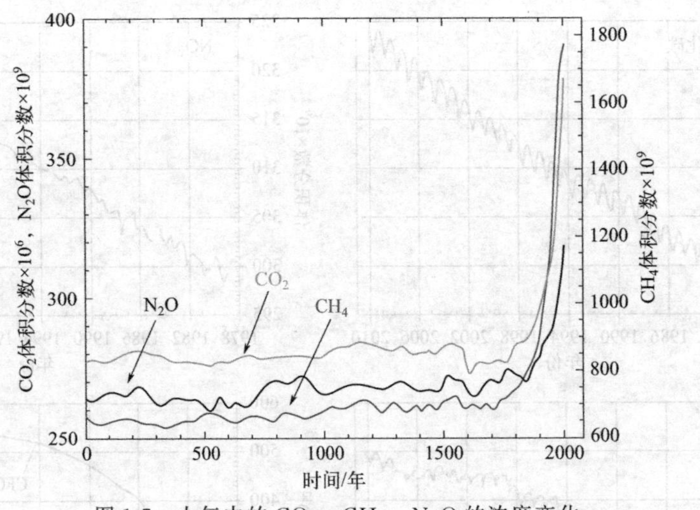

图 1-7　大气中的 CO_2、CH_4、N_2O 的浓度变化

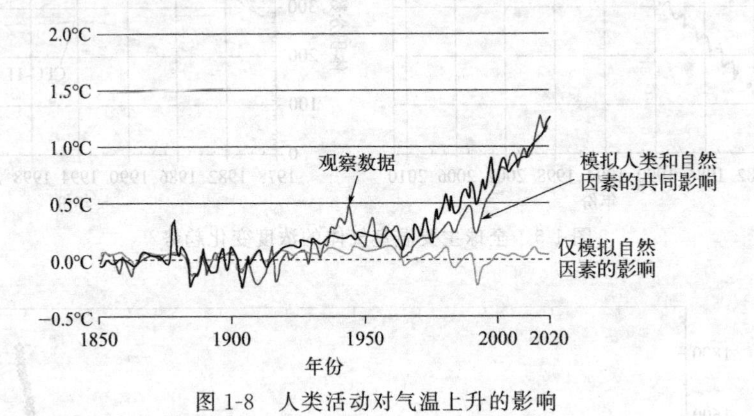

图 1-8　人类活动对气温上升的影响

1.4.2　臭氧层破坏

（1）臭氧层的生消平衡

在大气平流层中臭氧（O_3）的产生主要是部分氧分子（O_2）吸收了太阳光中波长小于243nm 的紫外线分解成 O·，O·再与其他 O_2 反应生成 O_3，即

臭氧的生成反应：

$$O_2 + h\nu \longrightarrow O\cdot + O\cdot \tag{1-1}$$

$$O\cdot + O_2 + M \longrightarrow O_3 + M(M\text{:第 3 体}) \tag{1-2}$$

式(1-2) 生成的 O_3 可以吸收太阳光中的紫外线，分解为 O_2 和 O·，分解出的 O·和其他 O_3 分子反应形成两个 O_2，即

$$O_3 + h\nu \longrightarrow O_2 + O\cdot \tag{1-3}$$

$$O\cdot + O_3 \longrightarrow 2O_2 \tag{1-4}$$

式(1-4) 是臭氧的消除反应；式(1-1) 和式(1-3) 有效地吸收了太阳光中波长为 100～300nm 的紫外线。正常情况下，O_3 的生成和消除反应处于平衡状态，因而臭氧层的含量基本保持不变，使得人类和地球上各种生命能够生存、繁衍和发展。

（2）臭氧层的破坏情况

20 世纪 70 年代中期，科学家发现南极上空的臭氧层有变薄现象。80 年代观测发现，自每年 9 月份下旬开始，南极洲上空的臭氧总量迅速减少一半左右，极地上空臭氧层的中心地带，近 90%臭氧被破坏，若从地面向上观测，高空臭氧层已极其稀薄，与周围相比像是形成了一个直径上千公里的“臭氧洞”。空洞面积在 2002 年 9 月 10 日已超过 1998 年 2724 万平方公里的高峰值，达 2918 万平方公里，约为南极大陆面积的 2.08 倍。

全球不同地区臭氧总量呈不断下降的趋势，相比二十世纪七十年代各地区臭氧总量下降如下：北半球中纬度地区冬/春季减少了 6%；夏/秋季减少了 3%；南半球中纬度地区全年平均减少了 5%；南、北两极地区春季减少了 50%和 15%。

（3）臭氧层破坏机理及消耗臭氧层物质

研究发现，在大气平流层中的活性催化物质通过自由基链式反应消除 O_3：

$$Y\cdot + O_3 \longrightarrow YO\cdot + O_2 \tag{1-5}$$

$$YO\cdot + O\cdot \longrightarrow Y\cdot + O_2 \tag{1-6}$$

总反应：

$$O\cdot + O_3 \longrightarrow 2O_2 \tag{1-7}$$

直接参与催化消除 O_3 的 Y·称为活性物种，它们在反应中并不被消耗，有些 Y 物种可在平流层中存在数年，故一个 Y·可以破坏数万甚至数十万个 O_3 分子。Y·包括三类：

① 奇氢类 HO_x（H·、OH·、HO_2）：由大气中水蒸气或飞机排出的水蒸气、碳氢化合物与激发态的氧原子反应而成

$$H_2O + O\cdot \longrightarrow 2OH\cdot \tag{1-8}$$

$$CH_4 + O\cdot \longrightarrow OH\cdot + CH_3\cdot \tag{1-9}$$

② 奇氮类 NO_x：部分来自宇宙射线分解 N_2 而产生的 NO_x（自然过程），部分来自飞机向平流层排放的 NO_x（人为活动），如

$$N_2O + h\nu \longrightarrow N_2 + O\cdot \tag{1-10}$$

$$N_2O + O\cdot \longrightarrow 2NO \tag{1-11}$$

③ 奇卤类 XO_x：来自人类活动排放的氟利昂（CFC）和溴氟烷（Halons）等消耗臭氧层物质（ozone depleting substance，ODS）。在平流层受到 175～220nm 紫外线的照射，分离出 Cl·，参与臭氧消耗。如

$$CCl_3F + h\nu \longrightarrow CCl_2F + Cl\cdot \tag{1-12}$$

$$CCl_2F + h\nu \longrightarrow CClF + Cl\cdot \tag{1-13}$$

除了 CFC 和 Halons 外，奇卤类的 ODS 还包括四氯化碳、甲基氯仿、溴甲烷及部分取代的氯氟烃等。

（4）臭氧层破坏的危害

臭氧层的破坏对人类健康和生态都会带来极大的危害。如会导致皮肤癌，损伤眼睛并增加患白内障的风险，削弱免疫力和增加传染病等；减慢农作物的生长速度，降低农作物的质量和产量，甚至会造成绝收；危及生态平衡和生物多样性等。同时还会使人工高分子或天然高分子材料加速老化，如建筑物、喷涂、包装等物质老化，使其变硬、变脆、缩短使用寿命。还可能造成全球气候变暖等。

1.4.3 酸雨

酸雨是指 pH 小于 5.6（在清洁空气中被 CO_2 饱和的雨水 pH 为 5.6）的雨雪或其他形式的降水，主要是人为地向大气中排放大量酸性物质（主要是 SO_2 和 NO_x）所造成的。酸雨又分硝酸型酸雨和硫酸型酸雨。

酸性沉降可分为湿沉降与干沉降两大类，酸雨为酸性沉降中的湿沉降，是指所有气状污染物或粒状污染物，随着雨、雪、雾或雹等降水形态而落到地面；而干沉降则是指在不下雨时，从空中降下来的落尘所带的酸性物质。

1.5 大气污染综合防治

1.5.1 综合防治的基本概念

大气污染的综合防治的基本点是防和治相结合，以防为主，是立足于环境问题的区域性、系统性和整体性之上的综合。实质上就是为了达到区域环境空气质量控制目标，对多种大气污染控制方案的技术可行性、经济合理性、区域适应性和实施可能性等进行最优化选择和评价，从而得出最优的控制技术方案和工程措施。例如，对于我国大中城市存在的颗粒物和 SO_2 等污染的控制，除了应对工业企业的集中点源进行污染物排放总量控制外，还应同时对分散的居民生活用燃料结构、燃用方式、炉具等进行控制和改革，将机动车排气污染、城市道路扬尘、建筑施工现场环境、城市绿化、城市环境卫生、城市功能区规划等方面，一并纳入城市环境规划与管理，才能取得综合防治的显著效果。

1.5.2 大气污染的综合防治措施

在借鉴国内外经验教训的基础上，结合我国实际，对控制大气污染的综合防治措施作简要概述。

(1) 全面规划、合理布局

为了控制城市和工业区的大气污染，必须在制定区域经济和社会发展规划的同时，做好环境规划，采取区域性综合防治措施。

区域环境规划是区域的经济和社会发展规划的重要组成部分。一是解决区域的经济发展和环境保护之间的矛盾；二是对已造成的环境污染和环境问题，提出改善和控制污染的最优化方案。因此，做好城市和大工业区的环境规划设计工作，采取区域性综合防治措施，是控制环境污染（包括大气污染）的一个重要途径。

现在我国及各工业国家都规定，在兴建大中型工业企业时，要先作环境影响评价，提出环境质量评价报告书，论证该地区是否能建厂，应采取的环境保护措施，以及建厂后对未来环境可能造成的影响。

(2) 严格环境管理

环境管理的目的是应用行政的、经济的、法律的、教育的、科技的等手段，对损害和破坏环境质量的活动加以限制，以保护自然环境、控制环境污染，促进经济和社会发展的环境立法、监测和执法三者构成了完整的环境管理体系。

建立环境管理的法律、法令和条例是国家控制环境质量的基本方针和依据。由于环境污染的区域性、综合性强，各地区各部门还可以制定自己的法令和规定。随着对环境保护的重视，我国相继制定或修订了一系列环境法律，如《中华人民共和国环境保护法》(1979年9月公布试行，于1989年12月、2014年4月经过两次修订)、《中华人民共和国大气污染防治法》(1987年9月公布，于1995年8月、2000年4月、2015年8月、2018年10月经过四次修订）及各种环境保护的条例、规定和标准等。修订后的《中华人民共和国大气污染防治法》更加重视总量控制，强化责任、控车（如提高油品质量标准等）减煤的源头治理，加大了行政处罚力度以及要求环保部门制定信息公开、奖励举报等措施。强调大气污染防治的区域联防联控机制，协调解决区域和城市大气污染防治的重大问题。

（3）控制大气污染的技术措施

① 实施可持续发展的能源战略。改善能源供应结构和布局；提高清洁能源和优质能源比例；提高能源利用效率和节约能源，推广减少污染的煤炭开采技术和清洁煤技术，积极开发利用新能源和可再生能源。

② 实行清洁生产，推广循环经济，包括改革生产工艺、采用清洁工艺和清洁的产品。各企业间相互利用原材料和废弃物，减少污染物排放总量。

③ 对烟（废）气进行净化处理。当污染源的排放浓度和排放总量不符合排放标准时，必须安装尾气净化装置，以减少污染物的排放。新建和改、扩建项目必须按国家排放标准的规定，建设废气的综合利用和净化处理设施，并对主体工程同时设计、同时施工、同时投产。

④ 建立综合性工业基地。

（4）强化对机动车污染的控制

推广应用节能环保型和新能源机动车，限制高油耗、高排放机动车，减少化石能源的消耗。禁止生产、进口或者销售大气污染物排放超过标准的机动车。加强对新生产、销售以及使用的机动车大气污染物排放状况的监督检查。倡导低碳、环保出行，根据城市规划合理控制燃油机动车保有量，大力发展城市公共交通，提高公共交通出行比例。

（5）控制环境污染的经济政策

① 保证必要的环境保护设施的投资。环境保护投资占国民生产总值（GNP）的比例，发展中国家为0.5%～1%，发达国家为1%～2%。目前我国的比例属于发展中国家的水平，希望随着经济的发展逐步增大投资比例。

② 实行“污染者和使用者支付原则”，可采用的经济手段：建立市场（排污许可证制度等）、税收手段（污染税、资源税等）、收费制度（排污费等）、财政手段（生态环境基金等）以及责任制度（赔偿损失和罚款等）等。

（6）高烟囱稀释扩散

设计合理的烟囱高度，充分利用大气的稀释扩散和自净能力，是有效控制所排放污染物污染大气环境的一项可行的环境工程措施。

（7）植树造林，发展植物净化

植物不仅能美化环境，调节气候，还能吸收大气中的有害气体，吸附粉尘，并减少噪声。在城市和工业区有计划、有选择地扩大绿化面积是大气污染综合防治具有长效能和多功能的措施。

1.6 大气环境标准

1.6.1 大气环境标准的种类

按用途分，大气环境标准可分为环境空气质量标准、大气污染物排放标准、大气污染控制技术标准及大气污染警报标准等。按其使用范围分为：国家标准、地方标准和行业标准。

大气污染控制技术标准是为了达到大气污染物排放标准而从某一方面作出的具体技术规定，如原料、燃料使用标准，净化装置选用标准，排气筒高度标准等，目的是使设计、管理人员容易掌握和执行。

大气污染警报标准是大气污染严重到需要向公众发出警报的污染物浓度标准，或根据大气污染发展趋势需要发出警报强行限制污染物排放量的标准。

1.6.2 环境空气质量标准

环境空气质量标准的制定是为贯彻《中华人民共和国环境保护法》和《中华人民共和国大气污染防治法》，保护和改善生活环境、生态环境，保障人体健康。本标准规定了环境空气功能区分类、标准分级、污染物项目、平均时间及浓度限值、监测方法、数据统计的有效性规定及实施与监督等内容。

（1）制定环境空气质量标准的原则

① 保障人体健康和保护生态环境不被破坏的原则。要对污染物的浓度与人体健康和生态系统之间的关系进行综合研究和试验，并进行相关的定量分析，以确定环境空气质量标准中允许的污染物浓度。目前世界上一些国家在判断空气质量时，多以世界卫生组织（WHO）于1963年提出的空气质量四级水平为基本依据。

第一级：在处于或低于所规定的浓度和接触时间内，观察不到直接或间接的反应（包括反射性或保护性反应）。

第二级：在达到或高于所规定的浓度和接触时间内，对人的感觉器官有刺激，对植物有损害或对环境产生其他有害作用。

第三级：在达到或高于所规定的浓度和接触时间内，可以使人的生理功能发生障碍或衰退，引起慢性病和导致寿命缩短。

第四级：在达到或高于所规定的浓度和接触时间内，敏感的人群发生急性中毒或死亡。

② 要合理协调和平衡实现标准的经济代价和所取得的环境效益之间的关系，以确定社会可以负担得起并有较大收益的环境质量标准。

③ 要遵循区域差异性的原则。各地区的环境功能、技术水平和经济能力有很大差异，应制定或执行不同的浓度限值。

（2）我国大气环境质量标准

我国的《环境空气质量标准》GB 3095—2012（2016年1月1日全面实施）规定了

TSP、PM_{10}、$PM_{2.5}$、Pb、SO_2、NO_2、CO、O_3、NO_x，以及苯并芘（B[a]P）十种污染物的浓度限值。该标准将环境空气质量分为两级。

一级标准：为保护自然生态和人群健康，在长期接触情况下，不发生任何危害性影响的空气质量要求。

二级标准：为保护人群健康和城市、乡村的动、植物在长期和短期的接触情况下，不发生伤害的空气质量要求。

环境空气功能区分为两类。

一类区为自然保护区、风景名胜区和其他需要特殊保护的区域。

二类区为居住区、商业交通居民混合区、文化区、工业区和农村地区。

环境空气质量标准的执行：一类区执行一级标准，二类区执行二级标准。

1.6.3 大气污染物排放标准

大气污染物排放标准是为了控制污染物的排放量，使空气质量达到环境质量标准，对排入大气中的污染物数量或浓度所规定的限制标准。经有关部门审批和颁布，具有法律约束力。除国家颁布的标准外，各地区、各部门还可根据当地的大气环境容量、污染源的分布和地区特点，在一定经济水平下实现排放标准的可行性，制定适用于本地区、本部门的排放标准。

《大气污染物综合排放标准》规定了 33 种大气污染物的排放限值（见 GB 16297—1996)，同时规定了标准执行中的各种要求，于 1997 年 1 月 1 日正式施行。在我国现有的国家大气污染物排放标准体系中，按照综合性排放标准与行业性排放标准不交叉执行的原则，锅炉执行 GB 13271—2014《锅炉大气污染物排放标准》，工业炉窑执行 GB 9078—1996《工业炉窑大气污染物排放标准》，火电厂执行 GB 13223—2011《火电厂大气污染物排放标准》，炼焦炉执行 GB 16171—2012《炼焦化学工业污染物排放标准》，水泥厂执行 GB4915—2013《水泥工业大气污染物排放标准》，恶臭物质排放执行 GB 14554—93《恶臭当法物排放标准》，汽车排放执行 GB 18352.6—2016《轻型汽车污染物排放限值及测量方法（中国第六阶段）》国家大气污染物排放标准，摩托车排气执行 GB 14622—2016《摩托车污染物排放限值及测量方法（中国第四阶段）》和 GB 18176—2016《轻便摩托车污染物排放限值及测量方法（中国第四阶段）》，其他大气污染物排放均执行 GB 16297—1996。

本标准实施后再行发布的行业性国家大气污染物排放标准，按其适用范围规定的污染源不再执行本标准。本标准适用于现有污染源大气污染物排放管理，以及建设项目的环境影响评价、设计、环境保护设施竣工验收及其投产后的大气污染物排放管理。

1.6.4 空气质量指数及报告

（1）空气质量指数

空气质量指数（air quality index，AQI）是根据空气中的各种成分占比，将监测的空气浓度简化成为单一的概念性指数值形式。它将空气污染程度和空气质量状况分级表示，适合于表示城市的短期空气质量状况和变化趋势。

空气质量指数的取值范围定为 0～500，其中 0～50、51～100、101～200、201～300 和大于 300，分别对应国家空气质量标准中日均值的Ⅰ级、Ⅱ级、Ⅲ级、Ⅳ级和Ⅴ级标准的污染物浓度限定数值，如表1-3和表1-4所示（摘自《环境空气质量指数（AQI）技术规定（试行）》HJ 633—2012）。

我国目前计入AQI的项目有SO_2、NO_2、PM_{10}、CO、O_3、$PM_{2.5}$（表1-3）。

表1-3 空气质量分指数及对应的污染物项目浓度限值

空气质量分指数	污染物项目浓度限值									
	二氧化硫（SO_2）24小时平均/（$\mu g/m^3$）	二氧化硫（SO_2）1小时平均/（$\mu g/m^3$）①	二氧化氮（NO_2）24小时平均/（$\mu g/m^3$）	二氧化氮（NO_2）1小时平均/（$\mu g/m^3$）①	颗粒物（粒径小于等于10μm）24小时平均/（$\mu g/m^3$）	一氧化碳（CO）24小时平均/（mg/m^3）	一氧化碳（CO）1小时平均/（mg/m^3）①	臭氧（O_3）1小时平均/（$\mu g/m^3$）	臭氧（O_3）8小时滑动平均/（$\mu g/m^3$）	颗粒物（粒径小于等于2.5μm）24小时平均/（$\mu g/m^3$）
0	0	0	0	0	0	0	0	0	0	0
50	50	150	40	100	50	2	5	160	100	35
100	150	500	80	200	150	4	10	200	160	75
150	475	650	180	700	250	14	35	300	215	115
200	800	800	280	1200	350	24	60	400	265	150
300	1600	②	565	2340	420	36	90	800	800	250
400	2100	②	750	3090	500	48	120	1000	③	350
500	2620	②	940	3840	600	60	150	1200	③	500

① 二氧化硫（SO_2）、二氧化氮（NO_2）和一氧化碳（CO）的1小时平均浓度限值仅用于实时报，在日报中需使用相应污染物的24小时平均浓度限值。

② 二氧化硫（SO_2）1小时平均浓度值高于800$\mu g/m^3$的，不再进行其空气质量分指数计算，二氧化硫（SO_2）空气质量分指数按24小时平均浓度计算的分指数报告。

③ 臭氧（O_3）8小时平均浓度值高于800$\mu g/m^3$的，不再进行其空气质量分指数计算，臭氧（O_3）空气质量分指数按1小时平均浓度计算的分指数报告。

表1-4 空气质量指数及相关信息

空气质量指数	空气质量指数级别	空气质量指数类别及表示颜色		对健康影响情况	建议采取的措施
0～50	一级	优	绿色	空气质量令人满意，基本无空气污染	各类人群可正常活动
51～100	二级	良	黄色	空气质量可接受，但某些污染物可能对极少数异常敏感人群健康有较弱影响	极少数异常敏感人群应减少户外活动
101～150	三级	轻度污染	橙色	易感人群症状有轻度加剧，健康人群出现刺激症状	儿童、老年人及心脏病、呼吸系统疾病患者应减少长时间、高强度的户外锻炼
151～200	四级	中度污染	红色	进一步加剧易感人群症状，可能对健康人群心脏、呼吸系统有影响	儿童、老年人及心脏病、呼吸系统疾病患者避免长时间、高强度的户外锻炼，一般人群适量减少户外运动
201～300	五级	重度污染	紫色	心脏病和肺病患者症状显著加剧，运动耐受力降低，健康人群普遍出现症状	儿童、老年人和心脏病、肺病患者应停留在室内，停止户外运动，一般人群减少户外运动
>300	六级	严重污染	褐红色	健康人群运动耐受力降低，有明显强烈症状，提前出现某些疾病	儿童、老年人和病人应当留在室内，避免体力消耗，一般人群应避免户外活动

（2）空气质量分指数的计算方法

污染物项目 P 的空气质量分指数按下式计算：

$$AQI_P=\frac{AQI_{Hi}-AQI_{Lo}}{BP_{Hi}-BP_{Lo}}(c_P-BP_{Lo})+AQI_{Lo} \tag{1-14}$$

式中，AQI_P 为污染物项目 P 的空气质量分指数；c_P 为污染物项目 P 的质量浓度；BP_{Hi} 为表 1-3 中与c_P 相近的污染物浓度限值的高位值；BP_{Lo} 为表 1-3 中与c_P 相近的污染物浓度限值的低位值；AQI_{Hi} 为表 1-3 中与 BP_{Hi} 对应的空气质量分指数；AQI_{Lo} 为表 1-3 中与 BP_{Lo} 对应的空气质量分指数。

空气质量分指数的计算结果只保留整数，小数点后的数值都进 1，如 133.1 或 133.8 都进位为 134。

各种污染物项目的空气质量分指数都计算出来之后，取最大者为该地区或城市的空气质量指数 AQI，则该种污染物即为该地区或城市的首要污染物，若最大的污染物为两项或两项以上时，并列为首要污染物。AQI＜50 时，则不报告首要污染物。

习题

1-1 干洁空气中 N_2、O_2、Ar 和 CO_2 气体的质量分数分别是多少？

1-2 根据我国的《环境空气质量标准》的二级标准，求出 SO_2、NO_2、CO 三种污染物日平均浓度限值的体积分数。

1-3 CCl_4 气体与空气混合成体积分数为 1.50×10^{-4} 的混合气体，在管道中流动的流量为 $10m^3/s$，试确定：(1) CCl_4 在混合气体中的质量浓度 $c(g/m^3)$ 和摩尔浓度 $x(mol/m^3)$；(2) 每天流经管道的 CCl_4 质量是多少千克？

1-4 成人每次吸入的空气量平均为 $500cm^3$，假若每分钟呼吸 15 次，空气中颗粒物的浓度为 $200\mu g/m^3$，试计算每小时沉积于肺泡内的颗粒物质量。已知该颗粒物在肺泡中的沉降系数为 0.12。

1-5 在某市中心的道路两侧监测点测定的大气污染物浓度日均值分别如下：SO_2，1.0×10^{-6}（体积分数）；NO_2，4.0×10^{-9}（体积分数）；PM_{10}，$0.03mg/m^3$；CO，0.35×10^{-6}（体积分数）；O_3，0.05×10^{-6}（体积分数）；$PM_{2.5}$，$0.01mg/m^3$。试问，该市哪些大气污染物超过我国《环境空气质量标准》GB 3095—2012 中规定的二级标准；求其污染指数；并确定该市的首要污染物。

1-6 简述大气圈层结构及垂直气温变化特点。

1-7 我国制定的大气环境质量标准有哪几种？各种标准在保护大气环境质量中各起到何种作用？

第2章

大气污染物的生成控制

在第1章，已对我国大气污染现状和产生大气污染物的主要原因作了阐述，化石燃料的燃烧是造成我国大气污染的主要原因。燃料的种类及其燃烧特性、燃烧技术、燃烧设备的完善程度以及燃烧过程的科学管理等，都直接影响着燃烧污染物的生成。为此，本章首先简单介绍燃料的种类及其组分表示方法，重点阐述燃料燃烧相关的计算以及燃料燃烧过程中大气污染物的生成机理和控制，最后再简述几种机动车大气污染物的生成控制。

2.1 燃料的种类、性质及组成表示方法

2.1.1 燃料的种类及性质

燃料在工农业生产、交通运输以及人民生活方面都起着不可缺少的作用。用于人类生产和生活的燃料种类很多。按燃料的物态可分为：①固体燃料，如木柴、秸秆、煤、油页岩及煤加工后的产品焦炭等；②液体燃料，如石油及其加工后的产品汽油、柴油等；③气体燃料，如煤气、天然气等。根据来源可划分为：①天然燃料，如煤、石油、天然气、油页岩等；②人造燃料或合成燃料，如合成石油、合成汽油等。此外还有非常规燃料，如核燃料等。

燃料的性质影响着燃烧设备的结构和运行条件，也影响着大气污染物的生产和排放。本章仅对固体燃料、液体燃料和气体燃料中的典型代表煤、石油和天然气的性质作一介绍。

2.1.1.1 煤

（1）煤的种类

煤是古代植物埋藏在地下经历了复杂的生物、物理及化学变化逐渐形成的。根据煤的煤化程度把煤划分成四大类：泥煤、褐煤、烟煤和无烟煤。

① 泥煤：是最“年轻”的煤，碳化程度最浅，含碳量少，吸水性强，水分多（天然水分可达40%以上），所以需要露天风干后使用。泥煤的灰分很容易熔化，发热量低，挥发分

含量很高，因此极易着火燃烧。

② 褐煤：多为块状，呈黑褐色，光泽暗，质地疏松；含挥发分40%左右，燃点低，容易着火，燃烧时上火快，火焰大，冒黑烟；含碳量与发热量较低（因产地煤级不同，发热量差异很大），燃烧时间短，需经常加煤。

③ 烟煤：一般为粒状、小块状，也有粉状的，多呈黑色而有光泽，质地细致，含挥发分30%以上，燃点不太高，较易点燃；含碳量与发热量较高，燃烧时上火快，火焰长，有大量黑烟，燃烧时间较长；大多数烟煤有黏性，燃烧时易结渣。

④ 无烟煤：是煤化程度最好的煤，杂质少，质地紧密，固定碳含量高，可达80%以上；挥发分含量低，在10%以下，燃点高，发热量高。

（2）煤的化学组成

煤的化学组成极其复杂，可概括为有机质、灰分和水分三大部分。

① 有机质。煤中有机质的主要元素为碳，其次是氢，并含有少量的氧、氮、硫等元素组成的化合物。这些元素在与氧发生燃烧反应时放出热量，故碳、氢、氧、氮、硫及其化合物又称为可燃质。有机质包括挥发分和固定碳两部分，煤的挥发分是指煤在隔绝空气条件下加热分解出的可燃气态物；煤的有机质中去除挥发分剩余的就是固定碳。

碳（C）：碳是煤的主要可燃元素。碳燃烧产生大量的热，煤的煤化年龄越大，含碳量就越高。

氢（H）：氢也是煤的主要可燃元素。煤中的氢以两种形式存在，与碳、硫结合在一起的叫作可燃氢，它可以进行燃烧和放出热量，所以叫作有效氢。另一种是和氧结合在一起的，叫化合氢，它不能进行燃烧反应。在计算发热量和理论空气需要量时，氢的含量应以有效氢为准。

氧（O）：氧在煤中是一种有害物质，氧与碳、氢等结合生成氧化物，而使碳、氢失去燃烧的可能性。可燃质中碳含量越高，氧含量越低。

氮（N）：氮一般不参与燃烧，但在高温区会被氧化成NO_x，成为大气污染物。煤中含氮量约为0.5%～2%。

硫（S）：硫是煤中可燃成分之一，但也是有害成分。煤中的硫可分为有机硫和无机硫两类。还有微量以游离状态存在的元素硫。煤中无机硫、有机硫和元素硫的总称为全硫。

煤中的有机硫、无机硫和元素硫统称可燃硫，硫酸盐硫为不可燃硫，煤中硫酸盐硫一般只占总硫分的5%～10%左右。煤热分解后残留在焦炭中的硫叫固定硫；热分解过程中析出的硫叫挥发硫。煤燃烧后残留在灰渣中的硫叫灰中硫，它多以硫酸钙、硫酸镁等形式存在。

② 灰分（A）。煤的灰分是指煤中不可燃矿物质的总称，主要由二氧化硅和多种金属氧化物组成。如氧化铝、氧化钙、氧化亚铁、氧化铁、氧化锰、稀有金属氧化物（如氧化钛、氧化钒）、碱土金属氧化物等。灰分是煤的一种有害成分。其含量和组成根据煤种、产地及加工工艺的不同而不同，我国煤中灰分平均含量为25%。煤中灰分的存在降低了煤的热值，也增加了烟尘污染及出渣量。

③ 水分（W）。煤中的水分分为游离水和化合结晶水两种。游离水又分为附着在煤炭颗粒表面上的外部水及吸附或凝聚于煤颗粒内部毛细孔中的内部水。游离水在低于100℃下可部分蒸发，其蒸发量与周围空气的温度和湿度有关；在高于100℃下可全部蒸发。化合结晶水是矿物中含有的结晶水，如石膏（$CaSO_4 \cdot 2H_2O$）、绿矾（$FeSO_4 \cdot 7H_2O$）、高岭土

($Al_2O_3 \cdot SiO_2 \cdot 2H_2O$）中的结晶水，只有在高于200℃时才能释出。

煤中的矿物灰分和水分，皆不能参加燃烧反应，不产生热量，故称为煤的惰性物质，也称煤的杂质。

2.1.1.2 石油

（1）石油的化学组成

石油是由各种碳氢化合物与少量杂质组成的液态可燃矿物。组成石油的化学元素主要是碳、氢，其次为硫、氮、氧。石油的元素组成由于产地的不同也会不同。石油及其加工产品的化学组成主要是：烷烃、烯烃、环烷烃、芳香烃四类碳氢化合物。

烷烃（C_nH_{2n+2}）：碳原子间以单键相连接的碳氢化合物的通称，它是石油的主要成分。在常温常压下，含1～4个碳原子（C_1～C_4）的烷烃呈气态，是天然气的主要成分；含5～15个碳原子（C_5～C_{15}）的直链烷烃呈液态，是煤油的主要成分。一般来说，烷烃具有较高的氢/碳比，密度较小，发热量大，热稳定性好，燃烧时不产生黑烟和积炭。

烯烃（C_nH_{2n}）：烯烃是分子中含有碳碳双键的烃类化合物，其物理性质和烷烃近似，但化学性质却活泼得多，容易发生加成反应而形成饱和化合物。其化学稳定性和热稳定性比烷烃差，在高温和催化作用下，容易转化为芳香族碳氢化合物。一般原油中含烯烃并不多，通常是由裂解产生的。直接分馏法得到的石油产品中烯烃含量不高，裂解法得到的石油产品中烯烃含量可达25%。

环烷烃（C_nH_{2n}，$n \geqslant 3$）：环烷烃是饱和的碳氢化合物，分子结构中的碳原子形成环状结构。在油分馏中环烷烃的含量和烷烃差不多。在化学稳定性、发热量及燃烧时产生黑烟、积炭的倾向性等方面与烷烃相似。

芳香烃：系指含有一个或多苯环的环状化合物。虽然在结构上似乎与环烷烃类似，但它们含氢少，发热量低很多，燃烧时产生黑烟、积炭的倾向性很高，吸湿性高，所以当处于低温时容易产生结晶沉淀。芳香烃对橡胶制品有很强的溶解能力。单环芳香烃的通式为C_nH_{2n-6}，更复杂的芳香烃可以是上述分子结构中一个氢原子由其他基团所取代的产物。

此外，石油中还含有少量的元素硫、硫醇和硫化氢等硫化物、氧化物、氮化物、水分及矿物质等。这些杂质会降低燃料油的发热量、热稳定性及洁净程度等。

（2）燃料油的种类

燃料油可以概括为馏分油和含灰分油。馏分油基本上不含灰分，几乎没有杂质；含灰分油则含有相当量的灰分，在燃气轮机中使用前必须做相应处理，但在工业窑炉中使用可不做预处理。石油经常压分馏可以得到石油气、汽油、挥发油、煤油、柴油等沸点在360℃以下的石油产品（见表2-1）。

表2-1 常压分馏的石油产品

产品名称	沸点/℃	密度/(kg/m³)
汽油：航空汽油	40～150	710～740
汽车汽油	50～200	730～760
轻挥发油	100～240	770～790
煤油	200～320	800～830
粗柴油	230～360	840～880

① 汽油。是质量非常好的燃料油，燃烧性能好，黏度低，闪点（燃油与空气的混合物

受热后开始被火苗引起闪火时的温度）低，挥发性好，但润滑性差。汽油中的辛烷值是汽油抗爆震的重要指标，汽油牌号中的数字就是辛烷值。

② 煤油。与汽油相比，煤油的馏程温度范围高，密度大，润滑性好。其蒸气压力低，在高温中因蒸发导致的损失少。正是这一点决定了航空燃气轮机使用煤油而不是汽油。

③ 柴油。比煤油、轻挥发油密度大，适合柴油发动机的特定要求（主要是十六烷值）。

④ 重馏分油。常常是炼油的副产品，基本上不含灰分。但黏度高，难以雾化，在输送过程中需要加热。

⑤ 重油。含相当量的灰分（但与煤的灰分相比又很少），密度大、黏度非常高，在贮运过程中需要加热，但价格便宜，是工业窑炉的主要液体燃料。重油是原油加工后各种残渣油的总称，可以是渣油、原油及渣油混合了部分柴油而成的混合渣油。

残渣油有直溜渣油、减压渣油、裂化渣油以及混合渣油等。原油不同，加工工艺不同，残渣油的质量指标也不同，并且部分指标波动范围较大。

2.1.1.3 气体燃料

(1) 天然气

天然气蕴藏在地下多孔隙岩层中，包括油田气、气田气、煤层气、泥火山气和生物生成气等。它是优质燃料和化工原料。

纯天然气主要成分为烷烃，其中甲烷最多，另有少量的乙烷、丙烷和丁烷，此外还有硫化氢、二氧化碳、氮、水汽和少量一氧化碳及微量的稀有气体（如氦和氩等）。

天然气主要用途是作为燃料，可制造炭黑、化学药品和液化石油气，由天然气生产的丙烷、丁烷是现代工业的重要原料。天然气主要由气态低分子烃和非烃气体混合组成。

(2) 人工燃气

人工燃气主要是指利用煤气化制成的燃气。城市燃气发展的初期使用的气源就是人工燃气，包括干馏煤气、气化煤气和油制气。

① 干馏煤气。在高温干馏过程中产生的气体，称为干馏煤气，常见的有焦炉煤气、伍德炉煤气等。干馏煤气是煤在高温缺氧环境下分解时的产物。煤料在炭化室受热时，首先释放出水蒸气及吸附在煤粒表面的 CO_2、CH_4 等气体。当温度升高到 200℃以上时，煤开始分解，这时最易分解的短侧链形成了 CO_2 及 CO，产率也不高。

② 气化煤气。固体燃料的气化过程是一个热化学过程。它是以固体燃料（煤或焦炭等）为原料，以 O_2（空气、富氧或纯氧）、水蒸气或氢气等作气化剂（或称气化介质），在高温条件下通过化学反应将固体燃料转化为气体燃料的过程。气化时所得到的可燃气体就是气化煤气，其有效成分包括 CO、H_2、CH_4 等。气化煤气亦可用作城市燃气、工业燃气和化工原料气。

③ 油制气。石油及其产品生产的燃气称为油制气。石油或石油产品通常为重碳氢化合物，通过热裂解法和催化裂解法可以将分子量很高的组分裂解为低分子量的碳氢化合物和 H_2。油制气通常作为城市燃气的补充气源，特别是以人工燃气作为城市燃气主要气源的城市。

2.1.2 燃料组成的表示方法及计算

2.1.2.1 固体、液体燃料组成的表示方法

燃料是由可燃组分和不可燃组分所组成，固体燃料（煤）和液体燃料（石油类产品）

的可燃部分大多是复杂的有机化合物，但通常也是由C、H、O、N、S等元素以及灰分（A）和水分（W）等成分组成，常用这七种组分表示的燃料组成。

因煤中的水分随环境、运输和存放条件的影响而发生变化，所以煤的组成随水分的变化而变化。为了便于比较煤质，通常采用收到基（as received basis）成分、空气干燥基（air dry basis）成分、干燥基（dry basis）成分和干燥无灰基（dry ash free basis）成分四种表示方法表示。

（1）收到基成分

以锅炉炉前使用的煤（包括全部灰分和水分）为基数，用质量分数表示的各成分称为煤的收到基成分（或称应用基组分）。煤的燃烧产物计算时要求按煤的收到基成分进行。其组分符号右上角标以ar：

$$C^{ar}\%+H^{ar}\%+O^{ar}\%+N^{ar}\%+S^{ar}\%+A^{ar}\%+W^{ar}\%=100\% \tag{2-1}$$

（2）空气干燥基成分

以去掉外部水分的燃料作为100%的成分，其组分符号右上角标以ad：

$$C^{ad}\%+H^{ad}\%+O^{ad}\%+N^{ad}\%+S^{ad}\%+A^{ad}\%+W^{ad}\%=100\% \tag{2-2}$$

（3）干燥基成分

以去掉全部水分的燃料作为100%的成分，干燥基更能反映出灰分的多少，其组分符号右上角标以d：

$$C^{d}\%+H^{d}\%+O^{d}\%+N^{d}\%+S^{d}\%+A^{d}\%=100\% \tag{2-3}$$

（4）干燥无灰基成分

以去掉水分和灰分的燃料作为100%的成分，其组分符号右上角标以daf。

$$C^{daf}\%+H^{daf}\%+O^{daf}\%+N^{daf}\%+S^{daf}\%=100\% \tag{2-4}$$

燃料成分可以由一种基成分换算为另一种基成分。

为了燃烧产物的计算方便，还可以把单位质量的收到基成分转化为燃料中可燃组分C、H、O、N、S的摩尔组分，即$C_xH_yS_zO_bN_v$表示单位质量燃料的可燃部分的摩尔组分表达式；同时将含水量也转化为摩尔组分；由于灰分是不可燃的，因此在燃烧过程计算时一般不用考虑。

［例题2-1］ 某燃料装置采用重油作燃料，重油成分分析结果如下（按收到基成分）：C88.3%；H9.5%；S1.6%；H_2O 0.05%；灰分0.10%。试确定每1kg燃料可燃组分的摩尔组分表达式和水的物质的量。

解： 每1kg重油中的可燃组分和水分列于下表：

化学组分	C	H	S	H_2O
组分质量/g	883	95	16	0.5
组分物质的量/mol	$\frac{883}{12}=73.58$	$\frac{95}{1}=95$	$\frac{16}{32}=0.5$	$\frac{0.5}{18}=0.0278$

每1kg燃料可燃组分的摩尔组分表达式为$C_{73.58}H_{95}S_{0.5}$；水的物质的量为0.0278mol。

2.1.2.2 气体燃料组成的表示方法

气体燃料是各种可燃气体与不可燃气体的混合物，它的组成表示方法不同于固体和液体燃料的组成方法。气体燃料的组成是以各种组分气体在标准状态下的体积分数来表示的。气体燃料中通常含有水分，因此，煤气分干煤气与湿煤气两种。由于煤气的水分波动很大，因此干煤气组成是表示煤气特性的稳定指标。

湿煤气的组成为：

$$CO^{w}\% + H_2^{w}\% + CH_4^{w}\% + C_nH_m^{w}\% + CO_2^{w}\% + N_2^{w}\% + O_2^{w}\% + H_2O^{w}\% = 100\% \quad (2\text{-}5)$$

干煤气的组成不包括水蒸气，其各成分的总和为：

$$CO^{d}\% + H_2^{d}\% + CH_4^{d}\% + C_nH_m^{d}\% + CO_2^{d}\% + N_2^{d}\% + O_2^{d}\% = 100\% \quad (2\text{-}6)$$

气体燃料中所含的水分在常温下等于该温度下的饱和水蒸气的量。温度变化时，燃气中的饱和水蒸气的量也随之变化，因此气体燃料的湿组成也发生变化。所以在一般技术资料中多用气体燃料的干成分来表示其化学组成。但在进行燃料燃烧技术时，要用气体燃料的湿组成。气体燃料的干、湿成分的换算关系也是比较简单的。

对于气体燃料，单位体积的可燃气体的分子式也可用 $C_xH_yS_zO_bN_v$ 表示；与固体、液体燃料相比，单位体积的可燃气体的分子式中，z 和 v 都等于零，即 $C_xH_yO_b$。

2.2 燃料燃烧相关的计算

燃料燃烧过程中产生的烟气，其组成不仅取决于燃料的组成，还取决于燃烧的程度。根据燃料燃烧的程度，燃料燃烧可分为完全燃烧和不完全燃烧两类。完全燃烧是指燃料中的可燃组分都能和氧气充分燃烧（燃料中的元素 C、H、S 完全燃烧的产物分别为 CO_2、H_2O、SO_2）；不完全燃烧是指燃料中部分可燃组分未能和氧气充分燃烧（燃料中的元素 C 不完全燃烧的产物可能为 CO_2、CO、碳氢有机物及黑烟等，若燃料中含有 S 和 N，则会生成 SO_x 和 NO_x。此外，当燃烧室温度较高时，空气中的部分氮气也会被氧化成 NO_x）。

2.2.1 燃料的发热量

燃料的发热量是评价燃料质量好坏的一个重要指标，也是计算燃烧温度和燃料消耗的重要依据。每单位质量或体积的燃料完全燃烧时放出的热量称为燃料的发热量（或称发热值）。在工业上用的单位为 kJ/kg(燃料) 或 kJ/m^3(燃料)，发热量常用符号 Q 表示。

燃料的发热量有高位发热量及低位发热量之分。

（1）燃料的高位发热量（Q_h）

燃料的高位发热量是指燃料完全燃烧后，燃烧产物冷却至参加燃烧反应物质的原始温度，且燃烧产物中的水蒸气凝结成水时，每千克燃料燃烧所放出的热量（要求反应前后状态相同，通常为 273K，101325Pa）。

（2）燃料的低位发热量（Q_l）

燃料的低位发热量是指燃料完全燃烧后，燃烧产物中的水仍为蒸汽状态时，每千克燃料燃烧所放出的热量。

Q_h 和 Q_l 的换算关系如下（按收到基成分）：

对于固体、液体燃料：

$$Q_l = Q_h - 2512(9H^{ar}\% + W^{ar}\%)[kJ/kg(燃料)] \tag{2-7}$$

对于气体燃料：

$$Q_l = Q_h - 2009.75(H_2^w\% + 2\times CH_4^w\% + 2C_2H_4^w\% + \frac{m}{2}C_nH_m^w\%)[kJ/m^3(燃料)] \tag{2-8}$$

在热工计算中常用燃料的低位发热量，因为在实际燃烧过程中，燃烧产物中水蒸气不可能冷凝成液态的水，应用低位发热量比较方便。

2.2.2 燃料燃烧所需空气量的计算

燃料燃烧过程所需空气（或氧气）量和燃烧产物的生成量，以及与此有关的燃烧产物的成分和密度等，皆是根据燃烧过程的物质平衡计算的。这些参数对于燃烧装置的设计及燃烧过程的控制皆是不可缺少的。

2.2.2.1 燃料燃烧所需理论空气量

完全燃烧 1kg（固体、液体燃料）或 $1m^3$（气体燃料）的燃料理论上所需的标准状况下的空气体积称为理论空气量，用V_a^0 [m^3(空气)/kg(燃料) 或 m^3(空气)/m^3(燃料)] 表示。计算燃料燃烧所需理论空气量时，在燃烧计算中假定：①空气仅由氮气和氧气组成，两者体积比为：$\frac{79.1}{20.9}\approx 3.78$；②燃料中的固定氧可用于燃烧；③燃料中 C、S、H 被氧化为 CO_2、SO_2 和 H_2O；④燃料中的 N 在燃烧时转化为 N_2；⑤空气中的氮气不参与燃烧；⑥假设 1kg（固体或液体燃料）或（$1m^3$ 气体燃料）燃料的化学式为 $C_xH_yS_zO_bN_v$。

当 1kg（或 $1m^3$）该燃料完全燃烧时，C 所需要的氧气为 $x$mol；H 所需要的氧气为 $\frac{y}{4}$mol；S 所需要的氧气 $z$mol；O 能贡献$\frac{b}{2}$mol 的氧气，即少用$\frac{b}{2}$mol 的氧气；N 不需要氧气。

因此，1kg（或 $1m^3$）该燃料完全燃烧所需要的氧气的物质的量n_{O_2} 为：

$$n_{O_2} = x + \frac{y}{4} + z - \frac{b}{2}(mol) \tag{2-9}$$

在标准状况下，n_{O_2} 氧气体积为：

$$\left(x + \frac{y}{4} + z - \frac{b}{2}\right)\times\frac{22.4}{1000}(m^3) \tag{2-10}$$

在标准状况下，理论空气体积：

$$\left(x + \frac{y}{4} + z - \frac{b}{2}\right)\times\frac{22.4}{1000} + 3.78\times\left[\left(x + \frac{y}{4} + z - \frac{b}{2}\right)\times\frac{22.4}{1000}\right][(m^3/kg)或m^3(空气)/m^3(燃料)]$$

也就是该燃料的理论空气量：

$$V_a^0 = \left(x + \frac{y}{4} + z - \frac{b}{2}\right)\times\frac{22.4}{1000}\times 4.78[(m^3/kg)或m^3(空气)/m^3(燃料)] \tag{2-11}$$

[例题 2-2]　某一种煤的化学组成如下：C：77.2%，H：5.2%，N：1.2%，S：2.6%，O：5.9%，灰分 7.9%。试计算这种煤燃烧时的理论空气量。

解： 当 1kg 该燃烧完全燃烧时，所需要氧气的物质的量n_{O_2}为：

$$\frac{772}{12}+\frac{52}{4}+\frac{26}{32}-\frac{59}{16\times 2}=64.33+13+0.8125-1.844=76.30(\text{mol})$$

在标准状况下，n_{O_2} 氧气体积为：$76.30\times\frac{22.4}{1000}=1.71(\text{m}^3)$；

对应的空气体积为：$1.71+3.78\times 1.71=8.17(\text{m}^3)$

该燃料的理论空气量：$8.17\text{m}^3/\text{kg}$。

[例题 2-3]　计算辛烷（C_8H_{18}）在理论空气量条件下燃烧时的空气/燃料质量比（也称空燃比，AF），并确定燃烧产物气体的组成。

解： 燃烧 1mol 辛烷时，其中的碳需要的氧气为 8mol，产生 CO_2 8mol；氢需要的氧气为 4.5mol，产生 H_2O 9mol。

1mol 辛烷完全燃烧共需要氧气 8+4.5=12.5mol，带入氮气 12.5×3.78=47.25mol。辛烷的摩尔质量为 114g/mol，于是理论空气量下燃烧时空气/燃料的质量比为：

$$\left(\frac{m_a}{m_f}\right)_s=\frac{12.5\times(32+3.78\times 28)}{114}=\frac{1723}{114}=15.1$$

燃烧产物气体组成通常以摩尔比表示，它不随气体温度和压力的变化而变化。

燃烧产物的总物质的量为 8+9+47.25=64.25(mol)，因此烟气组成为：$x_{CO_2}=8/64.25=0.125=12.5\%$；$x_{H_2O}=9/64.25=0.140=14.0\%$；$x_{N_2}=47.25/64.25=0.735=73.5\%$。

2.2.2.2　过剩空气系数及燃烧所需实际空气量

在实际燃烧装置中，仅供给理论空气量是不能保证燃料完全燃烧的。为保证燃料完全燃烧，供给的实际空气量V_a要比理论空气量V_a^0多。通常将实际空气量V_a与理论空气量V_a^0的比值称为过剩空气系数（α）：

$$\alpha=\frac{V_a}{V_a^0} \tag{2-12}$$

因此，实际供给的空气量：

$$V_a=\alpha\cdot V_a^0 \tag{2-13}$$

过剩空气系数α的大小与燃料种类、燃烧方式及燃烧装置的结构等有关。表 2-2 给出了不同燃料、炉型和燃烧方式的α值。

以上的计算都是不含水蒸气的干空气量，对于工程中一般燃烧计算，已能满足要求。如果空气中水分含量较高，或要求精确计算时，则应把空气中的水分计算在内，可用下式计算：

$$V_a=\alpha\cdot V_a^0(1+1.24d_a) \tag{2-14}$$

式中，d_a为空气的含湿量，g(水) 蒸气/kg(干) 气体。

表 2-2　不同燃料、炉型和燃烧方式的过剩空气系数

燃料种类		炉型		燃烧方式	α 值
固体燃料	无烟煤、贫煤	链条炉	固态排渣		1.20～1.25[3]
	烟煤、褐煤				1.20
	无烟煤、烟煤				1.20～1.25[3]
	烟煤、褐煤		液态排渣（开式、半开式）		1.20
	褐煤				1.10～1.25
	石煤、煤矸石、无烟煤[1]、烟煤[2]		沸腾炉		1.10～1.25
	烟煤	炉排面积热负荷 [kJ/(m^2·h)]		手烧炉排	1.30～1.50
				链条炉排	1.20～1.40
				链条炉排	1.30～1.50
	无烟煤			振动炉排	1.30～1.50
	烟煤 无烟煤			往复炉排	1.30～1.40
液体燃料	重油	圆筒炉		外混式	1.30
	轻质油	蒸汽转化炉		外混式	1.10
	C_5	蒸汽锅炉		内混式	1.50
气体燃料	天然气	蒸汽转化炉		半顶湿式	1.10～1.15
	天然气	蒸汽转化炉		扩散式	1.15
	装置尾气 $Q_1=33494\sim58615\text{kJ/m}^3$	圆筒炉		扩散式	1.20～1.25

① 无烟煤挥发分 5%～10%，$Q_1=14654\sim20935\text{kJ/kg}$。

② 烟煤挥发分＞20%，$Q_1=10468\sim14654\text{J/kg}$。

③ 以热风送煤时，取较大值。

2.2.3 燃料完全燃烧所产生的烟气量计算

2.2.3.1 理论烟气量

（1）理论烟气量（V_{fg}^0）

理论烟气量是指单位质量（或体积）燃料在理论空气量（$\alpha=1.0$）条件下，燃料完全燃烧所生成的标准状况下的烟气体积，以 V_{fg}^0[m^3（烟气）/kg（燃料）或 m^3（烟气）/m^3（燃料）] 表示。理论烟气量又称理论湿烟气量。

假设 1kg（或 1m^3）燃料的化学式为 $C_xH_yS_zO_bN_v$，水的含量为 w%的燃料完全燃烧时：

元素 C 产生的 CO_2 的物质的量为：x；

元素 S 产生的 SO_2 的物质的量为：z；

元素 N 产生的 N_2 为的物质的量：$\frac{v}{2}$；

元素 H 产生的 H_2O 的物质的量为：$\frac{y}{2}$；

燃料所含水分的物质的量为：$\frac{w}{18}$。

理论空气量带入的 N_2 的物质的量为：$3.78\times\left(x+\frac{y}{4}+z-\frac{b}{2}\right)$

1kg（或 $1m^3$）该燃料完全燃烧产生的烟气的物质的量：

$$x+z+\frac{v}{2}+\left(\frac{y}{2}+\frac{w}{18}\right)+3.78\times\left(x+\frac{y}{4}+z-\frac{b}{2}\right)(\text{mol}) \tag{2-15}$$

由于燃料中的 N 含量很少，与空气中大量的 N_2 相比可以忽略，因此，1kg（或 $1m^3$）该燃料完全燃烧产生的烟气的物质的量：

$$x+z+\left(\frac{y}{2}+\frac{w}{18}\right)+3.78\times\left(x+\frac{y}{4}+z-\frac{b}{2}\right)(\text{mol}) \tag{2-16}$$

烟气的体积为：

$$\left[x+z+\left(\frac{y}{2}+\frac{w}{18}\right)+3.78\times\left(x+\frac{y}{4}+z-\frac{b}{2}\right)\right]\times\frac{22.4}{1000}(\text{m}^3) \tag{2-17}$$

也就是该燃料的理论烟气量（体积）：

$$V_{fg}^0=\left[x+z+\left(\frac{y}{2}+\frac{w}{18}\right)+3.78\times\left(x+\frac{y}{4}+z-\frac{b}{2}\right)\right]\times\frac{22.4}{1000}(\text{m}^3/\text{kg 或 m}^3/\text{m}^3) \tag{2-18}$$

（2）干烟气量（体积）

从生成的湿烟气中减去生成的水蒸气（V_w^0）的量就是干烟气的量（V_d^0）：

$$V_d^0=V_{fg}^0-V_w^0 \tag{2-19}$$

2.2.3.2 实际烟气量

当过剩空气系数为 α 时：

① 如果不考虑过剩空气带入的水蒸气，则实际烟气量 $V_{fg}=V_{fg}^0+$ 过剩空气体积，即：

$$V_{fg}=V_{fg}^0+V_a^0(\alpha-1)(\text{m}^3/\text{kg 或 m}^3/\text{m}^3) \tag{2-20}$$

② 如果考虑过剩空气带入的水蒸气，则实际烟气量（V_{fg}）为：

$$V_{fg}=V_{fg}^0+V_a^0(\alpha-1)(1+1.24d_a)(\text{m}^3/\text{kg 或 m}^3/\text{m}^3) \tag{2-21}$$

式中，d_a 为空气的湿含量，kg(水蒸气)/m^3；1.24 为 1kg 水蒸气在标准状况下的体积，m^3/kg。

需要提醒的是：在缺乏燃料元素组成数据资料的情况下，可以根据燃料收到基的低位发热量，按经验公式计算燃料完全燃烧所需理论空气量及产生的实际烟气量。所涉及的经验公式本书就不作赘述了，请广大读者参考其他教程。

［例题 2-4］ 对于给定的重油，成分分析结果如下：C=86%，H=10%，S=3%，H_2O=0.7%，灰分 A=0.30%。若燃料中硫转化为 SO_x（其中 SO_2 占 95%），试计算过剩空气系数 α=1.30 时烟气中 SO_x 及 SO_2 的浓度，以 10^{-6} 表示，并计算此时干烟气中 CO_2 的含量，以体积分数表示（计算过程中体积均以标准状态下的体积计）。

解：（1）理论空气量条件下的烟气量及组成（mol）。以 1kg 重油燃烧为基础计算，则各组分所对应的参数见下表。

组分	质量/g	物质的量/mol	需氧量/mol	产物的量/mol
C	860	71.67	71.67	CO_2:71.67
H	100	100	25	H_2O:50
S	30	0.94	0.94	SO_2:0.94
H_2O	7	0.39	0	H_2O:0.39
总计			97.61	

理论烟气量：$V_{fg}^0=71.67+0.94+(50+0.39)+(97.61\times3.78)=491.97$[mol/kg(重油)]

$$V_{fg}^0=491.97\times(22.4/1000)=11.02[\mathrm{m^3/kg(重油)}]$$

(2) 实际烟气量的计算

① 1kg 重油完全燃烧所需理论空气量（V_a^0）为

$$V_a^0=97.61\times(3.78+1)=466.58[\mathrm{mol/kg(重油)}]$$

$$V_a^0=466.58\times(22.4/1000)=10.45[\mathrm{m^3/kg(重油)}]$$

② 过量空气系数 $\alpha=1.3$ 时，实际烟气量为 $V_{fg}=11.02+10.45\times(1.3-1)=14.16$[$m^3$/kg(重油)]，式中 11.02 为理论烟气量，10.45 为理论空气量。

(3) 求烟气中 SO_2、SO_x 的浓度

烟气中 SO_2 的体积为：$0.94\times0.95\times22.4/1000=0.02000$[$m^3$/kg(重油)]

烟气中 SO_x 的体积为：$0.94\times22.4/1000=0.2106$[$m^3$/kg(重油)]

所以烟气中 SO_2、SO_x 的浓度分别为：

$$c_{SO_2}=\frac{0.02000}{14.16}\times10^6=1412.4$$

$$c_{SO_x}=\frac{0.02106}{14.16}\times10^6=1487.3$$

(4) 求 CO_2 的含量

当 $\alpha=1.2$ 时，干烟气量为：$14.16-(50+0.39)\times22.4/1000=13.03$[$m^3$/kg(重油)]

CO_2 体积为：$71.67\times22.4/1000=1.6054$[$m^3$/kg(重油)]

所以干烟气中 CO_2 含量为：

$$\frac{1.6054}{13.03}\times100\%=12.32\%$$

2.2.3.3 烟气组分的分析及过剩空气系数的计算

(1) 烟气组分的分析

可以从烟囱排出口取样分析烟气组分，但是烟囱排出口的取样中很难准确测出不完全燃烧所产生的游离碳。原因是，烟气经过烟道和烟囱时，有大量的炭黑沉积于烟道和烟囱

壁上，沉积的炭黑很难估计。而烟道和烟囱对烟气中 CO、H_2 和 CH_4 等气体的组成影响不大，可通过气体采样经化学分析而测得。为此，通常多采用烟气中 CO 的含量来判断燃烧的完全程度。

烟气组分分析是判断燃烧过程的重要手段之一。烟气中各气体组分的含量可用奥萨特气体分析仪、气体色层分析仪、光谱分析仪等仪器直接测得。有关气体分析仪的具体工作原理和方法在此不再赘述。

（2）根据烟气组成计算过剩空气系数

燃料燃烧过程中所需实际空气量可以直接测定，也可以根据烟气和燃料的组成分析值求出实际的过剩空气系数，利用求出的过剩空气系数，就可以很方便地利用式(2-13) 计算出实际空气需要量，利用式(2-20) 和式(2-21) 求出实际烟气量。

对于运行中的设备，根据烟气测定数据，可确定过剩空气系数 α 值。

对于完全燃烧过程（假设过剩空气中的氧元素仅以 O_2 形式存在)：

$$\alpha=1+\frac{\varphi_{O_2}}{0.264\varphi_{N_2}-\varphi_{O_2}} \tag{2-22}$$

式中，φ_{O_2} 为烟气中 O_2 的体积分数；φ_{N_2} 为烟气中 N_2 的体积分数。

对于不完全燃烧过程：

$$\alpha=1+\frac{\varphi_{O_2}-0.5\varphi_{CO}}{0.264\varphi_{N_2}-(\varphi_{O_2}-0.5\varphi_{CO})} \tag{2-23}$$

式中，φ_{CO} 为烟气中 CO 的体积分数。

例如，奥萨特气体分析仪分析结果为：CO_2：10%；O_2：4%；CO：1%。N_2 就是 85%，则：

$$\alpha=1+\frac{4\%-0.5\times1\%}{0.264\times85\%-(4\%-0.5\times1\%)}=1.185$$

2.2.3.4 烟气体积和密度的校正

燃烧装置产生的烟气温度和压力总是高于标准状态（273K，101325Pa），在烟气体积和密度计算中往往需要换算成为标准状态。

大多数烟气可以视为理想气体，所以在烟气体积和密度换算中可以应用理想气体状态方程。若设观测状态下（温度 T_s、压力 p_s）烟气体积为 V_s、密度为 ρ_s，在标准状态下（温度 T_N、压力 p_N）烟气体积为 V_N，密度为 ρ_N，则由理想气体状态方程可以得到标准状态下的烟气体积 V_N 及标准状态下烟气的密度 ρ_N。

$$V_N=V_s\left(\frac{p_s}{p_N}\right)\left(\frac{T_N}{T_s}\right) \tag{2-24}$$

$$\rho_N=\rho_s\left(\frac{p_N}{p_s}\right)\left(\frac{T_s}{T_N}\right) \tag{2-25}$$

应该指出，美国、日本和国际全球监测系统网的标准状态是指 298K 和 101325Pa，在做数据比较或校对时需注意。

［例题 2-5］ 已知某电厂烟气温度为 473K，压力为 96.93kPa，湿烟气量 $Q=10400m^3/min$，含水汽 6.25%（体积分数），奥萨特分析仪结果是：$CO_2=10.7\%$，$O_2=$

8.2%，CO=0%。污染物排放的质量流量是22.7kg/min。

求 (1) 污染物排放的质量速率（以t/d表示）；

(2) 污染物在烟气中的浓度；

(3) 烟气中过量空气系数；

(4) 校正至过量空气系数 $\alpha=1.8$ 时污染物在烟气中的浓度。

解：(1) 污染物排放的质量流量为 $22.7\ \dfrac{kg}{min}\times\dfrac{60min}{h}\times24\ \dfrac{h}{d}\times\dfrac{t}{1000kg}=32.7(t/d)$

(2) 测定条件下的干烟气量 $Q_{v,d}=10400\times(1-0.0625)=9750(m^3/min)$

测定条件下在干烟气中污染物的浓度为 $c=22.7\times10^6/9750=2328.2(mg/m^3)$

修正为标准状态下的浓度为：

$$c_N=c\left(\frac{p_N}{p}\right)\left(\frac{T}{T_N}\right)=2328.2\times\frac{101.33}{96.93}\times\frac{473}{273}=4217.0(mg/m^3)$$

(3) 实测过剩空气系数为：

$$\alpha_{sc}=1+\frac{\varphi_{O_2}}{0.264\varphi_{N_2}-\varphi_{O_2}}=1+\frac{8.2}{0.264\times81.1-8.2}=1.621$$

(4) 校正至过剩空气系数 $\alpha=1.8$ 时的污染物浓度根据近似推算校正为：

$$c_{zs}=c_{sc}\frac{\alpha_{sc}}{1.8}=2328.2\times\frac{1.621}{1.8}=2096.67(mg/m^3)$$

式中，c_{zs} 为过量空气系数1.8时污染物的浓度；c_{sc} 为实测的污染物浓度；α_{sc} 为实测的过量空气系数。

2.3 燃料燃烧过程中大气污染物的生成机理及控制

2.3.1 烟尘的生成机理及控制

2.3.1.1 烟尘的分类及生成机理

碳氢类燃料燃烧时生成的烟尘，按烟尘的生成机理不同，可以分为气相析出型烟尘和剩余型烟尘两大类。

(1) 气相析出型烟尘

气相析出型烟尘是气体燃料、液体燃料的蒸发气或固体燃料的挥发分在空气不足的高温条件下，经过脱氢、热分解、聚合、经芳香环而产生的炭黑粒子，俗称炭黑。

例如，CH_4 能在炉内高温条件下分解出炭黑，这是最简单的反应式如下：

$$CH_4 \longrightarrow C+2H_2$$

而乙烷的热分解则包含一系列脱氢反应：

$$C_2H_6 \longrightarrow C_2H_4+H_2$$

$$C_2H_6 \longrightarrow 2C + 3H_2$$

中间过程生成的乙烯还可进一步发生如下二次反应：

$$C_2H_4 \longrightarrow C_2H_2 + H_2$$
$$3C_2H_4 \longrightarrow C_6H_6 + 3H_2$$

在温度刚超过500℃时，乙烯的分解反应主要经过多环芳烃的中间阶段而产生炭黑；当达到900～1100℃以上时，则主要经过乙炔的中间阶段而产生炭黑。两种途径生成炭黑的反应式如下：

$$C_6H_6 \longrightarrow \text{多环芳烃} \longrightarrow C$$
$$C_2H_2 \longrightarrow H_2 + 2C$$

（2）剩余型烟尘

剩余型烟尘包括油灰、雪片、积炭、黑烟和飞灰。

① 油灰（或称烟炱）。是液体燃料燃烧时剩余下来的固态烟尘。

② 雪片。是以烟尘为核心，在烟气温度接近露点时，吸收烟气中的硫酸，烟尘粒子长大成为雪片状烟尘（或称酸性烟尘）。

③ 积炭。是由于固体燃料或液体燃料附着在燃烧室内壁上，受炉内高温、气化而剩下来的固态炭。由于油滴附着处的形状以及附近烟气流动情况不同，积炭的形状不定，但其粒径一般较大。

④ 黑烟和飞灰。是固体燃料燃烧产生粉尘。黑烟是未完全燃烧的炭粒。飞灰是固体燃料燃烧时产生的矿物质，主要成分是SiO_2、Al_2O_3、CaO等。锅炉排烟中的粉尘特性随锅炉类型及煤种的不同而变化，以煤粉炉为例，排烟中含尘浓度一般为10%～30%，燃料灰分中约有70%～85%以飞灰形式排入大气，煤粉燃烧生成的粉尘粒度为0.1～100μm，其中粒径小于44μm的粉尘占70%～80%，粒径小于10μm的粉尘占20%～40%。表2-3为几种燃煤锅炉的粉尘特性。

飞灰的粒度分布与锅炉类型、磨煤机类型、煤种及燃烧工况有关，其中影响最大的是煤粉细度。煤粉越细，所生成的粉尘粒度越小。燃烧温度越高，煤灰中的碱金属等越容易挥发，生成的微尘越多。

表2-3 燃煤锅炉的粉尘特性

锅炉类型	飞灰占燃料总灰分的比例/%	粒径小于10μm的粉尘含量/%
手烧炉(自然引风)	15～20	5
手烧炉(机械引风)	15～20	5
往复炉排炉	15～20	—
链条炉	15～20	7
振动炉排炉	15～20	—
抛煤机炉	20～40	11
煤粉炉	70～85	25
沸腾炉	40～60	4

2.3.1.2 影响烟尘生成的因素

(1) 燃料种类及性质

不管是考虑扩散火焰还是预混火焰，燃料的分子结构对于烟尘的生成都会产生不同的影响。如氢气、甲醇、乙醇燃烧时不产生烟尘；烯烃比烷烃容易产生炭黑；乙炔、芳香族、链状碳氢化合物容易产生黑烟。

扩散燃烧时，气体燃料 C/H 比愈大，产生的黑烟数量愈多；碳氢化合物中的碳原子数愈多，愈容易产生黑烟；碳原子数相同时，不饱和烃中不饱和键数目愈多愈容易产生炭黑。

在扩散式火焰中，炭黑的形成趋势顺序为：

萘＞苯＞乙炔＞双烯类＞单烯类＞烷类

预混火焰中炭黑的形成趋势与分子结构之间的关系为：

萘＞苯＞醇＞烷类＞烯类＞醛类＞炔类

油质愈重，残留碳含量愈高，烟尘浓度愈高。液体燃料产生黑烟由少到多的顺序是：

轻油＜中油＜重油＜煤焦油

固体燃料不完全燃烧时，同样产生炭黑。然而，固体燃料中灰分形成的粉尘一般数量较大，对相同类型的燃烧设备，灰分变成飞灰的比例基本一定，如煤粉炉、流化床炉一般为 40%～60%，链条炉一般为 15%～20%。因此，煤质愈差，灰分含量愈高，烟气中粉尘浓度就愈高。

一般来说气体燃料燃烧时烟尘较少，液体燃料较多，固体燃料最多。

(2) 氧气浓度

富燃缺氧条件下会产生烟尘，防止烟尘产生所需要的氧气量随燃料种类而异，如表 2-4 所示。表中 $(C/O)_{临}$ 是不产生烟尘所需要的最大临界碳氧比，而 OASC 则表示一个碳氢化合物分子完全氧化所需要的氧原子数。

表 2-4 各种碳氢燃料的临界碳氧比 $(C/O)_{临}$ 和 OASC 数据

碳氢化合物	临界碳氧比 $(C/O)_{临}$	OASC
C_2H_2	0.475	4.2
C_3H_8	0.47	6.4
C_4H_{10}	0.46	8.7
i-C_5H_{12}	0.47	10.7
C_6H_{14}	0.46	13.1
C_7H_{16}	0.48	14.5

工业燃烧设备中多为扩散燃烧。如图 2-1 所示，当氧气含量降低时，烟尘浓度增大，故为防止产生大量烟尘，必须供给适当的过量空气并促使燃料与空气良好混合。

(3) 燃料粒径

燃用液体燃料时，液滴越大，油滴在有限的停留时间内越不易燃尽，而且油滴碰到炉壁上焦化成炭块的可能性也越大，则使烟尘浓度增加。

燃用固体燃料时，颗粒越小，燃烧产生的灰粒越小，被烟气带走的可能性越大，则排烟中飞灰浓度也会增加。

(4) 火焰温度

在大气压下，乙烯与空气混合物的平面火焰测量结果表明：在相同的碳氧比下，烟尘浓度随火焰温度的升高而减小；当火焰温度相同时，烟尘浓度将随碳氧比的增加而增加。

(5) 不参与燃烧的气体

在燃烧用空气中加入不参与燃烧的气体时，烟尘浓度将会降低。如图 2-2 所示，在入炉空气中渗入 CO_2、氩气和氮气时，都能明显降低烟尘浓度。将烟气掺入送风中或直接吹入炉内，也能取得较好的效果。

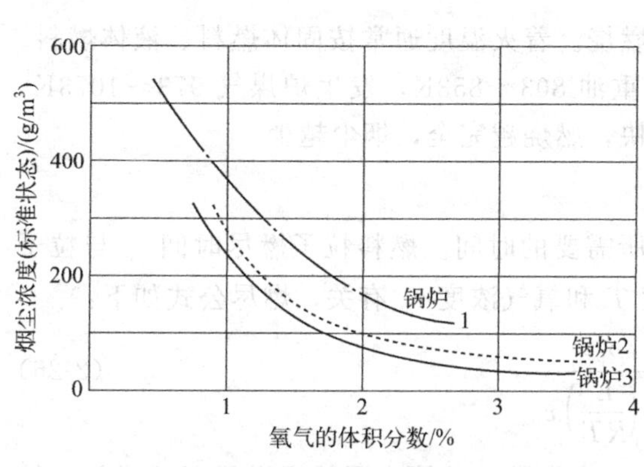

图 2-1 烟尘浓度与氧气含量的关系

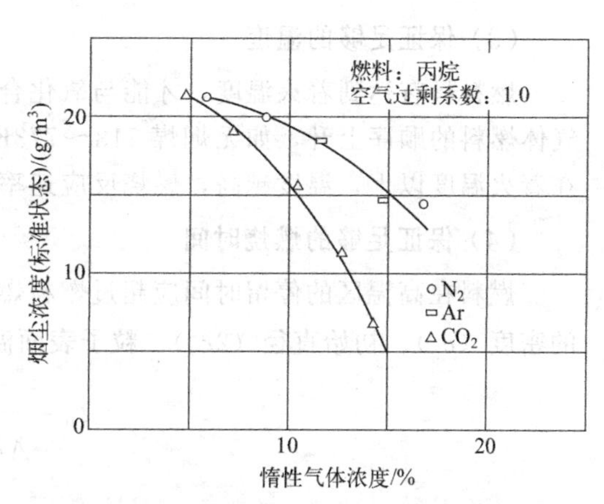

图 2-2 烟尘浓度与惰性气体浓度的关系

(6) 燃烧方式

对气体燃料燃烧而言，预混（无焰）燃烧生成烟尘量少，但扩散燃烧易于控制。故大多采用扩散燃烧。对固体燃料而言，燃烧炉型、燃烧温度及煤质情况均有影响。

(7) 燃烧设备结构尺寸

燃烧设备设计的好坏直接影响燃烧动力工况。如果燃烧室内出现死区，或高温烟气冲墙，则容易导致局部供氧不足或炉壁结焦，从而增加气相析出型及剩余型烟尘。

此外，炉排和炉膛的热负荷（每平方米炉排面积上每小时燃烧所释放出来的热量）也将对排尘浓度产生影响。炉排热负荷增加，导致单位炉排面积上燃煤量增大，则流过炉排的气流速率也将成正比增加，灰分被气流夹带而飞逸的可能性就越大。炉膛热负荷是每立方米炉膛容积内每小时燃料燃烧所释放出的热量。炉膛必须保持足够的燃烧空间，以使燃烧逸出的可燃气体有充分的时间进行燃烧，提高锅炉的消烟效果。锅炉负荷增加，烟尘浓度增大。

2.3.1.3 烟尘生成量的控制措施

在燃料一定时，促进燃料完全燃烧是减少烟气污染物的主要措施。保证燃料完全燃烧的条件是适宜的空气量、燃料与空气良好的湍流混合（turbulent mixing）、足够的温度（temperature）和停留时间（residence time）。燃料完全燃烧必须具备的条件也称为供氧充分条件下的“3T”条件。在评价燃烧过程和燃烧设备时，必须认真考虑这些因素。

(1) 适宜的过剩空气系数

燃烧时，如果空气供应不足，燃烧就不完全；相反，空气量过大，会降低炉温，增加锅炉的排烟热损失。因此按燃烧不同阶段供给相适应的空气量是十分必要的。

(2) 改善燃料与空气的混合

燃料和空气充分混合是有效燃烧的又一基本条件，混合不均匀就会产生大量的烟尘和不完全燃烧产物。混合程度取决于湍流度，对于气相的燃烧，湍流可以加速液体燃料的蒸发；对于固体燃料的燃烧，湍流有助于破坏燃烧产物在燃料颗粒表面形成的边界层，从而提高表面反应的氧利用率，并加快燃烧过程。

(3) 保证足够的温度

燃料只有达到着火温度，才能与氧化合而燃烧。着火温度通常按固体燃料、液体燃料、气体燃料的顺序上升，如无烟煤 713～773K，重油 803～853K，发生炉煤气 973～1073K。在着火温度以上，温度越高，燃烧反应速率越快，燃烧越完全，烟尘越少。

(4) 保证足够的燃烧时间

燃料在高温区的停留时间应超过燃料燃烧所需要的时间。燃料粒子燃尽时间 t_b 与粒子的密度 (ρ_p)、初始直径 ($2r_0$)、粒子表面温度 T 和氧气浓度 x_0 有关，燃尽公式如下：

$$t_b = \frac{r_0 \rho_p}{A \exp\left(\frac{E}{RT}\right) x_0} \tag{2-26}$$

I. W. Smith 测定了焦粒在 1200～2270K 的反应常数，计算出了粒子燃尽所需时间，结果如图 2-3 所示。由图可知，初始粒径和剩余氧气的体积分数相同时，燃烧温度越高粒子燃尽时间越短；初始粒径和燃烧温度相同时，剩余氧气的体积分数越高燃尽时间越短；初始粒径为 50～70μm 的粒子，在剩余氧气的体积分数为 2%的燃尽时间约为 1.5s。在实验炉上燃烧炭黑测定的反应常数，计算了烧掉烟气中 95%的炭黑所需时间，结果如图 2-4 所示。由图可知，当剩余氧气的体积分数为 1%时，在 1200℃下所需燃尽时间约为 0.1s。该图还表示了氧气含量和温度的影响，如把温度从 1000℃提高至 1300℃，燃尽时间将降低 90%。

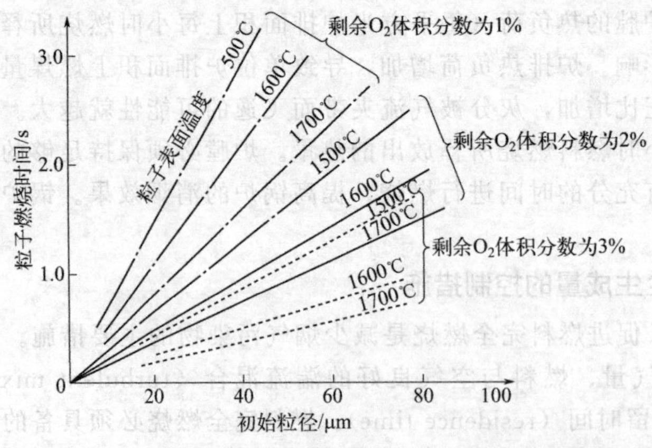

图 2-3　焦粒燃烧时间与初始粒径、粒子表面温度的关系

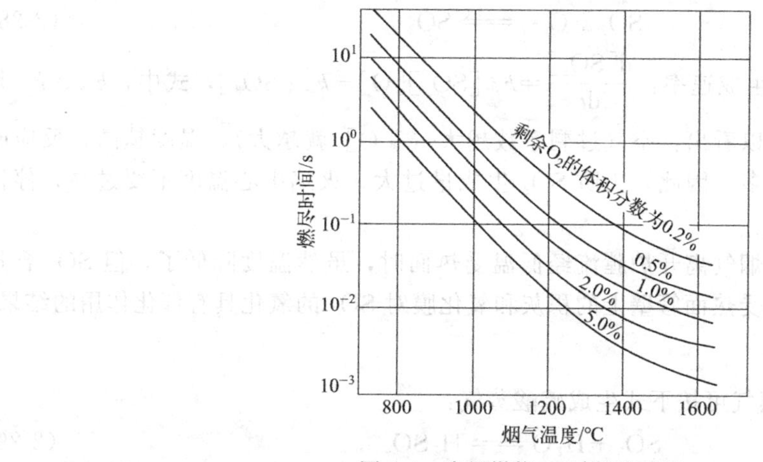

图 2-4　炭黑燃烧 95%所需时间

2.3.2　硫氧化物的生成机理及控制

2.3.2.1　燃烧过程中含硫污染物的生成

（1）燃料中的硫含量

燃料种类不同，硫的形态与含量也有区别。对天然气、煤气来说，以硫化氢为主，有机硫较少，含硫量一般小于1%。液体和固体燃料的含硫量列于表 2-5。

表 2-5　液体和固体燃料中含硫量和含氮量

燃料种类	汽油和柴油	A重油	B重油	C重油	煤炭
含硫量/%	0.25～0.75	0.1～1.3	0.2～2.8	0.6～5.0	0.5～5.0
含氮量/%	—	0.005～0.08	0.08～0.4	0.08～0.4	0.5～2.5

燃料燃烧后产生的含硫污染物有 SO_2、SO_3、硫酸雾、酸性尘及酸雨等，它们都来源于燃料中所含的硫。

（2）二氧化硫的生成

燃料中的可燃硫（包括无机硫和有机硫）在空气过剩系数大于 1.0 的实际燃烧过程中将全部生成 SO_2，煤中的硫酸盐一般转入灰分。若空气过剩系数小于 1.0，有机硫将分解，除生成 SO_2 外，还有 S、H_2S、SO 等。烟气中的 SO_2 量正比于燃料中的含硫量。

（3）三氧化硫的生成

SO_3 的存在会使烟气露点温度大大升高，并且含量越高，酸露点越高，易产生结露。烟气露点的升高极易引起管道和气体净化设备的腐蚀，因此燃烧过程中尽量控制 SO_3 的生成。

在一般燃烧条件下，有 0.1%～5.0%的 SO_2 会继续氧化为 SO_3。大量的研究数据表明，燃烧锅炉中，SO_3 的生成并不是 O_2 和 SO_2 直接反应的结果，而是通过以下两种机理生成的。高温火焰中氧分子解离生成的原子氧，氧原子再与 SO_2 反应生成 SO_3：

$$O_2 \rightleftharpoons O\cdot + O\cdot \tag{2-27}$$

$$SO_2 + O\cdot \rightleftharpoons SO_3 \tag{2-28}$$

按式(2-28)，SO_3 的生成速率：$\frac{d[SO_3]}{dt}=k_+[SO_2][O]-k_-[SO_3]$，式中，$k_+$、$k_-$是正逆反应的速率常数。可以看出：空气过剩系数越大（[O] 就越大），温度越高，反应时间越长，SO_3 生成量就越多。因此，为防 SO_3 生成量过大，火焰中心温度不要过高，停留时间也不要拖得过长。

在有些燃烧设备中，烟气离开炉膛流经低温受热面时，虽然温度降低了，但 SO_3 含量反而增加，这是锅炉对流受热面管壁上的积灰和氧化膜对 SO_2 的氧化具有催化作用的结果。

（4）硫酸的生成

烟气中的 SO_3 和水蒸气可按下式生成硫酸蒸气：

$$SO_3 + H_2O \rightleftharpoons H_2SO_4 \tag{2-29}$$

这一反应从 200～250℃左右开始进行，当烟气温度降到 110℃时，反应基本完成。当温度进一步降低时，硫酸蒸气才凝结成硫酸液滴。如果硫酸蒸气凝结在锅炉尾部受热面上，将引起低温腐蚀，并产生硫酸尘。因此，锅炉排烟温度不能太低。

排入大气中的烟气，与大气混合，温度进一步降低，烟气中的硫酸蒸气将再次凝结而形成硫酸雾，雾滴在大气中的漫反射使烟气呈白色，故又称为白烟。

排入大气中的 SO_2，由于金属飘尘的触媒作用，也会被空气中的氧氧化为 SO_3，遇水汽形成硫酸雾，再与粉尘结合而形成酸性粉尘，或者被雨水淋落而产生硫酸雨。

（5）酸性尘的生成

含有硫酸蒸气的烟气，当温度降低到露点以下，硫酸蒸气将凝结在微小的烟尘粒子表面，然后，这些粒子凝结在一起，长大成雪片状的酸性尘。另外，锅炉尾部、金属烟道和烟囱被硫酸腐蚀生成的盐类和含酸粉尘脱落后也形成酸性尘。

2.3.2.2 SO_x 的生成控制

（1）SO_2 生成控制

SO_2 生成控制方法有：采用低硫燃料、燃料脱硫，以及燃烧过程脱硫。

① 燃料脱硫

a. 煤炭洗选脱硫。煤炭洗选脱硫是指通过物理、化学或生物的方法对煤炭进行净化，以去除原煤中的硫。原煤经过洗选既可脱硫又可除灰，提高煤炭质量和热能利用效率。2020 年我国煤炭洗选行业，原煤入选能力达 32 亿吨以上，原煤入选率达 75%。

目前国内外应用最广的是物理选煤方法中的跳汰选煤、重介质选煤和浮选三种。

跳汰选煤：跳汰选煤的基本原理是利用颗粒混合物的密度、粒度及形状的不同，当颗粒混合物在不断变化的流体作用下的运动过程中，使原本为不同类型颗粒混合物的床层呈现出以密度差别为主要特征的分层，从而使煤中密度大的硫铁矿与有机质分离。

重介质选煤：重介质选煤是用密度介于煤与煤矸石之间的悬浮液作为分选介质的选煤方法。目前国内外普遍采用磁铁矿粉与水配制的悬浮液作为选煤的分选介质。

浮选：浮选是包括泡沫浮选、浮选柱、油团浮选、表面和选择性絮凝等，实际生产中最常用的是泡沫浮选和浮选柱。煤炭颗粒表面是非极性的，因而具有疏水性；矿物颗粒表面是极性的，因而具有极强的亲水性。当在水中通入空气或由于水的搅动引起空气进入水中时，表面活性剂的疏水端在气-液界面向气泡的空气一方定向，亲水端仍在溶液内，形成了气泡；煤颗粒黏附在气泡表面，和气泡一起上升，并集于浮选池上部的泡沫层，再经刮板刮出后脱水，即称为精煤；而矿物质颗粒留在液体中，最后随尾矿排出。

b. 煤的转化技术。煤的转化技术包括煤的气化和液化。在煤的转化过程中可以脱出90%及以上的硫铁矿硫和有机硫。

煤炭气化是在一定的温度和压力下，通过加入气化剂使煤转化为煤气的过程。它包括煤的热解、气化和燃烧三个化学反应过程。煤气化所用的原煤可以是褐煤、烟煤或无烟煤。气化剂有空气、氧气和水蒸气，近年来也开始用氢气以及这些成分的混合物作气化剂。生成气体的主要成分有CO、CO_2、H_2、CH_4和H_2O，气化介质为空气时，还带入N_2。煤气化后便于净化除去硫和灰分，煤气中的硫主要以硫化氢存在。

煤的液化是将固体煤在适宜的反应条件下转化为洁净的液体燃料和化工原料的过程。根据煤中含氢量的过程不同，煤液化工艺可分为直接液化、间接液化和煤油共炼三种。

我国石油资源比较缺少，而煤炭储量丰富，因此，煤的液化是解决我国石油紧缺的重要途径之一。同时，煤的液化还便于回收利用煤中的硫和氮，环境效率显著。

c. 气体燃料脱硫。在煤炭气化过程中，煤中的绝大部分硫转变为H_2S等气相产物进入煤气，小部分残存于灰渣中。现在的煤气净化除了脱硫以外，通常还包括NH_3、CO_2、C_6H_6、HCN等物质的脱除与回收利用。煤气净化的费用约占整个煤气生产费用的50%。

天然气和煤气等气体燃料中含硫物质主要是H_2S和有机硫，大多数情况下，有机硫被转化为H_2S加以脱除。目前脱除H_2S的方法很多，如吸收法、液相催化氧化法、吸附法等。

d. 液体燃料脱硫。通常，石油及石油产品的脱硫，几乎都可以采用加氢脱硫或加氢裂解的方法，使原料中的硫化物与氢起催化作用，碳硫键断裂，氢取而代之生成H_2S，可以很容易地从油中分离出来，同时还可以除去油中的含氮化合物。

$$RSR + 2H_2 \longrightarrow 2RH + H_2S$$

$$C_5H_5N + 5H_2 \longrightarrow C_5H_{12} + NH_3$$

② 燃烧过程脱硫

a. 燃烧过程加脱硫剂脱硫。在煤燃烧过程中加入的脱硫剂石灰石或白云石粉受热分解生成CaO和MgO，再与烟气中的SO_2结合生成硫酸盐进入炉渣和烟尘。钙基脱硫剂在燃烧过程中有如下反应。

脱硫剂的热分解：

$$CaCO_3 = CaO + CO_2$$

$$Ca(OH)_2 = CaO + H_2O$$

脱硫反应：

$$Ca(OH)_2 + SO_2 = CaSO_3 + H_2O$$

$$CaO + SO_2 = CaSO_3$$

中间产物的氧化和歧化反应：

$$2CaSO_3 + O_2 = 2CaSO_4$$

$$4CaSO_3 = CaS + 3CaSO_4$$

脱硫产物的高温分解反应：

$$CaSO_3 = CaO + SO_2$$

$$CaSO_4 = CaO + SO_2 + O$$

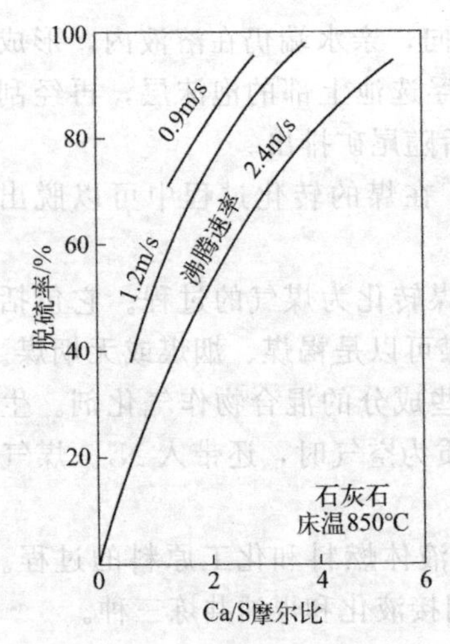

图 2-5　Ca/S 摩尔比和沸腾速率对脱硫率的影响

750℃以下，$CaCO_3$ 分解困难；1000℃以上，脱硫产物又分解（$CaSO_3$ 和 $CaSO_4$ 的热分解温度分别为 1040℃ 和 1320℃），这两种情况都使脱硫率降低。因此，在流化床内脱硫的合适温度为 850～950℃。

脱硫剂的用量可用 Ca/S 摩尔比表示，由脱硫反应可知，Ca/S=1.0 时，脱硫剂用量为化学反应用量。图 2-5 是流化床炉的 Ca/S 摩尔比和沸腾速率对脱硫率的影响，图 2-5 表明，当流化速率一定时，脱硫率随 Ca/S 摩尔比增大而增大；当 Ca/S 摩尔比一定时，随流化速率降低，脱硫率升高。

b. 型煤脱硫技术。用沥青、石灰、电石渣、无硫纸浆黑液等作为黏结剂，将粉煤经机械加工成一定形状和体积的煤。可减少二氧化硫排放 40%～60%，提高燃烧热效率 20%～30%。

c. 水煤浆技术。水煤浆技术是将灰分很低（灰分一般小于 8%，硫分小于 0.5%）而挥发分很高的煤研磨成细微煤粉，按煤水合理的比例，加入分散剂和稳定剂配制而成，可以像燃料油一样运输、贮存和燃烧。水煤浆是 20 世纪 70 年代发展起来的一种以煤代油的新型燃料。

在水煤浆的制备过程中，通过洗选可脱除 10%～30% 的硫，而且，由于水煤浆以液态输送，这给加入石灰石粉或石灰与煤浆均匀混合而进行脱硫创造了条件。研究表明，煤浆中加入石灰石粉，可使 SO_2 排放降低 50%，再加上水煤浆的制备过程中的硫分降低，总脱硫率可达 50%～75%，效果十分可观。此外，水煤浆的燃烧温度降低 100～200℃，有利于降低 NO_x 生成量和提高固硫率，还可降低烟尘的排放量。因此，燃用水煤浆在减轻大气污染方面有着巨大的潜力。

(2) SO_3 的生成控制

由于降低烟气中剩余氧气的含量可降低 SO_2 向 SO_3 的转化率，工业上发展了低氧燃烧技术。这种技术在燃油炉中普遍使用，控制空气过剩系数低于 1.05，一般为 1.02～1.03。

低氧燃烧技术能降低 SO_2 向 SO_3 的转化率，从而降低烟气露点，防止腐蚀，减轻大气污染；而且剩余氧气含量很低，NO_x 的生成量也将明显降低。低氧运行时，烟气中 SO_3 含量降低，因而雪片很少。

2.3.3 NO_x 的生成机理及控制

氮氧化合物有 N_2O、NO、NO_2、N_2O_4 及 N_2O_5 等，以 NO_x 表示。其中主要污染大气的是 NO 和 NO_2，主要来源于燃料燃烧过程。NO_x 的排放依气、油、煤的顺序而增加。

2.3.3.1 燃烧过程中 NO_x 的生成机理

燃烧过程中生成的 NO_x 有三种类型：①温度型 NO_x（或称热力型 NO_x，thermal NO_x），空气中的氮气在高温下氧化生成的 NO_x；②瞬时型 NO_x（prompt NO_x），碳氢系燃料在过浓燃烧时产生，通常生成量很少；③燃料型 NO_x（fuel NO_x），燃料中含有的氮，在燃烧过程中氧化而生成的氮氧化物。

研究表明，燃烧生成的 NO_x 中，其中 NO 约占 95%，其余为 NO_2，在大气中 NO 缓慢氧化为NO_2。因此，下面主要研究NO的生成机理及其控制原理。

（1）温度型NO生成机理及其控制原理

燃烧过程中，空气中带入的氮被氧化为NO_x。基本生成反应可概括为：

$$N_2+O_2 \rightleftharpoons 2NO \tag{2-30}$$

$$2NO+O_2 \rightleftharpoons 2NO_2 \tag{2-31}$$

根据式(2-30)、式(2-31)，按化学反应动力学可以推导出NO的生成速率方程：

$$\frac{d[NO]}{dt}=3\times10^{14}[N_2][O_2]^{1/2}\exp\left(-\frac{542000}{RT}\right) \tag{2-32}$$

由式(2-32) 可知：

① 温度对NO的生成速率起决定作用。图2-6是NO的生成量与温度的关系，由图可见，当$T<1500℃$时，温度型NO生成量极少，$T>1500℃$时，反应才变得明显。

② 氧气浓度和停留时间对NO的生成量也有影响（如图2-7所示）。图2-7是理论燃烧温度下NO生成量与过剩空气系数和停留时间的关系。当过剩空气系数等于1.0时，如取烟气温度在高温区的停留时间为0.01～0.1s，NO的体积分数约为70×10^{-6}～700×10^{-6}。过剩空气系数<1.0时，NO生成量随氧气浓度增大而增加；在过剩空气系数稍大于1.0时达到最大，之后，虽然氧气含量继续增大，但由于过剩空气使温度降低，NO生成量又减少。

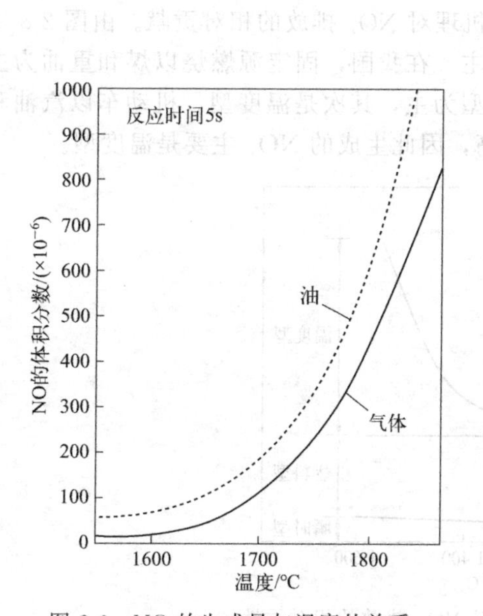

图2-6　NO的生成量与温度的关系

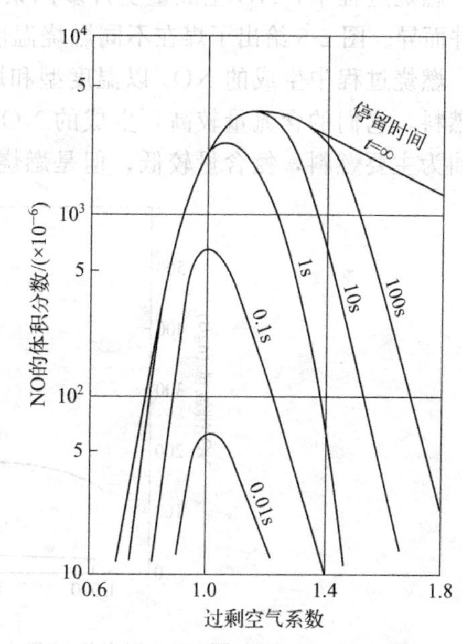

图2-7　理论燃烧温度下NO的生成量与过剩空气系数和停留时间的关系

燃烧过程中，氮气的含量基本不变，因而影响NO的生成量的主要因素是温度、氧气含量和停留时间。综上所述，可得到控制措施：①降低燃烧温度；②降低氧气浓度；③燃烧条件远离理论空气比；④缩短高温区的停留时间。

（2）瞬时型NO的生成

瞬时型NO是碳氢系燃料在过剩空气系数为0.7～0.8，并采用预混合燃烧时产生的，是这种情况下的特有现象。通常情况下，在不含氮的碳氢系燃料低温燃烧时，才重点考虑瞬时型 NO。瞬时型 NO 的生成对温度依赖性很弱。生成量也很少。

(3) 燃料型 NO 生成及控制原理

液体燃料和固体燃料中含有一定数量的含氮有机物，如吡啶（C_5H_5N）、喹啉（C_9H_7N）等，燃烧时有机物中的原子氮容易分解出来，并生成 NO，这是因为化合物中的氮与各种碳氢化合物的结合能比 N_2 的结合能小。

燃料中的氮氧化生成 NO 是快速的。在燃烧区后的富燃料混合气中，形成的 NO 可部分还原成 N_2，使 NO 含量降低；而在贫燃料混合气中，NO 减少得十分缓慢，因此，NO 排放量较高。

生成燃料型 NO 步骤的反应活化能较低，燃料中氮的分解温度低于现有燃烧设备中的燃烧温度，因此，燃料型 NO 的生成受燃烧温度的影响很小。

在空气过剩系数 α 大于 1.1 时，燃料氮的转化率不再增加。$\alpha<1.0$ 时，燃料型 NO 生成量急剧下降，α 低于 0.7 时，转化率 ≈ 0。燃料中 N 向燃料型 NO 的转化率与含氮化合物的种类无关。

根据以上分析，控制燃料型 NO 生成的措施主要有：①采用含氮量低的燃料；②降低过剩空气系数；③扩散燃烧时，推迟混合。

燃烧过程中，NO 生成量受许多因素的影响，上述三种机理对形成 NO 的贡献率随燃烧条件而异。图 2-8 给出了煤在不同燃烧温度时三种机理对 NO_x 排放的相对贡献。由图 2-8 可见，燃烧过程中生成的 NO_x 以温度型和燃料型为主。在我国，固定源燃烧以煤和重油为主要燃料，它们的含氮量较高，生成的 NO_x 以燃料型为主，其次是温度型。机动车以汽油和柴油为主要燃料，氮含量较低，但是燃烧温度较高，因此生成的 NO_x 主要是温度型。

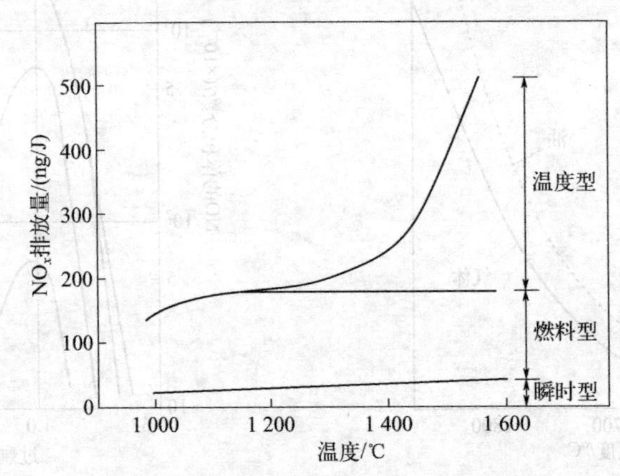

图 2-8 煤燃烧过程中三种机理对 NO_x 排放的相对贡献

2.3.3.2 低 NO_x 燃烧技术

前文介绍了燃烧过程中 NO_x 的生成机理，并由此提出了降低温度型 NO_x 和燃料型 NO_x 的基本方法。在实际工作中，要针对主要影响因素和不同的具体情况（如燃料含氮等）选用不同的方法；同时，还要兼顾其他方面，如燃烧是否完全、烟尘量和热损失是否大等，才能得到比较好的燃烧条件。由此而产生了很多低 NO_x 燃烧方法、低 NO_x 燃烧器和低 NO_x 炉膛。

低 NO_x 燃烧方法是控制 NO_x 排放的重要措施之一，目前工业上采用的低 NO_x 燃烧技术包括低氧燃烧、烟气再循环燃烧、两段燃烧法、低 NO_x 燃烧器等。

(1) 低氧燃烧

温度型 NO_x 生成量随氧气浓度增大而增加，为了降低 NO_x 的排放量，锅炉应在低空气过剩系数状况下运行。但应防止由于空气不足，烟尘生成量增大。

(2) 烟气再循环燃烧

烟气再循环是抑制温度型 NO_x 排放技术的一种。将一部分排气返回到送气系统，降低混合气中的氧浓度，发挥热量吸收体的作用，不致使燃烧温度变得过高，从而抑制氮氧化物的生成。其主要原理就是利用循环烟气降低炉内温度。对燃料型 NO 没有作用，适合含氮量少的燃料。通常取再循环率为 20%～30%。采用排气再循环方法时，装置中需要有再循环泵和管路设备，在某些情况下，可能还需要冷却器，并需设置排气再循环率控制机构。这样设备面积将会增大。

(3) 两段燃烧法

两段燃烧法是分两次供给空气，第一次供给的一段空气低于理论空气量，约为理论空气量的 80%～85%，燃烧在燃料过浓的条件下进行；第二次供给的二段空气，约为理论空气量的 20%～25%，过量的空气与过浓燃料燃烧生成的烟气混合，完成整个燃烧过程。由于第一次供给的空气不足，只能供部分燃料燃烧，火焰温度低，NO_x 生成量很少。由于缺氧，燃料中氮分解的中间产物也不能进一步氧化成燃料型 NO_x。二段空气选择烟气温度较低的位置送入，氧气虽已过剩，但由于温度低，NO_x 的生成反应很慢，既能有效控制 NO_x 的生成，又能保证完全燃烧所需的空气量。

两段燃烧法的原理是一段利用空气过剩系数控制，二段利用温度控制。存在的主要问题是二段空气分配不当，炉膛尺寸不合适，会使烟尘浓度和不完全燃烧的损失增加。

(4) 低 NO_x 燃烧器

从原理上讲，低 NO_x 燃烧器是空气分级进入燃烧装置，降低初始燃烧区的氧浓度，以降低火焰的峰值温度。有的引入分级燃料，形成可使部分已生成的 NO_x 还原的二次火焰区。目前多种类型的低 NO_x 燃烧器已广泛用于电站锅炉和大型工业锅炉。表 2-6 列出了几种常用的低 NO_x 燃烧器的特点。

表 2-6 常用的低 NO_x 燃烧器的特点

类型		特点	存在的问题
低 NO_x 燃烧器	混合促进型	改善燃料与空气的混合，缩短在高温区内的停留时间，同时可降低氧气剩余浓度	需要精心设计
	自身再循环型	利用空气抽力，将部分炉内烟气引入燃烧器内，进行再循环	燃烧器结构复杂
	多股燃烧型	用多只小火焰代替大火焰，增大火焰散热表面积，降低火焰温度，控制 NO_x 生成量	
	阶段燃烧型	让燃料先进行过浓燃烧，然后送入余下空气，由于燃烧偏离理论化学计量比，可降低 NO_x 浓度	容易引起烟尘浓度增加
	喷水燃烧型	让油、水从同一喷嘴喷入燃烧区，降低火焰中心高温区温度，以降低 NO_x 浓度	喷水量过多时，将产生燃烧不稳定

目前采用的低 NO_x 燃烧方法很多，新的方法也仍在继续研究，但大都处于发展阶段，各种方法都不能令人满意，NO_x 的最大降低率不超过 50%，还有待进一步开发研究。

2.4 机动车大气污染物的生成控制

2.4.1 概述

我国机动车行业发展迅速，2021 年全国机动车保有量达 3.95 亿辆，其中，汽车保有量达 3.02 亿辆，汽车产销量连续 13 年全球第一。在很多大城市，机动车尾气已成为城市空气污染的第一大污染源。机动车按用途可分为轿车、客运车、货运车、农用车和摩托车等几类。根据其所用能源可分为汽油车、柴油车和清洁能源车等，其中清洁能源车目前所占比例较小。

机动车排放的大气污染物主要来自发动机气缸的尾气排放、曲轴箱的混合气体排放和燃油蒸发系统，主要有害物质的排放源及其相对排放率见表 2-7。

表 2-7　机动车主要有害物质的排放源及其相对排放率

排放源	相对排放率/%			
	CO	HC	NO_x	碳烟颗粒
尾气	98～99	55～65	98～99	100
曲轴箱	1～2	25	1～2	0
燃油蒸发系统	0	10～20	0	0

机动车排放的一次污染物主要有 CO、碳氢化合物（含苯、苯并芘等，以 HC 表示）、NO_x、碳烟（主要是 $PM_{2.5}$ 及其上面附着的 HC 和 SO_2 等）四种，其次还有 SO_2、CO_2 和醛类等。机动车排放的 HC 和 NO_x 在特定的气象和地理条件下形成光化学烟雾。

机动车的排放受到多种因素的影响，包括燃油类型、发动机类型、设计制造条件及运行工况等。表 2-8 列出了汽油车和柴油车的主要污染物排放情况。从表中可以看出，汽油车排放的污染物主要为 CO、HC、NO_x，而柴油车排放的污染物主要为 NO_x 和颗粒污染物。

机动车在不同的运行工况下，污染物的排放量也有很大的差别。从表 2-9 可以看出，怠速运行时，HC 排放量最大，NO_x 排放量最小；等速运行时，HC 排放量最小，NO_x 排放量最大；加速运行时，各种污染物都急剧增加，NO_x 增加尤为明显；减速运行时，HC 的排放量明显增加，NO_x 明显降低。

表 2-8　汽油车和柴油车的主要污染物排放情况

污染物	汽油发动机	柴油发动机	备注
CO 排放比例/%	10	0.5	汽油发动机约为柴油机的 20 倍以上
HC 排放浓度/($\times10^{-6}$)	<3000	<500	汽油发动机约为柴油机的 5 倍以上
NO_x 排放浓度/($\times10^{-6}$)	2000～4000	1000～4000	两者大致相当
PM 排放量/(g/km)	0.01	0.5	柴油发动机为汽油发动机的 50 倍以上

表 2-9　汽油车各种运行工况下气体污染物排放的体积分数

运行工况	气体污染物排放比例/%		
	CO	HC	NO_x
怠速	4.0	4.4	0.05
等速	7.1	7.0	10.6
加速	81.1	38.5	89.3
减速	7.8	50.1	0.1

2.4.2　汽油车的污染控制

2.4.2.1　汽油车的工作原理

通常使用的汽油发动机为火花点火的四冲程（进气冲程、压缩冲程、做功冲程和排气冲程）汽油发动机。图 2-9 是它的一个气缸。典型的汽油发动机通常有四缸、六缸或八缸。

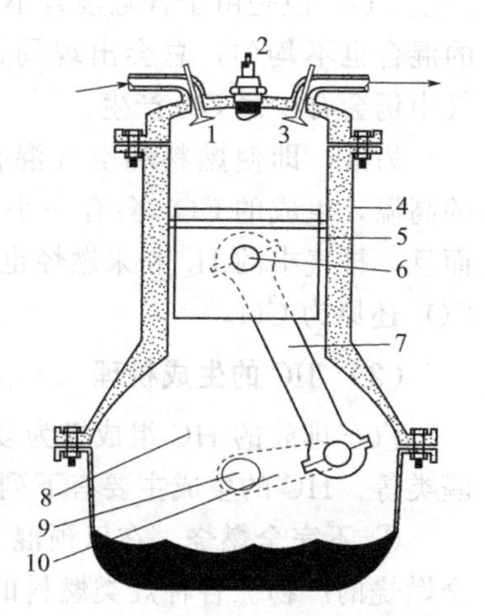

图 2-9　四冲程汽油发动机气缸的结构示意图

1—进气门；2—火花塞；3—排气门；4—缸体；5—活塞；6—活塞销；7—连杆；8—曲轴箱；9—曲轴；10—曲轴柄

汽油发动机工作过程中，发动机推动活塞做上下往复运动，通过连杆、曲轴柄带动曲轴旋转，向外输出功率。活塞位于最上端时，活塞的位置叫上止点；当活塞位于最下端时的位置叫下止点。火花点火的发动机的一个工作循环包括四个冲程（见图 2-10）。

进气冲程开始时，活塞位于上止点，进气门打开，排气门关闭，曲轴带动活塞向下移动，燃烧室容积加大，空气和燃料混合物通过进气门进入缸体。活塞到达下止点时，进气过程结束。在压缩冲程，进气门和排气门关闭，活塞上移，进入燃烧室的空气和燃料被压缩，在接近上止点时，火花塞点火，使缸内气体燃烧。气缸总容积与燃烧室容积之比称为压缩比（ε），一般汽油发动机 $\varepsilon=6\sim10$，而柴油机 $\varepsilon=16\sim24$。

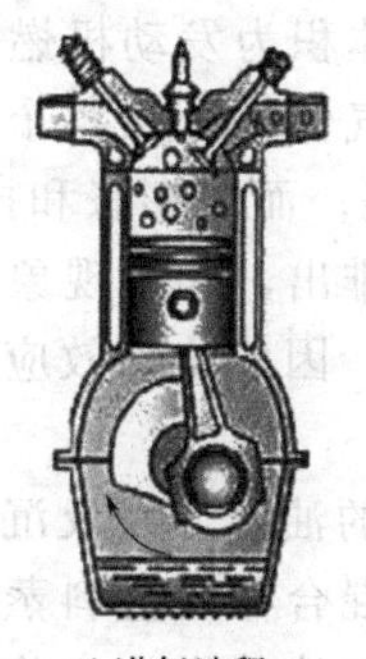

1.进气冲程

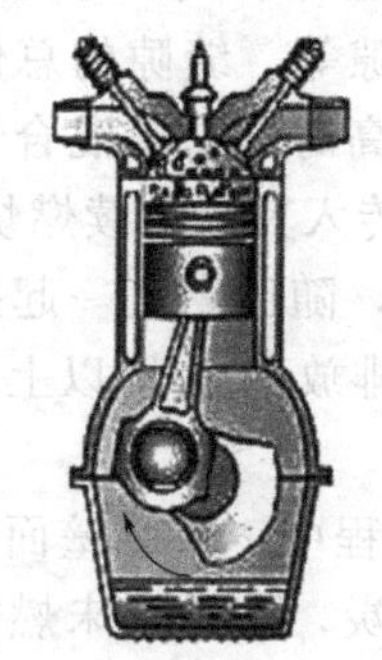

2.压缩冲程

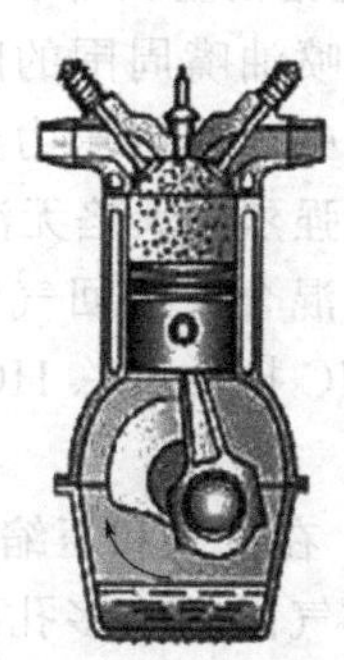

3.做功冲程

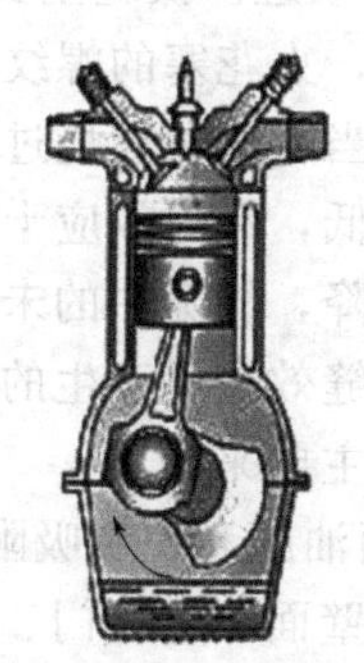

4.排气冲程

图 2-10　四冲程火花点火发动机工作循环示意图

在做功冲程，高压燃烧气体推动活塞下移，对外做功。

在排气冲程，排气门打开，活塞上升，燃烧后的气体从气缸中排出。排气冲程结束时，活塞位于上止点，接着进行下一个循环。

2.4.2.2 汽油车污染物的生成机理

（1） CO 的生成机理

根据燃烧化学反应，理论上当空气过剩系数 $\alpha=1.0$ 时，燃料汽油完全燃烧，其产物为 CO_2 和 H_2O。当空气过剩系数 $\alpha<1.0$，随着 α 的减小，CO 浓度增大（见图 2-11）。理论上，当 α 大于 1.0 时，排气中不产生 CO，但是由于各缸混合不一定均匀，燃烧室各处的混合也不均匀，总会出现局部的浓混合气，因此排气中仍会有少量 CO 产生。

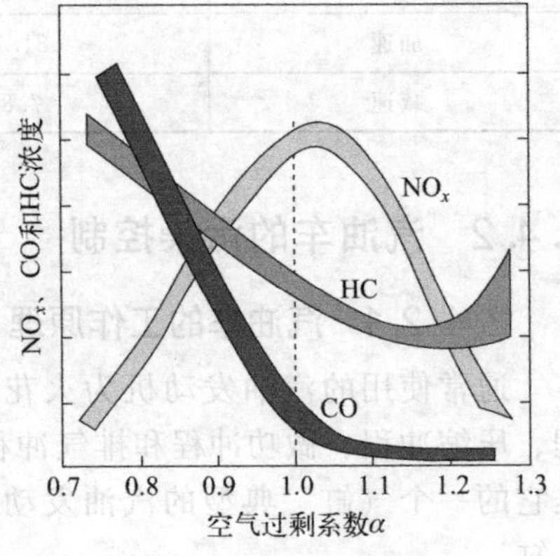

图 2-11 发动机排气中 CO、HC 和 NO_x 与 α 的关系

另外，即使燃料和空气混合很均匀，由于燃烧后的高温，生成的 CO_2 会有一小部分分解成 CO 和 O_2。而且，排气中的 H_2 和未燃烃也可能将排气中的一部分 CO_2 还原为 CO。

（2） HC 的生成机理

汽车排放的 HC 组成极为复杂，估计有 100～200 种成分。包括烷烃、烯烃、芳香烃和醛类等。HC 的生成主要有下列几种机理：

① 不完全燃烧。在以预混合气进行燃烧的汽油发动机中，HC 与 CO 一样，也是不完全燃烧的产物。各种烃类燃料的燃烧实质上是烃的一系列氧化反应。混合气过浓或过稀都可能引起燃烧不完全，因而，HC 的排放与空气过剩系数有密切的关系，如图 2-11 所示。

② 壁面淬熄效应。燃烧过程中，燃气温度可达 2000℃以上，而气缸壁面在 300℃以下，因而靠近低温壁面的气体，温度远低于燃气温度，而且气体的流动也较弱。温度较低的燃烧室壁面对火焰迅速冷却（也称激冷），使活化分子的能量被吸收，链式反应中断，在壁面形成厚约 0.1～0.2mm 的不燃烧或不完全燃烧的火焰淬熄层，产生大量的未燃 HC，这种现象称为壁面淬熄效应。

③ 狭缝效应。狭缝主要是指活塞头部、活塞环和气缸壁之间的狭小缝隙，火花塞中心电极的空隙，火花塞的螺纹、喷油嘴周围的间隙等。缝隙的总体积为发动机燃烧室容积的百分之几。当压缩和燃烧过程中气缸内压力升高时，未燃混合气体被压入各个狭缝，由于狭缝的温度低，淬熄效应十分强烈，火焰无法传入其中继续燃烧；而在膨胀和排气过程中，缸内压力下降，缝隙中的未燃混合气流回气缸，随已燃气一起排出，这种现象称为狭缝效应。由于狭缝效应所产生的 HC 排放占总 HC 排放的 30%以上，因此狭缝效应被认为是生成 HC 的最主要来源。

④ 壁面油膜和积炭吸附。在进气和压缩过程中，气缸壁面的油膜，以及沉积在活塞顶部、燃烧室壁面和进气门、排气门上的多孔积炭，会吸附未燃混合器和燃料蒸气，而在碰撞和排气过程中，这些吸附的燃料气逐步脱附释放出来，进入气体的燃烧产物中，随已燃气一起排出。

由淬熄效应、狭缝效应和吸附效应产生的 HC，在排气和膨胀过程中仅少部分被氧化，大部分随尾气排放。

(3) NO_x 的生成机理

汽油发动机燃烧过程中生成的 NO_x 主要是 NO，NO_2 量很少，对一般汽油发动机，$NO/NO_x=90\%\sim99\%$。在汽油发动机产生 NO 的三个途径中，燃料型和快速型 NO 的生成量都很小，高温 NO 是其主要来源。从图 2-11 可见，空气过剩系数 $\alpha=1.0$ 附近产生的 NO_x 最高，这是由于此时燃烧温度比较高。

2.4.2.3 汽油车大气污染物的生成控制

机动车排放污染控制是一项非常复杂的工作，包括法规制定和实施、加强城市规划和交通管理、燃料的改进和替代、汽油发动机的改进及尾气净化等几个方面。

(1) 法规制定和实施

制定合适和完善的机动车污染物排放标准，并严格实施。

实施在用车排放污染的检测/维护（I/M）制度。它是通过对在用车的检测确定其尾气排放污染严重的原因，然后有针对性地采取维护措施，使在用车最大限度地发挥自身的尾气排放净化能力，维持新车运行技术状况。I/M 制度对排放的削减是通过对在用车辆的正常维护和对超标车辆的维修来实现的。实施 I/M 制度，在检测站（I 站）进行检测时，及时发现排放不达标的车辆，让不达标车辆到指定的修理厂（M 站）进行维修后，再进入检测站（I 站）复测，合格后方可上路行驶，可有效降低在用车排放污染量。

(2) 加强城市规划和交通管理

主要措施：①加强城市公共交通系统建设；②通过征收燃油税等措施，减少机动车的空载率；③强化交通管理和停车管理，减少拥堵，减少城区交通流量，在城市中心区域限制污染物排放较高的机动车的使用。

(3) 燃料的改进和替代

改进燃料不仅是控制尾气排放的需要，也是满足先进发动机的要求；燃料替代尤其是燃料电池等新能源则是解决汽车对石油燃料依赖和汽车尾气污染问题的根本措施，也是汽车发展的方向。

① 汽油的改进。为了减少尾气排放，车用汽油经历了如下几次重大的改进：无铅化；苯含量控制、烯烃含量控制；汽油加氧。

② 清洁气体燃料。主要是指液化石油气（LPG）、压缩天然气（CNG）、工业煤气等。

③ 清洁液体燃料。主要是指甲醇或乙醇。

④ 氢燃料。

⑤ 新型动力汽车。主要有电动汽车、混合动力汽车和燃料电池汽车三类。

(4) 汽油发动机改进

汽油发动机改进又称为机内净化。主要包括以下几个方面：

① 汽油箱蒸气控制。采用密封式汽油箱蒸气控制装置。碳罐吸收和储存蒸气，当发动机工作时，利用化油器的真空将贮存的汽油蒸气吸入化油器，回收作燃料。

② 曲轴箱排气的回收。将抽出的气体引入发动机进气系统，强制通风。

③ 汽油直接喷射技术。将汽油直接气化、雾化喷入发动机，目前我国生产的轿车，基本上采用了电喷系统。

④ 废气再循环（EGR）。废气再循环是指把发动机排出的部分废气回送到进气支管，并与新鲜混合气一起再次进入气缸。由于废气中含有大量的CO_2，而CO_2不能燃烧却吸收大量的热，使气缸中混合气的燃烧温度降低，从而减少了NO_x的生成量。

EGR技术既适用于汽油发动机，也适用于柴油发动机。在采用三效催化转化器的发动机上，往往也同时采用尾气再循环装置，以降低催化器的负荷。

（5）尾气净化

汽油发动机尾气净化是机动车排气进入大气前的最后处理。目前尾气净化的通用方法是催化转化法（见5.3节）。

2.4.3 柴油车的污染控制

2.4.3.1 四冲程柴油车的工作原理

四冲程柴油发动机和汽油发动机的相同点是都是四个冲程，能的转化形式相同，都是将内能转化为机械能。不同点：①结构不同，汽油发动机的气缸比较短，上方有一个火花塞；柴油发动机的气缸比较长，上方有一个喷油嘴。②吸入的物质不同，汽油发动机吸入的是汽油和空气的混合物；而柴油发动机吸入的是空气。③压缩比不同，柴油发动机的压缩比较大。④效率不同，汽油发动机的热效率为20%～30%，柴油发动机的为30%～45%。⑤点火方式不同，汽油发动机是点燃式，柴油发动机是压燃式。⑥燃烧方式不同，汽油发动机是预混燃烧，柴油发动机是扩散燃烧。

2.4.3.2 柴油车污染物的生成机理

柴油发动机着火是在燃料和空气混合极不均匀的条件下开始的，燃烧是在边混合边燃烧的情况下进行的，扩散型燃烧是其主要的形式，因此排放特性与汽油发动机的不同。柴油发动机的CO和HC排放不到汽油发动机的十分之一，NO_x总体排放略低于汽油发动机，但柴油发动机排放的颗粒物却是汽油发动机的几十倍。因而柴油发动机排放控制的重点是颗粒物和NO_x。

柴油发动机的排放特性与燃烧室的形式有很大关系。直喷式与间接喷射式柴油机的排放有较大的不同；涡流室式柴油发动机的NO、CO、HC和碳烟普遍低于直喷式，特别是NO排放浓度一般比直喷式要低$\frac{1}{3}\sim\frac{1}{2}$。但是，涡流室式柴油发动机的燃油消耗率要比直喷式高。柴油发动机的燃烧过程很复杂，喷油规律、喷入燃料的雾化质量、气缸内气体的流动及燃烧室形状等均影响燃料在燃烧室的燃烧过程以及燃烧产物。

（1）柴油机气态污染物的生成机理

柴油发动机在压缩过程中，由于压缩比高，所以活塞接近上止点时，缸内气体压力可达3.5～4.5MPa，温度可达750～1000K，大大超过柴油的自燃温度。这时高压喷油嘴将柴油喷入燃烧室，柴油在极短时间内完成蒸发、扩散以及与空气混合的一系列过程，形成可燃混合气。在混合气浓度和温度都合适的地方首先自行着火燃烧，燃料一边扩散混合一边燃烧。在喷油嘴喷出的喷注中心油粒粗，速度快；越向外层，油粒越细，速度越慢。因此喷注中各处燃油在空气中的分布很不均匀，空燃比可从零到无穷大。

根据不同区域燃油与空气分布和燃烧机理，将喷注划分为几个区域（如图2-12所示）：

①贫油火焰区，柴油完全蒸发，出现火焰核心，接着火焰前锋开始蔓延，点燃周围的易燃混合气。在此区域燃烧是完全的，柴油转变为CO_2和H_2O，并形成高浓度NO_x（见图 2-13）。②贫油火焰外围区，会发生某些燃料分解和不完全燃烧。分解产物是分子量相对较小的碳氢化合物，不完全燃烧产物则包括CO、乙醛和过氧化物。可以认为该区是排气中未燃HC形成的一个主要区域（见图 2-13）。③喷注核心区，该区域的燃烧主要取决于局部的空燃比。在部分负荷下，这一区域有足够的氧，燃烧完全，并形成高浓度的NO_x（见图 2-13）。此时，火焰温度是影响NO_x生成的重要因素之一，而温度的高低既取决于油粒开始燃烧之前混合气的温度，也取决于燃烧热。在接近全负荷时，燃料密集核心的许多点产生不完全燃烧，除了未燃的碳氢化合物之外，CO、过氧化物和炭粒都可形成，此时，形成的NO_x量少。④喷注尾部区，在高负荷情况下，喷注尾部区很少有机会有充足的氧进入，但是其周围燃气温度很高，向这些油粒的传热速率也很快，因此，这些油粒很快蒸发和分解，分解产物包括未燃的碳氢化合物和炭粒，不完全氧化产物则包括CO、乙醛。

喷在壁面上的燃油的燃烧取决于蒸发速率以及燃油和氧的混合情况。油膜的蒸发速率与燃气和壁面温度、燃烧速率、压力和燃料特性等因素有关。如果周围燃气氧含量低或混合不均匀，蒸发则造成不完全燃烧。此时，燃油将分解，形成未燃的HC、不完全氧化产物及炭粒。不完全蒸发时，壁面上将会形成积炭。

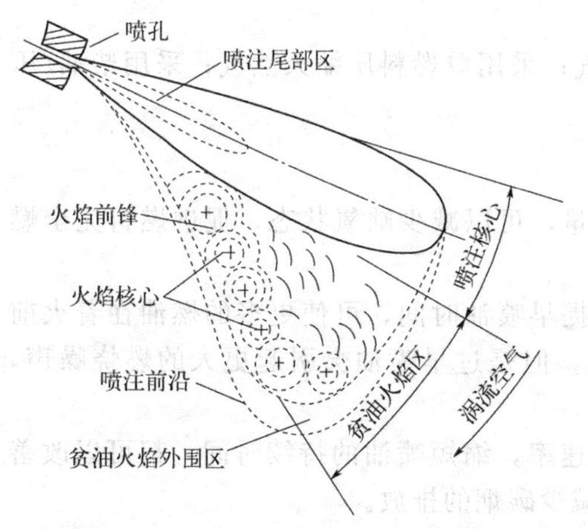

图 2-12　涡流空气中的喷注分区模型

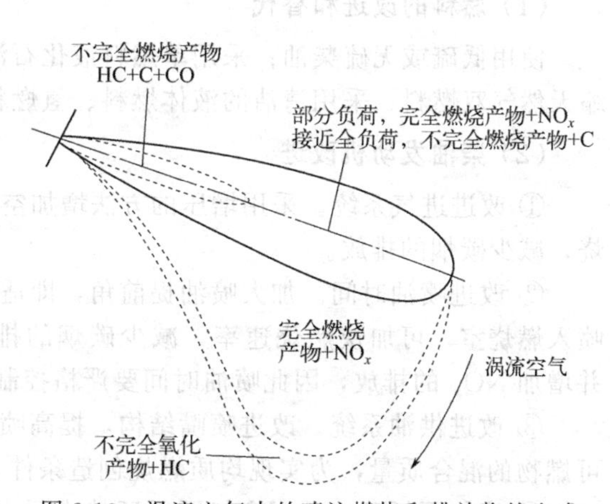

图 2-13　涡流空气中的喷注燃烧和排放物的生成

（2）柴油发动机颗粒物的生成机理

柴油发动机排出的颗粒物量一般是汽油发动机的 30～80 倍，其直径大约在 0.1～10μm。柴油发动机排出的颗粒物与汽油发动机不同，汽油发动机排放的颗粒物主要是含铅微粒和低分子量的物质，柴油发动机排出的颗粒物是由碳烟（DS）、可溶性有机物（SOF）和硫酸盐三部分组成。柴油发动机的排烟通常可分为白烟、蓝烟和黑烟三种。

① 白烟是直径大于 1μm 的微粒，一般出现在寒冷天气冷起动和怠速工况时。改善柴油发动机起动性能后，白烟可减少。

② 蓝烟是燃油或润滑油在几乎没有燃烧或部分燃烧而处于分解状态下，呈直径小于 0.4μm 的液态微粒的排出物。蓝烟通常是在柴油发动机充分暖车之前，或在很小的负荷下运行时产生的。白烟和蓝烟都是燃油的液状微粒，本质上并无差别，只是粒径不同而已。

不同颜色是由不同直径的微粒对光线的散射不同而引起的。

③ 黑烟通常是在高负荷时产生的。燃油在高温缺氧的条件下，发生部分氧化、热裂解和脱氢，形成碳粒子，经碰撞凝聚而形成碳烟。

研究发现，对过剩空气系数 $\alpha \leq 0.6$ 的混合气，在 1500K 以上温度燃烧后必定产生碳烟，在 1600～1700K 范围内碳烟的生成量达到最大值。若要使燃烧后的碳烟和 NO_x 都很少，混合气的过剩空气系数应该在 0.6～0.9 之间。如何将过剩空气系数控制在该范围内，又保证完全燃烧，是一个很困难的技术课题。

在整个燃烧过程中，碳烟要经历生成和氧化两个阶段。加速碳烟氧化的措施，往往会引起 NO_x 的增加，因此，为了同时降低 NO_x 的排放，控制碳烟排放应着重控制碳烟的生成阶段。

2.4.3.3 柴油车大气污染物的生成控制

车用柴油发动机主要排放物为 PM（颗粒物）和 NO_x，而 CO 和 HC 排放量较低。控制柴油发动机尾气排放主要是控制 PM 和 NO 生成，降低 PM 和 NO_x 的直接排放。

同汽油车污染物排放控制相似，其主要措施也包括法规制定和实施、加强城市规划和交通管理、燃料的改进和替代、柴油发动机的改进及尾气净化等几个方面。其中前两个方面的内容与汽油车污染物排放控制相同，在此仅介绍后三个方面。

（1）燃料的改进和替代

使用低硫或无硫柴油；采用单燃料液化石油气；采用单燃料压缩天然气；采用柴油/压缩天然气双燃料；采用清洁的液体燃料、氢燃料。

（2）柴油发动机改进

① 改进进气系统。采用增压的方法增加空气量，可以减少缺氧状态，促进燃料完全燃烧，减少碳烟的排放。

② 改进喷油时间。加大喷油提前角，即适当提早喷油时间，可使更多的燃油在着火前喷入燃烧室，可加快燃烧速率，减少碳烟的排放。但是过早喷油会引起更大的燃烧噪声，并增加 NO_x 的排放，因此喷油时间要严格控制。

③ 改进供油系统。改进喷嘴结构，提高喷油速率，缩短喷油的持续时间，都可以改善可燃物的混合质量，为实现均质燃烧创造条件，减少碳烟的排放。

④ 废气再循环。采用废气再循环技术后，柴油机 NO_x 的排放量可减少 90%以上。但在大负荷情况下，废气的热量同时加热了进气，增大了热负荷，会部分抵消对 NO_x 排放的改善作用。这时就需要对再循环废气进行冷却，即采用冷却式废气再循环技术。

⑤ 降低供油量。适当减少起动油量，可降低低速、低负荷时的颗粒物排放；适当降低最大供油量，可降低全负荷条件下的颗粒物排放。但降低供油量会造成车辆动力性能下降，因此要慎重。

⑥ 采用增压和中冷技术。增压和中冷技术是提高柴油发动机功率、燃油经济性以及降低污染物排放量的最有效措施之一。增压技术最常见的是废气涡轮增压，由于进气密度的大幅提高，柴油发动机功率可提高 30%～100%，燃油经济性也明显改善，CO、HC 和碳烟的排放都有一定程度的降低，柴油发动机采用进气涡轮增压后，由于进气温度较高，提高了最高燃烧温度，反而使 NO 的比排放［g/(kW·h)］增加。为此，可采用增压中冷技术使进气温度降低，防止 NO_x 排放性能的退化。

⑦ 采用分隔式燃烧室。分隔式燃烧室的 NO_x 排放要比直喷式燃烧室低 1/3～1/2，这是因为在分隔式燃烧室中，副燃烧室的壁温较高，滞燃期短，爆发压力低，从而使火焰前峰温度低，且分隔室中 α 小，处于缺氧条件下，这些均抑制了 NO_x 的产生。由于分隔式燃烧系统利用二次涡流促进主室的混合气形成和燃烧，在主室中减少或避免高温局部缺氧的不利影响，所以分隔式燃烧室的 HC、CO 和颗粒物排放量也较少，此外噪声也较低。但分隔式燃烧室的经济性差。

⑧ 电控柴油喷射。柴油发动机电控喷射系统由传感器、执行器、电控单元三部分组成。它可以实现在任何工况下都选择最佳的喷油量、喷油压力、喷油提前角、喷油速率等参数，从而改善柴油发动机的燃油经济性和排放性能，是柴油发动机控制污染物排放的有效手段。

（3）尾气净化

柴油发动机尾气净化包括催化法转化器、颗粒捕集器的应用（参见 5.3 节）。

习题

2-1 辛烷在常压下完全燃烧，空气过剩 15%。分别计算在下列温度下平衡时烟气中 NO 的体积分数：(1) 1000K；(2) 1500K；(3) 2000K。

2-2 已知重油元素分析结果如下：C：85.5% H：11.3% O：2.0% N：0.2% S：1.0%，试计算：

(1) 燃油 1kg 所需理论空气量和产生的理论烟气量；

(2) 干烟气中 SO_2 的浓度和 CO_2 的最大浓度；

(3) 当空气的过剩量为 10%时，所需的空气量及产生的烟气量。

2-3 煤的元素分析结果如下：S 0.6%；H 3.7%；C 79.5%；N 0.9%；O 4.7%；灰分 10.6%。在空气过剩 20%条件下完全燃烧。计算烟气中 SO_2 的浓度。

2-4 某锅炉燃用煤气的成分如下：H_2S 0.2%；$CO_2$5%；$O_2$0.2%；$CO_2$8.5%；$H_2$13.0%；$CH_4$20.7%；$N_2$52.4%。空气含湿量为 12g/kg，$\alpha=1.2$，试求实际需要的空气量和燃烧时产生的实际烟气量。

2-5 干烟道气的组成为：CO_2 11%（体积分数），O_2 8%，CO 2%，SO_2 120×10^{-6}（体积分数），颗粒物 30.0g/m^3（在测定状态下），烟道气流流量在 700mmHg 和 443K 条件下为 5663.37m^3/min，水汽含量 8%（体积分数）。

试计算：(1) 过量空气百分比；(2) SO_2 的排放浓度（$\mu g/m^3$）；(3) 在标准状态下（101325Pa 和 273K），干烟道气体积；(4) 在标准状态下颗粒物的浓度。

2-6 煤炭的元素分析以质量分数表示，结果如下：氢 5.0%；碳 75.8%；氮 1.5%；硫 1.6%；氧 7.4%；灰分 8.7%。燃烧条件为空气过量 20%，空气的湿度为 0.0116mol（H_2O）/mol(干空气)，并假定完全燃烧，试计算烟气的组成。

2-7 燃料油组成为（以质量分数表示）：C 86%，H 14%。在干空气下燃烧，烟气分析结果（基于干烟气）为：O_2 1.5%；CO 600×10^{-6}（体积分数）。试计算燃烧过程的空气过剩系数。

2-8 常压下，用奥萨特气体分析仪测得烟气成分如下：CO_2 和 SO_2 总计为 10.7%，O_2 为 8.2%，不含 CO。求过剩空气系数。若实测烟尘浓度为 4200mg/m^3，校正至过剩空气

系数 $\alpha=1.8$ 时，烟尘浓度是多少？

2-9 普通煤的元素分析如下：C 65.7%；灰分 18.1%；S 1.7%；H 3.2%；水分 9.0%；O 2.3%。（含 N 量不计）。

（1）计算燃煤 1kg 所需要的理论空气量和 SO_2 在烟气中的浓度（以体积分数计）；

（2）假定烟尘的排放因子为 80%，计算烟气中灰分的浓度（以 mg/m^3 表示）；

（3）假定用流化床燃烧技术加石灰石脱硫。石灰石中含 Ca 35%。当 Ca/S 为 1.7（摩尔比）时，计算燃煤 1t 需加石灰石的量。

2-10 当空气过剩系数为 1.2 时，计算汽油（辛烷）燃烧产物中 CO 的摩尔分数。

2-11 我国机动车排放标准为：汽车每公里排放的 CO 不能超过 1000mg；汽车每公里排放的非甲烷 HC 不能超过 68mg；每公里行驶排放的氮氧化物不超过 60mg。某汽车的尾气排放：CO 为 10g/km，HC 为 150mg/km，NO_x 为 3.5g/km。计算达到排放标准时催化转化器所需的转化率。

2-12 某机动车的燃油各成分的质量分数为：50%辛烷、25%的庚烷和 25%的乙醇。试计算其理论空燃比。

2-13 设某汽车行驶速度为 80km/h 时，4 缸发动机的转速为 2000r/min，已知该条件下汽车的油耗为 8L/100km，请计算每次燃烧过程喷入发动机气缸的汽油量。

2-14 在冬季 CO 超标地区，要求汽油中有一定的含氧量，假设全部添加 MTBE（$CH_3OC_4H_9$）；要达到汽油中（C_8H_{17}）质量分数 2.7%的含氧要求，需要添加多少 MTBE（以%计）？假设两者密度均为 $0.75g/cm^3$，含氧汽油的理论空燃比是多少？

2-15 减少发动机燃烧室表面积可以：（1）减少废气中 HC 含量；（2）增加废气中 HC 含量；（3）减少废气中 NO_x 的含量；（4）以上都不是。

2-16 丙烷充分燃烧时，要供入的空气量为理论量的 125%，反应式为：$C_3H_8+5O_2 \longrightarrow 3CO_2+4H_2O$。燃烧 100mol 丙烷需要多少摩尔空气？

第3章

除尘技术基础

大气中的污染物按其存在状态分为气溶胶状态污染物和气体状态污染物，其中除尘技术研究的对象是气溶胶。从气溶胶中去除固体或液体颗粒物的技术称为除尘（分离）技术或集尘技术，本教材统一用除尘技术这一工程术语。

除尘过程是一个非常复杂的物理过程，它不仅与运载颗粒的流体的物理性质、流动状态等密切相关，还与颗粒的粒径及其分布、气溶胶的物理性质以及颗粒在不同力场中的运动规律等有关。因此，本章就其相关知识进行扼要介绍。

3.1 流体相关的基本概念

3.1.1 流体

流体是液体和气体的总称。流体不同于固体，它具有易流动性、可压缩性以及黏性（黏滞性）等特点。

(1) 流体运动状态

流体运动状态分为层流（laminar flow）和湍流（turbulent flow）。当流体流速很小时，流体分层流动，互不混合，称为层流，或称为片流；逐渐增加流速，流体的流线开始出现波浪状的摆动，摆动的频率及振幅随流速的增加而增加，此种流况称为过渡流；当流速增加到很大时，流线不再清晰可辨，流场中有许多小漩涡，称为湍流，又称为乱流、扰流或紊流。这种变化可以用雷诺数来量化。雷诺数较小时，流体流动稳定，为层流；反之，若雷诺数较大时，流体流动较不稳定，流速的微小变化容易发展、增强，形成紊乱、不规则的湍流流场。

(2) 流体分类

根据特性，流体可分为下述三类：

① 不可压缩性流体和可压缩性流体。在一般情况下，液体可视为不可压缩性流体，而气体是可压缩性流体。在工程上，对于气体流速远小于声速，且压力和温度变化较小的气体，可视为不可压缩性气体。如，常温常压下工作的除尘器、吸风机、送风机和气体输送装置等，都可按不可压缩性流体力学原理进行计算；对于高温高压下工作的除尘器、压缩比很大的送风机或压缩机，以及高真空高压气流输送装置，其气流应按可压缩性流体来计算，否则将导致较大误差。

② 黏性流体与非黏性流体。实际流体都具有一定的黏性，自然界中各种真实流体都是黏性流体。有些流体黏性很大（例如甘油、油漆、蜂蜜）；有些流体黏性很小（例如水、空气）。在分析黏性较大的流体的流动状态及流动规律时，必须考虑流体黏性的影响。在某些特定情况下可以暂时不考虑流体的黏性对流体的影响，这种忽略黏性影响的流体，称为非黏性流体。当流体的黏性和可压缩性很小时，可近似看作是理想流体（即不可压缩的非黏性流体）。

③ 单相流体与多相流体。单组分气体、多组分气体或彼此能溶解的液体都是单相流体；凡是固体颗粒、液体或二者同时悬浮在气体介质中，或者是固体颗粒或微小气泡悬浮于液体中，这样的流体称为多相流体。在除尘技术中，当含尘浓度很低时，气溶胶的整个流动规律可按单相流体处理，但对于除尘器中的除尘过程的分析必须按多相流体进行分析。

3.1.2 气体的性质

在除尘技术中，所涉及的气体性质主要有气体的湿度、密度、黏度等，下面将这些基本概念和计算分别给予介绍。

（1）气体的湿度

气体的湿度是指湿气体中水蒸气的含量，可用气体绝对湿度（ρ_w）、相对湿度（φ）以及含湿量（d）来表示。

① 绝对湿度是 $1m^3$ 湿气体中含有的水蒸气质量。可以用理想气体状态方程来计算：

$$p_w V = n_w RT = \frac{m_w}{M_w} RT$$

$$\rho_w = \frac{m_w}{V} = \frac{p_w M_w}{1000RT}(\mathrm{kg/m^3}),M_w\text{ 的单位为 g/mol} \tag{3-1}$$

或

$$\rho_w = \frac{m_w}{V} = \frac{p_w M_w}{RT}(\mathrm{kg/m^3}),M_w\text{ 的单位为 kg/mol}$$

式中，p_w 为湿气体中水蒸气的分压，Pa；M_w 为水的摩尔质量；R 为理想气体常数，8.314J/(mol·K)；T 为湿气体的温度，K。

② 相对湿度（φ）是湿气体的绝对湿度与同温度下饱和绝对湿度的百分比。它等于湿气体中水蒸气的分压 p_w 与同温度下的饱和水蒸气压 p_v 之比：

$$\varphi = \frac{p_w}{p_v} \times 100\% \tag{3-2}$$

③ 含湿量（d）是指 1kg 干气体中所含有的水蒸气的量，根据理想气体状态方程：

$$d = \frac{\dfrac{p_w M_w}{RT}}{\dfrac{p_d M_d}{RT}} = \frac{p_w M_w}{p_d M_d}[\text{kg(水蒸气)/kg(干气体)}] \tag{3-3}$$

式中，M_d 为干气体的摩尔质量，单位与M_w 一致；p_d 为干气体的分压，Pa。

由道尔顿分压定律：$p_w+p_d=p_T$（p_T 是湿气体的总压，Pa）；又 $p_w=\varphi p_v$，代入 $d=\frac{p_w M_w}{p_d M_d}$中得：

$$d=\frac{M_w}{M_d}\times\frac{\varphi p_v}{p_T-\varphi p_v}\quad[\text{kg(水蒸气)/kg(干气体)}] \tag{3-4}$$

(2) 气体密度

气体密度 ρ 是指在一定的温度和压力下，单位体积气体所具有的质量。气体密度随气体的温度和压力的变化而变化，它们之间的关系也可通过理想气体状态方程来确定：

$$pV=nRT=\frac{m}{M}RT\longrightarrow p=\frac{m}{VM}RT=\rho\frac{RT}{M}$$

$$\rho=\frac{pM}{RT}(\text{kg/m}^3) \tag{3-5}$$

式中，p 为气体的压强，Pa；M 为气体的摩尔质量，kg/mol；R 为理想气体常数，8.314J/(mol·K)；T 为湿气体的温度，K。

根据道尔顿分压定律还可以得出混合气体的密度计算公式：

$$\rho_T=\rho_1\cdot x_1+\rho_2\cdot x_2+\rho_3\cdot x_3+\cdots+\rho_i\cdot x_i \tag{3-6}$$

x_i 是各组分气体的摩尔分数；ρ_i 是在同温、同压下各组分气体的密度。

(3) 气体的黏度

气体是一种流体，流体具有抵抗剪切变形的能力，流体的这个特性即是流体的黏性。黏度是流体抗剪切能力的量度。流体在流动时，相邻的层与层间的流体质点发生相对运动，此时，层与层间出现大小相等、方向相反的内摩擦力。牛顿经过长期的实验研究，于 1686 年确定了流体黏性内摩擦定律，指出不同流速的流体层间的摩擦应力（τ）的大小与流体的动力黏性系数（μ，简称黏度）之间的关系，即：$\mu=\tau/\frac{dv}{dn}$，其中$\frac{dv}{dn}$是速度梯度，τ 是单位面积上的摩擦力，即摩擦应力。黏度 μ 国际单位是 Pa·s 或 kg/(m·s)。当流体确定为气体时，则表现为气体动力黏度，上述公式依然适用。动力黏性系数 μ 的大小与流体的种类和温度密切相关。如空气在 293K，一个大气压（1atm＝101325Pa）下的黏度值为 1.8×10^{-5}Pa·s，在 303K，一个大气压下的黏度值为 1.90×10^{-5}Pa·s。

在流体力学计算中，还常使用运动黏度（γ）。流体的动力黏度与运动黏度的关系如下：

$$\gamma=\frac{\mu}{\rho}(\text{m}^2/\text{s}) \tag{3-7}$$

表 3-1 给出了常压下空气在不同温度下的黏度值。

表 3-1　常压下空气在不同温度下的黏度值

温度/℃	0	10	20	30	40	50	60	80	100
黏度/(Pa·s)	1.71×10^{-5}	1.76×10^{-5}	1.81×10^{-5}	1.86×10^{-5}	1.90×10^{-5}	1.95×10^{-5}	2.00×10^{-5}	2.09×10^{-5}	2.18×10^{-5}

(4) 气体的热容

在设计大气污染控制工程设备时，经常会遇到气体由温度变化引起的热量计算问题，为此就必须了解热容的基本概念。

在不发生相变化和化学变化的前提下，系统与环境所交换的热与由此引起的温度变化之比称为系统的热容，其数学表达式为 $C=\frac{\mathrm{d}Q}{\mathrm{d}T}$(J/K)。气体的热容值与热过程和取用的气体单位的量有关。单位质量的物质在恒容条件下进行，该热容称为质量等容热容（C_v），单位是J/(kg·K)或J/(g·K)；单位质量的物质在恒压条件下进行，该热容称为等压热容（C_p），单位是J/(kg·K)或J/(g·K)。单位物质的量的物质在恒容条件下的比摩尔热容为定容摩尔热容（$C_{v,\mathrm{m}}$），单位是J/(mol·K)。单位物质的量的物质在恒压条件下的比摩尔热容为定压摩尔热容（$C_{p,\mathrm{m}}$），单位是J/(mol·K)。

对于理想气体来说，单原子分子 $C_{v,\mathrm{m}}=\frac{3}{2}R$，双原子分子 $C_{v,\mathrm{m}}=\frac{5}{2}R$，$C_{p,\mathrm{m}}-C_{v,\mathrm{m}}=R$，$C_p-C_v=nR$，其中 R 取值为8.314 J/(mol·K)。

对于多组分的混合气体的定压摩尔热容 $C_{p,\mathrm{m}}$，可按下式计算：

$$C_{p,\mathrm{m}}=\sum_{i=1}^{n}C_{p,\mathrm{m},i}y_i \tag{3-8}$$

式中，y_i 是混合气体中 i 组分的摩尔分数；$C_{p,\mathrm{m},i}$ 是混合气体中 i 组分的定压摩尔热容。

3.2 气溶胶颗粒的粒径

气溶胶颗粒的粒径直接影响除尘器的设计和运行效果，因此它是除尘技术中主要考虑的因素之一。气溶胶颗粒的粒径分为单颗粒粒径和颗粒群的平均粒径。

3.2.1 单颗粒粒径

气溶胶颗粒的形状多是不规则的，只有少数颗粒物呈球形。对于球形颗粒物，其粒径等于该球的直径；对于不规则的颗粒物，其粒径因测量方法不同规定出不同的粒径定义，当然不同的粒径定义得出的粒径数值也不同。

确定粒径的常用方法有两类：一类是借助光学显微镜、电子显微镜或筛分等方法来测量颗粒粒径，这类方法称为粒径的直接测量方法；另一类是根据颗粒的某种物理性质（如颗粒在流体中的沉降速度、颗粒密度等）来确定颗粒的粒径，这类方法称为粒径的间接测量方法。前者所确定的粒径是表示颗粒的代表性尺寸（又称示性尺寸），如投影径和筛分径等。而后者取与颗粒某一物理性质相同的球形粒子的直径，用此概念确定的粒径称为当量直径。

3.2.1.1 用示性尺寸表示的单颗粒粒径

(1) 投影径

它是用光学显微镜或电子显微镜所观测到的粒径。由此所测得的颗粒粒径有若干种定义。现简单介绍如下：

① 长径与短径：在颗粒平面投影图像中，选择相对两边两根平行线间的最大距离定为该颗粒的长径；选择相对两边两根平行线间的最短距离定为颗粒的短径，如图 3-1(a) 所示。

② 定向径 d_F（Feret 径）：颗粒投影面上两平行线间的距离定为该颗粒的定向径，d_F 可任取方向，但通常规定的定向与底边平行，如图 3-1(b) 所示。

③ 定向面积等分径 d_M（Martin 径）：是颗粒投影面积二等分的线段长度。d_M 与所取方向有关，通常规定等分线与底边平行，如图 3-1(c) 所示。

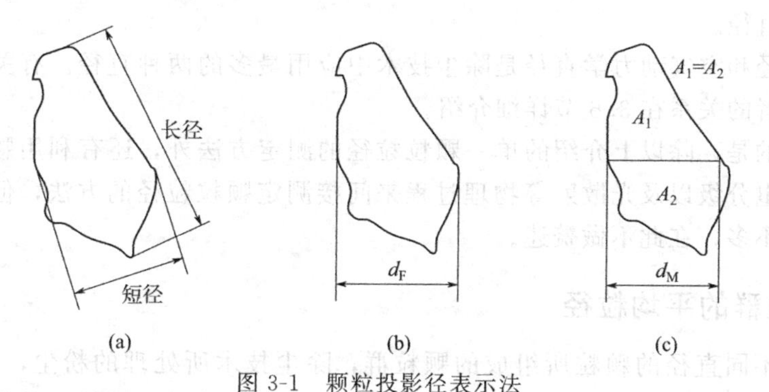

图 3-1 颗粒投影径表示法

（2）筛分径

筛分是一种最简单且应用最广泛的分离颗粒大小的方法。分离粒径的范围为 20μm～120mm，以颗粒能够通过最小筛孔的宽度定为该颗粒的粒径，依此法确定的颗粒粒径称为筛分径。筛孔的大小用目表示（每英寸[1]长度上筛孔的个数称为目数）。

3.2.1.2 当量直径

颗粒的当量直径随所选取的某颗粒与球形颗粒相同的物理量的不同而不同。下面介绍几种常用的当量直径。

（1）投影面积径 d_H（Heywood 直径）

它是指以与颗粒的投影面积相等的圆的直径定为该颗粒的直径，如图 3-2 所示。若颗粒的投影面积为 A_p，则投影面积当量直径为：

$$d_H=\sqrt{\frac{4A_p}{\pi}}=1.128\sqrt{A_p} \tag{3-9}$$

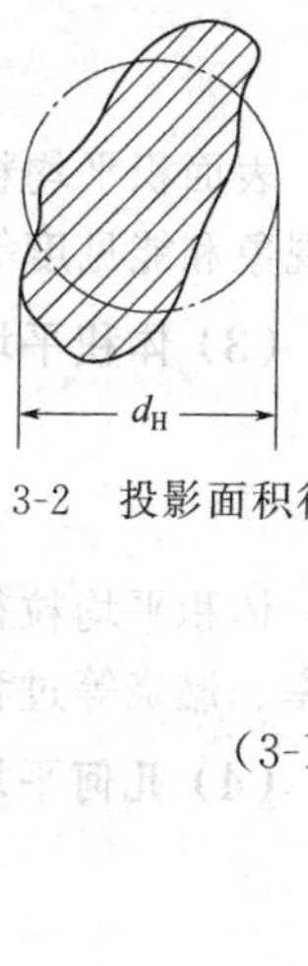

图 3-2 投影面积径

（2）等体积径（d_v）

它是指以与颗粒的体积相等的球的直径定为该颗粒的粒径，若颗粒的体积为 V_p，则等体积球形颗粒的当量直径为：

$$d_v=\sqrt[3]{\frac{6V_p}{\pi}}=1.24\sqrt[3]{V_p} \tag{3-10}$$

[1] 1 英寸＝25.4mm。

(3) 自由沉降径（d_f）

以与颗粒密度相同的球体，在密度和黏度相同的气体中，与颗粒具有相同的沉降末速度的球体直径定为颗粒的等沉降末速度的当量直径。

(4) 斯托克斯（Stokes）径（d_s）

颗粒在粒子雷诺数 $Re_p \leqslant 1$ 时的自由沉降粒径称为斯托克斯径。

(5) 空气动力学直径（d_a）

在静止空气中，颗粒沉降速度与密度为 1000kg/m^3 的球沉降末速度相同的球的直径定为空气动力学直径。

斯托克斯径和空气动力学直径是除尘技术中应用最多的两种直径。有关这两种直径的计算方法和两者的关系在 3.6 节详细介绍。

需要说明的是，除以上介绍的单一颗粒粒径的测定方法外，还有利用颗粒在流体中淘析、碰撞、静电分级以及光散射等物理过程来间接测定颗粒粒径的方法，但这些方法在除尘技术中应用不多，在此不做赘述。

3.2.2 颗粒群的平均粒径

粉尘是由不同直径的颗粒所组成的颗粒群，除尘技术所处理的粉尘，粒径相差悬殊，在除尘器设计及计算时，往往需要知道所处理粉尘的平均粒径。颗粒群的平均粒径常用如下几种表示方法。

(1) 算术平均粒径（d_L，长度平均粒径）

$$d_L = \frac{\sum n_i d_i}{\sum n_i} \tag{3-11}$$

式中，d_i 为任一单颗粒粒径；n_i 为该粒径的颗粒个数。

算术平均粒径是所有单颗粒粒径的算术平均值，常用于研究蒸发现象或颗粒大小的比较。

(2) 表面积平均粒径（d_S）

$$d_S = \sqrt{\frac{\sum n_i d_i^2}{\sum n_i}} \tag{3-12}$$

表面积平均粒径又称平均平方根粒径，相当于按面积计算的平均粒径，常用于研究吸附现象和能见度等。

(3) 体积平均粒径（d_V）

$$d_V = \sqrt[3]{\frac{\sum n_i d_i^3}{\sum n_i}} \tag{3-13}$$

体积平均粒径又称平均立方根粒径，相当于按体积计算的平均粒径，常用于气体输送、效率、燃烧等过程的计算。

(4) 几何平均粒径（d_g）

$$\ln d_g = \frac{\sum n_i \ln d_i}{\sum n_i} \tag{3-14}$$

几何平均粒径又称对数算术平均粒径，它是对粒径分布符合对数正态分布的粉尘，表征其分布特性的平均粒径。

除以上表示颗粒群的平均粒径的方法外，与除尘技术密切相关的平均粒径还有众径 d_d 和中位径 d_{50}，这两个平均粒径将在3.3节中介绍。

3.3 气溶胶颗粒的粒径分布及分布函数

气溶胶颗粒的粒径分布是指气溶胶中各种粒径颗粒所占的比例。表示气溶胶颗粒粒径分布最常用的方法有个数分布和质量分布两种。从气溶胶颗粒群中取出具有代表性并符合统计学所规定的样本，在显微镜下进行观测，将观测到的粒径以及各粒径或粒径区间内颗粒的个数或质量分成各等距（或不等距）组，并以表格形式将各组中的粒子个数或质量数排列成表。以颗粒的个数表示所占的比例时，称为个数分布；以颗粒的质量表示时，称为质量分布。下面首先介绍粒径的个数分布，然后介绍粒径的质量分布及两者的换算关系。

3.3.1 粉尘粒子的个数分布

粉尘粒子的个数分布常用颗粒个数频率 f_i 和个数筛下累积频率 F_i 来表示。个数频率 f_i 是指第 i 组中的颗粒个数 n_i 与颗粒总数 $\sum n_i$ 之比；颗粒个数筛下累积频率 F_i 是指小于第 i 组上限粒径的所有颗粒个数与颗粒总个数之比。

$$f_i=\frac{n_i}{\sum n_i} \tag{3-15}$$

$$\sum^{N} f_i=1 \tag{3-16}$$

$$F_i=\frac{\sum^{i} n_i}{\sum^{N} n_i} \tag{3-17}$$

$$F_i=\sum^{i} f_i \tag{3-18}$$

粉尘粒子的个数分布情况还可以用个数频率密度（p，简称频度）来描述，$p=\frac{\mathrm{d}F}{\mathrm{d}d_p}$，即个数筛下累计频率 F 和个数频率密度 p 是粒径的连续函数。可以简单计算出每一间隔的平均频度 $\overline{p}_i=\frac{\Delta F_i}{\Delta d_{pi}}=\frac{f_i}{\Delta d_{pi}}$。

表3-2中列出了从显微镜载玻片上所观测到的对1000个粒子的测定和计算结果，每一组距的中点称为组中点，每一组的组中点粒径可以作为本组的颗粒粒径，因此，可以说1000个粒子的最小粒径是2.0μm，最大粒径是42.5μm。

表3-2 1000个颗粒的测定数据及其分布情况

组数 i	组粒径限 /μm	组上限 /μm	组距 Δd_{pi} /μm	组中点 d_{pi} /μm	组个数 n_i/个	个数频率 f_i	个数筛下累计频率 F_i	个数频度 p /μm^{-1}
1	0～4.0	4.0	4.0	2.0	104	0.104	0.104	0.026

续表

组数 i	组粒径限 /μm	组上限 /μm	组距 Δd_{pi} /μm	组中点 d_{pi} /μm	组个数 n_i/个	个数频率 f_i	个数筛下累计频率 F_i	个数频度 p /μm^{-1}
2	4.0～6.0	6.0	2.0	5.0	160	0.160	0.264	0.080
3	6.0～8.0	8.0	2.0	7.0	161	0.161	0.452	0.094
4	8.0～9.0	9.0	1.0	8.5	75	0.075	0.500	0.048
5	9.0～10.0	10.0	1.0	9.5	67	0.067	0.567	0.067
6	10.0～14.0	14.0	4.0	13	186	0.186	0.753	0.0465
7	14.0～16.0	16.0	2.0	15	61	0.061	0.814	0.0305
8	16.0～20.0	20.0	4.0	18	79	0.079	0.893	0.0198
9	20.0～35.0	35.0	15.0	27.5	103	0.103	0.996	0.0068
10	35.0～50.0	50.0	15.0	42.5	4	0.004	1.000	0.003
11	＞50	∞			0	0.00	1.000	0.000
总计					1000 个	1		

注：算术平均粒径 $d_L=11.17\mu m$，个数中位径 $d_{n50}=9.0\mu m$，个数众径 $d_{nd}=6.0\mu m$，几何平均粒径 $d_g=8.86\mu m$。

尽管从该表格上可以看出这 1000 个气溶胶颗粒的粒径分布情况，但不够直观，因此，根据表 3-2 中的数据，以组中点 d_{pi} 为横坐标，以个数筛下累计频率 F_i 为纵坐标，绘制的个数筛下累计频率分布曲线，如图 3-3 所示，图中个数筛下累计频率 $F_i=0.5$ 时对应的粒径约为 $7.3\mu m$，这个点对应的颗粒粒径称为个数中位径（d_{n50}）。

再根据表 3-2 中的数据，以组距 Δd_{pi} 对个数频度 p 绘制个数频度 p 的直方图；以组中点 d_{pi} 对每一间隔的平均频度 $\overline{p}_i$ 作图，如图 3-4 中的圈点所示。由图看见，当测定颗粒组数趋于无限，且组距趋于零时，所有点的连线就趋近于一条光滑的曲线（个数频率密度分布曲线），该曲线的最高点就是颗粒数最多的点，该点对应的颗粒粒径就称为个数众径（d_{nd}）。

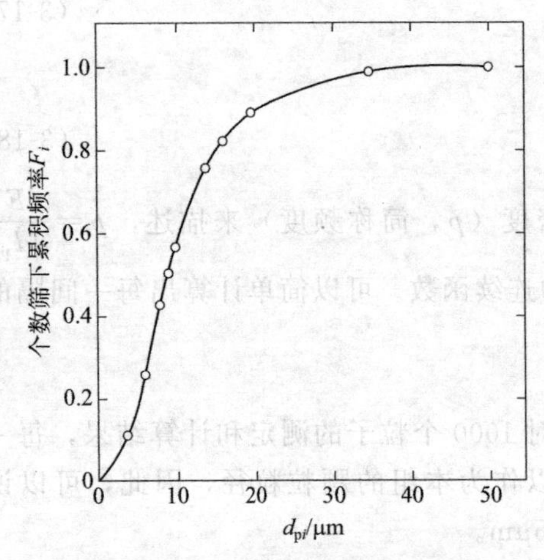

图 3-3 个数筛下累计频率分布曲线图

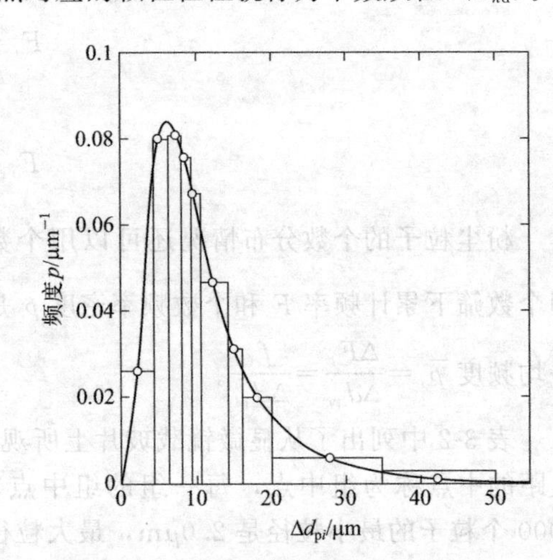

图 3-4 个数频率密度分布曲线图

3.3.2 粉尘粒子的质量分布

假设所有颗粒具有相同密度，且把所有颗粒视为球形粒子，以颗粒个数给出的粒径个数分布数据可以转换为粒子的质量分布，或者进行相反的换算。类似于个数分布，也有质量频率（g_i）、质量筛下累积频率（D_i）、质量频率密度（q）等。它们的定义及与个数分布数据之间的换算如下：

第 i 组颗粒的质量频率（把组中点径视为该组颗粒粒径）：

$$g_i = \frac{m_i}{\sum m_i} = \frac{n_i d_{pi}^3}{\sum^N n_i d_{pi}^3} \qquad 且 \sum^N g_i = 1 \tag{3-19}$$

小于第 i 组上限的颗粒的质量筛下累积频率（把组中点径视为该组颗粒粒径）：

$$D_i = \sum^i g_i = \frac{\sum^i n_i d_{pi}^3}{\sum^N n_i d_{pi}^3} \tag{3-20}$$

质量频率密度（q）：$q = \frac{dD_i}{dd_p} = -\frac{dR}{dd_p}$，即质量筛下累计频率 D_i 和质量频率密度 q 是粒径的连续函数，质量筛上累计频率 R 也应是粒径的连续函数。

同样可以简单计算出每一间隔的平均频度 $\overline{q}_i = \frac{\Delta D_i}{\Delta d_{pi}} = \frac{g_i}{\Delta d_{pi}}$；质量频率密度 q 分布曲线图的顶点处对应的粒径称为质量众径（d_{md}），质量筛下累计频率分布曲线 $D_i = 0.5$ 处对应的粒径称为质量中位粒径 d_{m50}。

将小于 d_{pi} 的所有粉尘粒子的质量占粉尘总质量的百分比称为筛下累计频率分布（D，简称筛下累积分布）。相反，将筛上残留的粉尘粒子的质量与全部参与过筛的粉尘总质量之比的百分数称为筛上累计频率分布（R，简称筛上累计分布），又可称为残留率。筛上累计分布 R 和筛下累计分布 D 有如下关系：

$$D = 100\% - R \tag{3-21}$$

取一粉尘试样，其总质量 $m_0 = 4.28$g，经测定得到各组距 Δd_{pi} 内粒子的质量为 Δm（g）。测定和计算结果列于表 3-3。根据该表中的数据绘图 3-5。

表 3-3　某粉尘试样的测定数据及其分布情况

序号	粒径范围 /μm	粒径间隔 Δd_{pi}/μm	组中点 d_{pi}/μm	粉尘质量 m_i/g	质量频率 g_i	质量频率密度 q/(%/μm)	筛上累计分布 R/%	筛下累计分布 D/%
1	6～10	4	8	0.012	0.0028	0.07	99.7	0.28
2	>10～14	4	12	0.098	0.023	0.57	97.4	2.57
3	>14～18	4	16	0.360	0.084	2.10	97.5	10.98
4	>18～22	4	20	0.640	0.15	3.75	89.02	25.9
5	>22～26	4	24	0.860	0.20	5.03	54.0	46.0
6	>26～30	4	28	0.890	0.208	5.20	33.2	66.8
7	>30～34	4	32	0.800	0.187	4.68	14.5	85.5
8	>34～38	4	36	0.460	0.107	2.67	3.8	96.2
9	>38～42	4	40	0.160	0.037	0.95	0.0	100
10	>42	—	—	0.000	0.0	0.00	0.0	100

图 3-5(a) 是质量频率 g_i 分布图。Δd_{pi} 对质量频率 g_i 绘制的质量频率的直方图，由图可

见，当测定颗粒组数趋于无限，且组距趋于零时，所有点的连线就趋近于一条光滑的曲线（质量频率分布曲线），该曲线的最高点就是质量数最多的点，该点对应的颗粒粒径就称为质量众径（d_{md}）。图 3-5(b) 是质量频率密度分布曲线，曲线的顶点对应的颗粒直径也是质量众径。

图 3-5(c) 是质量筛下和筛上累计频率分布曲线，$R=D=50\%$处的直径为质量中位直径 d_{m50}，即 R 曲线和 D 曲线交点处。

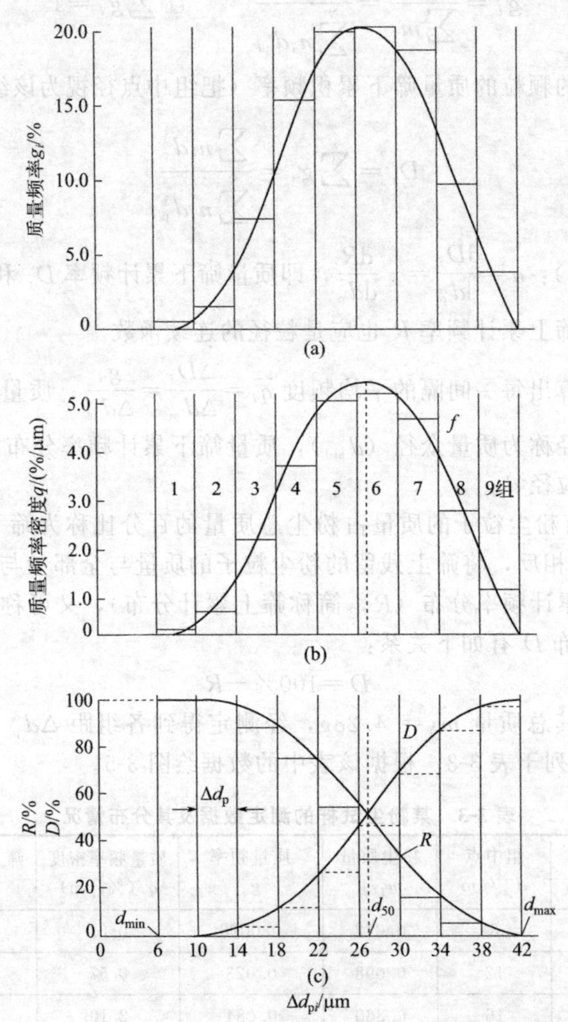

图 3-5 粒径的质量频率、质量频率密度及累计频率分布

3.3.3 气溶胶颗粒粒径的分布函数

尽管粒径分布可以用图形、表格表示，然而，在某些场合下以函数形式表示粒径分布，对于数学分析要方便得多。实验测定表明，大多数的烟尘气溶胶颗粒粒径呈现对数正态分布。但对数正态分布函数在描述破碎、筛分等过程产生的细粉尘及分布很宽的粉尘时，就会产生与实际不够符合的情况，为此罗辛（Rosin）、拉姆勒（Rammler）等人于 1933 年推导出应用范围更广的粒径分布函数——罗辛-拉姆勒分布。为了更好地理解对数正态分布和罗辛-拉姆勒分布，首先简单介绍正态分布函数。

3.3.3.1 正态分布函数

实际上，气溶胶颗粒的粒径很少是正态分布的。而在冷凝类的化学过程所产生的气溶胶颗粒的粒径基本呈现正态分布。

若某粉尘以质量表示的粒径分布符合高斯分布函数的话，其正态分布曲线对称轴就是粉尘的质量众径，也是其质量中位径，也是其算术平均粒径。该粉尘的高斯分布的频率密度函数 q 表达式为：

$$q(d_p)=\frac{100}{\sigma\sqrt{2\pi}}\exp\left[-\frac{(d_p-\overline{d}_p)^2}{2\sigma^2}\right] \tag{3-22}$$

$$D(d_p)=\frac{100}{\sigma\sqrt{2\pi}}\int_{d_{p,\min}}^{d_p}\exp\left[-\frac{(d_p-\overline{d}_p)^2}{2\sigma^2}\right]\mathrm{d}(d_p) \tag{3-23}$$

$$\sigma=\sqrt{\frac{\sum n_i(d_p-\overline{d}_p)^2}{N-1}} \tag{3-24}$$

式中，$\overline{d}_p$ 是颗粒的平均粒径；σ 是标准差；N 是粉尘粒子总数。

从分布函数式(3-22) 可知，若气溶胶颗粒的算术平均粒径和标准差（σ）已知时，则正态分布函数 $q(d_p)$ 即已确定。则粒子落在（$\overline{d}_p-\sigma$）～（$\overline{d}_p+\sigma$）之间的概率为 68.26%，粒子落在（$\overline{d}_p-2\sigma$）～（$\overline{d}_p+2\sigma$）之间的概率为 95.44%，粒子落在（$\overline{d}_p-3\sigma$）～（$\overline{d}_p+3\sigma$）之间的概率为 99.73%。

正态分布的频率密度分布曲线为对称于算术平均粒径值的钟形曲线，而筛上累计分布在正态概率坐标图上则成一直线，如图 3-6 所示。所以利用该直线可以求取正态分布的特

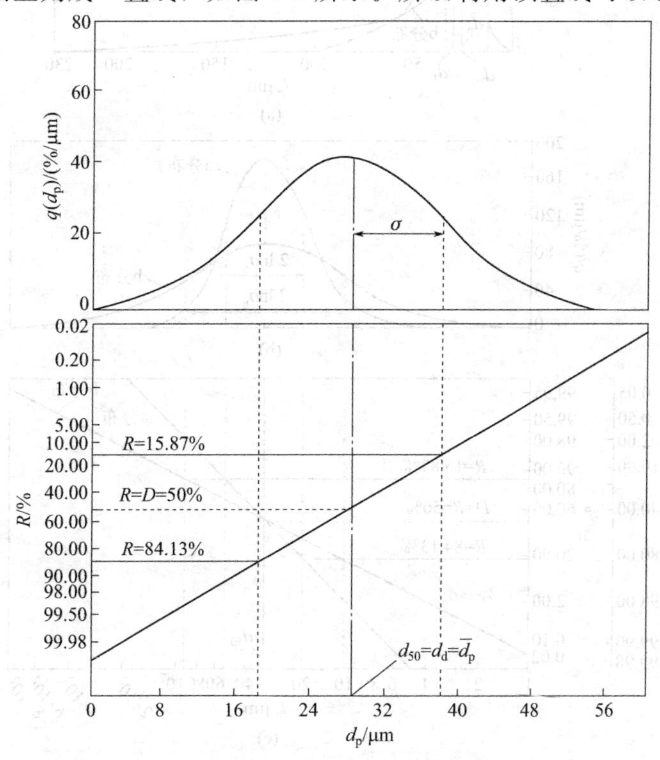

图 3-6 正态分布曲线及特征值的估计

征数 $\overline{d}_p$ 和 σ 值，其算术平均径 $\overline{d}_p=d_{m50}=d_{md}$（质量众径）；而标准差为：

$$2\sigma=d_{15.87}-d_{84.13} \tag{3-25}$$

$$\sigma=\frac{1}{2}(d_{15.87}-d_{84.13}) \tag{3-26}$$

3.3.3.2 对数正态分布函数

多数粉尘粒子的粒径分布很少呈钟形曲线，而是呈非对称的，如图 3-7(a) 所示，若横坐标 d_p 以 $\ln d_p$ 替代，并代入式(3-22) 和式(3-23) 得到对数正态分布函数：

$$q(\ln d_p)=\frac{100}{\ln\sigma_g\sqrt{2\pi}}\exp\left[-\frac{1}{2}\left(\frac{\ln d_p-\ln\overline{d}_g}{\ln\sigma_g}\right)^2\right] \tag{3-27}$$

$$D(\ln d_p)=\frac{100}{\ln\sigma_g\sqrt{2\pi}}\int_{-\infty}^{\ln d_p}\exp\left[-\frac{(\ln d_p-\overline{\ln d_p})^2}{2\ln\sigma_g{}^2}\right]\mathrm{d}(\ln d_p) \tag{3-28}$$

$$\ln\sigma_g=\sqrt{\frac{\sum n_i(\ln d_p-\overline{\ln d_p})^2}{N-1}} \tag{3-29}$$

式中，$\overline{d}_g$ 为几何平均粒径，并可用中位径来代替，$\overline{d}_g=d_{50}$；σ_g 为几何标准差。其对数正态分布曲线则为对称钟形曲线，如图 3-7(b) 所示。

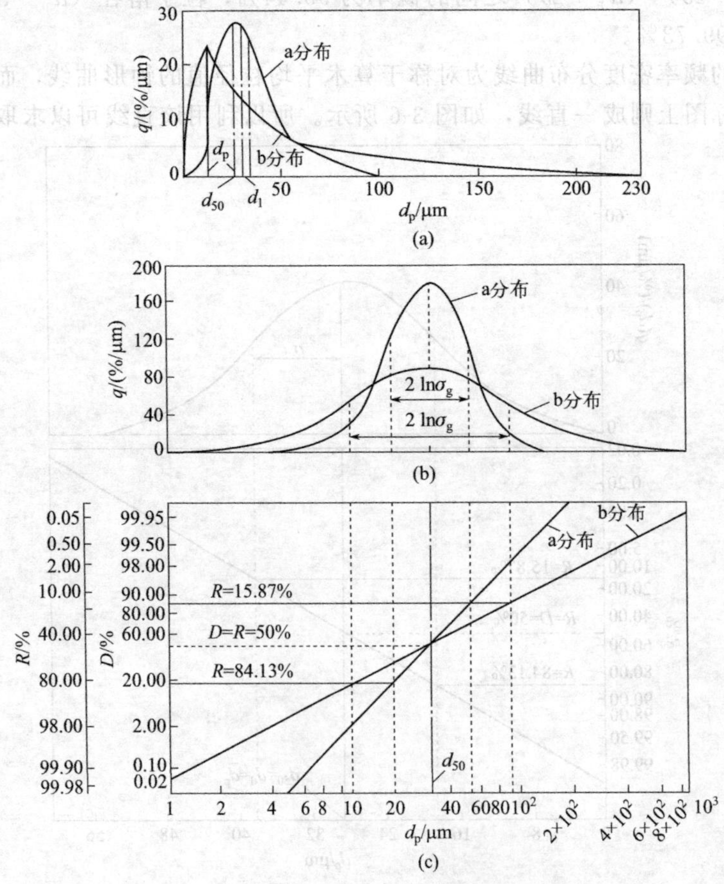

图 3-7　对数正态分布曲线及特征值估计

其对应的累积频率分布在对数正态概率坐标图上也成一直线，如图 3-7(c) 所示。在图中横坐标是对数坐标，并有：

$$\ln\sigma_g=\ln d_{50}-\ln d_{84.13}=\ln 15.87-\ln d_{50}=\frac{1}{2}(\ln d_{15.87}-\ln d_{84.13})$$

所以对数正态几何标准差 σ_g 为：

$$\sigma_g=\left(\frac{d_{15.87}}{d_{84.13}}\right)^{\frac{1}{2}}=\frac{d_{50}}{d_{84.13}}=\frac{d_{15.87}}{d_{50}} \tag{3-30}$$

对数正态分布的特点是：如果某粉尘以质量表示的粒径分布遵循对数正态分布，则该粉尘以粒子个数或以粒子表面积所表示的粉尘粒径也都呈现对数正态分布，而且这三种对数正态分布的标准差 σ_g 均相同。在对数概率坐标中代表三种分布的直线相互平行，只是沿粒径坐标移动了一个常量距离。显然，对于同一种粉尘，若已知用一种物理量（如质量、粒子个数或粒子表面积等）表示的分布曲线，则以另外两种物理量表示的对数正态分布直线即可很容易被确定。有了一种物理量表示的正态分布的平均粒径或分布函数，即可按下式确定另两种物理量表示的平均粒径或分布函数，其换算关系如下：

$$\ln d_{m50}=\ln d_{n50}+3\ln^2\sigma_g \tag{3-31}$$

$$\ln d_{S50}=\ln d_{n50}+2\ln^2\sigma_g \tag{3-32}$$

式中，d_{S50} 为表面积表示的对数正态分布的中位径。

此外，利用粒子个数表示的对数正态分布特征数 d_{n50} 和 σ_g，还可以计算出各种平均粒径等参数。例如：

算术平均粒径 (d_L) $\ln d_L=\ln d_{n50}+\frac{1}{2}\ln^2\sigma_g=\ln d_{m50}-\frac{5}{2}\ln^2\sigma_g$ (3-33)

表面积平均粒径 (d_S) $\ln d_S=\ln d_{n50}+\ln^2\sigma_g=\ln d_{m50}-2\ln^2\sigma_g$ (3-34)

体积平均粒径 (d_V) $\ln d_V=\ln d_{n50}+\frac{5}{2}\ln^2\sigma_g=\ln d_{m50}-\frac{1}{2}\ln^2\sigma_g$ (3-35)

[例题 3-1] 经测定某城市大气飘尘的质量粒径分布遵从对数正态分布规律，其中位径 $d_{m50}=5.7\mu m$，筛上累计分布 $R=15.87\%$时，粒径 $d_{15.87}=9.0\mu m$。试确定以个数表示时对数正态分布函数的特征数。

解：对数正态分布函数的特征数是中位径和几何标准差。由于以个数和质量表示的粒径分布函数的几何标准差相等，则：

$$\sigma_g=\frac{d_{50}}{d_{84.13}}=\frac{d_{15.87}}{d_{50}}=\frac{9.0}{5.7}=1.58$$

以个数表示的中位径：

$$d_{n50}=\frac{d_{m50}}{\exp(3\ln^2\sigma_g)}=\frac{5.7}{\exp(3\ln^2 1.58)}=3.04(\mu m)$$

$$\ln d_L=\ln d_{n50}+0.5\ln^2\sigma_g$$

$$d_L=d_{n50}\exp(0.5\ln^2\sigma_g)=3.04\times\exp(0.5\ln^2 1.58)=3.375(\mu m)$$

3.3.3.3 罗辛-拉姆勒分布函数

罗辛-拉姆勒分布函数（简称 R-R 分布函数）是应用范围更广的粒径分布函数。其分布函数表达式为：

$$R(d_p)=100\exp(-\beta d_p^n) \tag{3-36}$$

式中，β 为分布系数；n 为分布指数，是表示粒径分布范围的特征数，n 越大，粒径分布范围越窄，n 值越小，粒径分布范围越宽。

对式(3-36) 两端取两次对数可得：

$$\lg\left(\ln\frac{100}{Rd_p}\right)=\lg\beta+n\lg d_p \tag{3-37}$$

以 $\lg d_p$ 为横坐标，以 $\lg\left(\ln\frac{1}{Rd_p}\right)$ 为纵坐标作图，则可得到一条直线。直线的斜率是 n，截距为 $\lg\beta$，当 $d_p=1\mu m$ 时，

$$\beta=\ln\frac{100}{R(d_p=1\mu m)}$$

当筛上累计分布等于筛下累计分布（$R=D=50\%$）时，

$$50=100\exp(-\beta d_{m50}^n) \tag{3-38}$$

式(3-38) 两边取对数：$\beta d_{m50}^n=-\ln 0.5=\ln 2$

$$\beta=\frac{\ln 2}{d_{m50}^n}=\frac{0.693}{d_{m50}^n} \tag{3-39}$$

由式(3-39) 可以看出，中位径越小，即粉尘越细，系数 β 越大。

将 $\beta=\frac{0.693}{d_{m50}^n}$ 代入式(3-36)，得到一个常用的 R-R 分布函数表达式：

$$R(d_p)=100\exp\left[-0.693\left(\frac{d_p}{d_{m50}}\right)^n\right] \tag{3-40}$$

德国国家标准采用 RRS 分布函数，其表达式为：

$$R(d_p)=100\exp\left[-\left(\frac{d_p}{d_e}\right)^n\right] \tag{3-41}$$

式中，d_e 为特征粒径，当筛上累计分布为 36.8%时所对应的粒径。

令式(3-40) 和式(3-41) 相等，可得：

$$d_{m50}=d_e(0.693)^{\frac{1}{n}} \tag{3-42}$$

在 R-R 坐标纸或 RRS 坐标纸上绘制的筛上累积分布曲线皆为直线，并能方便求出特征值 n、β、d_{m50} 或 d_e。

判断某种粉尘的粒径分布是符合正态分布、对数正态分布，还是符合 R-R 分布，只需将该粉尘的累积分布测定值（R 或 D）同时绘制于正态概率纸、对数正态概率纸和 R-R 分布纸上，实验值的标点在哪种纸上形成一条直线，则此粉尘的粒径分布就服从哪种分布。

3.4 粉尘的物理性质

粉尘的物理性质对除尘器的选择、设计和除尘机制分析都至关重要，只有充分掌握粉尘的物理性质，才能有效地采取措施改变对除尘过程不利的因素，从而提高除尘效率，保证设备有效运行。前面已经介绍了颗粒粒径及粒径分布相关的表征粉尘物理性质的重要参

数，本节将介绍粉尘的其他物理性质。

3.4.1 粉尘的密度

单位体积粉尘的质量称为粉尘的密度，单位为 kg/m^3。在除尘技术研究中，粉尘的密度有两种表示方法：真密度（ρ_p）和堆积密度（ρ_b）。若粉尘体积不包括颗粒内部及之间的空隙，而是粉尘所占的真实体积，以这种真实体积所求得的密度称为真密度；从外观上看，呈堆积状态的粉尘有一定的堆积体积，此体积包括颗粒内部及之间的空隙，以此堆积体积求得的密度称为堆积密度。

常用空隙率的概念来表征粉尘堆积状态的疏松程度。空隙率（ε）是指粉尘颗粒间和内部空隙的体积与堆积总体积的比值。空隙率 ε、真密度 ρ_p 及堆积密度 ρ_b 之间的关系如下：

$$\rho_b=(1-\varepsilon)\rho_p \tag{3-43}$$

对于一定种类的粉尘，其真密度为一定值，而堆积密度随空隙率 ε 而变化，因为粉尘的空隙率取决于堆积粉尘的粒径、粉尘的充填方式等多种因素。常见工业粉尘的密度如表 3-4 所示。

表 3-4 常见工业粉尘的真密度与堆积密度

粉尘种类	真密度 /(kg/m^3)	堆积密度 /(kg/m^3)	粉尘种类	真密度 /(kg/m^3)	堆积密度 /(kg/m^3)
精炼滑石粉(1.5～45μm)	2.70	0.70	炭黑烟尘	1.85	0.04
滑石粉(1.6μm)	2.75	0.53～0.62	铅精炼尘	6.0	—
滑石粉(2.7μm)	2.75	0.56～0.66	矿石烧结尘	3.8～4.2	1.5～2.6
滑石粉(3.2μm)	2.75	0.59～0.71	氧化铜粉尘(0.9～42μm)	6.4	2.60
硅砂粉尘(105μm)	2.63	1.55	铝二次精炼尘	3.0	0.3
硅砂粉尘(30μm)	2.63	1.45	造型黏土尘	2.47	0.72～0.80
硅砂粉尘(8μm)	2.63	1.15	转炉烟尘	5.0	0.7
硅砂粉尘(0.5～72μm)	2.63	1.26	铜精炼尘	4.0～5.0	0.2
细煤粉炉飞灰	2.15	1.20	石墨尘	2.0	约 0.3
飞灰(0.5～5.6μm)	2.20	1.07	铸砂尘	2.7	1.0
电炉冶炼尘	4.50	0.6～1.5	造纸黑液炉尘	3.1	0.13
化铁炉尘	2.0	0.8	水泥原料尘	2.76	0.29
黄钢熔化炉尘	4.0～8.0	0.25～1.20	水泥干燥尘	3.0	0.6
锌精炼尘	5.0	0.5	重油铝炉烟尘	1.98	0.2
锅炉渣尘	2.1	0.6	硅酸盐水泥尘(0.7～91μm)	3.12	1.50

3.4.2 粉尘的比表面积

粉尘的比表面积是指单位体积（单位体积既可是粉尘的真实体积也可是堆积体积）或单位质量粉尘所具有的表面积。

以粉尘真实体积所表示的比表面积为：

$$a=\frac{\overline{S}}{\overline{V}}(\mathrm{m^2/m^3}) \tag{3-44}$$

式中，$\overline{S}$ 为粉尘的平均表面积；$\overline{V}$ 为粉尘的平均净体积。

以堆积体积表示的比表面积：

$$a_b=\frac{\overline{S}(1-\varepsilon)}{\overline{V}}(\mathrm{m^2/m^3}) \tag{3-45}$$

以粉尘质量表示的比表面积：

$$a_m=\frac{\overline{S}}{\rho_p\overline{V}}(\mathrm{cm^2/g}) \tag{3-46}$$

从该定义可知，粉尘粒径越小其比表面积将成倍增大，如燃煤锅炉产生的飞灰，当中位径为 25μm 时，其比表面积为 1700cm²/g，而当中位径降为 5μm 时，其比表面积增大至 6000cm²/g。在除尘技术中，对同一种粉尘来说，比表面积大的粉尘比比表面积小的粉尘难捕集。粉尘的比表面积增大，将增强其物理与化学活性。如粉尘的比表面积增大，粉体催化剂性能增强，粉尘的黏附性、爆炸性、吸附性和毒性等也增强；粉尘越细，润湿性就越差。

3.4.3 粉尘的安息角与滑动角

粉尘从漏斗连续落下，自然堆积形成的圆锥体母线与地面的夹角称为安息角，也称休止角、堆积角等。自然堆积在光滑平板上的粉尘，随平板做倾斜运动时，粉尘开始发生滑动的平板倾角称为滑动角。

粉尘的安息角与滑动角是评价粉尘流动特性的一个重要指标。安息角小的粉尘，流动性好；息角大的粉尘，流动性就差。粉尘的安息角与滑动角是设计除尘器灰斗（料斗）的锥度、除尘管路或输灰管路斜度的重要依据。

影响粉尘安息角和滑动角的主要因素有：粉尘粒径、含水率、颗粒形状、颗粒表面光滑程度、粉尘黏性等。

3.4.4 粉尘的润湿性

粉尘颗粒与液体接触后附着难易程度的性质称为粉尘的润湿性。粉尘颗粒与液体一旦接触就能扩大润湿表面而相互附着的粉尘称为润湿性粉尘；相反，当粉尘颗粒与液体接触后接触面趋于缩小而不能附着，这样的粉尘称为非润湿性粉尘。

根据粉尘能被液体润湿的程度可将粉尘分为容易被水润湿的亲水性粉尘和难以被水润湿的憎水性粉尘。粉尘的润湿程度可以用液体（通常用水）对试管中的粉尘的润湿速度来表征，一般润湿时间取 20min，根据其润湿的高度 L_{20}(mm)，计算出润湿速度：

$$v_{20}=\frac{L_{20}}{20}(\mathrm{mm/min}) \tag{3-47}$$

润湿性与粉尘的种类、粒径、形状、生成条件、组分、温度、含水率、表面粗糙度及荷电性有关，还与液体的表面张力及尘粒与液体之间的黏附力和接触方式有关。粉尘的润湿性随压力增大而增大，随温度升高而下降。

润湿性是选择湿式除尘器的主要依据之一，亲水性粉尘可选用湿式除尘器净化，对于憎水性粉尘不宜采用湿式除尘。

粉尘对水润湿性的分类见表 3-5。

表 3-5 粉尘对水润湿性的分类

项目	粉尘类型			
	Ⅰ	Ⅱ	Ⅲ	Ⅳ
润湿性	绝对憎水	憎水	中等亲水	强亲水
v_{20} /(mm/min)	<0.5	0.5～2.5	2.5～8.0	>8.0
实际粉尘举例	石蜡、聚四氟乙烯、聚四氯乙烯、沥青等	石墨、煤尘、硫黄尘等	玻璃小球、石英粉尘等	锅炉飞灰、石灰尘

3.4.5 粉尘的荷电性和导电性

（1）粉尘的荷电性

在粉尘的产生与输送过程中，由于受到破碎、碾压、筛分、碰撞、摩擦等机械作用，或在电晕电场的作用下均可使粉尘荷电，天然粉尘和工业粉尘几乎都带有一定的电荷。粉尘荷电量的大小及电性，除取决于粉尘的化学组成及结构外，还取决于粉尘外部所施加的荷电条件。

粉尘荷电量的多少对电除尘器的除尘效率影响很大，同时人们还利用粉尘荷电技术来提高除尘器的除尘效果和发展其他类型的除尘器（如电袋除尘器）。

（2）粉尘的导电性

粉尘的导电性通常用比电阻（ρ）来表示，其定义式：

$$\rho=\frac{V}{j\cdot\delta} \tag{3-48}$$

式中，ρ 为粉尘的比电阻，$\Omega\cdot cm$；V 为施加到粉尘上的电压，V；j 为通过粉尘层的电流密度，A/cm^2；δ 为粉尘层的厚度，cm。

粉尘层的导电机制取决于粉尘结构、化学组分及气体温度等因素。在高温（200℃以上）时，粉尘层内导电主要受粉尘性质、化学组分的影响，依靠粉尘自身的电子或离子进行导电，这种本体导电占优势的粉尘电阻率称为体积比电阻（或容积比电阻）。体积比电阻的特点是粉尘比电阻随温度升高而降低，如图 3-8 所示。

低温（100℃以下）时，粉尘层的导电主要依靠粉尘表面吸附的水分或其他化学物质。这种表面导电占优势的粉尘电阻率称为表面比电阻。当温度处于 100～200℃时，两种导电机制均起作用。

粉尘的比电阻对电除尘器运行有很大影响，最适宜电除尘器的比电阻范围为 10^4～$10^{10}\Omega\cdot cm$。当所需要捕集的粉尘其比电阻不适宜用电除尘器在最好效果捕集时，需要调节粉尘的比电阻，使其适合于电除尘器的捕集范围。

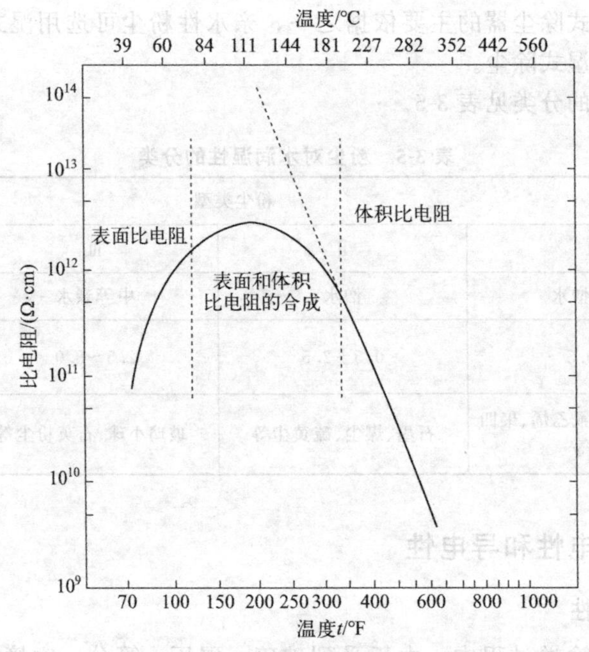

图 3-8 粉尘比电阻与温度的典型曲线

3.4.6 粉尘的黏附性

粉尘粒子附着在固体表面上或它们之间相互凝聚的可能性称为粉尘的黏附性。附着的强度，即克服附着现象所需要的力（垂直作用于颗粒重心上）称为黏附力。通常颗粒细小、表面粗糙且形状不规则、含水量高且润湿性好和荷电量大的粉尘黏附力大。

就气体除尘而言，一些除尘器的捕捉机制是依靠施加捕集力之后，粉尘在捕集体表面上的黏附。如电除尘器和袋式除尘器的除尘过程，首先是尘粒在捕集力作用下沉降并附着到集尘极板或滤料表面上，然后通过振打作用清除掉，因而它们的除尘效率在很大程度上取决于粉尘的黏附性。但在含尘气流管道和净化设备中，又要防止尘粒在壁面上的黏附，以免造成管道和设备的堵塞。粉尘之间的各种黏附力，归根结底皆与电性能有关，从微观上看，可将黏附力分为三种：分子间作用力（范德华力）、毛细力和静电力（库仑力）。

3.4.7 粉尘的爆炸性

粉尘爆炸指可燃性悬浮粉尘在受限空间内与空气混合形成的粉尘云，在点火源作用下，形成的粉尘空气混合物快速燃烧，并引起温度压力急剧升高的化学反应。粉尘爆炸多在伴有铝粉、锌粉、铝材加工研磨粉、各种塑料粉末、有机合成药品的中间体、小麦粉、糖、木屑、染料、胶木灰、奶粉、茶叶粉末、烟草粉末、煤尘、植物纤维尘等产生的生产加工场所。

应当指出，在封闭空间内可燃性悬浮粉尘的燃烧，只有在一定浓度范围内才会导致化学爆炸。能够引起爆炸的浓度范围称为爆炸极限，引起爆炸的最高浓度叫爆炸上限，最低浓度叫爆炸下限。在低于和高于爆炸浓度的范围内都不会发生爆炸。由于多数粉尘的爆炸上限浓度很高，在多数情况下达不到这个浓度，因而粉尘的爆炸上限浓度实际意义不大。

3.5 气溶胶颗粒的流体阻力

3.5.1 流体阻力简述

在不可压缩的连续流体中做稳定运动的颗粒必然受到流体的阻碍作用，这种阻碍作用就是流体对颗粒运动的流体阻力。流体阻力的大小与颗粒的形状、粒径、表面特性、运动速度及流体种类和性质等因素有关，颗粒在流体中运动的流体阻力包括形状阻力和摩擦阻力两部分。

流体阻力的方向总是与颗粒运动速度向量方向相反，其大小可按如下方程求算：

$$F_D = C_D A_p \frac{\rho u^2}{2} \tag{3-49}$$

式中，C_D 为流体阻力系数（由实验确定），量纲为 1；A_p 为颗粒在运动方向上的投影面积，m^2，对于球形颗粒 $A_p = \frac{\pi d_p^2}{4}$；$\rho$ 为流体密度，kg/m^3；u 为颗粒与流体间的相对运动速度，m/s。

3.5.2 球形颗粒的阻力系数

球形气溶胶颗粒的流体阻力系数 C_D 与颗粒的雷诺数 Re_p（$Re_p = \frac{\rho d_p u}{\mu}$，其中 d_p 是颗粒的粒径，m；μ 是流体的黏度，Pa·s）有关。关于球形颗粒的流体阻力系数 C_D 与雷诺数 Re_p 的关系，雷诺（O. Reynolds）曾把当时所得出的实验结果绘制成一综合曲线，如图 3-9 所示。对于阻力系数 C_D 的估算，根据半理论半经验的办法可以简单分为如下几种情况。

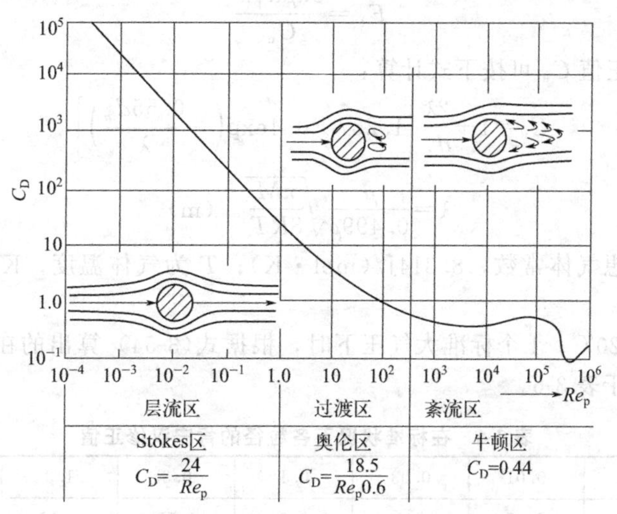

图 3-9 球形颗粒的流体阻力系数与雷诺数的函数关系

(1) 层流状态

当 $10^{-4}<Re_p\leqslant1.0$ 时，颗粒运动处于层流状态，C_D 与 Re_p 近似呈线性关系：

$$C_D=\frac{24}{Re_p} \tag{3-50}$$

将式(3-50) 代入式(3-49) 中得到：$F_D=3\pi\mu d_p u(\mathrm{N})$ (3-51)

式(3-51) 就是著名的斯托克斯（Stokes）阻力定律。通常把 $0.1<Re_p\leqslant1.0$ 的区域称为斯托克斯区域。如无特殊说明，本教材中的计算都按斯托克斯区域计算。

(2) 湍流过渡区（奥伦区）

当 $1.0<Re_p\leqslant500$ 时，颗粒运动处于湍流过渡区（奥伦区），这是奥伦（Allen）于1900年观察到的流动状态，此时

$$C_D=\frac{18.5}{Re_p^{0.6}} \tag{3-52}$$

(3) 紊流区（牛顿区）

当 $500<Re_p<2\times10^5$ 时，颗粒运动处于紊流区（湍流区），亦称牛顿区。

$$C_D=0.44 \tag{3-53}$$

根据流体所处的状态，将对应的阻力系数 C_D 代入式(3-49) 中，即可得到颗粒物运动的流体阻力。

3.5.3 滑动修正系数（肯宁汉修正系数）

当粉尘颗粒很小（小于 $1.0\mu m$ 的超细颗粒，此时的 $Re_p\ll0.1$）时，它的大小已接近气体分子的自由程 λ（约 $0.1\mu m$），把气体假设为连续介质就不够准确了。在这种情况下，流体对粉尘颗粒的阻力将比连续流假设的斯托克斯理论值要小些。肯宁汉（Cunningham）于1910年根据气体运动理论分析，发现粉尘颗粒在连续介质中会出现“滑动”现象，并提出“滑动”修正值亦称肯宁汉修正值（肯宁汉修正系数），用 C_u 表示。此时，

$$F_D=\frac{3\pi\mu d_p u}{C_u} \tag{3-54}$$

其中肯宁汉修正值 C_u 可按下式计算：

$$C_u=1+\frac{2\lambda}{d_p}\left[1.257+0.4\exp\left(-\frac{0.55d_p}{\lambda}\right)\right] \tag{3-55}$$

其中，

$$\lambda=\frac{\mu}{0.499\rho}\sqrt{\frac{\pi M}{8RT}}\quad(\mathrm{m}) \tag{3-56}$$

式中，R 为理想气体常数，$8.314\mathrm{J/(mol\cdot K)}$；$T$ 为气体温度，K；M 为气体的摩尔质量，kg/mol。

当空气温度为20℃，1个标准大气压下时，根据式(3-54) 算出的在标准状况下各粒径的肯宁汉修正值列于表3-6。

表 3-6 在标准状况下各粒径的肯宁汉修正值

$d_p/(\mu m)$	0.003	0.01	0.03	0.1	0.3	1.0	3.0	10.0
C_u	90.0	24.5	7.9	2.9	1.57	1.16	1.03	1.0

需要说明的是 C_u 的估算还有不同的表达式，式(3-55) 是由戴维斯 (Davis) 提出并为大家普遍认可的。

[例题 3-2] 有两种粒径的粉尘粒子在空气中自由沉降，试求下述条件下，匀速沉降粒子所受到的阻力，已知：293K、101325Pa 的干空气的黏度 $\mu=1.81\times10^{-5}\text{Pa}\cdot\text{s}$，密度 $\rho=1.205\text{kg/m}^3$；400K、101325Pa 的干空气的黏度 $\mu=2.290\times10^{-5}\text{Pa}\cdot\text{s}$，密度 $\rho=0.882\text{kg/m}^3$。

(1) 粒径 $d_p=120\mu\text{m}$，沉降是在 293K 和 101325Pa 干空气中进行，沉降速度 $u_s=0.9\text{m/s}$；

(2) 粒径 $d_p=1.0\mu\text{m}$，沉降是在 400K 和 101325Pa 干空气中进行，沉降速度 $u_s=50\mu\text{m/s}$。

解：(1) 粒子的雷诺数：

$$Re_p=\frac{\rho d_p u}{\mu}=\frac{1.025\times120\times10^{-6}\times0.9}{1.81\times10^{-5}}=6.12$$

由于 $6.12>1.0$，颗粒运动处于湍流过渡区，$C_D=\frac{18.5}{Re_p^{0.6}}=\frac{18.5}{6.12^{0.6}}=6.24$

$$F_D=C_D\frac{\pi d_p^2}{4}\times\frac{\rho u^2}{2}=6.24\frac{3.14\times(120\times10^{-6})^2}{4}\times\frac{1.205\times0.9^2}{2}=3.44\times10^{-8}(\text{N})$$

(2) 粒子的雷诺数：

$$Re_p=\frac{\rho d_p u}{\mu}=\frac{0.882\times1.0\times10^{-6}\times50\times10^{-6}}{2.290\times10^{-5}}=1.926\times10^{-6}$$

由于 $Re_p\ll0.1$，需要对斯托克斯公式进行肯宁汉系数修正，

$$\lambda=\frac{\mu}{0.499\rho}\sqrt{\frac{\pi M}{8RT}}=\frac{2.290\times10^{-5}}{0.499\times0.882}\times\sqrt{\frac{3.14\times29\times10^{-3}}{8\times8.314\times400}}=9.63\times10^{-8}(\text{m})$$

$$C_u=1+\frac{2\lambda}{d_p}\left[1.257+0.4\exp\left(-\frac{0.55d_p}{\lambda}\right)\right]$$

$$=1+\frac{2\times9.63\times10^{-8}}{1.0\times10^{-6}}\times\left[1.257+0.4\exp\left(-\frac{0.55\times1.0\times10^{-6}}{9.63\times10^{-8}}\right)\right]=1.24$$

$$F_D=\frac{3\pi\mu d_p u}{C_u}=\frac{3\times3.14\times2.290\times10^{-5}\times1.0\times10^{-6}\times50\times10^{-6}}{1.24}=8.70\times10^{-15}(\text{N})$$

3.5.4 流体阻力导致的减速运动

(1) 弛豫时间

在接近静止的流体中，以某一初速度 u_0 运动的颗粒，由于流体阻力的作用，颗粒将做减速运动。根据牛顿第二定律（假设颗粒是球形）：

$$\frac{\pi d_p^3}{6}\rho_p\frac{\mathrm{d}u}{\mathrm{d}t}=-F_D=-C_D\frac{\pi d_p^2}{4}\cdot\frac{\rho u^2}{2} \tag{3-57}$$

即流体阻力导致的加速度：

$$\frac{\mathrm{d}u}{\mathrm{d}t}=-\frac{3}{4}C_{\mathrm{D}}\cdot\frac{\rho}{\rho_{\mathrm{p}}}\cdot\frac{u^{2}}{d_{\mathrm{p}}} \tag{3-58}$$

假设忽略加速度对 C_D 的影响，若只考虑斯托克斯区颗粒的减速运动，则：

$$\frac{\mathrm{d}u}{\mathrm{d}t}=-\frac{18\mu}{d_{\mathrm{p}}^{2}\rho_{\mathrm{p}}}u=-\frac{u}{\tau} \tag{3-59}$$

其中 $\tau=\frac{\rho_p d_p^2}{18\mu}$，$\tau$ 是表征“颗粒-气体运动体系”的一个基本特征参数，称为颗粒的弛豫时间（是指一个颗粒从某一初始稳定态变化到最终稳定态所需的时间，也称特征时间）。

将式(3-59) 积分得到颗粒在 t 时的速度：$u=u_0\,\mathrm{e}^{-t/\tau}$(m/s)，当 $t=\tau$ 时，$u=\frac{u_0}{\mathrm{e}}$，也就是说，在时间 τ 内，颗粒从速度 u_0 的初始状态将达到初速度的 $\frac{1}{\mathrm{e}}$（约 36.8%）。因此，当 $t>\tau$ 时，颗粒的运动状态只发生相当小的变化。

（2）迁移距离

迁移距离是颗粒在减速期间迁移的距离，在颗粒污染物控制中是很重要的一个参数。以初速度 u_0 运动的球形颗粒由 u_0 减速到 u 所迁移的距离 x，利用 $u=\frac{\mathrm{d}x}{\mathrm{d}t}$，代入式(3-59) 中，积分得到：

$$x=\tau(u_0-u)=\tau u_0(1-\mathrm{e}^{-t/\tau}) \tag{3-60}$$

对于更小的颗粒需引入肯宁汉修正系数 C_u：

$$x=\tau u_0 C_u=\tau u_0 C_u(1-\mathrm{e}^{-t/\tau}) \tag{3-61}$$

当时间 t 很大时，式(3-60) 和式(3-61) 中的指数皆可忽略不计，由此得到颗粒的停止距离：

$$x_s=\tau u_0 \tag{3-62}$$

或

$$x_s=\tau u_0 C_u \tag{3-63}$$

3.6 气溶胶粒子的沉降机制

在除尘技术中，常用的除尘机制（沉降机制）有重力沉降、惯性沉降、静电沉降、离心沉降、拦截捕获和扩散沉降等，除此之外，还有热泳力、磁场力和辐射力等沉降机制，人们正在探索、开发和应用多种沉降机制的高效除尘器。

除尘装置都是基于一种或多种粒子沉降机制而去除含尘气体中的粉尘粒子的，例如，重力除尘装置主要是借助粒子的重力沉降机制。而湿法洗涤除尘器主要是利用粒子与捕集体之间的惯性碰撞和拦截两种沉降机制而达到除尘的目的，重力沉降机制对这类的除尘器来说就处于次要地位。下面将简要介绍常见的几种沉降机制。

3.6.1 粉尘粒子的重力沉降

在以重力沉降机制为主的除尘器中，含尘气体中的悬浮颗粒的沉降是借助于重力作用（F_G）。同时粉尘粒子在重力沉降过程中必然还受到气体介质对它产生的阻力（F_D）和流体的浮力（F_B）。对于静止流体中静止的单个球形颗粒来说，在重力沉降过程中，它所受到的三个力最终要达到平衡，如图 3-10 所示（$F_W = F_G - F_B$）。在上述外力的作用下，颗粒加速沉降。而一旦沉降，就会受到气体阻力作用。沉降速度越大阻力就越大，直至三个力达到平衡。这时的沉降速度达到最大，称为沉降末速度（u_s），此后颗粒以 u_s 匀速沉降。

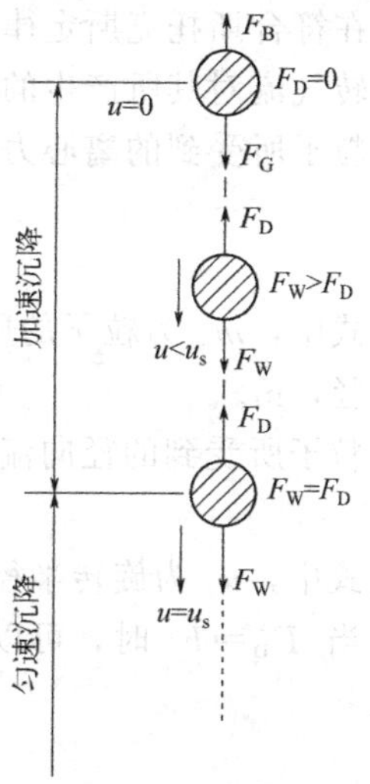

图 3-10　颗粒沉降过程示意图

即：
$$F_D = F_G - F_B = \frac{\pi d_p^3}{6}(\rho_p - \rho_g)g \tag{3-64}$$

式中，ρ_p、ρ_g 分别为颗粒密度、流体密度，kg/m^3；g 为重力加速度，m/s^2。

对于斯托克斯粒子，将 $F_D = 3\pi\mu d_p u$ 代入式(3-64）中得到：

$$u_s = \frac{d_p^2(\rho_p - \rho_g)g}{18\mu} \tag{3-65}$$

当流体介质是气体时，$\rho_p \gg \rho_g$，

$$u_s \approx \frac{d_p^2 \rho_p g}{18\mu} = \tau g \tag{3-66}$$

对于肯宁汉滑动区的小颗粒，
$$u_s = \frac{d_p^2 \rho_p}{18\mu} g C_u = \tau g C_u \tag{3-67}$$

同理，可以得到湍流过渡区的颗粒沉降末速度：

$$u_s = \frac{0.153 d_p^{1.14}(\rho_p - \rho_g)^{0.714} g^{0.714}}{\mu^{0.428} \rho_p^{0.286}} \tag{3-68}$$

紊流状态下的颗粒沉降末速度：

$$u_s = 1.74[d_p(\rho_p - \rho_g)g/\rho]^{1/2} \tag{3-69}$$

在此，对前述的斯托克斯直径和空气动力学直径的计算作简单讨论。由斯托克斯粒子的沉降末速度 $u_s = \frac{d_p^2 \rho_p g}{18\mu}$ 可以解得粒子的直径，也就是斯托克斯直径：

$$d_s = \sqrt{\frac{18\mu u_s}{\rho_p g}}\ (m) \tag{3-70}$$

空气动力学直径是指在静止空气中，颗粒沉降速度与密度为 $1000kg/m^3$（或 $1.0g/cm^3$）的球沉降末速度相同的球的直径，定义为：

$$d_a = \sqrt{\frac{18\mu u_s}{1000g}}\ (m) \tag{3-71}$$

则空气动力学直径和斯托克斯直径的关系为：

$$d_a = d_s \sqrt{\frac{\rho_p}{1000}}\ (m) \tag{3-72}$$

3.6.2　粉尘粒子的离心沉降

在工业上得到广泛应用的旋风除尘器、旋风水膜除尘器等的除尘过程都是应用离心沉降机制进行捕尘的，它的分离效果比单纯利用重力沉降好得多。

在符合斯托克斯定律的沉降区内，球形颗粒的离心沉降速度可利用粒子所受的离心力与旋转气流对其所产生的流体阻力的平衡关系来求得。

粒子所受到的离心力为：

$$F_c = m_p \frac{u_t^2}{R} = \frac{\pi}{6} d_p^3 \rho_p \frac{u_t^2}{R} \tag{3-73}$$

式中，m_p 为粒子的质量，kg；u_t 为旋转半径为 R 处的切线速度，m/s；R 为粒子的旋转半径，m。

粒子所受到的径向流体阻力为：

$$F_D = 3\pi\mu d_p u_c \tag{3-74}$$

式中，u_c 为旋转半径为 R 处的径向速度，m/s。

当 $F_D = F_c$ 时，可以求出粉尘粒子在离心作用下的沉降末速度，即：

$$3\pi\mu d_p u_c = \frac{\pi}{6} d_p{}^3 \rho_p \frac{u_t^2}{R} \tag{3-75}$$

$$u_c = \frac{d_p^2 \rho_p}{18\mu} \cdot \frac{u_t^2}{R} = \tau a_c \tag{3-76}$$

式中，$a_c = u_t^2/R$，即离心加速度。若颗粒位于滑动区，还需要进行肯宁汉系数校正。

由式(3-76) 可知，在离心式的除尘设备中，悬浮粒子的离心沉降末速度与粒子直径的平方成正比。

3.6.3 粉尘粒子的电力沉降

在除尘过程中的电力沉降是指在外加电场的作用下，使荷有电晕电荷的粉尘粒子在集尘极上发生的沉降。在强电场下，忽略重力，荷电粒子所受的力主要有静电力（库仑力）和气流阻力，当两者达到平衡时，荷电粒子的驱进速度 ω 达到最大（即静电沉降的末端速度）。

下面就对这种电力沉降作简单介绍。

静电力：

$$F_E = qE_p \tag{3-77}$$

式中，q 为粒子的荷电量，C；E_p 为荷电粒子所处位置的电场强度，V/m。

对于斯托克斯粒子，粒子所受到的流体阻力为：

$$F_D = 3\pi\mu d_{pi} \omega_i \tag{3-78}$$

静电沉降的末端速度：

$$\omega_i = \frac{qE_p}{3\pi\mu d_{pi}} \tag{3-79}$$

同样，若颗粒位于滑动区还应乘以肯宁汉系数 C_u 进行校正。

3.6.4 惯性沉降

通常认为，气流中的颗粒随气流一起运动，很少或不产生滑动。但当含尘气流在流动过程中碰到障碍体（称为靶子）时，有可能与靶子相碰撞而被捕获，这种捕获也称惯性沉降。

图 3-11 中绘出运动气流中的一个静止物体（靶子），在停滞线的上方和下方的气流流线分别偏向靶子的上方和下方。由于粉尘粒子比气体分子具有更大的惯性，气流中的粉尘

粒子将脱离弯曲的气流线，继续按虚线向前运动，颗粒能否沉降到靶上，取决于它的质量及相对于靶的位置。如颗粒1和距停滞线远的颗粒2都能够避开靶；颗粒3能碰撞到靶上（惯性碰撞）；颗粒4和5刚好避开与靶碰撞，但被靶拦截并捕集。

惯性碰撞和拦截都是唯一靠靶来捕集尘粒的重要除尘机制，下面就对其进行进一步讨论。

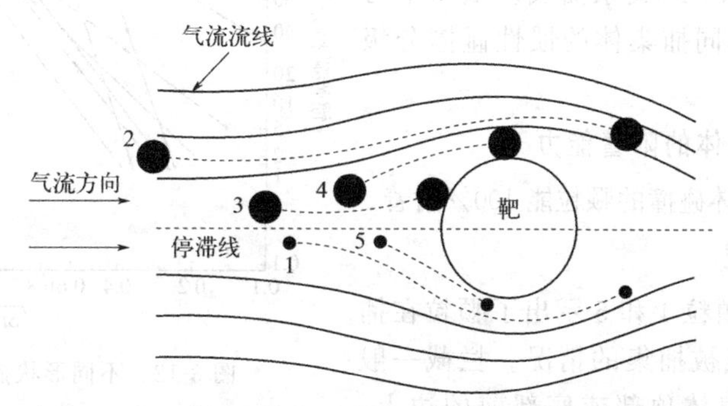

图3-11 运动气流中接近靶时颗粒运动的几种可能情况

3.6.4.1 惯性碰撞

颗粒绕靶运动时，由于惯性与靶产生碰撞作用，它是从气流中分离颗粒的一种重要机制。本书所涉及的是靠小的湿靶（如洗涤器中的液滴）或干靶（如袋式除尘器中的纤维）的惯性碰撞作用来捕集颗粒的系统。惯性捕集过程中，假设以某一初速度 u_0 运动的颗粒，在碰撞前，除了受气流作用外，不再受其他力的作用，颗粒将在流体阻力的作用下做减速运动。惯性碰撞的捕集效率取决于以下三方面因素：

（1）气流在靶（捕集体）周围的流型

它随靶子的雷诺数 Re_c 的大小而变化，Re_c 的定义式为：

$$Re_c=\frac{u_g\rho_g D_c}{\mu} \tag{3-80}$$

式中，u_g 为未被扰动的上游气流相对捕集体的流速，m/s；D_c 为靶的定性尺寸，即直径，m。

当靶周围的流体呈层流状态时，即 $Re_c<2.0$，沉降效率与靶的雷诺数无关，并且可忽略靶外围黏性流体边界层的影响。随着雷诺数的增大，流体流动转变为湍流流动，在边界层处出现很复杂的特性。当靶的雷诺数增加到足够大时，气流流线将发生强烈弯曲（有势绕流），流线更接近被绕物体，并且流线的突然扩展增大了颗粒的惯性碰撞概率，因而产生较高的惯性碰撞效率。

（2）颗粒运动轨迹

惯性捕集过程中，颗粒运动轨迹取决于颗粒的质量、颗粒所受的阻力、捕集体的尺寸及形状，以及气流速度，可由无因次的惯性碰撞参数 K_p（或斯托克斯准数 St）来表征。斯托克斯准数 St 定义为颗粒在流体中运动的停止距离 x_s 与捕集体直径 D_c 之比，假若是准静止运动的球形颗粒：

$$St=2K_p=\frac{x_s}{D_c}=\frac{u_0\tau}{D_c}=\frac{d_p^2\rho_p u_0}{18\mu D_c} \tag{3-81}$$

若颗粒位于滑动区还需要进行肯宁汉系数校正：

$$St=\frac{x_{s}C_{u}}{D_{c}}=\frac{u_{0}\tau C_{u}}{D_{c}}=\frac{d_{p}^{2}\rho_{p}u_{0}C_{u}}{18\mu D_{c}} \tag{3-82}$$

图 3-12 给出了不同形状捕集体的惯性碰撞分级效率（η_{St}）与$\sqrt{St}$的关系曲线。从图中可以估算出某颗粒在不同捕集体的惯性碰撞分级效率。

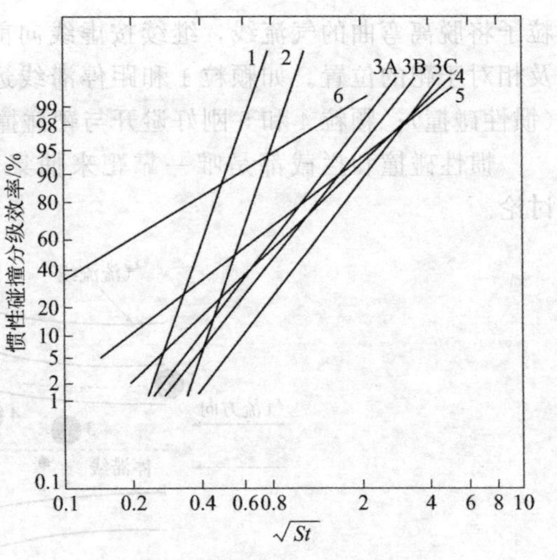

图 3-12　不同形状捕集体的惯性碰撞分级效率与$\sqrt{St}$的关系

1—圆板；2—矩形板；3—圆柱（3A：$Re_c=150$；3B：$Re_c=10$；3C：$Re_c=0.2$）；4—球体；5—半矩形体；6—聚焦

(3) 颗粒对捕集体的附着能力

通常假定与捕集体碰撞的颗粒能 100%附着。

3.6.4.2　拦截

在图 3-11 中，颗粒 4 和 5 示出了颗粒在捕集体上发生直接拦截被捕集的情况。拦截一般发生在刚好达到捕集体顶部或底部前的边上，即达到距离捕集体表面的$\frac{d_p}{2}$距离内。直接拦截也包括因颗粒运动进入布朗扩散区而沉降到靶上的颗粒，但由于惯性沉降过程气流速度较高，所以扩散沉降一般就微不足道了。可以用一个无因次的特征参数——直接拦截比（K_I）来表示其特性：

$$K_I=\frac{d_p}{D_c} \tag{3-83}$$

当颗粒质量较大时，惯性较大，即 St 很大时，颗粒沿气流方向近直线运动，在直径为 D_c 的流管内的颗粒皆能与捕集体碰撞。除此之外，距捕集体表面的距离在$\frac{d_p}{2}$以内的颗粒也将与捕集体接触，从而被拦截。因此，由于拦截机制而使捕集效率增加的值为：

$$\eta_I=K_I(\text{圆柱形捕集体}) \tag{3-84}$$

$$\eta_I=2K_I(\text{球形捕集体}) \tag{3-85}$$

当颗粒质量很小时，惯性较小，即 St 很小时，颗粒随气流沿流线运动。若距捕集体表面的距离在$\frac{d_p}{2}$以内的颗粒也将与捕集体接触，从而被拦截。此时，由于拦截机制而使捕集效率增加的值可按如下方程估算：

$$\eta_I=2K_I(K_I<0.1)(\text{圆柱体势流}) \tag{3-86}$$

$$\eta_I=3K_I(K_I<0.1)(\text{球体势流}) \tag{3-87}$$

$$\eta_I=\frac{K_I^2}{2.002-\ln Re_c}(K_I<0.07,Re_c<0.5)(\text{圆柱体黏性流}) \tag{3-88}$$

$$\eta_I=\frac{3K_I^2}{2}(K_I<0.1)(\text{球体黏性流}) \tag{3-89}$$

3.6.5 扩散沉降

3.6.5.1 均方根位移和扩散系数

当含尘气流绕流于捕集体时，其中极微小的粉尘粒子在随气流运动的过程中常伴随布朗运动而被捕集。如图 3-13 中所示，粒子所发生的布朗运动可用爱因斯坦方程来描述。在一定时间 t 内，颗粒的均方根位移（x）为：

$$x=\sqrt{2D_{B}t} \tag{3-90}$$

式中，D_B 为粉尘粒子在气体中的扩散系数，m^2/s，它表示粉尘粒子布朗运动的强度。

对于粒径约等于或大于气体分子平均自由程的颗粒（爱因斯坦公式）：

$$D_{B}=\frac{C_{u}kT}{3\pi\mu d_{p}}(m^{2}/s) \tag{3-91}$$

式中，k 为玻尔兹曼常数，1.38×10^{-23}J/K；T 为含尘气体温度，K。

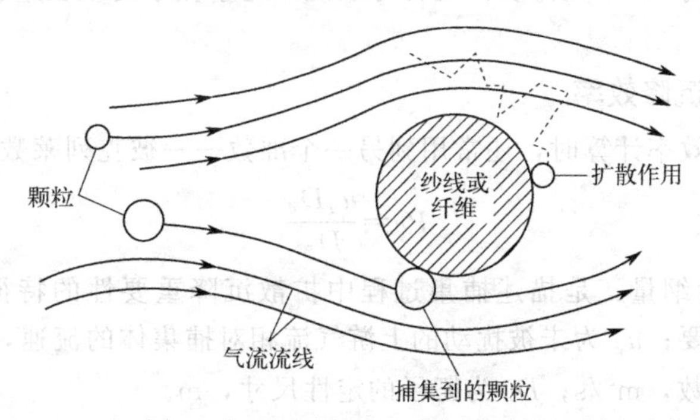

图 3-13 运动气流中的颗粒物由于布朗运动被捕集的示意图

但对于粒径小于气体平均自由程（大于分子）的颗粒，用朗缪尔（Langmuir）公式：

$$D_{B}=\frac{4kT}{3\pi d_{p}^{2}P}\sqrt{\frac{8RT}{\pi M}}(m^{2}/s) \tag{3-92}$$

式中，P 为气体的绝对压力，Pa；R 为气体常数，8.314J/(mol·K)；M 为气体的摩尔质量，kg/mol。

表 3-7 中给出了不同粒径的颗粒在 293K 和 101325Pa 干空气中的扩散系数的计算值。

表 3-7 不同粒径的颗粒在 293K 和 101325Pa 干空气中的扩散系数的计算值

粒径d_p/μm	扩散系数D_B/(m^2/s)	
	爱因斯坦公式	朗缪尔公式
10	2.41×10^{-12}	—
1	2.76×10^{-11}	—
0.1	6.78×10^{-10}	7.84×10^{-10}
0.01	5.25×10^{-8}	7.84×10^{-8}
0.001	—	7.84×10^{-6}

从表 3-7 的计算结果可以看出，扩散系数随粉尘粒径的减小而增大。

表 3-8 给出了单位密度的球形颗粒在 1s 内由于布朗运动的平均位移（x）和重力作用的沉降距离（h）。

表 3-8　单位密度的球形颗粒在 1s 内由于布朗运动的平均位移（x）和重力作用的沉降距离（h）

粒径d_p/μm	x/m	h/m	$\frac{x}{h}$
0.00037(等于一个气体分子直径)	6.0×10^{-3}	2.4×10^{-9}	2.5×10^{6}
0.01	2.6×10^{-4}	6.6×10^{-8}	3 900
0.1	3.0×10^{-5}	8.6×10^{-7}	35
1.0	5.9×10^{-6}	3.5×10^{-5}	0.17
10	1.7×10^{-6}	2.6×10^{-3}	5.7×10^{-4}

由表 3-8 可见，随着粒径的减小，在相同时间内，颗粒由于布朗运动的平均位移（x）比重力作用的沉降距离（h）大得多，或者可以说，对于微小的颗粒来说，重力沉降的作用对其影响微乎其微。

3.6.5.2　扩散沉降效率

在进行扩散沉降效率计算时，还常用到另一个准数——彼克列莱数（Pe）：

$$Pe=\frac{u_g D_c}{D_B} \tag{3-93}$$

式中，Pe 为无量纲量，是描述捕集过程中扩散沉降重要性的特征参数，Pe 值越小，颗粒的扩散沉降越重要；u_g 为未被扰动的上游气流相对捕集体的流速，m/s；D_B 为粉尘粒子在气体中的扩散系数，m^2/s；D_c 为靶子的定性尺寸，m。

含尘气流绕流于捕集体产生的扩散沉降效率已有多种计算式，下面将简单介绍几种适用于不同条件下的计算公式。

① 势流含尘气流绕流于球形捕集体的扩散沉降效率：

$$\eta_B=2\sqrt{\frac{2}{PeD_c}} \tag{3-94}$$

② 势流含尘气流绕流于圆柱形捕集体时，其扩散沉降效率：

$$\eta_B=2\sqrt{\frac{2}{Pe}} \tag{3-95}$$

或

$$\eta_B=\frac{1}{Pe}+1.727\frac{\sqrt[6]{Re_c}}{\sqrt[3]{Pe^2}}\text{（该式适合于 }0.1<Re_c<10^4\text{ 及 }10<Pe<10^6\text{ 时）} \tag{3-96}$$

③ 黏性含尘气流绕流于单个圆柱形捕集体时，其扩散沉降效率：

$$\eta_B=\frac{1.71Pe^{-2/3}}{(2-\ln Re_c)^{1/3}} \tag{3-97}$$

还有人提出，当 $Pe\gg1$，$Re_c\gg1$ 时，势流含尘气流绕流于捕集体的扩散沉降效率：

$$\eta_B=\frac{3.19}{Pe^{1/2}} \tag{3-98}$$

对上述计算公式进行分析，不难看出：扩散沉降效率与粉尘粒子的尺寸及气流速度成反比。此外，从理论上讲，$\eta_B>1$ 是可能的，因为布朗运动可能导致来自 D_c 距离之外的颗粒与捕集体碰撞。还需要指出，应用不同的计算式计算同一条件下的扩散沉降效率相差较大。因此在实际选用计算公式时，一定注意其使用条件。

[例题 3-3] 试比较靠惯性碰撞、直接拦截和布朗扩散捕集粒径为 0.001～20μm 的单位密度球形颗粒的相对重要性。捕集体为直径 100μm 的纤维，在 293K 和 101325Pa 下的气流速度为 0.1m/s。

解：在 293K 和 101325Pa 下空气的密度 $\rho_g = 1.205\text{kg/m}^3$，黏度 $\mu = 1.81 \times 10^{-5}\text{Pa} \cdot \text{s}$；

在给定条件下捕集体的雷诺数：

$$Re_c = \frac{u_g \rho D_c}{\mu} = \frac{0.1 \times 1.205 \times 100 \times 10^{-6}}{1.81 \times 10^{-5}} = 0.67$$

所以捕集体周围的气流属于黏滞流。按照黏滞流条件下的颗粒沉降公式(3-97)，计算结果列于表中，其中惯性碰撞效率 η_{St} 是按图估算的，拦截效率 η_I 是按式(3-88) 计算的。

$d_p/\mu m$	St	$\eta_{II}/\%$	K_I	$\eta_I/\%$	Pe	$\eta_B/\%$
0.001	—	—	—	—	1.28	108
0.01	—	—	—	—	1.90×10^2	3.86
0.2	—	—	—	—	4.52×10^4	0.10
1	3.57×10^{-3}	0	0.01	0.00625	3.62×10^5	0.025
10	0.308	10	0.1	0.625	—	—
20	1.23	50	0.2	2.5	—	—

由［例题 3-3］可见，对于大颗粒的捕集，布朗扩散的作用很小，主要是靠惯性碰撞；反之，对于小颗粒的捕集，惯性碰撞的作用微乎其微，主要是靠扩散沉降。在惯性碰撞、拦截和扩散沉降均无效的粒径范围内（［例题 3-3］中约为 0.2～1μm）捕集效率最低。

类似的分析也可得到捕集效率最低的气流范围。

习题

3-1 思考题

（1）常用的颗粒物的平均粒径有哪几种？给出每种方法的计算式。

（2）什么是颗粒物的众径？什么是中位径？什么是算术平均直径？对于个数频率分布为正态分布的颗粒物，这三种直径有什么关系？对于一般的对称分布呢？对于非对称分布呢？

（3）根据对数正态分布在对数概率坐标系下的累积频率分布曲线，如何确定其分布的两个特征参数？

(4) 粉尘的导电机制有哪两种？温度和湿度对粉尘的比电阻有什么样的影响？

(5) 总效率与分级除尘效率之间有什么关系？总通过率与分级通过率有什么关系？用公式表示。

(6) 什么是肯宁汉（Cunningham）修正系数？在什么情况下需要这种修正？为什么？

(7) 简述惯性碰撞、直接拦截和扩散沉降的机制；分析粒径对这三种沉降效果的影响。

3-2 通常将 $d_p \geqslant 10\mu m$ 的粒子称为降尘，$d_p < 10\mu m$ 的粒子称为飘尘。计算 $d_p = 10\mu m$ 的粒子在静止空气中的最终沉降速度。已知干空气的黏度 $\mu = 1.81 \times 10^{-5} Pa \cdot s$。若 $t=0$ 时粒子的沉降速度为零，粒子沉降速度达到最终沉降速度的99%需要多少时间？

3-3 某火力发电厂废气除尘装置所吸收烟灰的粒径分布情况如下：

粒径/μm	50	40	30	20	15	10	5	1
R/%	16.6	23.4	33.1	47.1	56.4	67.8	81.8	95.8

若该粉体服从 R-R 分布，试求：该粉体的分布常数 n、β、d_{m50}。

3-4 根据以往的分析，由破碎过程产生的粉尘的粒径分布符合对数正态分布，为此在对该粉尘进行粒径分布测定时只取了四组数据（见下表），试确定：(1) 几何平均直径和几何标准差；(2) 绘制频率密度分布曲线。

粉尘粒径 d_p/μm	0～10	10～20	20～40	>40
质量频率 g/%	36.9	19.1	18.0	26.0

3-5 根据对某旋风除尘器的现场测试得到：除尘器进口的气体流量为 $10000m^3/h$，含尘浓度为 $4.2g/m^3$。除尘器出口的气体流量为 $12000m^3/h$，含尘浓度为 $340mg/m^3$。试计算该除尘器的处理气体流量、漏风率和除尘效率（分别按考虑漏风和不考虑漏风两种情况计算）。

3-6 对于习题 3-5 中给出的条件，已知旋风除尘器进口面积为 $0.24m^2$，除尘器阻力系数为 9.8，进口气流温度为 423K，气体静压为 −490Pa，试确定该除尘器运行时的压力损失（假定气体成分接近空气）。

3-7 有一两级除尘系统，已知系统的流量为 $2.22m^3/s$，工艺设备产生粉尘量为 22.2g/s，各级除尘效率分别为80%和95%。试计算该除尘系统的总除尘效率、粉尘排放浓度和排放量。

3-8 某种粉尘的粒径分布和分级除尘效率数据如下，试确定总除尘效率。

平均粒径/μm	0.25	1.0	2.0	3.0	4.0	5.0	6.0	7.0	8.0	10.0	14.0	20.0	≥23.5
质量频率/%	0.1	0.4	9.5	20.0	20.0	15.0	11.0	8.5	5.5	5.5	4.0	0.8	0.2
分级效率/%	8	30	47.5	60	68.5	75	81	86	89.5	95	98	99	100

3-9 计算粒径不同的三种飞灰颗粒在空气中的重力沉降速度，以及每种颗粒在30s内的沉降高度。假定飞灰颗粒为球形，颗粒直径分别为 $0.4\mu m$、$40\mu m$、$4000\mu m$，空气温度为 387.5K，压力为 101325Pa，飞灰真密度为 $2310kg/m^3$。

3-10 欲通过在空气中的自由沉降来分离石英（真密度为 $2.6g/cm^3$）和角闪石（真密度为 $3.5g/cm^3$）的混合物，混合物在空气中的自由沉降运动处于牛顿区。试确定完全分离时所允许的最大石英粒径与最小角闪石粒径的最大比值。

3-11 直径为 200μm、真密度为 1850kg/m^3 的球形颗粒置于水平的筛子上，用温度 293K 和压力 101325Pa 的空气由筛子下部垂直向上吹筛上的颗粒，试确定：(1) 恰好能吹起颗粒时的气速；(2) 在此条件下的颗粒雷诺数；(3) 作用在颗粒上的阻力和阻力系数。

3-12 试确定某水泥粉尘排放源下风向无水泥沉降的最大距离。水泥粉尘是从离地面 4.5m 高处的旋风除尘器出口垂直排出的，水泥粒径范围为 25～500μm，真密度为 1960kg/m^3，风速为 1.4m/s，气温为 293K，气压为 101325Pa。

3-13 某种粉尘真密度为 2700kg/m^3，气体介质（近于空气）温度为 433K，压力为 101325Pa，试计算粒径为 10μm 和 500μm 的尘粒在离心力作用下的末端沉降速度。已知离心力场中颗粒的旋转半径为 200mm，该处的气流切向速度为 16m/s。

第4章

除尘装置

除尘装置是指能把粉尘从烟气中分离出来的设备，又称为除尘器或除尘设备。因此，本书的除尘装置和除尘器是同一个概念。

4.1 除尘装置的性能及分类

4.1.1 除尘装置的性能

评价除尘装置性能的指标包括技术指标和经济指标。其中技术指标主要包括处理气体流量、除尘效率（通过率）、压力损失等；经济指标主要包括设备费、运行费及占地面积大小等。本节只介绍净化装置性能的主要技术指标。

4.1.1.1 处理气体流量

除尘装置的处理气体流量代表装置处理气体的能力大小，是指除尘装置在单位时间内所能处理的含尘气体量，通常用 Q_v（m^3/s）表示。在选择除尘装置时必须注意这个指标，否则会影响除尘效率。实际运行中的除尘装置，由于本体漏风等，装置进、出口处的气体流量不同，所以：

$$Q_v=\frac{Q_1+Q_2}{2} \tag{4-1}$$

式中，Q_1 为装置入口气体流量；Q_2 为装置出口气体流量。

除尘装置的漏风率（δ）：

$$\delta=\frac{Q_1-Q_2}{Q_1}\times 100\% \tag{4-2}$$

$\delta>0$ 为排气，风机在净化装置前；$\delta<0$ 为吸气，风机在净化装置后。

4.1.1.2 除尘效率

除尘装置的除尘效率是评价装置捕集粉尘效果的重要指标。它有以下几种表示方法：

（1）除尘装置的总效率（简称除尘效率 η ）

除尘装置的总效率是指由除尘装置除下的粉尘量与未经除尘前含尘气体中所含粉尘量的百分比，是一平均值。如图 4-1 所示，除尘装置入口气体流量是 Q_1（m^3/s），入口含尘浓度是 C_1（g/m^3），入口粉尘流入速率是 S_1（g/s）；装置出口气体流量是 Q_2（m^3/s），出口含尘浓度是 C_2（g/m^3），出口粉尘流出速率是 S_2（g/s）；粉尘的捕集速率是 S_3（g/s）。

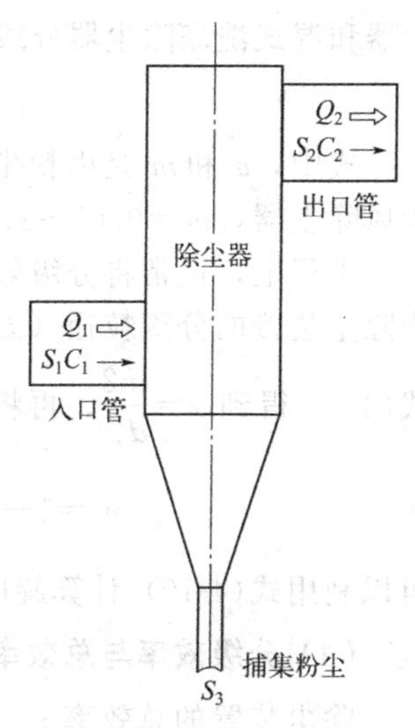

图 4-1　净化效率表达式中的符号

$$\eta=\frac{S_3}{S_1}\times 100\% \tag{4-3}$$

或 $$\eta=\frac{C_1Q_1-C_2Q_2}{C_1Q_1}\times 100\%=\left(1-\frac{C_2Q_2}{C_1Q_1}\right)\times 100\% \tag{4-4}$$

如除尘装置无漏气，则：

$$S_3=S_1-S_2 \tag{4-5}$$

$$\eta=\left(1-\frac{C_2}{C_1}\right)\times 100\% \tag{4-6}$$

研究除尘装置性能时，在实验室以人工方法供给粉尘，用式(4-3) 计算效率；而对正在运行的除尘装置测定其效率时，用式(4-4) 和式(4-6) 比较方便。

除尘装置排出口的浓度 C_2 也是除尘装置的一个重要性能指标。经净化后的气体，其含尘浓度不得高于国家和地方政府规定的最大允许排放浓度。在已知净化效率的前提下可用式(4-4) 和式(4-6) 计算排出口的浓度 C_2。

（2）通过率（P）

通过率是指从净化装置出口排出的污染物量与入口污染物量之比，P 值越大，说明出口的污染物浓度越高。

$$P=\frac{S_2}{S_1}=\frac{C_2Q_2}{C_1Q_1}=1-\eta \tag{4-7}$$

（3）除尘装置的分级效率

上述的除尘效率 η 只表示除尘装置的总效率，它并不能说明除尘装置对除去某一特定粒径范围粉尘的除尘效率。除尘装置的总效率与粉尘粒径大小有很大关系，为了表示除尘装置对某一特定粒径范围粉尘的除尘效率，引入了分级除尘效率（η_i）的概念。

分级除尘效率（分级效率）系除尘装置对某一粒径 d_{pi} 或粒径间隔 Δd_{pi} 内粉尘的净化效率。分级除尘效率可以采用表格、曲线或函数 $\eta=f(d_{pi})$ 的形式表示，此处的 d_{pi} 代表某一粒径或粒径间隔。

假设除尘装置入口、出口和捕集到的粒径 d_{pi} 颗粒的质量流量分别是 S_{1i}(g/s)、 S_{2i}(g/s) 和 S_{3i}(g/s)，则其对粒径 d_{pi} 粒子的分级除尘效率 η_i 为

$$\eta_i=\frac{S_{3i}}{S_{1i}}\times 100\%=\left(1-\frac{S_{2i}}{S_{1i}}\right)\times 100\% \tag{4-8}$$

一般来说，粉尘粒径越小，其分离效率及分离速率就越小。除尘装置的分级除尘效率与除尘装置的种类、结构、气流流动状况以及粉尘的密度和粒径等因素有关。对于旋风除

尘器和湿式洗涤除尘器分级效率和粒径的关系，可用下述指数函数式来表示：

$$\eta_i = 1 - e^{-\alpha d_p^m} \tag{4-9}$$

式中，α 和 m 是由粉尘粒径、气体性质、除尘器类型和运行状况等因素决定的。对于旋风除尘器，$m=0.65 \sim 2.30$；对于湿式洗涤除尘器，$m=1.5 \sim 4.0$。

工程上，还常将分级效率 $\eta_i=50\%$时对应的粒径来表示除尘装置性能，此时的粒径称为除尘装置的分割粒径（d_c）。研究旋风除尘器和湿式洗涤除尘器性能时，将 $\eta_i=50\%$代入式(4-9) 得到 $\alpha=\frac{\ln 2}{d_c^m}$，再将其代入式(4-9) 中得：

$$\eta_i = 1 - \exp\left[-\ln 2\left(\frac{d_{pi}}{d_c}\right)^m\right] = 1 - \exp\left[-0.693\left(\frac{d_{pi}}{d_c}\right)^m\right] \tag{4-10}$$

可以利用式(4-10) 计算旋风除尘器和湿式洗涤除尘器的分级效率。

(4) 分级效率与总效率之间的关系

除尘装置的总效率 η，以及入口、出口和被捕集粉尘的质量频率（g_{1i}、g_{2i} 和 g_{3i}，可以通过实验测定分析得到)，根据质量频率的定义以及分级效率的定义就可得到：

$$\eta_i = \frac{S_{i3}}{S_{i1}} = 1 - \frac{S_{i2}}{S_{i1}}, S_{1i} = S_1 \cdot g_{1i}, S_{2i} = S_2 \cdot g_{2i}, S_{3i} = S_3 \cdot g_{3i}$$

进一步，由总效率 η 计算分级效率 η_i：

$$\eta_i = \eta \frac{g_{3i}}{g_{1i}} \tag{4-11}$$

或

$$\eta_i = 1 - \frac{S_{i2}}{S_{i1}} = 1 - \frac{S_2 \cdot g_{2i}}{S_1 \cdot g_{1i}} = 1 - P\frac{g_{2i}}{g_{1i}} \tag{4-12}$$

或

$$\eta_i = \frac{\eta}{\eta + P\frac{g_{2i}}{g_{3i}}} \tag{4-13}$$

同样由分级效率 η_i 及粉尘的质量频率也可以求得总效率 η。并且计算方法也有多种，在此仅简单介绍与设计计算有关的一种方法。

$$由\ \eta_i = \eta \frac{g_{3i}}{g_{1i}}，得：\eta \cdot g_{3i} = \eta_i \cdot g_{1i}$$

$$\eta \cdot \sum g_{3i} = \sum \eta_i \cdot g_{1i}，而 \sum g_{3i} = 1，$$

$$所以：\eta = \sum \eta_i \cdot g_{1i} \tag{4-14}$$

(5) 多级除尘器串联运行时的总净化效率（η_T）

当使用一级除尘装置达不到除尘要求时，通常用两个或两个以上的除尘器串联起来，形成多级除尘装置，对 d_{pi} 粒子的总分级效率为：

$$\eta_{iT} = 1 - (1-\eta_{i1})(1-\eta_{i2})\cdots(1-\eta_{in}) \tag{4-15}$$

式中，η_{i1}，η_{i2}，…，η_{in} 分别为第 1，2，…，n 级除尘装置的单级分级效率。

多级除尘系统的总除尘效率：

$$\eta_T = 1 - (1-\eta_1)(1-\eta_2)\cdots(1-\eta_n) \tag{4-16}$$

式中，η_1，η_2，…，η_n 分别为第 1，2，…，n 级除尘装置的单级总效率。

4.1.1.3 压力损失

除尘装置的压力损失（ΔP），又称压降，它的含义是净化装置进、出口气流全压之差，表示气体经过净化装置后，气体动能及机械能的损失，它是表示含尘气流通过净化装置的能耗大小的一个重要指标。压力损失大的除尘装置，工作时能耗大、运转费用高，此外还直接关系到烟囱高度以及是否需要安装引风机等问题。烟气速度越大，压降越大。除尘装置的压力损失可用下式来表示：

$$\Delta P=\xi \frac{\rho u_{1g}^{2}}{2}(\mathrm{Pa}) \tag{4-17}$$

式中，ξ 为除尘装置的压力损失系数，它与除尘装置的类型、尺寸及烟气运动状态等有关，可根据实验或经验公式来确定；u_{1g} 为烟气进口流速，m/s；ρ 为烟气密度，kg/m^3。

在需要计算除尘装置的压力损失时，还可根据具体装置类型及运行工况，直接查阅文献所给出的公式进行计算。

4.1.2 除尘装置的分类

根据在除尘过程中是否采用润湿剂，除尘器类型分为干式除尘装置和湿式除尘装置。此外，根据除尘过程中粒子的分离原理，除尘器可以分为：重力除尘装置、惯性除尘装置、旋风除尘装置、湿式除尘装置、过滤式除尘装置、电除尘装置以及声波除尘装置等。其中，声波除尘装置，由于它的噪声、经济性能及除尘效果等方面的问题，目前尚应用不广，本书暂不作介绍。

4.2 干式机械除尘器

不用水或其他液体作润湿剂，仅利用重力、惯性及离心力等沉降机制去除气体中粉尘粒子的设备称为干式机械除尘器。干式机械除尘器主要的类型有：重力沉降室、惯性除尘器和旋风除尘器。

干式机械除尘器的主要特点是结构简单、易于制造、造价低、施工快、便于维修及能耗小等，因而被广泛应用于工业生产中。一般来说，该类除尘器对大粒径粉尘的去除具有较高效率，而对于小粒径粉尘的捕集效率很低。因而，这类除尘器常在去除大颗粒粉尘及除尘效率要求不高的情况下使用，有时也作为前置预除尘器。

4.2.1 重力沉降室

4.2.1.1 重力沉降室的除尘机制

重力沉降室是通过重力作用使尘粒从气流中沉降分离的除尘装置。如图 4-2 所示（简单的重力沉降室），当含尘气流以初速度 u_0（假设粉尘粒子不产生滑动，即粉尘粒子的运动速度与气流速度相同）通过横断面比管道大得多的沉降室时，由于含尘气流水平速度大大降低，而粉尘颗粒由于惯性继续以 u_0 的初速度在水平方向前行；同时，在垂直方向上，忽略气体浮力，仅在重力和气流阻力的作用下，假定粒子瞬间达到力平衡状态，每个粒子以其各自的沉降末速度 u_s 独立向灰斗沉降。

4.2.1.2 重力沉降室除尘效率的计算

当含尘气流均匀、稳定地流过沉降室截面时（即假设气流为柱塞流），气流通过长度为

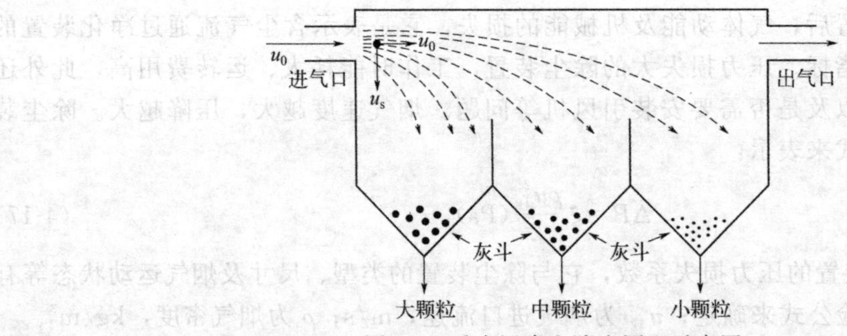

图 4-2　重力沉降室除尘原理示意图

L(m)、高为 H(m)、宽为 W(m) 的沉降室（如图 4-3 所示）的时间为 t。

$$t=L/u_0=\frac{LWH}{Q} \tag{4-18}$$

在 t 时间内粒子的沉降距离：

$$h_c=u_s\cdot t=\frac{u_sL}{u_0}=\frac{u_sLWH}{Q} \tag{4-19}$$

从图 4-3 中可以看出，对于粒径为 d_p 的粒子，只有在高度 h_c 以下进入沉降室才能沉降到灰斗，否则就随气流从出口流出。因此重力沉降室对粒径为 d_p 的粒子分级除尘效率可用下式表示：

$$\eta_i=\frac{h_c}{H}\times100\%=\frac{u_sL}{u_0H}\times100\%=\frac{u_sLW}{Q}\times100\%(h_c<H) \tag{4-20}$$

对于给定结构的沉降室，可按式(4-19) 计算出不同粒径粒子的分级除尘效率或作出分级效率曲线。再根据入口粉尘的粒径分布，按式(4-14) 即可计算出沉降室的总除尘效率。

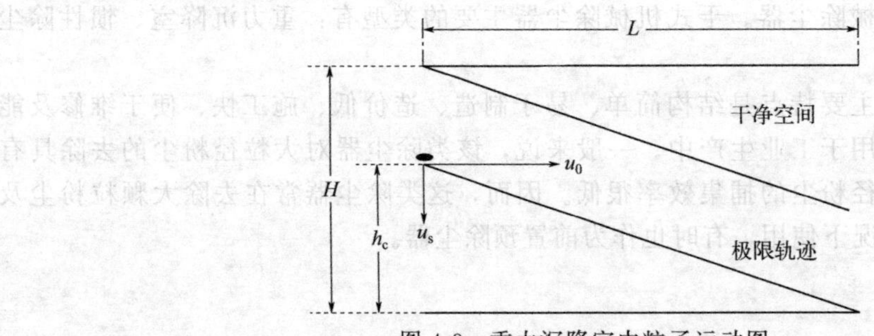

图 4-3　重力沉降室中粒子运动图

假定粒子是处于斯托克斯区的球形粒子，重力沉降室能够 100% 捕集的最小粒子的直径为：

$$d_{min}=\sqrt{\frac{18\mu u_0H}{\rho_pgL}}=\sqrt{\frac{18\mu Q_v}{\rho_pgWL}}\text{(m)} \tag{4-21}$$

式中，Q_v 是含尘气流的体积流量，m^3/s。

从式(4-20) 和式(4-21) 可知，当需要净化的含尘气流的气体性质及工况已确定时，降低沉降室内气流速度（u_0）和沉降室高度（H），或者增大沉降室长度（L），都可以提高沉降室捕集效率或降低捕集粒子的最小粒径。但 L 过长或 u_0 过小，又会使沉降室体积较大，所以设计沉降室时，应从技术、经济以及现场情况综合考虑，选定适宜的结构尺寸和工作参数。选定气流速度时，还应考虑已沉降的粉尘不再被气流重新卷起造成二次飞扬，因此气流速度通常选定不大于 3m/s 为宜。但对于某些粉尘，气流速度应比 3m/s 更小些，表 4-1 给出了某些粉尘在沉降室中的最高允许气流速度。

表 4-1 某些粉尘在沉降室中的最高允许气流速度

粉尘种类	粒子密度/(kg/m^3)	平均粒径/(μm)	最高允许气流速度/(m/s)
铝屑尘	2720	335	4.3
石棉尘	2200	261	5.0
氧化铅粉尘	8260	14.7	7.6
石灰石粉尘	2780	71	6.4
淀粉粉尘	1270	64	1.75
钢屑尘	6850	96	4.7
木屑尘	1180	1370	4.0
锯末	—	1400	6.6

应当指出，沉降室的分级除尘效率和捕集最小粒子直径的计算是从理想流体中的球形粒子沉降规律导出的，并没有考虑实际气流的运动、分布、粒子的形状和浓度分布等的影响。因此，分级除尘效率的计算值比实际效率高，捕集最小粒子直径计算值比实际粒子小。

实践证明，工程上一般用公式分级效率的一半作为实际分级效率，理论和实践符合得更好，这样实际捕集最小粒子直径为：

$$d_{\min}=\sqrt{\frac{36\mu Q}{\rho_{\mathrm{p}} gWL}} \tag{4-22}$$

降低沉降室高度的办法是在沉降室中加装许多水平隔板，形成多层气流通道，形成多层重力沉降室。如果装上 n 块隔板（如图 4-4 所示），沉降高度减少为原来的$\frac{1}{(n+1)}$，此时，沉降室的分级除尘效率：

$$\eta_i=\frac{u_{\mathrm{s}} LW(n+1)}{Q}\times 100\% \tag{4-23}$$

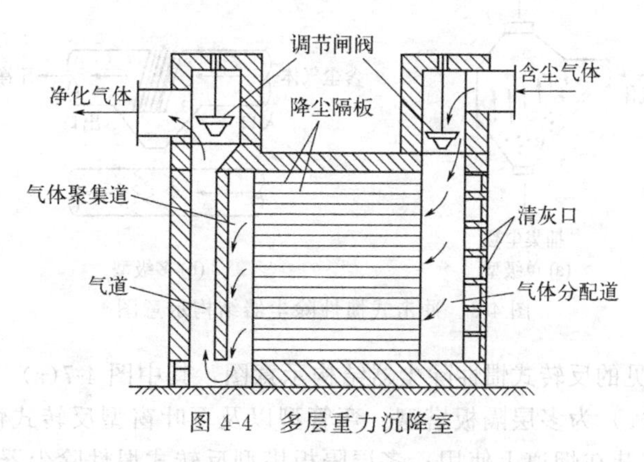

图 4-4 多层重力沉降室

考虑到多层重力沉降室清灰的困难，一般隔板数在 3 块以下。

4.2.2 惯性除尘器

4.2.2.1 惯性除尘器的除尘机制

在沉降室内设置各种形式的挡板，当含尘气流冲击在挡板上，气流方向发生急剧转变，借助尘粒本身的惯性作用，使其与气流分离的装置，就是惯性除尘器。图 4-5 是含尘气流冲击在两块挡板上时尘粒从气流中分离的机制示意图。含尘气流以 u_1 的速度与挡板 B_1 成垂直方向进入除尘器，在 T_1 点处较大粒径（d_1）的粒子，由于惯性作用离开以 R_1 为曲率半径的气流流线（虚线）直冲到 B_1 挡板上，碰撞后的 d_1 粒子速度变为零（假定不发生反弹），遂产生重力沉降。比 d_1 粒子更小的 d_2 粒子先以曲率半径 R_1 绕过挡板 B_1，然后再以曲率半径 R_2 随气流做回旋运动。当 d_2 粒子运动到 T_2 点时，由于其惯性作用，脱离以 u_2 速度流动的气流，直冲到 B_2 挡板上，同理产生重力沉降。假设 T_2 点气流的切向速度为 u_t，则 d_2 粒子所受的离心力与 $d_2^3 \cdot \frac{u_t^2}{R_2}$ 成正比，因此回旋气流的曲率半径越小，越能分离捕集更小的粒子。显然，这种惯性除尘器，除了借助惯性作用外，还利用了离心力和重力的作用。

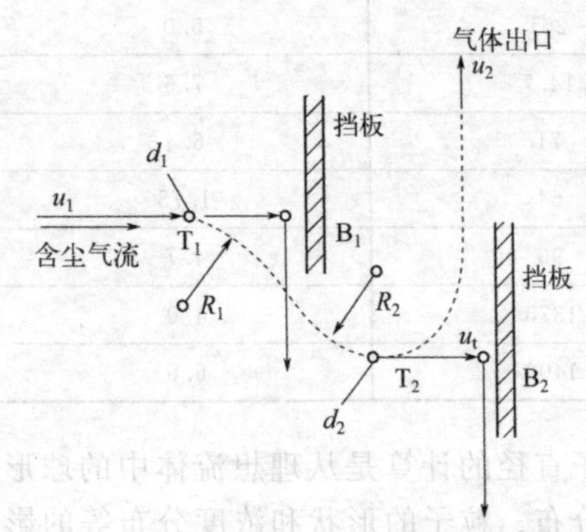

图 4-5 惯性除尘器的分离机制示意图

4.2.2.2 惯性除尘器的结构类型

惯性除尘器的结构主要有两种类型：一种以含尘气流中的粒子冲击挡板来捕集较粗粉尘的冲击式结构；另一类是通过改变含尘气流流动方向捕集较细粒子的反转式结构。

图 4-6 为冲击式惯性除尘器结构示意图，图 4-6(a) 为单级冲击式惯性除尘器，图 4-6(b) 为多级冲击式惯性除尘器。在这种设备中，设置一级或多级挡板，使气流中的尘粒冲撞隔板而被分离。

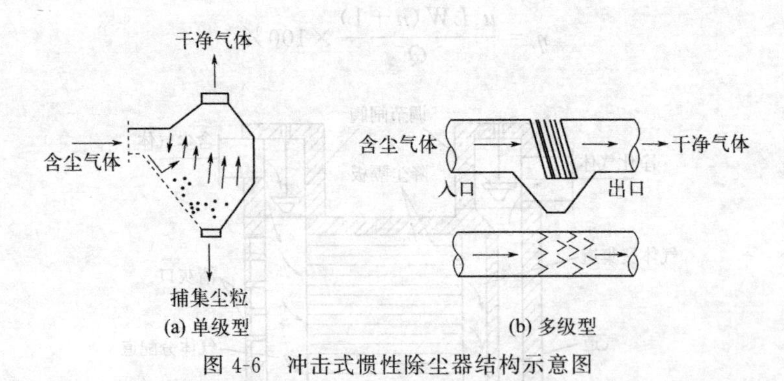

图 4-6 冲击式惯性除尘器结构示意图

图 4-7 是三种常见的反转式惯性除尘器结构示意图，其中图 4-7(a) 为弯管型，图 4-7(b) 为百叶窗型，图 4-7(c) 为多层隔板塔型。弯管型以及百叶窗型反转式惯性除尘器和冲击式惯性除尘器都适于安装在烟道上使用；多层隔板塔型反转式惯性除尘器主要用于烟雾分离。

惯性除尘器就其性能来看，对于冲击式惯性除尘器，冲击挡板气流速度越大，流出装置的气流速度越低，净化效率越高；对于反转式惯性除尘器，气流速度流动的曲率半径越小，净化效率越高。

惯性除尘器一般用于净化密度和粒径较大的金属或矿物性粉尘，净化效率不高，一般只用于多级除尘中的一级除尘，捕集 10μm 以上的粗颗粒，气流速度和压力损失随类型不同而不同，压力损失一般在 100～1000Pa。

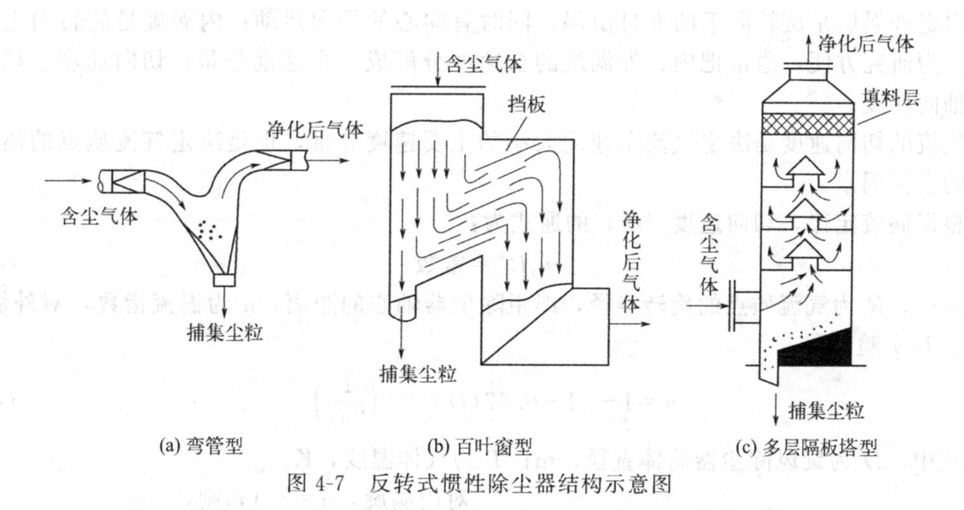

图 4-7　反转式惯性除尘器结构示意图

4.2.3　旋风除尘器

旋风除尘器应用于工业生产已有百余年的历史，是应用比较广泛的除尘设备之一，多作为小型燃煤锅炉除尘和多级除尘中的预除尘设备。其优点有：结构简单、占地面积小，投资低，操作维修方便，压力损失中等，动力消耗不大，可用于各种材料制造，能用于高温、高压及腐蚀性气体的净化，并可回收干颗粒物。其缺点为：主要用来分离粒径 5μm 以上的颗粒物，几乎不能够捕集小于 5μm 的粉尘粒子，一般用作预除尘。

旋风除尘器是利用旋转气流产生的离心力使尘粒从气流中分离的装置。旋风除尘器的组成主要包括：进气管、筒体、锥体、排气管以及储灰斗等（如图 4-8 所示）。

4.2.3.1　旋风除尘器内气流运动状况分析及压力分布

普通旋风除尘器内气流流动概况如图 4-8 所示。进入旋风除尘器的含尘气流沿筒体内壁自上而下旋转运动（称为外涡旋）；同时有少量气体沿径向运动到轴心区域中。当外涡旋的旋转气流到达锥体下部回流区（即外涡旋转变为内涡旋的涡心区），并在此处气流旋转方向反转上升做自下而上的旋转运动（内涡旋），最后由排气管排出，同时也存在着离心的径向运动。内、外涡旋的旋转方向相同。

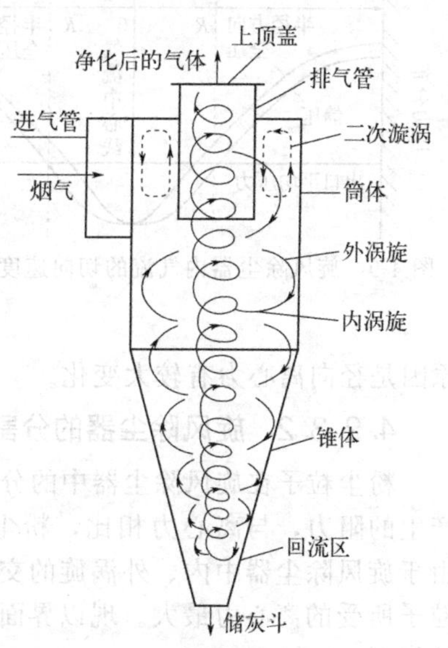

图 4-8　普通旋风除尘器的结构及内部气流的流动示意图

气流中所含的尘粒在随气流做外涡旋运动过程中，在离心力的作用下逐步沉降到筒体壁上，到达筒体壁的尘粒在气流和重力作用下沿壁面落入灰斗。

此外，进口气流中的少部分气流沿筒体内壁旋转向上，到达上顶盖后又继续沿排气管旋转下降，最后到达排气管下端被上升的内涡旋气流带出。通常把这部分气流称为二次旋涡（上涡旋），上涡旋的存在会降低除尘效率。

假定外涡旋是旋转向下的准自由涡，同时有向心的径向运动；内涡旋是旋转向上的强制涡。为研究方便，通常把内、外涡旋的全速度分解成三个速度分量：切向速度、径向速度和轴向速度。

气流的切向速度是决定气流全速度大小的主要速度分量，也是决定气流质点的离心力大小的主要因素。

根据涡流定律，切向速度（u_t）的通式为：

$$u_t R^n = 常数 \tag{4-24}$$

式中，R 为气流质点的旋转半径，即距除尘器轴心的距离；n 为涡流指数，对外涡旋，$n<1$，且实验证明：

$$n = 1 - [1 - 0.67(D)^{0.14}]\left(\frac{T}{283}\right)^{0.3} \tag{4-25}$$

式中，D 为旋风除尘器筒体直径，m；T 为气体温度，K。

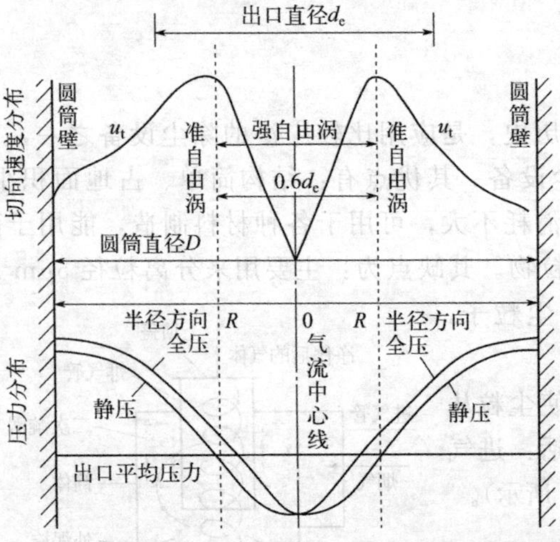

对内涡旋，$n=-1$，则，

$$\frac{u_t}{R} = 常数 = w(角速度) \tag{4-26}$$

图 4-9 旋风除尘器内气流的切向速度和压力分布

从式(4-24) 和式(4-26) 可以看出，外涡旋的切向速度随旋转半径的减小而增大，而内涡旋中气流的切向速度随旋转半径的减小而减小。因此，在内、外涡旋的交界面上旋转气流切向速度最大，该交界面是一个圆柱面。实验测定表明，交界圆柱面直径：

$$d_0 = (0.6 \sim 1.0)d_e \tag{4-27}$$

式中，d_e为排气管直径。

旋风除尘器内气流的压力分布随结构的不同而有所不同。在普通旋风除尘器中，全压和静压的径向变化非常显著（见图 4-9），由外壁向轴心逐渐降低，产生此现象的主要原因是径向离心力有较大变化。

4.2.3.2 旋风除尘器的分割粒径及除尘效率

粉尘粒子在旋风除尘器中的分离沉降主要取决于尘粒所受到的离心力和径向气流对其产生的阻力，与离心力相比，粉尘粒子本身所受的重力、尘粒间的摩擦力可以忽略不计。由于旋风除尘器中内、外涡旋的交界面上旋转气流切向速度 u_t 最大，所以在此界面上粉尘粒子所受的离心力最大。现以界面上某一球形粒子（粒径 d_p）为研究对象，分析其所受力的情况。

作用在粒子上的离心力：

$$F_c=\frac{\pi}{6}d_p^3\rho_p\frac{u_t^2}{R} \tag{4-28}$$

粒子受到的径向气流的斯托克斯阻力：

$$F_D=3\pi\mu d_p u_R \tag{4-29}$$

式中，u_R 为通过交界面上气流的平均径向速度，m/s。

u_R 是根据下述概念来确定的，即假定外涡旋气流均匀地经过交界圆柱面进入内涡旋，基于此假设，径向气流的平均速度可按下式计算：

$$u_R=\frac{Q_v}{2\pi r_0 h_0} \tag{4-30}$$

式中，Q_v 为气流的体积流量，m^3/s；r_0 为内、外涡旋交界圆柱半径，$r_0=(0.3\sim0.5)d_e$，m；h_0 为内、外涡旋交界圆柱的高度（可以看成排气管下缘至锥顶的高度），m。

若 $F_c>F_D$，则尘粒就移向外壁（被捕集）；若 $F_c<F_D$，颗粒就进入内涡旋（未被捕集）；若 $F_c=F_D$，尘粒被捕集和进入内涡旋的可能性各有 50%，即此时对该尘粒的除尘效率为 50%，对应的粉尘粒径就是分割粒径 d_c。

即：$\frac{\pi}{6}d_c^3\rho_p\frac{u_{t0}^2}{r_0}=3\pi\mu d_c u_R$，将式(4-30) 代入得到：

$$\frac{\pi}{6}d_c^3\rho_p\frac{u_{t0}^2}{r_0}=3\pi\mu d_c\frac{Q_v}{2\pi r_0 h_0}$$

$$d_c=\left(\frac{18\mu u_R r_0}{\rho_p u_{t0}^2}\right)^{1/2}=\sqrt{\frac{18\mu Q_v}{2\pi h_0\rho_p u_{t0}^2}}=\sqrt{\frac{18\mu A u_{0g}}{2\pi h_0\rho_p u_{t0}^2}} \tag{4-31}$$

式中，A 为旋风除尘器进气口的横断面积，m^2；u_{0g} 为旋风除尘器入口管的气流速度，m/s；u_{t0} 为粉尘在交界面上的切向速度，m/s。

实践证明：

$$\eta_i=1-\exp\left[-0.693\left(\frac{d_{pi}}{d_c}\right)^{\frac{1}{n+1}}\right] \tag{4-32}$$

式中，n（涡流指数）按式(4-25) 计算

另一种经验公式：

$$\eta_i=\frac{(d_{pi}/d_c)^2}{1+(d_{pi}/d_c)^2} \tag{4-33}$$

可以看出，只要确定了旋风除尘器分割粒径，就可以利用式(4-32) 或式(4-33) 估算出旋风除尘器的分级除尘效率。

由于旋风除尘器对粉尘的分离净化过程是很复杂的，很难用一个公式确切地表达。如理论上不能被捕集的细小粉尘，由于凝聚作用或被大颗粒碰撞可以被捕集，实际效率高于理论效率；相反，对于较大的颗粒，由于筒壁的反弹、局部涡轮及返混的影响而未被捕集，实际效率低于理论效率（这种现象也称二次效应）。这些情况在理论计算中目前还没包括在内，因此很难对旋风除尘器效率进行较准确的计算，较准确的还是通过实测确定。

从式(4-25)、式(4-31) 及式(4-32) 中不难看出影响旋风除尘器分割粒径或者除尘效率的主要因素如下：

(1) 旋风除尘器入口管的气流速度

旋风除尘器入口管的气流速度通常选取经验数值，$u_{0g}=10\sim25$m/s。在此经验流速范围内，气流速度选取越高，就能去除粒径越小的粉尘，从而提高除尘效率。但入口气流速

度也不宜过高，过高的气流速度会使已沉降的粉尘再次飞扬，导致除尘效率下降；过高的气流速度会使除尘器受到严重磨损和压力损失增大。当然，入口气流速度也不宜过低，过低的气流速度不仅造成除尘效率降低，而且容易造成入口管中的积尘或堵塞。在实际应用中，小型旋风除尘器多取用偏低的入口气流速度，大型旋风除尘器多取用偏高的入口气流速度。

（2）除尘器结构尺寸的影响

旋风除尘器进气口的横断面积愈小、筒体直径愈小、排除管直径愈小或者锥体愈高，就愈能分离更细小的粉尘，除尘效率也就愈高。但筒体直径不能过小，否则会产生粉尘二次飞扬的现象，使效率降低。实际测量发现，气流在除尘器内下降的最低点并不一定到达除尘器锥体底部。从排出管下部至气流下降的最低点之间的距离称为旋风除尘器的特征长度 l，$l=2.3d_e(D^2/A)^{\frac{1}{3}}$，因此在设计计算时，取 $h_0=l$。

（3）粉尘真密度的影响

粉尘真密度愈大，分割粒径愈小，除尘效率愈高。

（4）含尘气体温度的影响

含尘气体温度的可从两个方面影响分割粒径和除尘效率，一个是影响涡流指数 n，另一个是气体黏度 μ 对 d_c 的影响。升高温度涡流指数 n 和气体黏度 μ 都增大，除尘器在低温下的效率比在高温时要高。

（5）除尘器锥体底部与粉尘收集器连接处严密性的影响

从图 4-9 可知，除尘器中静压在径向上的变化是从外壁向中心逐渐降低的，即使除尘器在正压下运行，锥体底部也处于负压状态。若连接处不够严密，漏入的外部空气会把正在落入灰斗的粉尘重新带走，使除尘效率明显下降，实践证明，当漏气严重时，除尘器的除尘效率几乎降为零。

4.2.3.3 旋风除尘器的压力损失

旋风除尘器的压力损失是除尘器主要技术指标之一。压力损失大的除尘设备不仅要增加除尘系统的一次设备投资费用，而且还会增加平时的运行费。旋风除尘器的压力损失与其结构和运行条件有关，理论计算是比较困难的，主要靠实验确定。

（1）压力损失的计算

旋风除尘器的压力损失可以用下式计算：

$$\Delta P=\frac{1}{2}\xi\rho_g u_{0g}^2 \tag{4-34}$$

式中，ξ 为局部阻力系数，无量纲量，一般取 6～9；ρ_g 为气体密度，kg/m³；u_{0g} 为入口气流速度，m/s。

表 4-2 是几种旋风除尘器的局部阻力系数值，供参考。

表 4-2 几种旋风除尘器的局部阻力系数值

旋风除尘器的类型	XLT	XLT/A	XLP/A	XLP/B	XLK	CZT
ξ	5.3	6.5	8.0	5.8	10.8	8.0

在缺少实验数据时，可以用下式估算：

$$\xi=16\frac{A}{d_e^2} \tag{4-35}$$

式中，A 为旋风除尘器进气口的横断面积，m^2；d_e 为旋风除尘器排气管的直径，m。旋风除尘器运行中可以接受的压力损失一般低于 2kPa。

（2）影响压力损失的因素

影响旋风除尘器压力损失的主要因素如下：①除尘器的结构形式。除尘器的结构形式相同（相对尺寸相同）时，其绝对尺寸大小对压力损失影响较小。即同一类型旋风除尘器的几何相似放大或缩小时，压力损失基本不变。②旋风除尘器入口管的气流速度。压力损失与入口气流速度的平方成正比，因而处理气体流量增大时压力损失随之增大。③除尘器的相对尺寸。除尘器的相对尺寸对压力损失影响较大，压力损失随进口面积增大和排出管直径减小而增大，随筒体和锥体部分的增长而减小。一般排出管直径 $d_e=(0.4\sim0.65)D$。④含尘浓度。含尘浓度增高，压力损失明显下降。⑤气体温度。压力损失随气体温度（及黏度）增高而减小。

4.2.3.4 旋风除尘器的分类

旋风除尘器的类型很多，按进气方式不同，可大致分为切线进入式和轴线进入式两种。如图 4-10 所示。切线进入式又分为直入切线进入式和蜗壳切线进入式。直入切线进入式入口管外壁与筒体相切。蜗壳切线进入式入口管内壁与筒体相切，外壁采用渐开线形式，渐开角有 180°、270°及 360°三种。蜗壳切线进入式增大进口面积较容易，进口处有一个环状空间，可以减少进气流与内涡旋之间的相互干扰，减小进口压力损失；进气流距筒壁更近些，减小了尘粒向器壁的沉降距离，有利于尘粒分类沉降。所以一般认为蜗壳切线进入式入口类型对降低除尘器压力损失和提高除尘效率有利，并多采用 180°蜗壳式入口。但设计得好的直入切线进入式入口类型也可获得良好性能。

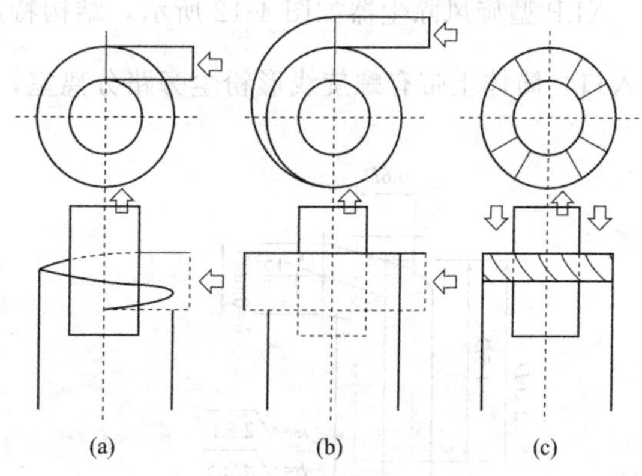

图 4-10 旋风除尘器的几种类型

（a）直入切线进入式；（b）蜗壳切线进入式；（c）轴线进入式

轴线进入式是靠导流叶片促使气流旋转的，因此也称导流叶片旋转式。与切线进入式相比，在相同压力损失下，能处理约 3 倍的气体量，而且气流分布均匀，所以可以用其组合成多管旋风除尘器，用于应对气体量大的场合。

4.2.3.5 常用旋风除尘器的结构和性能

目前，国内外常用的旋风除尘器种类很多，新型旋风除尘器还在不断地出现，在此仅重点介绍几种常用的旋风除尘器的结构和性能。

国外研制的旋风除尘器，通常根据研究者的名字命名，也有用厂家的产品型号来命名。如 XLP/B-4.2 型除尘器，X 代表旋风除尘器，L 代表立式，P 代表旁路式，“/”后面的 B 是 XLP 型除尘器系列中的 B 类，4.2 代表除尘器的外筒直径（单位是 dm）。除尘器系列 B

类后面的数字有时代表所适用的锅炉蒸发量，如 XLP/B-6 型除尘器，就是指旁路立式旋风除尘器，该旋风除尘器适用于蒸发量为 6t/h 的锅炉。国内研制的旋风除尘器，通常根据结构特点用汉语拼音字母来命名，但至今还没有完全统一，两种命名方式混着使用。根据除尘器在除尘系统中的安装位置的不同将其分为吸入式（即除尘器安装在通风机之前）和压入式（即除尘器安装在通风机之后），分别用字母 X 和 Y 表示。为了安装方便，X 型和 Y 型中各设有 S 型（顺时针方向进气）和 N 型（逆时针方向进气）两种。如 XLP/A-5.0XN 型，代表 XLP/A 旋风除尘器，外筒直径是 5.0dm（500mm），吸入式逆时针旋转。

（1） XLT/A 型旋风除尘器

XLT/A 型旋风除尘器（原名为 CLT/A 型）是立式圆筒 A 类旋风除尘器，其结构如图 4-11 所示。这种旋风除尘器的特点是具有螺旋形顶盖，螺旋下倾角为 15°，螺旋线弯成 360°，螺旋线节距接近进气管高度，筒体与锥体较长。通常在排气管上部装有蜗壳，使内旋流的旋转运动变为直线运动，从而减小压力损失。在锥体下部接有灰斗。

经试验证明，含尘气体入口速度需要大于 10m/s，否则除尘效率较低，但不能超过 18m/s。压力损失大约为 500～700Pa，除尘效率大约为 80%～85%。国家标准图中有十四种规格可供选用。这种类型的旋风除尘器可组合成双筒、四筒及六筒等几种并联组合形式。

（2） XLP 型旋风除尘器

XLP 型旋风除尘器如图 4-12 所示，结构特点是进气管上缘距顶盖有一定距离，180°蜗壳入口，筒体上带有螺旋线形粉尘旁路分离室，排气管插入深度在距进口上缘 $\frac{1}{3}$ 处。

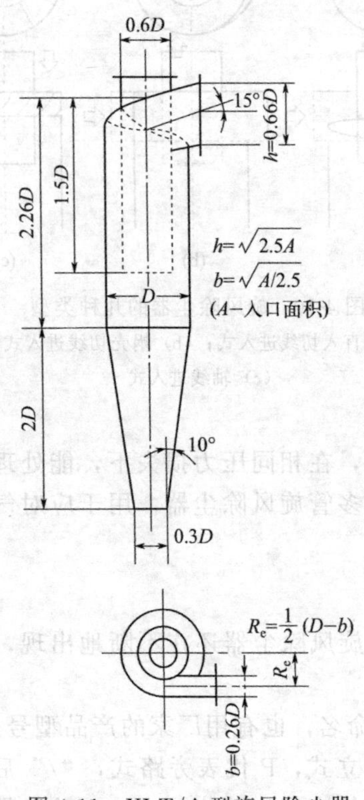

图 4-11 XLT/A 型旋风除尘器

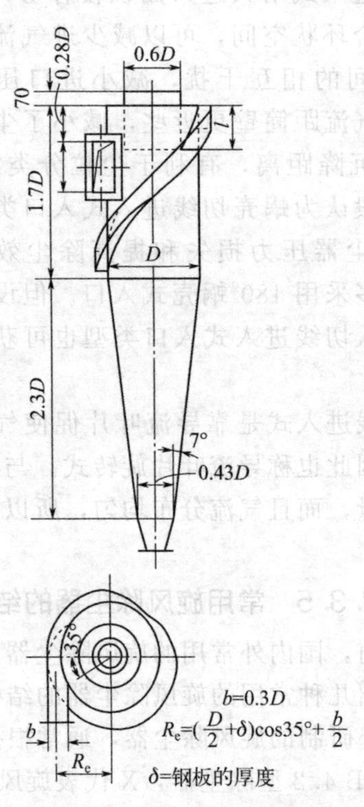

图 4-12 XLP 型旋风除尘器

由于结构上的特点，含尘气流进入后以排气管底口为分界面形成上、下两股旋转气流，上涡旋则旋转向上，并在顶盖下面形成一个强烈旋转的浓缩了的粉尘环（含有大量的细粉尘），由筒壁的上部切向开口流入灰尘隔离室，气流随后沿着排除管旋转下降至底缘，随上升的内涡旋排走。而含有较大尘粒的下涡旋旋转向下，最后仍由锥顶转变成内涡旋上升排走。XLP 型旋风除尘器提高了分离细粉尘的能力，有助于消除上涡旋带尘的影响。除尘效率较 XLT/A 型略高，入口速度范围以 12～17m/s 为宜；压力损失系数 ξ，X 型（出口带蜗壳）为 5.8，Y 型为 4.8。

（3） XLK 型旋风除尘器

XLK 型旋风除尘器也称扩散式除尘器，如图 4-13 所示，结构特点是 180°蜗壳入口，锥体为倒置的，锥体下部有一圆锥形反射屏。当外涡旋旋转到底部时，靠反射屏的作用使绝大部分气流转变成内涡旋。被分离出来的粉尘随小部分气流从反射屏四周的缝隙落入灰斗中，这一小部分的旋转气流由反射屏中心孔上升时，由于反射屏的挡灰作用，避免了灰斗中粉尘再次被带走，这样便提高了除尘效率。与 XLT/A 型和 XLP 型旋风除尘器相比，该旋风除尘器的压力损失较大，压力损失系数 ξ 约为 8.5，有些单位的实验数据 ξ 甚至高达 10.8；对负荷（气体量）变化的适应性强一些。由于锥体是向下渐扩的，所以磨损较轻。入口速度范围以 10～16m/s 为宜。

（4） XZT 型旋风除尘器

XZT 型旋风除尘器如图 4-14 所示，结构特点是 180° 蜗壳入口，锥体较长，约为 2.85D，故也称其为长锥体旋风除尘器，筒体较短，为 0.7D。其压力损失与 XLK 型接近，ξ 约为 10.7，而除尘效率比 XLP 型和 XLK 型都高 6%左右。入口速度可取范围为 10～16m/s，以 13～14m/s 为宜。

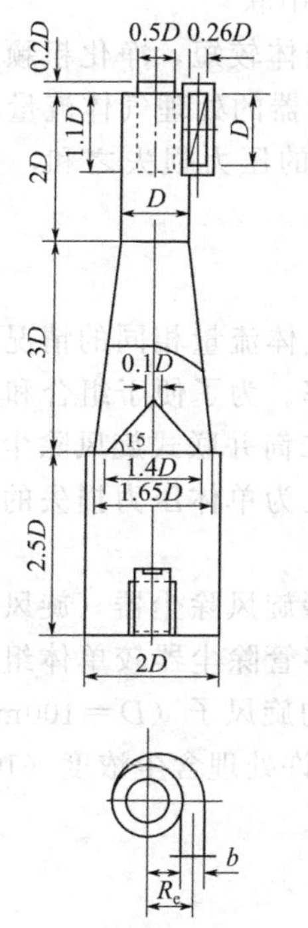

图 4-13　XLK 型旋风除尘器

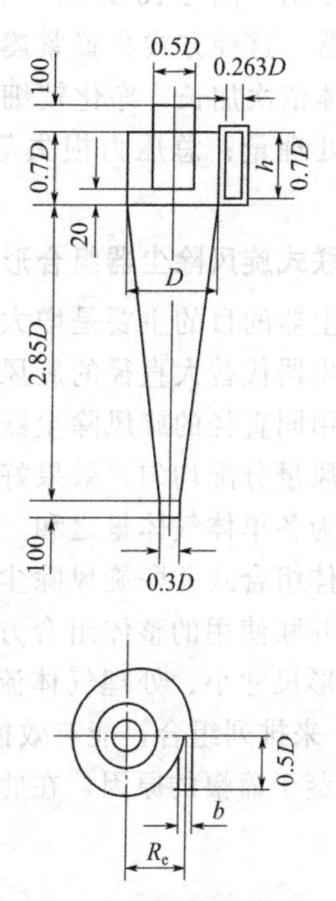

图 4-14　XZT 型旋风除尘器

(5) XCX 型旋风除尘器

XCX 型旋风除尘器主要结构如图 4-15 所示，是 270°蜗壳入口，入口面积较小且为长方形，锥体较长（约为 2.85D）的高效旋风除尘器；排气管下端装有叶片式减速器，能减小除尘器压力损失，但使除尘效率降低。该除尘器的压力损失系数较低，装减速器时，ξ 约为 2.8，无减速器时，ξ 约为 3.48，因而适合在高入口速度下运行。该除尘器对负荷变化的适应性较强，除尘效率较高，一般可达 90%以上。主要缺点是体形大，耗钢量大，为 64～70kg/(1000m³/h)。入口速度可取范围为 18～28m/s。

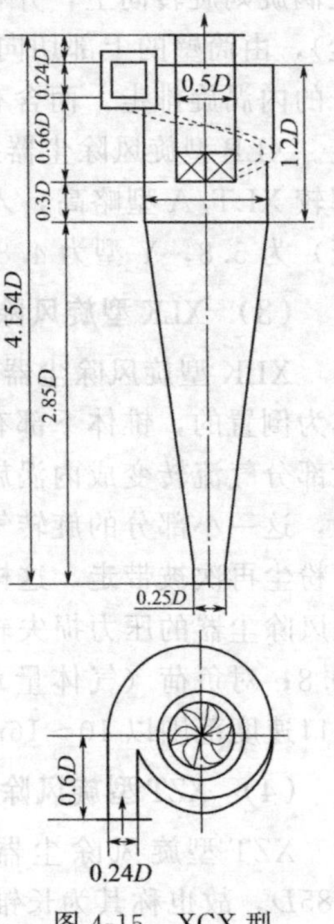

图 4-15 XCX 型旋风除尘器

4.2.3.6 组合式多管旋风除尘器

为了提高除尘效率或增大处理气体流量，往往将多个旋风除尘器串联或并联使用。当要求除尘效率较高，采用一级除尘不能满足要求时，可将两台或三台旋风除尘器串联使用，这种组合方式称为串联式旋风除尘器组合形式；当处理气流流量较大时，可将若干个小直径的旋风除尘器并联起来使用，这种组合方式称为并联式旋风除尘器组合形式。

(1) 串联式旋风除尘器组合形式

串联除尘器的目的是提高除尘效率，因此愈是后段设置的除尘器，气体的含尘浓度愈低，而细粉尘的含量愈多，因而对除尘器的除尘性能要求愈高。所以一般多将除尘效率不同的旋风除尘器串联起来使用。图 4-16 为同直径、不同锥体长度的三级串联式旋风除尘器，这种方式布置紧凑，阻力损失小。第一级锥体较短，净化粗颗粒粉尘，第二、三级锥体依次加长，净化较细的粉尘。串联式旋风除尘器的处理气体流量取决于第一级除尘器的处理量；总压力损失等于各级除尘器及连接件的压力损失之和，并乘以系数 1.1～1.2。

(2) 并联式旋风除尘器组合形式

并联除尘器的目的主要是增大处理气体流量，当处理气体流量相同的情况下，以小直径的旋风除尘器代替大直径的旋风除尘器可以提高除尘效率。为了便于组合和均匀分配气流，通常采用同直径的旋风除尘器并联组合。图 4-17 为十二筒并联式旋风除尘器，特点是布置紧凑、风量分配均匀、效果好。并联除尘器的压力损失为单体压力损失的 1.1 倍，处理气体流量为各单体气体量之和。

除了单体组合式并联旋风除尘器外，还采用将许多小型旋风除尘器（旋风子）组合在一个壳体内并联使用的整体组合方式，称为多管除尘器。多管除尘器较单体组合式的布置更紧凑、外形尺寸小、处理气体流量大，可以用直径较小的旋风子（D=100mm、150mm 及 250mm）来排列组合，能有效捕集 5～10μm 的粉尘，允许处理含尘浓度（100g/m³）较高的气体。鉴于篇幅的原因，在此就不再作详细介绍。

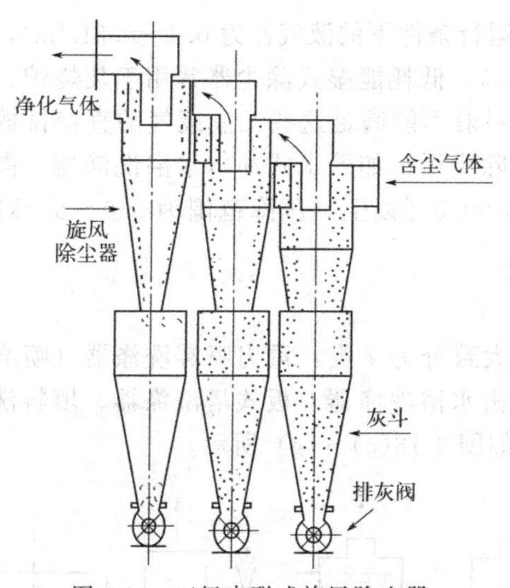

图 4-16　三级串联式旋风除尘器

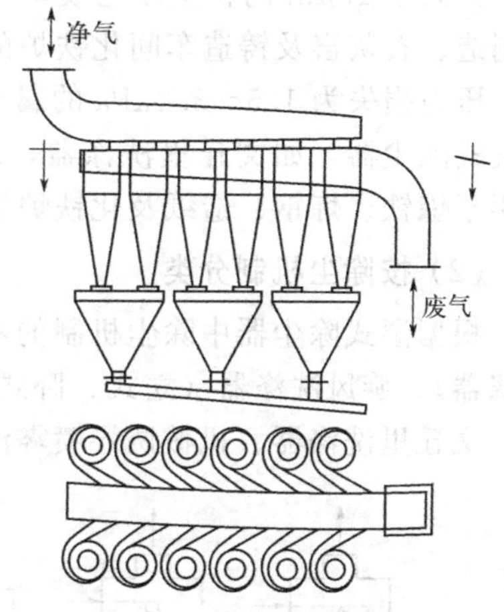

图 4-17　十二筒并联式旋风除尘器

4.3 湿式除尘器

湿式除尘器（又称湿式气体洗涤器）是实现废气与液体互相亲密接触，使污染物从废气中分离出来的装置。湿式除尘器具有结构简单、造价低、运行安全、净化效率高等特点。因而湿式除尘器在现代除尘技术中已得到广泛应用。

与其他除尘器相比，湿式除尘器具有如下优点：①在等能耗的情况下，湿式除尘器的除尘效率比干式机械除尘器的除尘效率高，高能湿式除尘器（如文丘里洗涤器）清除0.1μm以下的粉尘粒子，净化效率仍很高；②湿式除尘器的除尘效率不仅能与袋式、电除尘器相媲美，而且还适用于这些除尘器不能胜任的除尘条件，可用于净化非纤维性、非憎水性和非水硬性等各种粉尘，尤其适用于净化高温、高比电阻粉尘，以及易燃和易爆气体；③湿式除尘器既能净化废气中的固体颗粒污染物（气体除尘），亦能脱除气态污染物（气体吸收），还能用于气体的降温、加湿和除雾（脱水）等操作中，这是其他类型除尘器所没有的作用。

湿式除尘器的缺点有：①净化含有腐蚀性气态污染物时，洗涤水（液体）具有一定的腐蚀性，因此设备和管道均需采取防腐措施；②容易产生污水和污泥，如果对污水和污泥处理不当就会产生二次污染的问题；③在冬季寒冷地区排气产生冷凝水雾及冻结等问题；④烟气通过湿式洗涤器时含水量增大，温度降低，不利于烟气抬升；⑤湿式除尘器不适宜净化含憎水性和水硬性粉尘的气体。

4.3.1 湿式除尘器的分类

目前，对湿式除尘器尚无统一公认的分类方法，常用的分类标准有如下三种。

(1) 按能耗分类

从能耗上将湿式除尘器分为低能、中能和高能三类。低能湿式除尘器的压力损失为

0.25～1.5kPa，如旋风洗涤器、喷雾塔等，一般运行条件下的液气比为 0.4～0.8L/m^3，对于粒径大于 10μm 的粉尘净化效率可达 90%～95%。低耗能湿式除尘器常用于焚烧炉、化肥制造、石灰窑及铸造车间化铁炉的除尘上，但一般不能满足这些工业废气的直接排放要求。压力损失为 1.5～3.0kPa 的属于中能耗湿式除尘器，如贮水式冲击水浴洗涤器。高耗能湿式除尘器，如文丘里洗涤器，净化效率可达 99.5%以上，压降范围为 3.0～9.0kPa，常用于炼铁、炼钢、造纸及化铁炉烟气除尘净化。

(2) 按除尘机制分类

根据湿式除尘器中除尘机制的不同，可将其大致分为 7 类：重力喷雾洗涤器（喷雾塔洗涤器）、旋风洗涤器（立式、卧式）、贮水式冲击水浴洗涤器、板式塔洗涤器、填料洗涤器、文丘里洗涤器、机械诱导喷雾洗涤器。分别如图 4-18(a)～(g) 所示。

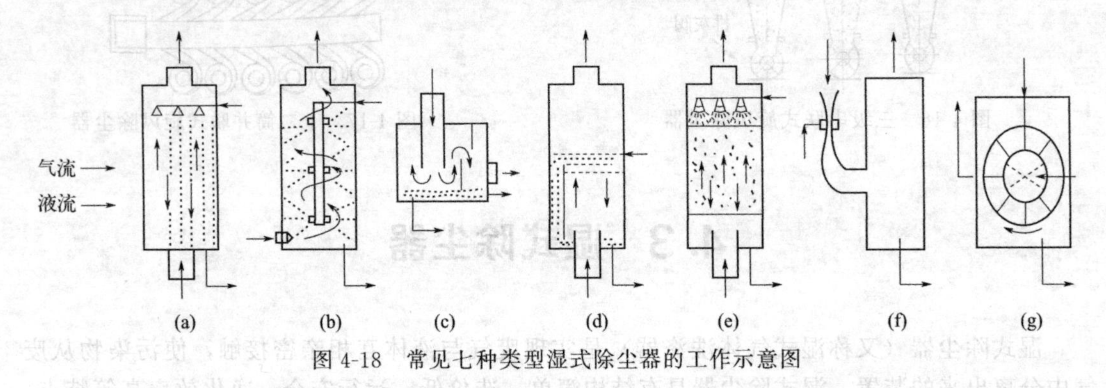

图 4-18 常见七种类型湿式除尘器的工作示意图

(3) 按不同结构形式分类

根据湿式除尘器结构形式不同，将其分为压力水式洗涤除尘器、填料塔洗涤除尘器、贮水式冲击水浴洗涤器和机械回转式洗涤除尘器。表 4-3 列出部分洗涤除尘器的性能。

表 4-3 部分洗涤除尘器的性能

分类	洗涤器类型	可能捕集到的粒子粒径/μm	压力损失/Pa	水泵压力	气体流速/(m/s)	液气比/(L/m^3)	分割粒径/μm	除尘效率/%
压力水式洗涤除尘器	喷雾塔洗涤器	5.0～100	100～500	中	1～2	2～3	3.0	70(d_p=10μm)
	旋风洗涤器	1～100	500～1500	中	1～2	0.5～1.5	1.0	80～90
	文丘里洗涤器	0.1～100	3000～10000	小	60～90	0.3～1.5	0.1	90～99
填料塔洗涤除尘器	填料塔洗涤器	不小于 0.5	1000～2500	小	0.5～2	1.3～3	1.0	90(d_p≥2μm)
	湍球塔洗涤器	0.5～100	7500～12500	小	5～6	0.5～0.7	0.5	97(d_p=2μm)
贮水式冲击水浴洗涤器	自激式洗涤除尘器	>0.2	400～3000	小	不大于 2.7	冲击水量 2.67；消耗水量 0.134	0.2	93(d_p=5μm)
回转式洗涤除尘器	离心式洗涤器	>0.1	0～1500	小	转速 300～750r/min	0.7～2	0.2	75～99

4.3.2 湿式除尘器的除尘机制及净化效率

4.3.2.1 气液两相间的接触界面及捕集体的形式

当含尘气体向液体中分散时，如在板式塔洗涤器和自激式洗涤器中，将形成气体射流和气泡形状的气液接触界面，气泡和气体射流即为捕集体，粉尘粒子在气体射流和气泡上沉降；当洗涤液体向含尘气体中分散时，如在重力喷雾洗涤器和文丘里洗涤器中，将形成液滴气液接触界面，粉尘粒子在液滴上沉降；还有的湿式除尘器，如填料塔洗涤器和湿式离心式除尘器，气液两相接触表面为液膜，液膜是这类除尘器的主要捕集体，粉尘粒子在液膜上沉降。

4.3.2.2 粉尘粒子在捕集体上的沉降机制及净化效率

(1) 沉降机制

在湿式除尘器中捕集粉尘可以用3.6节所论述的各种沉降机制，但研究发现，湿式除尘器对粉尘粒子的捕集主要依靠的是惯性碰撞和拦截作用。而重力沉降、扩散沉降和静电沉降作用在一般情况下则是次要的，只有极小的尘粒的沉降才受扩散作用的影响。

(2) 净化效率

以尘粒与液滴产生的惯性碰撞为例介绍惯性碰撞所产生的净化效率。惯性碰撞所产生的捕集效率与惯性碰撞参数有关（见3.6节），因此为了提高碰撞效率，要增大液滴与颗粒的相对速度（u_0）和减小液滴直径（捕集体直径D_c）。但液滴直径也不宜过小，否则液滴随气流一起运动，反而减小了相对运动速度，即降低了捕集效率（如图4-19所示），对于各种尘粒的最高捕集效率的水滴直径为0.5～1mm。实验表明，$D_c=150\,d_p$比较合适，常用的湿式除尘器都是围绕这两个因素发展起来的。

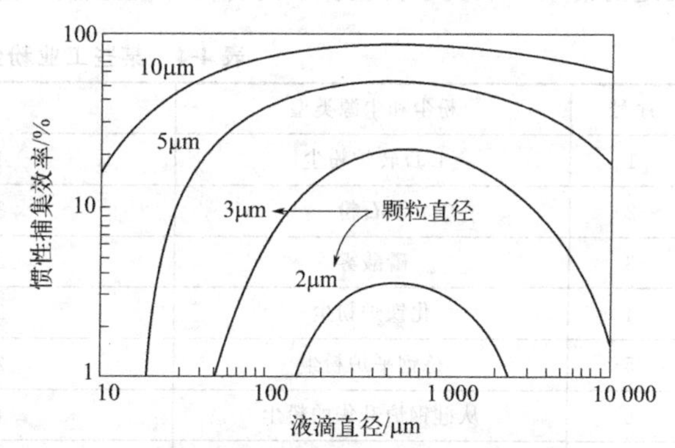

图4-19 重力喷雾洗涤器中惯性捕集效率与液滴直径的关系

① 对于势流和黏性流，捕集效率可以根据惯性碰撞参数来计算，John Stone等人的研究结果：

$$\eta=1-\exp(-KL\sqrt{St}) \tag{4-36}$$

式中，K为关联系数，其值取决于设备几何结构和系统操作条件；L为液气比，$L/1000m^3$。

说明：该方程计算精度较高，但由于D_c和u_D难以确定，方程的应用受到限制。

② 以惯性碰撞捕尘机制为主的湿式除尘器，且需净化的工业粉尘粒径分布遵循对数正态分布时，对某一粒径的通过率可用下式表示：

$$P_i=\exp(-A_e d_{ai}^{B_e})=1-\eta_i \tag{4-37}$$

式中，d_{ai}为粒子的空气动力学直径，μm；A_e、B_e均为常数（对于填充塔和筛板塔，$B_e=2$；离心式洗涤器，$B_e=0.67$；文丘里洗涤器，当$St=0.5$～5，$B_e=2$）。

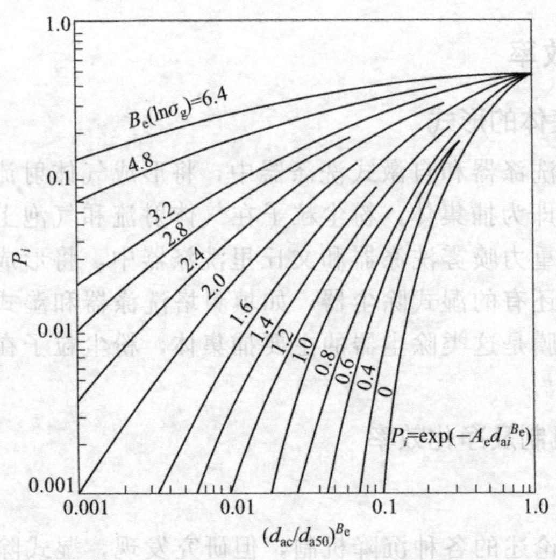

图 4-20 普通情况下的洗涤通过率

可将式(4-37)的计算结果标绘成图 4-20。图中 d_{ac} 为粉尘的空气动力学分割直径，d_{a50} 为空气动力学中位直径，σ_g 为粉尘颗粒粒径分布的几何标准差。若已知 d_{ac}、d_{a50}、σ_g 和 B_e，即可利用图 4-20 近似确定出该湿式除尘器的通过率。

③ 实践表明，湿式除尘器的除尘效率主要取决于除尘过程的能耗。一般来说，湿式除尘器对一定特性粉尘粒子的除尘效率愈高，除尘过程的能耗就愈高。

湿式除尘器的总除尘效率：

$$\eta=1-e^{-\alpha E_t^{\beta}}$$

式中，E_t 为湿式除尘器的总能耗，kWh/1000m^3（气体）；α、β 为粉尘粒子分散度确定的常数，取决于粉尘粒子的特性和洗涤器形式。表 4-4 列出了某些工业粉尘的 α、β 值。

表 4-4 某些工业粉尘的 α、β 值

序号	粉尘和尘源类型	α	β
1	L-D 转炉粉尘	4.450	0.4663
2	滑石粉	3.626	0.3506
3	磷酸雾	2.324	0.6312
4	化铁炉粉尘	2.255	0.6210
5	炼钢平炉粉尘	2.000	0.5688
6	从硅钢炉升华的粉尘	1.226	0.4500
7	鼓风炉粉尘	0.955	0.8910
8	石灰窑粉尘	3.567	1.0529
9	从黄铜熔炉排出的氧化锌	2.180	0.5317
10	从石灰窑排出的碱	2.200	1.2295
11	硫酸铜气溶胶	1.350	1.0679
12	肥皂生产排出的雾	1.169	1.4146
13	从吹氧平炉升华的粉尘	0.880	1.6190
14	没有吹氧的平炉粉尘	0.795	1.5940

湿式除尘器的总能耗 E_t 主要由气流通过除尘器时的能量损失 E_G 和雾化喷淋液体过程中的能量消耗 E_L 两项能量损失所组成，即：

$$E_t=E_G+E_L=\frac{1}{3600}\left(\Delta P_G+P_L\frac{Q_{vL}}{Q_{vG}}\right)[\text{kWh/1000m}^3\text{(气体)}] \tag{4-38}$$

式中，ΔP_G 为气体通过除尘器时的压力损失，Pa；P_L 为加入液体的压力损失，Pa；Q_{vL}、Q_{vG} 分别为液体和气体体积流量，m^3/s。

4.3.3 常见的湿式除尘器

4.3.3.1 重力喷雾洗涤器

重力喷雾洗涤器是湿式除尘器中最简单的一种（也称喷雾塔或洗涤塔，是一种空塔）。根据除尘器中含尘气体与洗涤液运动方向的不同分为错流、向流和逆流三种不同类型的重力喷雾洗涤器。在实际应用中多用气液逆流型的重力喷雾洗涤器（见图 4-21），很少用错流型洗涤器，向流型重力喷雾洗涤器主要用于使气体降温和加湿等过程。其结构简单，压力损失较小，一般小于 250Pa。对小于 10μm 的尘粒捕集效率较低，工业上常用于净化大于 50μm 的尘粒，很少用于脱除气态污染物，而常与高效洗涤器联用，起到预净化、降温和加湿等作用。

如图 4-21 所示，当含尘气体从塔体下部进入，经气体分配器后沿塔截面均匀上升，随气体上升的粉尘粒子与液体雾化后的液滴发生惯性碰撞、拦截和凝聚作用而被捕集。假定所有液滴具有相同直径，且液滴进入洗涤器后立刻以终末速度沉降，同时，液滴在断面上分布均匀、无聚结现象。

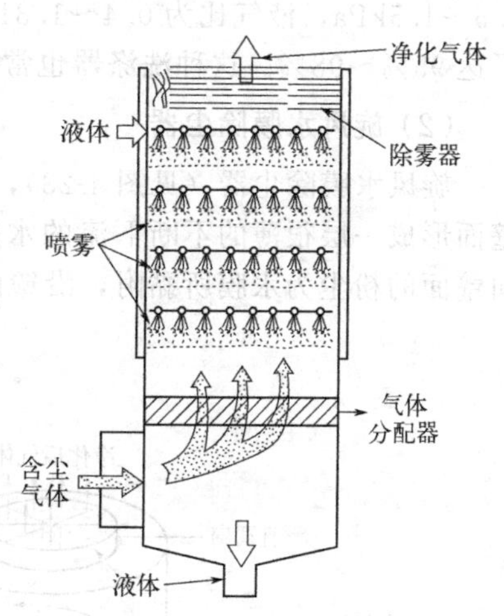

图 4-21　重力喷雾洗涤器结构示意图

立式逆流喷雾塔靠惯性碰撞捕集粉尘的效率可以用下式预估：

$$\eta=1-\exp\left[-\frac{3Q_{vL}u_t z\eta_d}{2Q_{vG}dD_C(u_t-u_g)}\right] \quad (4\text{-}39)$$

式中，u_t 为液滴的终末沉降速度，m/s；u_g 为空塔断面气速，一般取 0.6～1.2m/s；z 为气液接触的总塔高度，m；η_d 为单个液滴的碰撞效率；Q_{vL}、Q_{vG} 分别为液体和气体的体积流量，m^3/s。

单个液滴捕集效率 η_d 可用下式表示：

$$\eta_d=\left(\frac{St}{St+0.7}\right)^2 \quad (4\text{-}40)$$

式中，St 为惯性碰撞参数。

从式(4-39) 中也可以看出，重力喷雾洗涤器的捕集效率取决于水滴直径、粉尘的空气动力学直径、液气比以及水滴与气流之间的相对运动，这与惯性碰撞理论是一致的。从理论上来说，尽管液滴直径越小，惯性碰撞效率就越高，但是，在重力喷雾洗涤器中的液滴不能太小，否则会产生水滴从塔顶被带走的现象。

4.3.3.2 旋风洗涤器

湿式旋风洗涤器和干式旋风除尘器相比，由于附加了液滴的捕集作用，捕集效率明显提高。在旋风洗涤器中，由于带水现象较少，可以采用比喷雾塔中更细的喷雾。从理论上看，最佳的水滴直径为 100μm 左右，实际上采用的水滴直径范围为 100～200μm。常采用螺旋型喷嘴、喷射型喷嘴及超声喷嘴等来获得需要的水滴。旋风洗涤器的压力损失一般为 0.25～1.5kPa，它特别适合应对气流量大、含尘浓度高的场合。

旋风洗涤器的压力损失范围一般为 0.5～1.5kPa，可以用下式进行估算：

$$\Delta P=\Delta P_0+\frac{Q_{vL}}{Q_{vG}}\rho_L\overline{u}_D^2(\text{Pa}) \tag{4-41}$$

式中，ΔP_0 为喷雾系统关闭时的压力损失，Pa；ρ_L 为液滴密度，kg/m^3；$\overline{u}_D$ 为液滴初始平均速度，m/s。

下面介绍两种常用的旋风洗涤器的结构形式和性能特点。

(1) 中心喷雾的旋风洗涤器

在干式旋风分离器内部以环形方式安装一排喷嘴，就构成一种最简单的旋风洗涤器，如图 4-22 所示。喷雾作用发生在外涡旋区，并捕集尘粒，携带尘粒的液滴被甩向旋风洗涤器的湿壁上，然后沿壁面沉落到器底，在气体出口处通常需要安装除雾器。

洗涤器入口气流速度通常在 15m/s 以上，断面风速一般为 1.2～2.4m/s，压力损失为 0.5～1.5kPa，液气比为 0.4～1.31L/m^3，对各种粒径小于 0.5μm 的粉尘粒子的捕集效率可达 95%～98%。这种洗涤器也常作为文丘里洗涤器的脱水器。

(2) 旋风水膜除尘器

旋风水膜除尘器（见图 4-23），设置在筒体上部的喷嘴产生的喷雾沿切向喷向筒壁，使壁面形成一层很薄的不断下流的水膜。含尘气流由筒体下部导入，旋转上升，靠离心力甩向壁面的粉尘为水膜所黏附，沿壁面流下排出。

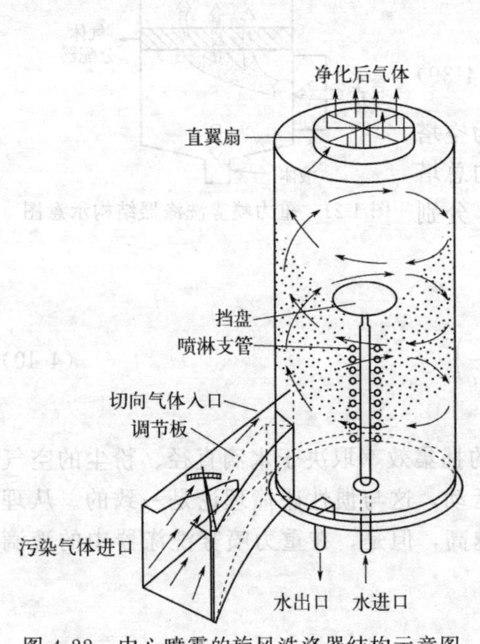

图 4-22 中心喷雾的旋风洗涤器结构示意图

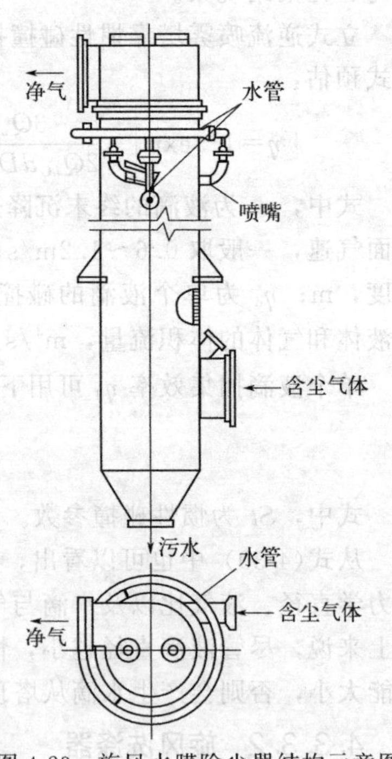

图 4-23 旋风水膜除尘器结构示意图

4.3.3.3 填料洗涤器

填料洗涤器是在除尘器中填充不同类型的填料，并将洗涤水喷洒在填料表面上，在填料表面上形成液膜，以液膜为捕集体捕集粉尘粒子。这种洗涤器只用于净化容易清除、流动性较好的粉尘粒子，特别适用于伴有气体冷却和气体含有某些有毒、有害组分的除尘、吸收的净化过程。

根据洗涤液与含尘气流相交的方式不同可将填料洗涤器分为错流、顺流和逆流填料洗涤器，如图4-24所示。在实际应用中多用气液逆流填料洗涤器，其气流空塔速率为1.0～2.0m/s，液气比为1.3～3.6L/m³，每米填料的阻力为400～800Pa。在顺流填料洗涤器中，液气比为1.0～2.0L/m³，每米填料的阻力为800～1600Pa。

错流填料洗涤器［图4-24(a)］中，含尘气体从左侧进入（气体入口处设置喷嘴），气体通过两层筛网所夹持的填料层。填料层厚度一般小于0.6m，最大为1.8m。填料层上部设置喷嘴以清洁沾有粉尘的填料，为了保证填料层能充分被洗涤液所润湿形成液膜，要求填料层的斜度大于10°。这种类型的填料洗涤器液气比较小，一般为0.15～0.5L/m³，阻力也较低，每米填料的阻力为160～400Pa，当入口气流含尘浓度为10～12g/m³时，捕集$d_p \geqslant 2\mu m$的粉尘的效率可达99%。

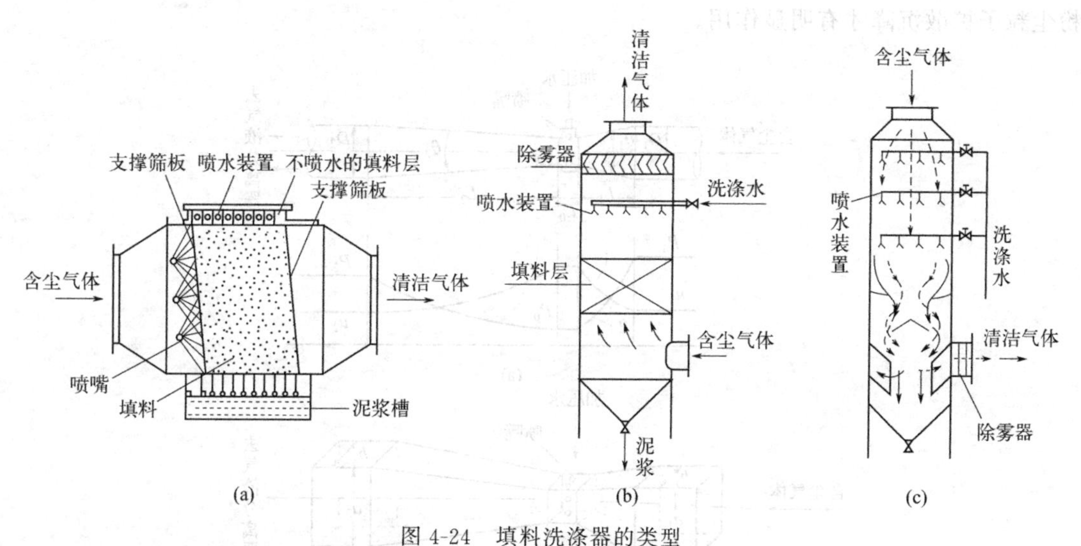

图4-24　填料洗涤器的类型

(a) 错流填料洗涤器；(b) 逆流填料洗涤器；(c) 顺流填料洗涤器

4.3.3.4　文丘里洗涤器

文丘里洗涤器是一种高除尘效率的湿式除尘器，常用于高温烟气的降温和除尘。实际应用的文丘里洗涤器是由文丘里洗涤凝聚器（简称文丘里洗涤器）、除雾器（气液分离器）、沉淀池和加压循环水泵等多种装置所组成。其装置系统如图4-25所示，整个系统的除尘过程主要是在文丘里洗涤器内完成的。

（1）文丘里洗涤器除尘过程及捕集机制

文丘里洗涤器是由收缩管、喉管、扩张管以及在喉管处注入高压洗涤液（一般为水）的喷雾器组成。当含尘气体由进气管进入收缩管后，气体流速随截面积的减小而增大，气流的压力能逐渐转变为动能，在喉管入口处，气流速度达到最大，一般为

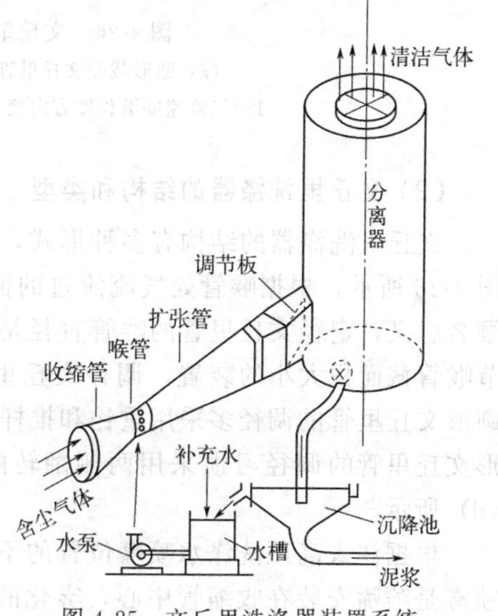

图4-25　文丘里洗涤器装置系统

50～120m/s，甚至可达 180m/s。喷雾器喷出的水滴被含尘气流冲击，使其进一步雾化成更小的水滴，此过程即是文丘里管中的雾化过程。在喉管中气液两相充分混合，粉尘粒子和水滴碰撞沉降的效率很高。在扩张管中液滴凝聚成更大的含尘水滴，有利于气液分离。在扩张管中发生的凝聚过程对粉尘粒子的捕集、气液分离起着至关重要的作用。气体离开喉管进入扩张管后，气流速度逐渐下降，静压力逐渐提高，在文丘里洗涤器中气流速度和静压力的变化如图 4-26 所示。

经过文丘里洗涤器后的气体进入除雾器中实现气液分离，达到除尘的目的，净化后的气体从除雾器顶部排出，含尘废水由除雾器底部排入沉淀池。可以说，在文丘里洗涤器中的捕尘是惯性碰撞、拦截、布朗扩散、重力沉降以及凝聚等多种集尘机制共同作用的结果，但惯性碰撞起着主要作用（特别是粒径大于 1.0μm 的粉尘粒子），对于粒径小于 0.1μm 的粉尘粒子扩散沉降才有明显作用。

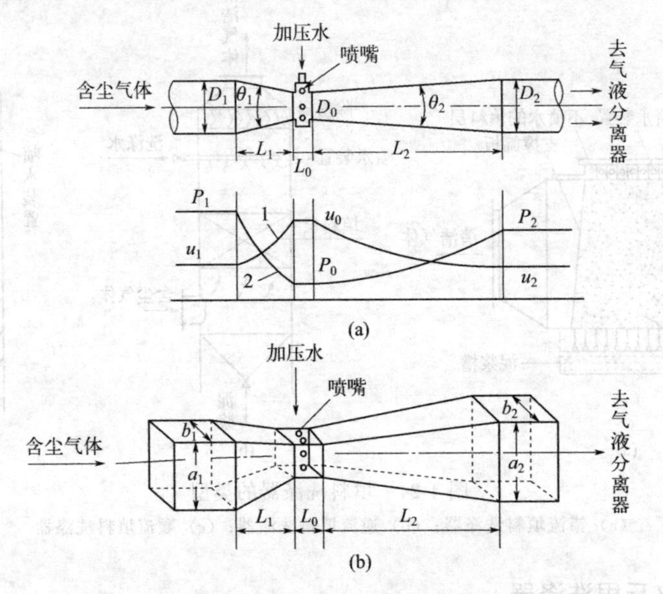

图 4-26　文丘里洗涤器主要构件的结构及形状

(a) 圆形截面文丘里管洗涤器；(b) 矩形截面文丘里管洗涤器

1—气流速度沿长度方向变化曲线；2—气流静压力沿长度方向变化曲线

（2）文丘里洗涤器的结构和类型

文丘里洗涤器的结构有多种形式，根据洗涤器断面的形状可分为圆形和矩形两种，如图 4-26 所示，根据喉管处气流流过的面积是否可调可分为定径文丘里管和调径文丘里管。顾名思义，定径文丘里管的喉管直径是固定不可调的，而调径文丘里管是在喉管处装有调节喉管截面积大小的装置，调径文丘里洗涤器多用于需要严格保证净化效率的除尘系统。圆形文丘里管的调径多采用重铊和推杆两种调径装置，如图 4-27(a) 和 (b) 所示，对于矩形文丘里管的调径习惯采用两侧翻转的折叶板和左右移动的滑块装置，如图 4-27(c) 和 (d) 所示。

根据注入高压洗涤水喷嘴位置的不同，可将其分为内喷雾和外喷雾文丘里洗涤器。内喷雾是喷嘴安装在收缩管中心，雾化的水滴是由中心向四周分散，如图 4-28(a) 所示；外

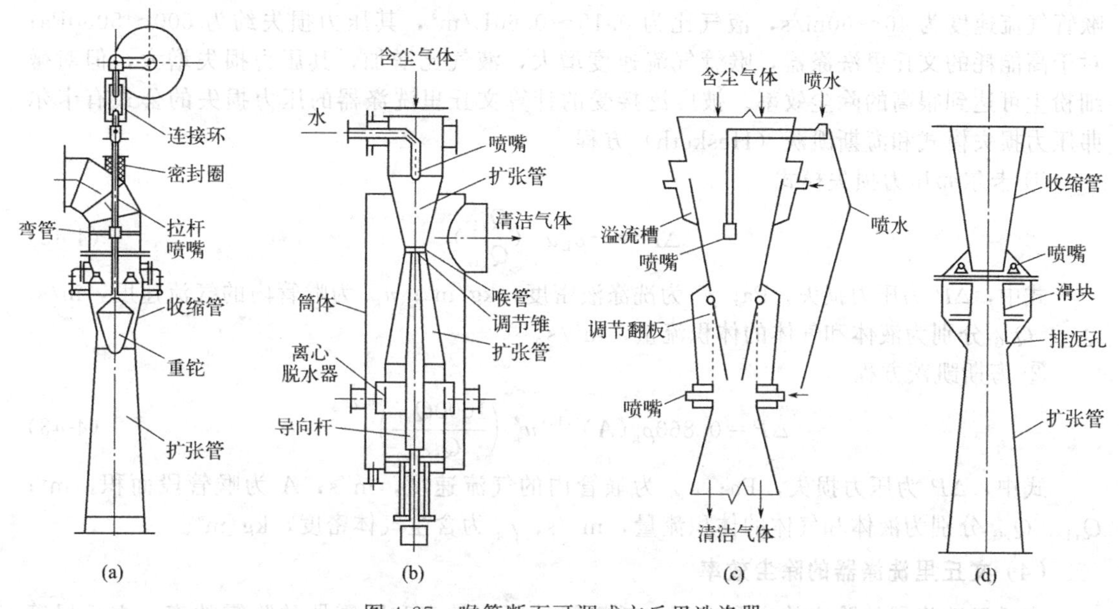

图 4-27　喉管断面可调式文丘里洗涤器

(a) 重铊式；(b) 推杆式；(c) 翻板式；(d) 滑块式

喷雾是喷嘴安装在收缩管（靠近喉管）四周，雾化的水滴由四周射向中心，见图 4-28(b)。对于矩形文丘里洗涤器，雾化高压水的喷嘴设在两长边上，内喷雾喷嘴的喷雾点可设在喉管内，也可设在收缩管内，其最佳位置应以雾滴布满整个喉管为原则。除上述两种形式的注水外，还可采用图 4-28(c) 所示的膜式供水和图 4-28(d) 所示的借助外气流冲击液面的供水模式。

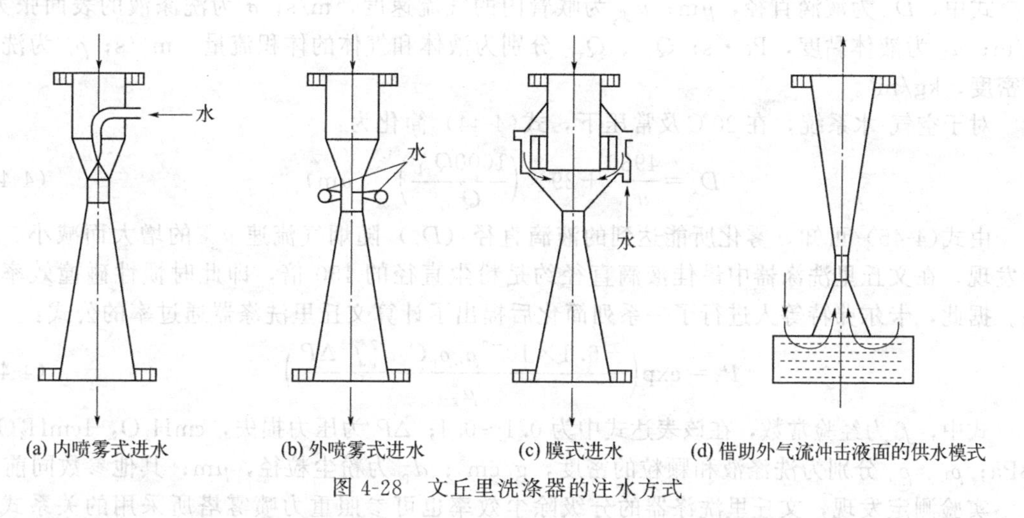

图 4-28　文丘里洗涤器的注水方式

(3) 文丘里洗涤器的压力损失

由于含尘气流经过喉管时的气流速度较快，雾化液滴消耗的能量很大，因此文丘里洗涤器的压力损失较大，是属于高耗能的湿式除尘器。文丘里洗涤器的压力损失与含尘气流的气流速度、洗涤水的用量以及喉管的长度等多种因素有关。对于低能耗的文丘里洗涤器，喉管气流速度为 40～60m/s，液气比为 0.15～0.60L/m^3，其压力损失约为 600～5000Pa；对于高能耗的文丘里洗涤器，喉管气流速度增大，液气比增加，其压力损失增大，但对微细粉尘可达到很高的除尘效率。被广泛接受的计算文丘里洗涤器的压力损失的公式有卡尔弗压力损失模式和海斯凯茨（Hesketh）方程。

① 卡尔弗压力损失模式

$$\Delta P=-\rho_L u_{g0}^2\left(\frac{Q_{vL}}{Q_{vG}}\right) \tag{4-42}$$

式中，ΔP 为压力损失，Pa；ρ_L 为洗涤液密度，kg/m^3；u_{g0} 为喉管内的气流速度，m/s；Q_{vL}、Q_{vG} 分别为液体和气体的体积流量，m^3/s。

② 海斯凯茨方程

$$\Delta P=0.863\rho_g(A)^{0.133}u_{g0}^2\left(\frac{1000Q_{vL}}{Q_{vG}}\right)^{0.78} \tag{4-43}$$

式中，ΔP 为压力损失，Pa；u_{g0} 为喉管内的气流速度，m/s；A 为喉管段面积，m^2；Q_{vL}、Q_{vG} 分别为液体和气体的体积流量，m^3/s；ρ_g 为含尘气体密度，kg/m^3。

（4）文丘里洗涤器的除尘效率

文丘里洗涤器的除尘效率取决于文丘里管的凝聚效率和除雾器的除雾效率。文丘里管的凝聚效率主要是由惯性碰撞、拦截和凝聚等多种作用产生的。因此，文丘里管的凝聚效率不仅取决于随气流一起运动的尘粒性质和运动速度，也取决于喷雾液滴的直径和运动速度。

被高速含尘气体雾化的液滴平均直径，可用拔山-彭泽经验公式来估算：

$$D_c=\frac{586\times10^3}{u_{g0}}\left(\frac{\sigma}{\rho_L}\right)^{0.5}+1682\times\left(\frac{\mu_L}{\sqrt{\sigma\rho_L}}\right)^{0.45}\left(\frac{1000Q_{vL}}{Q_{vG}}\right)^{1.5} \tag{4-44}$$

式中，D_c 为液滴直径，μm；u_{g0} 为喉管内的气流速度，m/s；σ 为洗涤液的表面张力，N/m；μ_L 为液体黏度，Pa·s；Q_{vL}、Q_{vG} 分别为液体和气体的体积流量，m^3/s；ρ_L 为洗涤液密度，kg/m^3。

对于空气-水系统，在 20℃及常压下，式(4-44) 简化为：

$$D_c=\frac{4980}{u_{g0}}+29\times\left(\frac{1000Q_{vL}}{Q_{vG}}\right)^{1.5}\ (\mu m) \tag{4-45}$$

由式(4-45) 可知，雾化所能达到的液滴直径（D_c）随烟气流速 u_{g0} 的增大而减小。实验发现，在文丘里洗涤器中最佳液滴直径约是粉尘直径的 150 倍，即此时惯性碰撞效率最高。据此，卡尔弗特等人进行了一系列简化后提出了计算文丘里洗涤器通过率的公式：

$$P_i=\exp\left(\frac{-6.1\times10^{-9}\rho_L\rho_p C_u d_p^2 f^2\Delta P}{\mu_g^2}\right) \tag{4-46}$$

式中，f 为经验常数，在该表达式中为 0.1～0.4；ΔP 为压力损失，cmH_2O，1cmH_2O=98Pa；ρ_L、ρ_p 分别为洗涤液和颗粒的密度，g/cm^3；d_p 为粉尘粒径，μm；其他参数同前。

实验测定发现，文丘里洗涤器的分级除尘效率也可参照重力喷雾塔所采用的关系式来计算。

[例题 4-1] 一文丘里洗涤器用来净化含尘气体。操作条件如下：液气比为 1.36L/m^3，喉管气流速度为 83m/s，喉管断面取 0.08m^2，粉尘密度为 0.7g/cm^3，烟气黏度为 2.23×

10^{-4}Pa·s，烟气密度为 1.15kg/m³，取校正系数 $f=0.2$，忽略 C_u，计算除尘效率。烟气中粉尘的粒径分布如下：

粒径/μm	质量分数/%
<0.1	0.01
0.1~<0.5	0.21
0.5~<1.0	0.78
1.0~<5.0	13.0
5.0~<10.0	16.0
10.0~<15.0	12.0
15.0~<20.0	8.0
≥20.0	50.0

解：吸收液的密度按纯水的密度计算：

$$\Delta P=-\rho_L v_T^2\left(\frac{Q_L}{Q_G}\right)=-1.0\times10^3\times83^2\times1.36\times10^{-3}=-9369\text{Pa}=95.6\text{cmH}_2\text{O}$$

通过率：$P_i=\exp\left(\frac{-6.1\times10^{-9}\rho_L\rho_P C_u d_p^2 f^2\Delta P}{\mu_g^2}\right)$

$$=\exp\left(\frac{-6.1\times10^{-9}\times1.0\times0.7\times d_p^2\times0.2^2\times95.6}{(2.23\times10^{-4})^2}\right)=e^{(-0.33d_p^2)}$$

粒径小于 0.1μm 所占质量分数太小，可忽略；粒径大于 20.0μm，除尘效率约为 1；因此

$$P=\frac{0.21}{100}\times e^{-0.33\times0.3^2}+\frac{0.78}{100}\times e^{-0.33\times0.75^2}+\frac{13.0}{100}\times e^{-0.33\times3^2}+\frac{16.0}{100}\times e^{-0.33\times7.5^2}$$

$$+\frac{12.0}{100}\times e^{-0.33\times12.5^2}+\frac{8.0}{100}\times e^{-0.33\times17.5^2}=0.0152\%$$

故 $\eta=1-P=98.48\%$。

4.4 电除尘器

电除尘器是利用静电力作用清除气体中固体或液体粒子的除尘装置。与其他类型除尘器相比，电除尘器的根本不同在于分离力（即库仑力）直接作用在粒子上，而不是作用在整个气流上。电除尘器的主要优点：压力损失小，一般为 200～500Pa；能耗低，大约 0.2～0.4kWh/1000m³；处理烟气量大，可达 10^5～10^6m³/h；对细粉尘有很高的捕集效率，可高于 99%；可在高温或强腐蚀性气体下操作。电除尘器的主要缺点：建造费用高；占地面积大；对制造及整流设备要求高；除尘效率受粉尘比电阻的影响大；不适合净化高浓度含尘气体。

4.4.1 电除尘器的除尘过程

电除尘器的除尘过程大致分为如下四个复杂而又互相相关的物理过程来完成的，如图 4-29 所示。①气体电离的过程（电晕放电过程）。在电晕极和集尘极之间施加直流高压电，使电晕极发生电晕放电，在放电极附近的气体电离，产生大量的自由电子和正离子。在放电极附近的所谓电晕区内的正离子立即被电晕极（假设电晕极是负极）吸引过去而失去电荷。自由电子和随即产生的负离子因受电场力的驱使向集尘极（正极）移动，并充满两极间的绝大部分空间。②电场中悬浮粉尘粒子荷电的过程。含尘气流中的粉尘粒子在通过电场空间时，自由电子、负离子与其碰撞并附着其上，便实现了粉尘的荷电过程。③荷电粒子在电场内迁移和捕集的过程。荷电粉尘粒子在电场中受库仑力的作用被迁移到集尘极，并放出所带电荷而沉积到集尘极表面。④清灰的过程。集尘极表面上的粉尘沉积到一定厚度后，用机械振打等方法将粉尘从集尘极表面清除，使之落入下部的灰斗中。电晕极也会附着少量粉尘，隔一定时间也需要进行清灰。

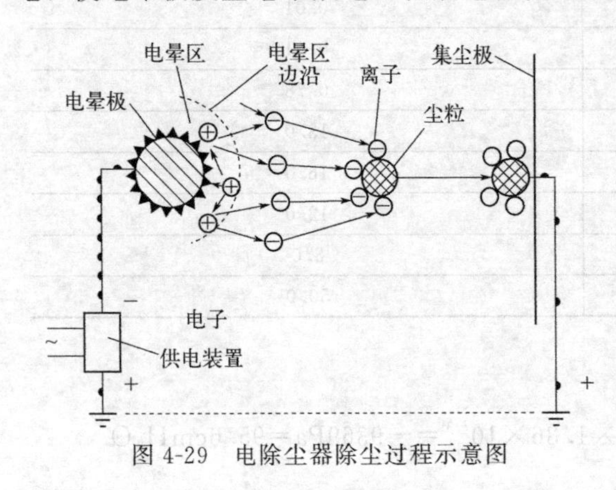

图 4-29　电除尘器除尘过程示意图

4.4.2 电除尘器的基础理论

4.4.2.1 气体的电离（电晕放电过程）

（1）气体电离过程

空气在正常状态下几乎是不能导电的绝缘体，但是当把空气置于施加了充分高的直流电压的一对电极形成的电场中时（该电极的特点是其中一个极是细导线或曲率半径很小的任意形状，另一个极是管状或板状，如图 4-29 所示），气体分子获得足够的能量使其电子脱离而成为自由电子，这些电子成为输送电流的媒介，气体就具有导电的能力了。使气体具有导电能力的过程就称为气体的电离。

具体来说（假如放电电极为负极），在充分高的直流电压下，从金属丝表面或附近放出的电子迅速向正极移动，与电场中的气体分子发生撞击并使之离子化，结果又产生了大量电子，通常称为雪崩过程。由于在雪崩过程中，在放电电极周围往往出现明亮的光晕，同时发出轻微的咝咝气体爆裂声，所以该过程称为电晕放电，开始产生电晕放电时的电压称为起始电晕电压。电晕放电一般只发生在非均匀电场中，曲率半径较小的放电极表面附近的小区域即电晕区。在电晕区外，由于电场强度随离开电晕极距离的增大而迅速减弱，不足以引起气体分子碰撞电离，因而电晕放电停止。

但当供电电压高到一定值后，电晕区范围就会逐渐扩大至极间空气全部电离，这种现象称为电场击穿，此时的电压称为击穿电压。电场击穿时，产生火花放电，电路短路，电除尘器停止工作。由图 4-30 可见，相同电压下，负电晕极产生的电晕电流较高，且击穿电压也高。因此，在工业气体净化中，一般采用稳定性强、电流和电压较高的负电晕极；而空气调节系统采用正电晕极，产生臭氧和氮氧化物的量低。

(2) 气体的导电过程

若电晕极是负极，则雪崩过程产生的电子迅速向正极迁移，正离子向电晕极迁移。当电子在迁移过程中被电负性大的气体分子（如氧气分子）所俘获形成稳定的负离子（也称为两极间的空间电荷），这些负离子也向正极迁移。

(3) 影响电晕特性的因素

电晕特性取决于许多因素，包括电极的形状、电极间距离、气体组成、压力、温度，还包括气流中要捕集的粉尘的浓度、粒径、比电阻以及电压的波形等。

气体组成的影响主要是不同气体对电子的亲和力不同，电子对其附着能力就不同，并且不同种类的气体形成的负离子在电场中的迁移速率不同。氢、氮和氩等气体分子对电子的亲和力极弱，则不能使电子附着形成负离子。而二氧化碳和水蒸气分子与高速电子碰撞电离出氧原子，继而电子附着在氧原子上形成负离子。

气体温度和压力的不同导致气体密度改变，因此会影响电子平均自由程和加速电子及能产生碰撞电离所需要的电压。同时气体温度和压力的变化也影响离子的迁移率，因而气体温度和压力也影响电晕特性。

电压的波形对电晕特性也有很大影响。图 4-31 很清楚地说明了电压波形对电晕特性的影响。在工业上广泛采用全波和半波电压，直流电压只用于特殊情况和实验室研究。

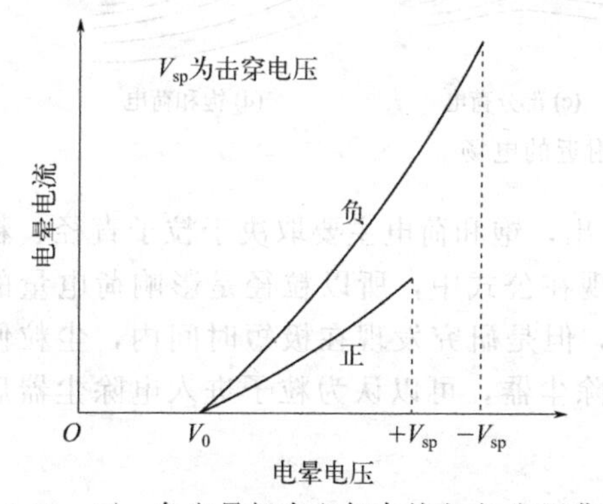

图 4-30　正、负电晕极在空气中的电流-电压曲线

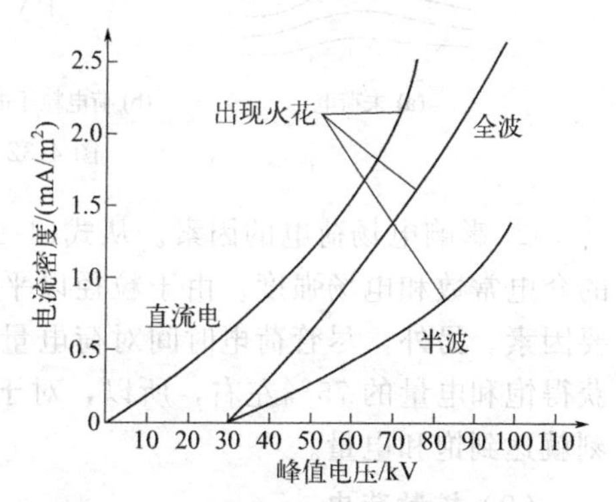

图 4-31　电压波形对电晕特性的影响

4.4.2.2 电场中悬浮粉尘粒子荷电

粉尘粒子荷电是电除尘的重要过程，粒子的荷电量和荷电速率影响电除尘器的性能。一般认为粒子的荷电有电场荷电（碰撞荷电）和扩散荷电两种截然不同的机制。粒子的主要荷电过程取决于粒径，对于粒径大于 0.5μm 的微粒，以电场荷电为主；粒径小于 0.1μm 的微粒，以扩散荷电为主；粒径介于 0.1～0.5μm 之间的粒子，需要同时考虑这两种过程。

(1) 电场荷电

电场荷电或碰撞荷电是离子在静电力作用下做定向运动，与粒子碰撞而使粒子荷电。作为电介质的粒子在电场中将被极化，从而改变粒子附近原来外加电场的分布，一部分电力线被粒子阻断，如图 4-32(a) 所示。这时有些离子沿着电力线运动和粒子发生碰撞并停留在粒子上，荷电粒子产生的电场如图 4-32(b) 所示，它和外加电场相叠加产生如图 4-32(c)

所示的合成电场。随着粒子上积累电荷的增加，被粒子阻断的电力线越来越少，于是单位时间运动到粒子上的离子也越来越少。粒子上的电荷越来越趋于一个极限值，这个极限值称为饱和荷电，如图 4-32(d) 所示。

① 荷电量的计算。假定粒子引入前外电场是均匀的，粒子为球形，又假定一个粒子的电荷仅影响它自身邻近的电场，不影响其他粒子邻近的电场，由此导出粒子获得的饱和荷电表达式：

$$q=3\pi\varepsilon_0 E_0 d_p^2\left(\frac{\varepsilon_p}{\varepsilon_p+2}\right)(\mathrm{C}) \tag{4-47}$$

式中，ε_0 为真空介电常数，等于 8.85×10^{-12}；E_0 为两极间的平均电场强度，V/m；ε_p 为粒子的相对介电常数；d_p 为粒子直径，m。

粒子的相对介电常数 ε_p 的变化范围为 1～∞，对于气体约为 1，硫黄约为 4.2，石膏约为 5，石英为 5～10，金属氧化物为 12～18，纯水约为 81.5，变压器油约为 2，金属为∞。

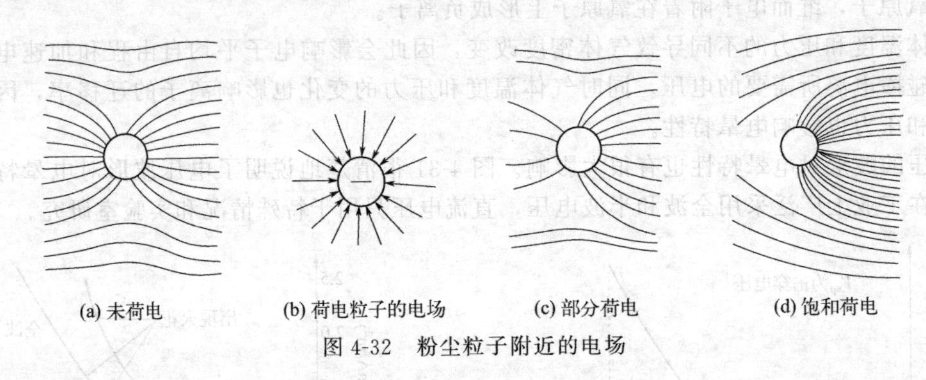

图 4-32　粉尘粒子附近的电场

② 影响电场荷电的因素。从式(4-47) 可以看出，饱和荷电主要取决于粒子直径、粒子的介电常数和电场强度。由于粒径以平方因子出现在公式中，所以粒径是影响荷电量的重要因素。另外，尽管荷电时间对荷电量也有影响，但是研究发现在极短时间内，尘粒便可获得饱和电量的 75%左右，所以，对于一般的电除尘器，可以认为粒子进入电除尘器后立刻就达到饱和电量。

(2) 扩散荷电

扩散荷电是离子的扩散现象导致的粒子荷电过程，依赖于离子的热能，而不是依赖于电场。对于粒径很小（$<0.1\mu m$）的粉尘粒子的扩散荷电几乎与外加电场的作用无关，粉尘粒子上的荷电量与离子热运动、碰撞概率、运动速度、粉尘粒子的粒径和在电场中的停留时间等多种因素有关。对粉尘粒子荷电过程的分析及荷电量计算公式的推导都应遵循气体分子运动的有关理论。

利用分子热运动理论可以推导出扩散荷电的理论方程：

$$n=\frac{2\pi\varepsilon_0 kTd_p}{e^2}\ln\left(1+\frac{e^2\overline{u}_g d_p N_0 t}{8\varepsilon_0 kT}\right)(\text{个}) \tag{4-48}$$

式中，k 为玻尔兹曼常数，1.38×10^{-23} J/K；T 为气体温度，K；N_0 为离子密度，个/m^3；e 为电子电量，$e=1.6\times10^{-19}$ C；$\overline{u}_g$ 为气体离子的平均热运动速度，m/s。

(3) 电场荷电和扩散荷电的综合作用

对于粒径介于 $0.1\sim1.0\mu m$ 之间的粒子，需要同时考虑这两种荷电过程，该过程既不是没有离子扩散的离子定向运动，也不是没有电场影响的离子扩散，更不是两者的简单相加。它是离子在电场力作用下扩散到粒子上从而使粒子荷电的过程。对此不少研究者给出了理论解释，其中以史密斯（Smith）和麦克唐纳（Mcdonald）提出的理论解释最令人满意，他们将每个粒子的表面分为三个荷电区，分别计算各区的荷电速率，再将它们加起来得到总的荷电速率，由此导出一个理论公式，可以用于计算电除尘器中全部粒径范围的粒子荷电量。当电场强度较高时，对于较大粒子，该公式简化为电场荷电方程；在弱电场下简化为扩散荷电方程。由于这个公式的推导、计算步骤和形式都较复杂，不在此列出，仅给出他们的计算结果，见图 4-33。图中同时还给出了休伊特的实验结果，其实验条件是：$E_0=3.6\text{kV/cm}$，$N_0=10^{13}$ 个/m^3。由图可见，实验结果与两种荷电综合理论值较吻合。

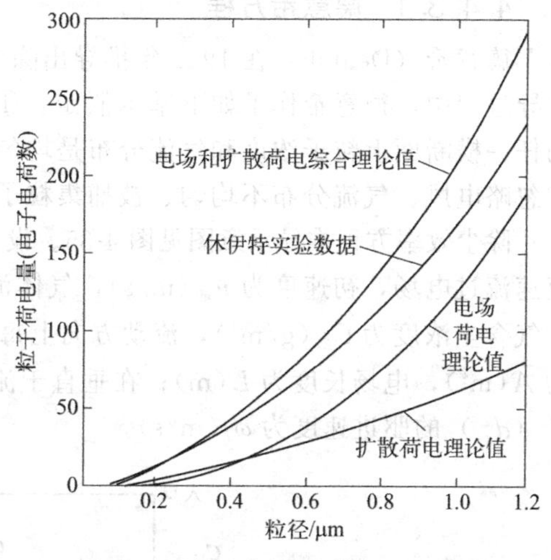

图 4-33　典型条件下的粒子荷电量

（4）异常荷电现象

需要指出的是，在某些情况下也会出现异常荷电现象，异常荷电主要有三种情况。①反电晕现象：当高比电阻粉尘沉积到集尘极表面时，高比电阻粒子在低电压下火花放电，产生反电晕现象。②空间电荷效应：气流中微小粒子的浓度高时，所形成的空间电荷很大，严重抑制着电晕电流的产生，使尘粒不能获得足够的电荷。③电晕闭塞：含尘浓度太高，电晕电流几乎降至零，失去除尘作用。因此，处理含尘浓度高于 30g/m^3 的气体时，宜加设预除尘装置。

4.4.2.3　荷电粒子在电场内迁移和捕集

在电除尘器中，荷电粒子在电场力的作用下向集尘极迁移，并沉降到集尘极表面而被捕集。其驱进速度可根据式(3-79) 计算，粒子驱进速度的大小与粒子荷电量、粒子直径、电场强度及气体黏度有关。图 4-34 给出了粒子驱进速度与粒径和电场强度的关系。同一电场强度条件下，粒子的驱进速度随粒径的增大而增大；当粒子直径相同时，其驱进速度随电场强度的增大而增大。

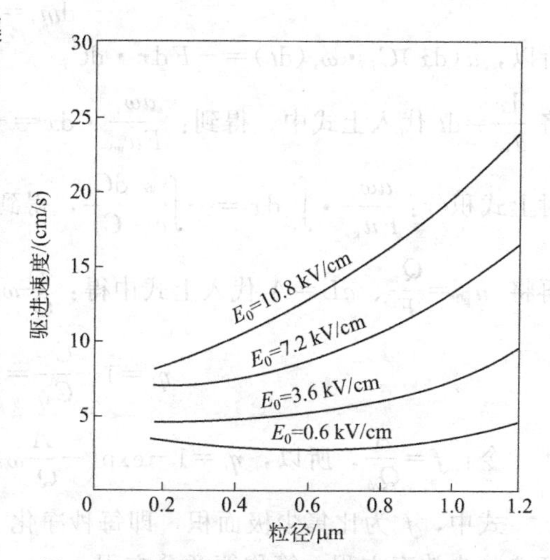

图 4-34　驱进速度与粒径和电场强度的关系

按式(3-79) 计算的粒子驱进速度仅是粒子平均驱进速度的近似值，因为电场中各点的电场强度并不相同，粒子荷电量的计算也是近似，此外，气流、粒子特性等的影响也未考虑。因此计算出来的驱进速度值比正在运行中的电除尘器中的实际驱进速度（有效驱进速度 ω_e）高，在设计电除尘器时，要选用可靠的实验或经验的驱进速度数据。

4.4.3 电除尘器的除尘效率

4.4.3.1 德意希方程

德意希（Deutsh）在1922年推导出除尘效率计算公式，又称德意希除尘效率方程。在推导过程中，德意希作了如下基本假定：①除尘器中气流为紊流状态，在垂直于集尘表面的任一横断面上粒子浓度和气流分布是均匀的；②粒子进入除尘器后立即完成了荷电过程；③忽略电风、气流分布不均匀、被捕集粒子重新进入气流等影响。

除尘效率方程推导示意图见图4-35。设含尘气流沿x方向流动，气体和粉尘粒子以相同流速流过电场，初速度为u_{g0}(m/s)，气体流量为Q_v(m^3/s)，进气含尘浓度为C_{1i}(g/m^3)，排气含尘浓度为C_{2i}(g/m^3)，流动方向上每单位长度集尘极面积为a(m^2/m)，总集尘面积为A(m^2)，电场长度为L(m)；在垂直于流动方向上电除尘器的截面积为F(m^2)，粉尘粒子（d_{pi}）的驱进速度为ω_i(m/s)。

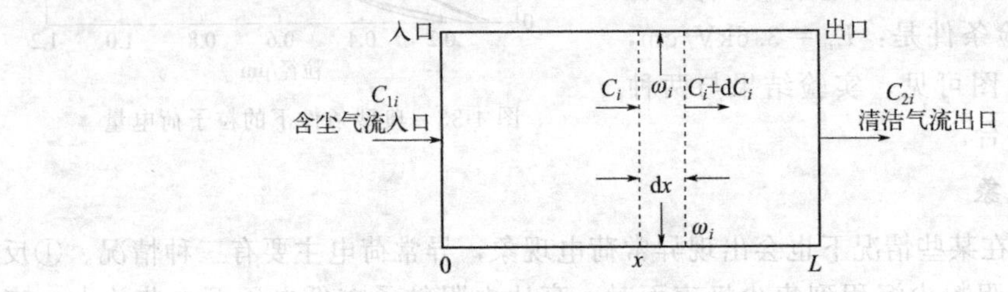

图4-35 除尘效率方程推导示意图

在dt时间内，于dx长度的空间内迁移到集尘极的粉尘粒子（d_{pi}）的量为：

$$\mathrm{d}m_i = a(\mathrm{d}x)C_i \cdot \omega_i(\mathrm{d}t)$$

在dt时间内，于dx长度的空间内粉尘粒子（d_{pi}）的减少量为：

$$-\mathrm{d}m_i = F\mathrm{d}x \cdot \mathrm{d}C_i$$

所以，$a(\mathrm{d}x)C_i \cdot \omega_i(\mathrm{d}t) = -F\mathrm{d}x \cdot \mathrm{d}C_i$

将$\dfrac{\mathrm{d}x}{u_{g0}} = \mathrm{d}t$代入上式中，得到：$\dfrac{a\omega_i}{Fu_{g0}} \cdot \mathrm{d}x = -\dfrac{\mathrm{d}C_i}{C_i}$

对上式积分：$\dfrac{a\omega_i}{Fu_{g0}} \cdot \int_0^L \mathrm{d}x = -\int_{C_{1i}}^{C_{2i}} \dfrac{\mathrm{d}C_i}{C_i}$，得到：$\dfrac{a\omega_i L}{Fu_{g0}} = -\ln\dfrac{C_{2i}}{C_{1i}}$

再将$u_{g0} = \dfrac{Q_v}{F}$、$aL = A$代入上式中得：$\dfrac{A}{Q_v}\omega_i = -\ln\dfrac{C_{2i}}{C_{1i}}$，即$\dfrac{C_{2i}}{C_{1i}} = \exp\left(-\dfrac{A}{Q_v}\omega_i\right)$

$$\eta_i = 1 - \frac{C_{2i}}{C_{1i}} = 1 - \exp\left(-\frac{A}{Q_v}\omega_i\right) \tag{4-49}$$

令：$f = \dfrac{A}{Q_v}$，所以，$\eta_i = 1 - \exp\left(-\dfrac{A}{Q_v}\omega_i\right) = 1 - \exp(-f\omega_i)$

式中，f为比集尘极面积，即每秒净化1m^3烟气所需的集尘极面积。式(4-49)就是德意希除尘效率方程，简称德意希方程。

德意希方程概括地描述了分级除尘效率与集尘极表面积、驱进速度和净化气体流量之间的关系，指明了提高电除尘器效率的途径，因而被广泛应用于电除尘器的性能分析和设计中。

尽管德意希在推导除尘效率方程时作了与实际运行条件有较大出入的假设，但该方程在历史和技术上都有极其重要的价值，至今仍把它用作电除尘器性能分析评价的理论依据。

4.4.3.2 影响电除尘器效率的因素

由于各种因素的影响，按德意希方程计算得到的理论捕集效率要比实际值高，为此，实际中常常根据电除尘器的结构和运行条件，将实际测定的总捕集效率值代入德意希方程中计算出相应的驱进速度值（有效驱进速度 ω_e）。

$$\eta=1-\exp\left(-\frac{A}{Q}\omega_e\right) \tag{4-50}$$

可利用有效驱进速度表示工业电除尘器的性能，并作为电除尘器设计的基础。有效驱进速度（即捕集效率）的大小，取决于粉尘的种类、粒径分布、电场风速、电除尘器结构形式、振打清灰方式、供电方式等因素。工业电除尘器的有效驱进速度范围为 0.2～2m/s。表 4-5 列出了不同种类粉尘的有效驱进速度（板间距 300mm）。

表 4-5 部分工业粉尘的有效驱进速度

名称	ω_e/(m/s)	名称	ω_e/(m/s)
电站锅炉飞灰	0.04～0.20	煤磨	0.08～0.10
粉煤炉飞灰	0.08～0.12	焦油	0.08～0.23
纸浆及造纸黑液炉	0.065～0.10	硫酸雾	0.061～0.091
炼铁高炉	0.06～0.14	硫酸	0.06～0.085
铁矿烧结机头烟尘	0.05～0.09	热硫酸	0.01～0.05
铁矿烧结机尾烟尘	0.05～0.12	石灰回转窑	0.05～0.08
铁矿烧结粉尘	0.06～0.20	石灰石	0.03～0.055
吹氧平炉	0.07～0.10	白云石回转窑	0.045～0.08
氧气顶吹转炉	0.08～0.10	镁砂回转窑	0.045～0.06
焦炉	0.067～0.161	氧化铝	0.064
冲天炉	0.03～0.04	氧化铝熟料	0.13
闪速炉	0.076	铝煅烧炉	0.082～0.124
热火焰清理机	0.0596	氧化锌、氧化铅	0.04
湿法水泥窑	0.08～0.115	氧化亚铁	0.07～0.22
立波尔水泥窑	0.065～0.086	铜焙烧炉	0.036～0.042
干法水泥窑	0.04～0.06	有色金属转炉	0.073
水泥原料烘干机	0.10～0.12	镁砂	0.047
水泥磨机	0.09～0.10	石膏	0.16～0.20
水泥熟料篦式冷却机	0.11～0.135	城市垃圾焚烧炉	0.04～0.12

图 4-36 列出了三种情况下理论驱进速度与粒径的关系。从图中可以看出：粒径不同时，因电场荷电和扩散荷电两种机制在计算荷电量中所处地位不同，理论驱进速度显著不同；对于粒径大于 1.0μm 的粒子，以电场荷电为主，驱进速度随粒径的增大明显增大；粒径小于 0.1μm 的粒子，以扩散荷电为主；最低理论驱进速度发生在 0.1～1.0μm 的粒径区

间，即最低捕集效率发生在 0.1～1.0μm 的粒径区间（这种现象在许多电除尘器捕集效率的实测中得到证明）。

驱进速度随粒径的不同而异，使得捕集效率也随之变化。所以，若在电除尘器之前设置机械式除尘器，与不设置相比，电除尘器的除尘效率和有效驱进速度都有所下降；由于电除尘器捕集的粒子变得较细，电极清灰变得困难。因此一般情况下，不希望电除尘器前置机械式除尘装置。

气流速度对电除尘器捕集效率也有直接影响，一般电除尘器的气流速度范围为 0.5～2.5m/s。对板式电除尘器，多选 1.0～1.5m/s。当然，气流速度的选择还要考虑粉尘性质、电除尘器结构及经济性等因素。

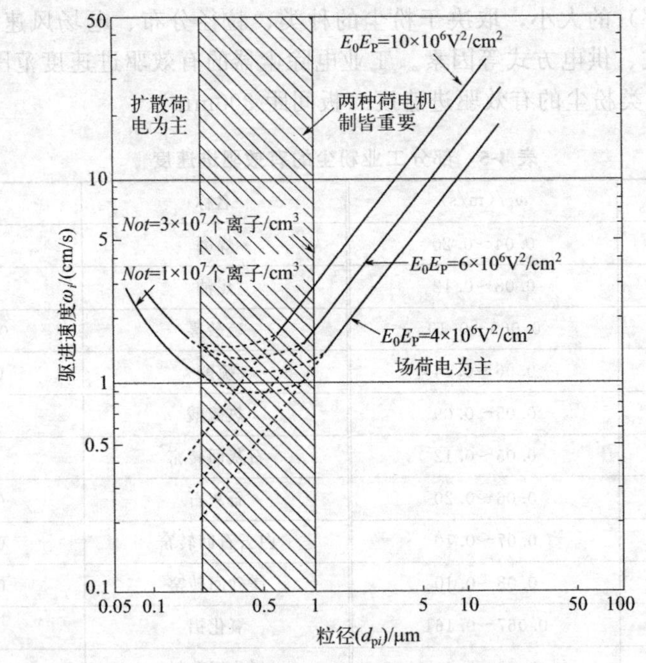

图 4-36 理论驱进速度与粒径的关系

4.4.4 电除尘器的结构

电除尘器运行机组主要由电除尘器本体和高压直流供电装置两部分组成。

4.4.4.1 电除尘器本体

电除尘器本体是由电晕极、集尘极、电极清灰装置、气流分布装置、支撑壳体和灰斗的结构以及高压直流电的绝缘箱等多种部件组成。

(1) 电晕极

电晕极是电除尘器中使气体产生电晕放电的电极，主要包括电晕线、电晕框架、电晕框悬吊架、悬吊杆和支持绝缘套管等。

对电晕线的基本要求：①放电性能好，起晕电压低、电晕电流大；②机械强度高、能维持准确的极距、易清灰等。

电晕线的形式有多种，目前常用的有直径 3mm 左右的圆形线、星形线、锯齿线、芒刺线等（见图 4-37）。

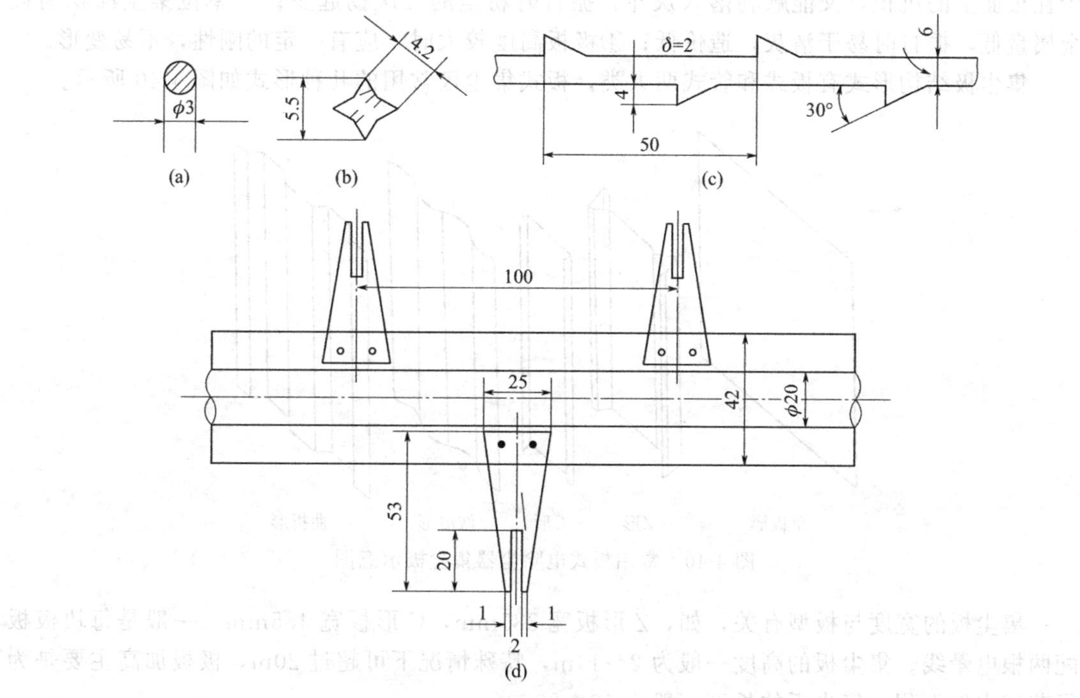

图 4-37 电晕线的形状示意图

（a）圆形线；（b）星形线；（c）锯齿线；（d）芒刺线

电晕线的固定方式也是值得注意的问题，固定方式有两种，一种是重锤悬吊式（图 4-38），重锤质量 10kg；另一种是管框绷线式（图 4-39）。

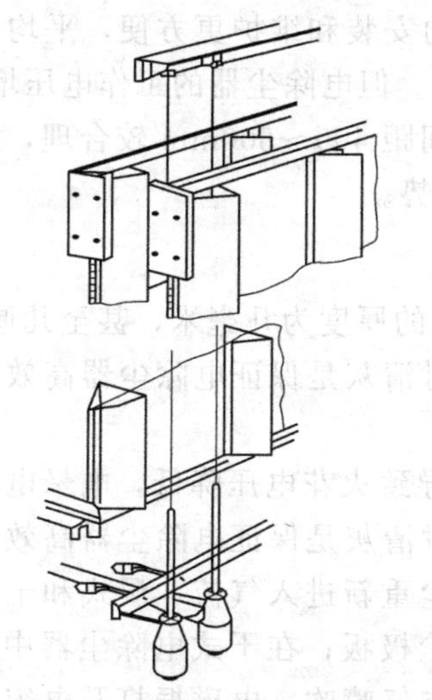

图 4-38 重锤悬吊式电晕极示意图

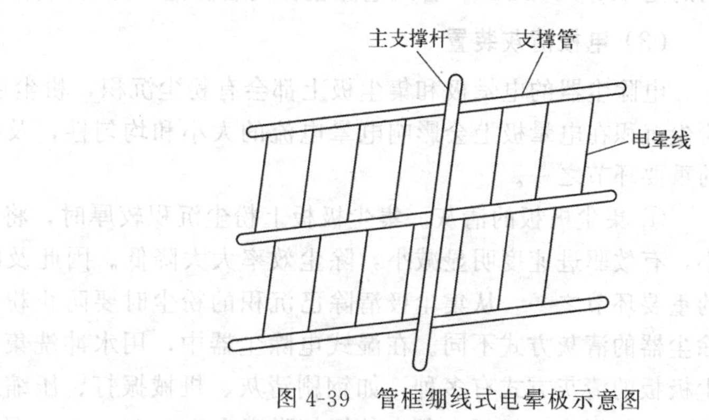

图 4-39 管框绷线式电晕极示意图

（2）集尘极

集尘极结构形式直接影响到电除尘器的除尘效率、金属消耗量和造价。对集尘极的要求：①有良好的电性能，即板面上的电场强度和电流分布均匀，火花电压高；②有利于粉尘在板面上的沉积，又能顺利落入灰斗，振打时粉尘的二次扬起少；③单位集尘面积消耗金属量低，振打时易于清灰，造价低；④极板高度较大时，应有一定的刚性，不易变形。

集尘极结构形式有板式和管式两大类，板式集尘极常用的几种形式如图 4-40 所示。

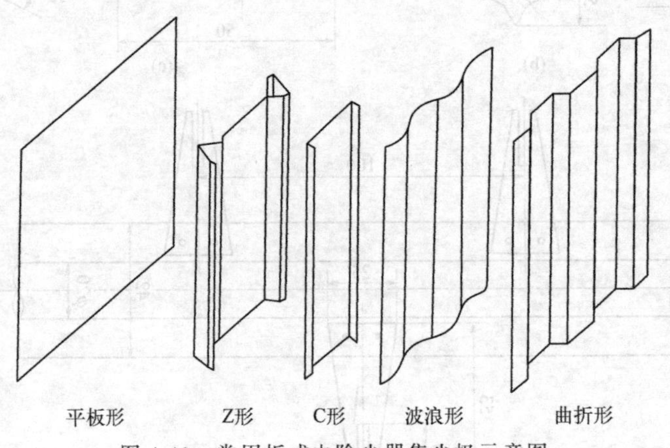

图 4-40　常用板式电除尘器集尘极示意图

集尘板的宽度与板型有关，如，Z 形板宽 385mm，C 形板宽 485mm。一般是每块极板配两根电晕线。集尘板的高度一般为 2～14m，特殊情况下可超过 20m，极板加高主要是为了节省占地面积。集尘板的长度一般为 10～20m。

板间距对电除尘器的电场性能和除尘效率影响较大。板间距太小（小于 200mm），电压升不高，会影响效率；板间距太大，电压的升高又受供电设备容量的限制。因此在通常采用 72～100kV 变压器的情况下，板间距一般取 250～350mm，多取 300mm。对于管式电除尘器，一般取 250～300mm。近年来开始发展宽板间距的电除尘器（≥400mm），间距增大使集尘极和电晕极数量减少，钢材耗量减少，并使电极的安装和维护更方便，平均电场强度提高，板电流密度并不增加，有利于捕集高比电阻粉尘。但电除尘器的工作电压增高，供电设备相应增大。从技术和经济方面考虑，通常认为板间距 400～600mm 较合理，最常用的是 400～450mm。管式电除尘器的管径选取亦有同样趋势。

（3）电极清灰装置

电除尘器的电晕极和集尘极上都会有粉尘沉积，粉尘层的厚度为几毫米，甚至几厘米。粉尘沉积在电晕极上会影响电晕电流的大小和均匀性，及时清灰是保证电除尘器高效运行的重要环节之一。

① 集尘极板的清灰。集尘极板上粉尘沉积较厚时，将导致火花电压降低，电晕电流减小，有效驱进速度明显减小，除尘效率大大降低。因此及时清灰是保证电除尘器高效运行的重要环节之一。从集尘极清除已沉积的粉尘时要防止粉尘重新进入气流，湿式和干式电除尘器的清灰方式不同。在湿式电除尘器中，用水冲洗集尘极板；在干式电除尘器中，集尘极板的清灰方式有多种，如钢刷清灰、机械振打、压缩空气喷吹、电磁振打及电容振打等。一般要求，极板上各点的振打强度为 50～200g（g 是重力加速度，9.8m/s^2），振打强度不宜过大，否则二次扬起增多，结构损坏加重。影响振打强度大小的因素有很多，如电除尘器的容量、极板安装方式、振打方向、粉尘性质等，在此不再赘述。总之，合适的振

打强度和振打频率，在设计阶段很难确定，可以在运行后通过现场调节来完成。

② 电晕极的清灰。电晕极上沉积粉尘一般较少，但对电晕放电的影响很大，因此也必须对电晕极进行清灰。电晕极上常用的清灰方式为连续振打清灰，使之很快清除干净。

(4) 气流分布装置

电除尘器内气流分布的均匀性对除尘效率具有较大影响。当气流分布不均匀时，在低流速处所增加的除尘效率不足以弥补高速处的效率降低，因而总效率降低。

在占地面积不受限时，一般是水平布置进气管，并通过一渐扩管与除尘器相连；当进气管的扩散角较大或急剧转向时，可设置分隔板和导流板。同时，在气流进入除尘器电场之前，设1～3层气流分布板。气流分布的均匀程度取决于电除尘器断面与进、出口管道断面的比例和形状，以及变径管内的气流分布板的结构。最常见的气流分布板有百叶窗式分布板、多孔板和格栅式分布板等。

电除尘器在正式投入运行时，必须进行测试、调整，保证气流分布的均匀。对气流分布的具体要求是：任何一点的流速不得超过该断面平均流速的±40%，在任何一个测定断面上，85%以上测点的流速与平均流速不得相差±25%。

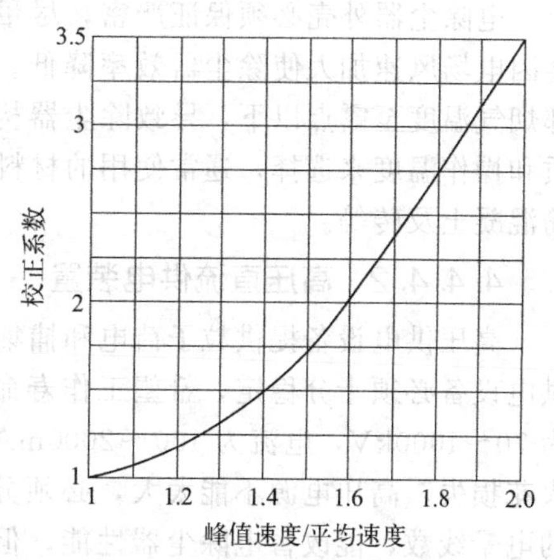

图 4-41 气流分布不均匀时，电除尘器通过率的校正系数

图 4-41 给出了气流分布不均匀导致的电除尘器通过率增大的校正系数 F_V，图中横坐标为通过电除尘器中的气流最大速度（峰值速度）与平均速度之比。气流分布均匀时的通过率为 P_0，气流分布不均匀时的通过率为 P，$P=P_0 \cdot F_V$。

[例题 4-2] 已知某电除尘器由四块集尘板组成，板长、高均为 366cm，板间距为 24.4cm，烟气体积流量 $2m^3/s$；操作压力 1atm，设粉尘粒子的驱进速度为 12.2cm/s。试确定：(1) 当烟气流速均匀分布时的除尘效率；(2) 当流入某一通道的烟气为总量的 50%，而其他两个通道的烟气各占 25%时的除尘效率。

解： (1) $Q_v=2m^3/s$；有四块集尘板将空间分成三个相同的小空间，如果气流分布均匀的话，每个空间的流量为：

$Q'_v=\dfrac{2}{3}m^3/s \approx 0.667m^3/s$；集尘板尘面积为：$S=2\times 3.66^2=26.8(m^2)$。

$$\eta_i=1-\exp\left(-\frac{26.8}{0.667}\times 0.122\right)=99.3\%。$$

(2) 当气流分布均匀时，气体平均流速 $\overline{u}=\dfrac{\frac{2}{3}}{3.66\times 0.244}(m/s)$

当气流分布不均匀时，50%的通道流量为：

$$Q_v^1=2\times 50\%=1.0(m^3/s)$$

50%的通道里流速最大为：$u_{max}=\frac{1.0}{3.66\times0.244}$(m/s)

$$\frac{u_{max}}{\overline{u}}=1.5$$

查图 4-41 得 $F_V\approx1.75$，故 $\eta_i=1-(1-\eta_i)F_v=1-(1-99.3\%)\times1.75=98.8\%$。

(5) 电除尘器外壳

电除尘器外壳必须保证严密，尽量减少漏风。当漏风量大时，不但风机负荷加大，也会因电场风速加大使除尘器效率降低。此外，在处理高温烟气时，冷空气的渗入将降低局部烟气温度至露点以下，导致除尘器构件的积灰和腐蚀。外壳的材料要根据处理的烟气性质和操作温度来选择，通常使用的材料有普通钢板、不锈钢板、铅板（捕集硫酸雾时）、钢筋混凝土及砖等。

4.4.4.2 高压直流供电装置

高压供电设备提供粒子荷电和捕集所需要的高电场强度和电晕电流。为满足现场需求，供电设备必须十分稳定，希望工作寿命在二十年之上。通常高压供电设备的输出峰值电压为 70～1000kV，电流为 100～2000mA。为使电除尘器能在高压下正常工作，避免过大的火花损失，高压电源不能太大，必须分组供电。增加供电机组的数目，减少每个机组供电的电晕线数，能改善电除尘器性能，但投资增加（大型电除尘器常常采用 6 组或更多供电机组），必须考虑效率和投资两方面因素。

4.4.5 电除尘器的分类

电除尘器有多种分类方法，下面仅介绍几种常见的分类方法。

4.4.5.1 按集尘极形状不同分类

按集尘极形状的不同可将电除尘器分为管式电除尘器和板式电除尘器。

(1) 管式电除尘器

结构最简单的管式电除尘器为单管电除尘器，其结构如图 4-42 所示。这种管式电除尘器的集尘极为一圆形金属管，管径为 150～300mm，管长 3～5m，用重锤把电晕极悬吊在集尘极圆管中心。含尘气体由除尘器的下部进入，净化后的气体由除尘器的顶部排出，单管电除尘器净化气量较小。在工业上，为了净化较大量的气体，常采用六角形蜂窝状和多个圆管排列的多管管式电除尘器。多管管式电除尘器的电晕极分别悬吊在每根单管的中心。

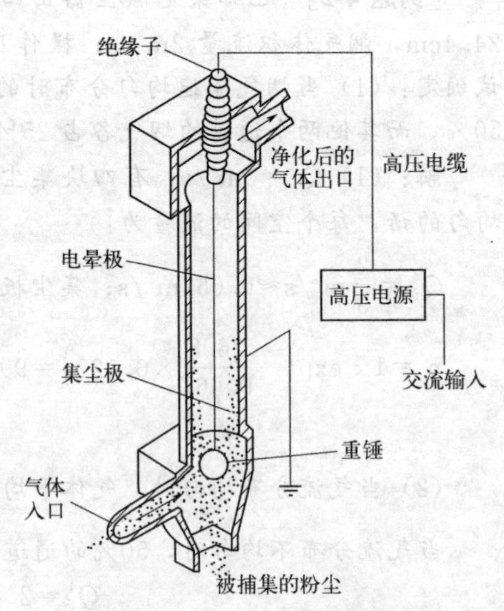

图 4-42 管式电除尘器示意图

(2) 板式电除尘器

板式电除尘器系由多块不同断面形状的钢板组

合成集尘极，在两平行集尘极间均布电晕线（电晕极），其结构如图 4-43 所示。板式电除尘器两平行集尘板间距一般为 200～400mm，板高度为 2～15m，极板总长可根据要求的除尘效率高低来确定。

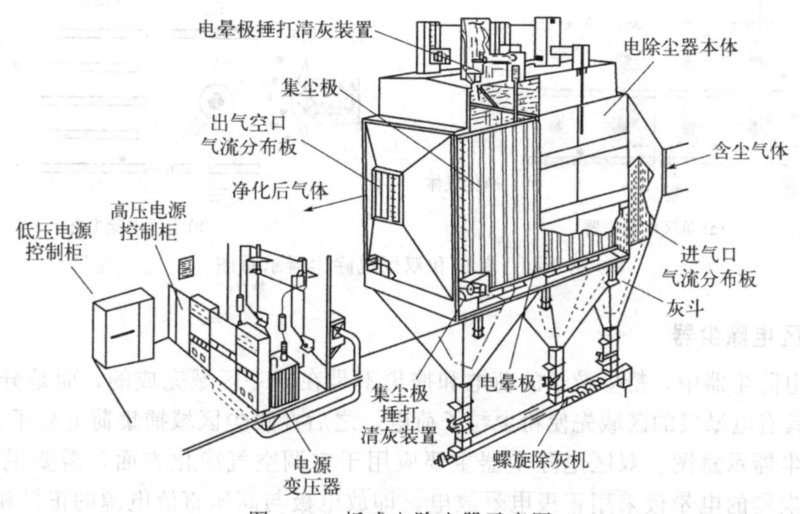

图 4-43　板式电除尘器示意图

4.4.5.2　按含尘气流在电除尘器中流动方向的不同分类

按含尘气流在电除尘器中流动方向的不同可将电除尘器分为立式电除尘器和卧式电除尘器。

（1）立式电除尘器

含尘气流在自上而下流动中完成的电除尘过程称为立式电除尘器，一般来说，管式电除尘器为立式电除尘器。

（2）卧式电除尘器

含尘气流在气流水平运动中完成的电除尘过程称为卧式电除尘器。如图 4-43 的板式电除尘器就是卧式电除尘器。

卧式电除尘器与立式电除尘器相比有如下特点：①沿气流方向卧式电除尘器可设计成若干个电场，每个电场可根据捕集粉尘要求的不同施加不同的电压，从而提高总除尘效率；②当需要增大集尘面积、提高除尘效率时，比较容易加长电场的长度，而立式电除尘器的电场不宜太高；③处理较大烟气量时，卧式电除尘器比较容易保证气流沿电场断面均匀分布；④卧式电除尘器的安装高度比立式电除尘器低，设备操作、维修比较方便；⑤卧式电除尘器的占地面积比立式电除尘器大，当需要设备改造时（如需要增大集尘面积），往往会受场地的限制。

4.4.5.3　按集尘极和电晕极在电除尘器内空间配置的不同分类

按集尘极和电晕极在电除尘器内空间配置不同可将电除尘器分为单区电除尘器和双区电除尘器。

（1）单区电除尘器

单区电除尘器的集尘极和电晕极安装在同一区域内，粉尘粒子的荷电和捕集在同一区域完成。单区电除尘器是当今应用较为广泛的一种电除尘器，图 4-44(a) 是单区电除尘器示意图。

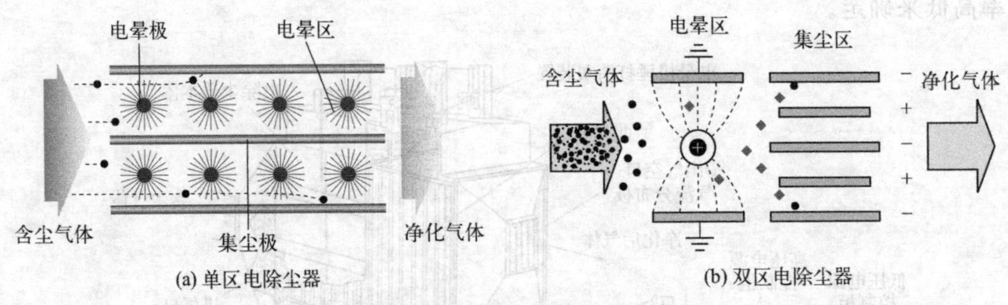

图 4-44　单区和双区电除尘器示意图

（2）双区电除尘器

在双区电除尘器中，粉尘粒子的荷电和捕集不是在同一区域完成的，而是分别在不同区域完成。在具有电晕极的区域先使粉尘粒子荷电，之后在集尘区域捕集荷电粒子。图 4-44(b) 是双区电除尘器示意图。双区电除尘器主要应用于空调空气净化方面，需要说明的是空调用双区电除尘器的电晕极采用正极电晕放电，即放电极与高压直流电源的正极相接。

4.4.5.4　按集尘极上清灰方式的不同分类

按集尘极上清灰方式的不同可将电除尘器分为干式电除尘器、湿式电除尘器和半湿式电除尘器。

（1）干式电除尘器

在电除尘器中，所有的除尘过程均是在干燥状态下完成的，这种状态下的电除尘器就称为干式电除尘器。干式电除尘器在振打清灰时，容易使已被捕集的粉尘产生二次飞扬，所以在设计干式电除尘器时，应充分考虑该问题。

（2）湿式电除尘器

在电除尘器中，采用水喷淋或用适当方法在集尘极表面形成一层水膜，使沉积在集尘极上的粉尘粒子和水一起流到除尘器下部而排出，采用这种清灰方法的电除尘器称为湿式电除尘器。在湿式电除尘器中不存在二次飞扬问题，但清灰水需经净化处理重复使用，否则会产生污水的二次污染问题。

（3）半湿式电除尘器

在工业中应用的电除尘器常常是由多个电场组成的，根据含尘气体的性质和净化要求，有时需在同一电除尘器中采用干、湿两种集尘极。这种干、湿混合捕集粉尘的电除尘器称为半湿式电除尘器。如净化高温烟气时，烟气先经过第一、二两个电场，在这两个电场中是采用干的集尘极，烟气中粒径大的粉尘已基本去除。含有很细粉尘粒子的烟气再进入湿的集尘极的电场中，由于湿式电除尘器避免了二次飞扬等问题，其效率较高，可有效保证废气达标排放。

4.4.6　粉尘比电阻

在第 3 章中已经了解到，工业粉尘的导电机制有两种，且取决于粉尘和气体的温度与组成。实验研究发现，在高温范围内，具有相似组成的飞灰，比电阻一般随钠含量的增多而减小，如图 4-45 所示。这表明钠离子是主要的电荷载体。图 4-45 的结果还表明，燃煤锅炉飞灰的比电阻与烟气中的三氧化硫（SO_3）含量成反比。因此高硫煤产生的飞灰比电阻较低硫煤的低。较低的烟气温度将使 SO_3 的吸附率提高，因此，用改变温度的方法能将飞灰的比电阻控制在一定范围内。飞灰中的 CaO 的大量存在将减少 SO_3 的含量，飞灰的比电阻有所提高。

水泥窑和冶金炉烟尘，在烟气高含水量且温度低时其比电阻较低，如图 4-46 所示的铅鼓风炉烟尘的比电阻随温度和含水量的变化。

影响粉尘层比电阻的因素，除粒子温度和组成之外，还包括粒子粒径和形状、粉尘层厚度和压缩程度、施加于粉尘层的电场强度等，在评价电除尘器的操作性能时应以现场测得的粉尘比电阻数据为依据。

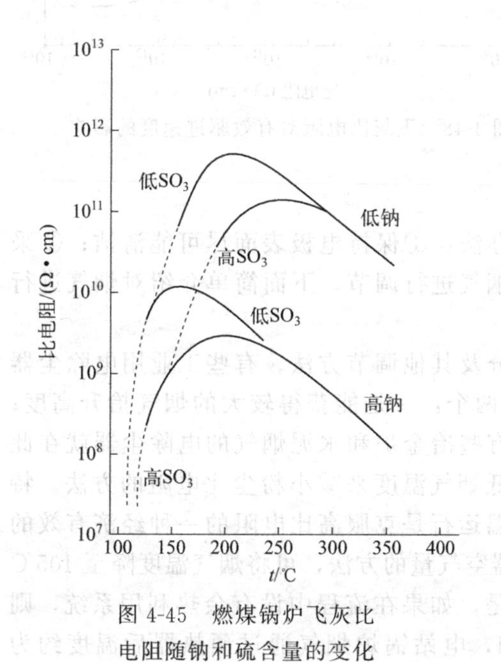

图 4-45　燃煤锅炉飞灰比电阻随钠和硫含量的变化

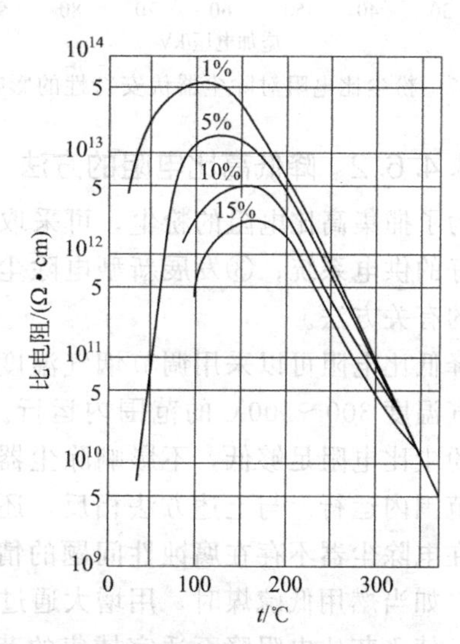

图 4-46　铅鼓风炉烟尘（烟尘含 Zn13%）比电阻随温度和含水量的变化

4.4.6.1 粉尘比电阻对电除尘器运行的影响

工业气体中粉尘的比电阻往往差别很大，低者（如炭黑）为 $10^3\Omega\cdot cm$，高者（如 105℃的石灰粉）可达 $10^{14}\Omega\cdot cm$，一般情况下，电除尘器运行最适宜的比电阻范围为 $10^4\sim10^{10}\Omega\cdot cm$。

如果粉尘的比电阻很小，当带负电的粉尘到达集尘极后，很快放出所带负电荷，并立即因静电感应获得与集尘极同极性的正电荷，被集尘极排斥到气流中。而后粉尘又重新荷电，重复上述过程。这样一来，就造成很多粉尘沿极板表面跳动前进，最后被气流带出除尘器。反之，如果粉尘的比电阻很高，则到达集尘极的粉尘释放电荷很慢，并残留着部分电荷。这不但会排斥随后而至的带有同性电荷的粉尘，影响其沉降，而且随着沉积粉尘层的不断加厚，在粉尘层和极板之间造成一个很大的电压降，以致粉尘层空隙中的气体被电离，发生反电晕放电。其结果是使集尘极附近电场强度减弱，粉尘所带负电荷被部分中和，使粉尘电荷减少，降低有效驱进速度，导致除尘效率降低。

图 4-47 给出了粉尘比电阻对除尘器伏安特性的影响，图 4-48 给出了飞灰比电阻对有效驱进速度的影响。

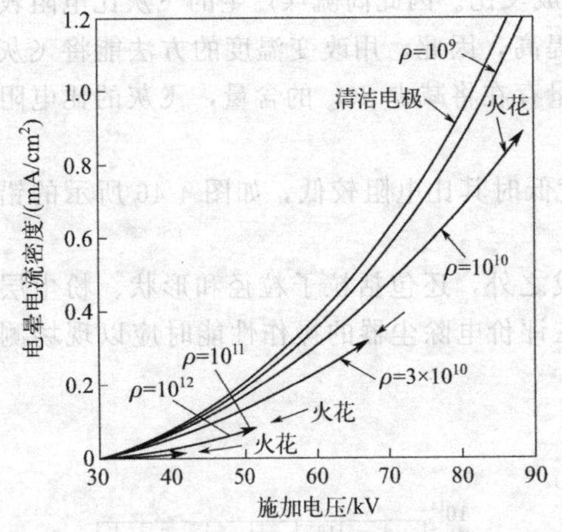

图 4-47　粉尘比电阻对除尘器伏安特性的影响

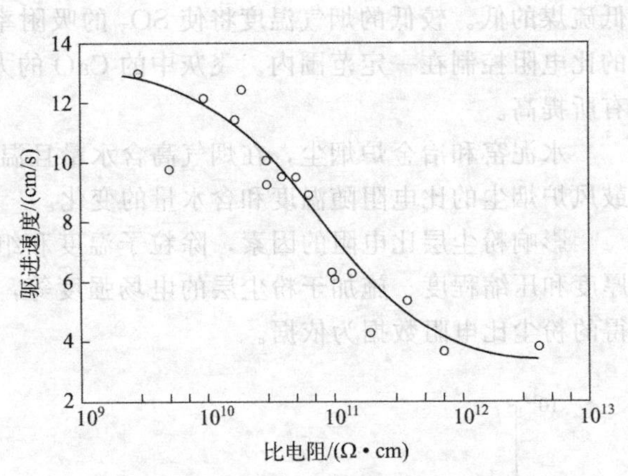

图 4-48　飞灰比电阻对有效驱进速度的影响

4.4.6.2　降低高比电阻的方法

为了捕集高比电阻的粉尘，可采取如下几种办法：①保持电极表面尽可能清洁；②采用较好的供电系统；③发展新型电除尘器；④对烟气进行调节。下面简单介绍对烟气进行调节的有关方法。

降低比电阻可以采用调节烟气温度、增加水分及其他调节方法。有些工业用电除尘器在烟气温度 300～500℃的范围内运行。其原因有两个：一是能获得较大的烟气抬升高度；二是粉尘比电阻足够低，不影响除尘器性能。如有些冶金炉和水泥烟气的电除尘器就在此温度范围内运行。与上述方法相反，还常采用降低烟气温度来减小粉尘比电阻的方法。特别是在电除尘器不存在腐蚀性问题的情况下，低温运行是克服高比电阻的一种经济有效的方法。如当燃用低硫煤时，用增大通过空气预热器空气量的方法，可将烟气温度降至 105℃左右，使飞灰比电阻降至适宜捕集的范围内。但是，如果在流程中设有余热利用系统，则因烟气的温度降低而使粉尘的比电阻升高。例如，电站锅炉烟气通过预热器后温度约为 150℃，这时飞灰的比电阻较高，难以捕集。

调节比电阻的另一种方法是通过添加化学调节剂来增大粉尘的表面导电性。常用的添加剂有 SO_3、NH_3 及 Na_2CO_3 等，最常用的化学调节剂是 SO_3。例如，在锅炉飞灰的电除尘器中，加入十万分之一的 SO_3，飞灰的比电阻由 $6\times10^{10}\,\Omega\cdot cm$ 降至 $3\times10^{9}\,\Omega\cdot cm$。

4.5　过滤式除尘器

过滤式除尘器是使含尘气流通过多孔过滤介质将粉尘分离捕集的装置。过滤介质亦称为滤料。过滤式除尘器也称过滤器。过滤式除尘器多用于工业原料气的精制、固体粉尘的回收、特定空间内的通风、空调系统的空气净化及去除工业排放尾气或烟气中的粉尘粒子。过滤式除尘器一般分为空气过滤器、颗粒层除尘器以及袋式除尘器，本章仅介绍工业尾气净化过程中应用较广的袋式除尘器。

袋式除尘器是含尘气体通过滤袋（也称布袋）滤去其中粉尘粒子的分离捕集装置，是过滤式除尘器的一种。自十九世纪中叶袋式除尘器开始用于工业以来，得到不断发展，特别是二十世纪五十年代，合成纤维滤料的出现，脉冲清灰及滤袋自动检漏等新技术的应用，为袋式除尘器的进一步发展及应用开辟了广阔的前景。

袋式除尘器主要有以下优点：①净化含微米或亚微米数量级的粉尘粒子效率高，一般可达99%以上，甚至可达99.99%以上；②可捕集多种干粉尘，特别是对高比电阻粉尘的捕集效率比电除尘器高；③含尘气体浓度在相当大的范围内变化对袋式除尘器的除尘效率和阻力影响不大；④处理风量由每小时数百立方米到数十万立方米；⑤使用灵活，结构简单，工作稳定，便于回收干料，没有污泥处理、腐蚀等问题，维护简单。

袋式除尘器的缺点：袋式除尘器的应用主要受滤料的耐温和耐腐蚀性等性能的影响，不能用于处理高温含尘烟气；不适于净化高湿气体、黏附性很强的颗粒。

4.5.1 袋式除尘器滤尘机制

袋式除尘器滤尘机制不仅包括3.6节中所阐述的惯性碰撞、拦截（截留）、扩散、静电力和重力等粉尘粒子沉降机制，而且筛分作用也是其重要的滤尘机制。如图4-49所示，通常的织物滤布，由于纤维间的距离远大于粉尘粒径，所以刚开始过滤时，筛分作用很小，主要靠纤维滤尘机制——惯性碰撞、拦截、扩散、静电力和重力等作用在滤布上逐渐形成一层粉尘黏附层（常称为粉尘初层）后，则碰撞、扩散等作用变得很小，而是主要靠筛分作用。

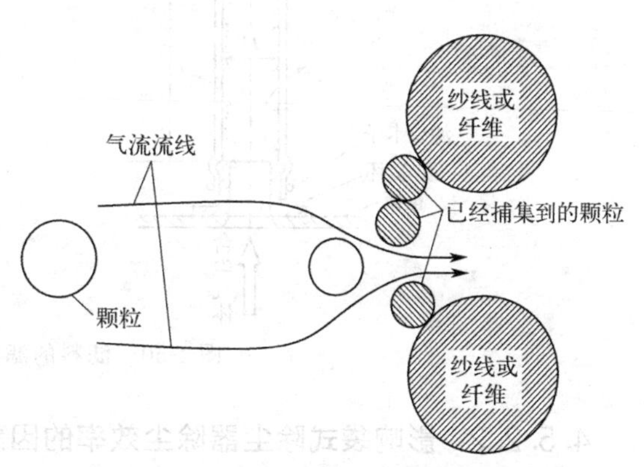

图4-49 袋式除尘器中筛分作用示意图

一般的粉尘和滤料可能带有电荷，当两者带有异性电荷时，则静电吸引作用显现出来，使滤尘效率增高，但却使清灰变得困难。近年来，人们不断研究使滤布或粉尘带电的方法，强化静电作用，以便提高对粉尘的滤尘效率。

惯性碰撞、拦截及扩散作用皆随纤维直径和滤料的空隙减小而增大，而滤料的纤维愈细、愈密实，滤尘效果愈好。

4.5.2 袋式除尘器的滤尘过程及除尘效率

4.5.2.1 袋式除尘器的滤尘过程

用于袋式除尘器的滤料有棉、毛、有机和无机纤维纱线纺织的滤布及非纺织辊压轧制的纤维滤料（如毛毡类）等。这些滤料都具有一定的孔隙率，含有一定粒径分布的粉尘粒子的气体，以一定流速通过新滤料（过滤过程的第一阶段）时，气体中的粗大尘粒主要是靠惯性碰撞和拦截捕尘机制被纤维所捕集，细小的粒子靠扩散作用而被纤维所捕集。随着滤尘过程不断进行，在滤料的网孔之间产生了粉尘“搭桥”现象，很快在滤料纤维表面上形成一层具有孔隙的粉尘黏附层（粉尘初层，简称初尘层），如图4-50所示。由于粉尘粒径一般都比纤维直径小，所以在初尘层表面的筛分作用也强烈增强。初尘层附着在滤料上是比较牢固的，初尘层的孔隙率可达80%～85%。由于袋式除尘器主要是靠初尘层捕集尘粒（此过程是滤尘过程的第二阶段），因此，要防止滤料空隙被黏结性粉尘堵塞，滤料的工作温度不应低于露点温度。

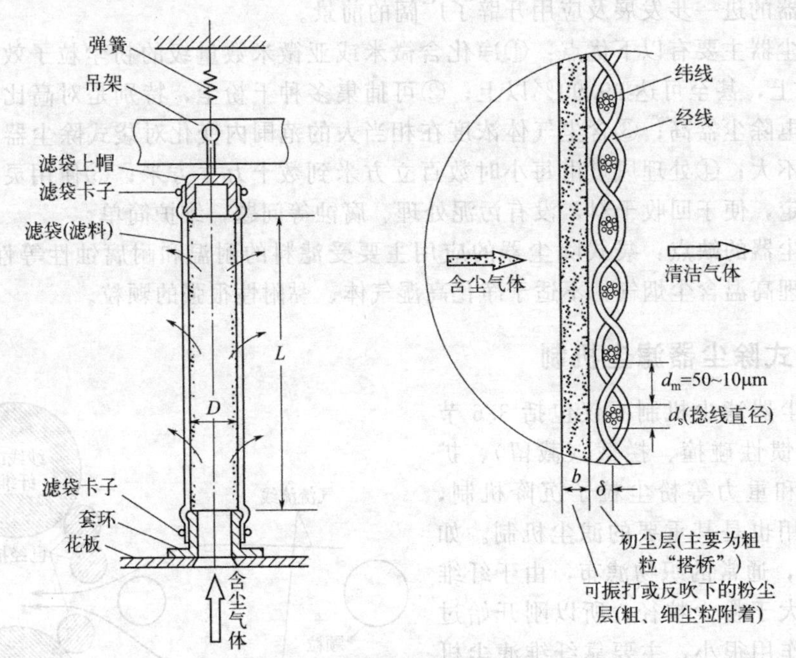

图 4-50　滤料的滤尘过程示意图

4.5.2.2　影响袋式除尘器除尘效率的因素

影响袋式除尘器除尘效率的因素包括粉尘特性、滤料特性、运行参数（粉尘层的厚度、压力损失和过滤速度等）以及清灰方式和效果等。下面仅对几个主要因素进行简要介绍。

(1) 滤料结构的影响

如图 4-51 所示，滤料的结构不同，袋式除尘器的除尘效率不同。绒布比素布效率高，长绒滤料比短绒滤料的效率高。同一滤料的粉尘负荷不同，袋式除尘器的除尘效率也不同。

(2) 粉尘粒径的影响

研究发现，粉尘粒径的大小直接影响袋式除尘器的除尘效率，滤料在不同工况下的除尘效率皆随粒径增大而提高，但是，对于0.2～0.4μm粒径的粉尘，无论是哪种滤尘工况，除尘效率都是最低的（见图 4-52），这是因为该粒径范围的尘粒处于惯性碰撞、拦截和扩散作用捕集效果最差的状态。

(3) 运行参数的影响

① 滤尘过程的影响。图 4-52 是同一滤料在不同滤尘过程中的袋式除尘器的分级除尘效率曲线。由图 4-52 可以看出，新鲜滤料的除尘效率最低，随着滤尘过程不断进行，效率逐渐增大，清灰前的效率最高，清灰后滤尘效率有所降低。

② 粉尘层厚度的影响。滤布表面沉积的粉尘层厚度，一般用粉尘负荷 m 表示，它代表

每平方米滤布上沉积的粉尘质量（kg/m²）。实验表明，除尘效率随粉尘负荷（m）值的增大而增大。

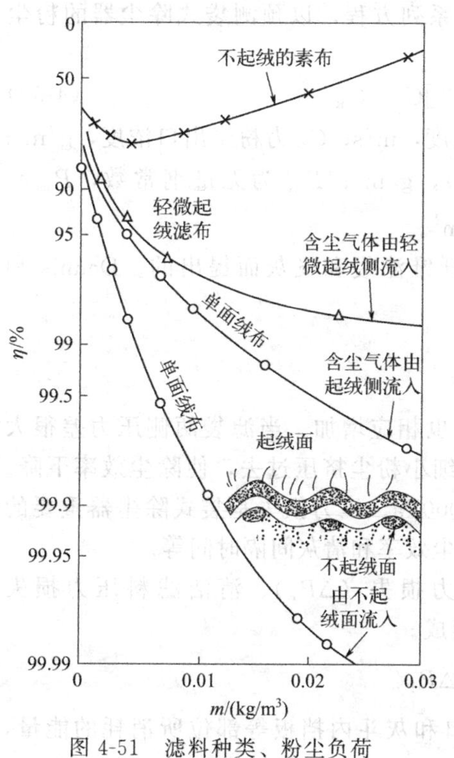

图 4-51　滤料种类、粉尘负荷与除尘效率的关系

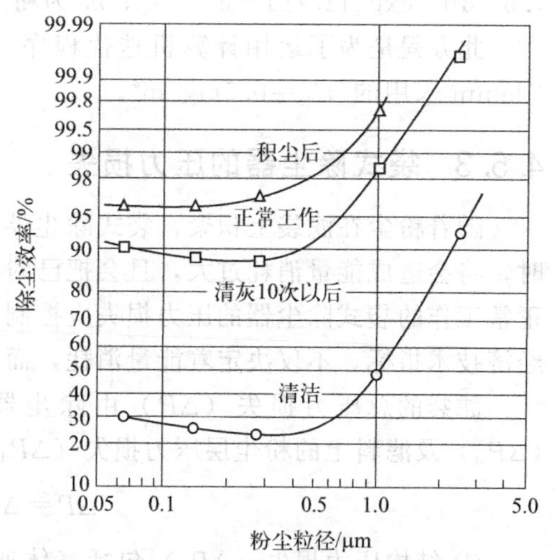

图 4-52　同一滤料在不同滤尘过程中的分级除尘效率曲线

③ 过滤速度的影响。袋式除尘器的过滤速度（u_f，m/min）是指烟气通过滤料的平均速度，若以 Q_v(m³/h) 表示通过滤料的含尘气体流量，A(m²) 表示滤料面积，则：

$$u_f=\frac{Q_v}{60A} \tag{4-51}$$

工程上还采用过滤比负荷｛又称气布比 q_f，m³(气体)/[m²(滤布)·h]｝的概念，它是指每平方米的过滤面积上每小时过滤气体的量：

$$q_f=\frac{Q_v}{A} \tag{4-52}$$

过滤速度和过滤比负荷是表征袋式除尘器处理气体能力的重要经济技术指标。它的选取决定着袋式除尘器的一次性投资和运行费用，也影响袋式除尘器的除尘效率。选用高的过滤速度，所需要的滤布面积小，除尘器体积、占地面积和一次投资等都会减少，但除尘器的压力损失却会增大。一般来讲，除尘效率随过滤速度增加而下降，过滤速度的选取还与滤料种类和清灰方式有关。

（4）清灰方式的影响

实验表明，袋式除尘器滤料的清灰方式也是影响其除尘效率的重要因素，如前所述，滤料清灰后效率较低。清灰方式不同，清灰后残留粉尘量也不同，因而除尘器排尘浓度不同。例如，机械振动清灰后的排尘浓度，要比脉冲喷吹清灰后的低一些。

4.5.2.3 袋式除尘器的除尘效率

丹尼斯（Dennis）和克莱姆（Klemm）提出了一系列方程，以预测袋式除尘器的粉尘出口浓度：

$$C_2=[P_{ns}+(0.1-P_{ns})e^{-\alpha m}]C_1+C_R \tag{4-53}$$

式中，$\alpha=3.6\times10^{-3}u_f^{-4}+0.094$；$u_f$ 为表面过滤速度，m/s；C_2 为粉尘出口浓度，g/m^3；C_1 为粉尘入口浓度，g/m^3；C_R 为脱落浓度（常数），g/m^3；P_{ns} 为无量纲常数，$P_{ns}=1.5\times10^{-7}\exp[12.7(1-e^{1.03u_f})]$；$m$ 为粉尘负荷，g/m^2。

此方程是为了运用计算机迭代程序，针对玻璃纤维滤袋和飞灰而提出的。Dennis 和 Klemm 采用的 $C_R=0.5$mg/m^3。

4.5.3 袋式除尘器的压力损失

随着粉尘在滤袋上积聚，袋式除尘器的压力损失也相应增加。当滤袋两侧压力差很大时，将会造成能量消耗过大，且会把已附在滤料上的细小粉尘挤压过去，使除尘效率下降。正常工作的袋式除尘器的压力损失应控制在 1500～2000Pa。压力损失是袋式除尘器重要的经济技术指标，不仅决定着能量消耗，而且决定着除尘效率和清灰间隔时间等。

滤袋的总压力损失（ΔP）由除尘器的结构压力损失（ΔP_c）、清洁滤料压力损失（ΔP_0）及滤料上的粉尘层压力损失（ΔP_P）三部分组成。

$$\Delta P=\Delta P_c+\Delta P_0+\Delta P_P$$

① 结构压力损失（ΔP_c）包括气体通过进、出口和灰斗内挡板等部位所消耗的能量，在正常过滤风速下，ΔP_c 一般为 200～500Pa。

② 清洁滤料压力损失（ΔP_0）可用下式计算：

$$\Delta P_0=\xi_0\mu u_f \tag{4-54}$$

式中，ξ_0 为清洁滤料的压损系数，1/m，其值与滤料组成和结构有关，各种滤料的 ξ_0 值由实验测定；μ 为气体黏度，N·s/m^2=Pa·s；u_f 为过滤速度，m/s。

③ 粉尘层压力损失（ΔP_P）可用下式计算：

$$\Delta P_P=am\mu u_f \tag{4-55}$$

式中，a 为粉尘的平均比压损，m/kg；m 为粉尘负荷，kg/m^2。

过滤层产生的压力损失是清洁滤料和粉尘层产生的压力损失之和，所以，过滤层的压力损失：

$$\Delta P_f=\Delta P_0+\Delta P_P=(\xi_0+am)\mu u_f \tag{4-56}$$

由式(4-56) 可见，过滤层的压力损失与过滤速度和气体黏度成正比，与气体密度无关。这是由于滤速小，通过滤尘的气流呈层流状态，气体流动压力小到可以忽略。这一特性与其他类型除尘器是完全不同的。清洁滤料压损系数 ξ_0 为 10^7～10^8 m^{-1}，如玻璃丝为 1.5×10^7m^{-1}，涤纶布为 7.2×10^7m^{-1}，呢料为 3.6×10^7m^{-1}。因此，清洁滤料的压力损失很小，ΔP_0 一般为 50～200Pa。在适用范围内粉尘负荷 $m=0.1$～0.3kg/m^2，粉尘层的平均比压损 $a\approx10^{10}$～10^{11} m/kg。

若设除尘器入口含尘浓度为 C_1(kg/m³)，过滤时间为 t(s)，假设平均滤尘效率为 100%，则时间 t 后滤料上的粉尘负荷为：

$$m=C_1u_ft$$

代入式(4-55) 得到 $\Delta P_P=a\mu C_1u_f^2t$，图 4-53 为粉尘层的压力损失 ΔP_P 与过滤速度 u_f 和粉尘负荷 m 之间的关系，可见粉尘层的压力损失随过滤速度和粉尘负荷的增加而迅速增加。粉尘层的压力损失要占袋式除尘器压力损失的绝大部分，通常为 500～2500Pa。

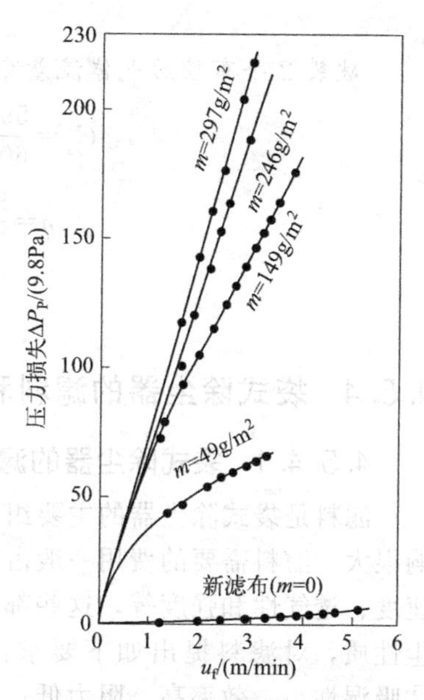

图 4-53 粉尘层的压力损失与过滤速度和粉尘负荷 m 之间关系

滤料的结构和表面处理情况对除尘器压力损失也有影响，使用机织布料时压力损失最高，毡类滤料次之，表面过滤材料可获得最低的压力损失。

过滤时间对除尘器压力损失的影响体现在两个方面，其一是"过滤-清灰"两个工作阶段的交替而不断地上升和下降（图 4-54）；其二是当新滤袋投入使用时，除尘器压力损失最低，在一段时间内增加较快，经 1～2 月后趋于稳定，或以缓慢的速度增长（图 4-55）。

清灰方式也在很大程度上影响除尘器压力损失。采用强力清灰方式（如脉冲喷吹）时压力损失较低，而采用弱力清灰方式（如机械振动、气流反吹等）时压力损失则较高。

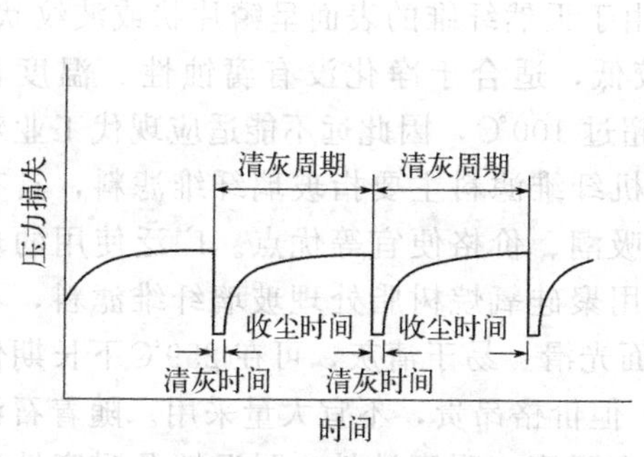

图 4-54 压力损失与"过滤-清灰"的关系

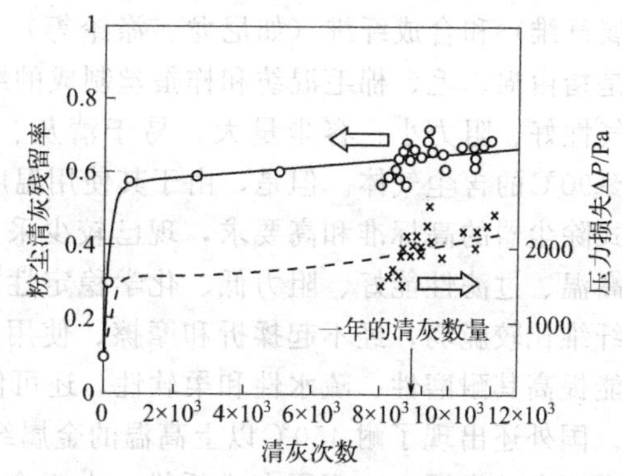

图 4-55 压力损失随过滤时间的变化

［例题 4-3］ 安装一个滤袋室处理被污染的气体，试估算某些布袋破裂时粉尘的出口浓度及除尘效率。已知系统的操作条件：1atm，288K，进口处浓度 9.15g/m³，布袋破裂前的出口浓度 0.0458g/m³，被污染气体的体积流量 14158m³/h，布袋室数为 6，每室中的布袋数为 100，布袋直径 15cm，系统的压降 1500Pa，破裂的布袋数为 2。

解： $\eta=\dfrac{C_1-C_2}{C_1}=\dfrac{9.15-0.0458}{9.15}\times100\%=99.5\%$，通过率：$P=1-\eta=1-99.5\%=0.5\%$

破裂 2 个布袋后气体流量分配基本不变，近似求得出口浓度如下：

$$C_2=\frac{598}{600}C_1\cdot P+\frac{2}{600}C_1=0.0761(g/m^3)$$

$$\eta=\frac{9.15-0.0761}{9.15}\times 100\%=99.2\%$$

4.5.4 袋式除尘器的滤料和结构类型

4.5.4.1 袋式除尘器的滤料

滤料是袋式除尘器的主要组成部分之一，对袋式除尘器的造价、性能以及运行费用影响很大。滤料需要的费用一般占设备费用的 10%～20%。滤料的工作性能，主要是指过滤速度、透气性和强度等，这些都与滤料材质和结构有关。根据袋式除尘器的除尘原理和粉尘性质，对滤料提出如下要求：①容尘量大、清灰后能保留完好的初尘层，透气性好；②吸湿性小、效率高、阻力低；③抗折、耐温、耐磨、耐腐蚀、机械强度高；④尺寸稳定性好，使用过程中变形小，成本低，使用寿命长等。需要指出的是，对某一具体滤料，很难尽善尽美地满足上述全部要求，因而在实际选择滤料时，要根据具体使用条件，选择最适宜的滤料。

（1）滤料的材质及特性

滤料种类很多，按材质可分为天然纤维（如棉毛织物）、无机纤维（如玻璃纤维、耐热金属纤维）和合成纤维（如尼龙、涤纶等）三类，其特性列于表 4-6 中。天然纤维滤料主要是指由棉、毛、棉毛混纺和柞蚕丝制成的织物，由于天然纤维的表面呈鳞片状或波纹状、透气性好、阻力小、容尘量大、易于清灰、价格较低，适合于净化没有腐蚀性、温度在 70～90℃的含尘气体。但是，由于其使用温度不能超过 100℃，因此远不能适应现代工业对袋式除尘器的高标准和高要求，现已较少采用。无机纤维滤料主要指玻璃纤维滤料，具有耐高温、过滤性能好、阻力低、化学稳定性好、不吸潮、价格便宜等优点。广泛使用的玻璃纤维比较脆弱，经不起揉折和摩擦，使用受限，用聚硅氧烷树脂处理玻璃纤维滤料，不仅能提高其耐磨性、疏水性和柔软性，还可使其表面光滑、易于清灰，可在 259℃下长期使用。国外还出现了耐 450℃以上高温的金属纤维毡，但价格昂贵，不宜大量采用。随着石油化学工业的发展，出现了合成纤维。由于合成纤维在强度、耐腐蚀性、耐温性及耐磨性等方面具有许多天然纤维无可比拟的优点，正逐渐取代天然纤维滤料。目前使用较多的合成纤维滤料有聚酰胺（尼龙、锦纶）、芳香族聚酰胺（诺梅克斯）、聚酯（涤纶）、聚丙烯、聚丙烯腈（腈纶）、聚氯乙烯（氯纶）、聚四氟乙烯（特氟纶）等。

（2）滤料的结构及特点

滤料的结构形式对除尘器性能有很大影响。按滤料结构可将其分为机织布、针刺毡、表面过滤材料和非织物滤料等。

① 织布：是将经纱和纬纱按一定的规则呈直角连续交替制成的织物。其基本结构有平纹、斜纹、缎纹三种。为了改善织布滤料的性能，往往采用纬二重或双层结构。织布在很长的时期里，几乎是唯一的滤料结构。针刺毡的出现改变了这种局面，使其逐渐退居次要地位。

表 4-6　滤料的特性

类别	原料或聚合物	商品名称	密度/(g/cm³)	最高使用温度/℃	长期使用温度/℃	20℃以下的吸湿性/%		抗拉强度/($\times10^5$Pa)	断裂延伸率/%	耐磨性	耐热性		耐有机酸	耐无机酸	耐碱性	耐氧化剂	耐溶剂
						ϕ=65%	ϕ=95%				干热	湿热					
天然纤维	纤维素	棉	1.54	95	75～85	7～8.5	24～27	30～40	7～8	较好	较好	较好	较好	很差	较好	一般	很好
	蛋白质	羊毛	1.32	100	80～90	10～15	21.9	10～17	25～35	较好	—	—	较好	较好	很差	差	较好
	蛋白质	丝绸		90	70～80	—	—	38	17	较好	—	—	较好	较好	很差	差	较好
合成纤维	聚酰胺	尼龙、锦纶	1.14	120	75～85	4～4.5	7～8.3	38～72	10～50	很好	较好	较好	一般	很差	较好	一般	很好
	芳香族聚酰胺	诺梅克斯	1.38	260	220	4.5～5	—	40～55	14～17	很好	很好	很好	较好	较好	较好	一般	很好
	聚丙烯腈	奥纶	1.14～1.16	150	110～130	1～2	4.5～5	23～30	24～40	较好	较好	较好	较好	较好	一般	较好	很好
	聚丙烯	聚丙烯	1.14～1.16	100	85～95	0	0	45～52	22～25	较好	较好	较好	很好	很好	较好	较好	较好
	聚乙烯醇	维尼纶	1.28	180	<100	3.4	—	—	—	较好	一般	一般	较好	很好	很好	一般	一般
	聚氯乙烯	氯纶	1.39～1.44	80～90	65～70	0.3	0.9	24～35	12～25	差	差	差	很好	很好	很好	很好	较好
	聚四氟乙烯	特氟纶	2.3	280～300	220～260	0	0	33	13	较好	较好	较好	很好	很好	很好	很好	很好
	聚苯硫醚	PPS	1.33～1.37	190～200	170～180	0.6	—	—	25～35	较好	较好	较好	较好	较好	较好	差	很好
	聚酯	涤纶	1.38	150	130	0.4	0.5	40～49	40～55	很好	较好	一般	较好	较好	较好	较好	很好
无机纤维	铝硼硅酸盐玻璃	玻璃纤维	3.55	315	250	0.3	—	145～158	3～0	很差	很好	很好	很好	很好	差	很好	很好
	铝硼硅酸盐玻璃	经硅油、聚四氟乙烯处理的玻璃纤维	—	350	260	0	0	145～158	3～0	一般	很好	很好	很好	很好	差	很好	很好
	铝醚硅酸盐玻璃	经硅油、石墨和聚四氟乙烯处理的玻璃纤维	—	350	300	0	0	145～158	3～0	一般	很好	很好	很好	很好	较好	很好	很好
	陶瓷纤维	玄武岩滤料	—	300～350	300～350	0	0	16～18	3～0	一般	很好	很好	好	好	好	很好	很好

② 针刺毡：是在底布两面辅以纤维，或完全采用纤维以针刺法成型，再经后处理而制成的滤料。它不经纺织工艺，因而也称无纺布。针刺滤料的后处理主要是热定型、烧毛、热熔压光等，根据需要，有的还要进行消静电、疏水、耐酸、憎油、树脂覆盖等处理工艺。针刺毡在厚度方向上有多层孔隙，孔隙率可达70%～80%，且孔隙分布均匀。而织布在厚度方向上没有层次，孔隙率仅为30%～40%，只有针刺毡的一半。因此在过滤速度相同时，针刺毡的压力损失低于织布，而效率高于织布。这是因为针刺毡具有深层过滤作用，但这一特性增加了清灰的难度，因而发展了各种表面处理技术。针刺毡主要用在脉冲喷吹类袋式除尘器，随着制作技术的进步，现已广泛用于各种反吹风清灰类的袋式除尘器。

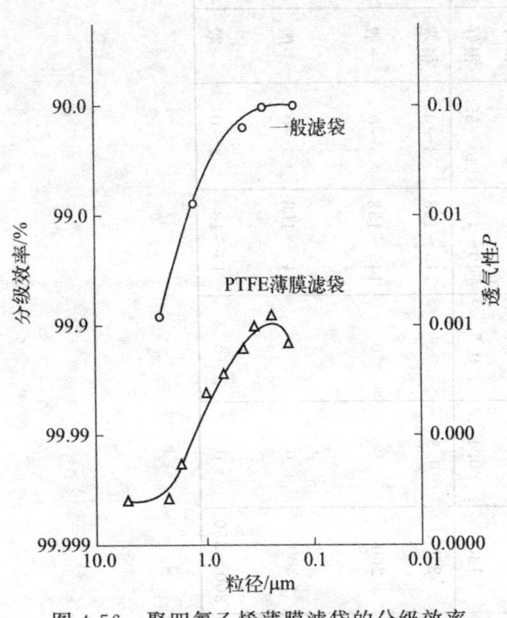

图 4-56　聚四氟乙烯薄膜滤袋的分级效率

③ 表面过滤材料：表面过滤材料系指包括微细粉尘在内的粉尘几乎全部阻留在其表面而不能透入其内部的滤料。美国戈尔（GORE）公司生产的戈尔-特克斯（GORE-TEX）薄膜滤料是这种表面过滤材料的典型。它是一种复合滤料，其表面有一层由聚四氟乙烯经膨化处理而形成的薄膜，为了增加强度，又将该薄膜复合在常规滤料（称底布）上。

聚四氟乙烯薄膜表面布满细的孔隙，其孔径小于0.5μm。从过滤角度看，薄膜可以看作在工厂预制的质量可控且稳定的一次粉尘层，因而可获得比一般滤料高得多的过滤效率。对于粒径小于0.1μm的粉尘，也能获得99.9%以上的分级效率（图4-56）。薄膜滤料的过滤作用完全依赖于这层薄膜，而与底布无关。

聚四氟乙烯薄膜表面非常光滑，没有纤维毛绒，并有憎水性，因而清灰容易。薄膜滤料的透气率较一般滤料低，在滤尘初期，压力损失增加加快，进入正常使用期后，压力损失趋于恒定，而不像一般滤料那样以缓慢的速度增加。薄膜滤料的使用可以降低过滤能耗（或增大处理风量）和清灰能耗，减少粉尘的排放量，延长烟尘滤袋的使用寿命，但薄膜滤料的缺点是价格昂贵，是其推广应用的主要障碍。

④ 非织物滤料：是将颗粒状的塑料、陶瓷、金属等材料烧结成具有一定几何形状和微小孔隙的过滤材料，或将硅酸盐纤维黏结成的过滤材料。

（3）滤料主要产品及其性能

常温织布滤料有208涤纶绒布（平布及圆筒布）、729涤纶圆筒布。耐热织布滤料主要有玻璃纤维织布、玻璃纤维膨体纱滤布及芳砜纶织布滤料。针刺毡滤料有常温的涤纶针刺毡、消静电涤纶针刺毡、丙纶针刺毡、耐热的诺梅克斯针刺毡、P48针刺毡、莱通针刺毡等，其主要规格及性能列于表4-7中。

表 4-7 毡（针刺毡）滤料的品种和性能

型号规格	质量/(g/m²)	厚度/mm	透气率/(cm/s)	断裂强度/(N/50mm)		断裂伸长/%		孔隙率/%	原料构成	
				径向	纬向	径向	纬向		基布	纤维层
印刷毛毡	360～410	2.0							—	羊毛
ZLN-D-02 涤纶针刺毡	450	1.6	17	1177	922	47	30		经纱：棉纶长丝 纬纱：涤纶短纤维	涤纶
涤纶针刺毡	500	1.7	15	1226	942	54	32		纬纱：涤纶短纤维	涤纶
涤纶针刺毡	550	2.1	13.5	1275	981	20	49	77	纬纱：涤纶短纤维	涤纶
涤纶针刺毡	600	2.2	13	1275	1138	46	30		纬纱：涤纶短纤维	涤纶
ZLN-B-01 丙纶针刺毡	500	1.8	15	785	1373	—	—		丙纶	丙纶
ZLN-NJ-01 锦纶针刺毡	500	2.2	44	1060	844	19	16		涤纶	黏胶 锦纶
芳砜纶针刺毡	400～440	2.3	＞20	883	1079	31	49		经纱、纬纱 皆为芳砜纶	芳砜纶
ZLN-F-01 诺梅克斯针刺毡	350	2.0		638	981	20	26		诺梅克斯	诺梅克斯
诺梅克斯针刺毡	400	2.4	29	589	981	28	23		诺梅克斯	诺梅克斯
诺梅克斯针刺毡	450	2.8	27	657	1020	24	24		诺梅克斯	诺梅克斯
诺梅克斯针刺毡	500	2.9	23	618	1069	18	24	88	诺梅克斯	诺梅克斯
ZLN-FCE-01 噁二唑针刺毡	450	2.2	21	687	795	16	15	85	诺梅克斯	聚噁二唑
莱通针刺毡	540～580	1.8～2.0	15.2～25.4						莱通纤维	莱通纤维

4.5.4.2 袋式除尘器的结构类型

(1) 袋式除尘器的分类

袋式除尘器主要由箱体、滤袋（含框架）、清灰装置、灰斗及除灰装置等组成（如图 4-57 所示）。其本体结构形式多种多样，可以按滤袋断面形状、含尘气流通过滤袋的方向、进气口布置、除尘器内气体压力、清灰方式等五种形式分类。

按滤袋断面形状分为圆形、扁形及异形三类。扁袋的断面形状有楔形、梯形和矩形等形状；异形袋有蜂窝形、折叠形等。

按含尘气流通过滤袋的方向分为外滤式［图 4-58(a)、(c)］和内滤式［图 4-58(b)、(d)］两类。

按进气口位置分为下进气［图 4-58(a)、(b)］和上进气［图 4-58(c)、(d)］两种方式。

按除尘器内气体压力分为正压式和负压式两类。负压式为风机设在袋除尘器的净化端，正压式为风机设在袋式除尘器前面。

袋式除尘器的除尘效率、压力损失、滤速及滤袋寿命等重要参数皆与清灰方式有关，常见的袋式除尘器产品结构主要是按清灰方式来分类。按清灰方式的不同可分为机械振动清灰袋式除尘器、逆气流反吹清灰袋式除尘器、脉冲喷吹清灰袋式除尘器等。此外，还有一些其他清灰方式，出于经济和技术的原因，目前并不常用。

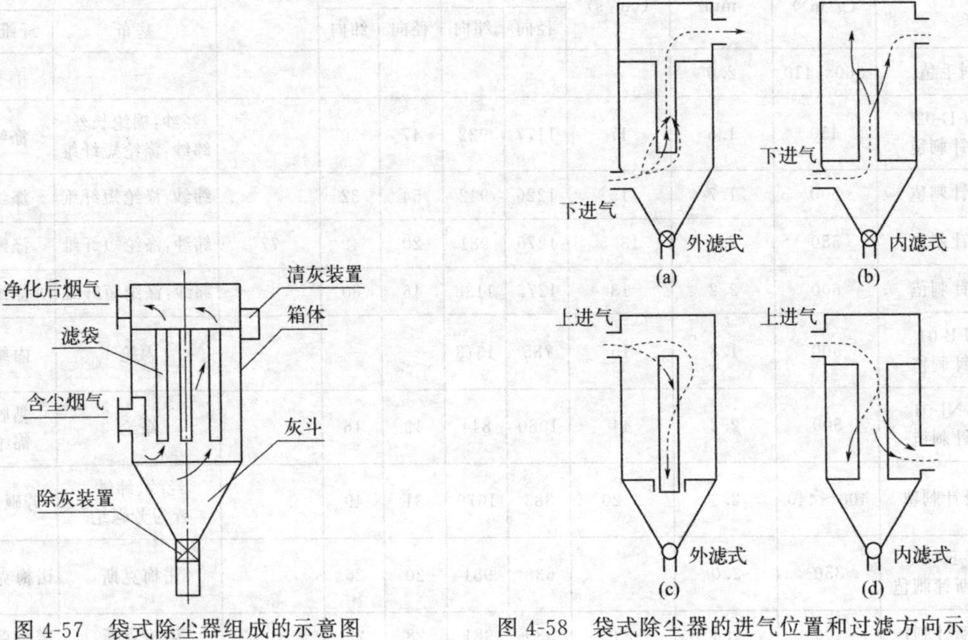

图 4-57 袋式除尘器组成的示意图

图 4-58 袋式除尘器的进气位置和过滤方向示意图

（2）袋式除尘器的结构

① 机械振动清灰袋式除尘器。利用机械传动使滤袋振动，将沉积在滤布上的粉尘抖落至灰斗中（如图 4-59）。机械振动清灰大致有三种方式：a. 滤袋水平摆动方式；b. 滤袋沿垂直方向振动的方式，可采用定期提升滤袋框架的办法，也可采用偏心轮振打框架的方式；c. 利用机械转动定期将滤袋扭转一定角度，使沉积于袋上的粉尘层破碎而落入灰斗。机械振动袋式除尘器的过滤风速一般取 0.6～1.6m/min，压力损失为 800～1200Pa。滤袋常受机械力作用，损坏较快，滤袋检修与更换工作量大。

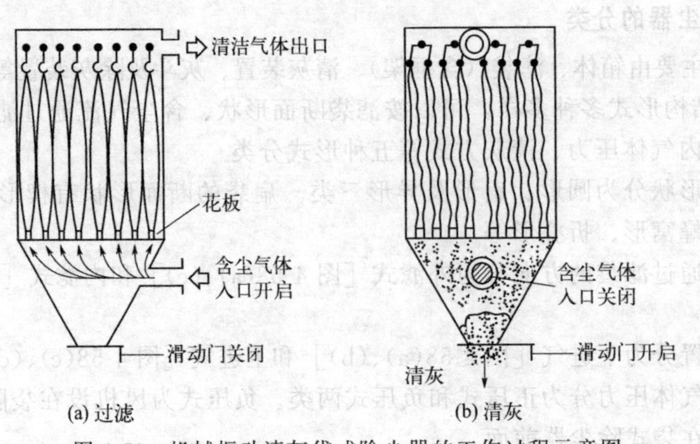

图 4-59 机械振动清灰袋式除尘器的工作过程示意图

② 逆气流反吹清灰袋式除尘器。图 4-60 给出了逆气流反吹清灰袋式除尘器的工作过程

示意图。所谓逆气流反吹清灰就是利用与过滤气流反方向的气流通过滤袋和粉尘层，使滤袋形状变化，粉尘层受挠曲力和屈曲力的作用从滤袋上脱落。采用逆气流清灰时，滤袋内必须有支撑结构，如撑环或网架，避免把滤袋压扁。逆气流清灰多采用分室工作制度，也有使部分滤袋逐次清灰而不取分室结构的形式。反向气流可由除尘器前后的压差产生，或由专设的反吹风机供给。某些反吹清灰装置设有产生脉动作用的机构，产生反向气流的脉动作用，以增加清灰能力。逆气流清灰袋式除尘器的过滤风速一般为 0.3～2.0m/min，压力损失控制范围 1000～1500Pa。这种清灰方式的除尘器结构简单，清灰效果好，滤袋磨损少，特别适用于粉尘黏性小、玻璃纤维滤袋的情况。

逆气流反吹类袋式除尘器的主要类型有：机械回转反吹袋式除尘器、分室反吹（吸）风袋式除尘器、PBC 型旁插扁袋除尘器（其规格有十几种之多）。

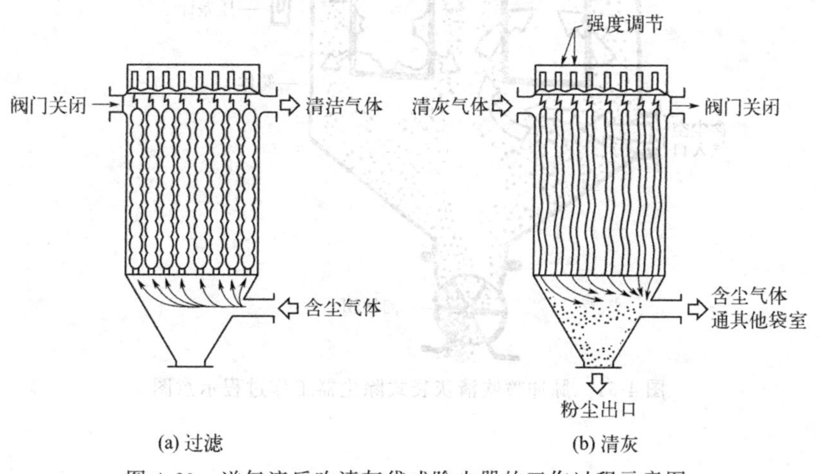

图 4-60　逆气流反吹清灰袋式除尘器的工作过程示意图

③ 脉冲喷吹清灰袋式除尘器。图 4-61 给出了脉冲喷吹清灰袋式除尘器的工作过程示意图。脉冲喷吹清灰袋式除尘器的滤尘过程是含尘气体由下锥体引入除尘器，粉尘截留在滤袋外表面，透过滤袋的干净气体经文氏管进入箱体，从出气管排出。其清灰过程是由控制仪表定期控制脉冲阀的开启，脉冲阀开启则贮气包中的压缩空气通过脉冲阀经喷吹管上的小孔喷出（一次风），通过文氏管诱导数倍（一次风量的 5～7 倍）空气（二次风）吹进滤袋，造成滤袋急剧膨胀振动，加之气流反向吹扫作用，使积附在滤袋外表面上的粉尘层落入下部灰斗中。每清灰一次，叫作一个脉冲，全部滤袋完成一个清灰循环的时间称为脉冲周期，通常为 60s，每次脉冲持续时间为 0.1～0.2s。脉冲喷吹清灰袋式除尘器清灰过程不中断滤袋工作，清灰时间间隔短，过滤风速高，净化效率在 99%以上，压力损失在 1200～1500Pa，过滤负荷高，滤布磨损小。其缺点是需要 $(6\sim8)\times10^5$ Pa 的压缩空气作为清灰动力；清灰用的脉冲控制仪复杂；对浓度高、潮湿的含尘气体净化效果较差。

脉冲喷吹清灰袋式除尘器的型号主要有 MC 型脉冲喷吹袋式除尘器、环隙喷吹脉冲袋式除尘器、DSM 型低压脉冲喷吹袋式除尘器、长袋低压大型脉冲袋式除尘器、LDML 型离线清灰脉冲袋式除尘器以及气箱脉冲袋式除尘器等，本教材在此不作详细介绍。

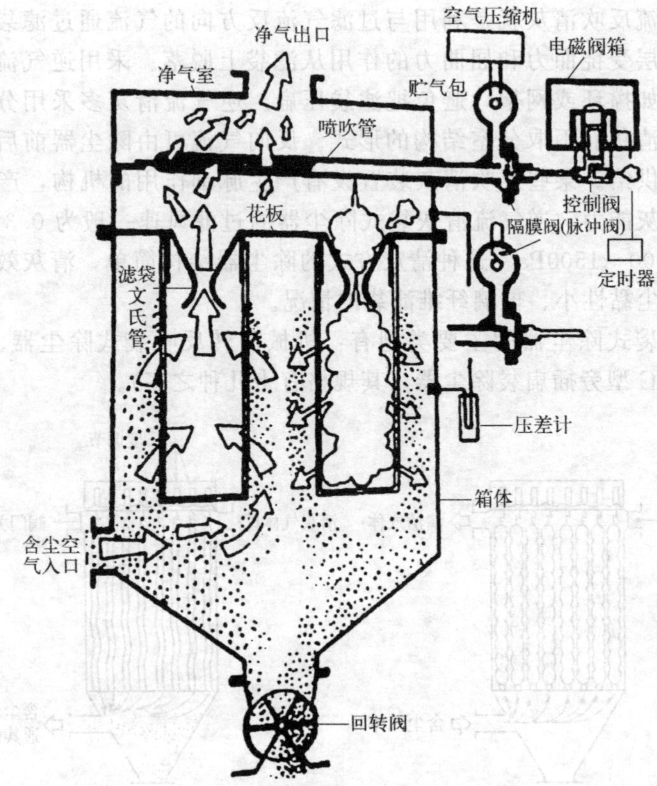

图 4-61　脉冲喷吹清灰袋式除尘器工作过程示意图

习题

4-1　美国环境空气质量标准中关于颗粒物的浓度，最初以 TSP 表示，后来改为 PM_{10}，近来又改为 $PM_{2.5}$，其原因是什么？对污染控制技术提出哪些要求和挑战？

4-2　气流中的颗粒物的粒径分布服从对数正态分布，且质量中位径 $d_{m50}=10\mu m$，几何标准偏差 $\sigma_g=1.5$。现在令气流通过一除尘器，该除尘器对 $d_p \geqslant 40\mu m$ 的颗粒有 100% 的捕集效率；对 10～40μm 的颗粒的捕集效率等于 50%；对于小于 10μm 的颗粒，捕集效率为零。

(1) 以质量计，计算该除尘器的除尘效率。

(2) 穿透除尘器的颗粒的质量中位径是多少？

4-3　某 10^6kW 的燃煤电站的能量转换效率为 40%，所燃煤的热值为 26700kJ/kg，灰分含量为 12%，假定 50% 的灰分以颗粒物形式进入烟气。现在用电除尘器捕集烟气中的颗粒物（飞灰），其参数为

粒径区间/μm	0～5	5～10	10～20	20～40	>40
粒子的质量分数/%	14	17	21	23	25
ESP 的捕集效率/%	70	92.5	96	99	100

试计算该电厂排放颗粒物的量，以 kg/s 计。

4-4 气溶胶含有粒径为0.63μm和0.83μm的粒子（质量分数相等），以3.61L/min的流量通过多层沉降室。给出下列数据，运用斯托克斯定律和肯宁汉校正系数计算沉降效率。L=50cm，ρ=1.05g/m^3，W=20cm，h=0.129cm，μ=0.000182g/(cm·s)，n=19层。

4-5 在298K的空气中NaOH飞沫用重力沉降室收集。沉降室宽914cm，高457cm，长1219cm。空气的体积流速为1.2m^3/s。计算能被100%捕集的最小雾滴直径。假设雾滴的相对密度为1.21。

4-6 直径为1.09μm的单分散相气溶胶通过一重力沉降室，该沉降室宽20cm，长50cm，共18层，层间距0.124cm，气体流速是8.61L/min，并观测到其操作效率为64.9%。问需要设置多少层可能得到80%的操作效率。

4-7 板间距为25cm的板式电除尘器的分割直径为0.9μm，使用者希望总效率不小于98%，有关法规规定排气中含尘量不得超过0.1g/m^3。假定电除尘器入口处粉尘浓度为30g/m^3，且粒径分布如下：

质量分数范围/%	0～20	20～40	40～60	60～80	80～100
平均粒径/μm	3.5	8.0	13.0	19.0	45.0

并假定德意希方程的形式为$\eta=1-e^{-kd_p}$，其中η为捕集效率；k为经验常数；d_p为颗粒直径。试确定：(1) 该除尘器效率能否等于或大于98%；(2) 出口处烟气中含尘浓度能否满足环保规定；(3) 能否满足使用者需要。

4-8 对于直径为1μm的粒子，当达到电场荷电平衡时能带几个电子的电荷？它的驱进速度有多大？它的捕集效率是多少？已知条件为：粒子的介电常数（dielectric constant）为6C/(V·m)，真空介电常数为8.85×10^{-12}C/(V·m)，电场强度为300kV/m，电除尘器的比集尘面积为0.060m/s。

估算d_p=3μm的粒子在该系统的最大捕集效率是多少。

4-9 在1atm、293K下运行的管式电除尘器，圆筒形集尘管直径为0.3m，L=2.0m，气体流量为0.075m^3/s。若集尘板附近的平均电场强度E=100kV/m，粒径为1.0μm的粉尘荷电量q=0.3×10^{-15}C，计算该粉尘的驱进速度ω和电除尘效率。

4-10 入口风速是影响旋风除尘器性能的最重要参数之一。试从压力损失和除尘效率两方面简要分析入口风速的影响。若操作条件和除尘器结构形式都相同，对d_p=10μm的粒子，是大旋风除尘器效率高还是小旋风除尘器效率高？

4-11 欲设计一个用于取样的旋风分离器，希望在入口气速为20m/s时，其空气动力学分割直径为1μm。

(1) 估算该旋风分离器的筒体外径。

(2) 估算通过该旋风分离器的气体流量。

4-12 某旋风除尘器处理含有4.58g/m^{3}灰尘的气流（μ=2.5×10^{-5}Pa·s），其除尘总效率为90%。粉尘分析实验得到下列结果。

粒径范围/μm	捕集粉尘的质量分数/%	逸出粉尘的质量分数/%
0～5	0.5	76.0
5～10	1.4	12.9

续表

粒径范围/μm	捕集粉尘的质量分数/%	逸出粉尘的质量分数/%
10～15	1.9	4.5
15～20	2.1	2.1
20～25	2.1	1.5
25～30	2.0	0.7
30～35	2.0	0.5
35～40	2.0	0.4
40～45	2.0	0.3
>45	84.0	1.1

(1) 作出分级效率曲线。

(2) 确定分割粒径。

4-13 某三通道电除尘器，气流均匀分布时总效率为99%，若其他条件不变，气流在三个通道中分配比例改变为1∶2∶3时，总效率变为多少？

4-14 粉尘由$d_p=5\mu m$和$d_p=10\mu m$的粒子等质量组成。除尘器A的处理气量为Q，对应的分级效率分别为70%和85%；除尘器B的处理气量为$2Q$，其分级效率分别为76%和88%。

试求：(1) 一台除尘器A和一台除尘器B并联处理总气量为$3Q$时的总除尘效率。

(2) 总处理气量为$2Q$，2台除尘器A并联再与除尘器B串联，要求除尘器B在前时系统的总效率。

4-15 烟气中含有三种粒径的粒子：10μm、7μm和3μm，每种粒径粒子的质量浓度均占总浓度的1/3。假定粒子在电除尘器内的驱进速度正比于粒径，电除尘器的总除尘效率为95%，试求这三种粒径粒子的分级除尘效率。

1-16 思考题：

(1) 与干式除尘装置相比，湿式除尘器的主要优缺点有哪些？

(2) 文丘里洗涤器由哪几部分组成？其除尘过程分为哪几个阶段？

(3) 提高重力沉降室捕集效率的主要措施有哪些？

4-17 某三通道电除尘器，气流均匀分布时总效率为99%，若其他条件不变，气流在三个通道中分配比例变为1∶2∶3时，总效率变为多少？

4-18 某电除尘器的除尘效率为90%，欲将其除尘效率提高至99%。有人建议使用一种添加剂可以改变滤饼的比电阻，从而使电除尘器的有效驱进速度提高一倍。若此建议可行，电除尘器的效率能满足要求吗？也有人建议，通过提高电除尘器的电压即可满足将除尘效率提高至99%的要求。若按此建议，电除尘器的电压应增加多少？集尘板面积应增加多少？

4-19 装机容量为750 MW的燃煤电站欲用袋式除尘器控制飞灰排放。根据经验选取气布比为1.5m/min，电站满功率运行时需要处理的烟气体积为42480m^3/min，试计算需要的过滤面积。若布袋长12m、直径30cm，试计算所需布袋的总数。

4-20 有一串联除尘系统，第一级采用重力沉降除尘器，第二级采用电除尘器。除尘系统设计风量为300000m^3/h，烟气温度为140℃（除尘系统设计中不考虑降温），当地大气压力为84.6kPa，重力除尘器入口含尘浓度为30g/m^3，电除尘粉尘排放浓度为50mg/m^3。

(1) 如果要求除尘系统总效率为99.92%，重力除尘器的除尘效率为80%，计算电除尘器的除尘效率。

(2) 如果粉尘有效驱进速度为0.12m/s，电场中气流速度为1.2m/s，计算该电除尘器的集尘面积；并计算该重力沉降室的总除尘效率。

4-21 某工厂用重力沉降室来净化含尘气流，经测定，气流中粉尘的粒径分布数据如下表所示：

粉尘粒径范围/μm	平均粒径 d_p/μm	入口粉尘频率分布 Δg_i/%
0～10	5	24
10～20	15	19
20～40	30	18
40～75	57.5	25
75～125	100	14

若粉尘密度 ρ_p=909kg/m^3，气体密度 ρ_g=1.2kg/m^3，气体黏度 $\mu=1.84\times10^{-5}$Pa·s，重力沉降室长度 L=2.4m，高度 H=0.4m，室内气流速度 v=0.2m/s，试求：

(1) 能被该沉降室全部捕集的最小尘粒粒径；

(2) 各组粉尘的分级除尘效率。

第5章

气态污染物控制技术基础

废气中的气态污染物与载气形成均相体系。与颗粒污染物不同的是，颗粒物可以用机械的或简单的物理方法，依靠作用在颗粒上的各种力使其与载气分离；而气态污染物要利用污染物与载气二者在物理、化学性质上的差异，经过物理、化学变化，使污染物的物相或物质结构发生改变，从而实现分离或转化。因此，气态污染物的净化技术比较复杂，所需成本较高。气态污染物种类繁多，物理、化学性质各不相同，因此其净化方法也是多种多样。按照净化原理，气态污染物的净化分为物理净化法和化学净化法，习惯上又将常用的净化方法分为：吸收、吸附、催化转化、冷凝、燃烧和生物法等。

本章仅对最常用的前三种净化方法的基本原理和工艺设备作简要介绍，为后面的有关气态污染物控制技术打下基础。

5.1 吸收法净化气态污染物

吸收法是根据气体混合物中各组分在液体溶剂中物理溶解度和化学反应活性不同而将混合物进行分离的一种方法。它是净化气体污染物的重要途径之一。参与吸收过程的吸收剂和被吸收的吸收质分别为液相和气相。伴随着吸收过程的进行，必然发生气相到液相、液相到气相的传质过程。如果吸收过程不发生明显的化学反应，单纯是被吸收的气体组分溶于液体的过程，称为物理吸收。物理吸收是利用气体混合物在所选择的溶剂中溶解度的差异而使其分离的过程，用 H_2O 吸收 HCl 气体是物理吸收实例之一。被吸收的气体组分（吸收质）与吸收剂或与已溶解于吸收剂中的其他组分发生明显的化学反应的吸收过程称为化学吸收，用 NaOH 吸收烟气中 SO_2 属于化学吸收。

5.1.1 吸收平衡

5.1.1.1 物理吸收平衡

(1) 气体组分在液体中的溶解度

当混合气体和液相吸收剂接触时，气相中的可吸收组分向液相进行质量传递过程（吸收过程），同时伴随吸收过程发生的液相中吸收组分反过来向气相逸出的质量传递过程（解吸过程）。在一定的温度和压力下，吸收过程的速率和解吸过程的速率相等时，气液两相就达到了动态平衡，简称相平衡或平衡。平衡时气体溶质在液相中的含量称为该气体的平衡溶解度，简称溶解度（气体溶解的过程也称为物理吸收过程）。气体的溶解度在同一系统中一般随温度的升高而减小，随压力的增大而增大。增大气相中该气体的浓度也能使其溶解度增大。图 5-1 示出了 SO_2、NH_3 和 HCl 在水中的溶解度曲线。物理吸收平衡时，在低压下，气、液相间的相平衡关系遵循亨利定律。

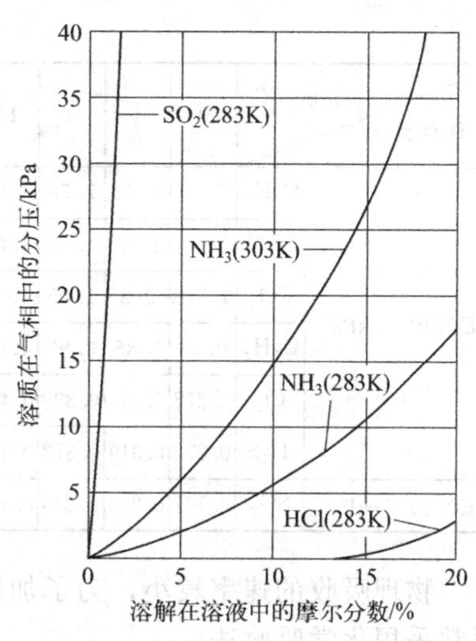

图 5-1 几种常见气体污染物在水中的溶解度曲线

(2) 亨利定律

亨利定律的含义：在一定温度下，微溶的气体或挥发性溶质（A）在溶液中的溶解度与该气体的分压成正比，即：

$$p_A^* = E_A \cdot x_A \tag{5-1}$$

$$c_A = H_A \cdot p_A^* \tag{5-2}$$

$$y^* = m_A \cdot x_A \tag{5-3}$$

式中，p_A^* 为平衡时，气相组分 A 的分压（平衡时液面上组分 A 的气体压力），Pa；c_A 为液相中组分 A 的浓度，mol/m^3；x_A 为组分 A 溶于溶剂中的浓度，用摩尔分数表示；H_A、E_A、m_A 均为亨利系数，H_A、E_A 单位分别为 $mol/(m^3 \cdot Pa)$、Pa，m_A 为无量纲，又称为相平衡常数。表 5-1 给出了部分气体水溶液的亨利系数。

表 5-1 部分气体水溶液的亨利系数

气体种类 \ 温度 /℃		0	5	10	15	20	25	30	35	40	45	50	60	70	80	90	100
$E \times 10^{-6}$/kPa	H_2	5.87	6.16	6.44	6.70	6.92	7.16	7.39	7.52	7.61	7.70	7.75	7.75	7.71	7.65	7.61	7.55
	N_2	5.35	6.05	6.77	7.48	8.15	8.76	9.36	9.98	10.5	11.0	11.4	12.2	12.7	12.8	12.8	12.8
	空气	4.38	4.94	5.56	6.15	6.73	7.30	7.81	8.34	8.82	9.23	9.59	10.2	10.6	10.8	10.9	10.8
	CO	3.57	4.01	4.48	4.95	5.43	5.88	6.28	6.68	7.05	7.39	7.71	8.32	8.57	8.57	8.57	8.57
	O_2	2.58	2.95	3.31	3.69	4.06	4.44	4.81	5.14	5.42	5.70	5.96	6.37	6.72	6.96	7.08	7.10
	CH_4	2.27	2.62	3.01	3.41	3.81	4.18	4.55	4.92	5.27	5.58	5.85	6.34	6.75	6.91	7.01	7.10
	NO	1.71	1.96	2.21	2.45	2.67	2.91	3.14	3.35	3.57	3.77	3.95	4.24	4.44	4.45	4.58	4.60
	C_2H_6	1.28	1.57	1.92	2.90	2.66	3.06	3.47	3.88	4.29	4.69	5.07	5.72	6.31	6.70	6.96	7.01

续表

气体种类 \ 温度/℃		0	5	10	15	20	25	30	35	40	45	50	60	70	80	90	100
$E\times10^{-5}$/kPa	C_2H_4	5.59	6.62	7.78	9.07	10.3	11.6	12.9	—	—	—	—	—	—	—	—	—
	N_2O	—	1.19	1.43	1.68	2.01	2.28	2.62	3.06	—	—	—	—	—	—	—	—
	CO_2	0.378	0.8	1.05	1.24	1.44	1.66	1.88	2.12	2.36	2.60	2.87	3.46	—	—	—	—
	C_2H_2	0.73	0.85	0.97	1.09	1.23	1.35	1.48	—	—	—	—	—	—	—	—	—
	Cl_2	0.272	0.334	0.399	0.461	0.537	0.604	0.669	0.74	0.80	0.86	0.90	0.97	0.99	0.97	0.96	—
	H_2S	0.272	0.319	0.372	0.418	0.489	0.552	0.617	0.686	0.755	0.825	0.689	1.04	1.21	1.37	1.46	1.50
$E\times10^{-4}$/kPa	SO_2	0.167	0.203	0.245	0.294	0.355	0.413	0.485	0.567	0.661	0.763	0.871	1.11	1.39	1.70	2.01	—

物理吸收的速率较小，为了加快净化速率、提高净化效率，实际气态污染物净化过程通常采用化学吸收法。

5.1.1.2 化学吸收平衡

发生化学吸收时，气体溶于液体中，并与液体中某组分发生化学反应，被吸收组分既遵从相平衡关系又遵从化学平衡的关系。此时，气态污染物A被吸收到溶剂中的总浓度：

$$C_A=[A]_{物理平衡}+[A]_{化学消耗}$$

其中，$[A]_{物理平衡}=H_A\cdot p_A^*$；在达到化学平衡时，根据化学平衡常数$K$和反应前后某种反应物浓度的变化可以求出生成物浓度，再由化学反应方程式求出$[A]_{化学消耗}$。下面讨论几种特殊情况：

(1) 被吸收组分A与溶剂相互作用（如水吸收氨气）

气体A溶解到溶剂中，最终达到溶解平衡：

$$A_气 \xrightleftharpoons{溶解} A_液 \tag{5-4}$$

溶剂中的A与B反应，最后达到平衡：

$$A_液+B_{溶剂} \xrightleftharpoons{K} M_液 \tag{5-5}$$

式(5-4)平衡时，由亨利定律得到：$[A]_{物理平衡}=H_A\cdot p_A^*$

式(5-5)平衡时，由化学平衡关系式得到：

$$[A]_{化学消耗}=[M]_液=K[B]\cdot[A]_{物理平衡}$$

故气态污染物A被吸收到溶剂中的总浓度：

$$c_A=[A]_{物理平衡}+K[B]\cdot[A]_{物理平衡}=(1+K[B])\cdot H_A\cdot p_A^* \tag{5-6}$$

比较式(5-2)和式(5-6)可以看出，化学吸收比物理吸收多吸收了$K[B]\cdot H_A\cdot p_A^*$的吸收质，说明化学吸收有利于气体组分A的吸收。如果是水吸收氨气的话，吸收剂的浓度$[B]\approx 1.0$，则化学吸收比单纯的物理吸收多吸收$KH_A\cdot p_A^*$的氨。

(2) 被吸收组分在溶液中解离（如CO_2、SO_2在水中的吸收）

气体A溶解到溶剂中，并与B发生反应生成M，M再解离为K^+和A^-，最终都达到平衡状态，反应方程式如下：

$$A_气 \xrightleftharpoons{溶解} A_液 \tag{5-7}$$

$$A_{液}+B_{溶剂} \overset{K}{\rightleftharpoons} M_{液} \tag{5-8}$$

$$M_{液} \overset{K_L}{\rightleftharpoons} K^+ + A^- \tag{5-9}$$

式(5-7) 平衡时，由亨利定律得到：$[A]_{物理平衡}=H_A \cdot p_A^*$

式(5-8) 平衡时，由化学平衡关系式得到：$[M]_{液}=K[B] \cdot [A]_{物理平衡}$

式(5-9) 平衡时，由化学平衡关系式得到：$K_L=\dfrac{[K^+] \cdot [A^-]}{[M]_{液}}$，当溶液中无相同离子存在时，$K_L=\dfrac{[A^-]^2}{[M]_{液}}$，所以：

$$[A^-]=\sqrt{K_L \cdot [M]_{液}}=\sqrt{K_L \cdot K[B] \cdot [A]_{物理平衡}}=\sqrt{K_L \cdot K[B] \cdot H_A \cdot p_A^*}$$

式(5-8) 和式(5-9) 平衡时，由化学平衡关系式得到：

$$\begin{aligned}[A]_{化学消耗}&=[M]_{液}+[A^-]\\&=K[B] \cdot [A]_{物理平衡}+\sqrt{K_L \cdot K[B] \cdot H_A \cdot p_A^*}\\&=K[B] \cdot H_A \cdot p_A^*+\sqrt{K_L \cdot K[B] \cdot H_A \cdot p_A^*}\end{aligned}$$

故气态污染物 A 被吸收到溶剂中的总浓度：

$$c_A=[A]_{物理平衡}+[A]_{化学消耗}=H_A \cdot p_A^*+K[B] \cdot H_A \cdot p_A^*+\sqrt{K_L \cdot K[B] \cdot H_A \cdot p_A^*} \tag{5-10}$$

比较式(5-2) 和式(5-10) 可以看出，该种情况下的化学吸收比物理吸收多吸收了 $K[B] \cdot H_A \cdot p_A^*+\sqrt{K_L \cdot K[B] \cdot H_A \cdot p_A^*}$ 的吸收质，说明化学吸收有利于气体组分 A 的吸收。

[例题 5-1] 在 20℃下，用水吸收空气中的 SO_2，达到平衡时，SO_2 的平衡分压为 5.05kPa，如果只考虑 SO_2 在水中的一级解离，求此时水中 SO_2 的溶解度。已知该条件下 SO_2 的溶解系数 $H_{SO_2}=1.56\times10^{-2}$kmol/(kPa·m³)，一级解离常数 $k_1=1.7\times10^{-2}$，SO_2 的水合常数 $K=1.50$。

解： 考虑解离情况下 SO_2 的吸收情况可以表示为以下三个过程：

(1) 从气相传质到液相的过程：$SO_2(g) \overset{H_{SO_2}}{\rightleftharpoons} SO_2(l)$

$$[SO_2(l)]=H_{SO_2} \cdot p_{SO_2}^*=1.56\times10^{-2}\times5.05=0.0788(\text{kmol/m}^3)$$

(2) SO_2 与水结合的过程：$SO_2+H_2O \overset{K}{\rightleftharpoons} SO_2 \cdot H_2O$

$$[SO_2 \cdot H_2O]=K \cdot [SO_2(l)]=1.5\times0.0788=0.118(\text{kmol/m}^3)$$

(3) $SO_2 \cdot H_2O$ 解离的过程：$SO_2 \cdot H_2O \overset{k_1}{\rightleftharpoons} H^+ + HSO_3^-$

$$[HSO_3^-]=\sqrt{k_1 \cdot [SO_2 \cdot H_2O]}=\sqrt{1.7\times10^{-2}\times0.118}=0.0448(\text{kmol/m}^3)$$

SO_2 被吸收到溶剂中的总浓度：$[SO_2(l)]+[SO_2 \cdot H_2O]+[HSO_3^-]=0.0788+0.118+0.0448=0.242(\text{kmol/m}^3)$

即此时水中 SO_2 的溶解度为 0.242kmol/m³。

(3) 被吸收组分与溶剂中活性组分作用（如氢氧化钙、碳酸钠和亚硫酸钠吸收 SO_2）

被吸收组分 A 溶解到溶剂中，并与 B 发生反应生成 M，也存在如下平衡：

$$A_{气} \xrightleftharpoons{溶解} A_{液} \quad 和 \quad A_{液} + B_{溶剂} \xrightleftharpoons{K} M_{液}$$

设溶剂中活性组分的初始浓度为 c_{B0}，若平衡转化率为 R，则溶液中组分 B 的平衡浓度为 $[B]=c_{B0}(1-R)$，而生成物 M 的平衡浓度为 $[M]_{液}=c_{B0} \cdot R$，

$$K=\frac{[M]_{液}}{[A][B]}=\frac{c_{B0} \cdot R}{[A]_{物理平衡} \cdot c_{B0}(1-R)}=\frac{c_{B0} \cdot R}{H_A \cdot p_A^* \cdot c_{B0}(1-R)} \tag{5-11}$$

所以，

$$R=\frac{H_A \cdot p_A^* \cdot K}{1+H_A \cdot p_A^* \cdot K} \tag{5-12}$$

被吸收到溶剂中 A 的总浓度：

$$c_A=H_A \cdot p_A^*+c_{B0} \cdot R=H_A \cdot p_A^*+c_{B0} \cdot \frac{H_A \cdot p_A^* \cdot K}{1+H_A \cdot p_A^* \cdot K}$$

如果物理溶解吸收的可忽略不计，则：

$$c_A \approx c_{B0} \cdot R=c_{B0} \cdot \frac{H_A \cdot p_A^* \cdot K}{1+H_A \cdot p_A^* \cdot K} \tag{5-13}$$

由式(5-13) 可知，溶液的吸收能力随平衡分压 p_A^* 和 K 的增大而增加。提高温度和增大压力可以促进化学吸收；而对物理吸收而言，降低温度和增大压力可以改善液体中污染物的溶解度。

5.1.2 吸收速率

5.1.2.1 物理吸收速率

对于吸收机制的解释以双膜理论（two-film theory）模型应用较为普遍。双膜理论是气液界面传质过程的经典理论。由惠特曼（W. G. Whitman）和路易斯（L. K. Lewis）于 20 世纪 20 年代提出，模型经多次改进，已成功用于环境中化合物在大气-水界面间的传质过程，较好地解释了液体吸收剂对气体吸收质的吸收过程。

（1）双膜理论

双膜理论模型如图 5-2 所示，其基本要点如下：①气、液两相接触时，两相之间存在着稳定的相界面，界面两侧附近各有一层很薄的稳定的气膜或液膜，溶质以分子扩散方式通过这两膜层。②界面上的气、液两相的浓度总是呈平衡，相界面上没有传质阻力。③在膜层以外的气、液两相主体区无传质阻力，即浓度梯度（或分压梯度）为零。即气、液两相主体区内浓度是均匀的，浓度梯度全部集中在两层膜内。

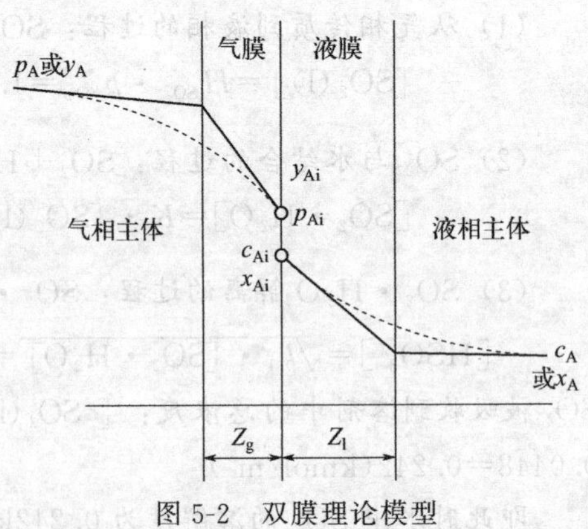

图 5-2 双膜理论模型

双膜理论把整个相际传质过程简化为溶质通过两层有效膜的分子扩散过程，通过这两层膜的分子扩散阻力就是吸收过程的总阻力。气体被吸收的传质过程可以简单概述为：被吸收组分 A 从气相主体（分压 p_A 或摩尔分数 y_A）通过气膜边界向气膜移动（无扩散阻力）；被吸收组分 A 从气膜向相界面（A 的界面分压 p_{Ai} 或摩尔分数 y_{Ai}）移动（气膜阻力）；被吸收组分 A 在相界面处溶入液相（无传质阻力）；溶

入液相的被吸收组分 A 从气液相界面向液膜（A 的界面物质的量浓度 c_{Ai} 或摩尔分数 x_{Ai}）移动（液膜阻力）；溶入液相的被吸收组分 A 从液膜向液相主体（A 的物质的量浓度 c_A 或摩尔分数 x_A）移动（无扩散阻力）。

（2）吸收速率方程

吸收速率（N_A）是吸收质在单位时间内通过单位面积界面被吸收剂吸收的量［常用单位 kmol/(m^2·s)，也可以用 g/(m^2·s)、mol/(m^2·s)等］。它反映的是吸收的快慢程度。根据双膜理论，在界面上吸收质无积累和亏损，因此，在稳态吸收操作中，吸收质从气相主体被传递到界面的通量等于从界面传递到液相主体的通量，也等于吸收质从气相主体被传递到液相主体的通量。

吸收速率方程是表述吸收速率及其影响因素的数学表达式。从物理化学中可知，吸收速率一般的表达式为：吸收速率＝吸收推动力×吸收系数；或者，吸收速率＝$\dfrac{\text{吸收推动力}}{\text{吸收阻力}}$。吸收系数和吸收阻力互为倒数。

吸收推动力的表示方法有多种，如压力差、浓度差等，不同的吸收推动力对应不同的吸收系数，因此，吸收速率方程有多种表达形式。

① 气相分传质速率方程

根据双膜理论，吸收质 A 在气膜内传质推动力为 $p_A - p_{Ai}$ 或 $y_A - y_{Ai}$。对应的气相分传质速率方程为：

$$N_A = \beta_g \cdot (p_A - p_{Ai}) \tag{5-14}$$

$$N_A = \beta_y \cdot (y_A - y_{Ai}) \tag{5-15}$$

式中，N_A 为吸收速率，kmol/(m^2·s)；β_g 为以（$p_A - p_{Ai}$）为气相传质推动力的气相分吸收系数，kmol/(m^2·s·Pa)；β_y 为以（$y_A - y_{Ai}$）为气相传质推动力的气相分吸收系数，kmol/(m^2·s)。

② 液相分传质速率方程

根据双膜理论，吸收质 A 在液膜内的传质推动力为 $c_{Ai} - c_A$ 或 $x_{Ai} - x_A$。对应的液相分传质速率方程为：

$$N_A = \beta_l \cdot (c_{Ai} - c_A) \tag{5-16}$$

$$N_A = \beta_x \cdot (x_{Ai} - x_A) \tag{5-17}$$

式中，β_l 为以（$c_{Ai} - c_A$）为液相传质推动力的液相分吸收系数，m/s；β_x 为以（$x_{Ai} - x_A$）为液相传质推动力的液相分吸收系数，kmol/(m^2·s)。

如果知道气液两相界面的浓度和传质分吸收系数，就很容易通过式(5-14)～式(5-17)计算吸收速率，但是气液界面上浓度测定是比较困难的。

根据双膜理论要点，界面上的气、液两相的浓度总是呈平衡，即：$c_{Ai} = H_A \cdot p_{Ai}$，且 $c_A = H_A \cdot p_A^*$ 代入式(5-16) 得到：

$$N_A = \beta_l (H_A \cdot p_{Ai} - H_A \cdot p_A^*) \tag{5-18}$$

两边除以 $\beta_l H_A$ 得：

$$\frac{N_A}{\beta_l H_A} = p_{Ai} - p_A^* \tag{5-19}$$

再将式(5-14) 除以 β_g 得：

$$\frac{N_A}{\beta_g}=p_A-p_{Ai} \tag{5-20}$$

将式(5-19) 和式(5-20) 相加得：

$$\frac{N_A}{\beta_l H_A}+\frac{N_A}{\beta_g}=p_A-p_A^* \tag{5-21}$$

由式(5-21) 得：

$$N_A=\left(\frac{1}{\frac{1}{\beta_l H_A}+\frac{1}{\beta_g}}\right)\cdot(p_A-p_A^*) \tag{5-22}$$

令：$k_g=\left(\frac{1}{\frac{1}{\beta_l H_A}+\frac{1}{\beta_g}}\right)$，则式(5-22) 变成：

$$N_A=k_g(p_A-p_A^*) \tag{5-23}$$

同理可得：

$$N_A=k_y(y_A-y_A^*) \tag{5-24}$$

$$N_A=k_x(x_A^*-x_A) \tag{5-25}$$

$$N_A=k_l(c_A^*-c_A) \tag{5-26}$$

式(5-23) 和式(5-24) 是气相总传质速率方程；式(5-25) 和式(5-26) 是液相总传质速率方程。

式中，k_g、k_y 为以（$p_A-p_A^*$）、（$y_A-y_A^*$）为气相传质推动力的气相总传质吸收系数；p_A^* 为与液相主体中组分 A 的浓度（c_A）达平衡的平衡分压，Pa；y_A^* 为与液相主体中组分 A 的摩尔分数（x_A）达平衡的气相平衡浓度；k_x、k_l 为以（$x_A^*-x_A$）、（$c_A{}^*-c_A$）为液相传质推动力的液相总传质吸收系数；x_A^* 为与气相主体中组分 A 的摩尔分数（y_A）达平衡的液相平衡浓度；c_A^* 为与气相主体中组分 A 的分压（p_A）达平衡的液相平衡浓度，$kmol/m^3$。

总传质速率方程中的浓度都比较容易求得，如果再求出总传质吸收系数，就比较容易计算被吸收质 A 的吸收速率。

(3) 吸收系数

① 吸收系数之间的关系。从吸收质 A 的分吸收速率方程推导总传质吸收速率方程的过程，可以得到：

$$\frac{1}{k_g}=\frac{1}{\beta_g}+\frac{1}{H_A\beta_l} \tag{5-27}$$

$$\frac{1}{k_x}=\frac{1}{m_A\beta_y}+\frac{1}{\beta_x} \tag{5-28}$$

$$\frac{1}{k_y}=\frac{1}{\beta_y}+\frac{m_A}{\beta_x} \tag{5-29}$$

$$\frac{1}{k_l}=\frac{H_A}{\beta_g}+\frac{1}{\beta_l} \tag{5-30}$$

$$k_x=m_A k_y;k_l=\frac{k_g}{H_A} \tag{5-31}$$

因为吸收系数和吸收阻力互为倒数，从式(5-27)～式(5-30) 可以看出：被吸收质 A 的总传质阻力＝气膜阻力＋液膜阻力。

对易溶气体 A，H_A 很大，m_A 很小，$\frac{1}{k_g} \approx \frac{1}{\beta_g}$，总传质阻力近似等于气膜阻力，该过程为气膜控制。如碱和氨溶液吸收 SO_2 的过程。

对难溶气体组分 A，H_A 很小，m_A 很大，$\frac{1}{k_l} \approx \frac{1}{\beta_l}$，总传质阻力近似等于液膜阻力，该过程为液膜控制。如碱和氨溶液吸收 CO_2 的过程。

对中等溶解度的气体组分 A，m_A 适中，组分在气、液两相中所表现出的传质阻力都不可忽略，如水吸收 SO_2、丙酮等过程。

在实际的吸收设备中，气相和液相中的组分浓度是沿接触面的高度方向而变化的。因此，吸收设备中推进动力也是变化的。在计算这种吸收设备传质速率时应取平均推进动力。

② 吸收系数的确定。传质过程的影响因素十分复杂，对于不同物质，不同设备、填料类型和尺寸，以及流动状况、操作条件，吸收系数各不相同。获取吸收系数的途径有：实验测定、选择适当的经验公式计算、选用适当的准数关联公式进行计算。其中，实验测定是根本途径。但限于种种原因，实际上不可能都一一测定，有典型意义的特定物系在特定条件下的吸收系数经验公式。这种经验公式只在规定条件范围之内才能得到可靠的计算结果。在此就不再赘述，读者如有需要可参考其他教程。

提高物理吸收速率可采取以下措施：①提高气液相对运动速率，以减小气膜和液膜的厚度；②增大供液量，降低液相吸收浓度，以增大吸收推动力；③增加气液接触面积；④选用对吸收质溶解度大的吸收剂。

5.1.2.2 化学吸收速率

双膜理论模型不仅可用于阐述物理吸收过程的机制，而且可以说明化学吸收过程中各相浓度变化及化学反应对吸收速率的影响。

对化学吸收而言，气膜的传质速率仍可按与物理吸收相同的公式表示。在气液界面处，组分 A 仍处于平衡状态，可用亨利定律描述。而在液膜或液相主体中的情况，化学吸收和物理吸收却不相同，扩散和反应交织在一起，液膜传质分系数除了受扩散影响外，还受到化学反应的影响。

化学吸收比物理吸收具有更快的吸收速率，这是因为被吸收气体组分与吸收剂或吸收剂中的活性组分发生化学反应。化学反应降低了被吸收气体组分在液相中的游离浓度，相应地增大了传质推动力或传质系数，从而加快了吸收过程的速率。化学吸收既然增加了吸收过程的速率，那么就有必要讨论化学反应对吸收速率增强的程度。

（1）增强系数

为了表示化学吸收速率比物理吸收速率增强的程度，引入增强系数的概念。增强系数就是与物理吸收比较，由于化学反应而使传质推动力或传质系数增加的倍数。

在用吸收传质方程计算吸收速率时，有两种考虑方法。一种认为，化学吸收的推动力与物理吸收相同，只是液相传质分系数比物理吸收时增大；另一种认为，化学吸收的传质分系数与物理吸收相同，只是化学吸收的推动力大于物理吸收。

两种考虑方法之间有如下关系：

$$N_A = \beta_l'(c_{Ai} - c_A) = \beta_l[(c_{Ai} - c_A) + \delta] \tag{5-32}$$

由式(5-32) 得出如下关系式：

$$\chi=\frac{\beta_l'}{\beta_l}=1+\frac{\delta}{c_{Ai}-c_A} \tag{5-33}$$

式中，β_l'为在液相中具有化学反应，而用物理吸收推动力（$c_{Ai}-c_A$）表示的液相传质分系数，m/s；β_l 为物理吸收时的液相传质分系数，m/s；δ 为在液相中进行化学反应所增加的推动力（传质分系数用物理吸收时的传质分系数），$kmol/m^3$；χ 为液相中有化学反应时，吸收速率的增强系数，量纲为1。即化学吸收传质速率比相同条件下纯物理吸收的速率大 χ 倍。

式(5-32) 和式(5-33) 是按液相分系数与液相推动力所建立的传质速率和增强系数的计算式。若按化学吸收总传质系数及物理吸收推动力，或按物理吸收的气相总传质系数和化学吸收的气相推动力来表示，也可建立类似式(5-32) 和式(5-33) 的关系式，在此就不再赘述。

(2) 增强系数及化学吸收速率的计算

现以 $m+n$ 级不可逆反应为例，$A+qB \longrightarrow R$ 不可逆反应动力学方程可写成：

$$W=\gamma_{mn}c_A^m c_B^n \tag{5-34}$$

式中，c_A、c_B 分别为没有反应的组分 A 与吸收剂活性组分 B 的浓度，$kmol/m^3$；W 为单位体积内组分 A 消耗于化学反应的速率，$kmol/(m^3 \cdot s)$。

如果忽略在液相主体中组分 A 的浓度，即 $c_A=0$，按双模型理论分析得到的增强系数为：

$$\chi=\frac{a}{\mathrm{th}a} \tag{5-35}$$

th$a$ 为双曲正切函数：

$$\mathrm{th}a=\frac{e^a-e^{(-a)}}{e^a+e^{(-a)}} \tag{5-36}$$

参数 a 由下式计算：

$$a=R\sqrt{\left(1-\frac{\chi-1}{M}\right)^n} \tag{5-37}$$

式中，R 为双膜模型中组分 A 在膜上的反应速率与经过膜的扩散速率之比；M 为组分 B 与组分 A 透过膜的扩散速率的比值。

式(5-37) 中的 R 和 M 可用下式计算：

$$R=\frac{1}{\beta_l}\sqrt{\frac{2}{m+1}D_A\gamma_{mn}c_{Ai}^{m-1}c_B^n} \tag{5-38}$$

$$M=\frac{c_B}{qc_{Ai}}\cdot\frac{D_B}{D_A} \tag{5-39}$$

式中，D_A、D_B 分别为组分 A 和活性组分 B 在液相中的扩散系数，m^2/s。

若活性组分 B 的浓度比组分 A 的界面浓度高很多，这种情况下，参数 M 趋于无穷大，参数 R 等于 a，可以虚拟为一级反应（反应速率常数 γ_1），就有：

$$a=R=\frac{1}{\beta_l}\sqrt{D_A\gamma_1} \tag{5-40}$$

根据式(5-36)～式(5-39) 直接求解增强系数 χ 是比较困难的，获得 χ 值可以用图解法，如图 5-3 所示。

根据 R 和 M 值的相对大小，图 5-3 可分为如下三个区域。

① $R \ll 1$ 的区域（$R<0.5$ 的区域）：在此区域内，与扩散速率相比，反应速率较小，

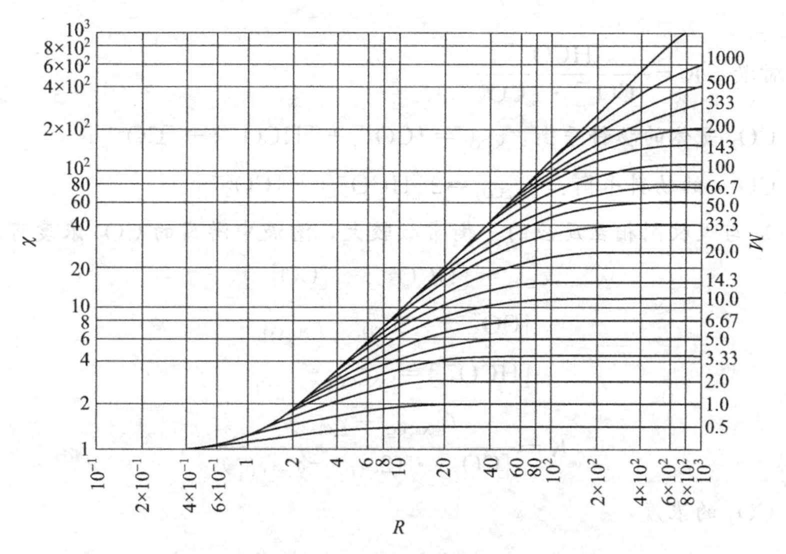

图 5-3 增强系数（χ）与参数 R、M 的关系

属于慢速（缓慢）化学反应区。吸收过程的化学反应是在液相主体中进行的。化学反应对吸收速率影响不大，增强系数 $\chi\approx1.0$，可视为物理吸收过程，如图 5-4(a) 和（b）所示的情况，液膜内 A、B 的浓度因反应稍微降低一些，几乎看不出明显变化，反应主要在液相主体中。用水吸收 SO_2、CO_2 属于图 5-4(a) 的情况，是物理吸收过程；用 Na_2CO_3 溶液吸收 CO_2 就属于图 5-4(b) 这种情况。

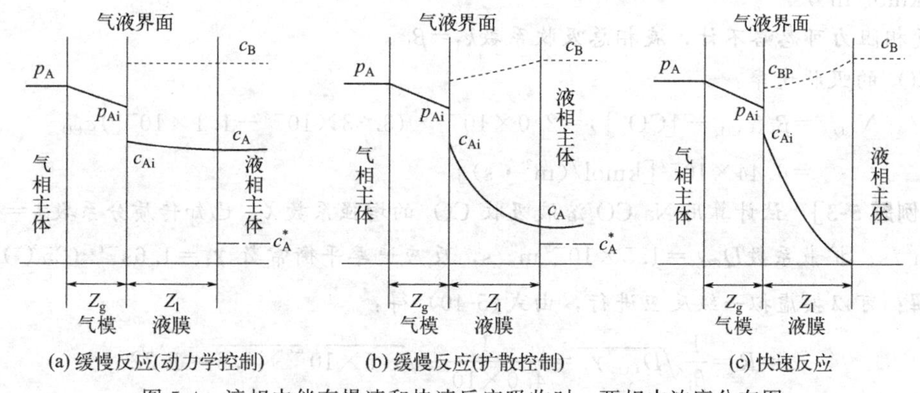

图 5-4 液相中伴有慢速和快速反应吸收时，两相中浓度分布图

［例题 5-2］ 试计算下列条件下，用 Na_2CO_3 溶液吸收 CO_2 的吸收速率。阳离子（Na^+）的浓度为 1.5kmol/m³；碳化率 $CO_2 : Na^+ = 0.6$；CO_2 与吸收剂相互反应的平衡常数 $K=10000$；在气相中 CO_2 的分压 $p=0.1\times10^5$ Pa，相平衡常数 $H=3.33\times10^{-7}$ kmol/(m³·Pa)；温度为 25℃；在设备中单位接触有效面积的液体体积为 $\varphi=0.002$ m³/m²；传质分系数 $\beta_l=2.0\times10^{-4}$ m/s。气相阻力可忽略不计。

解： 该吸收过程总反应如下：

$$CO_2+CO_3^{2-}+H_2O \rightleftharpoons 2HCO_3^-$$

其平衡常数：$K=\dfrac{[HCO_3^-]^2}{[CO_2]\cdot[CO_3^{2-}]}$

溶液中 CO_2 气体的物料平衡：$c_{CO_2}=[CO_2]+[HCO_3^-]+[CO_3^{2-}]$

溶液中 CO_3^{2-} 的物料平衡：$c_{Na_2CO_3}=2[HCO_3^-]+[CO_3^{2-}]$

由于 CO_2 与吸收剂相互反应的平衡常数较大，溶液中游离的 CO_2 浓度可忽略，

$$c_{CO_2}=[HCO_3^-]+[CO_3^{2-}]$$

$$[CO_3^{2-}]=2c_{CO_2}-c_{Na_2CO_3}$$

$$[HCO_3^-]=c_{Na_2CO_3}-c_{CO_2}$$

$$K=\frac{(c_{Na_2CO_3}-c_{CO_2})^2}{[CO_2]\cdot(2c_{CO_2}-c_{Na_2CO_3})}$$

游离的 CO_2 的浓度：

$$[CO_2]=\frac{(c_{Na_2CO_3}-c_{CO_2})^2}{K\cdot(2c_{CO_2}-c_{Na_2CO_3})}=\frac{\left(1-\dfrac{c_{CO_2}}{c_{Na_2CO_3}}\right)^2}{K\cdot\left(2\dfrac{c_{CO_2}}{c_{Na_2CO_3}}-1\right)\cdot c_{Na_2CO_3}}=\frac{(1-0.6)^2}{10000\times(2\times0.6-1)\times\dfrac{1.5}{2}}$$

$$=1.1\times10^{-4}\,(\text{kmol/m}^3)$$

只考虑物理吸收时，CO_2 的浓度：$c^*_{CO_2}=H\times p=3.33\times10^{-7}\times0.1\times10^5=3.33\times10^{-3}\,(\text{kmol/m}^3)$

气相阻力可忽略不计，液相总吸收系数 $k_1=\beta_1$

CO_2 的吸收速率：

$$N_{CO_2}=\beta_1(c^*_{CO_2}-[CO_2])=2.0\times10^{-4}\times(3.33\times10^{-3}-1.1\times10^{-4})c^*_{CO_2}$$

$$=6.44\times10^{-7}[\text{kmol/(m}^2\cdot\text{s)}]$$

[例题 5-3] 试计算用 Na_2CO_3 溶液吸收 CO_2 的增强系数 χ。已知传质分系数 $\beta_1=4.0\times10^{-5}\,\text{m}^2/\text{s}$；扩散系数 $D_{CO_2}=1.5\times10^{-9}\,\text{m}^2/\text{s}$，反应速率平衡常数 $\gamma_1=1.6\text{s}^{-1}$ (25℃)。

解： 可以按虚拟一级反应进行，由式(5-40) 得：

$$a=R=\frac{1}{\beta_1}\sqrt{D_{CO_2}\gamma_1}=\frac{1}{4.0\times10^{-5}}\sqrt{1.5\times10^{-9}\times1.6}=1.22$$

$$\chi=\frac{a}{\text{th}a}=\frac{1.22}{\text{th}1.22}=1.45$$

② $M\gg R\gg1$ 的区域（$M>5$、$R>2$ 的区域）：在此区域内为快速化学反应吸收，吸收过程的化学反应主要是在液膜内进行，如图 5-4(c) 所示。A 的浓度在没扩散到液相主体之前就消耗殆尽；B 的浓度变化与 A 相对应。扩散速率和化学反应速率同时控制吸收速率。如用 NaOH 吸收 CO_2、用发烟硫酸吸收 SO_3 都属于快速反应。在实践中很重要的二级反应，上述讨论的一般方法可简化为（$m=1$，$n=1$）的二级反应。因此，式(5-37) 和式(5-38) 可简化为如下形式：

$$a=R\sqrt{1-\frac{\chi-1}{M}} \tag{5-41}$$

$$R=\frac{1}{\beta_1}\sqrt{D_A\gamma_{11}c_B} \tag{5-42}$$

式中，γ_{11} 为二级反应速率平衡常数，$m^3/(kmol \cdot s)$。

这种情况下，χ 既可由图 5-3 确定，也可用下式近似计算，即：

$$\chi=\frac{2M+1}{1+\sqrt{1+4\left(\frac{M}{R}\right)^2}} \tag{5-43}$$

这种情况下，活性组分 B 的浓度比组分 A 的界面浓度高很多，所以 $a\approx R$。

[例题 5-4] 试计算以用浓度为 0.8kmol/m^3 的 NaOH 溶液吸收的 CO_2 的增强系数 χ。已知：传质分系数$\beta_1=2.0\times10^{-4}m^2/s$；气相中 CO_2 的分压 $p=10^5Pa$，相平衡常数 $H=3.33\times10^{-7}kmol/(m^3 \cdot Pa)$；扩散系数$D_A=D_B=1.5\times10^{-9}m^2/s$；反应速率平衡常数 $\gamma_{11}=8800m^3/(kmol \cdot s)$（25℃）。

解：只考虑物理吸收时，

CO_2 的浓度$c_{CO_2}^*=H\times p=3.33\times10^{-7}\times10^5=3.33\times10^{-2}(kmol/m^3)$，可以近似看成 CO_2 在界面处的浓度。

用式(5-39) 和式(5-42) 计算当 $q=2$ 时，参数 M 和 R 值：

$$M=\frac{c_B}{qc_{Ai}}\cdot\frac{D_B}{D_A}=\frac{0.8\times1.5\times10^{-9}}{2\times3.33\times10^{-2}\times1.5\times10^{-9}}=12$$

$$R=\frac{1}{\beta_1}\sqrt{D_A\gamma_{11}c_B}=\frac{1}{2.0\times10^{-4}}\sqrt{1.5\times10^{-9}\times8800\times0.8}=16.3$$

按式(5-43) 计算 χ 值：$\chi=\frac{2M+1}{1+\sqrt{1+4\left(\frac{M}{R}\right)^2}}=\frac{2\times12+1}{1+\sqrt{1+4\left(\frac{12}{16.3}\right)^2}}\approx9.0$

计算值和图 5-3 中查出的结果很接近。

③ $R\gg M$ 的区域（$R>5M$ 区域）：在此区域内为瞬时不可逆反应的化学吸收，吸收过程的化学反应主要是在液膜中进行。而且在相界面上气体组分 A 和活性组分 B 的浓度均为零。此时，增强系数 χ 与参数 R 无关。而当 $R\to\infty$时，χ 接近最大值，

$$\chi=M+1 \tag{5-44}$$

如图 5-5 所示，A、B 的浓度在液膜内瞬间变为零，反应速率越大，或 c_B 越大，则反应面越靠近气液界面，极端情况是与气液界面重合，液膜阻力为零；吸收速率由 A 的扩散速率控制。如用稀酸吸收 NH_3、用 NaOH 吸收 SO_2、用 NaOH 吸收 HCl 等都属于瞬时反应的化学吸收。

对于瞬时不可逆反应（$A+qB\longrightarrow R$），可认为是在相界面和化学反应界面间形成了含有化学反应产物 R 的层，该层阻断了气相中的反应组分通过相界面与活性组分接触，并且通过该层的组分 A 是以扩散方式进行的。吸收剂的活性组分 B 从液相主体到化学反应界面

也是通过扩散方式进行的（扩散方向朝向气液交界面），同时反应产物 R（浓度为 c_R）也向液相主体扩散，图 5-5 示出瞬时一级不可逆反应（$A+qB \longrightarrow R$）各组分的浓度分布图。

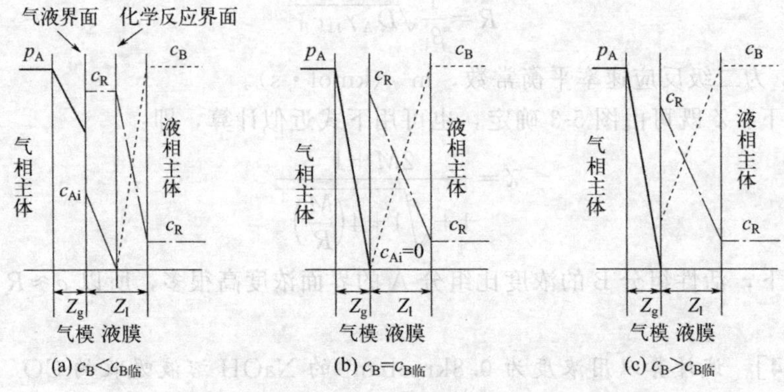

图 5-5　液相中伴有瞬时反应吸收时，两相中浓度分布图

如图 5-5(a) 所示，在化学反应界面上的气相组分 A 和活性组分 B 的浓度均为零（因快速反应而消耗掉）。瞬时反应的增强系数可用式(5-33) 计算。

当液相中 A 的浓度 $c_A=0$ 时，此时增加的推动力为：

$$\delta=(\chi-1)c_{Ai} \tag{5-45}$$

又根据式(5-44) 和式(5-39) 得：

$$\delta=(\chi-1)c_{Ai}=Mc_{Ai}=\frac{c_B}{q}\cdot\frac{D_B}{D_A} \tag{5-46}$$

又考虑到：

$$N_A=\beta_g\cdot(p_A-p_{Ai})=\beta_l[(c_{Ai}-c_A)+\delta] \tag{5-47}$$

$$N_A=\beta_g\cdot\left(p_A-\frac{c_{Ai}}{H_A}\right)=\beta_l\left[(c_{Ai}-c_A)+\frac{c_B}{q}\cdot\frac{D_B}{D_A}\right] \tag{5-48}$$

$$N_A=\beta_g\cdot\left(p_A-\frac{c_{Ai}}{H_A}\right)=\beta_l\left(c_{Ai}+\frac{c_B}{q}\cdot\frac{D_B}{D_A}\right) \tag{5-49}$$

由式(5-49) 解得：

$$c_{Ai}=\frac{\beta_g p_A-\beta_l\frac{c_B}{q}\cdot\frac{D_B}{D_A}}{\frac{\beta_g}{H_A}+\beta_l} \tag{5-50}$$

由式(5-46) 可知，随着 c_B 增大，推动力 δ 也增大，因此，N_A 也增大；由式(5-50) 可知，c_B 增加使 c_{Ai} 减小，反应面逐渐靠近气液界面。当 c_B 增加到一定值时，$c_{Ai}=0$，反应面与气液界面重合。此时的 c_B 称为临近浓度 $c_{B临}$，如图 5-5(b) 所示：

$$c_{B临}=\frac{qp_A\beta_g}{\beta_l}\cdot\frac{D_A}{D_B} \tag{5-51}$$

此时 M、χ 无穷大，相当于液相阻力为零；且 $p_{Ai}=0$、$c_{Ai}=0$、$c_{Bi}=0$，整个吸收过程转化为气膜控制，吸收速率方程表达式为：

$$N_A=\beta_g\cdot p_A \tag{5-52}$$

要进一步提高吸收速率，需要增加 A 的气相分压，而不是增加 c_B。当 $c_B>c_{B临}$ 时，上述结论仍然是正确的，但在界面处活性组分的浓度不等于零，如图 5-5(c) 所示。

当活性组分浓度 $c_B < c_{B临}$ 时，吸收速率随 c_B 增大而增大，反应面位于液膜内，在反应面处 $c_{AR}=0$、$c_{BR}=0$，瞬时反应的传质速率可根据下式计算：

$$N_A=\beta_l(c_{Ai}+\delta) \tag{5-53}$$

[例题 5-5] 用乙醇胺（MEA）溶液作吸收剂处理含 0.1% H_2S 的废气，废气压力为 2MPa，吸收剂中含 250mol/m³ 的游离 MEA。吸收在 20℃下进行，反应可视为瞬间不可逆反应。已知：液膜体积吸收系数 $\beta_l a=108h^{-1}$，其中 a(m²/m³) 为吸收设备内单位体积的有效吸收面积，气膜体积吸收系数 $\beta_g a=2.13\times10^3 mol/(m^3\cdot h\cdot kPa)$，$D_A=5.4\times10^{-6}m^2/h$，$D_B=3.6\times10^{-6}m^2/h$，求吸收速率 N_A。

解： $H_2S+CH_2OHCH_2NH_2 \longrightarrow HS^-+CH_2OHCH_2NH_3^+$

先求出 $c_{B临}$：$c_{B临}=\dfrac{qp_A\beta_g}{\beta_l}\cdot\dfrac{D_A}{D_B}=\dfrac{qp_A\beta_g a}{\beta_l a}\cdot\dfrac{D_A}{D_B}=\dfrac{1\times2000\times2.13\times10^3}{108}\times\dfrac{5.4\times10^{-6}}{3.6\times10^{-6}}=$ 59mol/m³；$c_B=250mol/m^3$，

所以，$c_B > c_{B临}$

吸收过程为气膜控制，吸收速率方程表达式为：

$N_A=\beta_g a\cdot p_A=2.13\times10^3\times2000=4.26\times10^3 kmol/(m^3\cdot h)$

5.1.3 气体吸收传质过程的物料衡算

5.1.3.1 物理吸收传质过程的物料衡算

（1）吸收操作方程

在吸收操作中，一般多采用逆流连续操作。图 5-6 是逆流吸收塔操作示意图，自塔底引入混合气体，气体的总量沿塔高不断变化，液体由塔顶淋洒，液体也因不断溶入可溶组分而发生总量变化。

对于非挥发性的吸收剂，整个吸收过程中，吸收剂和混合气体中惰性成分的总量不变，在吸收塔任意横断面上，气相中污染物减少的量等于液相中增加的量。

假设吸收速率恒定，从塔顶至任一截面作物料衡算得：

$$N_A=G_B(Y-Y_2)=L_s(X-X_2)$$

$$即：Y=\frac{L_s}{G_B}(X-X_2)+Y_2 \tag{5-54}$$

从塔底至任一截面作物料衡算得：

$$N_A=G_B(Y_1-Y)=L_s(X_1-X)$$

$$即：Y=\frac{L_s}{G_B}(X-X_1)+Y_1 \tag{5-55}$$

式(5-54) 和式(5-55) 称为气体吸收操作线方程。

在稳定吸收过程中，对全塔进行物料衡算得：

$$N_A=G_B(Y_1-Y_2)=L_s(X_1-X_2) \tag{5-56}$$

由式(5-56) 可求得吸收速率 N_A。式(5-56) 可以看成是通过点（X_1，Y_1）和（X_2，Y_2），

斜率是$\frac{L_s}{G_B}$的一条线段（如图 5-7 中所示的线段 AB），这就是逆气流吸收的操作线，斜率$\frac{L_s}{G_B}$通常称为液气比。

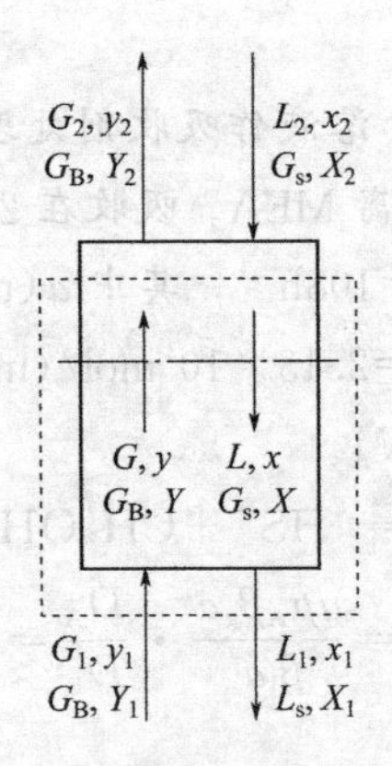

图 5-6 逆流吸收塔操作示意图

G 为单位时间通过吸收塔任意横断面上单位面积的混合气体流量，kmol/(m^2·s)；L 为单位时间通过吸收塔任意横断面上单位面积的吸收液的流量，kmol/(m^2·s)；y 为吸收塔任意横断面上混合气体中吸收质的摩尔分数；x 为吸收塔任意横断面上吸收液中吸收质的摩尔分数；G_B 为单位时间通过吸收塔任意横断面上单位面积的惰性气体流量，kmol/(m^2·s)；L_s 为单位时间通过吸收塔任意横断面上单位面积的吸收剂的流量，kmol/(m^2·s)；Y 为混合气体中吸收质与惰性气体的摩尔比；X 为吸收液中吸收质与吸收剂的摩尔比。各符号加下标 1 代表塔底端，加下标 2 代表塔顶端。

根据吸收剂与被吸收气体的相平衡数据，相应算出对应的 Y^* 和 X^*，并绘于图 5-7 中，即得到平衡线 OE。操作线上任意一点代表吸收塔某一横断面上液、气组成（X，Y），该点水平方向对应到平衡线上的点的横坐标是 X^*，该点垂直方向对应到平衡线上的点的纵坐标是 Y^*，（$Y-Y^*$）和（X^*-X）就是该横断面上的吸收推动力。

由 $Y=\frac{y}{1-y}$、$X=\frac{x}{1-x}$可知，若被净化的气体浓度较低（摩尔分数小于 10%），所形成的溶液浓度也较低时，则 $Y\approx y$，$X\approx x$；则气体吸收操作线方程可写成：

$$y=\frac{L_s}{G_B}(x-x_1)+y_1 \quad 或 \quad y=\frac{L_s}{G_B}(x-x_2)+y_2 \tag{5-57}$$

式(5-57) 称为低浓度气体吸收操作线方程。

（2）最小液气比的确定

在吸收塔设计中，所处理的气体流量、进出塔气体溶质浓度（Y_2、Y_1）均由设计任务而定，吸收剂的种类和初始浓度组成（摩尔比）X_2 是设计者选定的，而吸收剂的用量 L_s 和出塔溶液中吸收质浓度 X_1 需通过计算确定。图 5-8 是计算吸收塔最小液气比的示意图，由图可见，若 A 的坐标（X_2，Y_2）确定，从 A 点按斜率$\frac{L_s}{G_B}$引直线终止于纵坐标 Y_1 的某点，该线即为吸收操作线。当减小 L_s 时，斜率$\frac{L_s}{G_B}$减小，即操作线斜率减小，出塔吸收液中吸收质浓度 X_1 增大，如 AC、AB 及 AD 线所示，当塔底操作点 D 与平衡线相交时，出塔吸收液中吸收质浓度 X_1 和进塔气相中吸收质浓度 Y_1 达平衡，这是理论上吸收液所能达到的最高浓度，以 X_1^* 表示，此操作线对应的液气比称为最小液气比，以 $\left(\frac{L_s}{G_B}\right)_{\min}$ 表示，可由全塔的物料衡算计算求得：

$$\frac{L_s}{G_B}=\frac{Y_1-Y_2}{X_1^*-X_2} \tag{5-58}$$

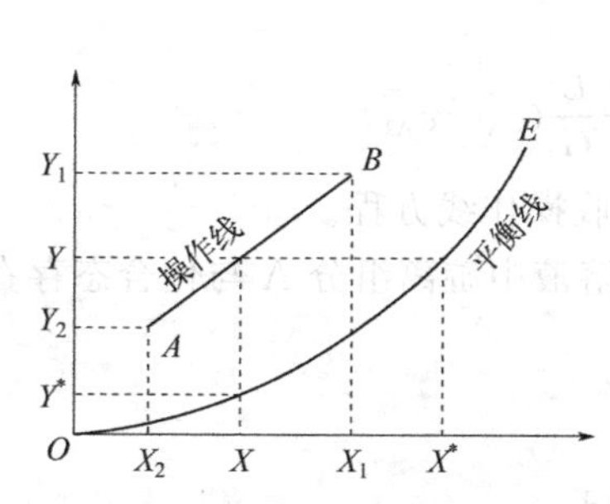

图 5-7　逆流吸收操作线和吸收推动力

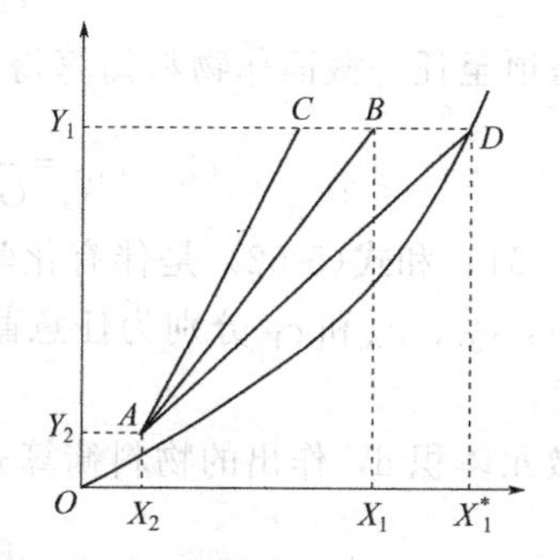

图 5-8　吸收操作线和最小液气比

5.1.3.2　伴有化学吸收的传质过程的物料衡算

伴有化学吸收的吸收计算方法，原则上与物理吸收计算方法是相同的，只是由于有化学反应的发生，必须考虑由此引起的增强系数。下面重点讨论在液相中进行不可逆化学反应的逆气流吸收计算（吸收塔如图 5-6）。

化学吸收所用的吸收剂主要是由溶剂和参与化学反应的活性组分 B 所组成，活性组分在吸收剂中有一定的浓度。

设吸收时进行的化学反应为：

$$A+qB \longrightarrow R$$

对整个吸收塔作 A 组分的物料衡算：

$$N_A \cdot a=W_A=G(c_{G1}-c_{G2})=\frac{L}{q}(c_{B2}-c_{B1})+L(c_{A1}-c_{A2}) \tag{5-59}$$

式中，W_A 为吸收速率，kmol/s；a 为吸收设备内单位体积的有效吸收面积，m^2/m^3；G、L 分别为进入吸收塔的气体和吸收剂的流量，m^3/s；c_{G1}、c_{G2} 分别为 A 组分气体在入口与出口处的气体浓度，$kmol/m^3$；c_{B1}、c_{B2} 分别为在气体入口与出口处，溶液中组分 B 的浓度，$kmol/m^3$；c_{A1}、c_{A2} 分别为在气体入口与出口处，溶液中游离组分 A 的浓度，$kmol/m^3$。

式(5-59) 中 $\frac{L}{q}(c_{B2}-c_{B1})$ 项表示溶液中组分 A 化合态的存在量，而 $L(c_{A1}-c_{A2})$ 是溶液中组分 A 以游离态存在的量。

对于快速反应，溶液中游离组分 A 的浓度很小，式(5-59) 中的 $L(c_{A1}-c_{A2})$ 可忽略，则：

$$G(c_{G1}-c_{G2})\approx\frac{L}{q}(c_{B2}-c_{B1}) \tag{5-60}$$

由式(5-60) 可以计算吸收剂的最小用量，吸收剂的最小用量相当于 $c_{B1}=0$，即液体出口端组分 B 完全是化合态。因此吸收剂的最小用量与组分 A 化合所需组分 B 的最小量，即此时的液气比：

$$\frac{L}{G}=\frac{(c_{G1}-c_{G2})q}{c_{B2}} \tag{5-61}$$

从塔底至任一截面作物料衡算得：

$$c_{G1}-c_{G}=\frac{L}{G\cdot q}(c_{B}-c_{B1})+\frac{L}{G}(c_{A1}-c_{A}) \tag{5-62}$$

从塔顶至任一截面作物料衡算得：

$$c_{G}-c_{G2}=\frac{L}{G\cdot q}(c_{B2}-c_{B})+\frac{L}{G}(c_{A}-c_{A2}) \tag{5-63}$$

式(5-61) 和式(5-62) 是伴有化学反应的气体吸收操作线方程。

式中，c_G、c_A和c_B 分别为任意截面上气体中、溶液中游离组分 A 与化合态存在的组分 B 的浓度。

以微元体积 dV 作出的物料衡算式为：

$$\mathrm{d}c_{G}=-\frac{1}{q}\mathrm{d}c_{B}+l\,\mathrm{d}c_{A} \tag{5-64}$$

对微元体积 dV 的传质方程为：

$$-V\mathrm{d}c_{G}=\beta_{g,v}\cdot(c_{g}-c_{gi})\mathrm{d}V=\beta_{l,v}\cdot\chi(c_{Ai}-c_{A})\mathrm{d}V \tag{5-65}$$

式中，$\beta_{g,v}$、$\beta_{l,v}$ 分别为气相与液相的体积传质分系数，s^{-1}。

化学反应的动力学方程：

$$\frac{L\mathrm{d}c_{B}}{q}=N\delta_{L}\mathrm{d}V \tag{5-66}$$

式中，N 为反应速率；δ_L 为单位设备体积中的液体量。

将式(5-64)、式(5-65) 和式(5-66) 联立可解得吸收器体积，但十分复杂，通常进行简化处理（本部分内容参见 9.4.2）。

5.1.4 吸收设备

用于气体净化的吸收设备多数是气液接触吸收器。一个好的吸收设备应具备以下优点：①气液有效接触面积大；②气液湍流程度高；③设备的压力损失小；④结构简单，易于操作和维修；⑤ 投资及操作费用低等。吸收设备的种类很多，每一种都有各自的长处和不足之处。

目前，工业上常用的吸收设备有填料吸收塔（填料塔）、板式吸收塔、各种喷雾（淋）塔、喷射吸收塔和文丘里反应器（主要用于含尘气流的除尘，但在某些特定场合也可用于处理气态污染物）等。下面简单介绍较常用的填料吸收塔、板式吸收塔、鼓泡塔和喷淋塔(喷雾塔)。

5.1.4.1 填料吸收塔

填料吸收塔是以塔内的填料作为气液两相接触构件的传质设备。普通填料塔的塔身一般是一直立式圆筒，其结构如图 5-9 所示。在填料塔中，常采用气、液逆流操作，混合气体由塔底进入，自下而上穿过填料层，从塔顶排出；吸收剂由塔顶通过液体分布器均匀喷淋到填料层中，沿填料表面向下流动，直至从塔底排出塔外。填料吸收塔内气、液两相的浓度呈连续变化，为提高吸收效果，应使两相流体间有良好的、尽可能大的接触面积，因此高性能的填料和液体均匀分布是填料塔高效率的两个关键。填料塔具有操作适应性好、结构简单、能耐腐蚀等优点，广泛用于带有化学反应的气体净化过程。

湍球塔是一种特殊的填料吸收塔（见图 5-10），塔内分层装有若干很轻的湍球，气体以很高的速度通过液层，使湍球处于流化状态，湍球表面的液膜是气液传质的主要场合，且处于不断更新的状态，因而塔内传质、传热效率高。它的优点是气、液分布均匀，不易堵塞，适用于快速反应化学吸收过程（如用水吸收氨、碱液吸收 HCl 废气、NaOH 溶液吸收 SO_2 废气等）以及除尘过程。与普通填料塔相比，湍流塔塔径可缩小。其缺点是塔内有一定程度的返混，传质效果受到一定影响。此外，湍球材料的选择及防球的老化、破损等是长期操作要考虑的问题。

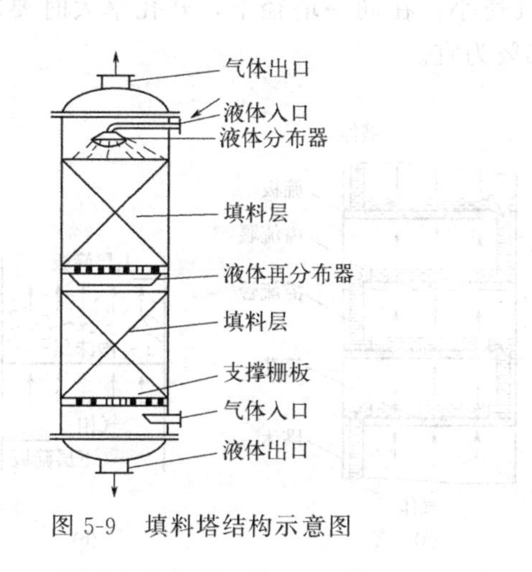

图 5-9　填料塔结构示意图

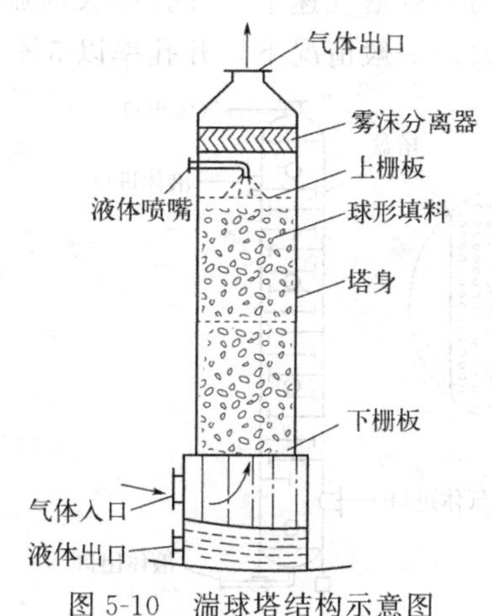

图 5-10　湍球塔结构示意图

5.1.4.2　板式吸收塔

板式吸收塔也是广泛应用于气体吸收、除尘、降温干燥等操作的装置。塔内有若干层塔板（塔盘），液体借助重力自塔顶流向塔底，如图 5-11 所示。每块塔板上保持一定的液层，气体以鼓泡或喷射形式穿过板上的液层，在塔板上气液相互接触进行传质、传热。根据板式吸收塔的结构特点，可将其分为有溢流装置（有降液管）和无溢流装置（无降液管）两类。有溢流装置的板式吸收塔包括鼓泡型塔和喷射型塔两种。无溢流装置的板式吸收塔在塔板上开有栅缝或筛孔，气液两相同时逆流通过，形成了气液的上下穿流，因此这种塔板又称穿流塔板。开栅缝的称为栅板塔，开筛孔的称为淋降筛板塔。由于在气体净化中筛板塔应用较多，故本书主要介绍筛板塔。

筛板塔的塔板上开有大量均匀分布的小孔。孔径 3～8mm，常用 4～6mm。近年来也有采用大孔径（10～25mm）筛板，该板加工简单、不易堵塞，只要设计合理，同样可以稳定操作。筛板塔分为溢流式筛板塔和淋降式筛板塔两类（如图 5-12）。

（1）溢流式筛板塔

溢流式筛板塔（亦称泡沫塔）设有降液管（溢流装置），操作时液体越过溢流堰经过降液管流至下层筛板，气体则经过筛孔分散鼓泡通过板上的液层，造成气体与液体错流接触。由于通过筛孔的气速较高（10～20m/s），板上的液体不会通过筛孔泄漏，并使板上液体产生大量扰动的泡沫而形成泡沫层。此泡沫层依次有三个区域：①鼓泡区，是紧靠塔板的一层清液层，液层内存在少量的单个气泡，大部分是液体，因而扰动性很小。②泡沫区，位于清液层之上，液层内气流和气泡激烈地搅动液体，形成大量的由液膜相连的气泡。由于气泡不断破裂和更新，所以扰动性很大，是传质的主要区域。③雾沫区，在泡沫层之上，是因气流冲出液膜时带出大量液沫构成的。随筛孔气速的提高，鼓泡区变薄并趋于消失，泡沫区和雾沫区则变厚，雾沫夹带增多。当气速进一步提高时，泡沫区消失，雾沫区夹带十分严重而发生液泛（淹塔），使塔无法操作。可见，筛孔气速的大小对泡沫塔的操作影响很大，气速过小时，筛孔漏液量增大，影响泡沫层的形成，不利于传质；反之，气速过高时会造成淹塔。筛孔气速一般为：吸收过程大于11m/s，传热过程为10～15m/s；除尘过程为6～13m/s，视含尘量和耗水量而定，有时取20m/s。筛孔气速的大小与筛板的开孔率有关。在同一空塔气速下，开孔率大时筛孔气速小；在同一塔径下，开孔率大时要求空塔气速也要大。一般情况下，开孔率以5%～15%为宜。

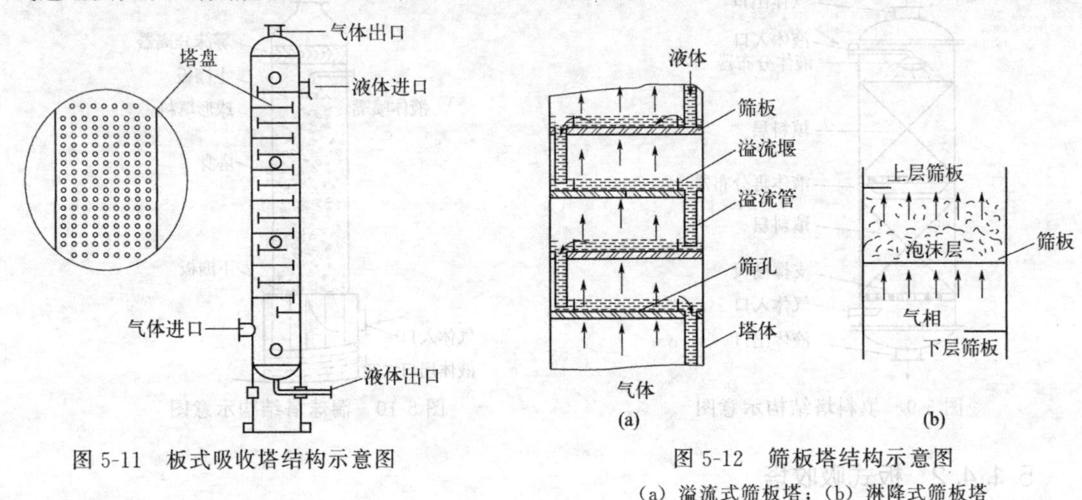

图 5-11　板式吸收塔结构示意图

图 5-12　筛板塔结构示意图

(a) 溢流式筛板塔；(b) 淋降式筛板塔

(2) 淋降式筛板塔

淋降式筛板塔（亦称淋降板塔或穿流板塔）没有降液管（溢流装置），液体直接从筛孔淋下；气体通过筛孔与板上的液体接触时形成溅液状的液层，通过筛孔的液体淋到下一块板上时也会溅起一些液滴，这就增加了气液两相的接触。气体通过筛孔的速度要适当，速度过小不能形成溅液状液层，甚至使液体大量泄漏，造成干板；过大则易产生液泛，使塔无法操作。淋降式筛板塔的操作弹性小，但塔板结构简单，塔板利用率高。这种塔只要参数选择得当，操作也是稳定的。

5.1.4.3　鼓泡塔

鼓泡塔又称鼓泡式反应器，是指气体在液相中以鼓泡方式造成混合并促进化学反应的反应器，如图 5-13 所示。气体从下部进入，经气体分布器时被分散成很细的气泡，在分布板上形成一层鼓泡层，使得气液间有很大的接触面积。由于该塔可以保证足够的液相体积和足够的气相停留时间，故它适用于进行中速或慢速反应的

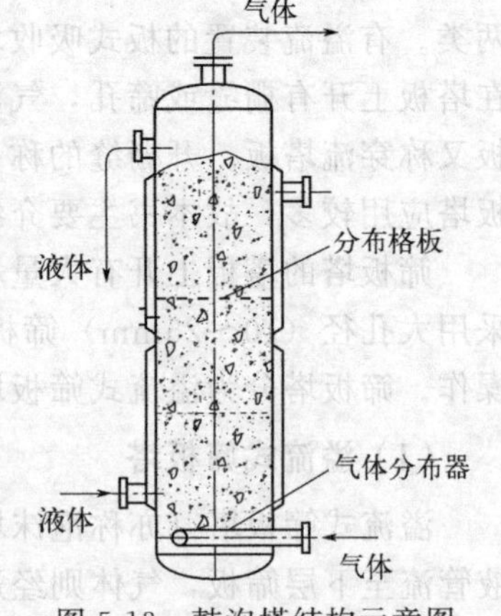

图 5-13　鼓泡塔结构示意图

化学吸收。其缺点是易产生纵向环流，导致液体在塔内上下翻滚搅动、纵向返混、效率降低。可采用塔内分段或设置内部构件、加入填料等措施减少返混的影响。

鼓泡塔中液体可以流动也可以不流动，液流与气流可以逆流也可并流。鼓泡塔的空塔气速通常较小（一般 30～1000m/h），不适宜处理大流量气体；压力损失较大，主要取决于液层高度。国内有用鼓泡塔作气、液、固三相的反应场所，进行废气治理（如用软锰矿浆处理含 SO_2 烟气，效果较好）的报道。

5.1.4.4 喷淋塔（喷雾塔）

喷淋塔（喷雾塔）是气体吸收最简单的设备，在喷淋塔内，液体呈分散相，气体为连续相，一般液气比较小，适用于极快或快速化学反应的吸收过程。一个喷雾塔包括一个空塔和一套喷淋液体的喷嘴。其结构如图 5-14 所示。一般情况下，气体由塔底进入，经气体分布系统均匀分布后向上穿过整个设备。而同时由一级或多级喷嘴喷淋液体，气体与液滴逆流接触，净化后气体除雾后从塔顶排出。

喷雾塔的优点是结构简单、处理气体量大、造价低廉、气体压降小，且不会堵塞。目前其广泛应用于湿法脱硫系统中。其缺点是效率低、占地面积大，气速大时雾沫夹带比板式吸收塔严重。目前国内外大型电厂锅炉烟气脱硫大部分采用直径很大（>10m）的喷淋塔。由于通道很大的大型喷头的使用，尽管钙法脱硫中悬浮物的体积分数高达 50%，也不会堵塞。一般采用很大的液气比以弥补喷淋塔传质效果差的不足。

也有用于除尘过程的喷淋塔，如图 5-15 所示的逆流喷淋除尘器，含尘气流向上运动，液滴由喷嘴喷出向下运动，粉尘颗粒与液滴之间通过惯性碰撞、接触阻留、粉尘因加湿而凝聚等作用机制，使较大的尘粒被液滴捕集。当气体流速较小时，夹带了颗粒的液滴因重力作用而沉于塔底。净化后的气体通过净水器去除夹带的细小液滴从顶部排出。

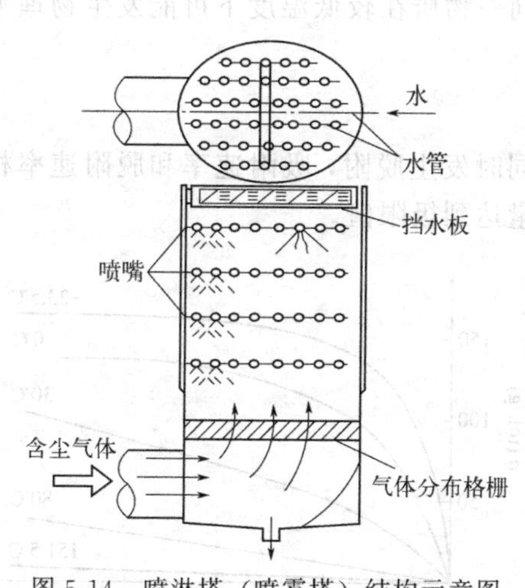

图 5-14 喷淋塔（喷雾塔）结构示意图

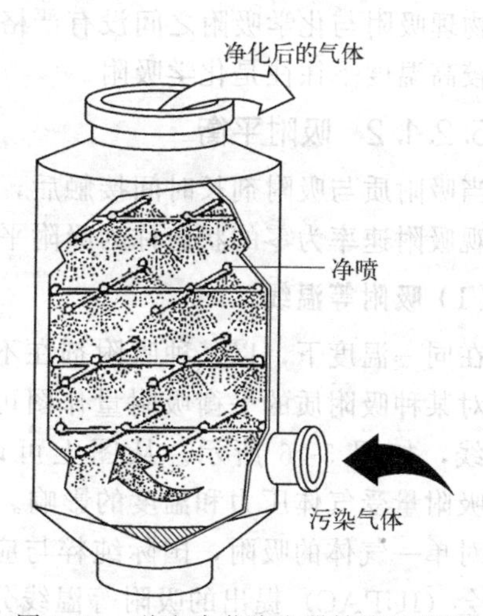

图 5-15 逆流喷淋除尘器结构示意图

5.2 吸附法净化气态污染物

吸附是指用多孔固体处理气体混合物，使其中所含的一种或几种组分浓集在固体表面，而与其他组分分开的过程。具有吸附作用的固体称为吸附剂，被吸附到固体表面的物质称为吸附质。吸附法在净化有毒、有害气体的环保领域已得到广泛应用，但吸附主要用于低浓度气态污染物的脱除或回收，这是因为吸附剂的吸附容量较小。

本章将主要介绍有关吸附的基本理论、吸附剂、常用的典型吸附设备及工艺。

5.2.1 吸附的基本理论

5.2.1.1 物理吸附与化学吸附

根据吸附剂和吸附质之间发生的作用力的性质，通常将吸附分为物理吸附和化学吸附。

（1）物理吸附

物理吸附是由吸附剂与吸附质之间的静电力或范德华力引起的气体分子在固体表面及孔隙中的吸附过程。物理吸附是一种放热过程，其放热量相当于被吸附气体的升华热，一般为20kJ/mol左右。物理吸附过程是可逆的，当系统的温度升高或被吸附气体压力降低时，被吸附的气体将从固体表面逸出。在低压下，物理吸附一般为单分子层吸附，当吸附质的气压增大时，也会变成多分子层吸附。

（2）化学吸附

化学吸附是由吸附剂表面与吸附质分子间的化学反应导致的吸附。化学吸附是选择性吸附，吸附牢固，解吸困难。化学吸附亦为放热过程，但较物理吸附放热量大，其数量相当于化学反应热，一般为84～417kJ/mol。化学吸附的速率随温度升高而显著增加，宜在较高温度下进行。化学吸附有很强的选择性，仅能吸附参与化学反应的某些气体，吸附是不可逆过程，且总是单分子层或单原子层吸附。

物理吸附与化学吸附之间没有严格的界限，同一物质在较低温度下可能发生物理吸附，而在较高温度下往往是化学吸附。

5.2.1.2 吸附平衡

当吸附质与吸附剂长时间接触后，在吸附的同时发生脱附，吸附速率和脱附速率相等，即表观吸附速率为零的状态称为吸附平衡，吸附量达到极限值。

（1）吸附等温线

在同一温度下，以某种吸附剂在不同的压力下对某种吸附质的平衡吸附量作图可得吸附等温线，如图5-16所示。从图上可以看出，极限吸附量受气体压力和温度的影响。

对单一气体的吸附，国际纯粹与应用化学联合会（IUPAC）提出的吸附等温线分为6种（见图5-17）。

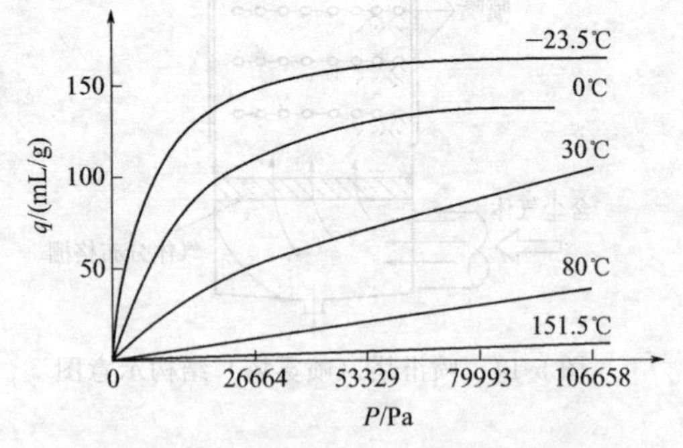

图5-16 NH_3在活性炭上的吸附等温线

Ⅰ型等温线的特点，在低相对压力（$\frac{p}{p_0}$）区域，气体吸附量有一个快速增长，这归因于微孔（孔径小于2nm）填充。随后的水平或近水平平台表明，微孔已经充满，没有或几乎没有进一步的吸附发生。达到饱和压力时，可能出现吸附质凝聚。外表面相对较小的微孔

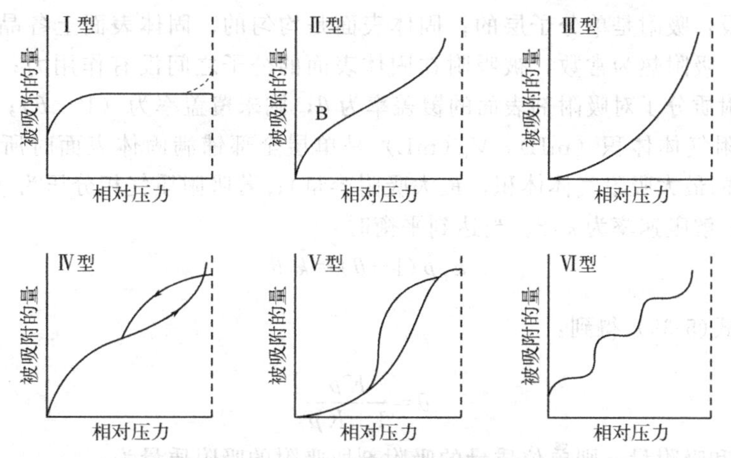

图 5-17 6 种类型的吸附等温线

Ⅰ型—80K 下 N_2 在活性炭上的吸附；Ⅱ型—78K 下 N_2 在硅胶上的吸附；Ⅲ型—351K 下溴在硅胶上的吸附；Ⅳ型—323K 下苯在 FeO 上的吸附；Ⅴ型—373K 下水蒸气在活性炭上的吸附；Ⅵ型—惰性气体分子分阶段多层吸附

固体，如活性炭、分子筛沸石和某些多孔氧化物，表现出这种等温线。

Ⅱ型和Ⅲ型吸附等温线的特点：Ⅱ型吸附等温线一般由非孔或大孔（孔径大于 50nm）固体吸附产生，B 点通常被作为单层吸附容量结束的标志；Ⅲ型吸附等温线以向相对压力轴凸出为特征，这种等温线在非孔或大孔固体上发生弱的气-固相互作用时出现，而且不常见。

Ⅳ型吸附等温线的特点：Ⅳ型吸附等温线由介孔（孔径在 2～50nm）固体吸附产生，典型特征是等温线的吸附曲线与脱附曲线不一致，可以观察到迟滞回线。

Ⅴ型和Ⅵ型吸附等温线的特点：Ⅴ型吸附等温线的特征是向相对压力轴凸起，Ⅴ型吸附等温线来源于微孔和介孔固体上的弱气-固相互作用，而且相对不常见；Ⅵ型吸附等温线以其吸附过程的台阶状特性而著称，这些台阶来源于均匀非孔表面的依次多层吸附。

（2）吸附等温式（吸附等温方程）

用公式来表示吸附等温线时，即得到吸附等温式（吸附等温方程）。吸附等温式有以下几种：弗罗因德利希（Freundlich）方程、朗缪尔（Langmuir）等温方程、BET 方程等。其中最常用的是朗缪尔（Langmuir）等温方程。

① 弗罗因德利希（Freundlich）方程（Ⅰ型等温线中压部分）

$$X_T = kp^{\frac{1}{n}} \tag{5-67}$$

式中，X_T 为吸附质的质量与吸附剂质量之比；p 为吸附质在气相中的分压，Pa；k、n 为经验常数，与吸附剂、吸附质种类及吸附温度有关，通常 $n>1.0$。

对式(5-67) 取对数：

$$\lg X_T = \lg k + \frac{1}{n}\lg p \tag{5-68}$$

以 $\lg X_T$ 对 $\lg p$ 作图为直线，由斜率$\frac{1}{n}$和截距 $\lg k$ 可求出 n、k 值。如果斜率在 0.1～0.5 之间，表示吸附容易进行；若大于 2.0，则吸附难以进行。

② 朗缪尔（Langmuir）等温方程（Ⅰ型等温线）

朗缪尔导出了较适用于Ⅰ型吸附等温线的理论公式。下面推导一下朗缪尔（Langmuir）

等温方程。假设：吸附是单分子层的；固体表面是均匀的，固体表面上各晶格位置的吸附能力是相同的，吸附热为常数；被吸附在固体表面的分子之间没有作用力；吸附平衡是动态平衡。设吸附质分子对吸附剂表面的覆盖率为 θ，则未覆盖率为（$1-\theta$）；V 是吸收质分压为 p 时的吸附气体体积（mL），V_m（mL）是单层全部铺满固体表面时所需的气体体积（即 $\theta=1.0$ 时的最大吸附气体体积，最大吸附容量）；若吸附质气相分压为 p，则吸附速率为 $k_1p(1-\theta)$，解吸速率为 $k_2\theta$。当达到平衡时：

$$k_1p(1-\theta)=k_2\theta \tag{5-69}$$

令 $K=\frac{k_1}{k_2}$，由式(5-69) 得到：

$$\theta=\frac{Kp}{1+Kp} \tag{5-70}$$

若用 A 代表饱和吸附量，则单位质量的吸附剂所吸附的吸附质量为：

$$X_T=A\cdot\theta=A\cdot\frac{Kp}{1+Kp}=\frac{AKp}{1+Kp} \tag{5-71}$$

式(5-71) 称为朗缪尔方程，式中 A、K 为常数。

$$\theta=\frac{V}{V_m} \tag{5-72}$$

由式(5-70) 和式(5-72) 可以得到：

$$\frac{V}{V_m}=\frac{Kp}{1+Kp} \tag{5-73}$$

将式(5-73) 变形得：

$$\frac{p}{V}=\frac{1}{KV_m}+\frac{p}{V_m} \tag{5-74}$$

式(5-74) 是朗缪尔关系式的线性形式。

以 $\frac{p}{V}$ 对 p 作图，得到一条斜率为 $\frac{1}{V_m}$ 和截距为 $\frac{1}{KV_m}$ 的直线，就可以计算出 K（吸附系数，代表了固体表面吸附气体能力的强弱）和 V_m 的值。朗缪尔方程能解释很多实验结果，是目前常用的吸附等温方程。但 θ 较大时，吻合性较差。

③ BET 方程

朗缪尔的单层分子吸附理论及其等温方程不能很好地解释中压和高压物理吸附现象，1938 年由布鲁诺尔、埃梅特、泰勒（Brunauer-Emmett-Teller，BET）三人提出了多层分子吸附理论。BET 理论认为，吸附过程决定于范德华力，这种力的作用可使吸附质在吸附剂的表面吸附一层之后，还可继续吸附，只是逐渐减弱而已。该理论适合于Ⅰ型、Ⅱ型和Ⅲ型吸附等温线的多层分子吸附。在此理论基础上建立的 BET 多层分子吸附等温方程，如下：

$$\frac{V}{V_m}=\frac{Cp}{(p_0-p)\left[1+(C-1)\frac{p}{p_0}\right]} \tag{5-75}$$

或

$$\frac{p}{V(p_0-p)}=\frac{1}{CV_m}+\frac{C-1}{V_mC}\cdot\frac{p}{p_0} \tag{5-76}$$

式中，p、V 和 V_m 含义同前；p_0 为在相同温度下该气体的液相饱和蒸气压，Pa；C 为与吸附后汽化热有关的常数。

以$\frac{p}{V(p_0-p)}$对$\frac{p}{p_0}$作图，得到一条斜率为$\frac{C-1}{V_mC}$和截距为$\frac{1}{CV_m}$的直线，就可以计算出C和V_m（单层饱和吸附量）的值。BET公式在$\frac{p}{p_0}=0.05\sim0.35$的范围内是比较准确的，在此范围内，可以求得吸附剂的比表面积：

$$\delta=\frac{1}{22400}\cdot\frac{V_mN_AS}{m} \tag{5-77}$$

式中，δ为吸附剂的比表面积，m^2/g；m为吸附剂的质量，g；N_A为阿伏伽德罗常数，6.022×10^{23}；S为单个吸附质分子的截面积，m^2。

当气体的分压很小（$p\ll p_0$），而且除了考虑第一层外，其他各层可忽略不计时，$C\gg1$，则式(5-75)将变为：

$$\frac{V}{V_m}=\frac{Cp}{p_0\left(1+C\frac{p}{p_0}\right)}=\frac{\frac{C}{p_0}p}{1+\frac{C}{p_0}p} \tag{5-78}$$

对于单分子吸附来说，式(5-78)实际上就是朗缪尔方程中的θ，而$\frac{C}{p_0}$可以看成式(5-73)中的K。因此，式(5-75)就是朗缪尔等温方程，即：

$$\frac{V}{V_m}=\frac{Kp}{1+Kp}$$

这说明BET方程在特殊情况下与朗缪尔等温方程是一致的。

5.2.1.3 吸附速率

吸附速率系指在单位时间内吸附剂所能吸附的吸附质的量（kg/s），或吸附质在吸附剂上的量随时间的变化率，它有助于理解吸附过程的机制和影响因素，同时，它也是吸附器设计与操作的重要参数。含有吸附质的气体与吸附剂相接触时，气体中吸附质的浓度逐渐减小，吸附剂上所吸附的吸附质渐渐增多。在吸附过程初始时，吸附剂的吸附速率最大；随着吸附过程的不断进行，吸附速率减慢，脱附速率逐渐增大，当气相吸附质与吸附剂两相接触时间足够长时，吸附速率等于脱附速率，此时，吸附过程处于吸附平衡状态，吸附速率最小，吸附剂的吸附量也达到饱和。

在实际生产过程中，吸附质和吸附剂的接触时间不可能是足够长的，一般是在非平衡状态下进行吸附操作的。否则不仅会使得生产设备庞大，而且设备的生产能力也会降低。因此，吸附操作的吸附量取决于吸附过程的吸附速率。

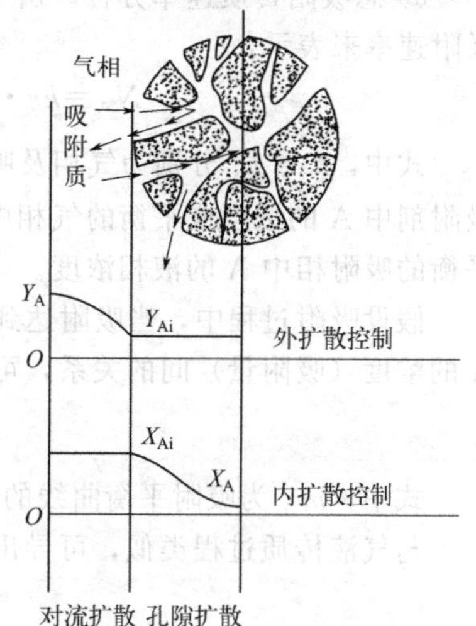

图 5-18　吸附过程与浓度分布曲线

（1）吸附过程

吸附过程的物质传递可分为以下几个步骤（如图5-18）：

① 外扩散：吸附质分子从气流主体穿过气膜扩散至吸附剂外表面。

② 内扩散：吸附质由外表面经微孔扩散至吸附剂微

孔表面。

③ 吸附：到达吸附剂微孔表面的吸附质被吸附。对于化学吸附，吸附后还有化学反应的发生。

在吸附质被吸附的同时，由于分子不断运动，吸附质分子还可能从吸附剂中脱附出来，经历的过程与上述过程相反。由此可见，吸附过程的阻力主要来自外扩散、内扩散以及吸附本身的阻力三个方面。因此，吸附速率的大小将取决于外扩散速率、内扩散速率以及吸附本身的速率。可以把外扩散和内扩散过程称为物理过程，而把吸附过程称为动力学过程。

一般的物理吸附过程中，吸附剂内表面上进行的吸附与脱附一般较快，而内扩散与外扩散过程则慢得多。因此，物理吸附速率的控制步骤多为外扩散或内扩散过程。对于化学吸附过程来说，其吸附速率的控制步骤可能是化学动力学控制，也可能是外扩散控制或内扩散控制。通常，较常见的情况是内扩散控制，而外扩散控制的情况则较少见。

（2）吸附速率方程

吸附速率的大小随吸附过程的变化而变化。根据上述机制，对于某一瞬间，按拟稳态处理，吸附速率可分别用外扩散、内扩散或总吸附传质速率方程表示。

① 外扩散速率方程。吸附质从流体主体扩散到固体吸附剂外表面的传质速率方程为：

$$N_A=\beta_y \cdot s_p(Y_A-Y_{Ai}) \tag{5-79}$$

式中，N_A 为吸附速率，$kmol/(m^3 \cdot s)$；β_y 为外扩散吸附分系数，$kmol/(m^2 \cdot s)$；s_p 为单位体积吸附剂的吸附表面积，m^2/m^3；Y_A、Y_{Ai} 分别为气体 A 在气相中及吸附剂外表面的浓度。

② 内扩散速率方程。吸附质内扩散速率方程为：

$$N_A=\beta_x \cdot s_p(X_A-X_{Ai}) \tag{5-80}$$

式中，N_A 为吸附速率，$kmol/(m^3 \cdot s)$；β_x 为内扩散吸附分系数，$kmol/(m^2 \cdot s)$；s_p 为单位体积吸附剂的吸附表面积，m^2/m^3；X_A、X_{Ai} 分别为气体 A 在吸附剂外表面及内表面的浓度。

吸附稳定态时，外扩散与内扩散传质速率相等。

③ 总吸附传质速率方程。由于气体 A 在吸附剂表面的浓度不易测定，吸附速率常用总吸附速率来表示：

$$N_A=k_y \cdot s_p(Y_A-Y_A^*)=k_x \cdot s_p(X_A^*-X_A) \tag{5-81}$$

式中，k_y、k_x 分别为气相及吸附相吸附总系数，$kmol/(m^2 \cdot s)$；Y_A^* 为吸附平衡时与吸附剂中 A 的浓度成平衡的气相中 A 的气相浓度；X_A^* 为吸附平衡时与气相中 A 的浓度成平衡的吸附相中 A 的液相浓度。

假设吸附过程中，当吸附达到平衡时，气相中的吸附质 A 的浓度与吸附剂中的吸附质 A 的浓度（吸附量）间的关系，可以近似表示为：

$$Y_A^*=m_A X_A \tag{5-82}$$

式中，m_A 为吸附平衡曲线的平衡常数。

与气液传质过程类似，可导出总吸附系数与分吸附系数之间的关系如下：

$$\frac{1}{k_x}=\frac{1}{m_A\beta_y}+\frac{1}{\beta_x} \tag{5-83}$$

$$\frac{1}{k_y}=\frac{1}{\beta_y}+\frac{m_A}{\beta_x} \tag{5-84}$$

$$k_x=m_A k_y \tag{5-85}$$

式(5-83) 和式(5-84) 说明吸附过程的总吸附阻力为外扩散阻力与内扩散阻力之和。

当 $\beta_y \gg \frac{\beta_x}{m_A}$ 时，则 $k_y=\frac{\beta_x}{m_A}$，即外扩散阻力很小，可忽略不计，为内扩散控制；反之，当 $\beta_y \ll \frac{\beta_x}{m_A}$ 时，则 $k_y=\beta_y$，为外扩散控制。

一般的吸附过程，开始较快，随后变慢，且吸附机制较为复杂，传质系数目前从理论上推导还有一定困难，故吸附器设计所需速率数据多凭借经验或模拟实验获得。

④ 化学动力学控制的吸附速率方程

$$N_A=K\left[Y_A(M_\infty-M_A)-\frac{M_A}{m_A}\right] \tag{5-86}$$

式中，K 为化学平衡常数；M_∞ 为系统吸附平衡时的吸附量，$kmol/m^3$；M_A 为系统吸附过程中的吸附量，$kmol/m^3$。

⑤ 活性炭吸附速率计算公式。D. H. Bangham 曾研究发现，用活性炭吸附二氧化硫、二氧化碳、甲苯及氨蒸气等气体的吸附速率计算公式：

$$\frac{dW_A}{dt}=k\ \frac{(M_\infty-M_A)}{t^n} \tag{5-87}$$

式中，dW_A 为 dt 时间内吸附质被吸附的量，kg/m^3；k、n 为常数。

对上式积分，可得：

$$\ln^{\frac{M_\infty}{M_\infty-M_A}}=kt^n \tag{5-88}$$

根据上式作图，可得到图 5-19 所示的线性关系，求得 k、n，从而解得吸附速率。

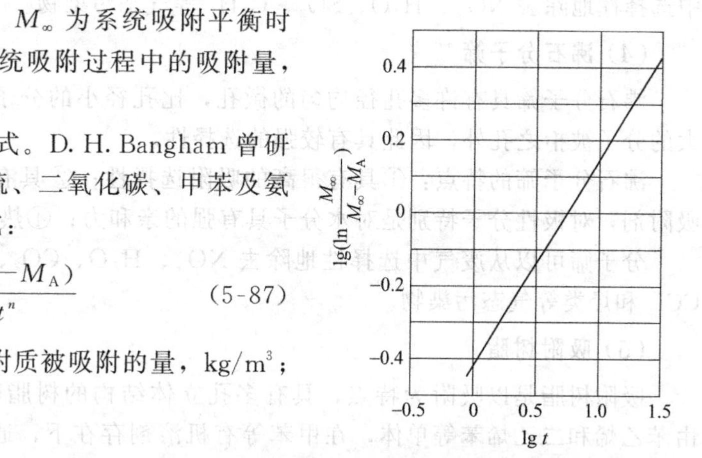

图 5-19 活性炭吸附 SO_2 的吸附速率

(温度 293K，压力 2×10^4Pa)

5.2.2 吸附剂

5.2.2.1 常用的吸附剂

吸附剂必须具备的条件：吸附能力强，吸附容量大（吸附容量指在一定的温度、吸附质浓度下，单位质量或单位体积吸附剂所能吸附的最大量）；具有大的比表面积和孔隙率；选择性好（有利于混合气体的分离）；具有足够的机械强度、热稳定性及化学稳定性；来源广泛，价格低廉。常用的吸附剂有如下几种。

（1）活性炭

活性炭是一种具有非极性表面、疏水性和亲有机物的吸附剂，常常被用来吸附回收空气中的有机溶剂（如苯、甲苯、丙酮、乙醇、乙醚、甲醛等），还可以用来分离某些烃类气体，以及用来脱臭等。还可以吸附 NO_x、H_2O、CO_2、CO、CS_2、SO_2、H_2S、Cl_2 等气态污染物。活性炭的主要缺点是具有可燃性，使用温度一般不超过 200℃。

（2）活性氧化铝

活性氧化铝可由氢氧化铝加热到 737K，使之脱水制得，它是一种多孔性、高分散度的固体材料，有很大的表面积。活性氧化铝粒度均匀，表面光滑，机械强度大，吸湿性强，吸水后不胀不裂保持原状，无毒、无臭、不溶于水和乙醇。可吸附去除 SO_2、H_2S、HF、H_2O 以及某些碳氢有机物。

（3）硅胶

硅胶是用硅酸钠与酸反应生成硅酸凝胶（$SiO_2 \cdot nH_2O$），然后在 115～130℃下烘干、破碎、筛分而制成各种粒度的产品。硅胶具有很好的亲水性，当用硅胶吸附气体中的水分时，能放出大量的热，使硅胶容易破碎，但吸附量很大，可达自身质量的 50%。其在工业上主要用于气体的干燥和从废气中回收烃类气体，也可用作催化剂的载体。硅胶可从废气中选择性地除去 NO_x、H_2O、SO_2、C_2H_2 等气态污染物。

（4）沸石分子筛

沸石分子筛具有许多孔径均匀的微孔，比孔径小的分子能进入孔穴而被吸附，比孔径大的分子被拒之孔外，因此具有较强的选择性。

沸石分子筛的特点：①具有很高的吸附选择性；②具有很强的吸附能力；③是强极性吸附剂，对极性分子特别是对水分子具有强的亲和力；④热稳定性和化学稳定性高。

分子筛可以从废气中选择性地除去 NO_x、H_2O、CO_2、CO、CS_2、SO_2、H_2S、NH_3、CCl_4 和烃类等气态污染物。

（5）吸附树脂

吸附树脂是以吸附为特点，具有多孔立体结构的树脂吸附剂。它是一种多孔性树脂，由苯乙烯和二乙烯苯等单体，在甲苯等有机溶剂存在下，通过悬浮共聚法制得的鱼子样的小圆球。广泛用于废水处理、药剂分离和提纯，用作化学反应催化剂的载体，气体色谱分析及凝胶渗透色谱分子量分级柱的填料。其特点是容易再生，可以反复使用。如配合阴、阳离子交换树脂，可以达到极高的分离净化水平。

5.2.2.2 吸附剂的活性

描述吸附剂吸附能力的一个重要参数是吸附剂的活性。吸附剂的活性是指单位吸附剂所能吸附的吸附质的量，它反映了吸附剂吸附能力的大小。吸附剂的活性分为动活性和静活性。

在一定的温度下，与气相中吸附质的初始浓度成平衡时单位吸附剂吸附吸附质的最大量，称为吸附剂的平衡吸附量（静态吸附量或静活性），一般用吸附平衡时所能吸附的吸附质质量来表示，它表示固体吸附剂对气体吸附量的极限，以 a_m 表示。

动活性是在一定温度下吸附过程还没有达到平衡时，单位质量吸附剂吸附吸附质的量。一般认为，气体通过吸附层时，随着床层吸附剂逐渐接近饱和，吸附质最终不能被全部吸附，当流出气体中可能出现吸附质时，认为吸附剂已失效，此时计算出来的单位吸附剂所吸附吸附质的量称为动活性。

显然，动活性总是小于静活性，在计算吸附剂用量时，要用动活性来确定，其动活性应不小于静活性的75%～80%。吸附剂的活性是设计和生产中十分重要的参数。

5.2.2.3 吸附剂再生

当吸附床层达到饱和时，就必须对吸附床进行再生，也称为吸附质的解吸。吸附剂再生过程是吸附过程的逆过程，再生首先必须破坏吸附平衡，使吸附过程向着解吸的方向进行，然后将解吸出来的气体移走。常用的吸附剂再生方法及特点见表5-2。

表5-2 常用吸附剂的再生方法及特点

吸附剂再生方法	特点
热再生	使热气流(蒸气、热空气或惰性气体)与床层接触直接加热床层,吸附质可解吸释放,吸附剂恢复吸附性能。不同吸附剂允许加热的温度不同
降压再生	再生时压力低于吸附操作时的压力,或对床层抽真空,使吸附质解吸出来,再生温度可与吸附温度相同
通气吹扫再生	向再生设备中通入基本上无吸附性的吹扫气,降低吸附质在气相中的分压,使其解吸出来。操作温度愈高,通气温度愈低,效果愈好
置换脱附再生	采用可吸附的吹扫气,置换床层中已被吸附的物质,吹扫气的吸附性愈强,床层解吸效果愈好,比较适用于对温度敏感的物质。为使吸附剂再生,还需对再吸附物进行解吸
化学再生	向床层通入某种物质使吸附质发生化学反应,生成不易被吸附的物质而解吸下来

5.2.3 吸附设备及工艺流程

5.2.3.1 吸附设备

吸附设备是指利用吸附剂对气体进行吸附来净化有害气体的设备，根据吸附剂在吸附器内的运动状态可将其分为固定床吸附器、移动床吸附器和流化床吸附器。

(1) 固定床吸附器

固定床吸附器是吸附剂固定不动，仅使气体流经吸附床，主要有立式和卧式两种，如图5-20所示。固定床结构简单，加工容易，操作方便灵活，吸附剂不易磨损，物料的返混少，分离效率高，回收效果好。故固定床吸附操作广泛用于气体中溶剂的回收、气体干燥和溶剂脱水等方面。其缺点是吸附操作传热性能差，且当吸附剂颗粒较小时，流体通过床层的压降较大，因吸附、再生及冷却等操作需要一定的时间，故生产效率较低。

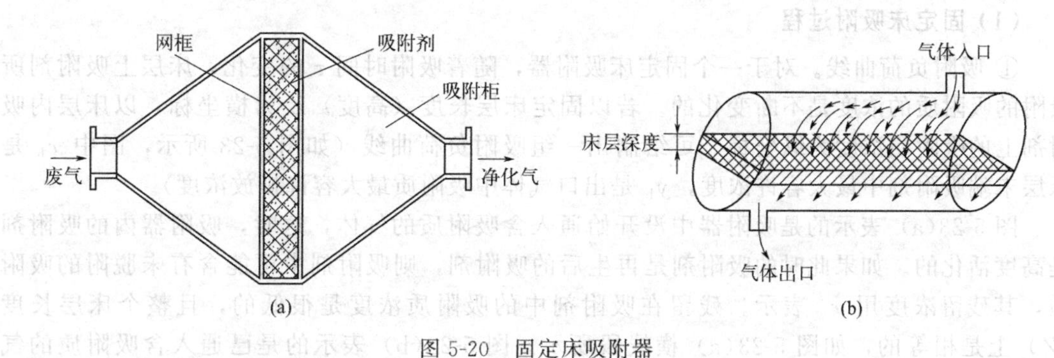

图5-20 固定床吸附器

(a) 方形立式吸附器；(b) 圆形卧式吸附器

(2) 移动床吸附器

移动床吸附器又称“超吸附器”，特别适用于轻烃类气体混合物的提纯。移动床吸附过程可实现逆流、连续操作、处理气体量大、吸附剂可循环使用且用量少，但吸附剂磨损严重。图 5-21 为笼筐型移动床连续吸附设备。上箱体进行吸附过程，下箱体进行脱附过程。在该装置中，依靠风力使吸附剂连续循环，吸附剂达到饱和后即从上箱体移动到下箱体进行再生，再生后的吸附剂由风道输送到上箱体。

(3) 流化床吸附器

图 5-22 所示的是一种流化床吸附器。流化床吸附器中的气速是一般固定床的 3～4 倍或以上，分置在筛孔板上的吸附剂颗粒，在含污染物的高速气流作用下，处于流化状态，因此气、固相充分接触，吸附剂内传热速度快，床层温度分布均匀，操作稳定，可以实现大规模的连续生产。其缺点是吸附剂和容器的磨损严重，且耗能高。

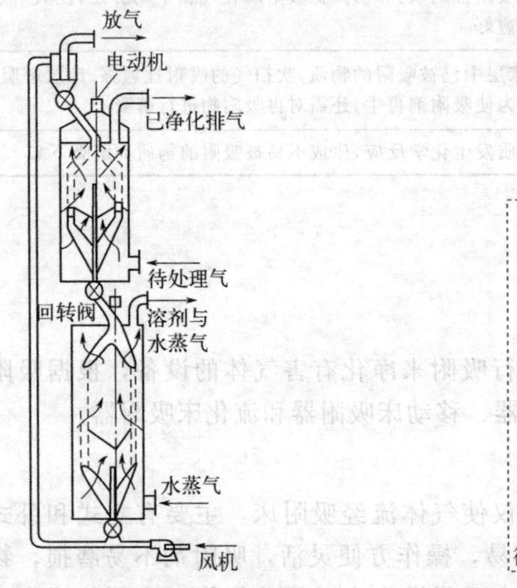

图 5-21 笼筐型移动床吸附器

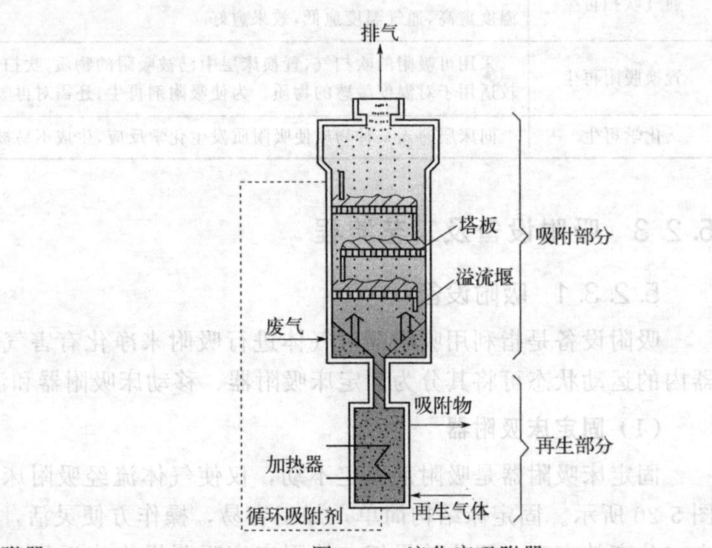

图 5-22 流化床吸附器

5.2.3.2 吸附器吸附过程

(1) 固定床吸附过程

① 吸附负荷曲线。对于一个固定床吸附器，随着吸附时间 τ 的变化，床层上吸附剂所吸附的吸附质的浓度是不断变化的。若以固定床层长度（高度）Z 为横坐标，以床层内吸附剂上的吸附质浓度为纵坐标，可绘制出一组吸附负荷曲线（如图 5-23 所示，图中 x_b 是床层末端吸附剂中最大容许浓度，y_b 是出口气体中吸附质最大容许排放浓度）。

图 5-23(a) 表示的是吸附器中没开始通入含吸附质的气体，这时，吸附器内的吸附剂是高度活化的。如果此时的吸附剂是再生后的吸附剂，则吸附剂中可能含有未脱附的吸附质，其残留浓度用 x_0 表示。残留在吸附剂中的吸附质浓度是很低的，且整个床层长度 (Z) 上是相等的，如图 5-23(a) 横线段所示。图 5-23(b) 表示的是已通入含吸附质的气体，持续时间为 τ，这时在吸附器进口处吸附剂刚刚出现吸附饱和，如图上剖面线所示，此时对应绘出一条吸附负荷曲线。当吸附时间到达 $\tau+\Delta\tau$ 时，在距离进口侧 ΔZ_1 长度内达到

饱和，如图中剖面线所示，这时在床层进气端，吸附剂上的吸附质浓度（吸附负荷）为 x_e，此区称为平衡区或饱和区；而靠近气体出口侧，床层内吸附剂上的吸附质浓度仍为残留浓度 x_0，此区内的吸附剂是高度活性的，通常称为未用区（未吸附区）；介于平衡区和未用区之间的一段床层内，吸附剂中的吸附质浓度由饱和浓度 x_e 转化为最初残留浓度 x_0，如图 5-28(c) 所示，这段床层进行传质吸附过程，故称为传质区或吸附区，传质区的长度为 Z_a。这一段中吸附负荷曲线呈 S 形变化，这段 S 形曲线也称“吸附波”或“传质前沿”。传质区的长度 Z_a 越小，S 形曲线越陡峭，表示传质阻力越小，吸附速率越大，床层的利用率越高。当传质阻力为零时，吸附负荷曲线就成一垂线，传质区长度为零，吸附速率无穷大，称为理想吸附波的形状。由于床层的阻力不同，吸附负荷曲线会有不同的形状。床层阻力愈大，某一时刻床层内各截面上浓度差别越大，吸附负荷曲线也就变得越平缓，这当然是我们不希望出现的情况。

当吸附进行到 τ_b 时，在距离进口侧长度 ΔZ_2 内达到饱和，即吸附波刚好到达床层末端，此时出口气体中的吸附质浓度刚好是 y_b，这时吸附波稍微向前移动一点，就移出床层之外了。若继续进行吸附，则流出床层的气体中，吸附质的浓度将大于 y_b，此即所谓的穿透现象或称透过现象。出现穿透现象的点，如图 5-23(d) 中的 B 点称为穿透点（或破点），从开始进气到到达破点所需的时间 τ_b 为穿透时间或保护作用时间，即吸附周期。当吸附时间继续从 τ_b 进行到 τ_e（饱和时间或平衡时间）时，距进口侧 ΔZ_3 长度内达到饱和，在 $Z_e-\Delta Z_3$ 长度内有少量未饱和的吸附剂，其吸附负荷曲线如图 5-23(e) 所示，这时传质区很短，几乎全部吸附剂达到吸附平衡状态。当吸附时间等于或大于 τ_e 时，吸附器内吸附剂已全部饱和，吸附剂失去吸附能力。这时，吸附剂具有的吸附容量为它的静活性。此时流出物中吸附质含量到达初始浓度，如图 5-23(f) 所示。

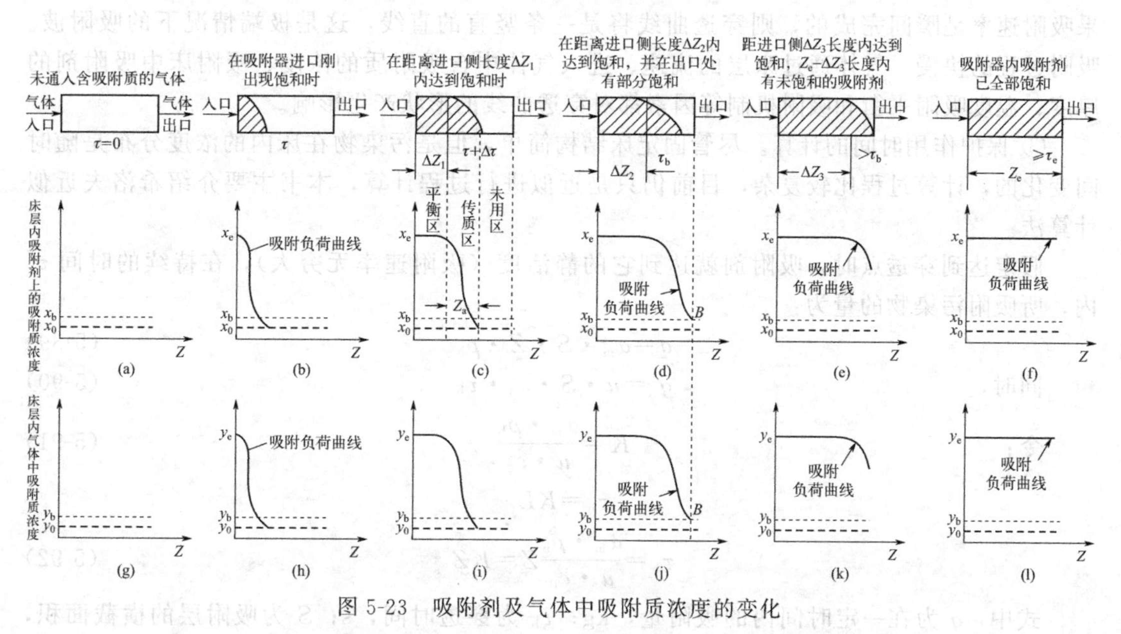

图 5-23　吸附剂及气体中吸附质浓度的变化

在实际吸附操作中，吸附剂的吸附周期是以吸附剂床层流出气体中含有的吸附质浓度小于或等于国家和地方标准来决定的。

前面讨论的是吸附剂中含有吸附质浓度沿床层长度的变化曲线，但由于床层内吸附质浓度不易测定，也可改用气相中吸附质浓度沿床层长度的变化曲线来表示吸附负荷曲线，如图 5-23(g)～(l) 所示，曲线的形状与前述吸附负荷曲线相类似。

② 穿透曲线。尽管可以直观地从上述吸附负荷曲线上看出床层内吸附操作进行的状况，但从床层中各部位同时采样分析是相当困难的，易破坏床层的稳定。因此通常改用在一定的时间间隔内，分析床层流出气体中吸附质浓度的变化，以流出气体中吸附质浓度 y 为纵坐标。吸附时间 τ 为横坐标，则随时间的推移可画出一条 τ-y 曲线（如图 5-24 所示）。图中 y_0 是吸附开始流出气体中吸附质的浓度，它是与吸附剂残留吸附质 x_0 相平衡时的吸附质气相浓度；$\tau=\tau_b$ 时，流出气体中的吸附质浓度是 y_b；$\tau>\tau_b$ 后再继续吸附时，吸附波前沿已超出床层［如图 5-23(e) 和 (k) 所示］，流出气体中吸附质的浓度突然上升，直到 τ_e 时气体中吸附质浓度上升为 y_e，对应的 E 点称为耗竭点或干点，吸附层的吸附容量达到操作条件下的静活性［对应的吸附波如图 5-23(f) 和 (l) 所示］，此时，流出气体中吸附质的浓度上升为气体进入床层时的初始浓度。在 τ-y 图上，从 τ_b 到 τ_e 呈现一个S形曲线，其曲线的形状与吸附负荷曲线的吸附波呈镜面对称，这条 τ-y 坐标所示的曲线称穿透曲线或透过曲线（如图 5-24 所示）。

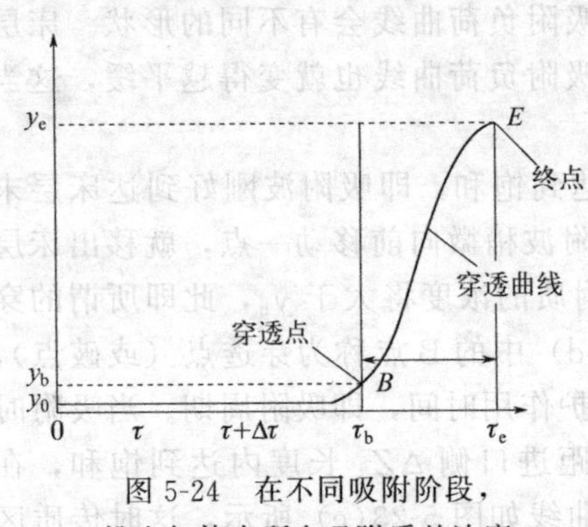

图 5-24　在不同吸附阶段，排出气体中所含吸附质的浓度

通过上面的分析可以看出，穿透曲线反映了床层内部的吸附情况。因穿透曲线易于测定和标绘，而且也可以较准确地求出破点，所以人们总是以穿透曲线来研究吸附过程。穿透曲线越陡峭，吸附速率越大，床层阻力越小；如果吸附速率是瞬间完成的，则穿透曲线将是一条竖直的直线，这是极端情况下的吸附波。吸附过程的快慢、气体通过床层的流速、进入气体中含吸附质的浓度、吸附床中吸附剂的厚度、温度吸附平衡和吸附机制等因素都对穿透曲线的形状产生影响。

③ 保护作用时间的计算。尽管固定床结构简单，但是污染物在床内的浓度分布是随时间变化的，计算过程比较复杂，目前仍只是近似进行过程计算，本书主要介绍希洛夫近似计算法。

假定达到穿透点时，吸附剂就达到它的静活度（吸附速率无穷大），在持续的时间 τ_b 内，所吸附污染物的量为：

$$q=\alpha_m \cdot S \cdot Z \cdot \rho_b \tag{5-89}$$

同时，

$$q=u \cdot S \cdot c_0 \cdot \tau_b \tag{5-90}$$

令：

$$K=\frac{\alpha_m \cdot \rho_b}{u \cdot c_0} \tag{5-91}$$

$$\tau_b=KL$$

$$\tau_b=\frac{\alpha_m \cdot \rho_b}{u \cdot c_0}Z=KZ \tag{5-92}$$

式中，q 为在一定时间内的吸附量，kg；τ_b 为穿透时间，s；S 为吸附层的横截面积，m^2；α_m 为吸附剂的平衡静吸附活度，kg(吸附质) /kg(吸附剂)；Z 为整个床层（吸附层）的长度（高度），m；u 为气流速度，m/s；c_0 为气流中吸附质的初始浓度，kg/m^3；ρ_b 为吸附剂的堆积密度，kg/m^3。

从式(5-92)可以看出，当吸附速率无穷大时的理想状态，保护作用时间与吸附层长度的关系在τ-Z图上是一条过原点、斜率为K的直线，如图5-25中曲线1所示，但实际上吸收操作线的实际保护作用时间τ_B要比理想状态时的保护作用时间τ_b小（见图5-25中曲线2）。曲线2为实际测得的，当$Z>Z_a$（吸附区长度）时，它与曲线1平行；在$Z<Z_a$时，是一条通过原点的曲线。由图可以看出：

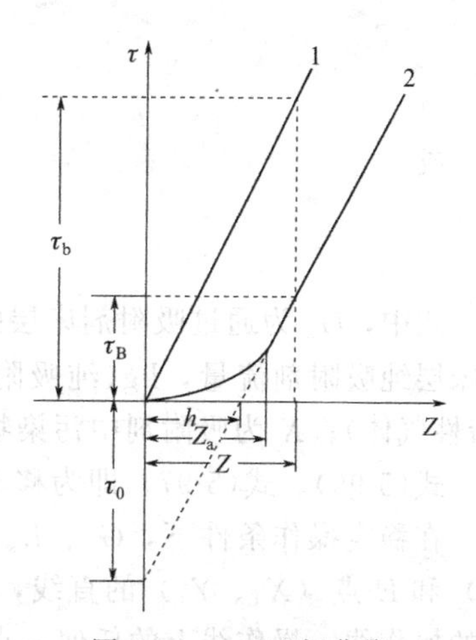

图5-25　τ-Z理想曲线和时间曲线的比较

1—理想线；2—实际线

$$\tau_b=\tau_B+\tau_0$$

$$\tau_B=\tau_b-\tau_0 \tag{5-93}$$

将式(5-92)代入式(5-93)得到：

$$\tau_B=\frac{\alpha_m \cdot \rho_b}{u \cdot c_0}Z-\tau_0=KZ-\tau_0 \tag{5-94}$$

式(5-94)即是著名的希洛夫方程。式中K称为吸附层保护作用系数，其物理意义是：$\frac{1}{K}$吸附负荷曲线在吸附层中移动单位长度所需要的时间。式中的τ_0是保护时间损失。也可将希洛夫方程写为：

$$\tau_B=K(Z-h) \tag{5-95}$$

式中，h为吸附床层中未被利用的长度，即没有起吸附作用的“死层”，$\tau_0=Kh$。

需要注意的是，确定保护作用时间可用希洛夫方程，然而希洛夫方程中的静活度值随床层厚度的增大而增大，这是由吸附初始层的再吸附作用而致。吸附层只有多次的再吸附作用的结果才能趋近平衡静活度值。吸附层保护作用系数K是随静活度值的增大而增大，因此，实际上的τ-Z的关系也不是直线关系。尽管希洛夫方程仅能近似地确定保护作用时间，但因其方便、简单，在计算中仍被广泛应用。

[例题5-6]　有一固定床活性炭吸附器的活性炭装填厚度为0.6m，活性炭对苯吸附的平衡静活性为0.25kg/kg，其堆积密度为425kg/m³，并假定其死层厚度为0.15m，气流通过吸附器床层的速度为0.3m/s，废气含苯的浓度为2000mg/m³，求该吸附器的活性炭床层对含苯废气的保护作用时间。

解：吸附层保护作用系数K为：

$$K=\frac{\alpha_m \cdot \rho_b}{u \cdot c_0}=\frac{0.25\times425}{0.3\times\frac{2000}{1\times10^6}}=177083$$

$$\tau_B=K(Z-h)=177083\times(0.6-0.15)=79687.5(\text{s})=22.14(\text{h})$$

(2) 移动床吸附器吸附剂用量的计算

物料衡算与操作线方程：与吸收操作相类似，只是以固体吸附剂代替液体吸收剂。仿照处理气液吸收塔内的情况，也是取塔的任一截面分别对塔顶和塔底作物料衡算，见图5-26(a)。可得操作线方程：

$$Y=\frac{L_s}{G_s}X+\left(Y_1-\frac{L_s}{G_s}X_1\right) \tag{5-96}$$

或

$$Y=\frac{L_s}{G_s}X+\left(Y_2-\frac{L_s}{G_s}X_2\right) \tag{5-97}$$

式中，G_s 为通过吸附剂床层的惰性气体量，kg(惰性气体) /(m^2·s)；L_s 为通过吸附剂床层纯吸附剂流量，kg(纯吸附剂)/(m^2·s)；Y 为气体中污染物含量，kg(污染物)/kg(惰性气体)；X 为吸附剂中污染物含量，kg(污染物)/kg(净吸附剂)。

式(5-96)、式(5-97) 即为移动床吸附操作线方程。

在稳定操作条件下，G_s、L_s 是定值，而两个操作线方程都表示的是通过 D 点（X_2、Y_2）和 E 点（X_1、Y_1）的直线，如图 5-26(b) 所示，DE 线称为移动床吸附器逆流连续吸附的操作线。操作线上的任何一点都代表着吸附床内任一截面上的气-固中污染物的状况。

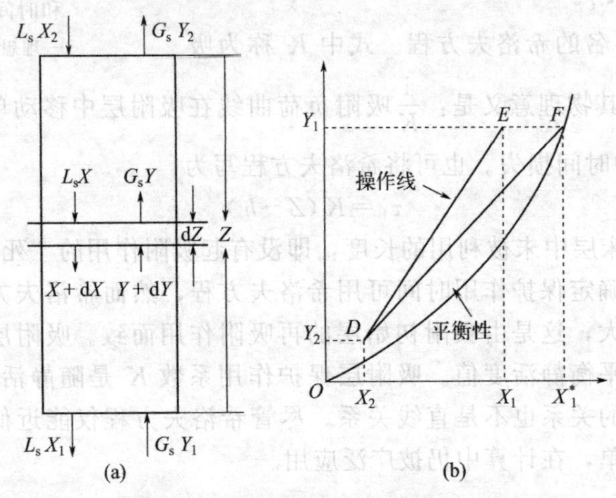

图 5-26　移动床逆流连续吸附示意图

5.2.3.3　吸附工艺流程

（1）固定床吸附工艺流程

固定床吸附工艺流程有间歇式吸附流程和半连续式吸附流程两种。只有一台固定床吸附器的吸附工艺流程属于间歇式吸附流程，适用于废气排放量较小、污染物浓度较低、间歇式排放废气的净化过程；当吸附剂饱和后，从装置中移走，不设吸附再生装置，流程简单。在气态污染物控制中，最常用的是将两个或以上的固定床组成一个半连续式吸附流程(如图 5-27 所示)。气体连续通过床层，当一个达到饱和时，气体就切换到另一个吸附器进行吸附，而达到饱和吸附床则进行再生，在这种流程中，气体是连续的，而每个吸附床则是间歇运行，解吸是通过导入水蒸气来实现的。当再生周期大于吸附周期时，则需要三台固定床吸附器并联使用，其中一台进行吸附，一台进行再生，而第三台则进行冷却或其他操作，以备使用（如图 5-28 所示）。

（2）移动床吸附工艺流程

移动床吸附工艺流程如图 5-29 所示。从料斗借助重力加入吸附器的吸附剂，在向下移动的同时，风机送入的待净化气体则由下向上流动，形成逆流操作的吸附过程。控制吸附剂在床层中的移动速度，使净化后的气体到达排放标准。吸附气态污染物的吸附剂，落入吸附器下面的传送带排出吸附器，已达饱和的吸附剂从塔下连续或间歇排出，送入脱附器中进行脱附。脱附后的吸附剂再送入吸附剂料斗中循环使用。移动床吸附过程是连续的，因而，多用于大量有害气体的治理。该过程中由于吸附剂有磨损，需要定时、定量在塔的上部补充新鲜的或再生后的吸附剂，在选用该流程时要注意这一点。

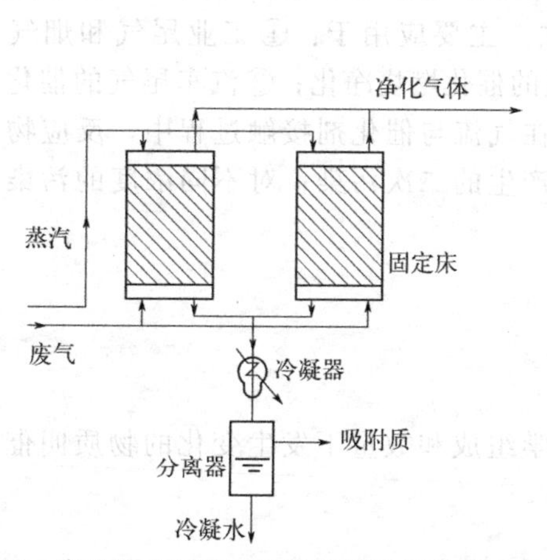

图 5-27　半连续式回收有机溶剂固定床吸附工艺流程

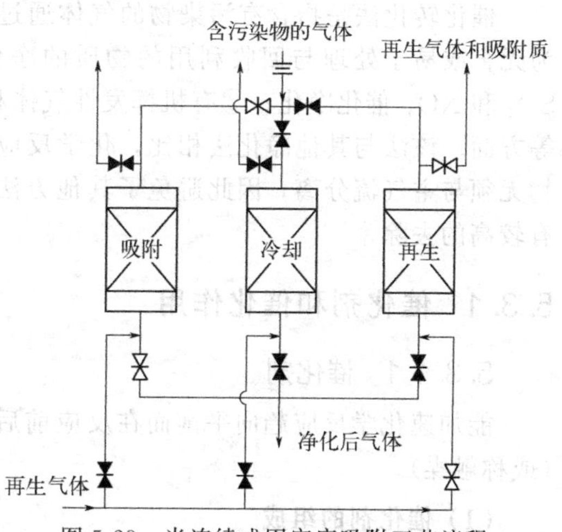

图 5-28　半连续式固定床吸附工艺流程

（3）流化床吸附工艺流程

流化床吸附工艺流程如图 5-30 所示。废气从进口管以一定的速度进入锥体，气体通过

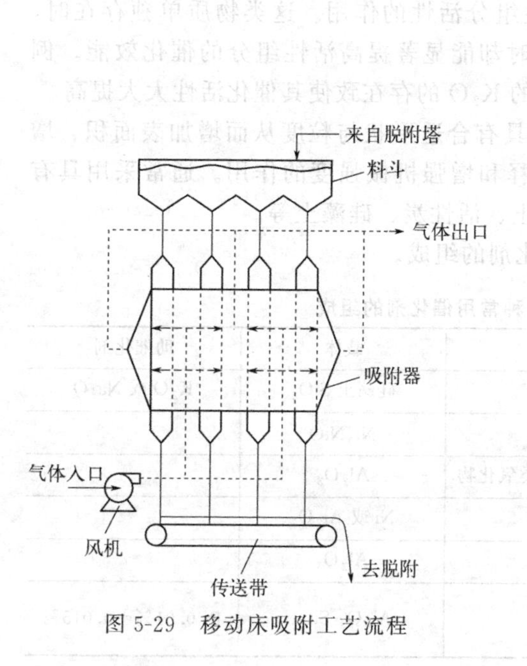

图 5-29　移动床吸附工艺流程

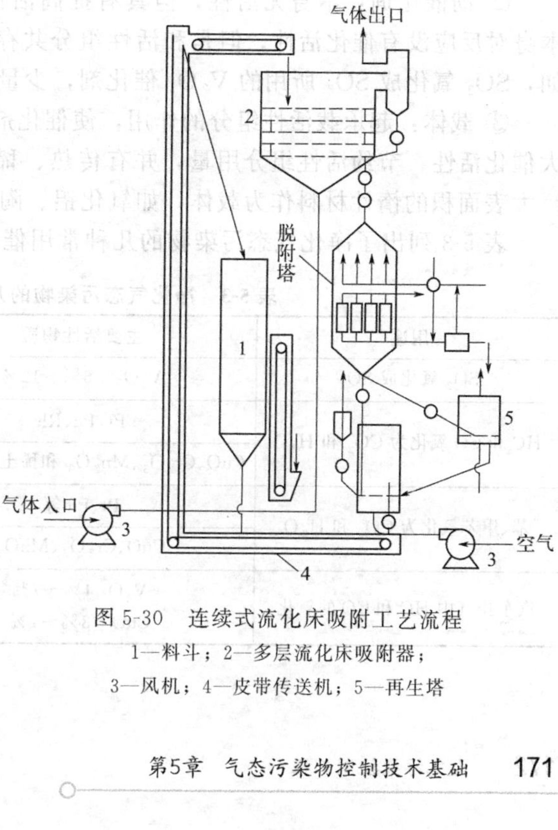

图 5-30　连续式流化床吸附工艺流程

1—料斗；2—多层流化床吸附器；
3—风机；4—皮带传送机；5—再生塔

筛板向上流动，将吸附剂吹起，在吸附段完成吸附过程。吸附后的气体进入扩大段，由于气流速度降低，固体吸附剂又回到吸附段，而净化后的气体从出口管排出。

5.3 催化转化法净化气态污染物

催化转化法是指含有污染物的气体通过催化床层发生催化反应，使其中的污染物转化为无害或易于处理与回收利用的物质的净化方法。主要应用于：①工业尾气和烟气中的 SO_2 和 NO_x 催化净化；②有机挥发性气体和臭气的催化燃烧净化；③汽车尾气的催化净化等方面。该法与其他净化法相比，化学反应发生在气流与催化剂接触过程中，反应物和产物无须与主气流分离，因此避免了其他方法可能产生的二次污染；对不同浓度的污染物均有较高的去除率。

5.3.1 催化剂和催化作用

5.3.1.1 催化剂

能加速化学反应趋向平衡而在反应前后其化学组成和数量不发生变化的物质叫催化剂(或称触媒)。

(1) 催化剂的组成

工业上，催化剂通常由主要活性组分（主体)、助催化剂和载体组成。

① 主要活性组分（主体)：能单独对化学反应起催化作用，可作为催化剂单独使用。如钒催化剂中的 V_2O_5。

② 助催化剂：本身无活性，但具有提高活性组分活性的作用。这类物质单独存在时，本身对反应没有催化活性，但是和活性组分共存时却能显著提高活性组分的催化效能。例如，SO_2 氧化成 SO_3 所用的 V_2O_5 催化剂，少量的 K_2O 的存在致使其催化活性大大提高。

③ 载体：起承载活性组分的作用，使催化剂具有合适形状与粒度从而增加表面积、增大催化活性、节约活性组分用量，并有传热、稀释和增强机械强度的作用。通常采用具有巨大表面积的惰性材料作为载体，如氧化铝、陶土、活性炭、硅藻土等。

表 5-3 列出了净化气态污染物的几种常用催化剂的组成。

表 5-3 净化气态污染物的几种常用催化剂的组成

用途	主要活性物质	载体	助催化剂
SO_2 氧化成 SO_3	V_2O_5 6%～12%	硅藻土 SiO_2	K_2O 或 Na_2O
HC 和 CO 氧化为 CO_2 和 H_2O	Pt、Pd、Rh	Ni、NiO	
	CuO、Cr_2O_3、Mn_2O_3 和稀土类氧化物	Al_2O_3	
苯、甲苯氧化为 CO_2 和 H_2O	Pt、Pd 等	Ni 或 Al_2O_3	
	CuO、Cr_2O_3、MnO_2	Al_2O_3	
汽车排气中 HC 和 CO 的氧化	V_2O_5 4%～7% CuO 3%～7%	Al_2O_3-SiO_2	Pt 0.01%～0.015%

续表

用途	主要活性物质	载体	助催化剂
NO_x 还原为 N_2	Pt 或 Pd 0.5%	Al_2O_3-SiO_2 Al_2O_3-MgO Ni	
	$CuCrO_2$	Al_2O_3-SiO_2 Al_2O_3-MgO	

(2) 催化剂的性能

衡量催化剂催化性能的指标主要有活性、选择性和稳定性。

① 催化剂的活性和失活。催化剂的活性常用单位体积（或质量）催化剂在一定条件（温度、压力、空速和反应物浓度）下，单位时间内所得到的产品量来表示。

$$A=\frac{m}{tm_R} \tag{5-98}$$

式中，A 为催化剂活性，kg/(h·g)；m 为产品质量，kg；m_R 为催化剂质量，g；t 为反应时间，h。

催化剂使用一段时间后，由于各种物质及热的作用，催化剂的组成及结构逐渐发生变化，导致活性下降及催化性能劣化，这种现象称为催化剂的失活。发生失活的原因主要有沾污、熔结、热失活与中毒。

② 催化剂的选择性。催化剂的选择性是指当化学反应在热力学上有几个反应方向时，一种催化剂在一定条件下只对其中的一个反应起加速作用。

例如： Cu 作催化剂，200～250℃时，$C_2H_5OH \longrightarrow CH_3CHO$(乙醛)$+H_2$

Al_2O_3 作催化剂，350～360℃时，$C_2H_5OH \longrightarrow \frac{1}{2}(C_2H_5)_2O$(乙醚)$+\frac{1}{2}H_2O$

H_3PO_4 作催化剂，140℃时，$C_2H_5OH \longrightarrow C_2H_4$(乙烯)$+H_2O$

用 B 表示催化剂的选择性，即：

$$B=\frac{\text{反应所得目的产物物质的量}}{\text{通过催化剂床层后反应了的反应物物质的量}}\times 100\% \tag{5-99}$$

活性与选择性是催化剂本身最基本的性能指标，是选择和控制反应参数的基本依据。二者均可度量催化剂加速化学反应速率的效果，但反映问题的角度不同，活性指催化剂对提高产品产量的作用，而选择性则表示催化剂对提高原料利用率的作用。

③ 催化剂的稳定性。催化剂在化学反应过程中保持活性的能力称为催化剂的稳定性。它包括热稳定性、机械稳定性和化学稳定性三个方面。三者共同决定了催化剂在反应装置中的使用寿命，所以常用寿命表示催化剂的稳定性。影响催化剂使用寿命的因素主要有催化剂的老化和中毒两个方面。

催化剂的老化是指催化剂在正常工作条件下逐渐失去活性的过程。这种失活是由低熔点活性组分的流失、催化剂烧结、低温表面积炭结焦、内部杂质向表面迁移和冷热应力交替作用所造成的机械粉碎等因素引起的。温度对于催化剂老化影响较大，工作温度越高，老化速率越快。在催化剂活性温度范围内，选择合适的反应温度将有助于延长催化剂寿命。

催化剂中毒是指反应物中少量杂质使得催化剂活性迅速下降的现象。导致催化剂中毒的物质称为催化剂毒物。中毒的化学本质是毒物比反应物对活性组分亲和力更强。中毒分为暂时性中毒与永久性中毒。前者的毒物与活性组分亲和力较弱，可通过水蒸气吹洗将毒物驱离催化剂表面，使催化剂恢复活性（催化剂再生）；后者的毒物与活性组分亲和力很强，催化剂不能再生。对大多数催化剂来说，HCN、CO、H_2S、S、As、Pb等都是较强的毒物。所以选择催化剂时，除考虑催化剂活性、选择性、稳定性和一定的机械强度外，还应尽量使其具有广泛的抗毒性能。为了防止催化剂中毒，应了解反应物原料中哪些是该反应所用催化剂的毒物及致毒量。如果原料气中混有毒物，就应将原料预净化处理以除去毒物。

5.3.1.2 催化作用

催化剂使反应加速的作用称为催化作用。催化作用除了能加快化学反应速率外，还具有以下两个特征：①催化剂只能缩短反应达到平衡的时间，而不能使平衡移动，更不能使热力学上不可能发生的反应发生。②催化作用具有特殊的选择性，对同种催化剂而言，在不同的化学反应中可表现出明显不同的活性；而对相同的反应来说，选择不同的催化剂可以得到不同的产物。

化学反应速率与反应活化能之间的关系用阿伦尼乌斯方程表示：

$$K=A\cdot\exp\left(-\frac{E}{RT}\right) \tag{5-100}$$

式中，K 为反应速率常数；A 为频率因子，单位与 K 相同；E 为活化能，kJ/mol；R 为理想气体常数，8.314J/(mol·K)；T 为热力学温度，K。

由式(5-100) 可见，反应速率随活化能的降低而呈指数增长。由于催化剂参加了反应，改变了反应的历程，降低了反应总的活化能，提高了反应速率。

5.3.1.3 催化反应类型

根据利用催化反应将有害物氧化或是还原的不同，催化转化法可分为催化氧化法和催化还原法。

（1）催化氧化法

在催化剂的作用下，利用氧化剂将废气中的有害物质氧化为无害物质或是更容易去除的物质。例如：

① 一氧化氮不容易被水吸收，在催化剂的作用下，氧化为二氧化氮，通入吸收塔吸收处理；

② 冶金或电力行业中 SO_2 浓度较低，不能直接制酸，采用湿式活性炭吸附尾气中的二氧化硫，吸附增加浓度的同时，当有水蒸气和氧气存在的情况下，催化氧化为硫酸：

$$SO_2+\frac{1}{2}O_2+H_2O=H_2SO_4$$

（2）催化还原法

在催化剂的作用下，利用还原剂（$CH_4/NH_3/H_2$）将气体中的有害物质还原为无害或可以直接排放的物质。例如：

① 氮氧化物在催化剂和 CH_4 作用下，催化还原为氮气：

$$CH_4+2NO_2\longrightarrow N_2+CO_2+H_2O$$

$$CH_4+2O_2\longrightarrow CO_2+2H_2O$$

$$CH_4 + 4NO \longrightarrow 2N_2 + CO_2 + 2H_2O$$

② 氮氧化物在催化剂和 NH_3 作用下，催化还原为氮气：

$$NH_3 + 6NO_2 \longrightarrow 7N_2 + 12H_2O$$

$$4NH_3 + 6NO \longrightarrow 5N_2 + 6H_2O$$

5.3.2 气固相催化反应的宏观动力学

研究多孔催化剂上进行的催化反应过程时，若排除气体流动、传质、传热等物理过程的影响，仅研究反应速率与操作参数（浓度、温度、压力和停留时间等）的关系，来描述化学反应本身规律的化学反应动力学，称作本征动力学。但是，在多孔催化剂上进行的气固相催化反应过程的总速率不仅取决于催化剂表面上进行的化学反应，还受到反应气体的流动状况、传热及传质等物理过程的影响，研究包括这些物理过程的化学反应动力学，称作宏观动力学。

5.3.2.1 气固相催化反应过程

气固相催化反应一般包括下列步骤（图 5-31）：①反应物从气流主体到催化剂外表面。②进一步向催化剂的微孔内扩散。③反应物在催化剂的表面上被吸附。④吸附的反应物转化为生成物。⑤生成物从催化剂表面脱附下来。⑥脱附生成物从微孔向外表面扩散。⑦生成物从外表面扩散到气流主体。

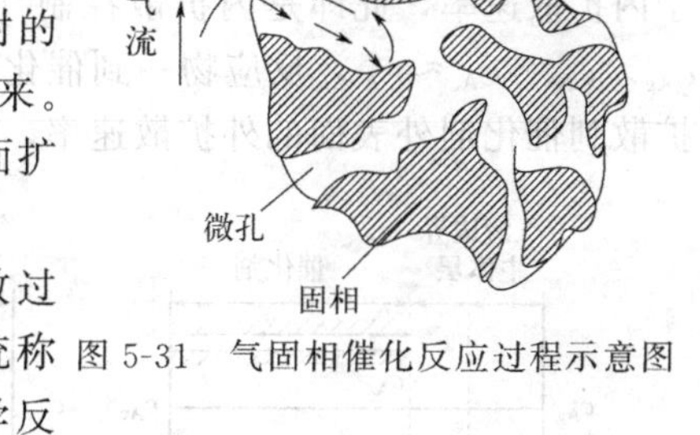

图 5-31 气固相催化反应过程示意图

其中 ①、⑦属于外扩散过程；②、⑥属于内扩散过程；③、④、⑤是与表面化学有关的三个步骤，因而统称为表面化学反应过程（化学动力学过程），主要受化学反应和催化剂性质、温度、气体压强等因素的影响。使得这些反应过程得以进行的主要推动力是反应组分的浓度差。

5.3.2.2 气固相催化反应过程中的浓度分布

催化反应过程中反应物在不同过程中的浓度分布是不同的。现以球形颗粒催化剂上进行的 A＋B 反应为例(图 5-32)，说明反应过程中浓度分布情况。假设气相主体呈现湍流状态。图 5-32 中，c_{Ag}、c_{As}、c_{Ac} 分别表示反应物 A 的气相浓度、催化剂表面浓度与颗粒中心处浓度，c_A^* 表示颗粒温度下的平衡浓度。

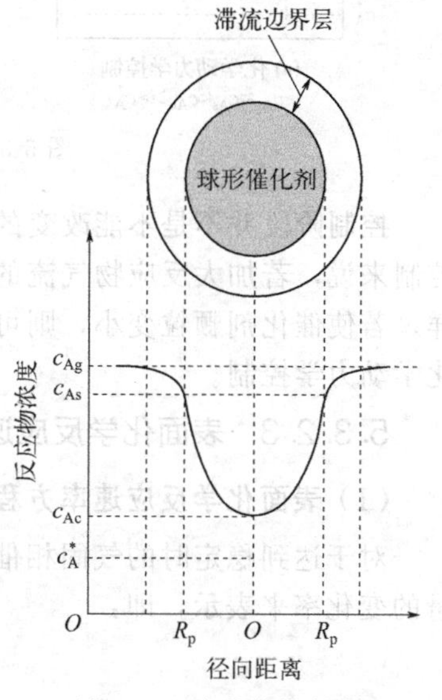

图 5-32 球形催化剂中反应物 A 的浓度分布

由于反应物 A 在气流主体中的浓度 c_{Ag} 大于在催化剂外表面上的浓度，它会通过滞流边界层向催化剂外表面扩散，其浓度递减至 c_{As}，此即外扩散过程。此过程中无化学反应，故其浓度梯度（$c_{Ag}-c_{As}$）可近似为一常数，因此，滞流边界层中组分 A 的浓度分布可近似为一直线。

又由于反应物 A 在催化剂外表面上的浓度 c_{As} 大于在催化剂内表面上的浓度，它会通过催化剂微孔向内表面扩散（内扩散过程）。边扩散边反应，反应物 A 的浓度逐渐降低，在颗粒中心处反应物浓度（c_{Ac}）最小。所以在颗粒内部，反应物的浓度梯度不是常数，组分 A 的浓度分布是条曲线。催化剂活性越大，单位时间、单位内表面上反应的组分量越多，反应物浓度就降低得越多，曲线越陡。对于不可逆反应，催化剂颗粒中心处可能的最小反应物浓度为零；对于可逆反应，因为受化学平衡的限制，中心处的反应物浓度不可能低于它的平衡浓度（c_A^*）。

当反应的生成物产生后，生成物就由催化剂颗粒内部向外扩散，其各步骤的浓度分布的趋势则与上述过程相反。

综上所述，气固相催化反应主要包括外扩散、内扩散和表面化学反应三个过程。气固相催化反应速率受这三个过程速率的影响。这三个过程中，速率最慢（阻力最大）者，决定着整个过程的总反应速率，称这一步为控制步骤，控制步骤进行的速率决定了整个宏观反应的速率。弄清了反应过程的控制步骤，对选择催化剂的结构（颗粒度、比表面、孔径分布等）及反应条件有很大帮助。

当内、外扩散进行得很快时，即 $c_{Ag} \approx c_{As} \approx c_{Ac} \gg c_A^*$，化学反应速率最慢，总反应速率主要取决于化学反应速率，此即是化学动力学控制［图 5-33(a) 所示］。由于受催化剂颗粒中微孔大小和形状的影响，内扩散速率最慢，即 $c_{Ag} \approx c_{As} \gg c_{Ac} \approx c_A^*$，因而总反应速率取决于内扩散速率，此即是内扩散控制［图 5-33(b) 所示］。若吸附和表面化学反应很快，即 $c_{Ag} \gg c_{As} \approx c_{Ac} \approx c_A^*$，反应物一到催化剂外表面即被反应掉，这时总反应速率决定于反应物扩散到催化剂外表面的外扩散速率，此即是外扩散控制［图 5-33(c) 所示］。

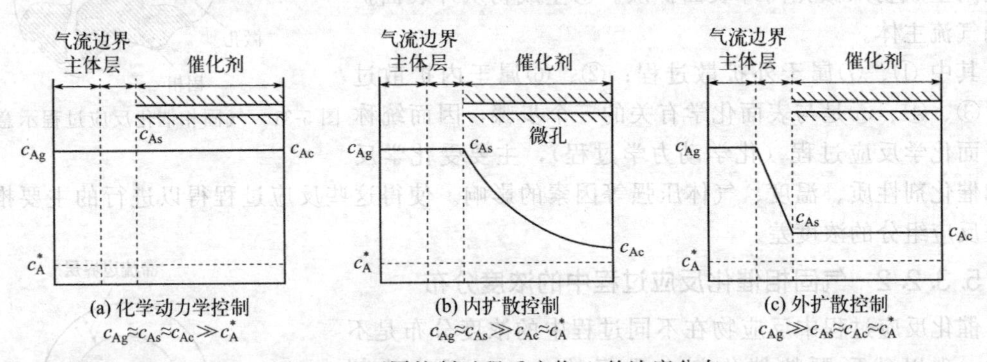

图 5-33　不同控制过程反应物 A 的浓度分布

控制阶段并不是不能改变的，随着过程的变化，控制阶段也是变化的。如对于外扩散控制来说，若加大反应物气流的流速，就有可能使外扩散控制转化为其他步骤的控制；同样，若使催化剂颗粒变小，则可能会消除内扩散控制；若增大催化剂活性，则可能会消除化学动力学控制。

5.3.2.3　表面化学反应速率和动力学方程

(1) 表面化学反应速率方程

对于达到稳定时的气固相催化反应系统，其反应速率通常以单位体积中某一反应物流量的变化率来表示，即：

$$r_A = -\frac{dN_A}{dV} \tag{5-101}$$

式中，N_A 为反应物 A 的瞬时流量，kmol/h。

由于反应是在催化剂表面进行的，式(5-101)中的反应体积改用催化剂的参数（如催化剂的体积、质量、表面积）的改变来表示，即：

$$r_A=-\frac{dN_A}{dV_R} \tag{5-102}$$

$$r_A=-\frac{dN_A}{dW_R} \tag{5-103}$$

$$r_A=-\frac{dN_A}{dS_R} \tag{5-104}$$

式中，V_R 为催化剂床层体积，m^3；W_R 为催化剂质量，kg；S_R 为催化剂表面积，m^2。

在计算反应速率时，需要知道各组分的瞬时摩尔流量，但对其进行实测是比较困难的。为了方便，常用反应物的转化率来进行反应速率的计算。如以 N_{A0} 表示初始组成反应混合物中组分 A 的摩尔流量，它与组分 A 的转化率（x_A）之间有如下关系：

$$x_A=\frac{N_{A0}-N_A}{N_{A0}} \tag{5-105}$$

$$N_A=N_{A0}(1-x_A) \tag{5-106}$$

$$dN_A=-N_{A0}dx_A$$

将其代入式(5-102)中得：

$$r_A=\frac{N_{A0}dx_A}{dV_R} \tag{5-107}$$

为了计算方便，有时也用由空间速率和接触时间的概念所推导出的，以组分的初始浓度所表示的反应速率表达式。下面首先说明空间速率和接触时间两个概念的含义。

空间速率（简称空速）表示单位时间内、单位体积催化剂所能处理的反应混合物体积。

$$V_{sp}=\frac{Q_{s0}}{V_R} \tag{5-108}$$

式中，V_{sp} 为空间速率，$m^3/[m^3(催化剂)\cdot h]$；Q_{s0} 为标准状况下混合气体的初始体积流量，m^3/h。

接触时间为空间速率的倒数，接触时间（τ）

$$\tau=\frac{V_R}{Q_0} \tag{5-109}$$

式中，Q_0 为操作条件下的反应气体的初始体积流量，m^3/h。

如果按标准状况下反应气体的初始体积流量 Q_{s0} 计算接触时间，称为标准接触时间，以 τ_0 表示，则：

$$\tau_0=\frac{1}{V_{sp}}=\frac{V_R}{Q_{s0}} \tag{5-110}$$

由式(5-109)和式(5-110)可以得知，当气体的体积流量一定时，催化剂床层的体积（或反应器的有效体积）与接触时间成正比。换言之，即当处理的气体量一定时，在达到一定的转化率时，所需的接触时间越短，则催化剂的用量越少，表明反应器的生成能力越大。

在反应过程中，反应气体的温度和物质的量有变化时，为了计算方便，采用标准接触时间 τ_0，并借助理想气体状态方程将 Q_0 换算成 Q_{s0}，就得到：

$$\tau_0=\frac{ZT}{273\times P}\tau \tag{5-111}$$

式中，P、T 分别为操作条件下的压力和温度；Z 为 P、T 状态下的压缩因子。

通过以上讨论，先将式(5-109) 和式(5-108) 改写成：$V_R=\tau Q_0=\tau_0 Q_{s0}$，微分后（$dV_R=Q_0 d\tau=Q_{s0} d\tau_0$）代入式(5-102) 中，得到：

$$r_A=\frac{N_{A0}dx_A}{dV_R}=\frac{N_{A0}}{Q_0}\frac{dx_A}{d\tau}=\frac{N_{A0}}{Q_{s0}}\frac{dx_A}{d\tau_0}=c_{A0}\frac{dx_A}{d\tau}=c_{A0}^0\frac{dx_A}{d\tau_0} \tag{5-112}$$

式中，c_{A0} 为操作条件下的组分 A 的初始浓度，kmol/m^3；c_{A0}^0 为标准状况下的组分 A 的初始浓度，kmol/m^3。

（2）反应动力学方程

在一定温度和压力下，表示反应速率与反应物浓度间函数关系的方程称为反应动力学方程或反应速率方程。

对于 A ⟶ B 的 n 级不可逆反应，动力学方程为：

$$r_A=kc_A^n \tag{5-113}$$

式中，k 为 n 级反应速率常数，$(m^3)^{n-1}/[(kmol)^{n-1}\cdot h]$；$c_A$ 为反应物 A 的瞬时浓度，kmol/m^3；n 为反应级数。

对于一般气相可逆反应：$aA+bB \rightleftharpoons lL+mM$

其速率方程的幂指数形式的通式为：

$$r_A=k_c c_A^{\alpha} c_B^{\beta} c_L^{\gamma} c_M^{\omega}-k_c' c_A^{\alpha'} c_B^{\beta'} c_L^{\gamma'} c_M^{\omega'} \tag{5-114}$$

式中，α、β、γ、ω、α'、β'、γ'、ω' 是各组分的反应级数；k_c、k_c' 分别为以浓度表示的正、逆反应速率常数。

上述的反应如果为基元反应，则：

$$r_A=k_c c_A^a p_B^b-k_c' c_L^l p c_M^m \tag{5-115}$$

若为非基元反应，则幂指数只能由实验测定。

上述的均相反应动力学方程的表示方法同样适用于气固相催化反应，但还需考虑催化剂的影响，且幂指数只能由实验测定。

5.3.2.4 传质过程及催化剂的有效系数

（1）流体与催化剂外表面间的传质和有效系数

外扩散过程是多相催化反应进行时必经的步骤。主流体与催化剂外表面间的质量传递速率可用下式表示：

$$N_A=\beta_{c,A}\cdot S_e\cdot\psi\cdot(c_{Ag}-c_{As}) \tag{5-116}$$

式中，N_A 为组分 A 在外扩散过程中的传质速率，kmol/(m^3·h)；$\beta_{c,A}$ 为以（$c_{Ag}-c_{As}$）为传质推动力的外扩散传质系数，m/h；S_e 为单位床层体积内的催化剂外表面积，m^2/m^3；ψ 为催化剂的外表面的有效表面系数，即颗粒的形状系数，球形 $\psi=1$，片状 $\psi=0.8$，圆柱形、无定形 $\psi=0.9$。

$\beta_{c,A}$ 值的大小反映主流体中的涡流扩散阻力和颗粒外表面层流膜中的分子扩散阻力的大小。它与扩散组分的性质、流体的性质、颗粒表面形状和流体流动状态等因素有关。增大流速可以显著提高外扩散传质系数。外扩散传质系数在床层内随位置而变，通常是对整个床层取同一平均值。

（2）催化剂颗粒内部的传质和有效系数

由于催化剂颗粒内部微孔的不规则和扩散受到孔壁等因素的影响，催化剂微孔内的扩散过程十分复杂，通常以有效系数（D_{eff}）描述：

$$D_{eff}=D_c\frac{\varepsilon_p}{\delta} \tag{5-117}$$

式中，D_{eff} 为催化剂颗粒内有效扩散系数，m^2（颗粒总截面积）/h；D_c 为考虑了微孔内努森扩散和容积扩散的综合扩散系数，m^2/h；ε_p 为催化剂颗粒内孔隙率；δ 为催化剂微孔形状因子（曲节因子），$\delta=1\sim6$。

催化剂微孔内的扩散对反应速率有很大影响，见图 5-33(b)。催化剂内表面积尽管很大，但不能像外表面那样全部发挥效能，为了对此进行定量说明，引入了催化剂有效系数的概念。催化剂有效系数也称催化剂内表面的利用率或内扩散效率因子，通常用 η 来表示。

催化剂内表面上的催化反应速率取决于反应组分 A 的浓度。在微孔口处组分 A 的浓度较大，反应速率较快；在微孔底部反应组分 A 的浓度最小，反应速率最慢。在等温条件下，催化剂床层内单位时间的实际反应量（N_1）为：

$$N_1=\int_0^{S_i}\beta_s f(c'_{As})\mathrm{d}S_i \tag{5-118}$$

式中，S_i 为单位床层体积催化剂的内表面积，m^2/m^3；β_s 为表面反应速率常数，单位视级数而定；c'_{As} 为催化剂内表面上组分 A 的实际浓度。

在颗粒外表面处组分 A 的浓度最大，而且多孔催化剂的内表面积远远大于外表面积。如果把内表面完全看成外表面，在等温条件下，催化剂床层内单位时间的最大反应量（N_2）为：

$$N_2=\beta_s S_i f(c_{As}) \tag{5-119}$$

式中，c_{As} 为催化剂外表面上组分 A 的浓度。

实际反应量与最大反应量的比值，即为“催化剂有效系数 η_s”

$$\eta_s=\frac{N_1}{N_2}=\frac{\int_0^{S_i}\beta_s f(c'_{As})\mathrm{d}S_i}{\beta_s S_i f(c_{As})} \tag{5-120}$$

催化剂有效系数的含义可以这样理解：存在内扩散影响时的反应速率与不存在内扩散影响时的反应速率之比。因此，内扩散影响下的反应速率方程可表示为：

$$r_A=\beta_s S_i f(c_{As})\eta_s \tag{5-121}$$

催化剂有效系数 η_s 既可通过实验测定，也可通过计算方法求得。

① 实验方法：首先测得颗粒的实际反应速度 r_p，然后将颗粒逐级压碎，使其内表面转变为外表面，在相同条件下分别测定反应速率，直至反应速率不再改变，这时的速率即为消除了内扩散影响的反应速率 r_s，则 $\eta_s=\frac{r_p}{r_s}$。

② 计算法：通过建立和求解催化剂颗粒内部的物料衡算式、反应动力学方程式和热量衡算式，得到颗粒内部为等温或不等温时的催化剂有效系数计算公式。例如，对于等温条件下，催化剂为球形的一级不可逆反应，其催化剂有效系数 η_s 为：

$$\eta_s=\frac{1}{\varphi_s}\left[\frac{1}{\tanh(3\varphi_s)}-\frac{1}{3\varphi_s}\right] \tag{5-122}$$

$$\varphi_s=\frac{R}{3}\sqrt{\frac{\beta_v(c_{As}^{n-1})}{D_{eff}(1-\varepsilon)}} \tag{5-123}$$

式中，φ_s 为球形催化剂的齐勒模数；β_v 为反应速率常数，$(m^3)^n/[(kmol)^{n-1} \cdot s \cdot m^3$（催化剂颗粒）]；$D_{eff}$ 为催化剂颗粒内有效扩散系数，m^2（颗粒总截面积）/s；n 为反应级数；R 为催化剂的特征长度，即为球形催化剂的半径，m；ε 为催化床层内催化剂颗粒的空隙率；c_{As} 为催化剂外表面上组分 A 的浓度，$kmol/m^3$。

将球形催化剂上进行的一级不可逆反应时的 η_s 和 φ_s 的关系列于表 5-4 中。由数据可以看出，不同球形催化剂的有效系数（η_s）和 φ_s 的关系：

φ_s 很小时，$\eta_s \approx 1$，此时，表示催化剂颗粒很小，内扩散对反应速率无影响。对于大多数气固球形催化剂的催化反应，可简单判断 $\varphi_s < 0.3$ 时，内扩散影响可忽略。反之，φ_s 很大时，表示催化剂颗粒很大，此时内扩散对的影响不容忽视，此时，$\eta_s \ll 1$。若 $\varphi_s > 3$ 时，则 $\eta_s \approx \frac{1}{\varphi_s}$。

表 5-4　球形催化剂上进行的一级不可逆反应时的 η_s 和 φ_s 的关系

φ_s	0.1	0.2	0.3	0.5	1	2	3	5	10
η_s	0.994	0.977	0.950	0.876	0.672	0.416	0.296	0.187	0.097

固定床催化反应器内常用的是直径为 3～5mm 的大颗粒催化剂，一般难以消除内扩散的影响。在反应器设计中，则应考虑内扩散的影响。工业颗粒催化剂的 η_s 一般在 0.2～0.8 之间。

5.3.2.5　气固相催化反应的宏观动力学方程

在固定床催化反应器设计中采用的反应速率方程，是包括表面化学反应速率和传质速率的总反应速率方程，即气固相催化反应的宏观动力学方程。

以颗粒内部、流体与颗粒外表面间的温度差可忽略的一级可逆反应 $A \rightleftharpoons B$ 为例，当反应器内操作稳定时，单位时间内从气流主体扩散到催化剂外表面的反应组分的量必等于催化剂颗粒内实际反应量，即外扩散速率等于实际表面化学反应速率，并与总反应速率相等：

$$N_A = \beta_{c,A} \cdot S_e \cdot \psi \cdot (c_{Ag} - c_{As}) = \beta_s S_i f(c_{As}) \eta_s = r_A \tag{5-124}$$

对于一级可逆反应，则上式中的 $f(c_{As}) = c_{As} - c_A^*$

由式(5-124) 解得：

$$r_A = \frac{1}{\dfrac{1}{\beta_{c,A} S_e \psi} + \dfrac{1}{\beta_s S_i \eta_s}} (c_{Ag} - c_A^*) \tag{5-125}$$

式(5-125) 是同时考虑了内、外扩散影响的一级可逆反应的总反应速率方程，即气固相催化反应的宏观动力学方程。它概括了传质和表面化学反应的总过程。公式分母中的第一项 $\frac{1}{\beta_{c,A} S_e \psi}$ 表示外扩散阻力；第二项 $\frac{1}{\beta_s S_i \eta}$ 表示内扩散阻力与表面反应阻力之和；$(c_{Ag} - c_A^*)$ 是反应过程的推动力。

① 若 $\frac{1}{\beta_{c,A} S_e \psi} \gg \frac{1}{\beta_s S_i \eta_s}$；外扩散阻力很大，过程为外扩散控制，则得到外扩散控制的总反应速率方程：

$$r_A = \beta_{c,A} S_e \psi (c_{Ag} - c_A^*) \tag{5-126}$$

② 若 $\frac{1}{\beta_{c,A}S_e\psi} \ll \frac{1}{\beta_s S_i \eta_s}$，并且 $\eta_s < 1$ 时，表明外扩散阻力可以忽略不计，内扩散阻力对过程存在影响，则得到内扩散控制的总反应速率方程：

$$r_A = \beta_s S_i \eta_s (c_{Ag} - c_A^*) \tag{5-127}$$

③ 若 $\frac{1}{\beta_{c,A}S_e\psi} \ll \frac{1}{\beta_s S_i \eta_s}$，并且 $\eta_s \approx 1$ 时，表明内、外扩散影响均可不计，则得到化学动力学控制的总反应速率方程：

$$r_A = \beta_s S_i (c_{Ag} - c_A^*) \tag{5-128}$$

以上是一级可逆反应的情况，若反应为一级不可逆反应，其宏观动力学方程与以上公式相同，只是 $c_A^* = 0$。

若反应为非一级反应，欲求过程的总速率，需由式(5-116) 和式(5-121) 联立求解。但在大多数工业生产中，外扩散阻力一般可忽略不计，这时 $f(c_{As}) = f(c_{Ag})$，故应用气流主体的组分浓度，即可计算过程的总速率。

[例题 5-7] 用直径为 6mm 的球形催化剂进行一级不可逆反应 $A \longrightarrow R + P$，气相中 A 的摩尔分数 $y_A = 0.50$，操作压力 $P = 0.10133\text{MPa}$，反应温度 $T = 500℃$，已知单位体积床层的反应速度常数为 0.333s^{-1}，床层空隙率为 0.5，组分 A 在颗粒内的有效扩散系数为 $0.00296\text{cm}^2/\text{s}$，外扩散传质系数为 40m/h，计算：

(1) 催化剂内扩散效率因子，其影响是否严重。

(2) 催化剂外表面浓度 c_{AS}，并说明外扩散影响是否严重。

(3) 传质速度。

解：一级不可逆反应，$n=1$ 所以：

(1) $\varphi_s = \frac{R}{3}\sqrt{\frac{\beta_v \ (c_{As}^{n-1})}{D_{eff}(1-\varepsilon)}} = \frac{R}{3}\sqrt{\frac{\beta_v}{D_{eff}(1-\varepsilon)}} = \frac{0.6}{3\times 2} \times \sqrt{\frac{0.333}{0.00296\times(1-0.5)}} = 1.5$

$\eta_s = \frac{1}{\varphi_s}\left[\frac{1}{\tanh(3\varphi_s)} - \frac{1}{3\varphi_s}\right] = \frac{1}{1.5} \times \left[\frac{1}{\tanh(3\times 1.5)} - \frac{1}{3\times 1.5}\right] = 0.5187$

此时内扩散对反应速率的影响不容忽视。

(2) 取 1m^3 的催化床层反应体积：

$$pV = nRT$$

$$n = \frac{pV}{RT} = \frac{0.5\times 1.01325\times 10^5 \times 1}{8.314\times(500+273.15)} = 7.88(\text{mol})$$

$$c_{Ag} = 7.88\text{mol/m}^3$$

$$S_e = \frac{4\pi\left(\frac{d_p}{2}\right)^2(1-\varepsilon)}{\frac{4}{3}\pi\left(\frac{d_p}{2}\right)^3} = \frac{6(1-\varepsilon)}{d_p} = \frac{6\times(1-0.5)}{6\times 10^{-3}} = 500\text{m}^2/\text{m}^3$$

$$N_A = \beta_{c,A} \cdot S_e \cdot \psi \cdot (c_{Ag} - c_{As}) = \frac{40}{3600} \times 500 \times 1 \times (7.88 - c_{As})$$

$$r_A = \beta_v \eta_s c_{As} = 0.333 \times 0.5187 c_{As}$$

$$N_A = r_A$$

$$\frac{40}{3600} \times 500 \times 1 \times (7.88 - c_{As}) = 0.333 \times 0.5187 c_{As}$$

$c_{As} \approx 7.64 mol/m^3$

说明外扩散影响不是很严重，按内扩散控制计算，$\beta_v = \beta_s \cdot S_i$。

(3) $r_A = \beta_s S_i \eta_s (c_{Ag} - c_A^*) = r_A = \beta_s S_i \eta_s c_{As} = \beta_v \eta_s c_{As} = 0.333 \times 0.5187 \times 7.64 = 1.3196 mol/(m^3 \cdot s)$

[例题 5-8] 体积为 $100m^3$ 的管式反应器内部充填半径为 2.50mm 的球形颗粒催化剂，气体稳定时，每秒有 0.24kmol 的反应物 A 按等温一级不可逆反应分解，反应物 A 在颗粒内的有效扩散系数为 $1.2 \times 10^{-6} m^2/s$，气流中反应物 A 的分压为 0.10133MPa，$T = 700K$。(1) 试估计催化剂颗粒内部的内扩散效率因子。(2) 若催化剂的活性提高一倍，微孔的有效扩散系数下降为 $7 \times 10^{-7} m^2/s$，内扩散效率因子为多少？(3) 若催化剂活性提高一倍，有效扩散系数仍为 $7 \times 10^{-7} m^2/s$，如果要求内扩散效率因子不变，催化剂颗粒粒径为多少？

解： (1) $c_{As} = \frac{p_{As}}{RT} = \frac{0.101325}{0.008309 \times 700} = 0.0174 mol/cm^3$，忽略外扩散的影响，

$r_{As} = \frac{0.24}{100} = 0.0024 kmol/(s \cdot m^3) = \beta_v \eta c_{As}$，$\beta_v = \frac{r_{As}}{\eta c_{As}} = \frac{0.0024}{0.0174 \times 1} = 0.138 s^{-1}$，假定 $\eta \approx 1$，

$$\varphi = \frac{R}{3}\sqrt{\frac{\beta_v}{D_{eff}}} = \frac{2.5 \times 10^{-3}}{3}\sqrt{\frac{0.138}{1.2 \times 10^{-6}}} = 0.2826$$

$$\eta_s = \frac{1}{\varphi_s}\left[\frac{1}{\tanh(3\varphi_s)} - \frac{1}{3\varphi_s}\right] = \frac{1}{0.2826}\left[\frac{1}{\tanh(3 \times 0.2826)} - \frac{1}{3 \times 0.2826}\right] = 0.9551$$

(2) $$\varphi = \frac{R}{3}\sqrt{\frac{\beta_v}{D_{eff}}} = \frac{2.5 \times 10^{-3}}{3}\sqrt{\frac{2 \times 0.138}{7 \times 10^{-7}}} = 0.5233$$

$$\eta_s = \frac{1}{\varphi_s}\left[\frac{1}{\tanh(3\varphi_s)} - \frac{1}{3\varphi_s}\right] = \frac{1}{0.5233}\left[\frac{1}{\tanh(3 \times 0.5233)} - \frac{1}{3 \times 0.5233}\right] = 0.8666$$

(3) $$\varphi = \varphi' = \frac{R'_P}{3}\sqrt{\frac{\beta'_v}{D'_{eff}}} = \frac{R_P}{3}\sqrt{\frac{\beta_v}{D_{eff}}}$$

$$R'_P = R_P\sqrt{\frac{\beta_v D'_{eff}}{\beta'_v D_{eff}}} = 2.5 \times \sqrt{\frac{7 \times 10^{-7}}{2 \times 1.2 \times 10^{-6}}} = 1.35(mm)$$

5.3.2.6 影响催化转化率的因素

影响催化转化率的主要因素有温度、空间速率（空速）、操作压力及废气的初始组成等。

(1) 温度

对不可逆反应，由于不存在逆反应的影响，即平衡的限制，因而无论是吸热反应还是

放热反应，要求反应尽可能在高的温度下进行。对于可逆反应，由于受到平衡的限制，须同时考虑平衡反应率 x_A^* 和反应速率常数 k 对总反应速率的影响。x_A^* 或 k 的增大都会加快反应速率，而 x_A^* 和 k 又分别是温度 T 和反应热效应的函数。对可逆吸热反应，温度升高，x_A^* 和 k 均增加，反应速率加快。对于这种反应也是希望在尽可能高的温度下进行。

(2) 空间速率

在一定范围内，空速增加可以提高单位体积催化剂床层的气体处理能力，而反应速率降低不大。因此，催化反应一般在保证要求的反应允许床层压降的条件下，采用较大空速。在选择空速的时候，还应保证对上流式固定床操作，不能使床层冲起。

(3) 操作压力

加压一般能加速催化反应，减少设备体积，但因催化净化处理的是工厂排放的废气，故回收价值不大，一般将废气的排放压力（略高于常压）作为操作压力。

(4) 废气的初始组成

废气的初始组成直接影响反应速率 r_A、催化剂用量 V_R 和平衡转化率 x_A。不同的催化净化过程，理想的初始组成也不相同。例如：对硝酸尾气氨选择性催化还原，要求控制 $NO_2:NH_3=1.0:1.4$；而对催化燃烧的有机废气，O_2 和 HC 的比例应控制在爆炸下限。

废气中少量的催化剂毒物会影响催化剂的活性，因此一般要求对废气进行预处理，以除去这些少量毒物。

5.3.3 机动车尾气的催化净化

5.3.3.1 汽油车尾气的催化净化

汽车尾气中含有 NO_x、HC 和 CO 等污染物。随着汽车尾气污染的日益严重和汽车排放法规的逐年严格化，汽车污染控制技术也得到极大发展，已从机内控制阶段、氧化催化控制阶段发展到三元催化净化（三效催化净化技术）阶段。

三元催化器由外壳、载体和涂层组成，如图 5-34 所示。外壳由不锈钢材料制成，载体一般为蜂窝状陶瓷材料，在载体孔道的壁面上涂有一层非常稀松的活性层，在涂层表面散布着贵金属活性材料，一般为铂、铑、钯等，外加助催化剂钡或镧。

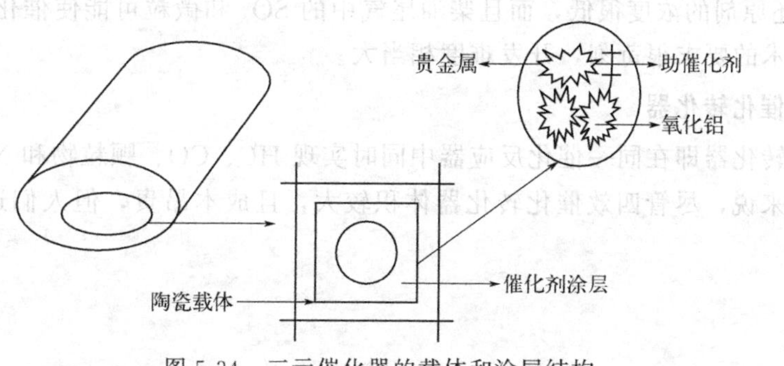

图 5-34　三元催化器的载体和涂层结构

当汽车尾气中的 CO、HC、NO_x 移向催化剂，在贵金属 Pt 的催化作用下，NO 与 O_2 反应生成 NO_2，并以硝酸盐的形式被吸附在碱土金属（或稀土金属）表面，同时 CO 和 HC

被氧化反应成CO_2和H_2O后从催化剂排出，作为还原剂的CO、HC和H_2还与从碱土金属表面析出的NO_2反应，生成CO_2、H_2O和N_2，使碱土金属得到再生。

混合稀土贵金属构成的三元催化剂（属于低温催化剂）对CO和HC的脱除率高于90%，对NO_x的净化率也高于90%，起燃温度低（<200℃），耐热性好（>1000℃），对S和Pb有一定的抗毒性，可在较宽的空燃比下使用。

5.3.3.2 柴油车尾气的催化净化

柴油车尾气净化主要包括催化法转化器、颗粒捕集器的应用。

（1）氧化催化剂（DOC）

氧化催化剂活性成分可用Pt和Pd，多采用蜂窝状陶瓷结构作为载体材料，其最佳工作温度范围是200～350℃。柴油机氧化催化剂能氧化尾气排放颗粒物中的大部分可溶性有机物、气态的HC和CO、臭味和其他一些有毒有机物（如PAH、醛类等）。因为不捕集固态的颗粒物，氧化催化剂不需要再生，可以长期连续使用。在不影响燃料消耗和NO_x排放的情况下，净化挥发性HC和CO的效率可达80%，因此可在一定程度上减少柴油车的颗粒物排放。需要注意的是二氧化硫排放会导致催化剂中毒、颗粒物排放量增加。

（2）颗粒捕集器（DPF）

颗粒捕集器是利用一种内部孔隙极微小、能捕获微粒物的过滤介质来捕集排气中的微粒，捕集到的绝大部分是干的或吸附着可溶性有机成分的碳粒。然后采取不同的方法来燃烧（氧化）/清除过滤器中收集的颗粒物，使颗粒捕集器再生后循环使用。存在的主要问题：如何有效去除捕集下来的炭黑并使过滤器再生。柴油机颗粒物中包含固态的碳，外裹一层分子量很大的碳氢化合物。这种混合物的燃点在500～600℃，远大于柴油机排气的正常温度范围（150～400℃）。因此，需要设计特殊的方法来保证点火再生，但是一旦被点燃，这些物质燃烧产生的高温又可能使过滤器熔化和断裂。颗粒捕集器开发的关键问题就是要在不损坏捕集器的前提下实现点火和再生。

（3）柴油机稀燃条件下氮氧化物还原催化

柴油机在稀燃条件下运行，普通汽油机的三效催化剂不能用于控制柴油机NO_x的排放。这方面的技术目前正处于研发阶段，但由于柴油机排气中O_2浓度高，排气温度低，HC和CO等还原剂的浓度很低，而且柴油尾气中的SO_2和微粒可能使催化剂失活。因此，对催化净化技术的要求很苛刻，开发难度相当大。

（4）四效催化转化器

四效催化转化器即在同一催化反应器中同时实现HC、CO、颗粒物和NO_x四种污染物的净化。目前来说，尽管四效催化转化器体积较大，且成本昂贵，但人们还是对其进行了大量的研究。

习题

5-1 某混合气体中含有2%（体积分数）CO_2，其余为空气。混合气体的温度为30℃，总压强为500kPa。从手册中查得30℃时在水中的亨利系数$E=1.88\times10^{-5}$kPa，试求溶解度系数H及相平衡常数m，并计算每100g与该气体相平衡的水中溶有多少克CO_2。

5-2 20℃时 O_2 溶解于水的亨利系数为40100atm，试计算平衡时水中氧的含量。

5-3 用乙醇胺（MEA）溶液吸收 H_2S 气体，气体压力为 20atm，其中含 0.1%（体积分数）H_2S。吸收剂中含 0.25mol/m^3 的游离 MEA。吸收在 293K 进行。反应可视为如下的瞬时不可逆反应：

$$H_2S+CH_2CHCH_2NH_2 \longrightarrow HS^-+CH_2CHCH_2NH_3^+。$$

已知：$\beta_{Al}a=108h^{-1}$，$\beta_{Ag}a=216mol/(m^3 \cdot h \cdot atm)$，$D_{Al}=5.4\times10^{-6}m^2/h$，$D_{Bl}=3.6\times10^{-6}m^2/h$。

试求单位时间的吸收速率。

5-4 在吸收塔内用清水吸收混合气中的 SO_2，气体流量为 5000m^3/h，其中 SO_2 占 5%，要求 SO_2 的回收率为 95%，气、液逆流接触，在塔的操作条件下，SO_2 在两相间的平衡关系近似为 $Y^*=26.7X$，试求：

(1) 若用水量为最小用水量的 1.5 倍，用水量应为多少？

(2) 在上述条件下，用图解法求所需的传质单元数。

5-5 某吸收塔用来去除空气中的丙酮，吸收剂为清水。入口气体流量为 10m^3/min，丙酮含量为 11%（摩尔分数），要求出口气体中丙酮的含量不大于 2%（摩尔分数）。在吸收塔操作条件下，丙酮-水的平衡曲线（1atm 和 299.6K）可表示为：$y=0.33x\,e^{1.95(1-x)^2}$。

(1) 试求水的用量，假设用水量取为最小用水量 1.75 倍。

(2) 假设气相传质单元高度（以 m 计）$H_{0y}=3.3G^{0.33}L^{-0.33}$。其中 G 和 L 分别为气、液相的流量 [以 kg/(m^2·h) 表示]，试计算所需要的高度。

5-6 某活性炭填充固定吸附床层的活性炭颗粒直径为 3mm，把浓度为 0.15kg/m^3 的 CCl_4 蒸汽通入床层，气流速度为 5m/min，在气流通过 220min 后，吸附质达到床层 0.1m 处；505min 后达到 0.2m 处。设床层高 1m，计算吸附床最长能够操作多少分钟，而 CCl_4 蒸汽不会逸出？

5-7 在直径为 1m 的立式吸附器中，装有 1m 高的某种活性炭，填充密度为 230kg/m^3，当吸附 $CHCl_3$ 与空气的混合气时，通过气速为 20m/min，$CHCl_3$ 的初始浓度为 30g/m^3，设 $CHCl_3$ 蒸汽完全被吸附，已知活性炭对 $CHCl_3$ 的静活性为 26.29%，解吸后炭层对 $CHCl_3$ 的残留活性为 1.29%，求吸附操作时间及每一周期对混合气体的处理能力。

5-8 在温度为 323K 时，测得 CO_2 在活性炭上吸附的实验数据如下，试确定在此条件下弗罗因德利希方程中的常数 n、k 值和朗缪尔方程中的常数 K。

单位吸附剂吸附的 CO_2 体积/(cm^3/g)	气相中 CO_2 的分压/atm
30	1
51	2
67	3
81	4
93	5
104	6

5-9 利用活性炭吸附处理脱脂生产中排放的废气，排气条件为 294K、1.38×10^{5}Pa，废气量 25400m^3/h。废气中含有体积分数为 0.02 的三氯乙烯，要求回收率 99.5%。已知

采用的活性炭的吸附容量为28kg（三氯乙烯）/100kg（活性炭），活性炭的密度为577kg/m^3，其操作周期为4h，加热和解析2h，备用1h，试确定活性炭的用量和吸附塔尺寸。

5-10 尾气中苯蒸气的浓度为0.025kg/kg（干空气），欲在298K和2atm条件下采用硅胶吸附净化。固定床保护作用时间至少要90min。设穿透点时苯的浓度为0.0025kg/kg（干空气），当固定床出口尾气中苯浓度达0.020kg/kg（干空气）时即认为床层已耗竭。尾气通过床层的速度为1m/s（基于床的整个横截面积），试确定所需要的床高。已知硅胶的堆积密度为625kg/m^3，平均粒径D_p=0.60cm，平均表面积a=600m^2/m^3。在上述操作条件下，吸附等温线方程为：$Y^*=0.167X^{1.5}$。

式中，Y^*单位为kg（苯）/kg（干空气），X单位为kg（苯）/kg（硅胶）。假定气相传质单元高度：

$$H_{OY}=0.00237(D_pG/\mu)^{0.51}$$

5-11 把处理量为250mol/min的某一污染物引入催化反应器，要求达到74%的转化率。假设采用长6.1m，直径3.8cm的管式反应器，求所需要催化剂的质量和所需要的反应管数目。

假定反应速率可表示为：$R_A=-0.15(1-x_A)$mol/[kg（催化剂）·min]。催化剂堆积密度为580kg/m^3。

5-12 为减少SO_2向大气环境的排放量，一管式催化反应器用来把SO_2转化为SO_3。其反应方程式为$2SO_2+O_2 = 2SO_3$，总进气量是7264kg/d，进气温度为250℃，二氧化硫的流速是227kg/d。假设反应是绝热进行且二氧化硫的允许排放量是56.75kg/d。试计算气流的出口温度。SO_2反应热是171.38kJ/mol，热容是0.20J/(g·K)。

5-13 拟用活性炭吸附器回收废气中所含的三氯乙烯。已知废气排放条件为294K、1.38×10^{5}Pa，废气中含三氯乙烯的体积分数为2.0×10^{-3}，流量为12700m^3/h，要求三氯乙烯的回收率为99.5%。测得所要采用的活性炭对三氯乙烯的吸附容量为0.28kg（三氯乙烯蒸气）/kg（活性炭），活性炭的堆积密度为576.7kg/m^3，其吸附周期为4h。操作气速根据经验，取0.5m/s，求固定吸附床高度。

5-14 某车间拟用活性炭吸附净化含苯废气，采用2个固定床组成一连续吸附流程，工况如下：常温常压条件下，废气排放量为4.5m^3/s，进口苯浓度1800mg/m^3，出口苯浓度10mg/m^3；活性炭的吸附容量为0.18kg（苯）/kg（活性炭），密度580kg/m^3；吸附床的操作周期8h，吸附4h，再生3h，备用1h。问：该工艺共需要活性炭多少立方米？

5-15 某汽车涂装生产线晾干室面积为84m^2，通风采用上送下排方式，断面风速0.20m/s，涂装所用溶剂主要是甲苯和二甲苯，其产生的废气中有机物浓度为100～200mg/m^3，温度为20～25℃。现采用活性炭纤维吸附浓缩-催化燃烧法进行处理，即采用活性炭纤维首先吸附废气中的有机物，而后用120℃左右的热空气对纤维进行再生（吸附周期和脱附周期时间相同），再生产生的高温、高浓度有机废气进入催化燃烧装置进行处理。

(1) 若第一级活性炭纤维吸附有机物的去除效率为95%，第二级催化燃烧法有机物去除效率为98%，计算系统有机物总去除效率。

(2) 假如第一级活性炭纤维吸附浓缩装置对有机物的浓缩倍数是20，则系统所选用的催化燃烧装置的处理风量按照标准状态计算是多少？

5-16 某气-固相一级不可逆催化反应，已知反应温度为350℃，在该温度下反应速率为 1.15×10^{-5} mol/(cm^3·s)，颗粒外表面A组分的浓度为 1.1×10^{-5} mol/cm^3，A的分子量为128，催化剂颗粒为球形，直径为0.18cm，颗粒密度为 $\rho_p=1.0$ g/cm^3，孔隙率 $\varepsilon_p=0.48$，比表面 $S_g=468$ m^2/g，形状因子 $\delta=2.9$，若分子扩散可不考虑，试求催化剂的内扩散效率因子。

5-17 乙烯直接水合制乙醇可视为对乙烯的一级不可逆反应，在300℃、7.09MPa下，$\beta_v=0.09$ s^{-1}，$D_{eff}=7.04\times10^{-4}$ cm^2/s，采用直径与高均为5mm的圆柱形催化剂，求内扩散有效因子。

5-18 异丙苯在某催化剂上裂解生成苯，如催化剂为微球状，已知 $\rho_P=1.06$ g/cm^3，颗粒孔隙率 $\varepsilon_p=0.52$，$S_g=350$ m^2/g，求在500℃、1atm，异丙苯在催化剂微孔中的有效扩散系数。异丙苯的分子量为120，微孔的曲节因子 $\delta=3$，异丙苯-苯的分子扩散系数为0.155cm^2/s。球形催化剂颗粒直径为0.5cm，550℃时该反应的速率常数 $\beta_v=0.25$ s^{-1}，试求此催化剂的内扩散效率因子。

第6章

烟（废）气脱硫脱硝技术

6.1 烟气脱硫概述

6.1.1 大气中 SO_2 的来源及危害

大气中 SO_2 来源于自然过程和人类活动两方面。自然过程包括火山爆发喷出的 SO_2，沼泽、湿地、大陆架等释放的 H_2S 进入大气中被氧化为 SO_2，含硫有机物被细菌分解及海洋形成的硫酸盐气溶胶在大气中经过一系列变化而产生的 SO_2 等。天然排放的 SO_2 量约占大气中总量的1/3。天然产生的 SO_2 属全球性分布，浓度低，易于被稀释和净化，一般不会形成严重的大气污染，也不会形成酸雨。人为排放的 SO_2 主要来自化石燃料的燃烧，含硫化氢油气井作业中硫化氢的燃烧排放，含硫矿石（特别是含硫较多的有色金属矿石）的冶炼、化工、炼油和硫酸厂等的生产过程。人为排放比较集中，是造成大气污染和酸雨的重要原因。

SO_2 的污染属于低浓度的长期污染，对生态环境是一种慢性、叠加性的长期危害。SO_2 对人体健康的影响主要是通过呼吸道系统进入人体，与呼吸器官作用，引起或加重呼吸器官疾病。对植物而言，SO_2 主要是通过叶面气孔进入植物体内对植物造成伤害。SO_2 进入大气后形成的硫酸烟雾和酸雨会造成更大的危害。

6.1.2 烟气脱硫的主要方法

控制 SO_2 的基本方法有燃烧前（燃料）脱硫、燃烧过程中脱硫和燃烧后（烟气）脱硫三种。前两种方法已在本书第 2 章作了介绍。本章只介绍烟气脱硫（flus gas desulphurization，FGD）技术，即从烟气中去除 SO_2 的技术。据初步统计，烟气脱硫方法有 100 多种，但由于烟气脱硫过程中需要净化的废气量大、SO_2 的浓度低（通常为 10^{-4}～10^{-3} 数量级），因此烟气脱硫成本较高。综合考虑经济上的合理性和技术上的可行性，真正用于工业生产过程中的脱硫方法较少。

世界各国尤其是日本、美国和德国对烟气脱硫方法研究较多，根据是否回收烟气中的硫，烟气脱硫方法可分为抛弃法和回收法。抛弃法是将 SO_2 转化为固体残渣抛弃，优点是设备简单、投资和运行费用低，但硫资源未回收利用，同时存在残渣的二次污染问题。回收法是将烟气中的硫转化为硫酸、元素硫、液体二氧化硫或工业石膏等产品，其优点是变害为利，但一般需付出高的回收成本，经济效益低。一些回收法的脱硫剂在工艺中可被再生后循环利用，这些方法又称为再生法。回收法一般要在脱硫前配备高效除尘器以除去烟气中的烟尘，而抛弃法可同时进行脱硫与除尘的操作。

根据脱硫后的直接产物是否为溶液（浆液），烟气脱硫方法可分为湿法、半干法和干法三类。湿法脱硫是利用碱性吸收液吸收烟气中的 SO_2，其直接产物也为溶液或浆液。湿法脱硫是目前最常用的脱硫方法，脱硫效率高（90%～98%）、容量大、成本低、操作简单、副产品易回收等。半干法是用雾化的脱硫剂或浆液脱硫，在脱硫过程中烟道气的部分热量用于蒸发吸收液中的水分，因此烟气温度较低，烟气中的二氧化硫与石灰反应生成亚硫酸钙，最终产品是干燥的粉状产品。该法不产生废水，反应物可综合利用，投资和运营成本低，主要包括喷雾干燥法、烟气循环法和流化床法等。干法是利用固体吸附剂、气相反应剂或催化剂在不增加湿度条件下脱除 SO_2 的方法。干法脱硫的优点是工艺流程简单、不结垢、不腐蚀设备、不产生废水、能耗低、操作方便。脱硫效率在85%以上。表 6-1 列出了目前使用较多且较为成熟的主要脱硫方法。

表 6-1　一些主要脱硫方法介绍

方法分类	脱硫剂	脱硫方法	干湿状态	脱硫产物处理	脱硫产物
石灰石/石灰法	$CaCO_3/CaO$	湿式石灰石/石灰-石膏法	湿法	氧化	$CaSO_4 \cdot 2H_2O$
		石灰-亚硫酸钙法	湿法	加工产品	$CaSO_3 \cdot 2H_2O$
		炉内喷钙-炉后活化法	半干法	抛弃或利用	脱硫灰
		喷雾干燥法	半干法	抛弃或利用	脱硫灰
		循环流化床脱硫法	半干法	抛弃或利用	脱硫灰
		增湿灰循环脱硫法	半干法	抛弃或利用	脱硫灰
		石灰石/石灰直接喷射法	干法		—
氨法	$(NH_4)_2SO_3$ $(NH_3 \cdot H_2O)$	氨-酸法	湿法	酸化分解	浓 SO_2、化肥
		氨-亚硫酸铵法	湿法	氨中和	亚硫酸铵
		氨-硫酸铵法	湿法	氧化	硫酸铵
	$NH_3 \cdot H_2O$	新氨法	湿法	酸分解、制酸	化肥、硫酸
钠碱法	Na_2SO_3 $(NaOH、Na_2CO_3)$	亚硫酸钠循环法	湿法	热再生	浓 SO_2
		亚硫酸钠法	湿法	碱中和	亚硫酸钠
		钠盐-酸分解法	湿法	酸化分解	浓 SO_2、冰晶石
	海水	海水脱硫法	湿法	排入大海	—
间接石灰石/石灰法	NaOH 或 Na_2CO_3	双碱法	湿法	石灰中和	$CaSO_4 \cdot 2H_2O$
	$Al_2(SO_4)_3/Al_2O_3$	碱性硫酸铝-石膏法	湿法	石灰中和	$CaSO_4 \cdot 2H_2O$
金属氧化法	MgO	氧化镁法	湿法	加热分解	浓 SO_2
	ZnO	氧化锌法	湿法	加热分解	浓 SO_2、氧化锌
	MnO	氧化锰法	湿法	电解	金属锰

6.2 湿法脱硫技术

6.2.1 石灰石/石灰法

石灰石或石灰是最早作为烟气脱硫的吸收剂之一。由于石灰石分布广、成本低廉，因而石灰石/石灰法在各种脱硫方法中运行费用最低，得到的副产品可以回收，也可抛弃。由于工艺路线不同，副产物为石膏或半水合亚硫酸钙。副产物为石膏的脱硫方法又叫石灰-石膏法。石灰石/石灰烟气脱硫技术是最早实现工业化应用的脱硫技术，也是目前实用业绩最多的单项技术。其优点为技术成熟、运行状况稳定、原材料石灰石分布广、成本低廉。世界上应用烟气脱硫装置最多的美、德、日三国中，石灰石/石灰装置分别占80%、90%、75%以上。其缺点是装置容易结垢堵塞，解决该问题最有效的办法是在吸收液中加入添加剂，目前采用的添加剂有镁离子、氯化钙或己二酸等。加入添加剂后，不仅能抑制结垢和堵塞现象，而且还能提高吸收效率。

6.2.1.1 吸收原理

石灰石/石灰烟气脱硫系统中 SO_2 的吸收反应如下：

石灰石：$CaCO_3+SO_2+1/2H_2O \rightleftharpoons CaSO_3 \cdot 1/2H_2O+CO_2\uparrow$

石灰：$CaO+SO_2+1/2H_2O \rightleftharpoons CaSO_3 \cdot 1/2H_2O$

表6-2分别给出了石灰石和石灰法湿法烟气脱硫的反应机理。这两种机理说明了相应系统所必须经历的化学反应。气相中的 SO_2 首先溶解于水，并在水中发生解离反应，石灰石系统中生成的 CO_2 被烟气带走。

一般在脱硫塔底部设浆液循环池，并通入空气将生成的亚硫酸钙氧化为硫酸钙：

$$2CaSO_3 \cdot 1/2H_2O+O_2+3H_2O \rightleftharpoons 2CaSO_4 \cdot 2H_2O$$

$$CaSO_3 \cdot 1/2H_2O+SO_2+1/2H_2O \rightleftharpoons Ca(HSO_3)_2$$

$$Ca(HSO_3)_2+1/2O_2+H_2O \rightleftharpoons CaSO_4 \cdot 2H_2O+SO_2\uparrow$$

表6-2 石灰石和石灰法湿法烟气脱硫的反应机理

反应类型	石灰石	石灰
溶解反应	$SO_2(气)+H_2O \rightleftharpoons SO_2(液)+H_2O$ $SO_2(液)+H_2O \rightleftharpoons H_2SO_3$ $H_2SO_3 \rightleftharpoons H^++HSO_3^- \rightleftharpoons 2H^++SO_3^{2-}$	$SO_2(气)+H_2O \rightleftharpoons SO_2(液)+H_2O$ $SO_2(液)+H_2O \rightleftharpoons H_2SO_3$ $H_2SO_3 \rightleftharpoons H^++HSO_3^- \rightleftharpoons 2H^++SO_3^{2-}$
解离反应	$H^++CaCO_3 \rightleftharpoons HCO_3^-+Ca^{2+}$	$CaO+H_2O \rightleftharpoons Ca(OH)_2$ $Ca(OH)_2 \rightleftharpoons Ca^{2+}+2OH^-$
吸收反应	$Ca^{2+}+1/2H_2O+SO_3^{2-} \rightleftharpoons CaSO_3 \cdot 1/2H_2O$ $Ca^{2+}+HSO_3^-+2H_2O \rightleftharpoons CaSO_3 \cdot 2H_2O+H^+$	$Ca^{2+}+1/2H_2O+SO_3^{2-} \rightleftharpoons CaSO_3 \cdot 1/2H_2O$ $Ca^{2+}+HSO_3^-+2H_2O \rightleftharpoons CaSO_3 \cdot 2H_2O+H^+$
中和反应	$H^++HCO_3^- \rightleftharpoons H_2CO_3$ $H_2CO_3 \rightleftharpoons CO_2+H_2O$	$H^++OH^- \rightleftharpoons H_2O$

续表

反应类型	石灰石	石灰
总反应	$CaCO_3+SO_2+1/2H_2O \rightleftharpoons CaSO_3 \cdot 1/2H_2O+CO_2\uparrow$	$CaO+SO_2+1/2H_2O \rightleftharpoons CaSO_3 \cdot 1/2H_2O$

从表 6-2 中可以看出：在石灰和石灰石系统中，Ca^{2+} 的存在对于脱硫反应至关重要。所不同的是，在石灰系统中，Ca^{2+} 的产生仅与 CaO 的存在有关；而对于石灰石系统来说，Ca^{2+} 的产生与 H^+ 浓度和 $CaCO_3$ 的存在有关。因此，为保证液相中足够的 Ca^{2+} 浓度，石灰石系统在运行时，其 pH 值较石灰系统的低，一般情况下，石灰石系统的最佳操作 pH 值为 5.8～6.2，石灰系统的最佳操作 pH 值约为 8.0。

[例题 6-1] 试确定常温下石灰法脱硫的最佳操作 pH 值（假定溶液中各种反应达到平衡状态）。已知：$SO_2(液)+H_2O \rightleftharpoons H_2SO_3 \qquad \lg K_{hs}=\frac{1376.1}{T}-4.521$

$$H_2SO_3 \rightleftharpoons H^+ + HSO_3^- \rightleftharpoons 2H^+ + SO_3^{2-} \qquad \lg K_{a1}=\frac{854}{T}-4.74;\lg K_{a2}=\frac{629.1}{T}-9.278$$

$$H_2O \rightleftharpoons H^+ + OH^- \qquad \lg K_w=\frac{4471}{T}+6.0875-0.01706T$$

$$k_{sp}(CaSO_3)=10^{5.7}$$

解：根据石灰石法吸收脱硫过程可知，各种反应达到平衡状态时，溶液中的 $[H^+]$ 与下列四个反应过程有关：

$$H_2SO_3 \rightleftharpoons H^+ + HSO_3^-$$

$$HSO_3^- \rightleftharpoons H^+ + SO_3^{2-}$$

$$H_2O \rightleftharpoons H^+ + OH^-$$

$$Ca(OH)_2 \rightleftharpoons Ca^{2+} + 2OH^-$$

$$[H^+]=[HSO_3^-]+2[SO_3^{2-}]+[OH^-]-2[Ca^{2+}]$$

将上式中各种离子的浓度都用 $[H^+]$ 和 $[HSO_3^-]$ 表示，得到如下方程式：

$$\left(1+\frac{2K_{a2}}{[H^+]}\right)[HSO_3^-]+\left(\frac{K_w}{[H^+]}-[H^+]\right)[HSO_3^-]-\frac{2K_{sp}[H^+]}{K_{a2}}=0$$

在不同 $[H^+]$ 条件下，可计算得到 $[HSO_3^-]$，计算结果如下：

pH	$[HSO_3^-]$/(mol/L)	pH	$[HSO_3^-]$/(mol/L)
3	0.159	7	7.7×10^{-3}
4	0.050	8	8.8×10^{-5}
5	0.0156	9	9.0×10^{-6}
6	4.4×10^{-3}	10	9.0×10^{-7}

溶液中的总硫量为：$c_S=[H_2SO_3]+[HSO_3^-]+[SO_3^{2-}]+[CaSO_3]$

溶液中的总钙量为：$c_{Ca}=[Ca^{2+}]+[CaSO_3]$

$$c_{Ca}-c_S=[Ca^{2+}]-[H_2SO_3]-[HSO_3^-]-[SO_3^{2-}]$$

再对比式（$[H^+]=[HSO_3^-]+2[SO_3^{2-}]+[OH^-]-2[Ca^{2+}]$）得：

$$c_{Ca}-c_S=\frac{1}{2}([OH^-]-[H^+]-[HSO_3^-])-[H_2SO_3]$$

将上式等号右边的各项均用 $[H^+]$ 和 $[HSO_3^-]$ 表示，可得到不同 $[H^+]$ 条件下的 $c_{Ca}-c_S$。计算结果如下：

pH	$(c_{Ca}-c_S)/(mol/L)$	pH	$(c_{Ca}-c_S)/(mol/L)$
3	-0.09	7	-3.9×10^{-4}
4	-0.025	8	-4.3×10^{-5}
5	-7.8×10^{-3}	9	5.0×10^{-7}
6	-2.2×10^{-3}	10	9.0×10^{-5}

当溶液中的石灰与溶解的 SO_2 完全反应时，$c_{Ca}-c_S=0$，此时的酸度就是最佳酸度，即 $c_{Ca}-c_S$ 最小时，对应 pH 值最佳，因此，石灰法脱硫的最佳 pH 应在 8～9 之间，此时石灰得到较完全的利用。

6.2.1.2 工艺流程及设备

传统的石灰石/石灰法的工艺流程如图 6-1 所示。该系统主要由石灰石制备系统、吸收塔系统、烟气系统、石膏脱水系统、工艺水系统组成。锅炉烟气经除尘、冷却后送入吸收塔，吸收塔内用配制好的石灰石或石灰石浆液吸收烟气中的 SO_2，净化后的烟气经除雾和再热后排放。吸收塔内排出的吸收液流入制浆系统，加入新鲜的石灰石或石灰石浆液进行再生。

吸收塔是系统的核心装置，要求气液接触面积大，气体的吸收反应良好，压力损失小，并且适用于大容量烟气处理。目前较常用的吸收塔主要有喷淋塔、填料塔、喷射鼓泡塔和道尔顿塔四类，其中喷淋塔是湿法脱硫工艺的主要塔型。各种类型的吸收塔各有其优缺点，一般来说，去除效率高的洗涤器，往往是操作可靠性最差的。

6.2.1.3 操作条件

由于烟气中 SO_2 的含量和脱硫效率要求不同，因而操作条件往往有很大差异。对大多数大型湿式钙法脱硫采用的喷淋塔而言，操作条件范围见表 6-3。

表 6-3 石灰石/石灰法烟气脱硫的操作条件

方法	浆液固体质量分数/%	浆液 pH 值	Ca/S 摩尔比	液气比/(L/m^3)	空塔气速/(m/s)
石灰石法	10～25	5.0～5.6	1.1～1.3	8.8～26	3.0
石灰法	10～15	6.5～7.5	1.05～1.1	4.7～13.6	3.0

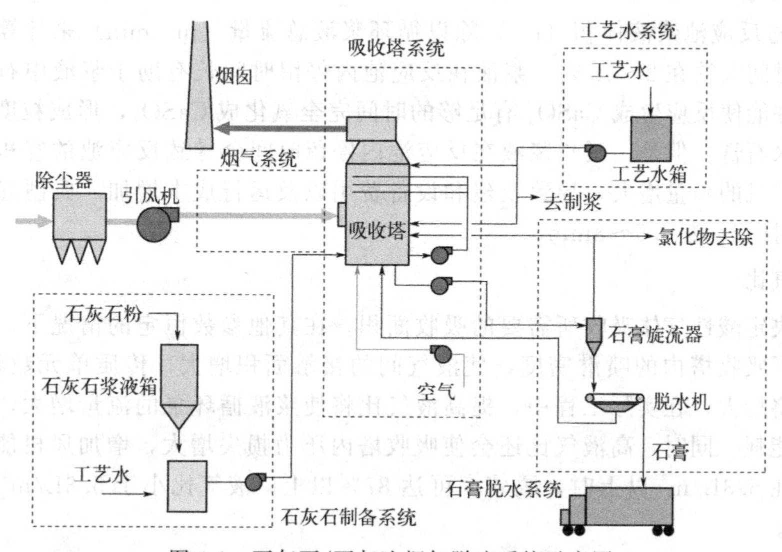

图 6-1　石灰石/石灰法烟气脱硫系统示意图

(1) 石灰石粉的颗粒粒度和纯度

石灰石颗粒粒度越小，质量比表面积就越大，因此各种反应速率也越高，脱硫效率和石灰石的利用率就越高，同时石膏中的石灰石含量低，有利于提高石膏的品质。但石灰石的粒度越小，破碎能耗越高，使系统运行成本增加。一般要求 90%的石灰石粉能通过 325 目筛（44μm）或 250 目筛（63μm）。

石灰石浆液的实际供给量取决于 $CaCO_3$ 的理论供给量和石灰石的品质。其中影响石灰石品质的主要因素是石灰石的纯度，对于石灰石湿法烟气脱硫，石灰石纯度至少控制在 90%以上。

(2) 浆液的 pH 值

浆液的 pH 值是影响脱硫率、氧化率、吸收剂利用率及系统结垢的主要因素之一。脱硫效率随 pH 值的升高而提高。低 pH 值有利于石灰石的溶解、HSO_3^- 的氧化和石膏的结晶，但是高 pH 值有利于 SO_2 的吸收。因此，在石灰石湿法烟气脱硫中，pH 值控制在 5.0～6.0 之间较适宜。在吸收过程中随着 SO_2 的吸收，溶液的 pH 值降低，还会出现“石灰石闭塞”（包固）现象。这是因为随着 SO_2 的吸收，溶液中 $CaSO_3$ 的量增加，并在石灰石粒子表面形成一层液膜，而液膜内部 $CaCO_3$ 的溶解又使 pH 值上升，使液膜中 $CaSO_3$ 析出并沉积在石灰石粒子表面，形成一层外壳，使粒子表面钝化，钝化的外壳阻碍了 $CaCO_3$ 的继续溶解，抑制了吸收反应的进行。

(3) 烟气流速

烟气的空塔截面流速越高，吸收塔的直径越小，可降低吸收塔的造价。但另一方面，烟气流速越高，烟气与浆液的接触和反应时间相应减少，烟气携带液滴的能力也相应增大，升压风机的电耗也加大。比较典型的逆流式吸收塔烟气流速一般在 2.5～5m/s 的范围内，大多数的 FGD 装置吸收塔的烟气设计流速选取为 3.5～4.5m/s。

(4) 停留时间

浆液在吸收塔内循环一次，在反应池中的平均停留时间［也叫浆液循环停留时间

(τ_c)]，可通过反应池浆液体积（m^3）除以循环浆液总流量（m^3/min）来计算。烟气在吸收区的停留时间大约在2～5s内。浆液在反应池内停留时间长有助于浆液中石灰石与SO_2完全反应，并能使反应生成$CaSO_3$有足够的时间完全氧化成$CaSO_4$，形成粒度均匀、纯度高的优质脱水石膏。但是，延长浆液在反应池内停留时间会导致反应池的容积增大，氧化空气量和搅拌机的容量增大，导致土建和设备费用以及运行成本增加。典型湿式石灰石法的浆液停留时间τ_c为3.5～8min。

(5) 液气比

液气比决定酸性气体吸收所需要的吸收面积。在其他参数恒定的情况下，提高液气比相当于增大了吸收塔内的喷淋密度，使液气间的接触面积增大，传质单元数将随之增大，脱硫效率也将增大。在实际工程中，提高液气比将使浆液循环泵的流量增大，从而增加设备的投资和能耗。同时，高液气比还会使吸收塔内压力损失增大，增加风机能耗。实验表明，液气比在5.3L/m^3以上时，脱硫率可达87%以上；液气比小于5.3L/m^3时，脱硫率平均为78%。

(6) 钙硫比

钙硫比（Ca/S）是指注入吸收剂的量与吸收SO_2量的摩尔比，反映单位时间内吸收剂原料的供给量。通常以浆液中吸收剂浓度C_t来度量。在保持浆液量（液气比）不变的情况下，钙硫比增大，注入吸收塔内吸收剂的量相应增大，引起浆液pH值上升，可增大中和反应的速率，增加反应的表面积，提高SO_2吸收效率。实际操作中Ca/S一般为1.0～1.2。

(7) 吸收剂浓度

在吸收塔浆液供给量一定的情况下，由于吸收剂（$CaCO_3$）的溶解度较低，其供给量的增加将导致浆液浓度的提高，会引起吸收剂的过饱和凝聚，最终使反应的表面积减少，影响脱硫效率。实践也证明了这一点。一般认为吸收塔的浆液浓度选择在20%～30%为宜。

6.2.1.4 存在的主要问题

石灰石/石灰烟气脱硫最主要的问题是结垢、堵塞和设备腐蚀问题，其次还有脱硫剂的利用率和脱硫产物的处置问题。

(1) 结垢和堵塞问题

固体垢物产生的原因是：①在石灰系统中当pH>9时，烟气中的CO_2进入水相与Ca^{2+}生成$CaCO_3$垢；②在石灰系统中较高pH的情况下，H_2SO_3解离产生H^+、HSO_3^-和SO_3^{2-}，SO_3^{2-}和Ca^{2+}生成溶解度很小的$CaSO_3 \cdot 1/2H_2O$，其易结晶析出形成片状软垢；③$CaSO_4 \cdot 2H_2O$结晶析出形成硬垢。

$CaSO_3$或$CaSO_4$从溶液中结晶析出是导致脱硫塔发生结垢的主要原因，特别是$CaSO_4$，其结构坚硬、易板结，一旦结垢难以去除，直接影响到所有与脱硫液接触的阀门、水泵、控制仪器和管道等。硫酸钙析出的原因是SO_4^{2-}和Ca^{2+}的离子积在局部达到过饱和，为此，在吸收塔中要保持亚硫酸盐的氧化率在20%以下。亚硫酸盐的氧化需要在脱硫液循环池中完成，为加快$CaSO_3$的氧化速度，空气必须以微细的气泡吹入，因而多采用回转式雾化器。

阻止系统结垢堵塞的措施主要有：①工艺操作上控制浆液pH值不宜过高；②控制溶

液或料浆中水分的蒸发量；③控制溶液中易于结晶物质不要过饱和，严格除尘，控制进入吸收系统的尘量。解决结垢堵塞问题最有效的办法是在吸收液中加入添加剂，如镁离子、氯化钙或己二酸等。加入添加剂后，不仅可抑制结垢，还可提高石灰石的利用率。

（2）设备腐蚀问题

化石燃料燃烧的烟气中含有多种微量的化学成分，如氯化物。在酸性环境中，它们对金属（包括不锈钢）的腐蚀性很强。为延长吸收塔的使用寿命，溶液中的氯离子浓度不能太高。为保证氯离子不发生浓缩，有效的方法是在脱硫系统中根据物料平衡排出适量的废水，并以清水补充。

（3）除雾器堵塞

在吸收塔中，雾化喷嘴并不能产生尺寸完全均匀的雾滴。较小的雾滴会被气流所夹带，如果不进行除雾，雾滴将进入烟道，造成烟道腐蚀和堵塞。除雾器必须保持清洁，目前使用的除雾器有多种形式（如折流板型等），通常用高速喷嘴每小时数次喷清水进行冲洗。

（4）脱硫剂的利用率

脱硫产物亚硫酸盐和硫酸盐可沉积在脱硫剂颗粒表面，从而堵塞了这些颗粒的溶解通道。这会造成石灰石或石灰脱硫剂来不及溶解和反应就随产物排出，增加了脱硫剂和脱硫产物的处理费用。因此脱硫液在循环池中的停留时间一般要达到5～10min。实际的停留时间与石灰石的反应性能有关，石灰石的反应性能越差，为使之完全溶解，要求它在池内的停留时间就越长。

（5）脱硫产物及综合利用

半水合亚硫酸钙通常是较细的片状晶体，这种固体产物难以分离，也不符合填埋要求。而二水合硫酸钙是大的圆形晶体，易于析出和过滤。因此，从分离的角度看，在循环池中鼓氧或空气将亚硫酸钙氧化为硫酸钙是十分必要的，通常要保证95%的脱硫产物转化为硫酸钙。

6.2.2 改进的石灰石/石灰法

为了提高SO_2的去除效率，克服石灰石/石灰烟气脱硫的结垢和堵塞问题，对石灰石/石灰烟气脱硫工艺进行了改进，主要有双碱法以及加入己二酸、硫酸镁或硫酸钙的方法。

6.2.2.1 双碱法

双碱法是采用钠基脱硫剂（Na_2CO_3或NaOH）进行塔内脱硫。钠基脱硫剂碱性强，吸收二氧化硫后反应产物溶解度大，不会造成过饱和结晶发生结垢堵塞问题。脱硫产物被排入再生池内用氢氧化钙进行还原再生，再生后的钠基脱硫剂再回到脱硫塔中循环使用。双碱法脱硫工艺降低了投资及运行费用，比较适用于中、小型锅炉进行脱硫改造。

双碱法烟气脱硫工艺同石灰石/石灰等湿法脱硫反应机理类似，主要反应为：烟气中的SO_2先溶解于吸收液中，然后离解成H^+和HSO_3^-；使用Na_2CO_3或NaOH液吸收烟气中的SO_2，生成HSO_3^{2-}、SO_3^{2-}与SO_4^{2-}，反应方程式如下：

（1）脱硫反应

$$Na_2CO_3+SO_2 \rightleftharpoons Na_2SO_3+CO_2\uparrow$$

$$2NaOH + SO_2 \rightleftharpoons Na_2SO_3 + H_2O$$
$$Na_2SO_3 + SO_2 + H_2O \rightleftharpoons 2NaHSO_3$$

（2）氧化过程（副反应）

$$Na_2SO_3 + 1/2O_2 \rightleftharpoons Na_2SO_4$$
$$NaHSO_3 + 1/2O_2 \rightleftharpoons NaHSO_4$$

（3）再生过程

$$Ca(OH)_2 + Na_2SO_3 \rightleftharpoons 2NaOH + CaSO_3$$
$$Ca(OH)_2 + 2NaHSO_3 \rightleftharpoons Na_2SO_3 + CaSO_3 \cdot 1/2H_2O + 3/2H_2O$$

（4）氧化过程

$$CaSO_3 + 1/2O_2 \rightleftharpoons CaSO_4$$

脱除的硫以亚硫酸钙、硫酸钙的形式析出，然后将其用泵打入石膏脱水处理系统，再生出来的 NaOH 可以循环使用。

与石灰石/石灰湿法脱硫工艺相比，双碱法原则上有以下优点：①用 NaOH 脱硫，循环水基本上是 NaOH 的水溶液，在循环过程中对水泵、管道、设备均无腐蚀与堵塞现象，便于设备运行与保养；②钠基吸收液吸收 SO_2 速度快，故可用较小的液气比，达到较高的脱硫效率，一般在 90%以上。其缺点是：Na_2SO_3 氧化副反应产物 Na_2SO_4 较难再生，需不断补充 NaOH 或 Na_2CO_3 而增加碱的消耗量。另外，Na_2SO_4 的存在也将降低石膏的质量。

6.2.2.2 加入己二酸的方法

己二酸是含有六个碳的二羧基有机弱酸，在洗涤浆液中它能起到 pH 缓冲剂的作用。理论上讲，其酸强度介于碳酸和亚硫酸之间，并且其钙盐较容易溶解。任何酸都可用作缓冲剂，选择己二酸的原因在于它来源丰富、价格低廉。

己二酸的缓冲作用抑制了气液界面上由 SO_2 溶解而导致的 pH 降低，从而使液面处 SO_2 的浓度提高，大大加速了液相传质。液相中己二酸钙的存在增加了液相与 SO_2 的反应能力，因为 SO_2 的吸收不再完全取决于石灰石的溶解速率。另外己二酸钙的存在也能降低钙硫比。

己二酸的缓冲反应机理较简单。在洗涤液贮罐中，己二酸与石灰或石灰石反应，形成己二酸钙。在吸收器内，己二酸钙与已被吸收的 SO_2 反应生成 $CaSO_3$，同时己二酸得以再生，并返回洗涤液贮罐，重新与石灰石反应。对现已运行的石灰石/石灰法流程，应用己二酸时，不需要做出任何修改。

事实上，它可以在浆液循环回路的任何位置加入。己二酸加入量取决于影响其解离的操作条件，比如 pH。

6.2.2.3 添加硫酸镁的方法

克服石灰石法结垢和 SO_2 去除率低的另一种方法是添加硫酸镁以改进溶液化学性质，使 SO_2 以可溶盐形式被吸收，而不是以亚硫酸钙或硫酸钙的形式。加入 $MgSO_4$ 增加了吸收 SO_2 的量，并且消除了洗涤塔内的结垢，系统能量消耗甚至可以降低 50%。其中主要化学反应如下：

首先，$SO_2 + H_2O \rightleftharpoons H_2SO_3$

接着，$MgSO_4$ 溶解，亚硫酸与镁离子反应生成 $MgSO_3$：

$$MgSO_4 \rightleftharpoons Mg^{2+} + SO_4^{2-}$$
$$Mg^{2+} + SO_3^{2-} \rightleftharpoons MgSO_3$$

$MgSO_3$ 与 H_2SO_3 反应：

$$MgSO_3 + H_2SO_3 \rightleftharpoons Mg^{2+} + 2HSO_3^-$$

在碳酸钙存在的情况下，在贮槽内 $MgSO_3$ 得以再生：

$$Mg^{2+} + 2HSO_3^- + CaCO_3 \rightleftharpoons MgSO_3 + Ca^{2+} + SO_3^{2-} + CO_2 + H_2O$$

最后，发生沉降反应：

$$Ca^{2+} + SO_3^{2-} + 2H_2O \rightleftharpoons CaSO_3 \cdot 2H_2O$$

浆液中的亚硫酸盐氧化为硫酸盐，得到石膏（$CaSO_4 \cdot 2H_2O$）。

6.2.3 海水烟气脱硫工艺

海水烟气脱硫工艺是利用海水的天然碱性来脱除烟气中 SO_2 的一种湿法烟气脱硫法。该技术基本不产生废弃物，具有技术成熟、工艺简单、系统运行可靠、脱硫效率高和投资运行费用低等特点。典型的工艺有挪威 ABB 公司开发的 Flakt-Hydro 海水烟气脱硫工艺和美国的 Bechtel 公司开发的海水烟气脱硫工艺。

（1）海水烟气脱硫机理

海水烟气脱硫是利用海水的天然碱性溶解和吸收烟气中 SO_2，正常海水中含有约 3.5% 的盐分，碳酸盐约占海水中盐分的 0.34%，海水不断与海底和沿岸的碱性沉淀物接触来维持海水中碳酸盐的平衡，河流不断地将可溶性的石灰石送入大海，海水中的这种成分具有吸收及中和二氧化硫的能力。

吸收塔中，烟气中的 SO_2 与海水接触主要发生以下反应：

$$SO_2(g) + H_2O \rightleftharpoons H_2SO_3 \rightleftharpoons H^+ + HSO_3^-$$
$$HSO_3^- \rightleftharpoons H^+ + SO_3^{2-}$$

曝气池中的主要反应：

$$SO_3^{2-} + 1/2O_2 \rightleftharpoons SO_4^{2-}$$

H^+ 与海水中的碳酸盐发生以下反应：

$$CO_3^{2-} + H^+ \rightleftharpoons HCO_3^-$$
$$HCO_3^- + H^+ \rightleftharpoons H_2CO_3 \rightleftharpoons CO_2\uparrow + H_2O$$

（2） Flakt-Hydro 海水烟气脱硫工艺

Flakt-Hydro 海水烟气脱硫工艺是用纯海水作为吸收剂的工艺，该工艺主要包括：烟气系统、供排海水系统、海水恢复系统（曝气池）见图 6-2。锅炉排出的烟气经除尘和气-气换热器（GGH）冷却后，从塔底送入吸收塔，与由塔顶均匀喷洒的纯海水逆向充分接触混合，海水吸收烟气中的 SO_2 生成 SO_3^{2-}。净化后的烟气通过气-气换热器升温后，经烟囱排入大气。

海水恢复系统的主体结构是曝气池。来自吸收塔的酸性海水与凝汽器排出的碱性海水在曝气池中充分混合，同时通过曝气系统向池中鼓入适量的压缩空气，使海水中的亚硫酸盐强制氧化为稳定无害的硫酸盐，同时释放出 CO_2，使海水的 pH 值升到 6.5 以上，达标后排入大海。

该工艺的特点：①技术成熟、工艺简单、脱硫率高、设备投资费用低；②不需任何添

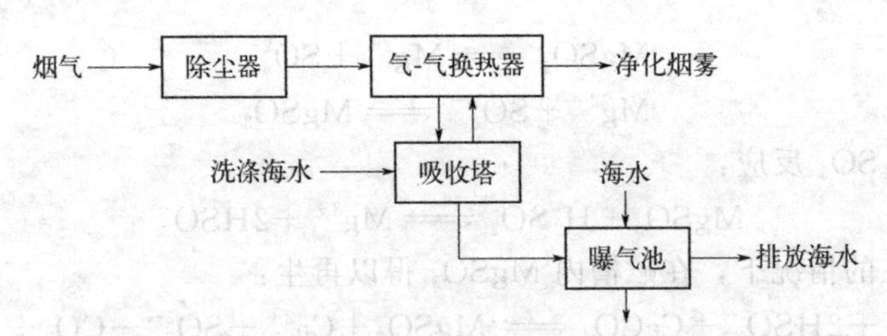

图 6-2　Flakt-Hydro 海水烟气脱硫工艺流程示意图

加剂，避免了石灰石的开采、加工、运输和贮存等；③不存在副产品及废弃物，避免了处理废弃物及二次污染等问题；④运行维护简单，不会产生结垢和堵塞，具有较高的系统可用率，运行维护费用较石灰石/石灰湿法低；⑤占地少，投资费用低，投资一般占电厂投资的 7%～8%，全烟气量处理时系统电耗占机组发电量的 1%～1.5%。

（3） Bechtel 海水烟气脱硫工艺

该工艺需要在海水中加入一定量石灰石以调节吸收液的碱度，该脱硫系统由烟气预冷却系统、吸收系统、再循环系统、电气及仪表控制系统等组成（图 6-3）。从锅炉排出的烟气经除尘器除尘后，通过气-气换热器冷却降温，以提高吸收塔内的 SO_2 吸收效率，并防止塔的内体受到热破坏，塔的内体最大限度地采用较便宜的防腐材料和轻质填料。冷却后的烟气从塔底送入吸收塔，在吸收塔中与由塔顶均匀喷洒的纯海水（利用电厂循环冷却水）逆向充分接触混合，海水吸收烟气中 SO_2 生成亚硫酸根离子。净化后的烟气，通过 GGH 升温后，经高烟囱排入大气。吸收 SO_2 后的海水进入曝气池，在曝气池中注入大量的海水和空气，将 SO_2 氧化成硫酸根离子，至其水质恢复后又流入大海。在再生系统中加入石灰或石膏的混合物，提高脱硫所需要的碱度，海水中的可溶性镁与碱反应生成的 $Mg(OH)_2$ 也能迅速吸收烟气中的 SO_2。经脱硫而流回海洋的海水，其硫酸盐成分只是稍微提高，当离开排放口一定距离后，这种浓度的差异就会消失。

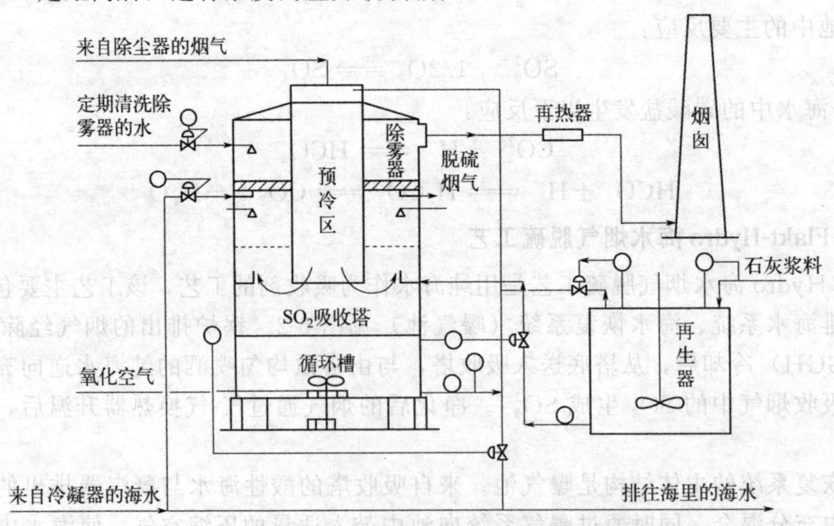

图 6-3　Bechtel 海水烟气脱硫工艺流程示意图

Bechtel 海水烟气脱硫工艺主要是利用海水中镁含量多的优势，加入石灰浆液，反应生成了氢氧化镁，氢氧化镁能有效吸收二氧化硫。

(4) 海水烟气脱硫工艺的优点

①工艺简单，运行可靠；②系统无磨损、堵塞和结垢问题，系统可靠性高；③无须设置废弃物堆场、陆地废弃物处理场、装卸设备、装卸人员和运输工具等，最大程度地减少对环境带来的负面影响；④脱硫效率高，可达90%以上；⑤与湿法脱硫的其他工艺比，投资和运行费用较低。

(5) 海水烟气脱硫存在的问题

① 海水烟气脱硫对海洋环境的影响：引起海水中 SO_4^{2-} 浓度增加；对局部海水 pH 值变化的影响；温度升高的影响；COD 和溶解氧变化的影响；在应用过程中，烟气脱硫后重金属沉积对海水水体的污染隐患问题。

② 海水烟气脱硫工艺技术本身存在以下问题：塔体和管道腐蚀问题；换热设备堵塞问题；脱硫海水曝气过程中 SO_2 溢出；占地面积较大；高硫煤烟气脱硫难以实现达标排放等。

6.2.4 氨法烟气脱硫

氨法烟气脱硫工艺是以氨基物质（如氨气）作为吸收剂，脱除烟气中的二氧化硫并回收副产物（硫酸铵）的湿式烟气脱硫工艺。

氨是一种良好的碱性吸收剂，其碱性强于钙基吸收剂。用氨吸收烟气中的 SO_2 是气-液或气-气相反应，反应速率快，吸收剂利用率高，吸收设备体积可大大减小。另外，其脱硫副产物硫酸铵可作为农用肥料。该法脱硫效率高，可达95%以上；对烟气条件变化适应性强；整个系统不产生废水或废渣；能耗低，安全运行可靠性较高。因而其应用呈上升趋势，但投入较大。

氨法烟气脱硫工艺流程（见图6-4）主要由吸收过程和结晶过程组成。在吸收塔中，烟气与氨水吸收剂逆向接触，SO_2 与氨反应生成亚硫酸铵和硫酸氢铵：

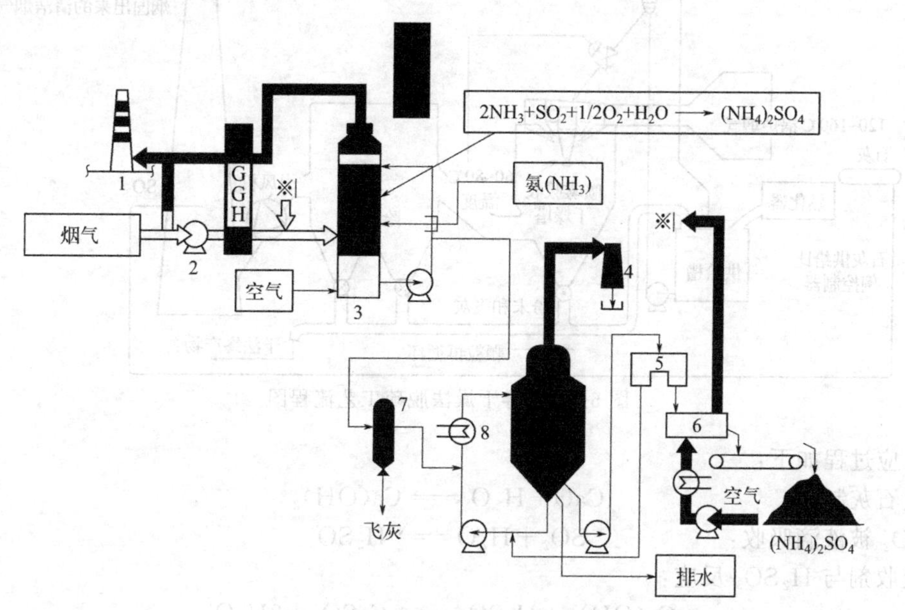

图6-4 氨法烟气脱硫工艺流程图

1—烟囱；2—BUF风机；3—吸收塔；4—喷射器；5—脱水机；6—干燥机；7—过滤器；8—硫酸铵结晶器

$$SO_2+2NH_3+H_2O \longrightarrow (NH_4)_2SO_3$$

$$(NH_4)_2SO_3+SO_2+H_2O \longrightarrow 2(NH_4)HSO_3$$

在吸收塔底槽，亚硫酸铵被充入的强制氧化空气氧化为硫酸铵：

$$(NH_4)_2SO_3+1/2O_2 \longrightarrow (NH_4)_2SO_4$$

6.3 干法/半干法烟气脱硫技术

干法烟气脱硫是指无论加入的脱硫剂是干态的或湿态的，也无论脱硫反应是干态的或湿态的，只要脱硫的最终反应产物是干态的即称干法。其优点：投资费用较低；脱硫产物呈干态，并与飞灰相混；无须装设除雾器及烟气再热器；设备不易腐蚀，不易发生结垢及堵塞。其缺点：吸收剂的利用率低于湿式烟气脱硫工艺，用于高硫煤时经济性差；飞灰与脱硫产物相混合可能影响综合利用。

6.3.1 喷雾干燥法脱硫

喷雾干燥脱硫是20世纪70年代中期在美国和欧洲发展起来的一种半干法脱硫技术。该技术是在1980年美国的燃煤电站上得到商业应用，如今在FGD市场中位列第二。在燃低、中硫煤的地区，有逐渐取代湿法烟气脱硫的趋势。

其吸收过程主要在喷雾吸收干燥塔内完成，工艺流程见图6-5。120～160℃的含SO_2烟气进入喷雾吸收干燥塔后，立即与高度雾化的石灰浆液接触，浆液中的水分开始蒸发，烟气降温并增湿，气相中的SO_2与$Ca(OH)_2$反应生成干粉产物$CaSO_3$和$CaSO_4$。

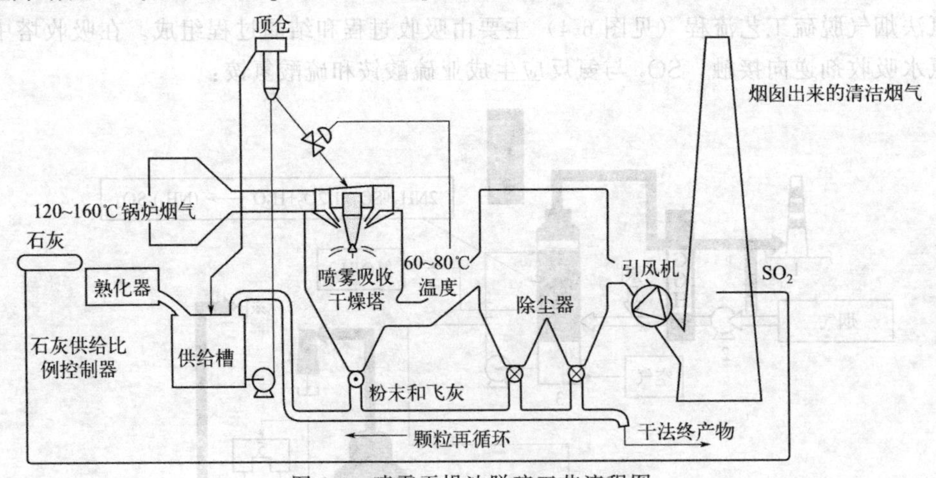

图6-5 喷雾干燥法脱硫工艺流程图

反应过程如下：

生石灰制浆： $CaO+H_2O \rightleftharpoons Ca(OH)_2$

SO_2被液滴吸收： $SO_2+H_2O \rightleftharpoons H_2SO_3$

吸收剂与H_2SO_3反应：

$$Ca(OH)_2+H_2SO_3 \rightleftharpoons CaSO_3+2H_2O$$

液滴中$CaSO_3$过饱和沉淀析出：

$$CaSO_3(aq) \rightleftharpoons CaSO_3(s)$$

被溶于液滴中的氧气所氧化生成硫酸钙：

$$CaSO_3(aq)+1/2O_2 \rightleftharpoons CaSO_4(aq)$$

$CaSO_4$ 难溶于水，便会迅速沉淀析出固态 $CaSO_4$：$CaSO_4(aq) \rightleftharpoons CaSO_4(s)$

在喷雾干燥工艺中，烟气中的其他酸性气体 SO_3、HCl 等也会同时与 $Ca(OH)_2$ 反应，而且 SO_3 和 HCl 的脱除率高达 95%，远大于湿法脱硫工艺中 SO_3 和 HCl 的脱除率。

该工艺流程主要包括脱硫剂浆液制备、浆液雾化、SO_2 吸收和液滴的干燥、灰渣再循环和捕集过程。喷雾干燥烟气脱硫工艺是利用喷雾干燥的原理，在吸收剂喷入吸收塔后，一方面吸收剂与烟气中的 SO_2 发生化学反应，生成固体产物；另一方面烟气将热量传递给吸收剂，使之不断干燥，在塔内发生脱硫反应后形成的产物为干粉，部分干粉在塔内分离，由锥体出口排出，另一部分随脱硫后烟气进入电除尘器收集。

该法的脱硫过程以干态为主，烟气温度降低较少，无须除雾和再热、投资费用低、设备不易腐蚀、无结垢和堵塞问题、耗能低。其缺点是脱硫剂利用率较低。

6.3.2 烟气循环流化床脱硫技术

循环流化床烟气脱硫（circulating fluidized bed flue gas desulfurization，CFB-FGD）技术是 20 世纪 80 年代末德国鲁奇（Lurgi）公司开发的一种新的半干法脱硫工艺。这种工艺以循环流化床原理为基础，以干态消石灰粉 $Ca(OH)_2$ 作为吸收剂，通过吸收剂的多次再循环，在脱硫塔内延长吸收剂与烟气的接触时间，以达到高效脱硫的目的，同时大大提高了吸收剂的利用率。通过化学反应，可有效除去烟气中的 SO_2、SO_3、HF 与 HCl 等酸性气体，脱硫终产物（脱硫渣）是一种自由流动的干粉混合物，无二次污染，同时还可以进一步综合利用。该工艺主要应用于电站锅炉烟气的脱硫，单塔处理最大烟气量为 $62\times10^4\ m^3/h$（200MW 机组），Ca/S 为 1.1～1.5 时，SO_2 脱除率可达到 90%～98%。

循环流化床烟气脱硫工艺主要有：鲁奇型循环流化床烟气脱硫工艺、回流式循环流化床（reflux circulating fluidized bed，RCFB）烟气脱硫工艺、气体悬浮吸收（gas suspension absorption，GSA）烟气脱硫工艺以及新型一体化脱硫（new integrated desulfurization，NID）工艺。

6.3.2.1 鲁奇型循环流化床烟气脱硫工艺

鲁奇型循环流化床烟气脱硫工艺流程如图 6-6 所示，该工艺的主要设备为流化床反应器、带有特殊预除尘装置的电除尘器、水及蒸汽喷入装置。

未经处理的烟气从吸收塔（即流化床）底部进入。吸收塔底部为一个文丘里装置，烟气流经文丘里管后速度加快，并在此与很细的吸收剂粉末互相混合，颗粒之间、气体与颗粒之间剧烈摩擦，形成流化床。在扩散段与加入的干态的消石灰和喷入的均匀水雾剧烈混合，并按如下反应实现烟气中酸性气体的净化，主要反应如下：

$$Ca(OH)_2+SO_2 = CaSO_3+H_2O$$

$$Ca(OH)_2+2HF = CaF_2+2H_2O$$

$$Ca(OH)_2+SO_3 = CaSO_4+H_2O$$

$$Ca(OH)_2+2HCl = CaCl_2+2H_2O$$

$$CaSO_3+1/2O_2 = CaSO_4$$

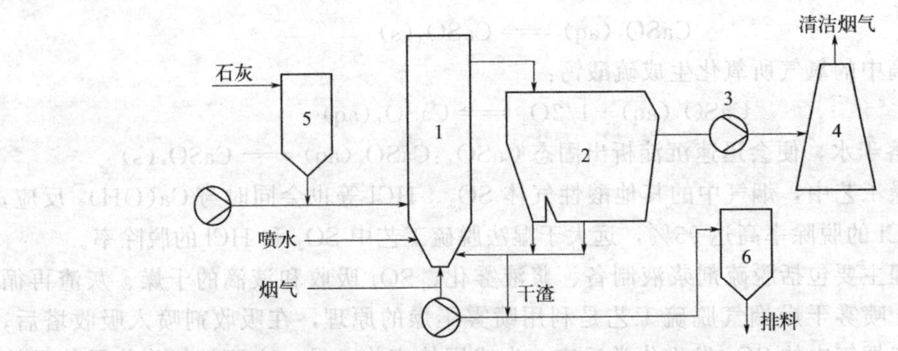

图 6-6 鲁奇型循环流化床烟气脱硫工艺流程图

1—CFB 反应器；2—静电除尘器；3—引风机；4—烟囱；5—石灰石储仓；6—灰仓

副反应： $$Ca(OH)_2+CO_2 \longrightarrow CaCO_3+H_2O$$

喷入塔内的水雾反应后全部蒸发，成为干态物料。脱硫后携带大量固体颗粒的烟气从吸收塔顶部排出，进入再循环除尘器，被分离出来的颗粒经中间灰仓返回吸收塔，由于固体颗粒反复循环达百次之多，故吸收剂利用率较高。

烟气循环流化床脱硫技术的主要控制参数有床料循环倍率、流化床床料浓度、烟气在反应器及分离器中的驻留时间、脱硫效率、钙硫比及反应器内操作温度。

主要工艺特点：①没有喷浆系统及浆液喷嘴，只喷入水和蒸汽；②新鲜石灰与循环床料混合进入反应器，依靠烟气悬浮，喷水降温并发生反应；③床料有 98%参与循环，新鲜石灰在反应器内停留时间累计可达到 30min 以上，使石灰利用率可达 99%；④反应器内烟气流速为 1.83～6.1m/s，烟气在反应器内驻留时间约 3s，可以满足锅炉负荷在 30%～100%范围内的变化；⑤含硫 6%的煤，脱硫率可达 92%；⑥基建投资相对较低，不需专职人员进行操作和维护；⑦存在的问题是生成的亚硫酸钙比硫酸钙多，亚硫酸钙经处理可以成为硫酸钙。

6.3.2.2 回流式循环流化床（RCFB）烟气脱硫工艺

该烟气脱硫系统主要由吸收剂制备、吸收塔、吸收剂再循环系统、除尘器以及控制设备几个部分组成，如图 6-7 所示。

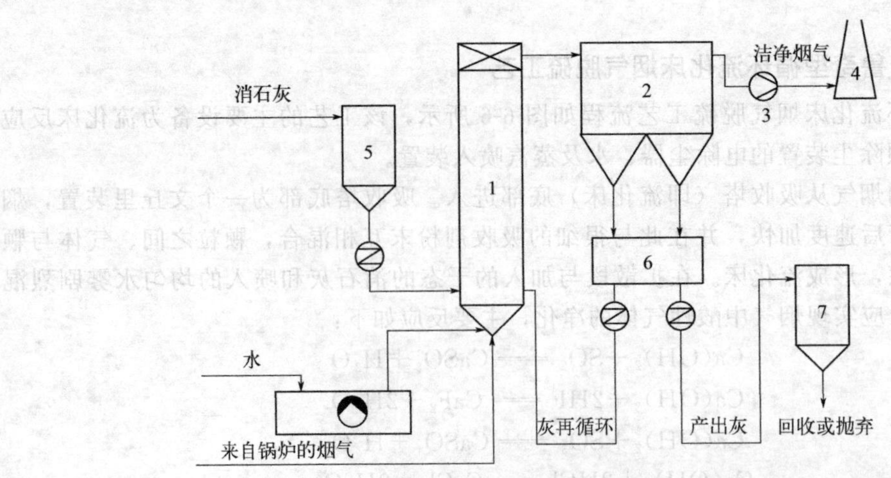

图 6-7 回流式循环流化床烟气脱硫工艺流程图

1—回流式循环流化床；2—袋式/电除尘器；3—引风机；4—烟囱；5—消石灰仓；6—灰斗；7—灰库

从炉膛出来的烟气流经空气预热器，经冷风冷却到248～356℃，从除尘器前或后引入吸收塔（取决于对脱硫副产品的要求）。吸收塔底部为一文丘里装置，烟气流经时被加速并与很细的吸收剂相混合。吸收剂与烟气中的 SO_2 发生反应，生成亚硫酸钙。带有大量固体颗粒的烟气从吸收塔顶部排出，然后进入除尘器中，在此烟气中大部分颗粒被分离出来，分离出来的灰又部分返回吸收塔，如此多次循环。

工艺特点：①与常规的循环流化床及喷雾吸收塔脱硫技术相比，石灰耗量（费用）极大降低；②维修工作量很小，设备可用率很高；③运用灵活性很高，可适用于不同的 SO_2 含量（烟气）及负荷变化要求；④不需增加锅炉运行人员；⑤投资与运行费用较低，约为石灰石/石灰工艺技术的60%；⑥占地面积小，适合新机组，特别是中、小机组烟气脱硫改造。

6.3.2.3 气体悬浮吸收（GSA）烟气脱硫工艺

该工艺主要包括圆柱形反应器、用于分离床料循环使用的旋风分离器、石灰浆制备系统（包括喷浆用喷嘴）三个部分（如图6-8所示）。

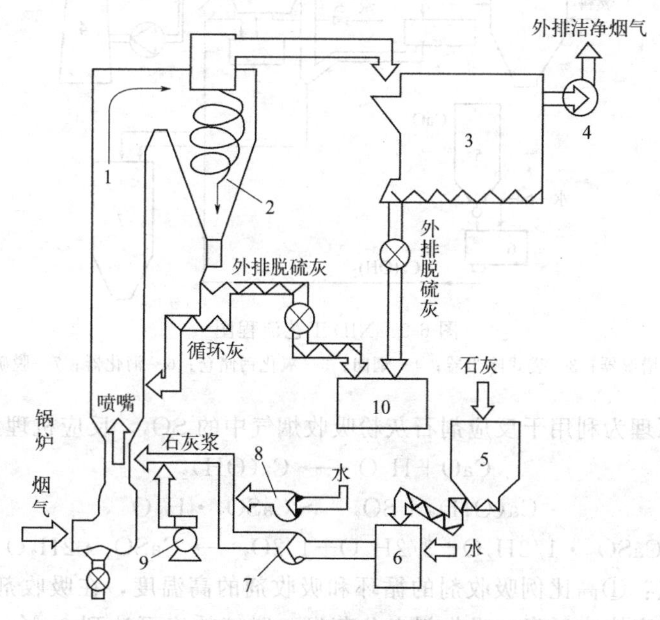

图6-8　气体悬浮吸收烟气脱硫工艺流程图

1—反应器；2—旋风分离器；3—除尘器；4—引风机；5—石灰仓；6—石灰浆制备槽；7—石灰浆泵；8—水泵；9—压缩机；10—脱硫灰仓

从锅炉出来的烟气进入GSA反应器的底部与雾化的石灰浆混合，反应器内的石灰浆在干燥过程中与烟气中的二氧化硫及其他酸性气体进行中和反应。烟气经旋风分离器分离粉尘后进入电除尘器或滤袋式除尘器，然后符合标准的清洁气经烟囱排放到大气中。

GSA系统的主要工艺特点是：①床料高倍率循环（约100倍），因此保证吸收剂与烟气充分接触，提高吸收剂的利用率；②流化床床料浓度高达500～2000g/m^3，约为普通流化床床料浓度的50～100倍；③烟气在反应器及旋风分离器中驻留时间短（3～5s）；④脱硫效率高达90%；⑤吸收剂利用率高，消耗量少，Ca/S＝1∶1.2（摩尔比）；⑥运行可靠，操作简便，维护工作量小，基建投资相对较低。

6.3.2.4 新型一体化脱硫（NID）工艺

NID工艺是ALSTOM公司在其120套半干法脱硫装置的基础上创造性开发的新一代烟气干法脱硫技术。它借鉴了喷雾干燥半干法技术的脱硫原理，又克服了此技术使用制浆系统而产生的弊端。因此其具有投资低、设备紧凑的特点，适用于300MW及以下机组。

NID工艺是以CaO或$Ca(OH)_2$为吸收剂。脱硫原理与常规的烟气循环流化床脱硫工艺类似，即大量经增湿的吸收剂喷入除尘器上游的小型反应器内，反应后吸收剂进入除尘器被收集后进行二次反应（优选袋式除尘器）。收集的吸收剂与补充的新吸收剂在混湿/增湿装置中调湿后循环使用（见图6-9）。

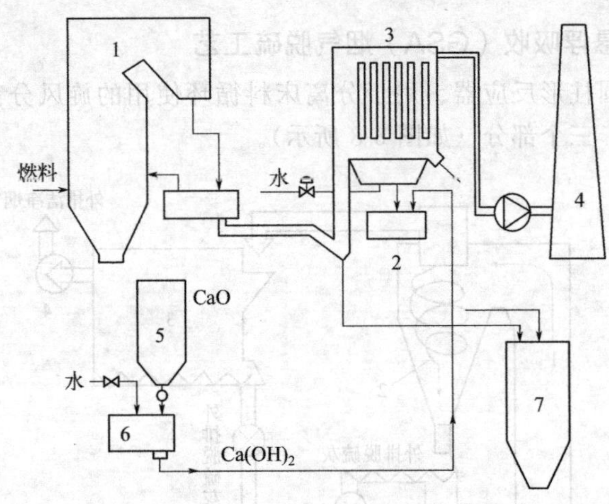

图6-9 NID工艺流程图

1—锅炉；2—增湿器；3—袋式除尘器；4—烟囱；5—氧化钙储仓；6—消化器；7—脱硫副产品储仓

NID的技术原理为利用干反应剂石灰粉吸收烟气中的SO_2，反应机理为：

$$CaO + H_2O \longrightarrow Ca(OH)_2$$

$$Ca(OH)_2 + SO_2 \longrightarrow CaSO_3 \cdot H_2O$$

$$CaSO_3 \cdot 1/2H_2O + 3/2H_2O + 1/2O_2 \longrightarrow CaSO_4 \cdot 2H_2O$$

NID工艺特点：①高比例吸收剂的循环和吸收剂的高温度，在吸收剂很大的面积作用和高温下，烟气温度快速下降，吸收剂水分蒸发，脱硫效率可达到90%；②水分蒸发时间很短，使反应器容积减小，通常只有喷雾干燥塔或循环流化床塔的20%以下；③能与除尘器组合为一体，占地面积很小；④混湿/增湿装置使吸收剂增湿后，含湿量为5%，呈自由流动状态。经过反应器和除尘器后，吸收剂湿度降为3%，因此NID工艺可称为干法工艺。

总之，烟气循环流化床脱硫工艺可以通过喷水将床温控制在最佳反应温度下，达到最好的气-固间紊流混合并不断暴露出未反应消石灰的新表面，而通过固体物料的多次循环使脱硫剂具有很长的停留时间，因此大大提高了脱硫剂的钙利用率和反应器的脱硫效率。此外，循环流化床干法烟气脱硫系统能够处理高硫煤的脱硫，并在钙硫比1.3～1.5时达到90%以上的脱硫效率。

循环流化床内的固/气比或固体颗粒浓度是保证其良好运行的重要参数。在运行中调节流化床内的固/气比的方法是通过调节分离器和除尘器所收集的飞灰排灰量，以控制送回反应器的再循环干灰量，从而保证床内必需的固/气比。

其优点归纳如下：①脱硫效率高，在钙硫比为1.3～1.5时，脱硫效率可达90%以上；②工程投资、运行费用和脱硫成本较低；③工艺流程简单，系统设备少，且转动部件少，从而提高了系统的可靠性，降低了维护和检修费用；④占地面积小，且系统布置灵活，非常适合现有机组的改造和场地紧缺的新建机组；⑤能源消耗低，如电耗、水耗等；⑥排烟温度较高，对反应塔及其下游的烟道、烟囱等设备的腐蚀性较小，可不采用烟气再热器，对现有的烟囱可不进行防腐处理，直接使用干烟囱排放脱硫烟气；⑦无废水排放，脱硫副产物呈干态。

其缺点为：①必须采用高品质的石灰作为吸收剂。②副产物中含有一定量的亚硫酸钙。③系统的压力损失较大（约1500～2500Pa）。一般现有电厂引风机的压力裕量难以克服如此大的压力损失，需要增加新的脱硫风机。高的压力损失还使得运行费用有所增加。④反应塔的压力损失波动较大。由于反应塔内大量物料不断地湍动，因此反应塔和压力损失有较大波动，对锅炉炉膛内负压的稳定性有一定影响。⑤脱硫后除尘负荷大大增加，烟尘特性改变大，烟道磨损增加，除尘难度加大，投资和运行费用增加。

6.3.3 炉内喷钙脱硫技术

典型的炉内喷钙、尾部增湿脱硫工艺主要有炉内喷钙和氧化钙活化（limestone injection into the furnace and activation of calcium oxide，LIFAC）、炉内喷射石灰石和多级燃烧器（limestone injection multistage burner，LIMB）和石灰石注入和干式洗涤脱硫（limestone injection and dry washing desulfurization，LIDS）三种。本书仅对LIFAC工艺作简单介绍。LIFAC工艺流程如图6-10所示。

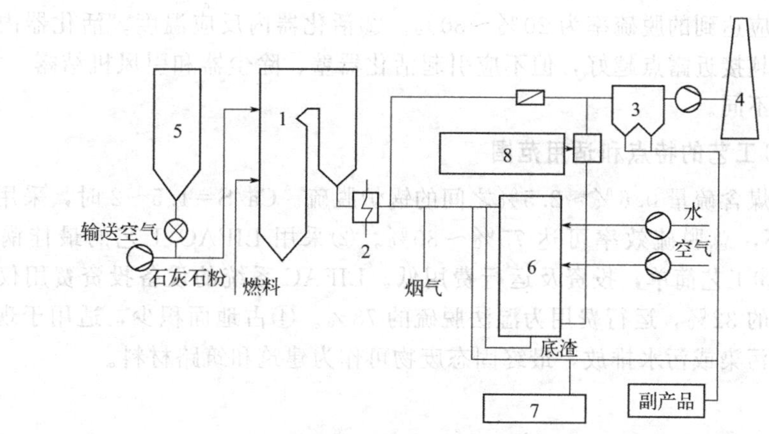

图6-10 LIFAC工艺流程图

1—锅炉；2—空气预热器；3—静电除尘器；4—烟囱；

5—石灰石粉计量仓；6—活化器；7—再循环灰；8—空气加热器

（1）LIFAC工艺的分步实施

LIFAC工艺可以分步实施，以满足用户在不同阶段对脱硫效率的要求。分步实施的三步为：石灰石炉内喷射→烟气增湿及干灰再循环→加湿灰浆再循环。

第一步，炉内喷钙，将325目的细石灰石粉喷入锅炉炉膛上部，可得到约25%～35%

的脱硫率。投资少，一般为整个脱硫系统费用的10%。活化塔是整个脱硫系统的核心。

第二步，炉后增湿活化及干灰再循环［见图6-11(a)］，即在炉后的活化器内喷一定量的水活化CaO。由于较高温度烟气的蒸发作用，反应产物为干态。大部分干粉进入电除尘器被捕集，其余部分从活化器底部分离出来，与电除尘器捕集的一部分干粉料返回活化器中，以提高钙的利用率。在第二步中烟气要进行增湿和脱硫灰再循环，使脱硫效率可达到75%。第二步的投资大约是整体系统费用的85%。

第三步，加湿灰浆再循环［见图6-11(b)］，即将电除尘器捕集的一部分干粉料加水制成灰浆，喷入活化器增湿活化，脱硫效率可增至85%，而投资费用仅为总系统费用的5%。

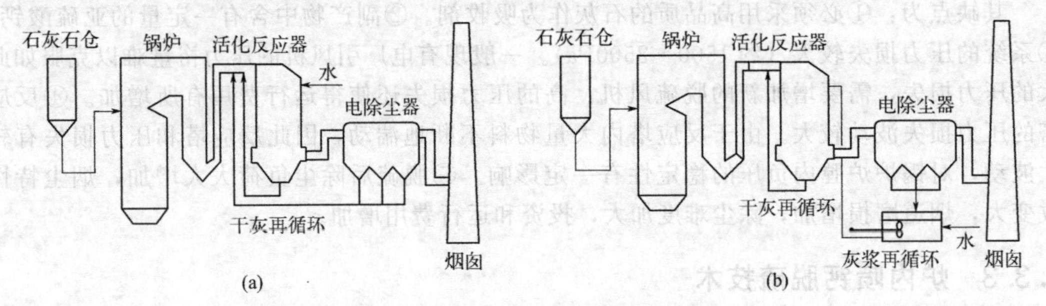

图6-11　LIFAC分步实施工艺流程图

(a) 炉内喷钙-炉后增湿-干灰循环工艺；(b) 炉内喷钙-炉后增湿-湿灰循环工艺

(2)　LIFAC系统主要工艺参数

①炉膛喷射石灰石的位置和粒度。在炉膛燃烧器上方温度为950～1150℃的范围内喷射石灰石粉。对石灰石粉的要求是：$CaCO_3$ 含量大于90%，80%以上的粒度小于40μm，此时炉内脱硫反应达到的脱硫率为20%～30%。②活化器内反应温度。活化器内的脱硫反应要求烟气温度越接近露点越好，但不应引起活化器壁、除尘器和引风机结露。③Ca/S比不同，脱硫效率不同。

(3)　LIFAC工艺的特点和适用范围

①适用于燃煤含硫量0.6%～2.5%之间的锅炉脱硫。Ca/S=1.5～2时，采用干灰再循环或灰浆再循环，总脱硫效率可达75%～80%。②采用LIFAC工艺的最佳锅炉容量为50～300 MW。③工艺简单，投资及运行费用低。LIFAC系统的设备投资费用仅为湿法脱硫系统投资费用的32%，运行费用为湿法脱硫的78%。④占地面积少，适用于现有电厂的改造。⑤无二次污染或污水排放，最终固态废物可作为建筑和筑路材料。

6.4　活性炭吸附法

活性炭、分子筛、硅胶等对 SO_2 都有良好的吸附性能，以活性炭吸附应用较多。活性炭吸附脱硫最早出现于19世纪下半叶，20世纪70年代后期，在日本、德国、美国得到工业应用，其代表方法有：月立法、住友法、鲁奇法、BF法及Reinluft法等。发展趋势为由电厂到石油化工、硫酸及肥料工业等领域。

活性炭对烟气中 SO_2 进行吸附，既有物理吸附，也有化学吸附；在烟气中存在 O_2 和蒸汽时，化学吸附尤为明显。因为活性炭是 SO_2 与 O_2 反应的催化剂，反应生成 SO_3，SO_3 溶于水生成硫酸。

（1）物理吸附（以*表示吸附态分子）：

$$SO_2 \longrightarrow SO_2^* ;\ 1/2O_2 \longrightarrow 1/2\ O_2^* ;\ H_2O \longrightarrow H_2O^*$$

（2）化学吸附：

$$SO_2^* + 1/2O_2^* \longrightarrow SO_3^*$$
$$SO_3^* + H_2O^* \longrightarrow H_2SO_4^*$$
$$H_2SO_4^* + nH_2O \longrightarrow H_2SO_4 \cdot nH_2O^*$$

总反应方程：

$$SO_2 + H_2O + 1/2O_2 \xrightarrow{\text{活性炭}} H_2SO_4$$

吸附剂的再生可以采用洗涤再生，也可采用加热再生。洗涤再生：首先用水洗出活性炭微孔中的硫酸，得到稀硫酸，再将经过洗涤的活性炭进行干燥，得以再生。加热再生：是对吸附有 SO_2 的活性炭加热，使碳与硫酸发生反应，使 H_2SO_4 还原为 SO_2。

活性炭吸附烟气中二氧化硫工艺的吸附装置主要有两种形式：固定床与移动床。图 6-12 是活性炭固定床吸附 SO_2 的工艺流程，烟气经文丘里洗涤器除至 0.01～0.02g/m^3 后进入吸附塔吸附，饱和后轮流进行水洗。用水量为活性炭质量的 4 倍，水洗时间为 10h，得到 10%～20%（体积分数）稀硫酸，经浸没燃烧浓缩器可浓缩至 70%左右的硫酸。吸附塔并联运行时脱硫效率 80%左右，串联时可达 90%。

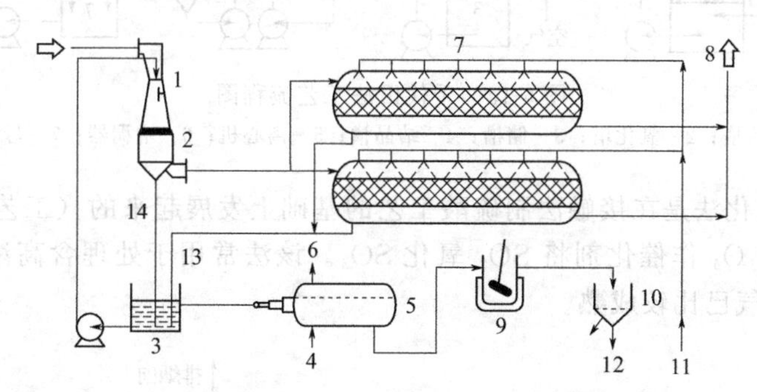

图 6-12　德国的 Lurgi 法脱硫工艺流程（活性炭固定床吸附 SO_2）

1—文丘里洗涤器；2—除沫器；3—液体供应槽；4—燃料油；5—燃烧器；6—尾气（去硫酸生产车间）；7—吸附器；8—尾气；9—冷却器；10—过滤器；11—水；12—H_2SO_4(70%)；13—H_2SO_4(10%～15%)；14—H_2SO_4(25%～30%)

实验表明：烟气空床速度、床层温度、烟气湿度、SO_2 浓度以及烟气中氧含量对吸附工艺流程都有直接影响。①烟气空床速度越大，平均转化率越低；同时总反应的时间也就越短。②SO_2 浓度越高，平均转化率越低；同时总反应的时间也就越短。③床层温度在适宜的范围内时，平均转化率最高。④烟气湿度在 7%～12%时，平均转化率最高。⑤烟气中氧含量对脱硫效率也有一定的影响，氧含量<3%时，反应效率下降；氧含量>5%时，反应效率明显提高；一般烟气中氧含量为 5%～10%，能够满足脱硫反应要求。

6.5 催化转化法

催化转化法去除 SO_2 主要有催化氧化和催化还原两大类。催化还原是用 CO 或 H_2S 作还原剂，在催化剂的作用下将 SO_2 转化成单质硫，由于在还原过程中易出现催化剂中毒，同时 H_2S 还会产生二次污染，在实际中应用不多。催化氧化又分为液相催化氧化和气-固相催化氧化。

液相催化氧化法是利用溶液中的铁或者锰等金属离子，将 SO_2 直接氧化成硫酸，即：

$$2SO_2 + O_2 + 2H_2O \xrightarrow{Fe^{3+}} 2H_2SO_4$$

日本的千代田法烟气脱硫就是利用这一原理开发出来的（工艺流程见图 6-13）。该法将 SO_2 氧化成稀硫酸后，可再与石灰石反应制成副产品——石膏。

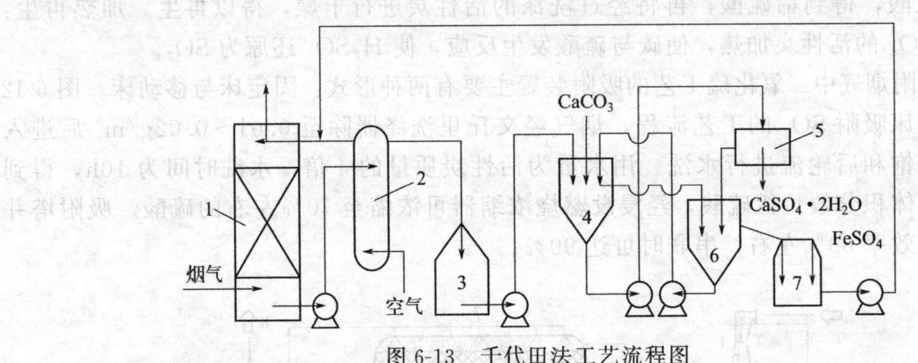

图 6-13　千代田法工艺流程图

1—吸收塔；2—氧化塔；3—储槽；4—结晶槽；5—离心机；6—增稠器；7—母液槽

气-固相催化氧化法是在接触法制硫酸工艺的基础上发展起来的（工艺流程见图 6-14），其关键反应是以 V_2O_5 作催化剂将 SO_2 氧化 SO_3。该法常用于处理含高浓度 SO_2 的烟气，如净化有色冶炼烟气已比较成熟。

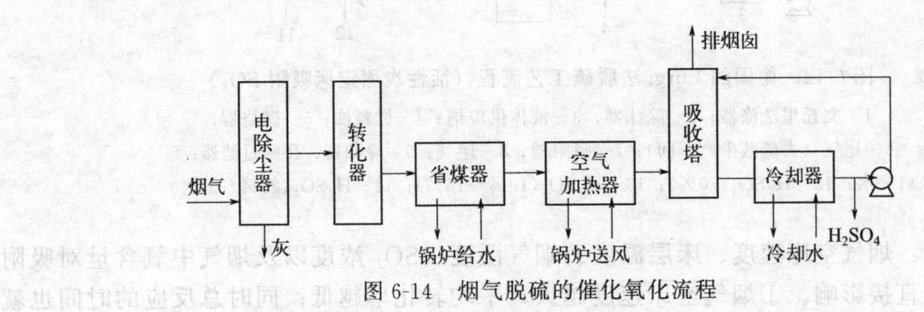

图 6-14　烟气脱硫的催化氧化流程

近年来针对低温、低浓度烟气二氧化硫的新型催化法烟气脱硫也已经成熟（工艺流程见图 6-15）。烟气中的 SO_2、H_2O 和 O_2 首先被吸附在负载有催化活性组分的活性炭催化剂上，在催化剂的作用下反应生成 H_2SO_4，脱硫后的烟气直接通过烟囱排放。催化反应生成的硫酸富集在活性炭孔隙中。当脱硫活性炭催化剂达到饱和时，采用水洗进行再生，冲洗下来的稀硫酸排放进入反应塔下方的酸池。

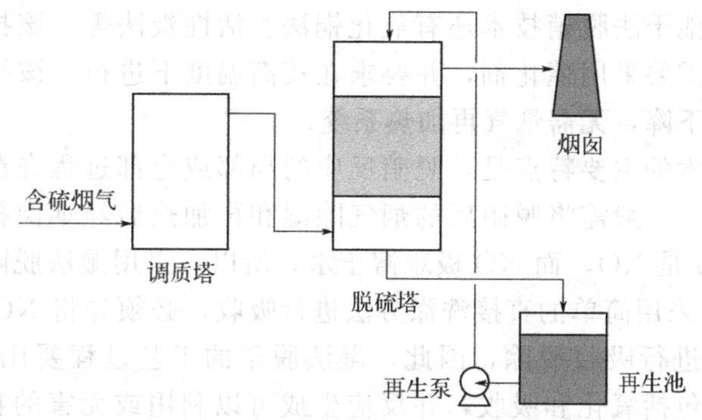

图 6-15　新型催化法烟气脱硫工艺

6.6 烟气脱硝概述

（1）大气中氮氧化物的来源及危害

大气中氮氧化物（NO_x）的自然来源主要是细菌对含氮有机物的分解、火山爆发、森林火灾等，每年约5亿吨。人类活动排放的 NO_x 约有90%来自燃料燃烧过程，此外，硝酸生产、各种硝化过程、氮肥生产、合成纤维生产和催化剂制造等许多过程都会产生一定量的 NO_x 排入大气中，总量每年约（5×10^3～6×10^3）万吨。人类排放的氮氧化物浓度高、排放集中、危害较大。

NO无色、无味、无臭，微溶于水，在大气中可被缓慢氧化为 NO_2。NO会与血液中的血红蛋白结合，使血液输氧能力下降，造成缺氧。NO还具有致癌作用，会对细胞分裂和遗传信息产生不良影响。NO_2 是红棕色有窒息性臭味的气体，能溶于水，与大气中的碳氢有机物形成光化学烟雾和臭氧。N_2O 是稍带甜味和香气的无色惰性气体，单个分子的温室效应为单个 CO_2 分子的300倍，并参与臭氧层的破坏。

NO_x 生成的酸雨和光化学烟雾会引起农作物和森林大面积枯死，酸雨还会腐蚀建筑和设备，光化学烟雾具有明显的致癌作用，近地层大气中臭氧会对中枢神经造成极大的伤害。

（2）NO_x 污染控制方法

固定源氮氧化物控制方法主要有燃料脱硝、低 NO_x 燃烧以及烟气脱硝（除去或减少烟气中 NO_x 的工艺过程）三种。燃料脱硝技术至今尚不成熟。低 NO_x 燃烧技术和设备的研究和开发虽已取得一定进展，并得到部分应用，但也未达到全面实用阶段，已经应用的该技术和设备所取得的降低 NO_x 的效率有限。因此，烟气脱硝仍是当前控制 NO_x 污染最重要的方法。

无论从技术的难度、系统的复杂程度，还是投资和运行维护费用等方面，烟气脱硝均远远高于烟气脱硫，使烟气脱硝技术在燃煤电站锅炉烟气净化上的应用和推广受到很大的影响和限制。目前，已经研制和开发的烟气脱硝工艺有50余种，大致可归纳为干法烟气脱硝和湿法烟气脱硝两大类。

干法烟气脱硝技术主要特征是用气态反应剂使烟气中的 NO_x 还原为 N_2 和 H_2O。主要有选择性催化还原法、非选择性催化还原法和选择性无催化还原法，其中选择性催化还原法被采用得较多。其他干法脱硝技术还有氧化铜法、活性炭法等。该技术的特点是反应物质是干态，多数工艺需要采用催化剂，并要求在较高温度下进行。该类烟气处理工艺不会引起烟气温度的显著下降，无需烟气再加热系统。

湿法烟气脱硝技术的主要特点是，脱硝反应的局部或全部过程在湿态下进行，需使烟气增湿、降温，因此，一般需将脱硝后的烟气除湿和再加热后经烟囱排放至大气。由于锅炉排烟中的 NO_x 主要是 NO，而 NO 极难溶于水，所以，采用湿法脱除烟气中的 NO_x 时，不能像脱除 SO_2 那样采用简单的直接洗涤方法进行吸收，必须先将 NO 氧化为 NO_2，然后再用水或其他吸收剂进行吸收脱除，因此，湿法脱硝的工艺过程要比湿法脱硫复杂得多。湿法脱硝的工艺过程包括氧化和吸收，并反应生成可以利用或无害的物质，因此，必须设置烟气氧化、洗涤和吸收装置，工艺系统比较复杂。

湿法脱硝大多具有同时脱硫的效果，主要有气相氧化-液相吸收法和液相氧化吸收法。气相氧化-液相吸收法是向烟气中加入强氧化剂（ClO_2、O_2 等），将 NO 氧化成容易被吸收的 NO_2 和 N_2O_5 等，然后用吸收剂（碱、水或酸等液态吸收剂）吸收，脱硝效率可达 90% 以上。液相氧化吸收法是用 $KMnO_4$-KOH 溶液洗涤烟气，$KMnO_4$ 将 NO 氧化成易被 KOH 吸收的组分，生成 KNO_3 和 MnO_2 沉淀，MnO_2 沉淀经再生处理，生成 $KMnO_4$ 重复使用。湿法脱硝的效率虽然很高，但系统复杂，氧化和吸收剂费用较高，而且用水量大，并会产生水的污染问题，因此，在燃煤锅炉上很少采用。

6.7 还原法烟气脱硝技术

还原法烟气脱硝技术根据是否采用催化剂分为非催化和催化两类，又根据还原剂是否与烟气中的 O_2 发生反应分为非选择性和选择性两类。

6.7.1 选择性非催化还原法

选择性非催化还原（selective non-catalytic reduction，SNCR）法是在不采用催化剂的条件下，将氨作为还原剂还原 NO_x 的反应。该法只能在 950～1100℃这一温度范围内进行，因此，需将氨气或尿素喷射注入炉膛出口区域相应温度范围内的烟气中，将 NO_x 还原为 N_2 和 H_2O。也称为高温非催化还原法或炉膛喷氨脱硝法。

还原反应为：

$$4NH_3+4NO+O_2 \longrightarrow 6H_2O+4N_2$$

$$(NH_2)_2CO \longrightarrow 2NH_2+CO$$

$$NH_2+NO \longrightarrow N_2+H_2O$$

$$CO+NO \longrightarrow \frac{1}{2}N_2+CO_2$$

当温度更高时，NH_3 会被 O_2 氧化为 NO：

$$4NH_3+5O_2 \longrightarrow 6H_2O+4NO$$

实践证明，温度低于 900℃时，NH_3 的反应不完全，会产生所谓的“氨穿透”（未反应的氨气随烟气进入下游烟道）现象，这部分氨气会与烟气中的 SO_2 发生反应生成硫酸铵。在较高温度下，硫酸铵呈酸性，很容易造成空气预热器的堵塞并存在腐蚀现象，另外，也使排入大气中的氨量显著增加，造成环境污染。温度过高，NH_3 会被 O_2 氧化为 NO，反而造成 NO_x 的排放量增加。因此，SNCR 法的温度控制至关重要。

如果加入添加剂（比如氢），可以扩大其反应温度的范围。当以尿素为还原剂时，脱硝效果与氨相当，但其运输和使用比 NH_3 安全方便。但是采用尿素作还原剂时，可能会有 N_2O 生成。这类脱硝方法的脱硝效率为 40%～60%。

为了适应电站锅炉的负荷变化而造成炉膛内烟气温度的变化，需要在炉膛上部不同高度开设多层氨气喷射口，以使氨气在不同的负荷工况下均能喷入所要求的温度范围的烟气中。

该法的主要特点是无须采用催化反应器，系统简单、投资少。

6.7.2 选择性催化还原法

6.7.2.1 选择性催化还原法的反应原理

选择性催化还原（selective catalytic reduction，SCR）法是指在较低温度和催化剂存在的条件下，用还原剂 NH_3 或尿素将烟气中的 NO_x 还原为无害的氮气和水，由于所采用的还原剂只与烟气中的 NO_x 发生反应，而一般不与烟气中的氧发生反应，所以，将这类有选择性的化学反应称为选择性催化还原法。该法 NO_x 还原率可达 90%以上，根据所采用的催化剂的不同，其适宜的反应温度范围也不同，一般为 180～600℃。该工艺可应用于电厂、工业锅炉、内燃机、化工厂和冶炼厂等含 NO_x 废气净化中。

（1）SCR 法反应原理

该法又称喷氨法，向炉膛喷氨基还原剂（氨或尿素等），在一定条件下将 NO_x 转化为 N_2 和 H_2O，降低 NO_x 的排放。

SCR 化学反应方程式为：

氨法：

$$4NH_3+4NO+O_2 \xrightarrow{\text{催化剂}} 6H_2O+4N_2$$

$$8NH_3+6NO_2 \xrightarrow{\text{催化剂}} 12H_2O+7N_2$$

副反应：

$$4NH_3+5O_2 \xrightarrow{\text{催化剂}} 6H_2O+4NO$$

$$4NH_3+3O_2 \xrightarrow{\text{催化剂}} 6H_2O+2N_2$$

$$2NH_3 \xrightarrow{\text{催化剂}} N_2+3H_2$$

尿素法：

$$(NH_2)_2CO \xrightarrow{\text{催化剂}} 2NH_2+CO$$

$$NH_2+NO \xrightarrow{\text{催化剂}} N_2+H_2O$$

$$CO+NO \xrightarrow{\text{催化剂}} N_2+CO_2$$

（2）催化剂

用于净化燃烧烟气中 NO_x 的催化剂主要有两类。当不考虑二氧化硫毒化作用时，以 TiO_2、Al_2O_3、ZrO_2、SiO_2 或活性炭作载体的 V_2O_5、Fe_2O_3、CuO、CrO_x、MgO、MoO_3 和 NiO 等许多非贵金属氧化物或其联合作用的混合物都有较高的催化活性，该类催化剂的催化温度属于中等温度范围，如 V_2O_5/TiO_2，其催化温度为 260～425℃。另一类高脱硝率、低氨逃逸率、抗二氧化硫侵蚀能力强的高温催化剂，如沸石分子筛，其催化温度为345～590℃。

6.7.2.2 SCR法净化NO_x的工艺流程

当采用不同的催化剂来催化NH_3和NO_x的还原反应时，其适应的反应温度范围也不同。在应用于电站锅炉时，为了适应化学反应的最佳烟温范围，催化反应器需布置在锅炉尾部的不同位置（如图6-16所示）。

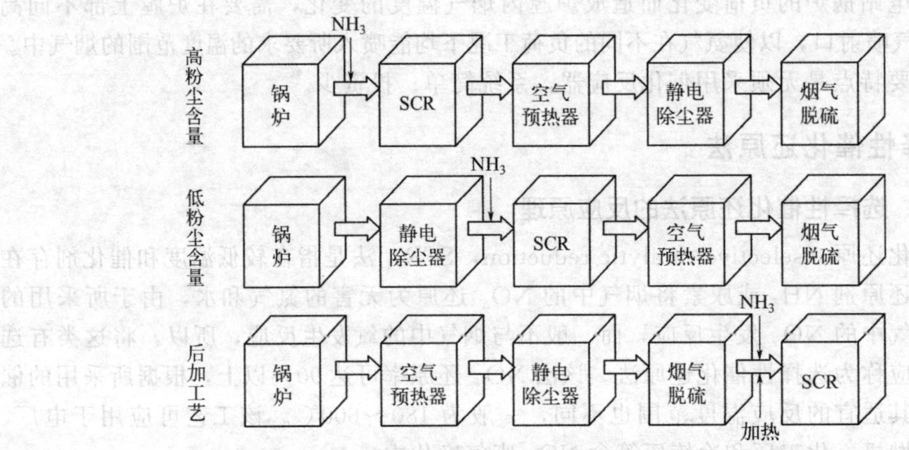

图6-16 不同工艺条件下选择性催化还原的工艺流程组合

（1）布置在高粉尘区

高粉尘区的SCR（HD-SCR）装置位于省煤器和空气预热器之间，这一布置方案适合多数催化剂的反应温度，因此，应用较为广泛。该工艺的优点是：由于反应温度较高（300～500℃），可选择的催化剂的种类较多；相对于末端布置来说省去了烟气再热系统，从而节省了投资和运行成本；早已完成工业化运用，并且已有20多年的运行经验，是目前火电厂烟气脱硝广泛采取的工艺。

该工艺存在的主要问题：粉尘浓度较高，对催化剂的冲刷和磨损较大；省煤器是与锅炉本体相连，对于大型机组，SCR反应器的重量比较大，一般要设置独立的SCR反应器的支撑钢架，涉及锅炉的重新调整和负荷重新计算的问题；氨与烟气中的SO_2将形成酸性硫酸铵，这一反应产物会对催化剂造成堵塞，使其失活；流程较长，容易腐蚀后续的空气预热器和静电除尘器。

（2）布置在低粉尘区

低粉尘区布置的SCR工艺优点是粉尘浓度降低，可以延长催化剂的使用寿命；缺点：与高粉尘区布置一样，烟气中含有大量的SO_2，氧化后生成难处理的SO_3，并可能与泄漏的氨生成腐蚀性很强的硫酸铵（或者硫酸氢铵）；国内运用经验很少，并且国外可供参考的工程实例也不多。

（3）布置在烟气脱硫装置后

在这种布置方式下，脱硝装置的催化剂基本是在无尘、无SO_2的干净烟气条件下工作，可以防止催化剂的中毒和避免催化反应器的堵塞、腐蚀，基本不存在催化剂的污染和失效，催化剂的工作寿命可以大大增加。可采用更大烟气流速和空速，从而使催化剂的消耗量大大减少。但是，由于脱硫后的烟气温度仅为50℃左右，因此，在烟气进入脱硝催化反应器之前，必须采取利用外来热源加热烟气的方法，将烟温提升到所需的反应温度。显然，这将使系统更加复杂，并影响系统的综合效率。

6.7.3 非选择性催化还原法

非选择性催化还原（non-selective catalytic reduction，NSCR）法是用甲烷（CH_4）、CO或H_2等作为还原剂，在烟温550～800℃范围内及催化剂的作用下，将NO_x还原成N_2。但是这类还原剂除了与烟气中的NO_x反应以外，还与烟气中的残余氧反应，生成水或二氧化碳，因此，还原剂的消耗量比选择性催化还原法高出4～5倍。另外，该反应要放出热量使烟气温度上升。

这种还原NO_x的方法也是以催化反应为主要特征，因此，也需要在烟道的合适位置设置催化反应器，系统比较复杂。

6.8 吸收法脱硝技术

6.8.1 水吸收法

吸收反应：

$$2NO_2 + H_2O \rightleftharpoons HNO_3 + HNO_2$$

$$3HNO_2 \rightleftharpoons HNO_3 + 2NO + H_2O$$

水不仅不能吸收NO，在水吸收NO_2时还将放出部分NO，因而常压下水吸收法效率不高，特别不适用于燃烧废气脱硝，因为燃烧废气中NO占总NO_x的95%。

水吸收法适合净化小气量以含二氧化氮为主的氮氧化物废气。

6.8.2 稀硝酸吸收法

由于NO在稀硝酸中的溶解度比在水中大得多，故可用硝酸吸收NO_x废气。通常采用的吸收液为15%～20%的硝酸，该过程为物理吸收，当空塔速度小于0.2m/s，净化效率可达67%～87%。该法适合净化硝酸生产中的尾气。

6.8.3 碱液吸收法

用纯碱水溶液吸收NO_x的总反应方程式如下：

$$2NO_2 + Na_2CO_3 \longrightarrow NaNO_2 + NaNO_3 + CO_2$$

$$NO + NO_2 + Na_2CO_3 \longrightarrow 2NaNO_2 + CO_2$$

研究表明，只有当吸收尾气中的NO_x的氧化度（NO_2/NO_x）大于50%时，才能被Na_2CO_3充分吸收。由等物质的量的NO和NO_2所组成的混合物，其吸收速率系数在所有的情况下都大于浓度相同的NO_2气体的吸收速率系数。浓度1%的$NO+NO_2$气体，其吸收速率系数几乎是浓度1%的NO_2气体的2～3倍。随着NO_2/NO_x(氧化度）的升高，吸收率呈抛物线变化，具有一个最佳值，氧化度为50%～60%或$NO_2/NO_x=1$～1.3，如图6-17所示。

所选的碱液还可以是NaOH、$Ca(OH)_2$、氨水等溶液，但考虑到价格、来源、不宜堵塞和吸收效率等因素，工业上以 NaOH，特别是 Na_2CO_3 应用较多。

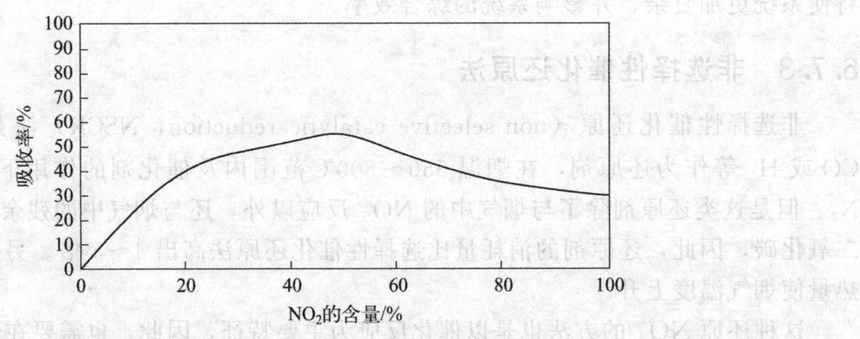

图 6-17　NO_2 的含量与吸收率的关系

6.9 吸附法脱硝技术

吸附法净化 NO_x 的优点是净化效率高、无须消耗化学物质、设备简单且操作方便。缺点是，由于吸附剂吸附容量小，需要的吸附剂量大，设备庞大，需要再生处理，而且过程多为间歇操作。故吸附法仅用于净化处理 NO_x 浓度较低、产生量较少的废气。吸附法脱硝技术常用吸附剂有活性炭、分子筛、硅胶、含氨泥煤等，其中活性炭对低浓度的 NO_x 有很高的吸附能力，其吸附量超过分子筛和硅胶。但由于活性炭在 300℃以上且氧存在的条件下有可能自燃，给高温烟气的吸附和利用热空气再生带来困难。

6.9.1 吸附原理

活性炭不仅能吸附 NO_2，还能促进 NO 氧化成 NO_2，特种活性炭还可使 NO_x 还原成 N_2：

$$2NO + C = N_2 + CO_2$$

$$2NO_2 + 2C = N_2 + 2CO_2$$

活性炭定期用碱液再生处理：

$$2NO_2 + 2NaOH = NaNO_3 + NaNO_2 + H_2O$$

6.9.2 吸附工艺

（1）一般活性炭吸附法

活性炭吸附法工艺流程如图 6-18 所示，NO_x 尾气进入固定床吸附装置被吸附，净化后气体经风机排至大气中，活性炭定期用碱液再生。

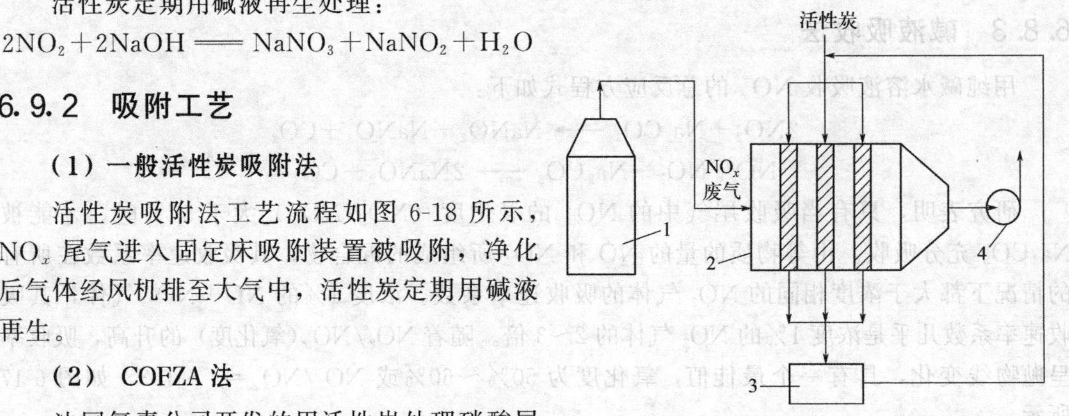

图 6-18　活性炭吸附 NO_x 的工艺流程

1—酸洗槽；2—固定吸附床；3—再生器；4—风机

（2）COFZA 法

法国氮素公司开发的用活性炭处理硝酸尾气的 COFZA 法，其原理是含 NO_x 的尾气与经过水或稀硝酸喷淋的活性炭接触，NO 氧化成 NO_2，再与水反应，反应式为：

$$3NO_2 + H_2O \longrightarrow 2HNO_3 + NO$$

其工艺流程如图 6-19 所示，该系统结构简单、体积小、成本低，能脱除 80%以上的 NO_x，使排出气体变成无色，回收的硝酸约占总产量的 5%，是一种较好的吸附方法。

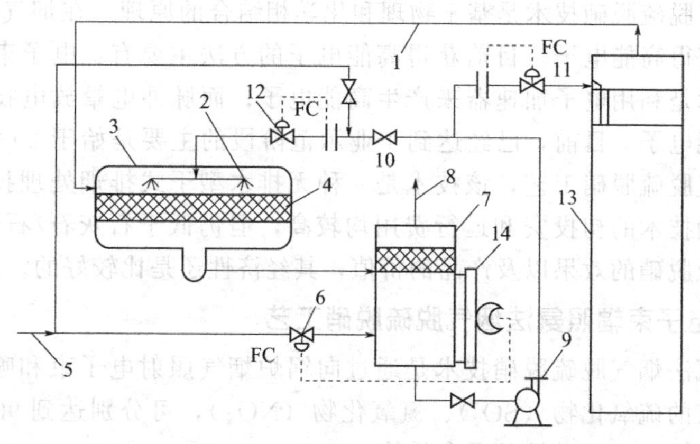

图 6-19 COFZA 法工艺流程

1—硝酸吸收塔尾气；2—喷头；3—吸附器；4—活性炭；5—工艺水或稀硝酸；6—控制阀；7—分离器；8—排空尾气；9—循环泵；10—循环阀；11、12—流量控制阀；13—硝酸吸收器；14—液位计

(3) 两种工艺方法比较

表 6-4 列出了一般活性炭法和 COFZA 法净化 NO_x 工艺操作参数。

表 6-4 一般活性炭法及 COFZA 法净化 NO_x 工艺操作参数

方法	固定床进气量/(m^3/h)	空间速率/h^{-1}	空塔速度/(m/s)	进口 NO_x 浓度(体积分数)/10^{-6}	吸附温度/℃	净化效率/%	再生条件		
							解吸	活化	再生
一般活性炭法	3000	5000	0.5	约 8000	15～55	>95	10%～20% NaOH 泡 22h，水洗至 pH = 8～8.5	10%～20% NaOH 泡 22h，水洗至 pH = 8～8.5	在封闭容器中通 1h 蒸汽，17.2～20.3MPa
COFZA 法	—	170～400	—	1500～3000	9～15	NO_2:82～93 NO_x:30～60			

6.9.3 影响吸附的因素

影响吸附的主要因素有：①废气中的含氧量的影响。NO_x 尾气中含氧量越大，则净化效率越高。②水分的影响。水分有利于活性炭对 NO_x 的吸附，当湿度大于 50%时，影响更为显著。③吸附温度的影响。吸附是放热过程，低温有利于吸附。④接触时间和空塔速度的影响。接触时间越长，吸附效率越高；空塔速度愈大，吸附效率愈低。

6.10 同时脱硫脱硝技术

烟气联合脱硫、脱硝是国内外竞相研制和开发的新型烟气净化工艺，它的技术和经济性明显优于单独脱硫和单独脱硝技术，因此，是一种更有发展前途和推广价值的新一代烟气净化技术。

6.10.1 等离子体烟气脱硫脱硝技术

等离子体烟气脱硫脱硝技术是基于物理和化学相结合的原理，在烟气中同时脱硫脱硝，该技术的核心是获得高能电子。目前获得高能电子的方法主要有：电子束和脉冲电晕放电技术。电子束技术是利用电子加速器来产生高能电子；而脉冲电晕放电技术是利用脉冲放电在极间产生高能电子。目前，已经达到工业示范阶段的主要是始于 20 世纪 70 年代的电子束辐照氨法烟气脱硫脱硝工艺，该技术是一种无排水型干式排烟处理技术。电子束辐照氨法烟气脱硫脱硝技术的初投资和运行费用均较高，但仍低于石灰石/石膏湿法烟气脱硫，如果考虑联合脱硫脱硝的效果以及产品的价值，其经济性还是比较好的。

6.10.1.1 电子束辐照氨法烟气脱硫脱硝工艺

电子束辐照氨法烟气脱硫脱硝技术是通过向锅炉烟气照射电子束和喷入氨气，能够同时除去烟气中含有的硫氧化物（SO_2）、氮氧化物（NO_x），可分别达到 90% 和 80% 的脱除效率；副产物为硫酸铵和硝酸铵的混合粉体。

（1）电子束辐照氨法烟气脱硫脱硝的反应机理

烟气在电子加速器产生的电子束辐照下将呈现非平衡等离子体状态，烟气中的 H_2O 和 O_2 被裂解成强氧化性的自由基 HO、HO_2 和原子态氧（O）等，SO_2 及 NO_x 在这些自由基的作用下，在极短的时间内被氧化，并与水反应生成中间产物硫酸（H_2SO_4）和硝酸（HNO_3），硫酸与硝酸和共存的氨进行中和反应，生成粉状微粒，即硫酸铵[$(NH_4)_2SO_4$]和硝酸铵（NH_4NO_3）的混合粉体。

① 自由基（或称活性基团）的生成。煤等燃料的燃烧产物由氮（N_2）、氧（O_2）、水蒸气（H_2O）、二氧化碳（CO_2）等主要成分及 SO_2、NO_x 等有害气体组成。当电子束照射烟气时，被加速的电子与烟气中 N_2、O_2、H_2O 等分子碰撞，这些分子获得电子的能量，生成氧化能力极强的活性自由基（OH、O、HO_2）。其反应式为：

$$N_2、O_2、H_2O \xrightarrow{\text{电子束照射}} OH、O、HO_2$$

② SO_2 及 NO_x 的氧化。烟气中的 SO_2 和 NO_x 与电子束照射生成的自由基 OH、O、HO_2 在极短的时间内进行氧化反应，并与水化合分别生成为硫酸（H_2SO_4）和硝酸（HNO_3）。其反应式为：

$$SO_2 \xrightarrow{OH} HSO_3 \xrightarrow{OH} H_2SO_4$$

$$SO_2 \xrightarrow{O} SO_3 \xrightarrow{H_2O} H_2SO_4$$

$$NO \xrightarrow{OH} HNO_2 \xrightarrow{O} HNO_3$$

$$NO \xrightarrow{O} NO_2 \xrightarrow{OH} HNO_2$$

$$NO \xrightarrow{O} NO_2 \xrightarrow{OH} HNO_2$$

$$NO_2 \xrightarrow{O} N_2O_5 \xrightarrow{H_2O} HNO_3$$

③ 硫酸铵和硝酸铵的生成。前一阶段生成的硫酸、硝酸与电子束照射以前充入的气态

氨(NH_3)进行中和反应，分别生成硫酸铵[$(NH_4)_2SO_4$]和硝酸铵(NH_4NO_3)的粉体微粒。

$$H_2SO_4 + 2NH_3 \longrightarrow (NH_4)_2SO_4$$

$$HNO_3 + NH_3 \longrightarrow NH_4NO_3$$

$$SO_2 + 2NH_3 + H_2O + 1/2O_2 \longrightarrow (NH_4)_2SO_4$$

(2) 电子束辐射法的工艺流程

电子束辐照氨法烟气脱硫脱硝工艺流程主要包括：烟气预除尘、烟气加湿冷却、喷氨、电子束照射、副产品收集和副产品处置六道工序组成（如图 6-20 所示）。

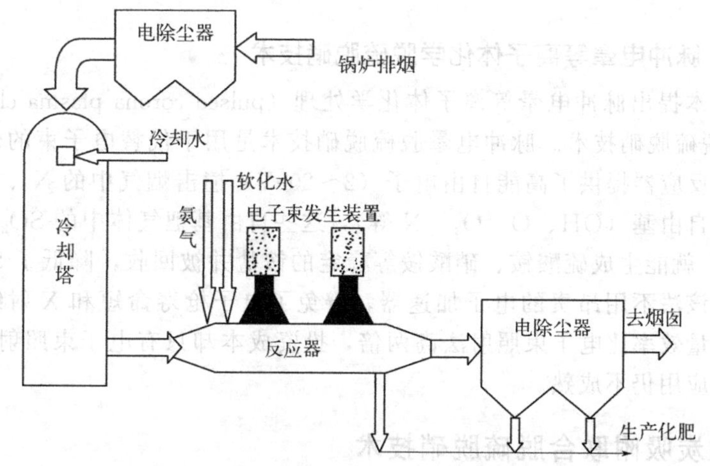

图 6-20 电子束辐照氨法烟气脱硫脱硝工艺流程

锅炉排出的烟气（约 130℃）经静电除尘后，进入冷却塔。在冷却塔中喷射冷却水使烟气温度降到适于脱硫的温度（65℃）。烟气露点通常为 50℃，冷却水在塔内完全被汽化，一般不会产生需进一步处理的废水。根据硫化物和 NO_x 浓度及所设定的脱除率，向反应器中注入化学计量的氨。烟气在反应器中被电子束照射，使硫化物氧化，生成硫酸，NO_x 变成硝酸，并与注入的氨中和，生成硫酸铵和硝酸铵。用干式静电除尘器捕集这些副产品微粒，净化后的烟气由引风机升压并与未处理的烟气混合升温后排入烟囱，副产品可用于生产化肥。

电子束发生装置由高压电流、电子加速器及窗箔冷却装置组成，如图 6-21 所示。电子在高真空的加速管里通过高电压加速。加速后的电子通过保持高真空的扫描管透过一次窗箔及二次窗箔（均为 30～50μm 的金属箔）照射烟气。窗箔冷却装置是向窗箔间喷射空气进行冷却，控制因电子束透过的能量损失引起的窗箔温度的上升。

(3) 电子束辐照氨法烟气脱硫脱硝技术的特点

该技术能够实现在一套烟气处理装置内同时进行脱硫脱硝过程，并且反应迅速，脱除效率高，适合处理高浓度 SO_2 和 NO_x 的烟气，对烟气条件的变化和锅炉负荷变动的适应性较强。电子束辐照烟气净化是干式处理工艺，不需要排水处理装置，不存在腐蚀问题。所产生的副产品可以直接作为化肥使用，不产生废弃物。但其耗电高，对于大型火电机组，烟气净化装置运行的电力消耗大致为机组发电功率的 2.5%左右。电子束装置运行时需采取防护措施，以防止对人体造成损害。

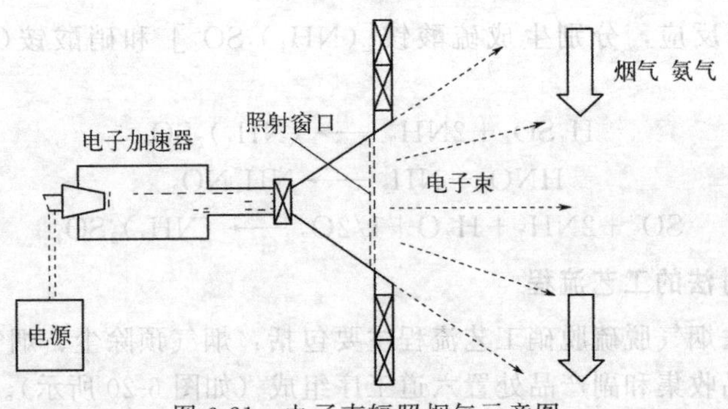

图 6-21 电子束辐照烟气示意图

6.10.1.2 脉冲电晕等离子体化学脱硫脱硝技术

1986 年，日本提出脉冲电晕等离子体化学处理（pulsed corona plasma chemical process，PPCP）法同时脱硫脱硝技术。脉冲电晕脱硫脱硝技术是用于代替电子束的烟气净化技术，脉冲电源系统为反应器提供了高能自由电子（2～20eV）撞击烟气中的 N_2、H_2O、O_2 等分子，生成大量的自由基（OH、O、O_3、N 等），这些自由基把气体中的 SO_2、NO 等氧化，当外加 NH_3 时，就能生成硫酸铵、硝酸铵等稳定的铵盐并被回收，降低了 SO_2、NO 对大气污染的影响。该法不用昂贵的电子加速器，避免了电子枪寿命短和 X 射线屏蔽等问题；理论上该法的能量效率比电子束照射法高两倍，投资成本却只有电子束照射法的 60%，但是目前该法工业应用仍不成熟。

6.10.2 活性炭吸附联合脱硫脱硝技术

活性炭可单独用来脱硫或脱硝（借助于氨），或用来联合脱硫脱硝，该技术已经开始应用于火电厂的烟气净化。在活性炭联合脱硫脱硝的工艺中，SO_2 的脱除率可以达到 98%左右，NO_x 的脱除率在 80%左右。

活性炭联合脱硫脱硝的工艺流程如图 6-22 所示。

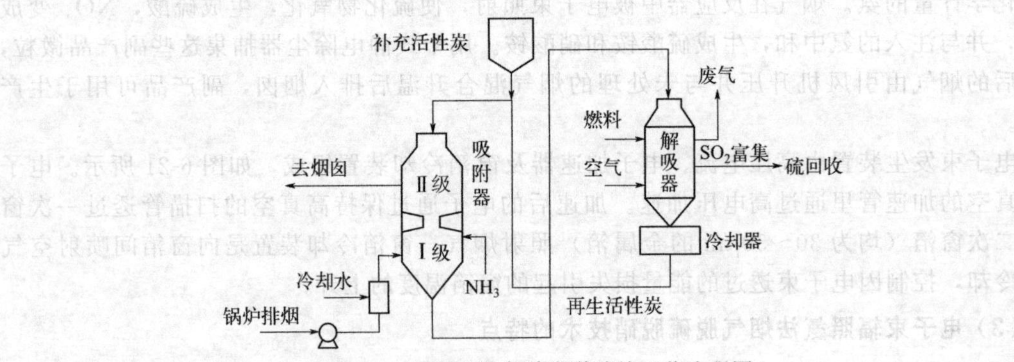

图 6-22 活性炭联合脱硫脱硝的工艺流程图

6.10.2.1 工作过程及原理

(1) 活性炭吸附

在一级炭床中，烟气中的 SO_2 被活性炭的表面所吸附，并在活性炭表面催化剂的催化

作用下被氧化成 SO_3，SO_3 再与烟气中的水分结合形成硫酸，活性炭的吸附和催化反应的动力学过程很快。

反应式：

$$SO_2 + 1/2O_2 \longrightarrow SO_3$$

$$SO_3 + H_2O \longrightarrow H_2SO_4$$

同时，在一级炭床中，占烟气 NO_x 总量约 5%的 NO_2 几乎全被活性炭还原成 N_2：

$$2NO_2 + 2C \longrightarrow 2CO_2 + N_2$$

在烟气进入二级炭床前，与喷入混合室的氨混合，烟气中的 NO 与氨发生催化还原反应生成 N_2 与 H_2O，主要反应如下：

$$6NO + 4NH_3 \longrightarrow 5N_2 + 6H_2O$$

副反应：

$$6NO_2 + 8NH_3 \longrightarrow 7N_2 + 12H_2O$$

$$2NO + 2NH_3 + 1/2O_2 \longrightarrow 2N_2 + 3H_2O$$

$$NH_3 + H_2SO_4 \longrightarrow NH_4HSO_4$$

$$2NH_3 + H_2SO_4 \longrightarrow (NH_4)_2SO_4$$

（2）活性炭解吸

吸附了 H_2SO_4、NH_4HSO_4 和 $(NH_4)_2SO_4$ 的活性炭，在约400℃的温度条件下于解吸器中进行解吸和再生，解吸器导出的气体产物为富含 SO_2 的气体。解吸后的活性炭经冷却与筛分后，大部分还可以重复循环利用。主要反应如下：

$$H_2SO_4 \longrightarrow H_2O + SO_3$$

$$(NH_4)_2SO_4 \longrightarrow 2NH_3 + SO_3 + H_2O$$

$$2SO_3 + C \longrightarrow 2SO_2 + CO_2$$

$$3SO_3 + 2NH_3 \longrightarrow 3SO_2 + 3H_2O + N_2$$

（3）硫回收

SO_2 可与强还原剂（H_2S、CH_4、CO）反应还原成元素硫；SO_2 也可在强氧化剂或催化剂及氧存在的条件下，氧化成 SO_3，再溶于水，制取硫酸。

6.10.2.2 活性炭联合脱硫脱硝的特点

活性炭工艺可以联合脱硫脱硝，并达到较高的脱除率，还可同时脱除烟气中的重金属、二噁英等污染物；SO_3 的脱除率可达 98%；脱除产物可有效利用，无废水处理问题，不会对环境造成二次污染；尽管大部分活性炭可以再生利用，但由于采用移动床装置，活性炭消耗量较大；基本不存在系统腐蚀问题；无需烟气再加热。

6.10.3 氧化铜联合脱硫脱硝一体化技术

氧化铜联合脱硫脱硝法是利用负载于多孔载体 $\gamma\text{-}Al_2O_3$ 或 SiO_2 上的 CuO（通常占 4%～6%）在 300～450℃的温度范围内，与烟气中的 SO_2 发生反应，形成 $CuSO_4$。而 CuO 和 $CuSO_4$ 均可选择性催化还原 NO_x，且有很高的活性。吸附饱和的 $CuSO_4$ 被送去再生。再生过程一般用 H_2 或 CH_4 气体对 $CuSO_4$ 进行还原，释放的 SO_2 可制酸，还原得到的金属铜或 Cu_2S 再用烟气或空气氧化，生成的 CuO 又重新用于吸附-还原过程。该工艺对 SO_2 脱除率能达到 90%以上，对 NO_x 脱除率为 75%～80%。

氧化铜联合脱硫脱硝法的工艺流程如图 6-23 所示。在吸收塔中，温度大约为 400℃，SO_2 与 CuO 反应生成硫酸铜。同时，氧化铜和硫酸铜作为催化剂，通过向烟气中加入氨，在大约 400℃时，就可脱除 NO_x。反应式如下：

$$SO_2+CuO+1/2O_2 = CuSO_4$$

$$4NO+4NH_3+O_2 = 4N_2+6H_2O$$

$$2NO_2+4NH_3+O_2 = 3N_2+6H_2O$$

吸收了硫的吸收剂被送入再生器，再加热到 480℃，用甲烷作还原剂生成浓缩的 SO_2 气体。反应式如下：

$$CuSO_4+1/2CH_4 = Cu+SO_2+1/2CO_2+H_2O$$

还原得到的金属铜用空气或烟气氧化，再生后 CuO 又循环到反应器中，用克劳德法将浓缩后的 SO_2 气体转化成单质硫。

$$Cu+1/2O_2 = CuO$$

氧化铜联合脱硫脱硝技术的工业化报道很少，主要原因在于 CuO 在不断地吸附、还原和氧化过程中，活性逐渐降低，经过多次循环后就失去活性。同时载体长期处于含 SO_2 的气氛中也会逐渐失去活性。此外，该法是在一个反应器中完成的，后期处理过程比较复杂。

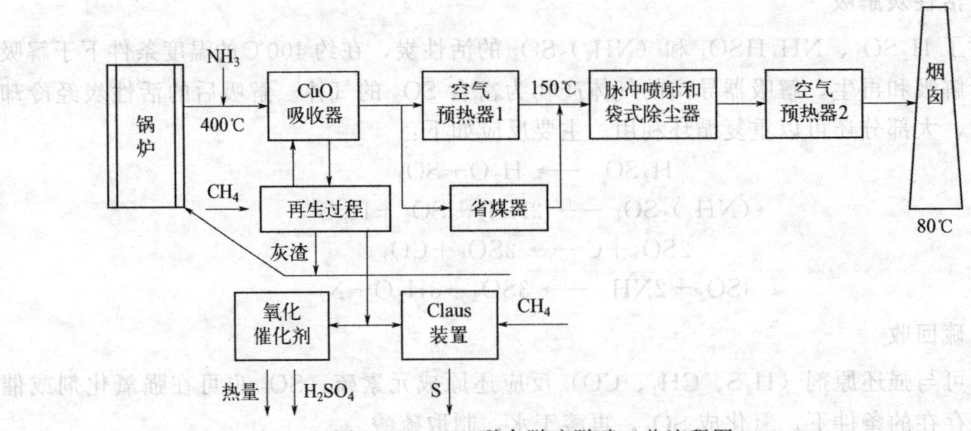

图 6-23　CuO 联合脱硫脱硝工艺流程图

6.10.4　NOXSO 法

NOXSO 工艺是一种干式、可再生系统，它可同时脱除锅炉烟气中的 SO_2 和 NO_x。工艺流程如图 6-24 所示。该工艺中所用吸附剂为球形粒状氧化铝，在流化床内 SO_2 和 NO_x 被吸附剂所吸附，吸附剂饱和后用高温空气加热放出 NO_x，含有 NO_x 的高温空气再送入锅炉进行含氮烟气再循环。吸收剂可以在移动床再生器中回收硫，吸收剂上的硫化合物（主要是硫酸钠）与甲烷或 H_2 在高温（610℃）发生还原反应，约 20%的硫酸钠还原为硫化钠，硫化钠接着在蒸汽处理容器中水解，同时生成的高浓度的 SO_2、H_2S、S 等的混合气体与水蒸气处理器中的气态物送入 Claus 单元回收元素硫。吸收剂在冷却塔中被冷却，然后再循环送至吸收塔重复利用。采用 NOXSO 工艺，SO_2 的去除率可达 90%，NO_x 的去除率可达 70%～90%。

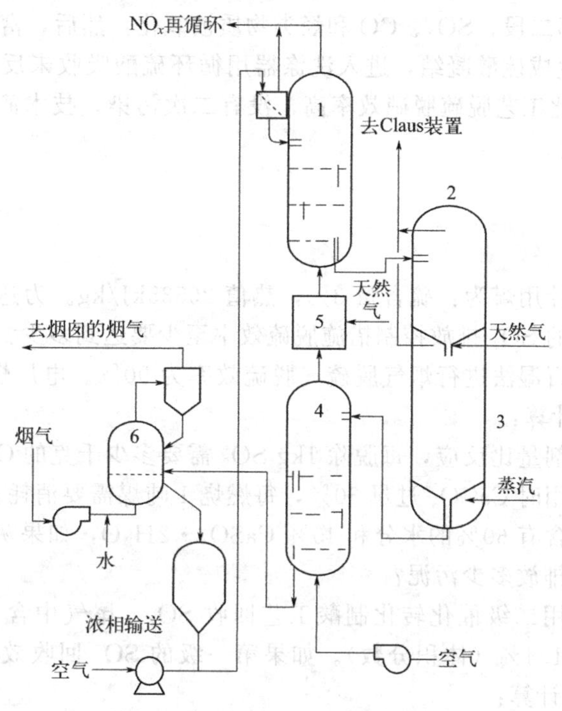

图 6-24　NOXSO 法工艺流程图

1—吸收剂加热器；2—再生器；3—蒸汽处理器；4—吸收剂冷却器；5—空气加热器；6—吸收塔

6.10.5　SNRB 法

SNRB 技术是把所有的 SO_2、NO_x 和颗粒的处置都集中在一个装备内，即一个高温的集尘室中。其原理是在省煤器后喷入钙基吸收剂脱除 SO_2，在气体进入布袋除尘器前喷入 NH_3，在布袋除尘器的滤袋中悬浮选择性催化还原催化剂以去除 NO_x，布袋除尘器位于省煤器和换热器之间，以保证反应温度在 300～500℃。

该技术已在美国进行了 5MW 电厂的试验，在 NH_3/NO_x 摩尔比为 0.85 和氨的泄漏量小于 $4mg/m^3$ 时脱硝率达 90%；在以熟石灰为脱硫剂，钙硫比为 2.0 时，可达到 80%～90%的脱硫率；除尘效率达到 99.89%。

6.10.6　SNOX 法

该法是将 SCR 法和气-固催化氧化脱硫技术有机结合，实现同时脱硫脱硝。烟气先经过选择性催化还原反应器，在催化剂作用下 NO_x 被氨气还原成 N_2，随后进入转化器，SO_2 被催化氧化为 SO_3，并在冷凝器中凝结为硫酸，进一步浓缩为浓硫酸。

6.10.7　DESONOX/REDOX 脱硫脱硝技术

由德国 Degussa 等公司共同开发的 DESONOX 联合脱硫脱硝工艺，除了将烟气中的 SO_2 转化为 SO_3 后制成硫酸，以及用 SCR 除去 NO_x 外，还能将 CO 及未燃烧的烃类物质氧化为 CO_2 和水。该净化装置位于电除尘器后。160℃的烟气进入燃用天然气的燃烧器中，烟气加热至反应温度（400～460℃）后进入 DESONOX 反应器，在反应器的第一段，NO_x

被还原，在反应器的第二段，SO_2、CO和烃类物质被氧化。然后，富含SO_3的烟气在冷凝器中冷却并与水反应生成硫酸凝结，进入洗涤器用循环硫酸吸收未反应的SO_3，可使30%的硫酸浓缩到95%。此工艺脱硫脱硝效率高，没有二次污染，技术简单，投资及运行费用低，适用于老厂的改造。

习题

6-1 某新建电厂的设计用煤为：硫含量3%，热值26535kJ/kg。为达到目前中国火电厂的排放标准，采用的SO_2排放控制措施脱硫效率至少要达到多少？

6-2 某电厂采用石灰石湿法进行烟气脱硫，脱硫效率为90%。电厂燃煤含硫为3.6%，含灰为7.7%。试计算：

(1) 如果按化学剂量比反应，每脱除1kg SO_2需要多少千克的$CaCO_3$？

(2) 如果实际应用时$CaCO_3$过量30%，每燃烧1吨煤需要消耗多少$CaCO_3$？

(3) 脱硫污泥中含有60%的水分和40% $CaSO_4 \cdot 2H_2O$，如果灰渣与脱硫污泥一起排放，每吨燃煤会排放多少污泥？

6-3 一冶炼厂尾气采用二级催化转化制酸工艺回收SO_2。尾气中含SO_2为7.8%、O_2为10.8%、N_2为81.4%（体积分数）。如果第一级的SO_2回收效率为98%，总的回收效率为99.7%。计算：

(1) 第二级工艺的回收效率为多少？

(2) 如果第二级催化床操作温度为420℃，催化转化反应的平衡常数$K=300$，反应平衡时SO_2的转化率为多少？其中，$K=\dfrac{y_{SO_3}}{y_{SO_2} \cdot (y_{O_2})^{0.5}}$。

6-4 通常电厂每千瓦机组容量运行时会排放0.00156m^3/s的烟气（180℃，1atm）。石灰石烟气脱硫系统的压降约为2600Pa。试问：电厂所发电中有多少比例用于克服烟气脱硫系统的阻力损失？假定动力消耗=烟气流率×压降/风机效率，风机效率设为0.8。

6-5 在双碱法烟气脱硫工艺中，SO_2被Na_2SO_3溶液吸收。溶液中的总体反应为：

$$Na_2SO_3 + H_2O + SO_2 + CO_2 \longrightarrow Na^+ + H^+ + OH^- + HSO_3^- + SO_3^{2-} + HCO_3^- + CO_3^{2-}$$

在333K时，CO_2溶解和解离反应的平衡常数为：

$$\frac{[CO_2 \cdot H_2O]}{P_{CO_2}} = K_{hc} = 0.0163\text{mol/(L·atm)}, \quad \frac{[HCO_3^-] \cdot [H^+]}{[CO_2 \cdot H_2O]} = K_{c1} = 10^{-6.35}\text{mol/L}$$

$$\frac{[CO_3^{2-}] \cdot [H^+]}{[HCO_3^-]} = K_{c2} = 10^{-10.25}\text{mol/L}$$

溶液中钠全部以Na^+形式存在，即$[Na]=[Na^+]$；

溶液中含硫组分：$[S]=[SO_2 \cdot H_2O]+[HSO_3^-]+[SO_3^{2-}]$。

如果烟气的SO_2体积分数为2000×10^{-6}，CO_2的浓度为16%，试计算脱硫反应的最佳pH。

6-6 根据表6-3中所列的石灰石湿法烟气脱硫的典型操作条件，试计算：

(1) 脱硫液每循环经过一次洗涤塔，单位体积脱硫液中溶解了多少摩尔的SO_2？

(2) 如果脱硫液进入洗涤塔时的pH为5，则其流出洗涤塔时的pH为多少？假定浆滴在洗涤塔中的停留时间较短（通常为3～4s），$CaCO_3$尚未发生反应。

6-7 A coal containing 3% sulfur by weight is burned at a rate of 50kg/s in a 500MW power plant. Ninety percent of the SO_2 in the flue gas is to be removed by limestone scrubbing. Assume the limestone to be pure $CaCO_3$. Calculate the limestone feed rate needed to achieve the 90% removal assuming perfect stoichiometric reaction. The stoichiometric ratio can be defined as the weight of reagent actually needed divided by the theoretical stoichiometric weight to remove the same quality of SO_2. Stoichimetric ratios for 90% SO_2 removal for lime systems range from 1. 05 to 1. 15, while those for limestone range from 1. 25 to 1. 6. Using actual ratios of 1. 10 and 1. 40, calculate the ratio of the weight of limestone to that of lime for this flue gas.

6-8 一锅炉每分钟燃煤 1000kg，煤炭热值为 26000kJ/kg，煤中氮的含量为 2%（质量分数），其中 20%在燃烧中转化为 NO_x。如果燃料型 NO_x 占总排放的 80%，计算：

（1）此锅炉的 NO_x 排放量；

（2）此锅炉的 NO_x 排放系数；

（3）安装 SCR，要求脱氮率为 90%，计算需要 NH_3 的量。

6-9 分析湿式石灰石/石灰烟气脱硫法系统结垢的原因、发生部位、改善方法。

6-10 石灰石湿法脱硫系统由哪些部分组成？

第7章

其他常见废气处理技术

7.1 有机废气处理技术

7.1.1 有机废气的来源及危害

有机化合物主要是指碳氢有机化合物及其衍生物。主要包括各种烃类、醇类、醛类、酸类、酮类和胺类等。大气中有机化合物的来源十分广泛，除了来自煤、石油、天然气的燃烧过程，另外一些主要行业所排放的有机废气如表 7-1 所示。

表 7-1 有机废气的主要来源

行业	排放气体
化工行业	石化、有机合成反应设备排气
印刷行业	印墨中有机溶剂、造纸设备的排气
机械行业	机械喷漆、金属制品产生的气味
汽车行业	汽车的喷漆、干燥炉铸件生产设备排气
塑料/木材业	塑料、胶合板、黏合剂、制造设备排气
电子工业	松香、半导体制造设备排气
食品/其他	食品加工设备、厨房排气

有机废气会危害人体健康。如有机废气通过呼吸道和皮肤进入人体后，能造成人的呼吸、血液、肝脏等系统和器官暂时性或永久性病变，尤其是苯并芘类多环芳烃能直接致癌。有机废气还会造成严重的环境污染，如形成光化学烟雾二次污染、造成臭氧层空洞、引起温室效应和恶臭污染等。因此，必须对有机废气进行净化处理。

总的来说，有机废气的处理方法主要有两类：一类是回收法，即通过物理方法，在一定温度、压力下，用选择性吸附剂和选择性渗透膜等方法来分离有机化合物，主要包括活性炭吸附法、变压吸附法、冷凝法和生物膜法等。另一类是消除法，即通过化学或生物反应，用光、热、催化剂和微生物等将有机物转化为水和二氧化碳，主要包括热氧化法、催化燃烧法、生物氧化法、电晕法、等离子体分解法、光分解法等。

7.1.2 燃烧法净化有机废气

7.1.2.1 燃烧法概述

燃烧净化法是利用某些废气中污染物可以燃烧的特性，将其燃烧转变为无害或易于进一步处理和回收的方法。石油炼油厂、石油化工厂、溶剂生产企业、油漆生产企业以及汽车制造表面涂装行业等产生的大量碳氢有机物废气可以用燃烧法处理；所有的恶臭物质，如硫醇、硫化氢等，也可用燃烧法处理。该法工艺简单、操作方便、处理最为彻底，可回收一部分能量。其缺点是不能回收废气中的有害物质，需消耗一定的能源。处理低浓度废气时，需加入辅助燃料或预热。

由于被净化的废气中污染物的浓度、流量及性质不同，燃烧的方式也不同，主要分为直接燃烧、热力燃烧和催化燃烧三种类型。当废气中可燃有机物浓度很高时，可把废气当作燃料来燃烧，所以称其为直接燃烧。而在热力燃烧和催化燃烧情况下，所处理的废气中可燃物的浓度太低，必须借辅助燃料来实现燃烧，故称为热力燃烧，也称后燃烧、无烟燃烧。催化燃烧的目的是利用催化剂的催化作用来降低氧化反应温度和提高反应速率。

7.1.2.2 燃烧法基本原理

（1）燃烧反应动力学

① 燃烧速率。燃烧速率是指在化学反应中，单位时间内反应物质（或燃烧产物）的浓度改变率。设某一燃烧反应的污染物A的浓度为c_A(mol/m^3)，燃烧速率为：

$$r_A = k c_A^n [O_2]^m \tag{7-1}$$

式中，k为反应速率常数，与反应物浓度无关；$[O_2]$为氧的浓度，mol/m^3；n、m为反应级数。

一般情况下，废气中的可燃气体浓度较低，因此当氧足够时，氧浓度可看成常数。反应速率常数k与温度T(K)的关系通常由阿伦尼乌斯方程表示：

$$k = A e^{-\frac{E_a}{RT}} \tag{7-2}$$

式中，R为理想气体常数，8.314J/(mol·K)；A、E_a分别为频率因子（s^{-1}）和活化能（J/mol），是由反应特性决定的常数，与反应温度及浓度无关。

② 着火温度。着火温度是指可燃物在一定条件下开始正常燃烧的最低温度，一定条件下的着火温度的高低，取决于过程中的能量平衡。

设在一容积为V的容器中进行的燃烧反应放热速率为Q_e，散热速率为Q_d，根据化学反应速率方程及传热原理可得：

$$Q_e = rVQ_m = A e^{-\frac{E_a}{RT}} c_A^n [O_2]^m V Q_m \tag{7-3}$$

式中，Q_m为单位体积或质量可燃混合物的发热量，kJ/m^{3}或kJ/kg。

令：$B=AVc_A^n Q_m$，在容器的容积、可燃混合物的成分和含量一定时，B 为常数。

$$Q_d=KS(T-T_0) \tag{7-4}$$

式中，K 为传热系数，$W/(K \cdot m^2)$；S 为容器表面积，m^2；T、T_0 分别为燃烧过程中的平均温度和初始温度，K。

显然，燃烧过程系统的温度取决于 Q_e 及 Q_d 的相对大小，但要保持稳定的燃烧过程，不至于在干扰下发生熄火现象，必须 $Q_e>Q_d$，即：

$$Ae^{-\frac{E_a}{RT}}c_A^n[O_2]^m VQ_m>KS(T-T_0) \tag{7-5}$$

由上式可以看出，活化能 E_a 较低的可燃物易于燃烧；利用催化剂降低燃烧反应的 E_a 值，可降低着火温度，提高燃烧反应速率，这就是应用广泛的催化燃烧法；废气中可燃物浓度 c_A 过低时，不能着火或不易燃烧，必须添加高浓度辅助燃料，以提高 Q_e 和 T，这就是热力燃烧法；减小散热面积 S 或降低传热系数 K（如采用保温措施），有利于燃烧稳定进行，提高初始温度 T_0 也有利于着火燃烧。

（2）爆炸浓度极限

爆炸浓度极限（简称爆炸极限）是表征可燃气体、蒸汽和可燃粉尘危险性的主要指标之一。在一定浓度范围内氧和可燃组分在一定的控制条件下着火后就形成火焰，维持燃烧；而在一个有限的空间内无控制地迅速发展，则会形成爆炸。因此，爆炸极限浓度范围与燃烧极限浓度范围是相同的。它们都有上限和下限两个数值。空气中含可燃组分浓度低于爆炸下限时，由于发热量不足以达到着火温度，不能燃烧，更不会爆炸；空气中可燃组分浓度高于爆炸上限时，由于氧气不足，也不能引起燃烧和爆炸。爆炸浓度极限与空气或其他含氧气体中的可燃组分有关，还与实验的混合气温度、压力、流速、流向及设备形状尺寸等有关。但是由于空气中的氧体积分数为20.9%，一般的爆炸极限是指空气中的浓度范围，因而，只要规定了空气中可燃组分的浓度，就相当于确定了混合气中空气和可燃组分的相对浓度。不同条件下可燃物的爆炸极限范围可从有关手册查得。

一种以上可燃混合物在空气中的爆炸浓度极限近似值 c_m 可依下式计算

$$c_m=\frac{100}{\frac{a}{c_1}+\frac{b}{c_2}+\cdots+\frac{m}{c_n}} \tag{7-6}$$

式中，c_1、c_2、c_3 为各可燃物的爆炸极限浓度；a、b、m 为混合物中各可燃物的体积分数。

在燃烧净化中，为安全起见，通常降低各可燃物浓度，将废气可燃物浓度控制在爆炸浓度下限的20%～25%，以防止由混合物比例及爆炸范围的偶然变化引起爆炸及回火。

7.1.2.3 含烃类废气的直接燃烧

含烃类废气主要来源于炼油厂和石油化工厂。以前是将排放的可燃气体汇集到火炬烟囱燃烧处理，因而又称火炬燃烧。火炬燃烧虽然是炼油和石油化工生产中的一个安全措施，但是也造成了能源的巨大浪费。近年来，国内外大力开展火炬气的综合利用工作，较大型的石油化工企业先后建设了多套火炬综合利用工程，把火炬气引入锅炉或加热炉燃烧，节省了大量燃料。

在喷漆或烘漆作业中，常有大量的溶剂，如苯、甲苯、二甲苯等挥发出来污染环境，损害工人身体健康。这些蒸气浓度较高时，可以采用直接燃烧法处理，图7-1是直接燃烧法处理烘漆蒸气的流程。该工艺流程的燃烧炉 2 设在大型烘箱内。含有有机溶剂的蒸气被风机 1 从烘箱顶部抽出后，送入燃烧炉在 800℃下燃烧，燃烧气体与烘箱内气体间接热交换后排空。其中一部分通过热风孔吹出，直接加热烘箱内气体。该法净化效率可达 99.8%。为防止烘箱内气体发生燃烧与爆炸，在燃烧炉进、出口管上和烘箱顶部有机蒸气出口处均装有阻火器，同时控制烘箱内有机物浓度在爆炸下限的 15%以下。

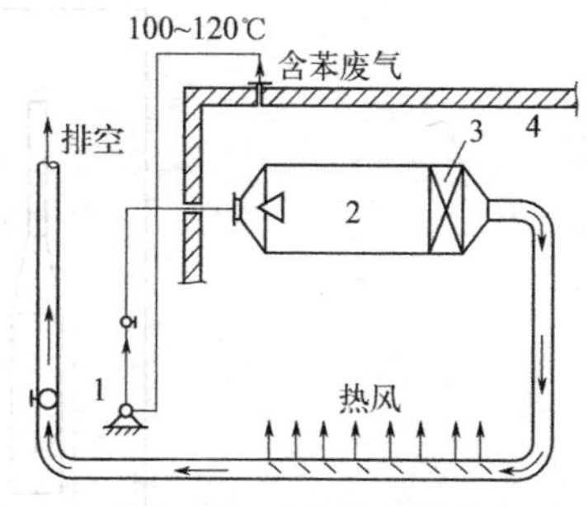

图 7-1　直接燃烧法处理烘漆蒸气的流程
1—风机；2—燃烧炉；3—瓷环；4—烘箱壁

7.1.2.4　含烃类废气的热力燃烧

(1) 热力燃烧法概述

热力燃烧法因为有机废气中所含可燃物的浓度极低，不能着火和依靠自身来维持燃烧，所以必须借助燃料燃烧产生的热量来提高废气温度使废气中可燃组分氧化并转化为无害物质。热力燃烧所需的温度较直接燃烧低，大约为 540～820℃。

热力燃烧的过程可分为三个步骤：①辅助燃料燃烧，提供热量；②废气与高温燃气混合，达到反应温度；③在反应温度下，保持废气有足够的停留时间，使废气中可燃的有害组分氧化分解，达到净化排气的目的。

热力燃烧可以在专用的燃烧装置中进行，也可以在普通的燃烧炉中进行。进行热力燃烧的专用装置称为热力燃烧炉，其结构应满足热力燃烧时的条件要求，即应保证获得 760℃以上的温度和 0.55s 左右的接触时间。热力燃烧炉的主体结构包括两部分：①燃烧器，其作用是使辅助燃料燃烧生成高温燃气；②燃烧室，其作用是使高温燃气与旁通废气湍流混合达到反应温度，并使废气在其中的停留时间达到要求。当燃烧室的温度达到可以点燃有机废气时，才将废气引入燃烧室中进行氧化燃烧，然后净化后气体经烟囱排入大气。根据废气中氧含量的大小，采用不同的燃烧器：若废气中氧含量大于 16%，则用配焰燃烧器；若小于 16%，则用离焰燃烧器，即必须补充助燃空气。为保证可燃物能完全氧化，废气在燃烧室中要有足够的停留时间。

上述经典的有机废气热力焚烧炉结构简单、投资费用少、操作方便，而且几乎可以处理一切有机废气并达到法规的排放要求。

(2) 氧化沥青尾气的热力燃烧

沥青烟是以沥青为主，也包括煤炭、石油等燃料在高温下逸散到环境中的一种混合烟气。凡是在加工、制造和一切使用沥青、煤炭、石油的企业，在生产过程中均有不同浓度的沥青烟产生。含有沥青的物质，在加热与燃烧的过程中也会不同程度地产生沥青烟。

氧化沥青尾气的处理方法一般为热力燃烧，燃烧前通常需除去废气中的馏出油及大量水分，余下的氧、惰性气体、低分子烃类化合物以及苯并芘、含氧和含硫等物质送焚烧炉处理。

焚烧氧化沥青尾气有两种方式，一种是将尾气通入原工艺加热炉作燃料，加热氧化釜内渣油，回收热值（直接焚烧，工艺流程示意图见图 7-2）。另一种是建立专用的焚烧炉。尾气焚烧炉有卧式与立式两种。

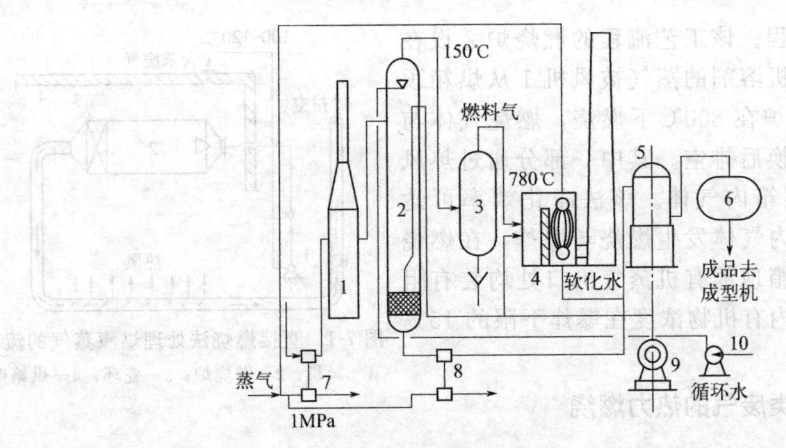

图 7-2　直接焚烧沥青尾气流程示意图

1—加热炉；2—氧化塔；3—缓冲罐；4—焚烧炉（烟气锅炉）；
5、6—成品罐；7—原料泵；8—成品泵；9—空压机；10—水泵

7.1.2.5　含烃类废气的催化燃烧

(1) 催化燃烧法概述

催化燃烧法是采用催化剂降低有机物氧化所需的活化能，并提高反应速率，从而在较低的温度下进行氧化燃烧。催化燃烧系统中使用合适的催化剂，使废气中的有机物在较低温度（200～400℃）下完全氧化分解。该法的优点是催化燃烧为无火焰燃烧，安全性好，要求的燃烧温度低（大部分烃类和CO在300～450℃之间即可完成反应），辅助燃料费用低，对可燃组分浓度和热值限制较少，二次污染物 NO_x 生成量少，燃烧设备的体积较小。对挥发性有机物（VOC）去除率高；有机废气中的有毒物或恶臭物质，几乎都能用催化燃烧法处理。缺点是催化剂的价格较贵，且要求废气中不含有使催化剂的成分。

催化燃烧有机废气的催化剂有三类：贵金属催化剂（钯、铂）；过渡金属氧化物催化剂（铜、铬、锰、钴、镍等的氧化物）；稀土金属氧化物催化剂。在催化燃烧的操作中，为保护催化剂，在废气温度未达起燃温度前，不应加入催化剂。在操作结束时，催化剂降温前，最好用新鲜空气吹扫，以便清除吸附在活性中心的残留物，延长催化剂的使用寿命。当发现催化剂表面积炭、活性下降时，可吹进新鲜空气，适当提高燃烧温度，烧去积炭。

催化燃烧法由于维持其催化反应需要一定的起燃温度，有机废气浓度较低时，需要补充大量热能，会增加运行费用，因此该法只适合于处理高浓度（>1000mg/m³）有机废气。对于低浓度、大风量的有机废气，近年来发展了一种有效的净化方法——吸附浓缩-催化燃烧法。

(2) 吸附浓缩-催化燃烧法净化有机废气

该法是活性炭吸附和催化燃烧法组合工艺技术，既具有活性炭吸附工艺的安全可靠、净化效率高、适应范围广等优点，又最大限度地利用了有机废气中有机组分的热值，且组合紧凑、净化效率高、无二次污染。工艺流程见图 7-3。

目前发达国家应用吸附浓缩-催化燃烧工艺时，多采用回转式吸附浓缩器（又称蜂窝轮）作为吸附浓缩设备（见图 7-4）。该设备具有阻力损失小、安全性高、浓缩比大、后处理量小、操作简单、运行功耗低等优点。

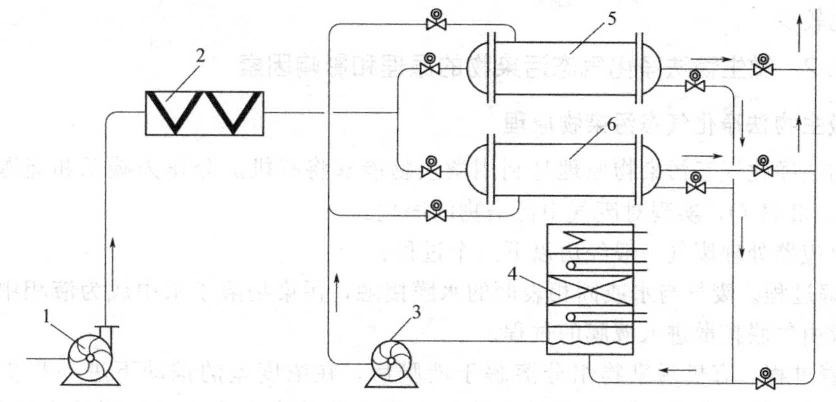

图 7-3 吸附浓缩-催化燃烧法净化有机废气工艺流程

1—除雾风机；2—干式漆雾过滤器；3—脱附风机；4—催化燃烧床；5—1#吸附床；6—2#吸附床

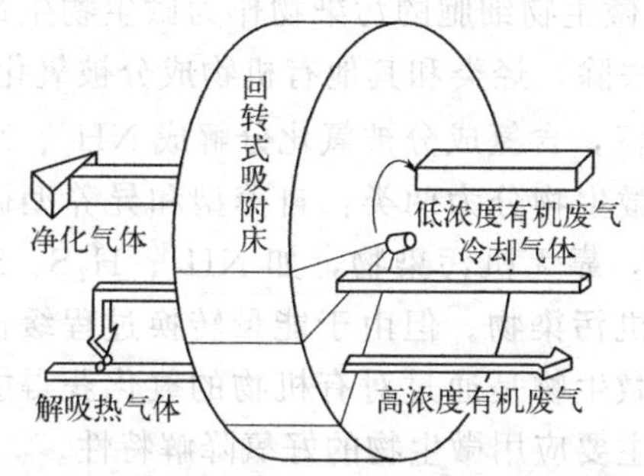

图 7-4 回转式吸附浓缩器工作原理示意图

7.1.3 微生物法净化有机废气

7.1.3.1 微生物法概述

废气的微生物处理于 1957 年在美国获得专利，但到 1970 年左右才开始引起重视，直到 1980 年才逐渐在德国、日本、荷兰等国家有相当数量工业规模的各类生物净化装置投入运行。其具有处理效率较高、适应性较广、工艺较简单以及费用较低等优点。对许多一般性的空气污染物的去除率可达到 90%以上；可以净化挥发性有机化合物，也可净化其他有毒或有臭味的气体，如 NH_3 和 H_2S 等；也可用于净化化工、制药、电镀、喷漆、印刷等行业产生的有害污染物以及废水处理厂、堆肥厂、垃圾填埋厂产生的恶臭气体等。

微生物法的实质就是在适宜的环境条件下，附着在滤料介质中的微生物利用废气中的有机成分作为碳源和能源，维持生命活动，并将有机物分解为 CO_2 和 H_2O 的过程。有机氮被转化为氨气，继而转化为硝酸；硫化物先转化为硫化氢，继而氧化为硫酸。除含氯较多的有机物分子难以降解外，一般的气态污染物在生物过滤器中的降解速率为 10～100g/(m^3·h)。用于净化有机废气的生物膜处理装置有生物滤池、生物滴滤池和生物洗涤塔三种形式。

微生物法与常规的处理法相比，具有设备简单、运行费用较低、二次污染较少、有机物去除率高（90%以上）、处理气体多样化（如烷烃类、醛类、醇类、酮类、羧酸类、酯类、醚类、烯烃类、多环芳烃类、卤素类化合物）等优点。

生物处理技术在欧洲及美国已得到广泛的应用，技术较为成熟。而目前我国这方面技术的应用比较少。

7.1.3.2 微生物法净化气态污染物的原理和影响因素

(1) 微生物法净化气态污染物原理

微生物法净化气态污染物原理是利用微生物能够将有机成分作为碳源和能源，并将其分解为 CO_2 和 H_2O，实现对废气中污染物的净化。

生物反应器处理废气一般经历以下三个过程：

① 溶解过程。废气与水或固相表面的水膜接触，污染物溶于水中成为液相中的分子或离子，完成由气膜扩散进入液膜的过程。

② 吸着过程。有机污染物组分溶解于液膜后，在浓度差的推动下进一步扩散到生物膜，被微生物吸附、吸收，污染物从水中转入微生物体内。作为吸收剂的水被再生复原，继而再用以溶解新的废气成分。

③ 生物降解过程。进入微生物细胞的污染物作为微生物生命活动的能源或养分被分解和利用，从而使污染物得以去除。烃类和其他有机物成分被氧化分解为 CO_2 和 H_2O，含硫还原性成分被氧化为 S、SO_4^{2-}，含氮成分被氧化分解成 NH_3、NO_2^- 和 NO_3^- 等。

可用于废气生物降解的微生物分为两类：自养型和异养型微生物。自养型微生物的生长可以在没有碳源的条件下，靠无机污染物，如 NH_3、H_2S、S 等的氧化获得能量，故这一类微生物特别适合净化无机污染物。但由于能量转换过程缓慢，细菌生长速度很慢，因此工业上应用困难。异养型微生物是通过对有机物的氧化获得能量，适宜分解净化有机污染物。目前，处理有机废气主要应用微生物的好氧降解特性。

(2) 微生物法净化的主要影响因素

① 湿度。生物滤池中，填料/生物固体中最佳水分含量为 40%～60%。湿度太高时，水分充满滤料的孔隙，减少了气体停留时间，增加阻力；气液界面减少，降低了氧的传递。湿度太低时，滤层老化，微生物活性降低，填料干燥、开裂，气体短流。为了保持一定的湿度，需要间歇喷洒保湿剂或在进气中喷水。

②温度。合适的温度是微生物正常代谢前提。

③ pH。生物反应器水相 pH 为 6～9，降解含氯、氮、硫的化合物时，会有酸的积累。可在液相中加碱或加缓冲物质调节。

④ 其他因素。包括污泥浓度、溶解氧、营养盐等。

7.1.3.3 净化工艺和设备

在废气处理工程中，根据系统中微生物的存在形式，可将微生物处理工艺分为悬浮生长系统和附着生长系统。

悬浮生长系统的微生物与其营养液存在于液体中，气相中的有机物与悬浮液接触后转移到液相，从而被微生物降解。其典型的形式有鼓泡塔、喷淋塔及穿孔塔等生物洗涤器。而附着生长系统中微生物附着在某些惰性介质上呈膜状生长，废气通过由滤料介质构成的固定床时被吸附、吸收，最终被微生物降解。其典型的形式有土壤、堆肥、填料等材料构成的生物过滤塔。生物滤塔同时具有悬浮生长系统和附着生长系统的特性。

根据介质性质不同生物净化反应器分为生物洗涤塔（塔内是液态介质）和生物过滤池（生物过滤采用的是固态介质），其中生物过滤池包括生物滤池和生物滴滤池。

（1）生物洗涤法（微生物吸收法）

生物洗涤法一般由废气吸收段和悬浮液再生段两部分组成（如图 7-5 所示），废气由吸收设备下部进入，向上流动与吸收设备顶部喷淋而下的生物悬浮液在填料层接触，使废气中的污染物和氧转入液相并被微生物所吸收。吸收是一个物理过程，通常这个过程较快，水的停留时间大约仅有几秒钟；水的再生是一个生物过程，通常较慢，停留时间从几分钟至十几个小时。由于吸收和再生所需要的时间不同，水的再生就需要用专门的生物反应器。

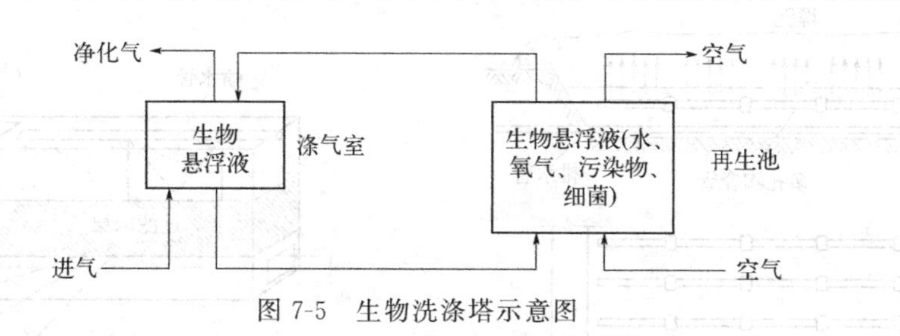

图 7-5　生物洗涤塔示意图

微生物吸收法工艺流程如图 7-6 所示。生物悬浮液（循环液）自吸收塔顶部喷淋而下，使废气中的污染物和氧转入液相（水相）。吸收了废气中有机组分的生物悬浮液进入再生反应器（活性污泥池）中，通入空气充氧再生。被吸收的有机物通过微生物的氧化作用，最终被再生池中活性污泥悬液除去。当活性污泥浓度控制在 5000～10000mg/L，气速小于 200m/h，此系统净化效果较理想。

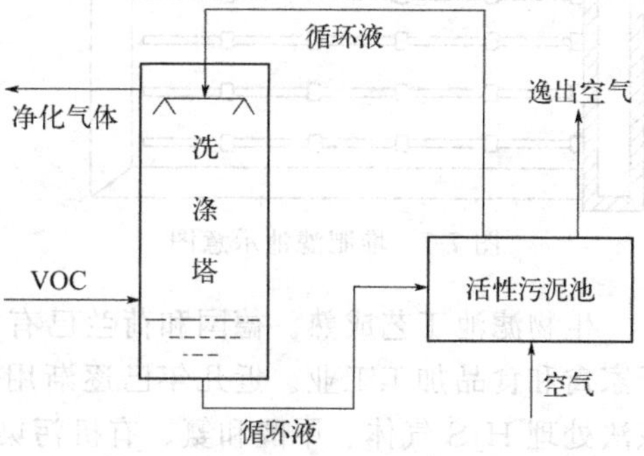

循环液
逸出空气
净化气体
洗
涤
塔
VOC
活性污泥池
空气
循环液

图 7-6　微生物吸收法工艺流程图

吸收设备采用喷淋塔或鼓泡塔。一般来说，气相阻力较大时采用喷淋法，液相阻力较大时采用鼓泡法。喷淋法废气自反应器下部进入，微生物悬浮液（循环液）自吸收器顶部喷淋而下，废气与生物悬浮液在吸收器内充分接触，便于废气中的污染物转入液相。废气净化后从反应器上部排出。吸收了废气污染成分的悬浮液流入再生反应器，在好氧条件下经微生物的氧化作用，转变成简单的物质。

（2）生物过滤法

在生物过滤法中，气体经过去尘增湿或降温等预处理工艺后，从滤床底部由下向上穿过填料层，污染物从气相转移到生物膜表面，被微生物吸收转化分解，得以净化。

生物滤池由滤料床层（生物活性填充物）、砂砾层和多孔布气管等组成。多孔布气管安装在砂砾层中，在池底由排水管排出多余的积水。按照所用固体滤料的不同，生物滤池分为土壤滤池、堆肥滤池及微生物过滤箱。

① 土壤滤池：其气体分配层下层由粗石子、细石子或轻质陶粒骨料组成，上部由黄砂或细粒骨料组成，土壤滤层可按黏土、含有机质沃土、细沙土和粗砂以一定比例混配。由于土壤对废气中无机气体（SO_2、NO_x、H_2S 等）有较强的截留和表面催化氧化能力，其产物会使土壤床酸化，因此，可投加石灰中和。其投资少、无二次污染、抗冲击能力强，但占地面积大。

② 堆肥滤池：是将堆肥（如畜粪、城市垃圾、污水处理厂的污泥等有机废弃物）经好

氧发酵、热处理后，堆放在废气发生源上，使污染物分解而达到净化的目的。图 7-7 是堆肥滤池示意图。其结构与土壤床相似。与土壤床相比，其特点有：处理相同量废气时，占地面积少；去除率高，反应时间短（土壤床 1/4～1/2，约 20s），适用于废气量大的场合；有结块趋势，需周期性搅动；有一定的使用年限。

③ 微生物过滤箱：是封闭式装置，由箱体、生物活性床层、喷水器等组成（如图 7-8 所示）。微生物一部分附着于载体表面，一部分悬浮于床层水体中。

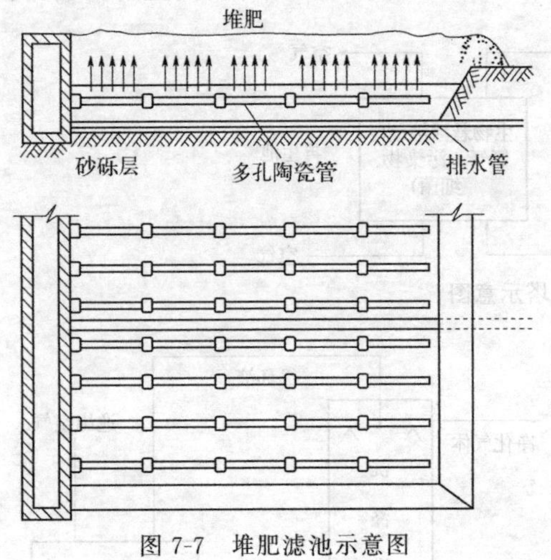

图 7-7 堆肥滤池示意图

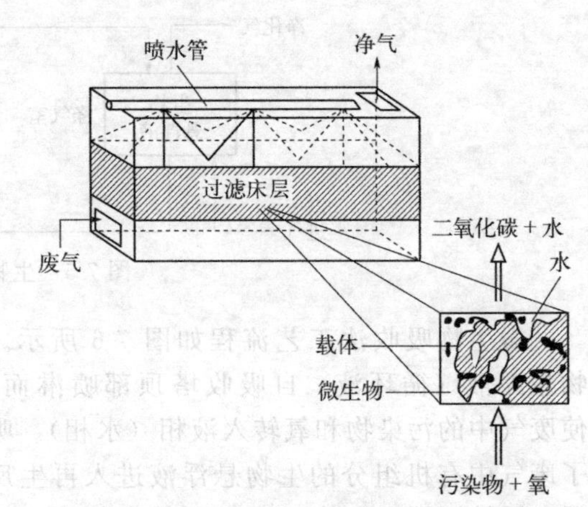

图 7-8 微生物过滤箱示意图

生物滤池工艺成熟。德国和荷兰已有 500 多座生物滤池投入应用，它们中的大多数用于家禽和食品加工工业。近几年已逐渐用于化学工业产生的难降解恶臭物质的处理。采用该法处理 H_2S 气体、甲醛和氨、有机污染物、脂肪类碳氢化合物等都取得了显著的效果。

（3）生物滴滤法

生物滴滤池系统示意图如图 7-9 所示。它是由生物滴滤池和供液槽组成。生物滴滤池内以粗碎石、塑料蜂窝状填料、塑料波纹板填料、陶瓷、木炭等填料填充。该类填料属于惰性填料，不具吸水性。

生物滴滤法与生物滤池法的不同点：填料不同，且填料间空隙很大；在填料上方喷淋循环液；操作条件易于控制；pH、氮磷营养元素等也可通过回流水调节或添加。

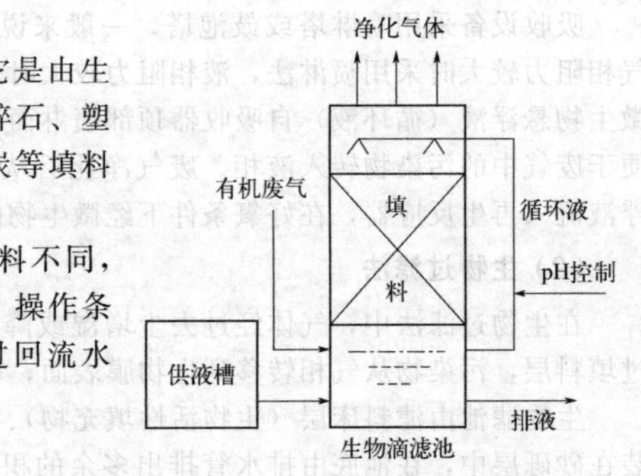

图 7-9 生物滴滤池系统示意图

（4）生物法工艺比较

气量大且有机物浓度低的废气采用生物过滤池系统处理较好；生物吸收法适用于处理气量较小、有机物浓度低浓度较高且水溶性较大的有机废气，如屠宰场、食品加工厂、堆肥厂、污水处理厂等的脱臭处理；负荷较高且污染物降解后会产生酸性物质的废气采用生物滴滤池系统处理较好。

有机废气生物处理是一项新的技术，由于生物反应器涉及气、液、固相传质及生化降解过程，影响因素多而复杂，有关的理论研究及实际应用还不够深入、广泛，需要进一步探讨和研究。譬如，废气动态负荷、反应动力学模式以及填料特性等方面。

7.1.4 吸附法净化有机废气

7.1.4.1 吸附法概述

吸附法净化有机废气多用于低浓度、有回收价值的有机蒸气的回收净化。对于浓度较高的这类废气，往往是采取冷凝-吸附的方法；对浓度较低的恶臭气体一般采用吸附浓缩-催化燃烧的方法。

吸附法控制有机废气属于干法工艺，是广泛采用的方法之一，通过吸附剂对废气中有机废气进行物理吸附，达到净化气体的目的。通常选用的吸附剂为活性炭、硅胶、分子筛等。活性炭吸附回收法最适合处理浓度为500～10000mg/m³的有机废气，主要用于吸附脂肪烃、芳香族化合物、酮类和酯类等。其中活性炭纤维对低浓度甚至痕量的吸附质同样效果显著，常用于吸附苯、醋酸乙酯和丙烯腈等。活性炭纤维比活性炭颗粒的成本高，主要应用于电子行业、制鞋行业、印刷行业等要求较高的行业。

吸附技术应用于有机废气污染的净化具有明显的优点：设备简单，操作灵活，是有效和经济的回收技术之一，特别是对较低浓度有机废气的回收。吸附技术更显示了其他处理技术难以比拟的效率和成本优势，从吸附装置来看，常用的吸附技术可分为固定床吸附、吸附-微波脱附技术和蜂窝转轮式吸附等。

7.1.4.2 典型的工艺流程

在固定床吸附工艺中通常是双床或多床的，当其中一个床层吸附时，另一个床层可用热空气进行解吸，然后进行冷凝回收，可实现半连续操作。固定床操作简易，适用性较强，不足之处是吸附剂效率较低。

固定床吸附流程是典型的吸附工艺流程，如图7-10所示。流程中设有过滤器1，用于滤去固体颗粒物。有机溶剂蒸气与空气的混合比控制在爆炸下限25%范围内，同时安装了砾石阻火器2及附有安全膜片的补偿安全器3。从风机出来的混合气体可在水冷却器5中冷却，也可在加热器6中加热。冷却是在活性炭需要降温或进行吸附操作时使用，加热是在干燥活性炭层时使用。吸附器8由两个并联的吸附床组成，两个床轮流进行吸附和再生操作。

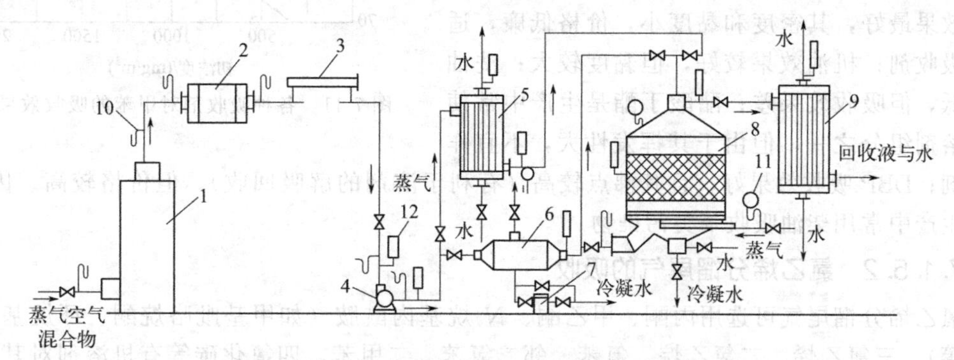

图7-10　从空气中回收有机溶剂蒸气的吸附流程图

1—过滤器；2—砾石阻火器；3—附有安全膜片的补偿安全器；4—风机；5—冷却器；6—加热器；7—凝液罐；8—吸附器；9—冷凝器；10—液体压力计；11—弹簧压力计；12—水银温度计

7.1.4.3 间歇固定床净化有机溶剂蒸气的计算

吸附过程中，有机溶剂会蒸发，在进行计算时，应考虑有机溶剂的蒸发量。

（1）马扎克公式

有机溶剂的蒸发量可按马扎克公式估算

$$G=(5.38+4.1u)\frac{P_v}{133.32}\cdot F\cdot\sqrt{M} \tag{7-7}$$

式中，G 为有机溶剂的蒸发量，g/h；u 为车间内的风速，m/s；P_v 为有机溶剂在室温时的饱和蒸气压，Pa；F 为有机溶剂敞露面积，m^2；M 为有机溶剂的分子量。

（2）相对挥发度近似计算法

相对挥发度为乙醚的蒸发量与某溶剂在相同条件下蒸发量的比值，即 $a_i=G_{乙醚}/G_i$。已知在某种条件下 A 物质的蒸发量为 G_A，那么在相同条件下，B 物质的蒸发量为：$G_B=G_A\cdot a_A/a_B$。

［例题 7-1］ 某甲苯车间产生甲苯有机蒸气，车间内甲苯敞露面积 $4m^2$，车间内的风速 0.5m/s，试求室温下甲苯的蒸发量。已知甲苯在室温时的饱和蒸气压为 3839.0Pa。

解：

$$G=(5.38+4.1u)\frac{P_v}{133.32}\cdot F\cdot\sqrt{M}=(5.38+4.1\times0.5)\frac{3839.0}{133.32}\times4\times\sqrt{92}=8209(g/h)$$

7.1.5 吸收法净化有机废气

7.1.5.1 苯类废气的溶剂吸收

以 0# 柴油、7# 机油、洗油、邻苯二甲酸二丁酯（DBP）及醋酸丁酯等为吸收剂，在相同条件下对甲苯废气的吸收效果进行了对比实验，结果如图 7-11 所示。结果表明，柴油对苯类污染物吸收效果最好，其密度和黏度小，价格低廉，适宜作吸收剂；机油效果较好，但黏度较大；洗油价格低，但吸收效果差；醋酸丁酯是生产中常使用的溶剂组分之一，但由于其挥发性大，不宜作吸收剂；DBP 吸收效果好，且其沸点较高（有利于溶剂的解吸回收），但价格较高。因此，实际生产中常用柴油吸收苯类污染物。

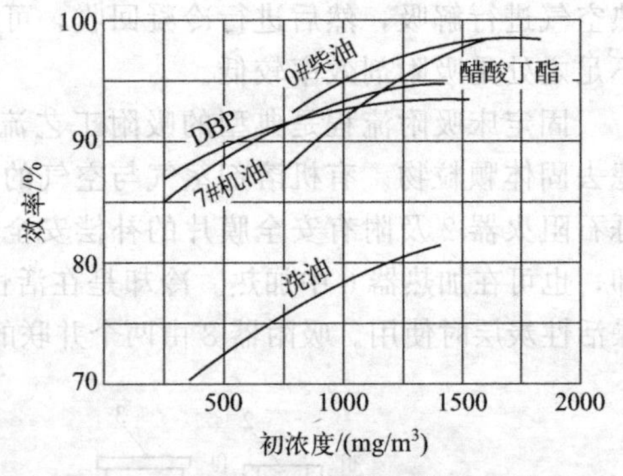

图 7-11 各种吸收剂对甲苯的吸收效果

7.1.5.2 氯乙烯分馏尾气的吸收

氯乙烯分馏尾气可选用丙酮、甲乙酮、*N*-烷基内酰胺（如甲基吡咯烷酮、环烷基吡咯烷酮等）、三氯乙烯、二氯乙烷、氯苯、邻二氯苯、二甲苯、四氯化碳等有机溶剂对其进行吸收净化，其工艺流程如图 7-12 所示。其吸收过程如下：有机吸收剂进入吸收剂冷却器 4，利用冷冻盐水冷至－5～15℃；冷却后的有机吸收剂进入吸收塔 3，尾气从吸收塔下部进入，与吸收剂逆流接触，吸收液从吸收塔底部排出后进入高位槽 9，经热交换器 6 后，进入解吸塔 7 内，用低压蒸气解吸。解吸出的氯乙烯气体从解吸塔进入车间生产系统；解吸塔再生过的溶剂，经热交换后，进入冷却器 5，冷却至规定温度，返回溶剂贮槽 1，循环使用。

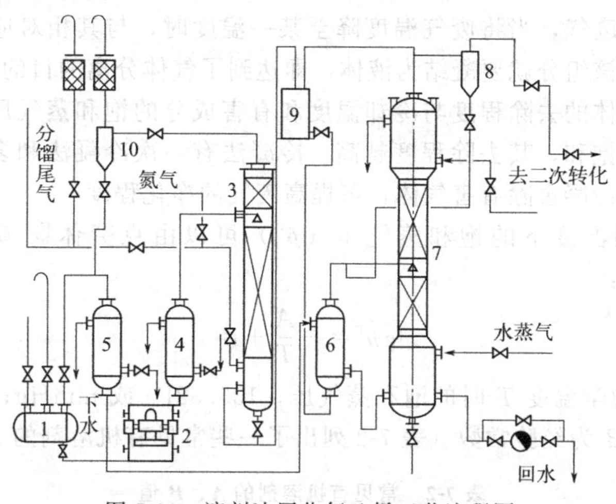

图 7-12 溶剂法回收氯乙烯工艺流程图

1—贮槽；2—计量泵；3—吸收塔；4、5—冷却器；6—热交换器；7—解吸塔；8—气液分离器；9—高位槽；10—分离器

7.1.6 冷凝法净化有机废气

冷凝法就是将蒸气从空气中冷却凝结成液体收集起来加以利用的方法，冷凝净化一般适用于蒸气状态的物质，多用于从废气中回收有机溶剂。适于废气体积分数 10^{-2} 以上的有机蒸气。冷凝方法本身可以达到较高的净化程度，但是净化要求愈高，则冷却的温度愈低，冷却所需费用也就愈大。因此，冷凝法不适合净化低浓度的有机气体，而常用作吸附或化学转化等处理技术的前处理，例如沥青生产的尾气，先经冷凝回收，而后送去燃烧净化。

另外，冷凝回收还适用于处理含有大量水蒸气的高温废气。废气中部分有机物质或其他有害组分可以溶解在冷凝液体中。冷凝液以及冷却水可以起洗涤气体的作用，特别是由于大量水蒸气的凝结，大大减少了气体流量，这对于下一步的燃烧、吸附或高烟囱排放等净化措施都是十分有利的。例如，有的人造纤维厂对于纺丝工序排放的含有大量水蒸气及 CS_2、H_2S 的废气，就是直接用水冷却后经烟囱排放的。

冷凝净化法适于下列情况：①处理高浓度废气，特别是有害物组分单一的废气；②作为燃烧与吸附净化的预处理，特别是有害物含量较高时，可通过冷凝回收的方法减轻后续净化装置的操作负担；③处理含有大量水蒸气的高温废气。但在实际溶剂的蒸气压低于冷凝温度下溶剂的饱和蒸气压时，此法不适用。

冷凝法常与吸附、吸收等过程联合应用，以吸附或吸收法浓缩污染物，以冷凝法回收该有机物，达到既经济又高回收率的目的。

7.1.6.1 冷凝净化的原理

在气液两相共存的体系中，存在着组分的蒸气态物质由于凝结变为液态物质的过程，同时也存在着该组分液态物质由于蒸发变为蒸气态物质的过程。当凝结与蒸发的量相等时达到相平衡。相平衡时液面上的蒸气压力即为该温度下与该组分相对应的饱和蒸气压。

物质在不同温度下具有不同的饱和蒸气压。同一物质饱和蒸气压的大小与温度有关。温度越低，饱和蒸气压值越低。若气相中组分的蒸气压力小于其饱和蒸气压，液相组分将挥发至气相；若气相中组分蒸气压力大于其饱和蒸气压，蒸气就将凝结为液体。对含有一定浓度的有机蒸气的废气，当将废气温度降至某一温度时，与其相对应的饱和蒸气压值低于废气组分分压时，该组分就要凝结为液体，即达到了气体分离的目的。

冷凝法对有害气体的去除程度与冷却温度和有害成分的饱和蒸气压有关。冷却温度越低，有害成分越接近饱和，其去除程度越高。冷凝法有一次冷凝法和多次冷凝法。多次冷凝法是通过两次以上冷凝去除有害气体，可提高废气的净化程度。

各种物质在不同温度下的饱和蒸气压（p^0）可以由克劳休斯-克拉佩龙（Clausius-Clapyron）方程计算：

$$\lg p^0 = -\frac{A}{T} + B \tag{7-8}$$

式中，p^0 为热力学温度 T 时的饱和蒸气压，133.32Pa 或 mmHg；T 为有机溶液的热力学温度，K；A、B 为经验常数（表 7-2 列出了一些常见有机溶剂的 A、B 值）。

表 7-2　常见有机溶剂的 *A*、*B* 值

物质名称	分子式	A	B
苯	C_6H_6	34.172	7.962
一氯甲烷	CH_3Cl	26.319	7.691
甲醇	CH_3OH	38.324	8.802
乙酸甲酯	CH_3COOCH_3	46.150	8.715
四氯化碳	CCl_4	33.914	8.004
甲苯	$C_6H_5CH_3$	39.198	8.330
乙酸乙酯	$CH_3COOC_2H_5$	51.103	9.010
乙醚	$C_2H_5OC_2H_5$	46.774	9.136
乙醇	C_2H_5OH	23.025	7.720

p^0 也可用安托万方程求得：

$$\lg p^0 = A - \frac{B}{T+C} \tag{7-9}$$

式中，T 为有机溶液的热力学温度，K；A、B、C 为经验常数。

7.1.6.2　冷凝设备

按气态污染物与冷却剂接触的方式，冷凝设备可分为直接接触式冷凝器与间接接触式冷凝器（表面式冷凝器）两种。

在直接接触式冷凝器里，冷却剂（冷水或其他冷却液）与废气直接接触，借助对流和热传导，将气态污染物的热量（显热和潜热）传递给冷却剂，达到冷却、冷凝的目的。气体吸收操作本身伴有冷凝过程，故几乎所有的吸收设备都能作为直接接触式冷凝器。常用的直接接触式冷凝器有喷射塔［见图 7-13(a)］、喷淋塔、填料塔、筛板塔［见图 7-13(b)］等。

冷凝用的填料塔与吸收用的填料塔结构类似，只是冷凝用的填料采用比表面积及空隙率较大的填料，能显著提高填料塔单位体积处理量。

表面式冷凝器则通过间壁来传递热量，达到冷凝分离的目的。表面式冷凝器有列管冷凝器（见图 7-14）、翅片管式空冷冷凝器、淋洒式冷凝器、螺旋板冷凝器（见图 7-15）等。蒸气在间壁上的冷凝形式有膜状冷凝、滴状冷凝。

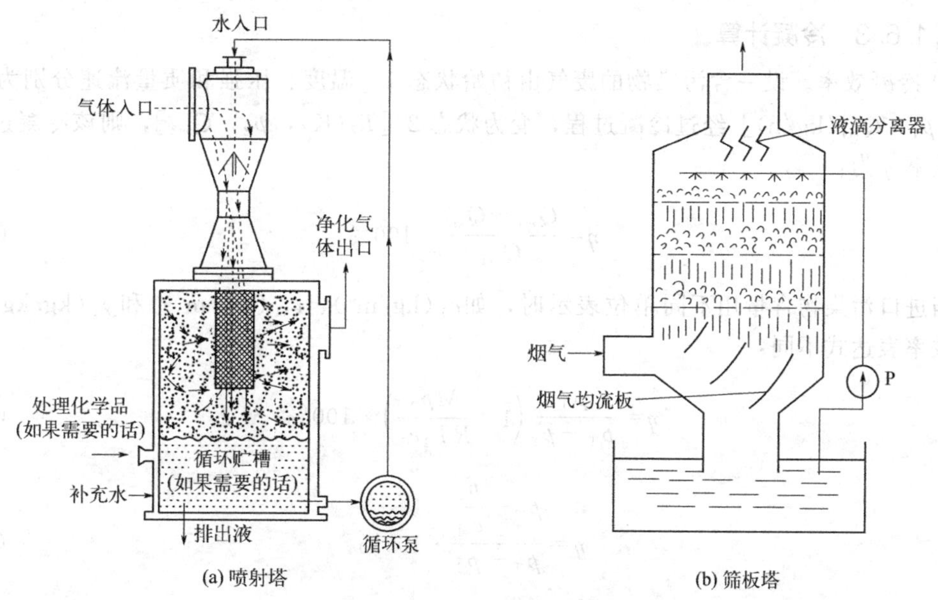

图 7-13　直接接触式冷凝器

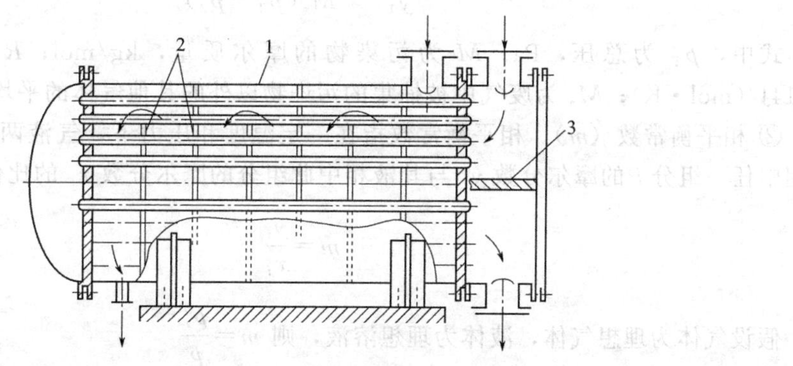

图 7-14　列管冷凝器

1—壳体；2—挡板；3—隔板

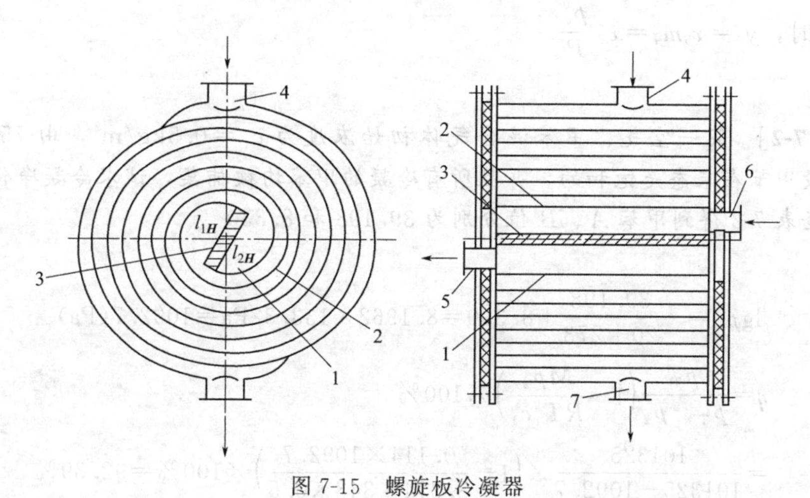

图 7-15　螺旋板冷凝器

1、2—金属片；3—隔板；4、5—冷流体连接管；6、7—热流体连接管

7.1.6.3 冷凝计算

① 冷凝效率。设一含污染物的废气由初始状态1［温度、压强和质量流速分别为：T_1(K)，p_1，Q_{m1}(kg/h)］经过冷凝过程，变为状态2［T_2(K)，p_2，Q_{m2}］，则该冷凝过程的净化效率η为：

$$\eta=\frac{Q_{m1}-Q_{m2}}{Q_{m1}}\times 100\% \tag{7-10}$$

当进口污染物含量用不同单位表示时，如c_1(kg/m³)、c_{v1}(m³/m³)和y_1(kg/kg)，其捕集效率表达式不同：

$$\eta=\frac{p_T}{p_T-p_2}\left(1-\frac{Mp_2}{RT_1c_1}\right)\times 100\% \tag{7-11}$$

$$\eta=\frac{p_T-\dfrac{p_2}{c_{v1}}}{p_T-p_2}\times 100\% \tag{7-12}$$

$$\eta=1-\frac{1-y_1}{y_1}\cdot\frac{Mp_2}{M_a(p_T-p_2)}\times 100\% \tag{7-13}$$

式中，p_T为总压，Pa；M为污染物的摩尔质量，kg/mol；R为理想气体常数，8.314J/(mol·K)；M_a为废气中被捕集的污染物以外的其他气体的平均分子量。

② 相平衡常数(m)。相平衡常数指在一定温度和压力下，气液两相达到平衡状态时，气相中任一组分i的摩尔分数y_i与其液相中此组分的摩尔分数x_i的比值，即：

$$m=\frac{y_i}{x_i} \tag{7-14}$$

假设气体为理想气体，液体为理想溶液，则 $m=\frac{p_i^0}{p}$

式中，p_i^0为组分i在一定温度下的饱和蒸气压，Pa；p为混合气体的总压，Pa。

相平衡时，$y_i=x_im_i=x_i\frac{p_i^0}{P}$。

［例题7-2］ 某一空气、甲苯混合气体初始浓度为$c_1=0.5\text{kg/m}^3$，由75℃冷凝到20℃，假设甲苯在末态是饱和的，并且所有冷凝的甲苯均被捕集，试求冷凝净化效率。

解： 查表7-2得到甲苯A、B值分别为39.198和8.330

20℃时：

$$\lg p^0=-\frac{39.198}{20+273}+8.330=8.1962\times 133.32\text{Pa}=1092.7(\text{Pa})$$

$$\eta=\frac{p_T}{p_T-p_2}\left(1-\frac{Mp_2}{RT_1c_1}\right)\times 100\%$$
$$=\frac{101325}{101325-1092.7}\times\left(1-\frac{0.114\times 1092.7}{8.314\times 348\times 0.5}\right)\times 100\%=92.39\%$$

7.1.6.4 直接接触式冷凝器的计算

在实际操作过程中，直接接触式冷凝器的冷却剂从冷凝器的上部加入，含有污染物的废气从冷凝器下部引入。在冷凝器内，冷却剂与废气逆流接触，冷凝下来的污染物、水以及冷却液由冷凝器下端以废液的形式排出。净化后的气体（包括未凝结的污染物、水蒸气及大量的空气）从设备顶部排出。

全设备进行物料衡算：

$$F=B+D \tag{7-15}$$

式中，F 为进气中污染物的摩尔流量，kmol/h；D 为未凝气中污染物的流出流量，kmol/h；B 为冷凝液排出污染物的摩尔流量，kmol/h。

若对全设备进行能量衡算，可得：

$$H_1+H_w=H_2+H_m \tag{7-16}$$

式中，H_1、H_2、H_w、H_m 分别为进口废气流、出口净化气流、冷却液流、冷凝液流的焓值，kJ/h。如果冷却液为水：

$$G_w=\frac{G\Delta H+Gc_P(t_1-t_m)+G_g c'_P(t_1-t_2)}{c_w(t_m-t_w)} \tag{7-17}$$

式中，G_w、G、G_g 分别为冷却水量、气体污染物冷凝量和排出的废气量，kg/h；c_w、c_P、c'_P分别为冷却水、气体污染物凝结液、排出的废气的定压质量比热容，kJ/(kg·℃)；t_1、t_2 分别为气体进、出口温度,℃；t_w、t_m 分别为冷却水进、出口温度,℃；ΔH 为气体污染物的冷凝潜热，kJ/kg。

也可用下式表示：

$$G_w=\frac{G_B\{\eta Y_A\Delta H+c_a(t_1-t_2)+Y_A c_P[(1-\eta)(t_1-t_2)+\eta(t_1-t_m)]\}}{c_w(t_m-t_w)} \tag{7-18}$$

式中，η 为冷凝捕集效率；Y_A 为气相中组分 A 与载流气的摩尔比。

表面冷凝器则通过间壁来传递热量，达到冷凝分离的目的，其中列管冷凝器是典型的表面冷凝器，其传热系数、传热面等的计算在此不再赘述。

7.1.6.5 直接冷凝法回收净化含癸二腈废气

直接冷凝法回收净化含癸二腈废气的工艺流程如图 7-16 所示，尼龙生产中的含癸二腈废气进入贮槽 1 时，温度约为 300℃，比癸二腈的沸点高出约 100℃。具有一定压力的水进入净化器 2 后，由于在喉管处的高速流动，造成真空，将高温的含癸二腈废气吸入净化器，并与喷入的水强烈混合，形成雾状，进行直接冷凝和吸收。冷凝后的癸二腈在循环液贮槽的上方聚集，可回收用于生产，下层含腈水溶液可循环使用。该工艺净化效率可达 98.5%。

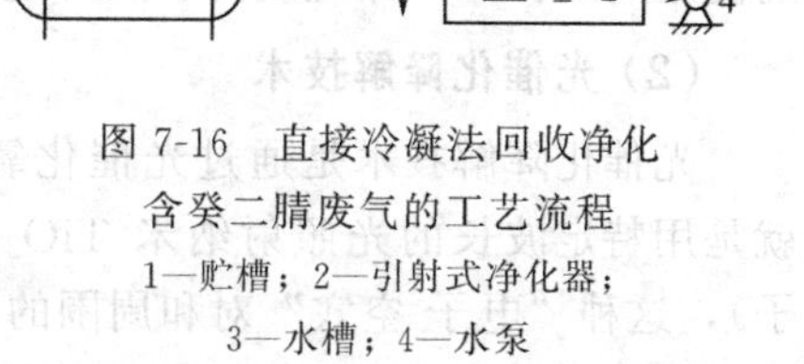

图 7-16 直接冷凝法回收净化含癸二腈废气的工艺流程
1—贮槽；2—引射式净化器；3—水槽；4—水泵

7.1.6.6 吸收-冷凝法回收氯乙烷

氯乙烷（C_2H_5Cl）是一种无色透明易挥发的有机化合物，其熔点为−138.7℃，沸点为 12.5℃，其蒸气易于液化。因此含氯乙烷的废气采用冷凝法净化较适宜（常压或加压均可）。

例如，氯油生产过程产生的尾气可用常压冷凝法回收氯乙烷。由于氯油生产尾气中含

5%（体积分数）以下的氯气、50%左右的氯化氢，还夹带了少量乙醇、三氯乙醛等，氯乙烷含量仅30%左右，因此，冷凝之前需先吸收净化，以除去氯化氢等污染物。

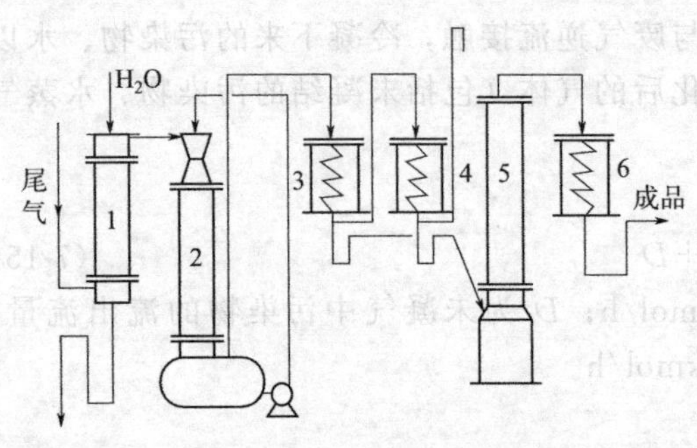

图7-17　常压冷凝法回收氯乙烷工艺流程图

1—降膜吸收塔；2—中和装置；3、4—粗制品冷凝器；5—精馏塔；6—成品冷凝器

图7-17是某氯油生产尾气的净化工艺流程图。尾气首先进入降膜吸收塔1，在该塔中用水将尾气中的HCl吸收，除去大量HCl和少量氯气的尾气再进入中和装置2，在该装置中用15%（质量分数）NaOH溶液中和尾气中的酸性物质。随后，尾气进入粗制品冷凝器3、4，先用-5℃左右的冷冻盐水冷凝气体中的水分（称为浅冷脱水），然后再在-30℃以下把氯乙烷冷凝下来得到粗氯乙烷。粗氯乙烷经过精馏塔5精馏，并经成品冷凝器6冷凝，得到精制氯乙烷液体，其中氯乙烷含量可达98%以上。由于该流程中对氯乙烷采用常压冷凝，需-30℃以下的冷冻盐水。该法回收率约为70%，工艺简单、设备少、管理方便，但回收率稍低。

另外还有压缩冷凝回收氯乙烷的流程，也有吸附-冷凝联合净化氯乙烷尾气的流程，鉴于篇幅原因，在此就不再赘述，读者可参考其他教程。

7.1.7　有机废气处理新技术简介

有机废气处理新技术主要包括：变压吸附分离净化技术、光催化降解技术、膜分离技术以及脉冲电晕法等。

（1）变压吸附分离净化技术

变压吸附分离净化技术是近几十年来在工业上新崛起的气体分离技术，它是利用气体组分在固体吸附材料上吸附特性的差异，通过周期性压力变化过程实现气体的分离与净化，是一种物理吸附法。该方法采用沸石分子筛作为吸附剂（吸附容量大、吸附选择性强），在常温及一定压力条件下，有机废气被沸石分子筛吸附，吸附有机废气以后的吸附剂通过降压抽真空解吸有机物，使吸附剂再生，再生后的吸附剂可以重新吸附有机废气，以此循环往复。该方法适用于大风量、低浓度的苯类、酮类、醛类、醇类等多种有机废气治理。该技术具有能耗低、投资少、流程简单、工艺周期短、自动化程度高、设备适应性强、吸附剂使用周期长、产品纯度高、无环境污染等诸多优点。

（2）光催化降解技术

光催化降解技术是通过光催化氧化反应净化消除挥发性有机气体。光催化氧化反应，就是用特定波长的光照射纳米TiO_2半导体材料，激发出“电子-空穴”对（一种高能粒子），这种“电子-空穴”对和周围的水、氧气发生反应后，生成具有极强氧化能力的自由基活性物质，可将气体中的甲醛、苯、氨气、硫化氢等有害污染物氧化分解成CO_2和H_2O等无毒无味的物质。光催化降解有机污染物比较完全，且不存在吸附饱和及二次污染问题。因此，该技术被认为是具有广阔应用前景的新净化技术，可以用来处理含有烯烃、醛、脂肪酸、甲基酮、芳香族化合物的有机废气。该工程工艺设计以光催化氧化单元为中心，用防水防油的袋式除尘器对废气进行预处理，光源是紫外线杀菌灯，催化剂是纳米 TiO_2。

(3) 膜分离技术

膜分离是指用人工合成或天然的膜材料为屏障来分离混合气体或液体的过程。该法是一种新的高效分离方法。用膜分离法可回收的有机物包括脂肪族和芳香族化合物、卤代烃、醛、酮、腈、酚、醇、胺、酯等。该法最适合处理有机物浓度较高的废气，回收效率可以达到 97%以上。

(4) 脉冲电晕法

脉冲电晕法是通过电晕放电破坏有机废气的分子结构来处理有机废气，并且在电晕放电的过程中也会产生强氧化性物质，可以氧化部分有机废气，从而能够达到处理 VOC 的目的。普通的电晕放电强度对处理 VOC 的效果并不是很理想，而电晕放电的强度决定了对有机废气处理的效果。脉冲电晕法处理有机废气的效率高，能量利用率高，可以处理大气量、低浓度的有机废气，具有广阔的发展前景。

7.2 含氯废气的净化

含氯废气主要包括氯气和氯化氢。它主要来源于氯的生产厂家及氯的使用厂家，像氯碱厂、有机合成等化工厂是主要的污染源。氯气对植物的危害比二氧化硫高两倍，并且易与潮湿大气接触形成盐酸烟雾，氯化氢气体则含有刺激性臭味。

当氯气挥发到大气后还往往会与大气里的一些物质发生反应，当与潮湿的大气遇上时，发生如下反应：

$$Cl_2 + H_2O \rightleftharpoons HCl + HClO$$

在光照条件下，次氯酸还将分解生成氯化氢：

$$2HClO \rightleftharpoons 2HCl + O_2$$

由于氯化氢在水中的溶解度相当大，1 体积水大约能溶解 450 体积的氯化氢气体，因此对于含量较高的氯化氢废气，用水吸收后可降至 0.1%～0.3%（体积分数）。如含氯化氢 $3.15mg/m^3$ 的废气，水吸收后降低为 $0.00255mg/m^3$，吸收率可达 99.9%，因此对于含氯化氢的废气多用水吸收。吸收操作中需要注意的是：该吸收反应是放热反应，盐酸水溶液上方的氯化氢分压随温度升高而增大，故当用水吸收含氯化氢浓度较高的废气时，需要用冷却方式移除溶解热，以提高吸收效率。

7.2.1 吸收法净化含氯气的废气

7.2.1.1 水吸收法

氯气溶于水后，溶解的氯气与水达成平衡。

$$Cl_2(aq) + H_2O \rightleftharpoons HClO + H^+ + Cl^-$$

据有关研究表明，增加氯气分压和降低吸收温度有利于氯气的吸收。因此，该法一般都是在一定压力下进行，对设备要求较高，腐蚀严重，一般只应用于低浓度的含氯废气的吸收。

7.2.1.2 碱吸收法

碱吸收法是目前我国含氯废气处理中应用最多的一种方法，采用的碱性物质有 NaOH、$Ca(OH)_2$ 和纯碱等。主要的反应过程如下：

$$Cl_2+2NaOH \rightleftharpoons NaClO+NaCl+H_2O$$

$$Cl_2+Na_2CO_3 \rightleftharpoons NaClO+NaCl+CO_2$$

或者：

$$2Cl_2+2Ca(OH) \rightleftharpoons Ca(ClO)_2+2H_2O$$

$$3Ca(ClO)_2 \rightleftharpoons Ca(ClO_3)_2+2CaCl_2$$

前一个反应放热，后一个反应吸热，但总体是放热的，所以整个反应体系温度升高。当温度高于 75℃时，反应向 $Ca(ClO_3)_2$ 方向进行，当温度低于 50℃时，向 $Ca(ClO)_2$ 方向进行，在这两个温度之间，则为 $Ca(ClO_3)_2$ 与 $Ca(ClO)_2$ 的混合物。

从以上反应式可看出，只要有足够的 OH^- 浓度，就能一直溶解和吸收氯，因而该法效率高，吸收率可达 99.9%。吸收后的物质一般通过转化为副产品的方法来回收利用。

① 制备氯酸钾、高氯酸钾和氯化钡。氯与碱的“热”溶液反应生成氯化物和氯酸盐。由于石灰乳的吸收速率较快，所以可以选石灰乳作为吸收剂：

$$6Cl_2+6Ca(OH)_2 \longrightarrow Ca(ClO_3)_2+5CaCl_2+6H_2O$$

吸收液经浓缩后，再加入 KCl，发生复分解反应

$$Ca(ClO_3)_2+2KCl \longrightarrow 2KClO_3+CaCl_2$$

在不同的温度下 $KClO_3$ 将发生不同的歧化反应，接近 400℃时，发生如下反应：

$$4KClO_3 \longrightarrow 3KClO_4+KCl$$

当反应温度高于 400℃时，按以下反应式反应：

$$2KClO_3 \longrightarrow 2KCl+3O_2 \text{ 和 } 2KClO_4 \longrightarrow 2KCl+4O_2$$

而温度过低时，歧化反应又进行得不完全。所以在制高氯酸时，将 $KClO_3$ 粗品去杂纯化后，于歧化反应锅中用熔点为 140℃、沸点为 680℃的 KNO_3-$NaNO_3$ 熔盐进行加热，控制一定的反应温度和时间，使其发生 $KClO_3$ 转化为 $KClO_4$ 和 KCl 的歧化反应，从而可以制得 $KClO_4$ 精品。

而生成的 $CaCl_2$ 则可通过与 BaS 反应生成氯化钡：

$$CaCl_2+BaS \longrightarrow BaCl_2+CaS$$

② 制备漂白剂。工业上利用 $Ca(OH)_2$ 吸收含氯废气制取 3 种不同氯含量的漂白剂：漂白液、漂白粉和漂白精。基本反应如下：

$$2Ca(OH)_2+2Cl_2 \longrightarrow Ca(ClO)_2+CaCl_2+2H_2O$$

漂白液是用石灰乳吸收废气中的氯而制成。在漂白塔内石灰乳自塔顶向下喷射，与逆流而上的含氯废气接触，经多次循环吸收，直至 CaO 含量仅为 2～4g/L 为止，澄清后的上清液即为漂白液产品。漂白粉是用含水 4%左右的消石灰［$Ca(OH)_2$］在漂白粉机或漂白塔中吸收含氯废气中的氯而制得。漂白精则用每 100 份水中含有 40 份 NaOH 和 18.5 份 $Ca(OH)_2$ 的混合悬浮液在 10～16℃吸收含氯废气而制成：

$$4NaOH+Ca(OH)_2+3Cl_2+9H_2O \longrightarrow Ca(ClO)_2 \cdot NaClO \cdot 12H_2O+3NaCl$$

7.2.1.3 氯化亚铁溶液吸收和铁屑反应法

用铁屑或氯化亚铁溶液吸收氯可以制得氯化铁产品，同时消除污染。主要有两步法和一步法。

(1) 两步氯化法

先用铁屑与浓盐酸或 $FeCl_3$ 溶液在反应槽中发生反应生成中间产品氯化亚铁水溶液，再用氯化亚铁溶液吸收废气中的氯，主要反应如下：

一步：

$$2FeCl_3 + Fe \longrightarrow 3FeCl_2$$

$$2HCl + Fe \longrightarrow FeCl_2 + H_2$$

二步：

$$2FeCl_2 + Cl_2 \longrightarrow 2FeCl_3$$

由于两步氯化法工艺流程较复杂，消耗能量大，且氢气不能回收利用，因此开发出了一步氯化法新工艺。

(2) 一步氯化法

它的原理是将含氯废气直接通入装有水和铁屑的反应塔中，将铁、水和氯直接反应生成三氯化铁溶液：

$$2Fe + 3Cl_2 \longrightarrow 2FeCl_3$$

这是一个强烈的放热反应，自然反应的温度可升到120℃左右，致使溶液沸腾，反应速率快。虽然反应原理很简单，但实际反应过程比较复杂，它是一个复杂的气、液、固多相化学反应，在不发生水解的情况下，反应过程可以用以下方程式表示：

$$Fe + Cl_2 \longrightarrow FeCl_2$$

$$2FeCl_2 + Cl_2 \longrightarrow 2FeCl_3$$

$$2FeCl_3 + Fe \longrightarrow 3FeCl_2$$

7.2.1.4 其他含氯废气的净化方法

其他净化方法主要有氢氧化钙-硫酸法、二氧化硫或盐酸法等。

(1) 氢氧化钙-硫酸法

该法先用石灰乳吸收含氯气的废气得到次氯酸钙和氯化钙，然后用硫酸分解得到的次氯酸钙和氯化钙，制取纯氯气：

$$Ca(ClO)_2 + CaCl_2 + 2H_2SO_4 + 2H_2O \longrightarrow 2Cl_2 + 2CaSO_4 \cdot 2H_2O$$

(2) 二氧化硫或盐酸法

用二氧化硫或盐酸回收氯气的反应机理如下：

$$2SO_2 + O_2 \longrightarrow SO_3$$

$$Ca(ClO)_2 + 2SO_3 + CaCl \longrightarrow 2CaSO_4 + 2Cl_2$$

此方法能从氯含量极少的废气中回收而得到有用的纯氯气，能用工厂中的废盐酸、废硫酸，或用水处理含氯化氢废气而得到18%～20%的稀盐酸作分解剂，而且不会造成二次污染。

7.2.2 吸附法净化含氯废气

工业上用于吸附含氯废气的吸附剂主要是活性炭、硅胶。活性炭优先吸附含氯废气中的光气、氯气，而对氮、氧等空气主要成分的吸附量比氯气小得多。活性炭吸附净化含氯废气，一般在20℃吸附，105℃解吸，吸附工艺流程中常采用两个吸附器轮换操作，一台进行吸附，另一台进行解吸。用硅胶吸附净化含氯废气的工艺流程与活性炭吸附的类似。

吸附法净化含氯废气的优点是无二次污染、氯回收率可达95%左右，解吸气经一次处理可得液氯产品。但活性炭吸附法需严格控制解吸温度，因为高于110℃时，氯气有可能在活性炭催化下生成少量光气，而低于105℃时，解吸速率很慢。若采用硅胶吸附，因硅胶吸水性强，含氯废气需先进行干燥脱水处理。

由于吸附容量有限，吸附法仅适用于含氯废气量不大或浓度不高的情况。

7.3 含氟废气的净化

7.3.1 吸收法净化含氟废气

含氟废气通常是指含有 HF 和 SiF_4 的废气。主要来源于冶金工业的铝电解和炼钢过程及化学工业的黄磷、磷肥等生产过程。

用 Na_2CO_3 或 NH_3 来吸收废气中的氟化物，不仅可以净化铝厂含氟废气，而且可以用于磷肥厂含 SiF_4 的废气治理。

7.3.1.1 吸收净化原理

用 Na_2CO_3 吸收废气中的氟化物的反应方程式如下：

吸收反应：

$$HF + Na_2CO_3 \longrightarrow NaF + NaHCO_3$$

$$2HF + Na_2CO_3 \longrightarrow 2NaF + CO_2\uparrow + H_2O$$

生成冰晶石：

$$6NaF + 4NaHCO_3 + NaAlO_2 \longrightarrow Na_3AlF_6 + 4Na_2CO_3 + 2H_2O$$

$$NaAlO_2 + 6NaF + 2CO_2 \longrightarrow Na_3AlF_6 + 2Na_2CO_3$$

7.3.1.2 吸收过程

碱法吸收净化含氟废气工艺流程如图 7-18 所示。含氟烟气（主要是 HF）经除尘后进

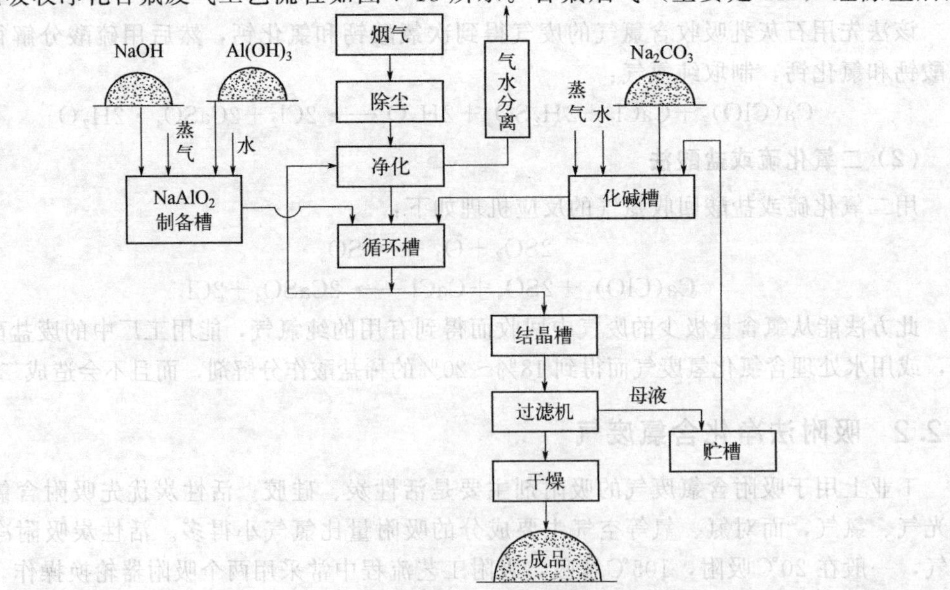

图 7-18 碱法吸收净化含氟废气工艺流程

入吸收塔，在塔内 Na_2CO_3 与 HF 发生反应生成 NaF、$NaHCO_3$ 和 CO_2，吸收塔出来的净化气，经气水分离器分离水分后排放。吸收液进入循环槽，在吸收过程放出的 NaF、CO_2、$NaHCO_3$ 与来自制备槽的 $NaAlO_2$ 发生合成冰晶石的反应；合成的冰晶石经沉降结晶、过滤、干燥即得成品冰晶石。此合成冰晶石 Na_3AlF_6 的反应是在吸收塔内循环过程中完成的，故称为塔内合成法。

7.3.2 吸附法净化含氟废气

对含氟废气典型的吸附净化技术是用氧化铝吸附净化铝厂含氟烟气。目前，国外采用的吸附净化流程有：美国的 A-398 法、加拿大的阿尔肯（A）法、法国的比施涅法（P）法。

吸附净化技术的特点：①净化效率高，可达 99%以上；②吸附剂是铝电解的原料氧化铝，不需专门制备和处理；③无二次污染和设备腐蚀问题；④属干法净化，基建费用和运行费用均较低，适用于各种气候条件。

作为吸附剂的氧化铝其特性是：颗粒细、微孔多、比表面积大，是一种两性化合物；而被吸附剂氟化氢是酸性气体，沸点高，电负性大，因此，极易被氧化铝吸附。

$$Al_2O_3 + 6HF \longrightarrow 2AlF_3 + 3H_2O$$

该法主要为化学吸附，同时伴随物理吸附。降低温度和提高 HF 浓度均有利于吸附过程的进行。

主要吸附装置和净化工艺是输送床吸附工艺（亦称管道吸附法，见图 7-19）和沸腾床吸附工艺。

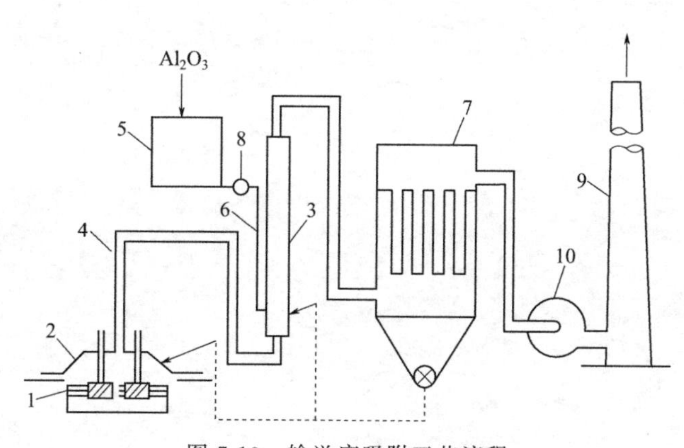

图 7-19 输送床吸附工艺流程

1—电解槽；2—集气罩；3—反应管；4—排烟管；5—料仓；
6—加料管；7—袋式除尘器；8—定量给料装置；9—烟囱；10—风机

输送床吸附工艺特点：流程简单，运行可靠，便于管理，投资不高，易于投产。沸腾床吸附工艺特点：流程紧凑，净化效率高（约 98%），氧化铝的床厚以 4cm 为好，气流速率为 0.3m/s 左右。

影响吸附效率的因素主要有：①固气比，一般取 77.5g/m^3；②管内气体流速，要求：垂直管>10m/s，水平管>13m/s，一般以 15～18m/s 为宜；③吸附时间和输送床长度，气固接触时间一般>1s，输送床管道长度不宜太短，必须 10m 以上；④输送床流速。

习题

7-1 估算在 40℃时，苯和甲苯的混合液体在密闭容器中同空气达到平衡时，顶空气体中苯和甲苯的摩尔分数。已知混合液中苯和甲苯的摩尔分数分别为 30%和 70%。

7-2 计算 20℃时，置于一金属平板上 1mm 厚的润滑油蒸发完毕所需要的时间。已知润滑油的密度为 $1g/cm^3$，摩尔质量为 400g/mol，蒸气压约为 1.333×10^{-4}Pa，蒸发速率为 $0.5mol/(m^2 \cdot s)$。

7-3 利用冷凝-生物过滤法处理含丁酮和甲苯混合废气。废气排放条件为 388K、1atm，废气量为 $20000m^3/h$，废气中甲苯和丁酮体积分数分别为 0.001 和 0.003，要求丁酮回收率大于 80%，甲苯和丁酮出口体积分数分别小于 3×10^{-5} 和 1×10^{-4}，出口气体中的相对湿度为 80%，出口温度低于 40℃，冷凝介质为工业用水，入口温度为 25℃，出口为 32℃，滤料丁酮和甲苯的降解速率分别为 $0.3kg/(m^3 \cdot d)$ 和 $1.2kg/(m^3 \cdot d)$，阻力为 $150mmH_2O/m$。请设计直接冷凝-生物过滤工艺和间接冷凝-生物过滤工艺，并比较两者的投资和运行费用。

7-4 某企业生产过程中排放含 HCl 和 Cl_2 的废气，气量为 $3000m^3/h$，温度为 80℃，两种污染物的浓度分别为 $180mg/m^3$，$1800mg/m^3$，要求 HCl 的净化率大于 70%，Cl_2 的净化率大于 95%，两种污染物分别以两种不同的副产物加以回收，请制订此废气的净化方案，并写出工艺流程、主要设备和化学反应方程式。

第8章

大气污染物的稀释扩散控制

污染物排入大气后，能否引起严重的大气污染，取决于源参数、气象条件和近地层下垫面的状况。源参数包括污染源排放污染物的数量、成分，排放源的几何形状、源强、源高和排放方式等。源参数是影响大气污染的重要因素；气象条件和下垫面状况决定了大气对污染物的扩散稀释速率和迁移转化途径。可见，气象条件和下垫面状况对一个地区的大气污染有着十分重要的影响。下垫面的粗糙程度及其构成直接影响着该地区的气象条件，而气象条件决定着该地区的污染物的扩散稀释的程度、迁移转化途径与方向。因此，在源参数一定的情况下，气象条件和下垫面状态是影响大气污染的重要因素。本章简要介绍主要气象要素；着重阐述污染物在大气中扩散规律的基本理论，以及各类污染源扩散的数学模型及其参数的估算，最后简要讨论有关烟囱高度设计及厂址选择的问题。

8.1 主要气象要素

主要气象要素用于表示大气状态的物理量和物理现象。与大气污染密切相关的气象要素主要有气温、气压、湿度、风向、风速、云况、能见度等。

(1) 气温

气象学上的气温是指距地面1.5m高度在百叶箱中观测到的空气温度。

(2) 气压

气压就是大气的压强，它是在任何表面的单位面积上，空气分子运动所产生的压力。气压的大小同高度、温度、密度等有关，一般随高度增高按指数律递减，二者的关系可以准静力学方程描述：

$$\frac{\partial p}{\partial z}=-\rho g \tag{8-1}$$

式中，p为气压，Pa；z为高度，m；ρ为空气密度，kg/m^3；g为重力加速度，m/s^2。

气象学上常用单位百帕（hPa）。

［例题 8-1］ 一登山运动员在山脚处测得气压为 1000hPa、气温为 10℃，登山到达某高度后又测得气压为 500hPa，试问登山运动员从山脚向上爬了多少米？（气温随高度的变化可以忽略。）

解： 由气体静力学方程，大气中气压随高度的变化可用下式描述：

$$\mathrm{d}p=-g\rho\cdot\mathrm{d}z$$

将空气视为理想气体，即有 $\rho=\frac{m}{V}=\frac{pM}{RT}$，代入气体静力学方程得：

$$\frac{\mathrm{d}p}{p}=-\frac{gM}{RT}\mathrm{d}z$$

由于在一定高度内温度的变化可以忽略，对上式进行积分得：

$$\ln p=-\frac{gM}{RT}z+C$$

即：$\ln\frac{p_2}{p_1}=-\frac{gM}{RT}(z_2-z_1)$

则：$\ln\frac{500}{1000}=-\frac{9.8\times0.029}{8.314\times283}\Delta z$

解得：$\Delta z=5.7\mathrm{km}$，即登山运动员从山脚向上爬了约 5.7km。

（3）湿度

空气湿度，简称湿度，是表示空气中含有的水蒸气多少的物理量。湿度的表示方法有：绝对湿度、相对湿度、饱和气压、露点等，以相对湿度应用较多。大气的湿度是决定云、雾、降水、蒸发等天气状况的重要因素。

（4）风向

气象学上把水平方向上的空气运动称为风，垂直方向的空气运动称为升降气流或对流。风是一个矢量，有大小和方向。风向是指风的来向。可以用方位或角度两种方法表示风向。

① 方位表示法：把圆周分为 16 个方位或 8 个方位，8 个方位中相邻两方位的夹角为 45°（见图 8-1），16 个方位图中相邻两方位的夹角为 22.5°（见图 8-2）。

② 角度表示法：正北向（正北定为 0°）与风的来向的反方向的顺时针夹角为风向角，东为 90°，南为 180°，西为 270°，如图 8-1、图 8-2 所示。

（5）风速

风速是指单位时间内空气在水平方向运动的距离。单位为 m/s 或 km/s。通常所说的风向、风速都是指安装于距地面 10～12m 高度上的测风仪所观测到的一定时间内（2min 或 10min 内）的风速平均值。

风速也可用风力级数来表示。将风力分为 13 个等级，风速（u）和风力等级（F）之间的关系：

$$u\approx3.02\sqrt{F^3} \tag{8-2}$$

（6）云况

云是大气中水汽的凝结。它是由悬浮在大气中的小水滴、过冷水滴、冰晶或它们的混

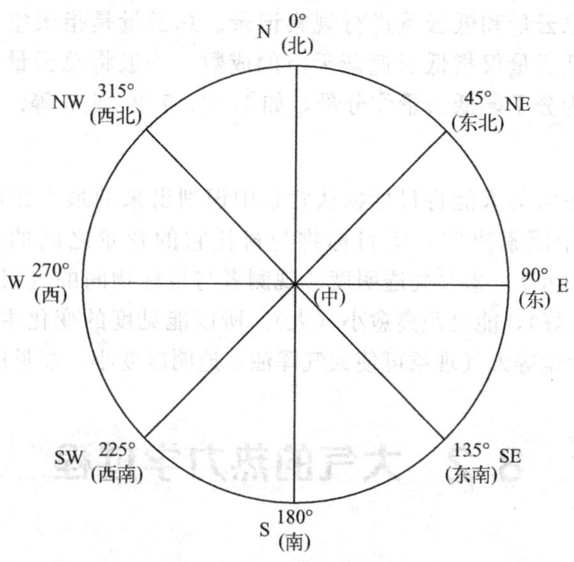

图 8-1　风向的 8 个方位图

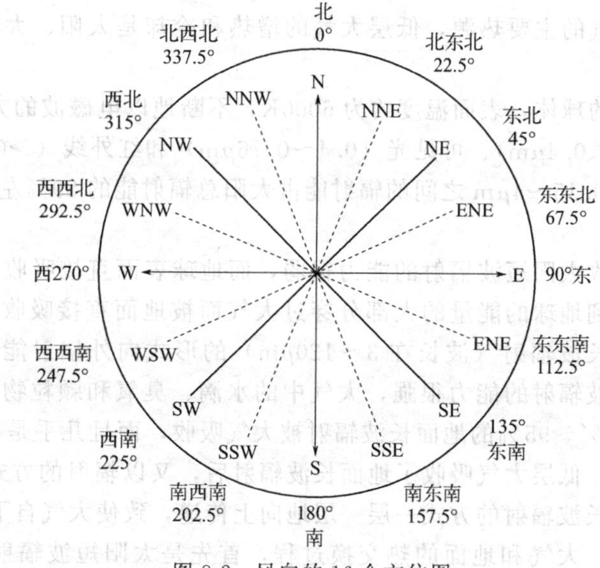

图 8-2　风向的 16 个方位图

合物组成的可见聚合体，有时也包含一些较大的雨滴、冰粒和雪晶。根据云距地面的高度，云可分为高云、中云和低云三类。高云：云底高度一般在 5000m 以上，包括卷云、卷积云、卷层云；云体由冰晶组成，较透明，具有丝般的光泽。中云：云底高度在 2500～5000m 之间，包括高积云、高层云；云体多由小水滴，或由小水滴和冰晶混合组成。低云：高度在 2500m 以下，包括层积云、层云、雨层云、积云、积雨云；云体多由小水滴组成，也有小水滴和冰晶的混合云。云中含水量较丰富，颜色较暗。

云量是指天空被云遮蔽的份数。我国将天空分为 10 份，云遮住几份，云量就是几。如碧空无云，云量为 0；阴天云量为 10。国外将天空分为 8 等份，云遮住几份，云量就是几。因此，国外的云量×1.25＝我国云量。

我国气象台站按总云量和低云量进行观察记录。总云量是指天空被云遮蔽的成数而不论云的高度和层次；低云量仅指低云遮蔽天空的成数。一般将总云量和低云量以分数的形式观察记录，总云量为分子，低云量作分母，如10/8、7/2、5/5等。

（7）能见度

能见度是指视力正常的人能将目标物从背景中识别出来的最大距离，以m为单位。能见度的大小主要由两个因素决定：①目标物与衬托它的背景之间的亮度差异。差异愈大（小），能见距离愈大（小）。②大气透明度。观测者与目标物间的气层能减弱前述的亮度差异。大气透明度愈差（好），能见距离愈小（大）。所以能见度的变化主要取决于大气透明度的好坏。而雾、烟、沙尘等天气现象可使大气浑浊，透明度变小。能见度一般分为10级。

8.2 大气的热力学过程

8.2.1 太阳、大气和地面的热交换

太阳是地球和大气的主要热源，低层大气的增热和冷却是太阳、大气和地面之间进行热量交换的结果。

太阳是一个炽热的球体，表面温度约为6000K，不断地以电磁波的方式向外辐射能量。太阳光是以紫外线（$<0.4\mu m$）、可见光（$0.4\sim0.76\mu m$）和红外线（$>0.76\mu m$）的形式向外辐射能量，波长在$0.15\sim4\mu m$之间的辐射能占太阳总辐射能的99%左右，辐射最强波长在$0.475\mu m$附近。

大气本身直接吸收太阳短波辐射的能力很弱，而地球表面直接吸收太阳辐射的能力很强，因此，太阳辐射到地球的能量的大部分穿过大气而被地面直接吸收。地面和大气吸收太阳的能量后，又以长波辐射（波长在$3\sim120\mu m$）的形式向外辐射能量。大气中的水蒸气、二氧化碳吸收长波辐射的能力很强，大气中的水滴、臭氧和颗粒物也能吸收一定波长的长波辐射。约有75%～95%的地面长波辐射被大气吸收，而且几乎是在40～50m的大气层中就被完全吸收了。低层大气吸收了地面长波辐射后，又以辐射的方式传递给上层大气，地面的热量就这样以长波辐射的方式一层一层地向上传递，致使大气自下而上地增热。

综上所述，太阳、大气和地面的热交换过程，首先是太阳短波辐射加热了地球表面，然后地面长波辐射加热了大气。因此近地层的大气温度随地表温度的增加而增加（大气自下而上被加热）；随地表温度的降低而降低（大气自下而上被冷却）。地表温度的周期性变化引起低层大气温度随之发生周期性变化。

地面辐射的方向是向上的，大气辐射的方向是四面八方的，其中投向地面的部分称为大气逆辐射。大气逆辐射有利于地面保温，大气的这种作用称为大气的保温效应。大气中的水汽和水汽凝结物（云）释放长波辐射的能力较强，可以减少夜间地面向外部空间的辐射损伤。因此，一般阴天的夜间和清晨的气温要比晴天的夜间和清晨的气温高一些。

应当指出，虽然长波辐射是地面与大气的重要热交换方式，但不是唯一方式。还存在温差、热传导、对流、潜热换热等热交换方式。只不过这些热交换方式只有在空气密度大、温度梯度大的低层大气中才较为明显。

8.2.2 气温的绝热变化

8.2.2.1 绝热过程与泊松（Poisson）方程

若把大气的垂直运动视为绝热过程，根据热力学第一定律（能量守恒定律），对一封闭的空气块则有：封闭体系的热量变化 ΔQ 等于该体系的内能变化 ΔU 与体系对外所做功 ΔW 之和：

即

$$\Delta Q = \Delta U + \Delta W$$

在无非膨胀功时，对 n(mol) 理想气体，其微分表达式为：

$$dQ = nC_{v,m}dT + p\,dV \tag{8-3}$$

由式(8-3)，再结合理想气体状态方程，可得：

$$dQ = nC_{v,m}dT + nR\,dT - \frac{nRT}{p}dp$$

对于绝热过程：$dQ=0$

得：

$$\frac{dT}{T} = \frac{R}{C_{p,m}}\frac{dp}{p} \tag{8-4}$$

式中，$C_{v,m}$ 为气体的摩尔定容比热容，J/(mol·K)，视空气为双原子分子，$C_{v,m}=\frac{5}{2}R$；$C_{p,m}$ 为气体的摩尔定压比热容，J/(mol·K)，视空气为双原子分子，$C_{p,m}=\frac{7}{2}R$；R 为理想气体常数，8.314J/(mol·K)。

将式(8-4) 从空气块的初态（T_0，p_0）到终态（T，p）积分，得：

$$\frac{T}{T_0} = \left(\frac{p}{p_0}\right)^{\frac{R}{C_{p,m}}} = \left(\frac{p}{p_0}\right)^{\frac{2}{7}} \approx \left(\frac{p}{p_0}\right)^{0.286} \tag{8-5}$$

式(8-5) 称为泊松方程，它描述了空气块在绝热升降过程中，空气块初态（T_0，p_0）与终态（T，p）之间的关系。它表明，在绝热过程中，空气块的温度变化是由外界气压变化而引起。

8.2.2.2 干绝热递减率与气温垂直递减率

（1）干绝热递减率（γ_d）

干空气块（或未发生水蒸气相变的湿空气块）在绝热上升或下降单位高度（通常取100m）的温度降低或升高的数值，称为干空气温度绝热垂直递减率，简称干绝热递减率。定义式为

$$\gamma_d = -\left(\frac{dT_i}{dz}\right)_d \tag{8-6}$$

式中，下标 i 代表空气块；下标 d 代表干空气。

将式(8-1)、式(8-4) 和理想气体状态方程代入可得：

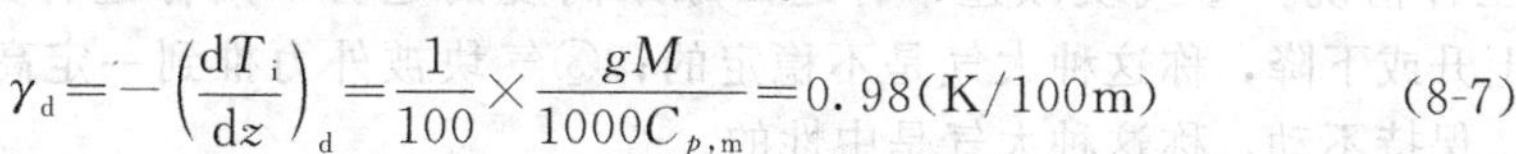

$$\gamma_d = -\left(\frac{dT_i}{dz}\right)_d = \frac{1}{100} \times \frac{gM}{1000C_{p,m}} = 0.98(K/100m) \tag{8-7}$$

式(8-7) 的意义：干空气块在绝热上升或下降 100m 时，其温度降低或升高 0.98K（约 1K）。

(2) 气温垂直递减率

气温垂直递减率是指气温随高度的变化，用$\gamma=-\frac{\partial T}{\partial z}$表示，简称气温直减率。它是指单位高度（通常选100m）气温的变化值。

必须说明的是：γ_d 和 γ 是不同的，γ_d 表示的是干空气块或未发生水蒸气相变的湿空气块，在绝热上升或下降100m时，其温度降低或升高的数值，该值为0.98K；γ 则是表示气块周围的大气环境垂直高度变化100m时，气温变化的数值。在不同的大气条件下，γ 的数值可大可小，可正可负，变化很大。如气温随高度增加而下降，γ 为正；反之为负。

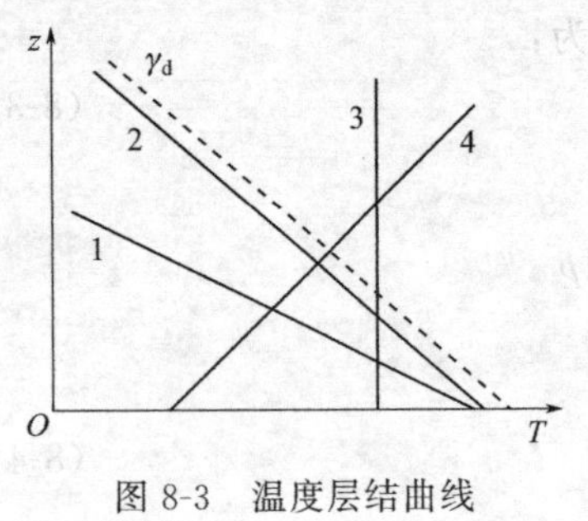

图 8-3　温度层结曲线

气温随高度的变化可在坐标上表示，如图8-3所示。图中的曲线称为温度层结曲线，简称温度层结。大气中的温度层结有四种类型：①气温随高度的增加而降低，且$\gamma>\gamma_d$，称正常分布层结；②气温垂直递减率γ接近或等于γ_d，称为中性层结；③气温随高度的增加而无变化，即$\gamma=0$，称为等温层结；④气温随高度的增加而增加，且$\gamma<0$，称逆温层结。

整个对流层内的平均气温垂直递减率为0.65K/100m。一般情况下，温度层结可以采用低空探测仪进行实测。

8.2.2.3　位温

为了比较不同高度上两气块的热状态，单纯比较它们的温度是不行的，因为气压对热状态也有影响，只有将两气块沿干绝热过程修正到一个相同的气压后才能比较。我们把气块由其最初的压力 p_0 沿干绝热过程修正到1000hPa的标准压力时所具有的温度称作位温(potential temperature)，以 θ 表示。由泊松方程得：

$$\theta=T_0\left(\frac{1000}{p_0}\right)^{\frac{R}{C_{p,m}}}=T_0\left(\frac{1000}{p_0}\right)^{0.286} \tag{8-8}$$

式中，T_0、p_0 分别为气块初始状态的温度和压力。

对上式两端取对数后再微分，代入式(8-4)可得 $d\theta/\theta=0$，则 $d\theta=0$，θ 是常数。这表明，气块在绝热升降的过程中其温度 T_i 是变化的，但其位温 θ 在该过程中却是不变的。所以 θ 比 T_i 更能代表气块的热力学特征。

8.2.3　大气稳定度及其判据

8.2.3.1　大气稳定度的概念

大气稳定度是指大气在垂直方向上稳定的程度，即是否容易发生对流。对于大气稳定度可以作如下理解。假如有一空气块受到外力的作用产生了上升或下降运动，当外力去除后可能发生三种情况：①气块减速，有返回原来高度的趋势，则称这种大气是稳定的；②气块加速上升或下降，称这种大气是不稳定的；③气块被外力推到一定高度后，既不减速也不加速，保持不动，称这种大气是中性的。

8.2.3.2　大气稳定度的判据

判断大气是否稳定，可用气块法来说明。假设一气块的状态参数和体积为 T_i、p_i、ρ_i、

v_i，周围大气的状态参数为 T、p、ρ，则气块所受周围大气的浮力为 $\rho g v_i$，自身重力为 $\rho_i v_i g$，在此二力作用下产生的向上的加速度为：

$$a=\frac{\rho g v_i-\rho_i v_i g}{\rho_i v_i}=\frac{g(\rho-\rho_i)}{\rho_i} \tag{8-9}$$

利用准静力学条件 $p_i=p$ 和理想气体状态方程（$\rho=\frac{pM}{1000RT}$，M 的单位为 g/mol），则有：

$$a=\frac{g(T_i-T)}{T} \tag{8-10}$$

若气块运动过程中满足绝热条件，则气块运动高度为 Δz 时，其温度 $T_i=T_{i0}-\gamma_d \cdot \Delta z$；而同样高度的周围空气的温度 $T=T_0-\gamma \cdot \Delta z$。假设起始温度相同，即 $T_{i0}=T_0$，则：

$$a=\frac{g(\gamma-\gamma_d)}{T} \cdot \Delta z \tag{8-11}$$

可见，($\gamma-\gamma_d$) 的符号决定气块加速度 a 与其位移 Δz 的方向是否一致，也就决定大气是否稳定。若 $\Delta z>0$，则有三种情况：

① 当 $\gamma>\gamma_d$ 时，$a>0$，加速度和位移方向相同，层结是不稳定的；

② 当 $\gamma<\gamma_d$ 时，$a<0$，加速度和位移方向相反，层结是稳定的；

③ 当 $\gamma=\gamma_d$ 时，$a=0$，层结是中性的。

气块在不同层结中的稳定性还可参考图 8-4 来进一步说明。如图 8-4(a) 所示，$\gamma>\gamma_d$，气块上升（下降）后，气块温度将高于（低于）周围大气的温度，它比周围空气轻（重），气块将继续上升（下降），所以是不稳定的。相反，在图 8-4(b) 中，$\gamma<\gamma_d$，气块的升降都将受到阻碍，所以是稳定的。

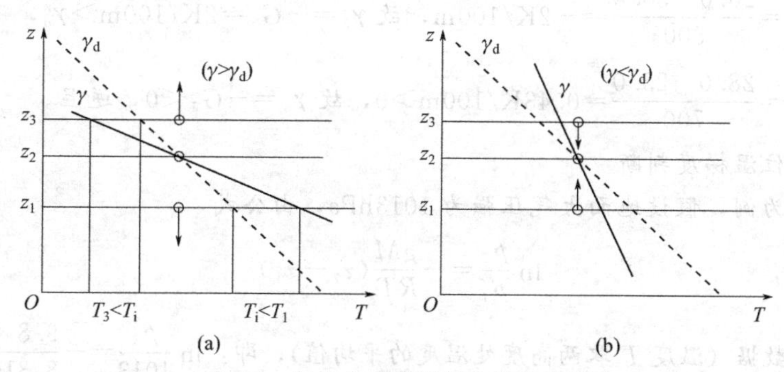

图 8-4　气块在不同层结中的稳定性

大气稳定度还可用位温梯度进行判别。对式(8-8) 两边取对数，再对高度 z 求偏导数，并结合 $\gamma=-\frac{\partial T}{\partial z}$、气压的静力学方程以及理想气体状态方程的关系，则得

$$\frac{\partial\theta}{\partial z}=\frac{\theta}{T}(\gamma_d-\gamma) \tag{8-12}$$

① $\frac{\partial\theta}{\partial z}<0$，即 $\gamma>\gamma_d$ 时，气层不稳定；

② $\frac{\partial\theta}{\partial z}>0$，即 $\gamma<\gamma_d$ 时，气层稳定；

③ $\frac{\partial \theta}{\partial z}=0$，即 $\gamma=\gamma_d$ 时，气层为中性。

[例题 8-2] 已知各测点的地面气温和一定高度的气温数据，分别根据气温直减率和位温梯度判断各点的大气稳定度。

测定编号	1	2	3	4	5	6
地面温度/℃	21.1	21.1	15.6	25.0	30.0	25.0
高度/m	458	763	580	2000	500	700
相应温度/℃	26.7	15.6	8.9	5.0	20.0	28.0

解 (1) 根据气温直减率判断：

$G_1=\frac{\Delta T_1}{\Delta z_1}=\frac{26.7-21.1}{458}=1.22\text{K}/100\text{m}>0$ 故 $\gamma_1=-G_1<0$ 逆温；

$G_2=\frac{\Delta T_2}{\Delta z_2}=\frac{15.6-21.1}{763}=-0.72\text{K}/100\text{m}$，故 $\gamma_2=-G_2=0.72\text{K}/100\text{m}<\gamma_d$，稳定；

$G_3=\frac{\Delta T_3}{\Delta z_3}=\frac{8.9-15.6}{580}=-1.16\text{K}/100\text{m}$，故 $\gamma_3=-G_3=1.16\text{K}/100\text{m}>\gamma_d$，不稳定；

$G_4=\frac{\Delta T_4}{\Delta z_4}=\frac{5.0-25.0}{2000}=-1\text{K}/100\text{m}$，故 $\gamma_4=-G_4=1\text{K}/100\text{m}>\gamma_d$，不稳定；

$G_5=\frac{\Delta T_5}{\Delta z_5}=\frac{20.0-30.0}{500}=-2\text{K}/100\text{m}$，故 $\gamma_5=-G_5=2\text{K}/100\text{m}>\gamma_d$，不稳定；

$G_6=\frac{\Delta T_6}{\Delta z_6}=\frac{28.0-25.0}{700}=0.43\text{K}/100\text{m}>0$，故 $\gamma_6=-G_6<0$，逆温。

(2) 根据位温梯度判断

以测点 1 为例，假设地面大气压强为 1013hPa，由公式

$$\ln\frac{p_2}{p_1}=-\frac{gM}{RT}(z_2-z_1)$$

代入已知数据（温度 T 取两高度处温度的平均值），即：$\ln\frac{p_2}{1013}=-\frac{9.8\times0.029}{8.314\times297}\times458$

由此解得 $p_2=961\text{hPa}$。

分别计算地面处位温和给定高度处位温：

$$\theta_{地面}=T_{地面}\left(\frac{1000}{p_{地面}}\right)^{0.286}=294.1\times\left(\frac{1000}{1013}\right)^{0.286}=293\text{K}$$

$$\theta_1=T_1\left(\frac{1000}{p_1}\right)^{0.286}=299.7\times\left(\frac{1000}{961}\right)^{0.286}=303.16\text{K}$$

故位温梯度 $=\frac{293-303}{0-458}=2.18\text{K}/100\text{m}$

同理可计算得到其他数据的位温梯度，结果列表如下：

测定编号	1	2	3	4	5	6
地面温度/℃	21.1	21.1	15.6	25.0	30.0	25.0
高度/m	458	763	580	2000	500	700
相应温度/℃	26.7	15.6	8.9	5.0	20.0	28.0
位温梯度/(K/100m)	2.18	0.27	−0.17	−0.02	−1.02	1.42

8.2.3.3 大气稳定度的分类

目前国内外对大气稳定度的分类方法已多达 10 余种，本书重点介绍的是帕斯奎尔(Pasquill) 法和中国现行标准中推荐的修订帕斯奎尔分类法（P·S)。

(1) 帕斯奎尔法

根据地面风速（距离地面高度 10m 处)、白天的太阳辐射状况（分为强、中、弱、阴天等）或夜间云量的大小等常规气象资料，将大气稳定度分为 A、B、C、D、E、F 六个级别，如表 8-1 所示。

对该标准的几点说明：

①在稳定级别中，A 为极不稳定；B 为不稳定；C 为弱不稳定； D 为中性；E 为弱稳定；F 为稳定。②稳定度级别 A～B 表示按 A、B 级的数据内插；③夜间定义为日落前 1h 至日出后 1h。④不论何种天气状况，夜间前后各 1h 算作中性，即 D 级。⑤强太阳辐射对应于碧空下的太阳高度角大于 60°的条件；弱太阳辐射相当于碧空下的太阳高度角为 15°～35°。中纬度地区，仲夏晴天的中午为强太阳辐射，寒冬晴天的中午为弱太阳辐射。另外，还要考虑云量的影响，云量将减少太阳辐射，云量应与太阳高度一起考虑。例如，在碧空下应是强太阳辐射，在有碎中云（云量为 6/10～9/10）时，要减到弱太阳辐射。⑥这种方法对于开阔的乡村地区能给出可靠的稳定度，但对于城市不准确。因为城市有较大的粗糙度及热岛效应。最大的差别出现在静风晴夜，在这样的夜间，乡村地区大气状况是稳定的，但在城市，在高度相当于建筑物的平均高度几倍之内是弱不稳定或近中性的，而它的上部则有一个稳定层。

表 8-1 大气稳定度的级别

风速/(m/s)	白天太阳辐射			阴天的白天或夜间	有云的夜间	
	强	中	弱		云量≥5/10	云量≤4/10
<2	A	A～B	B	D		
2～3	A～B	B	C	D	E	F
3～5	B	B～C	C	D	D	E
5～6	C	C～D	D	D	D	D
>6	C	D	D	D	D	D

帕斯奎尔分类法的缺点：没有确切地规定太阳的辐射强度，云量的观测不准确，以及人为因素较多。

(2) 我国国家标准中规定的方法

中国现行标准中推荐的修订帕斯奎尔分类法，分为强不稳定、不稳定、弱不稳定、中性、较稳定和稳定六级。它们分别表示为 A、B、C、D、E、F。确定等级时，首先计算出太阳倾角 δ（或由表 8-2 查出）：

$$\delta=(0.006918-0.39912\cos\theta_{\circ}+0.070257\sin\theta_{\circ}-0.006758\cos2\theta_{\circ}+0.000907\sin2\theta_{\circ}-0.002697\cos3\theta_{\circ}+0.001480\sin3\theta_{\circ})180/\pi \tag{8-13}$$

式中，$\theta_{\circ}=360\ d_n/365$,°；$d_n$ 为一年中日期序数，0，1，2，…，364。

表 8-2　太阳倾角（δ）的概略值

月	旬	太阳倾角/°	月	旬	太阳倾角/°	月	旬	太阳倾角/°
1	上	−22	5	上	+17	9	上	+7
	中	−21		中	+19		中	+3
	下	−19		下	+21		下	−1
2	上	−15	6	上	+22	10	上	−5
	中	−12		中	+23		中	−8
	下	−9		下	+23		下	−12
3	上	−5	7	上	+22	11	上	−15
	中	−2		中	+21		中	−18
	下	+2		下	+19		下	−21
4	上	+6	8	上	+17	12	上	−22
	中	+10		中	+14		中	−23
	下	+13		下	+11		下	−23

再计算出太阳高度角 $h_{\circ}$（太阳光线与地平面间的夹角）：

$$h_{\circ}=\arcsin[\sin\psi\sin\delta+\cos\psi\cos\delta\cos(15t+\lambda-300°)] \tag{8-14}$$

式中，ψ 为当地纬度,°；λ 为当地经度；°；t 为进行观察时的北京时间，h。之后按表 8-3 查出太阳辐射等级，再由太阳辐射等级与地面风速按表 8-4 查找稳定度等级。

表 8-3　太阳辐射等级

总云量/低云量	夜间	太阳高度角 $h_{\circ}$			
		$h_{\circ}\leqslant15°$	$15°<h_{\circ}\leqslant35°$	$35°<h_{\circ}\leqslant65°$	$h_{\circ}>65°$
≤4/≤4	−2	−1	+1	+2	+3
5～7/≤4	−1	0	+1	+2	+3
≥8/≤4	−1	0	0	+1	+1
≥7/5～7	0	0	0	0	+1
≥8/≥8	0	0	0	0	0

注：1. 云量（全天空十份制）观测规则与中国气象局编定的《地面气象观测规范》相同。

2. 地面风速（m/s）系指距地面 10m 处 10min 平均风速，若使用气象台（站）资料，其观测规则与中国气象局编定的《地面气象观测规范》相同。

表 8-4 大气稳定度的等级

地面风速/(m/s)	等级					
	+3	+2	+1	0	−1	−2
≤1.9	A	A～B	B	D	E	F
2～2.9	A～B	B	C	D	E	F
3～4.9	B	B～C	C	D	D	E
5～5.9	C	C～D	D	D	D	D
≥6	C	D	D	D	D	D

8.2.4 逆温

通常情况下，大气温度随高度上升而下降，但有些时候，也会出现气温随高度上升而升高的现象，该现象称为逆温。具有逆温层的大气层是强稳定的大气层。某一高度上的逆温层像一个盖子一样阻挡着它下面污染物的扩散，因而可能造成严重污染。按逆温层的高度可分为接地逆温和不接地（上层）逆温两种，按其产生过程又可分为如下几种。

（1）辐射逆温

由于地面辐射冷却而形成的逆温，称为辐射逆温。经常发生在晴朗无云的夜间，地面很快辐射冷却，空气也自下而上被冷却。近地面层气温降低多，而高处大气层降温较少，从而出现上暖下冷的逆温现象。这种逆温黎明前最强，日出后自下而上消失。辐射逆温的厚度可达几十米至几百米，在极地可达数千米厚。辐射逆温在陆地常年可见，一般冬季最强，夏季较弱。

图 8-5 给出了辐射逆温的生消过程。图 8-5(a) 是逆温形成前的气温垂直分布。图 8-5(b) 表示日落前 1h 左右逆温开始形成，随着地面辐射冷却的加剧，逆温逐渐向上扩展。黎明前达到最强，如图 8-5(c) 所示。日出后，太阳辐射逐渐加强，地面增温，逆温便自下而上逐渐消失，如图 8-5(d) 所示。10 点钟左右完全消失，如图 8-5(e) 所示。

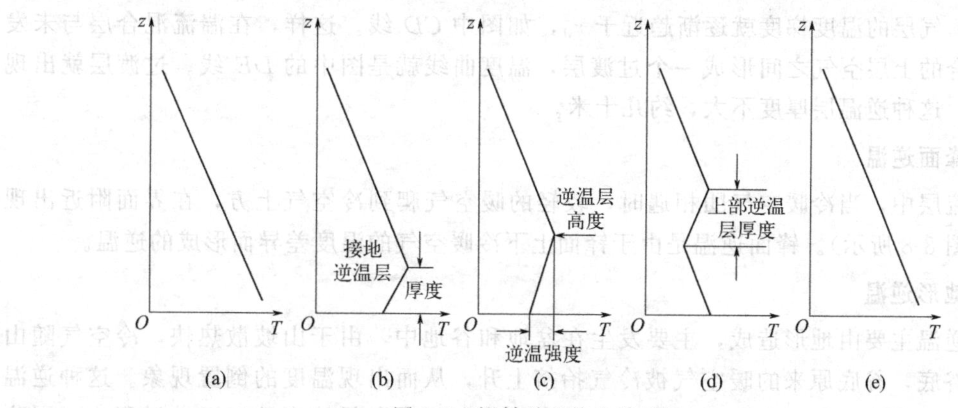

图 8-5 辐射逆温的生消过程

（2）下沉逆温

在高压控制区，高空存在着大规模的下沉气流，气流下沉的绝热增温作用，致使下沉

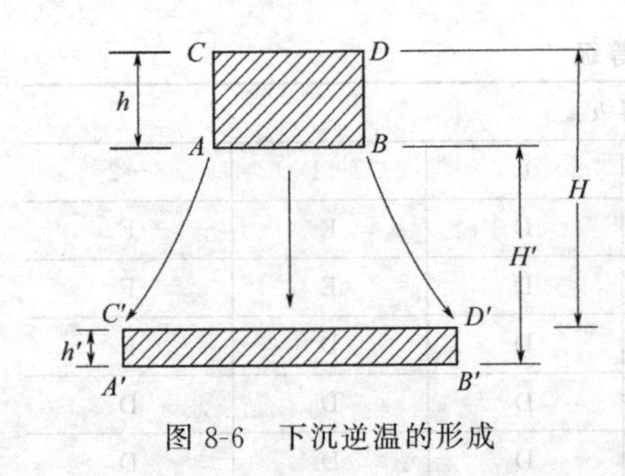

图 8-6　下沉逆温的形成

运动的终止高度出现逆温。如图 8-6 所示，假定某高度有一气层 $ABCD$，其厚度为 h，当它下沉时，由于周围大气对它的压力逐渐增大，以及由于水平辐散，该气层被压缩成 $A'B'C'D'$，厚度减为 $h'(<h)$。若气层下沉过程是绝热的，且气层内各部分空气仍保持原来的相对位置，则由于顶部 CD 下沉到 $C'D'$ 的距离比底部 AB 下沉到 $A'B'$ 的距离大，使气层顶部的绝热增温大于底部。若气层下沉距离很大，就可能使顶部增温后的气温高于底部增温后的气温，从而形成逆温。假如有一厚度 $h=500$m 的气层，下沉前顶高为 3500m，底高为 3000m，气温分别为 -12℃和 -10℃，是正常的温度层结。下沉后变为厚度 $h'=200$m 的气层，顶高为 1600m，底高为 1500m，如果气温按干绝热直减变化，顶部和底部气温分别为变为 6℃、5℃。结果是顶部比底部高 1℃，形成了逆温。这是下沉逆温形成的基本原因，而实际情况要复杂得多。

这种逆温多见于副热带反气旋区，它的特点是范围大，不接地而出现在某一高度上。这种逆温因为有时像盖子一样阻止了向上的湍流扩散，如果延续时间较长，对污染物的扩散会造成很不利的影响。

（3）平流逆温

暖空气水平移动到冷的地面或气层上，由于暖空气的下层受到冷地面或气层的影响而迅速降温，上层受到的影响较少，降温较慢，从而形成逆温。多出现在秋冬季或春季，在一天中的任何时候都可能出现。冬季海洋上空来的气团流到冷的下垫面上，或秋季空气由低纬度流到高纬度时，都有可能产生平流逆温。

（4）湍流逆温

由于低层的湍流混合而形成的逆温，叫作湍流逆温。其形成过程如图 8-7 所示，AB 为气层原来的气温分布曲线，$r<r_d$。经过湍流混合以后，湍流层的温度分布将逐渐接近于 r_d。这是因为湍流运动中，上升空气的温度是按干绝热递减率变化的，所以经过充分湍流混合以后，气层的温度梯度就逐渐趋近于 r_d，如图中 CD 线。这样，在湍流混合层与未发生湍流混合的上层空气之间形成一个过渡层，温度曲线就是图中的 DE 线。过渡层就出现了逆温层，这种逆温层厚度不大，约几十米。

（5）锋面逆温

在对流层中，当冷暖空气团相遇时，较轻的暖空气爬到冷空气上方，在界面附近出现逆温（如图 8-8 所示）。锋面逆温是由于锋面上下冷暖空气的温度差异而形成的逆温。

（6）地形逆温

地形逆温主要由地形造成，主要发生在盆地和谷地中，由于山坡散热快，冷空气随山坡下沉到谷底，谷底原来的暖空气被冷气抬挤上升，从而出现温度的倒置现象。这种逆温现象主要发生在晚上。还有一种情况是，冬半年冷空气在向低纬度地区运动过程中，因冷空气较冷重，把地势较低盆地和谷地地区填满（形成冷空气湖），而盆地上空是暖空气，在盆地上空暖空气与盆地内冷空气交界的大气层形成逆温现象。这种逆温现象常发生在冬半年。

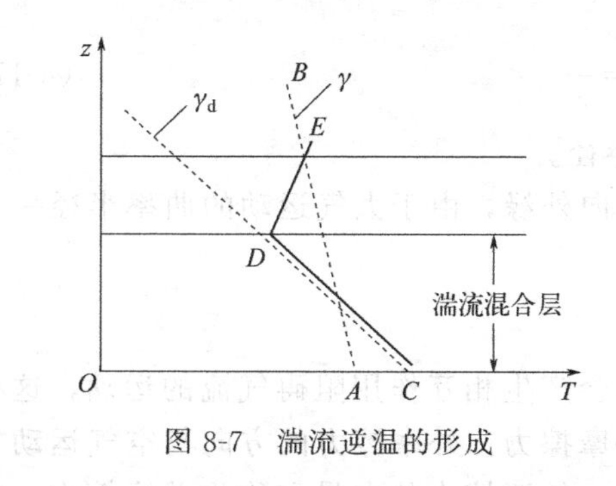

图 8-7　湍流逆温的形成

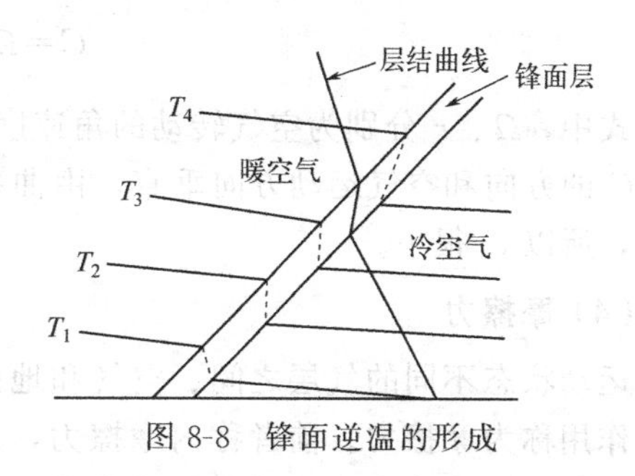

图 8-8　锋面逆温的形成

上面分别讨论了各种逆温的形成过程，实际上，大气中出现的逆温常常是几种原因共同造成的，因此分析逆温时必须注意当时的具体情况。

8.3 大气的水平运动和湍流运动

8.3.1 大气的水平运动

8.3.1.1 大气水平运动（风）的形成

气象学上把空气的水平运动称为风。风对大气污染物起到输送和稀释作用。大气水平方向的运动是由大气在水平方向的作用力引起的。作用于大气水平方向的力有四种：

（1）水平气压梯度力

由于水平方向气压差的存在而作用在单位质量空气上的力，以 G_n 表示，即：

$$G_n = -\frac{1}{\rho}\frac{\partial p}{\partial N} \tag{8-15}$$

G_n 的大小与空气密度 ρ 成反比，与水平气压梯度 $-\frac{\partial p}{\partial N}$ 成正比，负号表示其方向由高气压指向低气压。因此，只要水平方向存在着气压差异，就有水平气压梯度力作用在空气上，使空气从高气压区流向低气压区，直至有其他力与之平衡为止。可见，水平气压梯度力是使空气产生水平运动的原动力。

（2）地转偏向力

由于地球转动使地球上的物体运动方向发生偏转的力称为地转偏向力，以 D_n 表示。作用于单位质量物体上的地转偏向力为：

$$D_n = 2v\omega\sin\varphi \tag{8-16}$$

式中，v、φ 分别为风速和当地纬度；ω 为地球自转角速度。

地转偏向力 D_n 有以下性质：①伴随风速 v 的产生而产生；②该力在北半球垂直指向运动方向的右方，南半球则垂直指向左方；③由于它与运动方向垂直，只改变风的方向，不改变风速；④该力与 $\sin\varphi$ 成正比，故随纬度 φ 增加而增大，赤道为 0，两极最大（$2v\omega$）。

（3）离心力

做曲线运动的单位质量空气所受的离心力 C 为：

$$C=\Omega^2 r \text{ 或 } C=\frac{v}{r} \tag{8-17}$$

式中，Ω、r 分别为空气转动的角速度和曲率半径。

C 的方向和空气运动方向垂直，由曲率中心指向外缘，由于大气运动的曲率半径一般很大，所以 C 很小。

(4) 摩擦力

运动状态不同的气层之间、空气和地面之间都会产生相互作用阻碍气流的运动，这种相互作用称为摩擦力。前者称内摩擦力，后者称外摩擦力。外摩擦力的方向与空气运动方向相反，其大小与速度和下垫面粗糙度成正比。内、外摩擦力的向量和称为总摩擦力。随高度增加，总摩擦力逐渐减少。到 2km 以上，摩擦力的影响可以忽略不计，所以此高度以下的称摩擦层，以上的称自由大气。

可见，水平气压梯度力是引起大气水平运动的直接动力，其他三个力都是在空气开始运动以后才产生并起作用的，所起的作用视具体情况而不同。例如，在讨论近地面或低纬度地区的空气运动时，地转偏向力可忽略；近于直线的空气运动，离心力可忽略；讨论自由大气的运动时，摩擦力可忽略。

8.3.1.2 近地层风速廓线模式

风速廓线是指风速随高度的分布曲线。描述风速随高度变化的数学式称为风速廓线模式。目前，已建立了多种形式的风速廓线模式，本书仅介绍常用的两种模式——对数律和指数律。

(1) 对数律风速廓线模式

中性层结时，近地层风速廓线的典型形式——对数风速廓线模式，即：

$$\bar{u}=\frac{u^*}{k}\ln\frac{z}{z_0} \tag{8-18}$$

式中，$\bar{u}$ 为高度 z 处的平均风速，m/s；u^* 为具有速度因次的常数，称摩擦速度，m/s；k 为卡门常数，$k=0.4$；z_0 为地面粗糙度长度，cm，有代表性的 z_0 见表 8-5。

利用不同高度观测到的风速资料，可由上式求出当地的 z_0 和 u^* 值。

表 8-5 有代表性的地面粗糙度

地面类型	z_0/cm	有代表性的 z_0/cm
草原	1～10	3
农作物地区	10～30	10
村落、分散的树林	20～100	30
分散的大楼(城市)	100～400	100
密集的大楼(大城市)	400	＞300

(2) 指数律风速廓线模式

近地层风速廓线的另一典型形式——指数律风速廓线模式，即：

$$\bar{u}=\bar{u}_1\left(\frac{z}{z_1}\right)^m \tag{8-19}$$

式中，$\overline{u}$ 为欲求高度上的平均风速，m/s；$\overline{u}_1$ 为已知高度上的平均风速，m/s；m 为风速指数。

m 随下垫面状况和大气稳定程度而变，层结越不稳定，m 越小。同样，可以利用不同高度观测到的风速资料，可由上式求出当地的 m 值。若无实测值，在150m以下，可查表8-6。

表 8-6　参数 m 值

m	稳定度				
	A	B	C	D	E、F
城市 m	0.15	0.15	0.20	0.25	0.30
乡村 m	0.07	0.07	0.10	0.15	0.25

一般认为，在中性层结条件下，指数律模式不如对数律模式准确，特别是在近地层。但指数律模式在中性层结条件下，最好应用于300～500m的气层，而且在非中性层结条件下应用也较准确和方便。所以，在大气污染物浓度估算中应用指数律模式较多。

8.3.2　大气的湍流运动

实际上，边界层内大气的运动除了水平运动外，还存在湍流运动。湍流运动能使大气中的污染物迅速扩散。湍流扩散速率比分子扩散速率大好几个数量级。

8.3.2.1　大气湍流运动的产生

近地层的大气湍流是由热力因子产生的热力湍流和由动力因子产生的机械湍流两种形式所形成的。因地表面受热不均匀或大气层结不稳定使空气的垂直运动发生和发展而造成热力湍流；由于近地面空气与静止地面之间的相对运动（即近地面风的切变）形成的湍流，以及空气流经粗糙下垫面（山丘、树林、建筑物）时引起风向和风速突然改变造成的湍流都是机械湍流。

实际的大气运动总是表现为湍流的形式，并且是热力因子和动力因子综合作用的结果。

8.3.2.2　大气混合层

当大气边界层中出现不接地逆温时，逆温层底面以下的不稳定或中性气层内能发生强烈的湍流混合，称为大气混合层，其高度称为混合层高度或厚度。混合层高度是地面热空气上下对流所能达到的高度，它指示了污染物在垂直方向能被热力湍流所扩散的范围。

由于温度层结的昼夜变化，混合层厚度也随时改变，并随日出而增加，午后达最大，称为最大混合层厚度（MML）。霍尔萨维斯提出了确定最大混合层厚度的干绝热曲线上升法，如图8-9所示。从日最高地面气温作干绝热直线与早晨7时的温度探空曲线的交点所对应的高度即为最大混合层厚度。

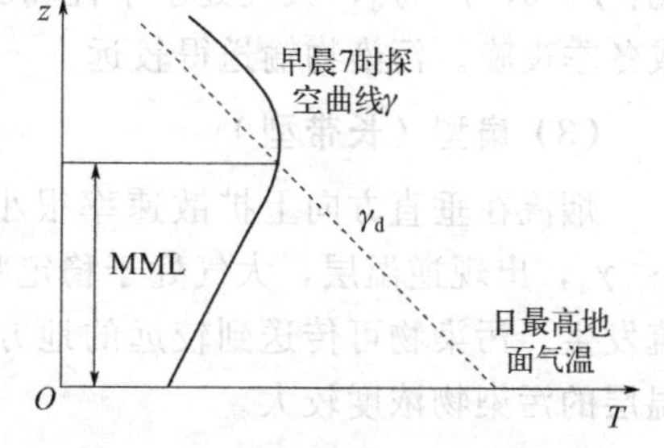

图 8-9　确定最大混合层厚度方法

常出现的混合层有辐射逆温破坏混合层（见图8-5）、对流混合层（中午前后无上部逆温层时近地面热空气自由上升形成的混合层）、下沉逆温混合层、城市热岛混合层和海陆边界混合层等。

8.4 气象条件和下垫面对大气污染的影响

8.4.1 气象条件对大气污染的影响

8.4.1.1 大气稳定度对大气污染的影响

大气污染状况与大气稳定度有密切关系。大气稳定度是影响污染物在大气中扩散的重要因素，大气处于稳定状态，污染物不易在大气中扩散和稀释，有可能长时间聚集在地面造成污染。大气处于不稳定状态，污染物易于扩散和稀释；大气越不稳定，污染物越容易扩散和稀释，不易形成严重污染。

为了直观地说明大气稳定度对大气污染的影响，图 8-10 示出了高架点源的 5 种典型的烟流状态与大气稳定度的关系。

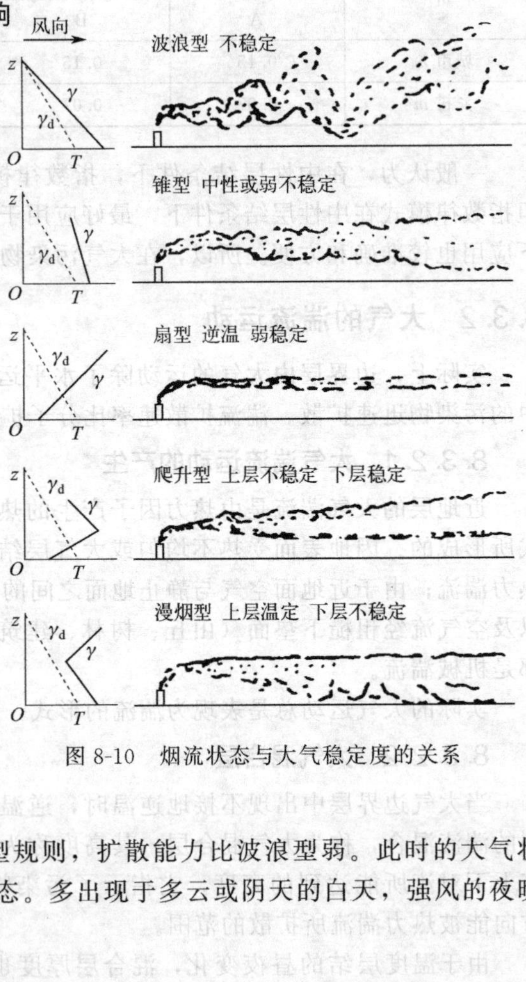

图 8-10 烟流状态与大气稳定度的关系

（1）波浪型（翻卷型）

烟流上下摆动很大，出现在大气处于不稳定状态时，对流强烈，扩散速率快，靠近污染源地区污染物落地浓度高，但一般不会造成严重的污染事件。此时的大气状况：$\gamma>0$，$\gamma>\gamma_d$，多出现于太阳光较强的晴朗中午或午后。

（2）锥型

烟流离开排放口一定距离后，烟流基本保持水平，外形似一个椭圆锥。烟流比波浪型规则，扩散能力比波浪型弱。此时的大气状况：$\gamma>0$，$\gamma\approx\gamma_d$，大气处于中性和弱稳定状态。多出现于多云或阴天的白天，强风的夜晚或冬季夜晚。污染物输送得较远。

（3）扇型（长带型）

烟流在垂直方向上扩散速率很小，在水平方向有缓慢扩散。此时的大气状况：$\gamma<0$，$\gamma<\gamma_d$，出现逆温层，大气处于稳定状态。多出现于微风、弱晴朗的夜晚和早晨，几乎无湍流发生。污染物可传送到较远的地方，遇山或高大建筑物阻挡时，污染物不易扩散，在逆温层的污染物浓度较大。

（4）爬升型（上扬型）

烟流的下侧边缘清晰，呈平直状，而其上部出现湍流扩散。此时的大气状况：排出口上方，$\gamma>0$，$\gamma>\gamma_d$，大气处于不稳定状态；排出口下方，$\gamma<0$，$\gamma<\gamma_d$，大气处于稳定状态。多出现在日落后，因地面有辐射逆温，大气稳定。高空受冷空气影响，大气不稳定。

排出口上方有微风，伴有湍流；排出口下方，几乎无风，无湍流。若烟囱高度处于不稳定层时，烟气中的污染物不向下扩散，只向上方扩散，这种烟型对地面影响较小。

（5）漫烟型（熏烟型）

与爬升型相反，烟流的上侧边缘清晰，呈平直状，而其下部出现较强的湍流扩散，烟云上方有逆温层，从烟囱排出的烟云上升到一定程度就受到逆温层的控制。此时的大气状况：排出口上方，$\gamma<0$，$\gamma<\gamma_d$，大气处于稳定状态；排出口下方，$\gamma>0$，$\gamma>\gamma_d$，大气处于不稳定状态。多发生于日出后，地面低层空气被日照加热使逆温自下而上逐渐破坏，但上部仍保持逆温。烟流的下部有明显的热扩散，烟云的上部热扩散很弱。烟气中的污染物不向上扩散，只向下方扩散，容易在地面产生极高浓度。

可以看出，大气稳定度不同，高架点源排放烟流扩散形状和特点不同，造成的污染状况差别很大。当然，对五种典型的烟流仅从温度层结和大气稳定度的角度作了粗略分析，实际情况要复杂得多。如还应考虑动力学因素的影响，近地面层还要考虑风和地面粗糙度的影响。

8.4.1.2 风和湍流对大气污染的影响

（1）风对大气污染的影响

风对大气污染物起到的第一个作用是整体输运作用，所以风向决定了污染区的方位总是在污染源的下风向。基于这个道理，在工业布局上应将污染源安排在易于扩散的城市的下风向。

风速对烟流扩散影响很大。一般来说，风速越大，地面污染物浓度就越小；风速越小，地面污染物浓度就越大；无风时，近污染源处地面污染更为严重。

应该指出，随着高度的增加，摩擦力逐渐减小，所以风速逐渐增大；同时地转偏向力也随高度的增加而逐渐增大，所以风向逐渐向右偏转，到了边界层顶，风的大小、方向与地转风完全一致（如图 8-11 所示）。北半球下视，地转偏向力指向运动右方；南半球则相反。因此，边界层上方污染物输送的方位与近地面的输送方位不同。这种影响仅对强且热的高烟囱比较明显，对一般高度的源可忽略其影响。

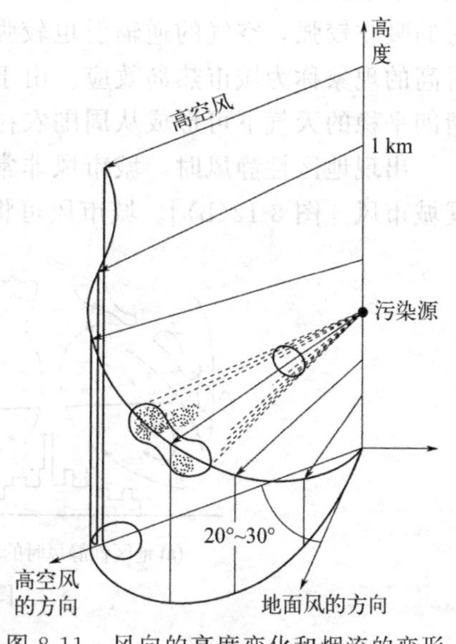

图 8-11　风向的高度变化和烟流的变形

风的第二个作用是对大气污染物的冲稀作用。风速愈大，单位时间内混入烟气的清洁空气愈多，稀释愈快。一般来说，污染物在大气中的浓度与污染物的总排放量成正比，而与风速成反比，若风速增加一倍，则在下风向污染物的浓度将减少一半。但是，风速的影响存在次生效应。例如，在微风条件下，热烟流抬升较高，在一定程度上使地面浓度减小；强风能使上升的烟流弯曲，提早抵达地面；强风还使烟流在建筑物背风侧产生下沉，这些都会在一定程度上增加地面浓度。

因此，对于高架污染源，风速影响具有双重性。一方面，风速大会降低抬升高度，使烟气的着地浓度增大；另一方面，风速大能增加湍流，加快污染物的扩散，使烟气的着地浓度降低。对于高架源来说，在某一特定风速下地面可能出现最高污染物浓度，该风速称危险风速。

（2）湍流对大气污染的影响

影响大气污染扩散的另一个重要的气象因素是大气湍流。大气的湍流运动造成湍流场中各部分之间强烈混合，当污染物由污染源排入大气时，高浓度的污染物由于湍流混合，不断被清洁空气掺入，同时又无规则地分散到其他方向去，使污染物不断被稀释。

总的来说，风速愈大，湍流愈强，污染物的稀释、扩散速率就愈快，大气污染物浓度就愈低。因此，风和湍流是决定污染物在大气中稀释扩散的最直接因子，也是最本质的因子。就稀释扩散而言，其他一切气象因子都是通过风和湍流来影响大气污染的。凡是有利于增大风速、加强湍流的气象条件都有益于稀释扩散，反之亦然。

以上仅讨论了大气稳定度、风和湍流对大气污染的影响。实际上，大气情况变化万千，影响大气污染的气象因子是多种多样的（如辐射、云、降水以及大气形势也能对大气污染产生直接影响），各种气象因子对大气污染的影响也是相互关联的。在制定、预防大气污染的方案时，应根据具体情况，抓住造成大气污染的主要的、本质的因子，采取相应的措施，才能使大气污染得到有效防治。

8.4.2 下垫面对大气污染的影响

8.4.2.1 城市下垫面对大气污染的影响

城市下垫面的特点：①城市能耗水平高，放出大量热；②大量热容量大的建筑物和水泥面，白天储存大量热能，夜间释放出来使城市空气冷却缓慢，同时这些建筑物和水泥面减少了水分蒸发的耗热，增加了地面向大气输送的热量；③城市的污染空气对地面长波辐射的吸收较强，空气的逆辐射也较强，使地面和近地面温度比农村高。城市气温比周围农村高的现象称为城市热岛效应。由于城市气温通常比农村高（特别是夜间），气压较低，在晴朗平稳的天气下可形成从周围农村吹向城市的局地风，称为“城市风”。

出现地区性静风时，城市风非常明显［图 8-12(a)］；有和风时，只在城市背风部分出现城市风［图 8-12(b)］。城市风可将城郊工厂排放的污染物带到市区，使污染物浓度升高。

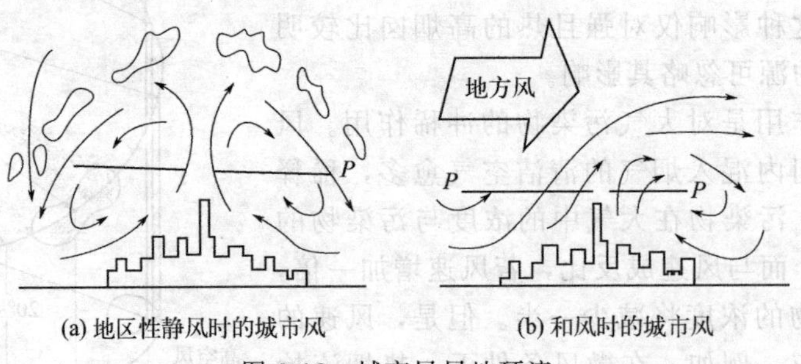

图 8-12　城市风局地环流

夜间，乡村由于地面辐射冷却快而形成辐射逆温，但当乡村空气流到温暖而粗糙的城区上空时，其下层空气被重新加热而形成一薄层混合层——城市热岛混合层（图 8-13），其上部仍维持从乡村移行过来的逆温。该混合层高度一般在几十米至几百米之间。

市区内巨大的粗糙度阻碍气流运动，减小平均风速（比郊区低 30%～40%），降低了近地层风速梯度，并使风向摆动增大，近地层风场变得很不规则。

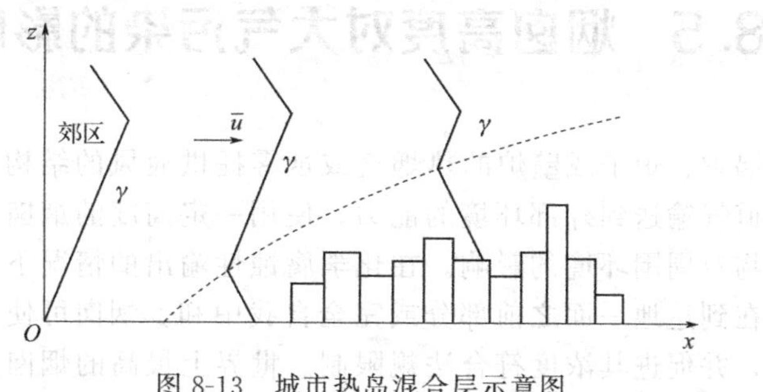

图 8-13　城市热岛混合层示意图

8.4.2.2　山区下垫面对大气污染的影响

山区地形复杂，山前山后坡面受热很不均匀，加上日照时间的变化，水平气温分布不均匀，这是造成局部热力环流，形成坡风和山谷风的主要原因，如图 8-14 所示。

晴天的白天，由于太阳辐射的结果，坡地上暖而轻的空气沿山坡上爬，形成上坡风。谷外冷空气向谷内流进补充，形成谷风。晴天夜间则相反，地面辐射冷却快，山沟两侧贴近山坡的空气被冷却，冷而重的空气顺坡下滑，形成下坡风。下坡风向山谷汇集，形成一股速度较大、层次较厚的气流，沿着山沟流向下游或平原，称为山风。日出、日落前后是山谷风的转换期，这时山风与谷风交替出现，时而山风，时而谷风，风向不稳定，风速很小。此时，山沟中污染源排出的污染物由于风向来回摆动，产生循环积累，造成高浓度污染。

8.4.2.3　水陆交界区对大气污染的影响

水陆交界区，由于水面和陆面的导热率和比热不同，水域温度变化比陆面小。如海陆风，白天陆面增温快，陆上气温比海面高，暖而轻的空气上升，于是上层空气由陆地吹向海洋，下层空气则由海洋吹向陆地，形成海风，并构成完整的热力环流；夜间则相反，形成陆风（图 8-15）。

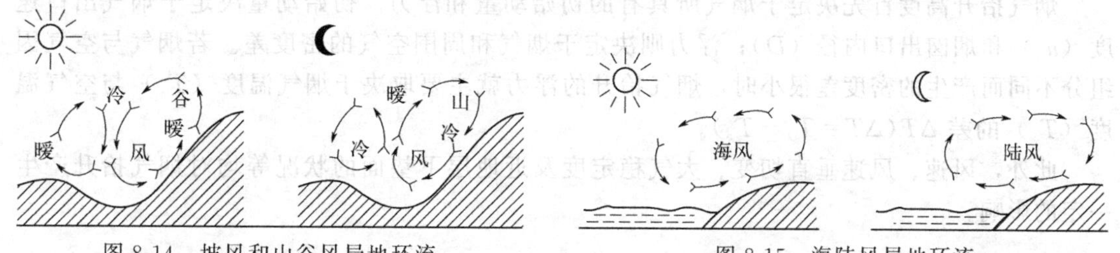

图 8-14　坡风和山谷风局地环流　　图 8-15　海陆风局地环流

由上可知，建在海边排出大气污染物的工厂，必须考虑海陆风的影响，因为有可能出现在夜间随陆风吹到海面上的污染物，在白天又随海风吹回来，或者进入海陆风局地环流中，使污染物不能充分扩散稀释而造成严重的污染。

在大湖泊、江河的水陆交界地带也会产生水陆局地环流，称为水陆风。但水陆风的范围和强度比海陆风要小。

8.5 烟囱高度对大气污染的影响

烟囱是一种为锅炉、炉子或壁炉的热烟气或烟雾提供通风的结构。烟囱的高度影响其通过烟囱效应将烟道气输送到外部环境的能力。使用一定高度的烟囱有利于对大气污染物的扩散，减少污染物对周围环境的影响。在化学腐蚀性输出的情况下，足够高的烟囱允许空气中的化学物质在到达地平面之前部分或完全自我中和。烟囱可使污染物在更大面积上分散以降低其浓度，并促进其浓度符合法规限制。世界上最高的烟囱是位于哈萨克斯坦的GRES-2发电站烟囱，高达420m。我国最高的烟囱是山西神头二电厂的烟囱，高达270m。

但是造价很高的高烟囱并不降低排出的大气污染物数量，这些大气污染物可以随风扩散到很远的地方和很大的范围。研究发现，烟囱的高度增加时，污染物地面浓度降低的速率大大地落后于烟囱高度增长的速率。如当烟囱高度从80m增至200m，即增加1.5倍时，着地的最高污染物浓度降低仅为46.8%。这说明，以高烟囱作为降低着地污染物浓度的这种方法有效性较低。另外，考虑到烟囱的成本增加与它的高度的三次方成正比，很明显，从经济观点看，采用过高的烟囱并不合理。

8.5.1 烟囱的有效源高

烟囱的有效源高（H）是指从烟囱排出的烟云距地面的实际高度，它等于烟囱本身的高度（H_s）与烟气抬升高度（ΔH）之和，如图8-16所示，即：

$$H=H_s+\Delta H \tag{8-20}$$

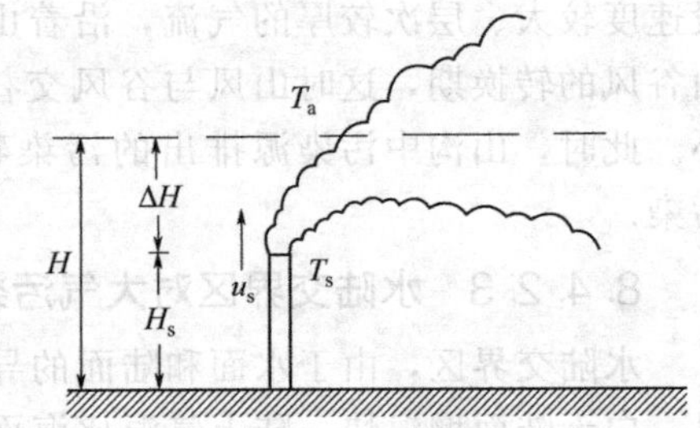

图8-16　动力与热浮力对烟柱抬升高度的影响

影响烟气抬升高度的因素有烟气本身的热力学性质、动力学性质、气象条件和近地层下垫面的状况等。

烟气抬升高度首先决定于烟气所具有的初始动量和浮力。初始动量决定于烟气出口速度（u_s）和烟囱出口内径（D）；浮力则决定于烟气和周围空气的密度差。若烟气与空气因组分不同而产生的密度差很小时，烟气抬升的浮力就主要取决于烟气温度（T_s）与空气温度（T_a）的差$\Delta T(\Delta T=T_s-T_a)$。

此外，风速、风速垂直切变、大气稳定度及近地层下垫面的状况等均对烟气抬升产生一定的影响。

8.5.2 常用的烟气抬升高度计算式

前文已述及，影响烟气抬升高度的因素很多，也比较复杂。在文献上可见到数十种烟气抬升高度计算式，但至今还没有一个计算式能够准确表达出烟气抬升的规律。大部分的计算式是在一定实验条件下，经数据处理而建立的经验或半经验计算式。因此，在应用这些计算式时，要注意其使用条件，否则，计算结果的准确性会很差。下面介绍几种常用的烟气抬升高度计算式。

8.5.2.1 霍兰德（Holland）公式

$$\Delta H=\frac{u_s D}{\overline{u}}\left(1.5+2.7\frac{T_s-T_a}{T_s}D\right)=\frac{1}{\overline{u}}(1.5u_s D+9.6\times10^{-3}Q_H) \tag{8-21}$$

式中，ΔH 为烟气抬升高度，m；u_s 为烟气出口速度，m/s；$\overline{u}$ 为烟气出口处环境平均风速，m/s；D 为烟囱出口内径，m；T_s 为烟囱出口处的烟气温度，K；T_a 为环境空气温度，K；Q_H 为烟气的热释放效率，kW。

$$Q_H=\frac{\pi}{4}u_s D\rho_s C_p(T_s-T_a) \tag{8-22}$$

式中，ρ_s 为烟囱出口处，T_s 温度下烟气的密度，kg/m^3；C_p 为烟气的等压热容，kJ/(kg·K)；其他符号的意义同前。

Holland公式适用于中性大气条件。对于计算不稳定条件下的烟气抬升高度时，烟气抬升高度应比计算值高10%～20%；对于计算稳定条件下的烟气抬升高度时，烟气抬升高度应比计算值低10%～20%。此式不适宜计算温度较高热烟气（热释放效率比较高）或高于100m烟囱的抬升高度。

8.5.2.2 布里格斯（Briggs）公式

布里格斯在1969—1975年期间，根据大量实测数据和理论分析提出在稳定、不稳定和中性大气条件下烟气抬升高度的计算式。

（1）稳定条件下的烟气抬升高度计算式

① 以热烟气浮力为主所造成的烟气抬升高度计算式：

$$\Delta H=1.6F_B^{-\frac{1}{3}}x^{\frac{2}{3}}\overline{u}^{-1} \tag{8-23}$$

式中，x 为下风向的距离，m；F_B 为浮力通量参数，按下式计算：

$$F_B=gu_s R^2\frac{T_s-T_a}{T_s}(\mathrm{m^4/s^2}) \tag{8-24}$$

式中，g 为重力加速度，g=9.81m/s^2；R 为烟囱出口半径，m；其他符号的意义同前。

布里格斯提出的烟流最大的抬升高度计算式为：

$$\Delta H_{max}=2.6\frac{F_B}{\overline{u}s} \tag{8-25}$$

式中，s 为稳定参数。当稳定度为E时，$s=0.02g/T_a$；稳定度为F时，$s=0.035g/T_a$。

② 以烟气动力为主的烟气抬升高度计算式：

$$\Delta H_{max}=1.5(u_s R)^{\frac{2}{3}}\overline{u}^{-1}s^{\frac{1}{6}} \tag{8-26}$$

（2）在不稳定和中性条件下的烟气抬升高度计算式

① 以浮力为主的烟气抬升计算式

当 $x>3.5$ 时，$$\Delta H(x)=1.6F_B^{-\frac{1}{3}}(3.5x^*)^{\frac{2}{3}}\overline{u}^{-1} \tag{8-27}$$

当 $x<3.5$ 时，$$\Delta H(x)=1.6F_B^{-\frac{1}{3}}x^{\frac{2}{3}}\overline{u}^{-1} \tag{8-28}$$

式中，x^* 是大气湍流特征距离。当 x 大于 x^*，大气湍流对烟气抬升起主导作用。x^* 是大气湍流特征和浮力通量参数的函数。如 $F_B\leqslant55$，$x^*=14F_B^{\frac{5}{8}}$；$F_B>55$，$x^*=34F_B^{\frac{2}{5}}$。

烟气热释放效率 $Q_H > 20000$kW 时火电厂的烟气抬升计算式：

$$\Delta H = 1.6 F_B^{-\frac{1}{3}} (10H_s)^{\frac{2}{3}} \bar{u}^{-1} \tag{8-29}$$

实践证明，用此式计算的烟气抬升高度与实测结果很接近。

② 以烟气动力为主的烟气抬升计算式

$$\Delta H = 3.78 \left[\frac{u_s^2}{\bar{u}(u_s + 3\bar{u})}\right]^{\frac{2}{3}} \left(\frac{xR^2}{2}\right)^{\frac{1}{3}} \tag{8-30}$$

最大抬升高度计算式为：

$$\Delta H_{max} = 3\frac{u_s D}{\bar{u}} \tag{8-31}$$

式中所有的符号意义同前。

8.5.2.3 中国国家标准中规定的公式

我国《制定地方大气污染物排放标准的技术方法》（GB/T 3840—91）中规定的烟气抬升高度的计算方法如下：

（1）当 $Q_H \geqslant 2100$kW，并且 $T_s - T_a \geqslant 35$K 时，烟气抬升高度的计算方法

$$\Delta H = n_0 Q_H^{n_1} H_s^{n_2} \bar{u}^{-1} \tag{8-32}$$

其中，

$$Q_H = 0.35 p_a Q_v \frac{T_s - T_a}{T_s} \tag{8-33}$$

式中，n_0、n_1、n_2 为系数，可查表 8-7；Q_v 为实际排烟量，m^3/s；p_a 为大气压力，hPa，取邻近气象站年平均值；T_a 为环境大气温度，K，取邻近气象站最近 5 年的平均气温；$\bar{u}$ 为烟气出口处环境平均风速，m/s；取邻近气象站最近 5 年平均风速；式中其他符号意义同前。

表 8-7　系数 n_0、n_1、n_2 的值

Q_H/kW	地表状况(平原)	n_0	n_1	n_2
$Q_H \geqslant 21000$	农村或城市远郊区	1.427	1/3	2/3
	城区及近郊区	1.303	1/3	2/3
$2100 \leqslant Q_H < 21000$ 且 $\Delta T \geqslant 35$K	农村或城市远郊区	0.332	3/5	2/5
	城区及近郊区	0.292	3/5	2/5

（2）当 $1700\text{kW} < Q_H < 2100$kW 时，烟气抬升高度的计算式

$$\Delta H = \Delta H_1 + (\Delta H_2 - \Delta H_1) \times \frac{Q_H - 1700}{400} \tag{8-34}$$

式中，$\Delta H_1 = \frac{2(1.5u_s D + 0.01Q_H)}{\bar{u}} - \frac{0.048(Q_H - 1700)}{\bar{u}}$，m；$\Delta H_2 = n_0 Q_H^{n_1} H_s^{n_2} \bar{u}^{-1}$，m；其他符号意义同前。

（3）当 $Q_H < 1700$kW 或 $T_s - T_a < 35$K 时，烟气抬升高度的计算方法

$$\Delta H = 2(1.5u_s D + 0.01Q_H)/\bar{u} \tag{8-35}$$

（4）当 10m 高处的年平均风速小于或等于 1.5m/s 时：

$$\Delta H=5.5Q_{\mathrm{H}}^{1/4}\left(\frac{\mathrm{d}T_{\mathrm{a}}}{\mathrm{d}z}+0.0098\right)^{-3/8} \tag{8-36}$$

式中，$\frac{\mathrm{d}T_{\mathrm{a}}}{\mathrm{d}z}$为排放源高度以上气温直减率，K/m，取值不得小于 0.01K/m。

［例题 8-3］ 某城市火电厂的烟囱高 100m，出口内径 5m。出口烟气流速 12.7m/s，温度 140℃，流量 250m³/s。烟囱出口处的平均风速 4m/s，大气温度 20℃，当地气压 978.4hPa，试确定烟气抬升高度及有效源高。

解：烟气热释放效率：

$$Q_{\mathrm{H}}=0.35p_{\mathrm{a}}Q_{v}\frac{T_{\mathrm{s}}-T_{\mathrm{a}}}{T_{\mathrm{s}}}=0.35\times978.4\times250\times\frac{140-20}{140+273}=24875(\mathrm{kW})>2100(\mathrm{kW})$$

因此，$\Delta H=n_0Q_{\mathrm{H}}^{n_1}H_{\mathrm{s}}^{n_2}\bar{u}^{-1}$（式中系数 n_0、n_1、n_2 从表 8-7 中查得）

烟气抬升高度：$\Delta H=1.303\times24875^{1/3}\times100^{2/3}\times4^{-1}=204.9(\mathrm{m})$

有效源高： $H=100+204.9=304.9(\mathrm{m})$

8.6 大气污染物的高斯扩散模式

大气污染的形成及其危害程度在于有害物质的浓度及其持续时间。大气扩散理论就是用数理方法来模拟各种大气污染源在一定条件下的湍流扩散稀释过程，用数学模型计算和预报大气污染物浓度的时空变化规律。有关描述大气污染物湍流扩散的基本理论主要有三种：湍流梯度理论、湍流统计理论和湍流相似理论。

目前实际应用的大气扩散模式大多数是由梯度理论导出的，而统计理论则把扩散参数与湍流脉动场的统计特征量联系起来，解决了扩散参数的求解问题。本节将介绍高斯在实测资料的基础上，应用湍流统计理论得到正态分布假设下的扩散模式——高斯扩散模式。所涉及的其他的扩散理论在此不再赘述，请广大读者参考其他教程。

8.6.1 无界空间连续点源扩散的高斯模式

（1）坐标系

高斯模式的坐标系如图 8-17 所示。坐标系取排放点（无界源、地面源或高架源排放点）在地面的投影点为原点，主风向为 x 轴，y 轴在水平面内垂直于 x 轴，正方向在 x 轴的左侧，z 轴垂直于水平面，向上为正，即右手坐标系。在这种坐标系中，烟流中心线或与 x 轴重合，或在 xOy 面的投影为 x 轴。后面所介绍的扩散模式都是在这种坐标系中导出的。

（2）四点假设

大量的实验和理论研究证明，特别是对于连续点源的平均烟流，其浓度分布是符合正

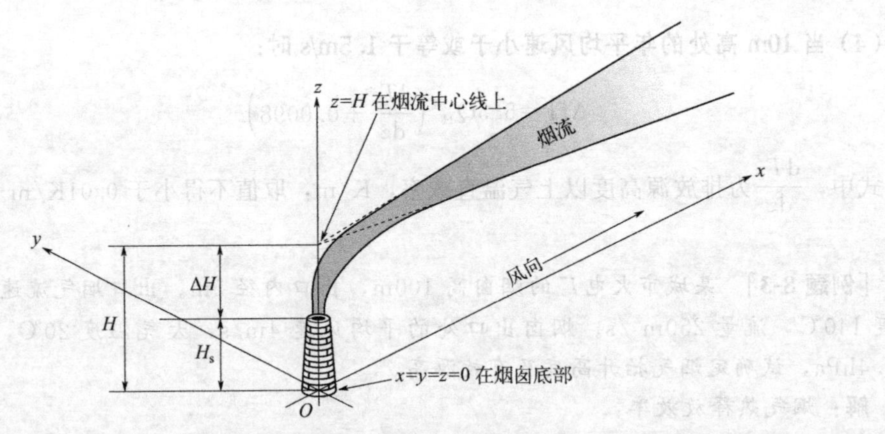

图 8-17　高斯模式的坐标系

态分布的。因此，作如下假定：①污染物浓度在 y、z 风向上分布为正态分布；②全部高度风速均匀稳定；③源强是连续均匀稳定的；④扩散中污染物的质量是守恒的（不考虑转化）。对后述的模式，只要没有特殊说明，都遵守以上四点假设。

由假设①可以写出下风向任一点（x，y，z）的污染物平均浓度分布的函数为：

$$c(x,y,z)=A(x)\mathrm{e}^{-ay^2}\mathrm{e}^{-bz^2} \tag{8-37}$$

由概率统计理论可以写出方差的表达式：

$$\sigma_y^2=\frac{\int_0^{\infty}y^2c\mathrm{d}y}{\int_0^{\infty}c\mathrm{d}y}\qquad \sigma_z^2=\frac{\int_0^{\infty}z^2c\mathrm{d}z}{\int_0^{\infty}c\mathrm{d}z} \tag{8-38}$$

由假定④可以写出源强的积分式：

$$Q=\int_{-\infty}^{\infty}\int_{-\infty}^{\infty}\overline{u}c\,\mathrm{d}y\,\mathrm{d}z \tag{8-39}$$

式中，σ_y 为距离原点 x 处烟流中污染物在 y 方向分布的标准差（在 y 方向的扩散参数），m；σ_z 为距离原点 x 处烟流中污染物在 z 方向分布的标准差（在 z 方向分布的扩散参数），m；c 为下风向任一点（x，y，z）的污染物浓度，g/m^3；$\overline{u}$ 为平均风速，m/s；Q 为源强，g/s。

将式(8-37) 代入式(8-38)，积分后得到：

$$a=\frac{1}{2\sigma_y^2};b=\frac{1}{2\sigma_z^2} \tag{8-40}$$

将式(8-37) 和式(8-40) 代入式(8-39)，积分后得到：

$$A(x)=\frac{Q}{2\pi\overline{u}\sigma_y\sigma_z} \tag{8-41}$$

将式(8-40) 和式(8-41) 代入式(8-37)，得出无界空间连续点源扩散的高斯模式：

$$c(x,y,z)=\frac{Q}{2\pi\overline{u}\sigma_y\sigma_z}\exp\left[-\left(\frac{y^2}{2\sigma_y^2}+\frac{z^2}{2\sigma_z^2}\right)\right] \tag{8-42}$$

由此模式可以求出无界空间连续点源下风向任一点的污染物浓度 c（x，y，z）。

8.6.2 高架连续点源扩散模式

高架连续点源扩散必须考虑地面对扩散的影响。假定污染物在输送过程中不沉降到地面，地面对污染物没有吸收、吸附作用，将地面看作一面镜子，对污染物起着全反射作用。按全反射原理，地面以上空间任一点 P（图 8-18）的浓度可以认为是两部分贡献之和：一部分是不存在地面时，P 点所具有的浓度；另一部分是由于地面反射而增加的浓度。这相当于在不存在地面时，位置在（0，0，H）的实源和位置在（0，0，$-H$）的虚源（即实源的像源）在 P 点的浓度之和。

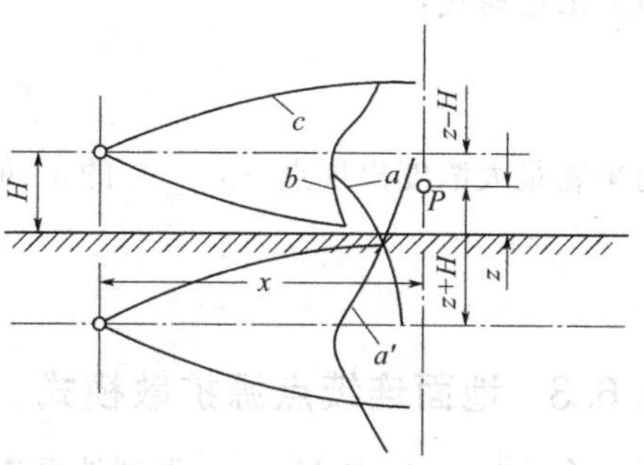

图 8-18 高架连续点源扩散模式推导示意图

对于实源：在无界条件下的扩散模式［式(8-42)］的坐标原点是排放源点，下风向任一点 P 的坐标为（x，y，z）。在图 8-18 中，以实源为原点的坐标系中的 P 点的坐标为（x，y，$z-H$）。

实源的浓度：

$$c_{实(无界)}=\frac{Q}{2\pi\bar{u}\sigma_y\sigma_z}\exp\left[-\left(\frac{y^2}{2\sigma_y^2}+\frac{(z-H)^2}{2\sigma_z^2}\right)\right] \tag{8-43}$$

以虚源为原点的坐标系中的 P 点的坐标为（x，y，$z+H$），虚源的浓度：

$$c_{虚(无界)}=\frac{Q}{2\pi\bar{u}\sigma_y\sigma_z}\exp\left[-\left(\frac{y^2}{2\sigma_y^2}+\frac{(z+H)^2}{2\sigma_z^2}\right)\right] \tag{8-44}$$

实际浓度：

$$c(x,y,z;H)=\frac{Q}{2\pi\bar{u}\sigma_y\sigma_z}\exp\left(-\frac{y^2}{2\sigma_y^2}\right)\left\{\exp\left[-\frac{(z-H)^2}{2\sigma_z^2}\right]+\exp\left[-\frac{(z+H)^2}{2\sigma_z^2}\right]\right\} \tag{8-45}$$

由此模式可以求出高架连续点源下风向任一点的污染物浓度。

（1）高架连续点源地面浓度模式

令式(8-45) 中 $z=0$，得：

$$c(x,y,0;H)=\frac{Q}{\pi\bar{u}\sigma_y\sigma_z}\exp\left(-\frac{y^2}{2\sigma_y^2}\right)\exp\left(-\frac{H^2}{2\sigma_z^2}\right) \tag{8-46}$$

（2）高架连续点源地面轴线浓度模式

令式(8-46) 中 $y=0$，得：

$$c(x,0,0;H)=\frac{Q}{\pi\bar{u}\sigma_y\sigma_z}\exp\left(-\frac{H^2}{2\sigma_z^2}\right) \tag{8-47}$$

（3）高架连续点源地面轴线最大浓度（地面最大浓度）模式

由于 σ_y 和 σ_z 都随 x 的增大而增大，因此在式(8-47) 中 $\frac{Q}{\pi\bar{u}\sigma_y\sigma_z}$ 项随 x 增大而减小，而 $\exp\left(-\frac{H^2}{2\sigma_z^2}\right)$ 项则随 x 增大而增大，两项共同作用的结果，必然在某一距离上出现浓度 c 的最大值。为了简化计算，假设 $\frac{\sigma_y}{\sigma_z}$ 不随距离 x 变化而变化，即 $\frac{\sigma_y}{\sigma_z}$ 为一常数 K，代入式(8-47)

中，得到一个关于σ_z的单值函数，再对σ_z求导数，令$\frac{dc}{d\sigma_z}=0$，即得到高架连续点源地面最大浓度模式：

$$c_{\max}=\frac{2Q}{\pi \bar{u} H^2 e}\cdot\frac{\sigma_z}{\sigma_y} \tag{8-48}$$

污染物最大浓度出现点（$x_{c_{\max}}$）的σ_z值为：

$$\sigma_z=\frac{H}{\sqrt{2}} \tag{8-49}$$

8.6.3 地面连续点源扩散模式

令式(8-45)中$H=0$，得到地面连续点源在空间任一点（x，y，z）的浓度模式，即

$$c(x,y,z;0)=\frac{Q}{\pi \bar{u}\sigma_y\sigma_z}\exp\left(-\frac{y^2}{2\sigma_y^2}\right)\exp\left(-\frac{z^2}{2\sigma_z^2}\right) \tag{8-50}$$

比较式(8-50)和式(8-42)可发现，地面连续点源造成的污染物浓度恰是无界条件下浓度的两倍。由式(8-50)不难得出地面连续点源地面轴线浓度模式：

$$c(x,0,0;0)=\frac{Q}{\pi \bar{u}\sigma_y\sigma_z} \tag{8-51}$$

对于地面无限空间连续点源［见图8-19(a)］，下风向地面轴线污染物浓度随距污染源的距离增加而降低。对于高架连续点源［见图8-19(b)］，下风向地面轴线浓度先随距离x的增加而急剧增大，在距源不太远距离处（通常为1～3km）地面轴线浓度达到最大值时，若x继续增加，地面轴线浓度则逐渐减小。

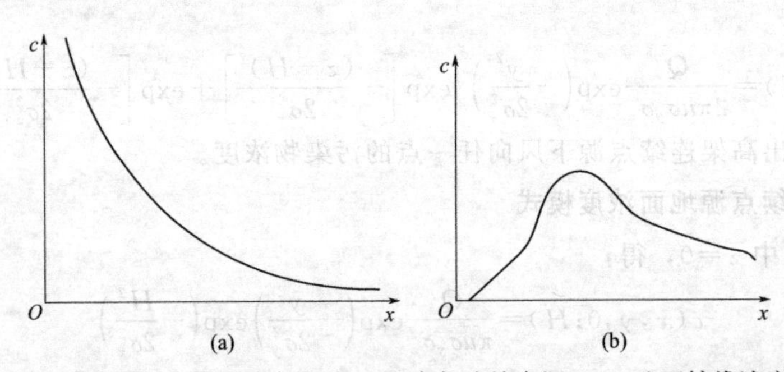

图8-19 地面无限空间连续点源（a）和高架连续点源（b）地面轴线浓度分布

地面最大浓度及其出现的地点是非常关键的问题，如果地面最大浓度都没有超出国家标准，那么污染源就不会对周围环境造成污染；反之，如果地面最大浓度超出了国家标准，那么污染源就可能对周围环境造成污染，也就有必要知道被污染的区域。

上述模式的应用条件：①平坦开阔下垫面上小尺度（10km左右）扩散范围；②扩散在同一温度层结的气层中进行，平均风速>1.5m/s；③平均流场平直稳定，平均风速和风向没有显著变化；④扩散过程中污染物没有衰减，污染物与空气没有相对运动，地面对它起全反射作用。

当扩散范围较大、时间较长时，化学反应、降水清洗、放射性衰变等物理化学过程造成的污染物衰减不可忽略，这时的浓度计算十分复杂。在中尺度（10～100km）范围内，

最简单的处理方法是按下式进行修正：

$$c'=c\exp\left(-\frac{0.693}{t_{1/2}}\cdot\frac{x}{\bar{u}}\right) \tag{8-52}$$

式中，c 为不考虑化学反应、降水清洗等作用时的浓度；c'为考虑污染物衰减作用时的浓度；$t_{1/2}$ 为污染物的半衰期，SO_2 的半衰期为数十分钟至数小时。

8.6.4 颗粒物扩散模式

对粒径小于 15μm 的颗粒物，其地面浓度可按前述的气体扩散模式计算。对粒径大于 15μm、具有明显重力沉降作用的落尘，一般用倾斜烟云模式计算其近地面浓度，即

$$c(x,y,z;0)=\frac{(1+\alpha)Q}{2\pi\bar{u}\sigma_y\sigma_z}\exp\left(-\frac{y^2}{2\sigma_y^2}\right)\exp\left[-\frac{(H-u_s x\sqrt{u})^2}{2\sigma_z^2}\right] \tag{8-53}$$

式中，α 为颗粒的地面反射系数，可查表 8-8；u_s 为颗粒重力沉降末速度，m/s。

表 8-8 颗粒的地面反射系数

粒径范围/μm	15～30	31～47	48～75	76～100
平均粒径/μm	22	38	60	85
反射系数 α	0.8	0.5	0.3	0

8.7 大气污染物浓度的估算

连续点源的排放大部分是采用烟囱，即高架连续点源排放。从式(8-45) 可以看出，在已知源强 Q(g/s)、平均风速 ($\bar{u}$) 的前提下，如果能确定烟囱有效高度 H 以及扩散参数 σ_y（横向或水平向的扩散参数）和 σ_z（垂直向或竖直向的扩散参数），就能估算出下风向任一点（x，y，z）的污染物浓度值。前面已经介绍了烟囱有效高度 H 的计算方法，下面介绍扩散参数的计算方法。

扩散参数可以现场测定，也可以用风洞模拟实验确定，还可以根据实测和实验数据归纳整理出来的经验公式或图表估算。

8.7.1 P-G 扩散曲线法估算扩散参数 σ_y、σ_z

英国气象学家帕斯奎尔（F. Pasquill）基于大量扩散实验资料的分析，建立了一套扩散参数计算方法，后经美国核气象学家杰富德（F. Giffod）的改进与完善，形成了现今广为应用的扩散参数估算方法，简称 P-G 扩散曲线法（见图 8-20 和图 8-21）。P-G 扩散曲线给出了不同稳定度时的随下风向距离 x 变化的经验曲线（P-G 曲线图，两图对应的取样时间为 10min）。

这一方法首先判断大气稳定度（方法见 8.2.3 节的大气稳定度分类中的帕斯奎尔法）；再根据图 8-20 和图 8-21 查出该地区在此稳定度条件下的 σ_y、σ_z 值；最后，将确定的有效源高度 H 和确定的σ_y、σ_z 值代入高架连续点源扩散模式中，就可估算出下风向任一点的污染物浓度值。

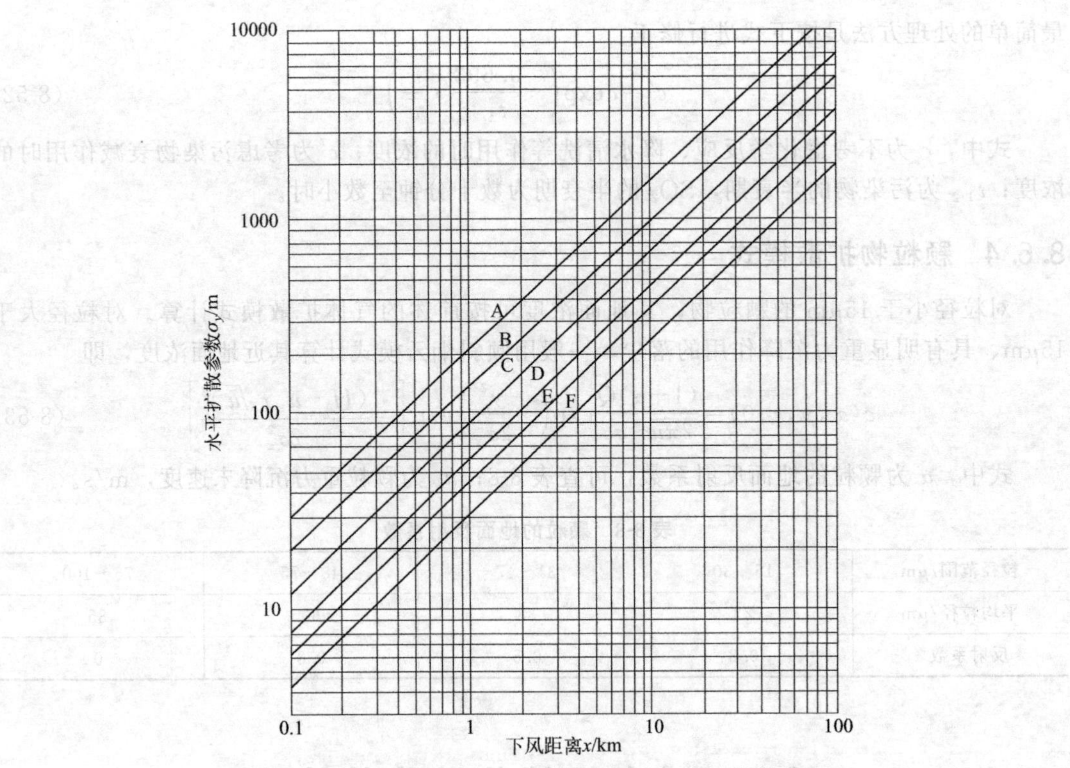

图 8-20　水平扩散参数 σ_y 与下风距离和大气稳定度的关系

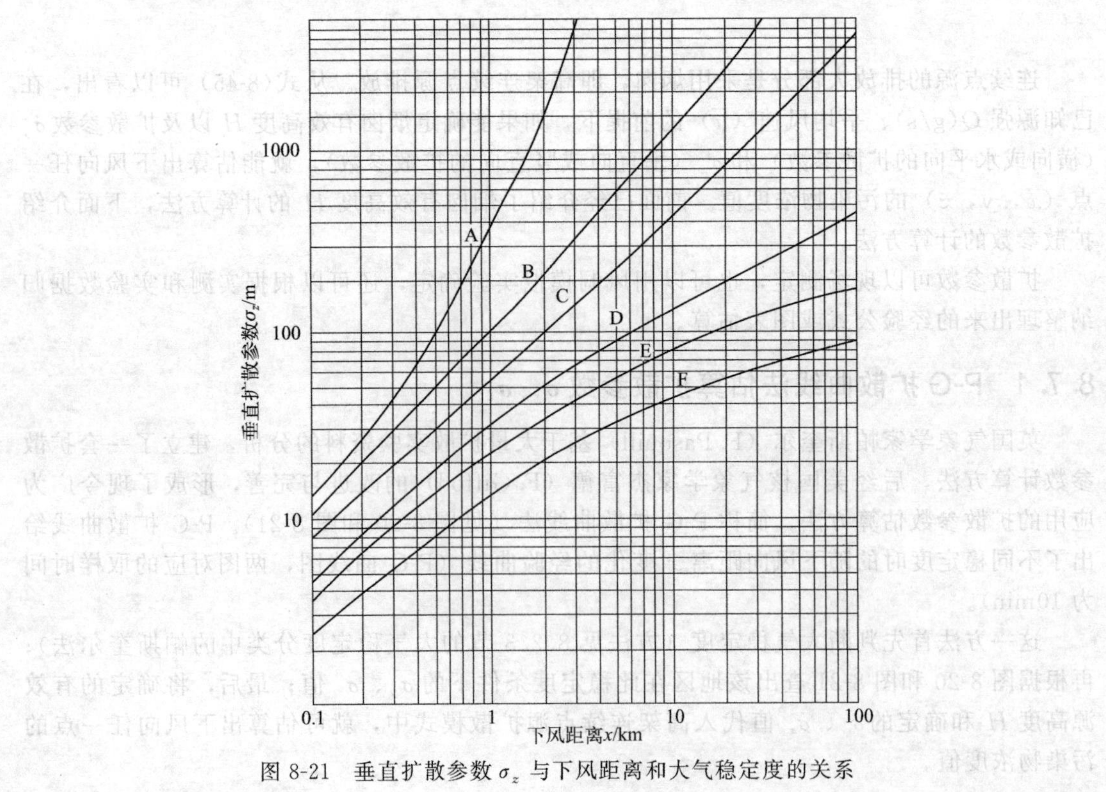

图 8-21　垂直扩散参数 σ_z 与下风距离和大气稳定度的关系

当需要估算高架连续点源地面最大浓度出现的距离 $x_{c_{max}}$ 时，虽然从曲线上查出的 $\frac{\sigma_y}{\sigma_z}$ 不满足是一常数，但作为粗略的估算，一般仍用式（$\sigma_z=\frac{H}{\sqrt{2}}$）计算出 $x_{c_{max}}$ 对应的 σ_z，再从图中查出对应的距离 x 值，即为该稳定度下的 $x_{c_{max}}$。该方法的计算结果，在 D、C 级稳定度时误差较小；在 E、F 级稳定度时误差较大，H 越大，误差越大。

［例题 8-4］ 某污染源排出 SO_2 量为 80g/s，有效源高为 60m，烟囱出口处平均风速为 6m/s。在阴天的情况下，正下风方向 500m 处的 $\sigma_y=35.3$m，$\sigma_z=18.1$m，试求：

（1）正下风方向 $x=500$m 处 SO_2 的地面浓度；

（2）正下风向 $x=500$m、$y=50$m 处 SO_2 的地面浓度；

（3）SO_2 地面最大浓度及其 x。

解：（1）正下风方向 $x=500$m 处 SO_2 的地面浓度为：

$$c=\frac{Q}{\pi \bar{u}\sigma_y\sigma_z}\exp\left(-\frac{H^2}{2\sigma_z^2}\right)=\frac{80}{\pi\times 6\times 35.3\times 18.1}\exp\left(-\frac{60^2}{2\times 18.1^2}\right)=0.027(\mathrm{mg/m^3})$$

（2）正下风向 $x=500$m、$y=50$m 处 SO_2 的地面浓度为：

$$c(500,50,0,60)=\frac{80}{\pi\times 6\times 35.3\times 18.1}\exp\left(-\frac{50^2}{2\times 35.3^2}\right)\exp\left(-\frac{60^2}{2\times 18.1^2}\right)=0.10(\mathrm{mg/m^3})$$

（3）地面最大浓度及其 x

当时天气为阴天，确定大气稳定度级别为 D。

根据式(8-49) 可得污染物最大浓度出现点的 σ_z 值为

$$\sigma_z=\frac{H}{\sqrt{2}}=\frac{60}{\sqrt{2}}=42.4(\mathrm{m})$$

查图 8-21，可以得出，污染物地面最大浓度出现处 $x=1.4$m；

再查图 8-20 得到

$$\sigma_y=89.0\mathrm{m}$$

将以上所得参数代入式（8-48），可得 SO_2 地面最大浓度为：

$$c_{max}=\frac{2Q}{\pi e\bar{u}H^2}\frac{\sigma_z}{\sigma_y}=\frac{2\times 80}{\pi e\times 6\times 60^2}\times\frac{42.4}{89.0}=0.413(\mathrm{mg/m^3})$$

8.7.2 中国国家标准中规定的扩散参数 σ_y、σ_z 估算方法

我国 GB/T 3840—91 中规定了的扩散参数的估算方法。该方法分为以下两步：

（1）确定大气稳定度（见 8.2.3 节）。

（2）计算扩散参数

GB/T 3840—91 标准中规定（取样时间为 0.5h）扩散参数按以下幂函数表达式计算：

$$\sigma_y=\gamma_1 x^{\alpha_1},\sigma_z=\gamma_2 x^{\alpha_2} \tag{8-54}$$

式中，α_1 为横向扩散参数回归指数；α_2 为垂直扩散参数回归指数；γ_1 为横向扩散参数回归系数；γ_2 为垂直扩散参数回归系数。

上述的指数和系数的值可查表 8-9，查表时还应遵循如下原则：

① 平原地区农村和城市远郊区，A、B、C 级稳定度可直接查表 8-9，D、E、F 级稳定度则需向不稳定方向提半级后查表 8-9。

② 工业区或城区中的点源，A、B 级不提级，C 级提到 B 级，D、E、F 级向不稳定方向提一级，再查表 8-9。

③ 丘陵山区的农村或城市，扩散参数选取方法同工业区。

④ 当取样时间大于 0.5h 时，垂直方向扩散参数 σ_z 不变，横向扩散参数 σ_y 按下式计算：

$$\sigma_{y_2}=\sigma_{y_1}\left(\frac{\tau_2}{\tau_1}\right)^q \tag{8-55}$$

式中，σ_{y_2} 为取样时间 τ_2 时的横向扩散参数，m；σ_{y_1} 为取样时间 $\tau_1=0.5$h 时的横向扩散参数，按表 8-9 计算；τ_1 为 0.5h，τ_2 是实际取样时间；q 为时间稀释指数，当 $0.5\text{h}\leqslant\tau_2<1\text{h}$ 时，$q=0.2$，当 $1\text{h}\leqslant\tau_2<100\text{h}$ 时，$q=0.3$。

当扩散参数用式 $\sigma_y=\gamma_1 x^{\alpha_1}$、$\sigma_z=\gamma_2 x^{\alpha_2}$ 表示时，高架连续点源地面轴线最大浓度除可采用式(8-48) 计算外，也可采用下式计算：

$$c_{\max}=\frac{Q\alpha^{\alpha/2}}{u\gamma_1\gamma_2^{(1-\alpha)}H^{\alpha}}\exp\left(-\frac{\alpha}{2}\right) \tag{8-56}$$

式中，$\alpha=1+\alpha_1/\alpha_2$。

表 8-9 P-G 扩散曲线幂函数数据（取样时间 0.5h）

$\sigma_y=\gamma_1 x^{\alpha_1}$				$\sigma_z=\gamma_2 x^{\alpha_2}$			
稳定度	α_1	γ_1	下风距离 x/m	稳定度	α_2	γ_2	下风距离 x/m
A	0.901074 0.850934	0.425809 0.602052	0～1000 ＞1000	A	1.12154 1.51360 2.10881	0.0799904 0.00854771 0.000211545	0～300 300～500 ＞500
B	0.914370 0.850934	0.281846 0.396353	0～1000 ＞1000	B	0.964435 1.09356	0.127190 0.057025	0～500 ＞500
B～C	0.919325 0.875086	0.229500 0.314238	0～1000 ＞1000	B～C	0.941015 1.00770	0.114682 0.0757182	0～500 ＞500
C	0.924279 0.885157	0.177154 0.232123	0～1000 ＞1000	C	0.917595	0.106803	＞0
C～D	0.926849 0.886940	0.143940 0.189396	0～1000 ＞1000	C～D	0.838628 0.756410 0.815575	0.126 0.235667 0.136659	0～2000 2000～10000 ＞10000
D	0.929418 0.888723	0.110726 0.146669	0～1000 ＞1000	D	0.826212 0.632023 0.555360	0.104634 0.400167 0.810763	1～1000 1000～10000 ＞10000
D～E	0.925118 0.892794	0.0985631 0.124308	0～1000 ＞1000	D～E	0.776864 0.572347 0.499149	0.111771 0.582992 1.03810	0～2000 2000～10000 ＞10000
E	0.920818 0.896864	0.0864001 0.101947	0～1000 ＞1000	E	0.788370 0.565188 0.414743	0.097529 0.433384 1.73241	0～1000 1000～10000 ＞10000

续表

$\sigma_y=\gamma_1 x^{\alpha_1}$				$\sigma_z=\gamma_2 x^{\alpha_2}$			
稳定度	α_1	γ_1	下风距离 x/m	稳定度	α_2	γ_2	下风距离 x/m
F	0.929418 0.888723	0.0553634 0.733348	0～1000 >1000	F	0.784400 0.525969 0.322659	0.0620765 0.370015 2.40691	0～1000 1000～10000 >10000

[例题 8-5] 某工厂位于城市远郊区，锅炉烟囱高度为 85m，出口内径 4m，烟气出口温度 140℃，烟气流量为 244800m^3/h，SO_2 排放量为 50g/s。当烟囱出口处平均风速为 4.0m/s，大气压力为 813hPa，环境温度为 20℃，试计算 7 月 15 日晴天 12 时的地面轴线浓度分布情况，计算范围从烟囱 500m 起，间隔 500m，计算到下风向 4000m 止（当地纬度 $\varphi=24°30'$，经度 $\lambda=102°20'$）。

解：(1) 先求源高 H。

$$Q_H=0.35 p_a Q_v \frac{T_s-T_a}{T_s}=0.35\times 813\times\frac{244800}{3600}\times\frac{140-20}{140+273}=5622(\text{kW})>2100(\text{kW})，$$

且 $\Delta T=120\text{K}\geqslant 35\text{K}$ 时

$\Delta H=n_0 Q_H^{n_1} H_s^{n_2} \bar{u}^{-1}$，$n_0$、$n_1$、$n_2$ 查表 8-7

$\Delta H=n_0 Q_H^{n_1} H_s^{n_2} \bar{u}^{-1}=0.332\times 5622^{0.6}\times 85^{0.4}\times 4^{-1}=87(\text{m})$

有效源高 $H=H_s+\Delta H=85+87=172(\text{m})$

(2) 确定大气稳定度

7 月 15 日，太阳倾角 $\delta=+21°$

太阳高度角：

$$h_0=\arcsin[\sin\psi\sin\delta+\cos\psi\cos\delta\cos(15t+\lambda-300)]$$
$$=\arcsin[\sin 24.5°\sin 21°+\cos 24.5°\cos 21°\cos(15\times 12+102.33°-300°)]=73.35°$$

查表 8-3，因为是晴天，总云量/低云量皆小于 4，所以太阳辐射等级为 +3 级；

根据式(8-19) 估算地面风速：$\bar{\mu}=\bar{\mu}_1\left(\frac{z}{z_1}\right)^m=4.0\left(\frac{10}{85}\right)^{0.1}=3.2(\text{m/s})$

查表 8-4，地面风速 3.2m/s，太阳辐射等级 +3 级，大气稳定度为 A～B 级，取 B 级。

(3) 确定 σ_y、σ_z。查表得到 γ_1、γ_2、α_1 和 α_2 值，并根据

$$\sigma_y=\gamma_1 x^{\alpha_1}$$
$$\sigma_z=\gamma_2 x^{\alpha_2}$$

计算得到下风向不同距离的 σ_y、σ_z 值如下：

距离 x/m	500	1000	1500	2000	2500	3000	3500	4000
σ_y/m	83	156	211	279	339	397	454	509
σ_z/m	51	109	170	233	297	363	4.0	497

按式(8-47) 计算地面浓度：$c(x,0,0;H)=\frac{Q}{\pi \bar{u}\sigma_y\sigma_z}\exp\left(-\frac{H^2}{2\sigma_z^2}\right)$

下风向不同距离的地面浓度计算结果如下：

距离 x/m	500	1000	1500	2000	2500	3000	3500	4000
浓度/(μg/m³)	3.2	67.4	66.5	46.6	33.4	24.7	18.8	14.8

8.8 特殊气象条件下的扩散模式

8.8.1 封闭型扩散模式

前面介绍的高斯扩散模式仅适用于整层大气都具有同一稳定度的扩散，即污染物扩散所波及的垂直范围都处于同一温度层结中，实际中往往难以实现。当大气中某高度上出现不接地的上部逆温层时，污染物的扩散被限制在逆温层底与地面之间，这种扩散称为封闭型扩散，如图 8-22 所示。图中 x_D 为烟流上边缘刚好达到逆温层底相交点 A 距排放源的距离。上部逆温层使污染物的垂直方向扩散受到限制，只能在地面和逆温层底之间进行；水平向或横向不受影响。若把地面和逆温层底看成两个能起全反射的镜面，那么污染物相当于在两镜面之间无穷次全反射，污染物浓度分布可用像源法处理（图 8-22）。污染物浓度可看成实源和无穷多个虚源贡献之和。

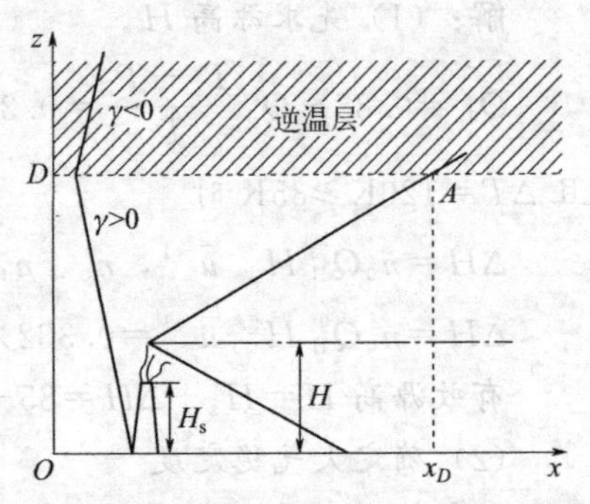

图 8-22 有上部逆温层的扩散示意图

于是，地面轴线上的污染物浓度可表示成：

$$c(x,0,0;H)=\frac{Q}{\pi \bar{u}\sigma_y\sigma_z}\sum_{n=-\infty}^{\infty}\exp\left[-\frac{(H-2nD)^2}{2\sigma_z^2}\right] \tag{8-57}$$

式中，n 为烟流在地面和逆温层底之间的反射次数，一般认为 $n=3\sim4$ 就足以包括主要的反射了；D 为逆温层底的高度，即混合层高度，m。

式(8-57) 的计算较为复杂，在实际应用时，可按具体条件给予必要的简化。

(1) $x\leqslant x_D$ 的扩散模式

当 $x\leqslant x_D$ 时，烟流的扩散还未受上部逆温层的影响，污染浓度用一般扩散公式计算。烟流中心线到逆温层底的高度（即烟流的半厚）为 $D-H$，此时：

$$\sigma_z(x_D)\leqslant\frac{D-H}{2.15} \tag{8-58}$$

按 $\sigma_z=\frac{D-H}{2.15}$ 求出 σ_z 后，根据大气稳定度由相关表查出与 σ_z 对应的下风距离就是 x_D。这样便可按式(8-46) 计算地面轴线浓度。

（2） $x \geqslant 2x_D$的扩散模式

一般认为，当$x \geqslant 2x_D$时，由于污染物经过多次反射，在z方向浓度趋于均匀分布，但在y方向仍为正态分布。由y向为正态分布和扩散过程的连续条件，有

$$c(x,y)=A(x)\exp\left(-\frac{y^2}{2\sigma_y^2}\right) \tag{8-59}$$

$$Q=\int_0^D\int_{-\infty}^{\infty}\overline{u}A(x)\exp\left(-\frac{y^2}{2\sigma_y^2}\right)\mathrm{d}y\mathrm{d}z \tag{8-60}$$

对上式求解得：

$$c(x,y)=\frac{Q}{\sqrt{2\pi}\overline{u}D\sigma_y}\exp\left(-\frac{y^2}{2\sigma_y^2}\right) \tag{8-61}$$

地面轴线浓度为：

$$c(x,0)=\frac{Q}{\sqrt{2\pi}\overline{u}D\sigma_y} \tag{8-62}$$

（3） $x_D < x < 2x_D$ 的扩散模式

此距离内的浓度，取$x=x_D$和$x=2x_D$两处浓度的内插值，即在浓度和距离的双对数坐标上标出$x=x_D$和$x=2x_D$两处的浓度点，连接两点作直线，直线上这两点之间的浓度值即为$x_D<x<2x_D$内的浓度值。

[例题 8-6] 某电厂烟囱有效高度为150m，SO_2排放率为151g/s时，在夏季晴朗的下午，地面平均风速4m/s。锋面逆温使得垂直混合限制在1.5km以内。试估算正下风向3km和11km处的SO_2浓度。

解： $\sigma_z=\dfrac{D-H}{2.15}=\dfrac{1500-150}{2.15}=628\text{m}$

夏季晴朗的下午，地面平均风速4m/s，查表8-4，大气稳定度为B级，查表8-9，$\gamma_2=0.057025$，$\alpha_2=1.09356$

$$\sigma_z=\gamma_2 x^{\alpha_2}=0.057025x^{1.09356}=628, x_D=4967\text{m}。$$

（1） $x=3\text{km}<x_D$，$c(x,0,0;H)=\dfrac{Q}{\pi\overline{u}\sigma_y\sigma_z}\exp\left(-\dfrac{H^2}{2\sigma_z^2}\right)$

$x=3000$m，查表8-9：$\alpha_1=0.865014$，$\gamma_1=0.396353$；$\alpha_2=1.09356$，$\gamma_2=0.0570251$

$$\sigma_y=\gamma_1 x^{\alpha_1}=0.396353\times3000^{0.865014}=403(\text{m})$$

$$\sigma_z=\gamma_2 x^{\alpha_2}=0.0570251\times3000^{1.09356}=363(\text{m})$$

$$c(x,0,0;H)=\frac{Q}{\pi\overline{u}\sigma_y\sigma_z}\exp\left(-\frac{H^2}{2\sigma_z^2}\right)=\frac{151}{3.14\times4\times403\times363}\exp\left(-\frac{150^2}{2\times363^2}\right)$$

$$=7.56\times10^{-5}(\text{g/m}^3)$$

（2） $x=11000\text{m}>2x_D$，

$$\sigma_y=\gamma_1 x^{\alpha_1}=0.396353\times11000^{0.865014}=1242(\text{m})$$

$$c(x,0,0)=\frac{Q}{\sqrt{2\pi}\overline{u}D\sigma_y}=\frac{151}{\sqrt{2\times3.14}\times4\times1500\times1242}=8.09\times10^{-6}(\text{g/m}^3)=8.09(\mu\text{g/m}^3)$$

8.8.2 熏烟型扩散模式

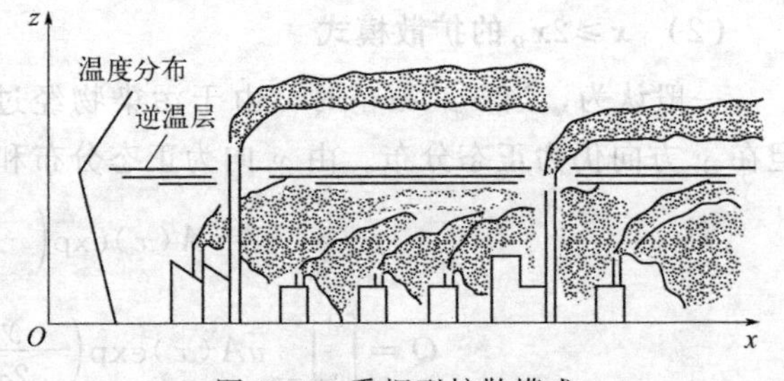

图 8-23 熏烟型扩散模式

如果夜间形成了辐射逆温，日出后它将自地面开始破坏并逐渐向上发展。当逆温破坏到烟流下界边缘时，因下部热力湍流的交换作用，烟气迅速向下扩散，造成地面高浓度污染。该过程持续发展，在逆温消退到烟流顶部时，因全部烟气都向下扩散达到高潮。上述过程称为熏烟过程，如图 8-23 所示。当逆温消退高度超过烟流顶部以后，烟流完全处于不稳定气层中，熏烟过程结束。熏烟过程一般发生在上午 9～10 时，通常持续数十分钟。

熏烟型扩散的浓度公式与封闭型相似。假设逆温消退到烟流顶高度（h_f）时，烟流全部受到逆温层的抑制而向下扩散，地面熏烟浓度达到最大值。这时，浓度在垂直方向为均匀分布，水平方向仍为正态分布（封闭型）。仿照式(8-61)，得全部烟气参加混合时的地面熏烟浓度和地面轴线熏烟浓度为

$$c_f(x,y,0;H)=\frac{Q}{\sqrt{2\pi}uh_f\sigma_{yf}}\exp\left(-\frac{y^2}{2\sigma_{yf}^2}\right) \tag{8-63}$$

$$c_f(x,0,0;H)=\frac{Q}{\sqrt{2\pi}uh_f\sigma_{yf}} \tag{8-64}$$

式中，下标 f 代表熏烟，h_f 相当于式(8-61) 中的 D，故

$$h_f=H+2.15\sigma_{z(稳)} \tag{8-65}$$

式中的 $\sigma_{z(稳)}$ 表示取 E 或 F 级稳定度的 σ_z 值。

倘若逆温消退到高度 z_f，尚未达到烟流顶（$z_f<h_f$），此时只有 z_f 以下的烟气向下扩散，则地面浓度为：

$$c_f(x,y,0;H)=\frac{Q\int_{-\infty}^{p}\frac{1}{\sqrt{2\pi}}\exp\left(-\frac{1}{2}p^2\right)\mathrm{d}p}{\sqrt{2\pi}uz_f\sigma_{yf}}\exp\left(-\frac{y^2}{2\sigma_{yf}^2}\right) \tag{8-66}$$

式中，$p=\dfrac{z_f-H}{\sigma_z}$。

当逆温消退到有效源高 H 时，即 $z_f=H$，$p=0$，上式积分项等于 1/2，表示有一半烟气向下混合，地面熏烟浓度和地面轴线熏烟浓度为：

$$c_f(x,y,0;H)=\frac{Q}{2\sqrt{2\pi}uH\sigma_{yf}}\exp\left(-\frac{y^2}{2\sigma_{yf}^2}\right) \tag{8-67}$$

$$c_f(x,0,0;H)=\frac{Q}{2\sqrt{2\pi}uH\sigma_{yf}} \tag{8-68}$$

以上各式中，σ_{yf} 是熏烟时的水平扩散参数，由下式计算：

$$\sigma_{yf}=\sigma_{y(稳)}+\frac{H}{8} \tag{8-69}$$

式中的 $\sigma_{y(稳)}$ 表示取 E 或 F 级稳定度的 σ_y 值。

[**例题 8-7**] 某城市电厂烟囱有效高度为150m，SO_2 排放率为151g/s时，夜间和上午的地面平均风速4m/s，夜间云量10/3。若清晨烟流全部发生熏烟现象，试估算正下风向16km处的 SO_2 地面浓度。

解：夜间地面平均风速4m/s，云量10/3，查表8-4得大气稳定度为E级，

查表8-9得 $\gamma_1=0.101947$，$\alpha_1=0.896864$；$\gamma_2=1.73241$，$\alpha_2=0.414743$

代入：$\sigma_y=\gamma_1 x^{\alpha_1}$、$\sigma_z=\gamma_2 x^{\alpha_2}$

$\sigma_y=\gamma_1 x^{\alpha_1}=0.101947\times 16000^{0.896864}=601(\text{m})$；$\sigma_z=\gamma_2 x^{\alpha_2}=1.73241\times 16000^{0.414743}=96(\text{m})$

全部发生熏烟：

$$c_f(x,0,0;H)=\frac{Q}{\sqrt{2\pi}\,\bar{u}h_f\sigma_{yf}}$$

$$h_f=H+2.15\sigma_z=150+2.15\times 96=342(\text{m})$$

$$\sigma_{yf}=\sigma_y+\frac{H}{8}=601+\frac{150}{8}=619.8(\text{m})$$

$$c_f(16000,0,0;150)=\frac{Q}{\sqrt{2\pi}\,\bar{u}h_f\sigma_{yf}}=\frac{151}{\sqrt{2\times 3.14}\times 4\times 342\times 619.8}$$

$$=7.11\times 10^{-5}(\text{g/m}^3)=71.1(\mu\text{g/m}^3)$$

8.8.3 微风下的扩散模式

在微风（$0.5\text{m/s}<\bar{u}<1.5\text{m/s}$）条件下，平均风向（$x$ 方向）的湍流扩散速率远远小于平均风速的平流输送速率的假设不能成立，x 方向的扩散作用不可忽略。这时就不能再用忽略 x 方向扩散作用导出的烟流模式，而应采用瞬时点源的移动烟团模式积分的方法来求算连续点源的浓度分布。

设连续点源的源强为 Q(g/s)，则可把 Δt 时间内的污染物排放量 $Q\Delta t$ 看作一个瞬时烟团。假设这个烟团在起始时刻 t_0 从源点（0，0，H）放出，考虑地面的反射作用，利用湍流扩散的微分方程有风条件下瞬时点源的解，可求得 t 时刻在空间点（x，y，z）上的浓度（这时烟团的运行时间 $T=t-t_0$）为：

$$c(x,y,z;t-t_0,H)=\frac{Q\cdot\Delta t}{(2\pi)^{3/2}\sigma_x\sigma_y\sigma_z}\exp\left\{-\frac{[x-\bar{u}(t-t_0)]^2}{2\sigma_x^2}\right\}\cdot\exp\left(-\frac{y^2}{2\sigma_y^2}\right)\cdot\left\{\exp\left[-\frac{(z-H)^2}{2\sigma_z^2}\right]+\exp\left[-\frac{(z+H)^2}{2\sigma_z^2}\right]\right\}\tag{8-70}$$

如果把烟团的运行时间 T 时段内连续排放造成的浓度看作若干间隔 Δt 的瞬时烟团对点（x,y,z）浓度贡献之和，则将上式进行积分可得连续点源在微风下的扩散模式（又称移动烟团积分模式），即：

$$c(x,y,z;H)=\int_0^{\infty}\frac{Q}{(2\pi)^{3/2}\sigma_x\sigma_y\sigma_z}\exp\left\{-\left[\frac{(x-\bar{u}t)^2}{2\sigma_x^2}\right]\right\}\cdot\exp\left(-\frac{y^2}{2\sigma_y^2}\right)\cdot\left\{\exp\left[-\frac{(z-H)^2}{2\sigma_z^2}\right]+\exp\left[-\frac{(z+H)^2}{2\sigma_z^2}\right]\right\}\mathrm{d}T\tag{8-71}$$

地面浓度模式：

$$c(x,y,0;H)=\int_0^{\infty}\frac{2Q}{(2\pi)^{3/2}\sigma_x\sigma_y\sigma_z}\exp\left[-\frac{(x-\bar{u}t)^2}{2\sigma_x^2}\right]$$

$$\cdot\exp\left(-\frac{y^2}{2\sigma_y^2}\right)\cdot\exp\left(-\frac{H^2}{2\sigma_z^2}\right)\mathrm{d}T \tag{8-72}$$

显然，烟团是随时间不断长大的，烟团扩散参数 σ_x、σ_y、σ_z 都是运行时间 T 或下风距离 $x=\bar{u}t$ 的函数：

$$\sigma_x=\sigma_x(T)、\sigma_y=\sigma_y(T)、\sigma_z=\sigma_z(T) \tag{8-73}$$

目前对烟团扩散参数了解很少，研究也有限。烟团扩散参数估算可参考特纳尔推导的烟团扩散参数与平流时间的关系曲线，在此不作详细讲述。

8.8.4 危险风速下的扩散模式

危险风速下的大气扩散模式又称绝对地面最大浓度模式。由高架连续点源下风向轴线上出现的地面轴线最大浓度的模式 $c_{\max}=\frac{2Q}{\pi\bar{u}H^2\mathrm{e}}\cdot\frac{\sigma_z}{\sigma_y}$ 可知，在源强（Q）及扩散参数之比（$\frac{\sigma_z}{\sigma_y}$）不变的情况下，地面最大浓度（$c_{\max}$）将取决于分母中的平均风速（$\bar{u}$）及其隐函数有效源高（$H$）的大小。从高架连续点源地面最大浓度模式可直观地看到地面最大浓度（$c_{\max}$）随风速增大而减小；然而，有效源高随风速增大而减小，显然，$c_{\max}$ 随风速的变化并非单值线性变化。当平均风速由低速向高速逐渐增加，地面最大浓度也随之增大，但平均风速增加到一定值时，地面最大浓度到达最大值，超过此风速后，地面最大浓度又逐渐减小，其变化规律如图 8-24 所示。地面最大浓度的极值称为地面绝对最大浓度，用 c_{absm} 表示，此时的平均风速称为危险风速，常以 $\bar{u}_{\mathrm{c}}$ 表示。

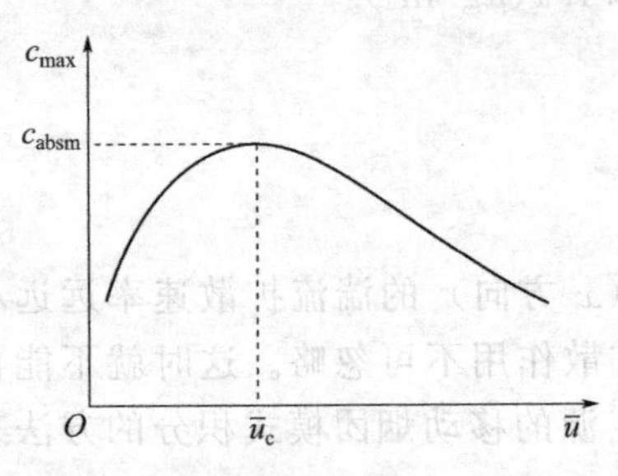

图 8-24　危险风速及地面绝对最大浓度

危险风速下的扩散模式推导如下：从本章所介绍的几种烟气抬升高度计算公式可知，$\Delta H\propto\frac{1}{\bar{u}}$，即可写成：

$$\Delta H=B/\bar{u} \tag{8-74}$$

式中，B 代表烟气抬升高度计算式中除风速以外的其他数据的集合值，并视为常数。这时：

$$H=H_{\mathrm{s}}+\Delta H=H_{\mathrm{s}}+B\sqrt{u} \tag{8-75}$$

将上式代入 $c_{\max}=\frac{2Q}{\pi\bar{u}H^2\mathrm{e}}\cdot\frac{\sigma_z}{\sigma_y}$中，得：

$$c_{\max}=\frac{2Q}{\pi\bar{u}(H_{\mathrm{s}}+B/\sqrt{u})^2\mathrm{e}}\cdot\frac{\sigma_z}{\sigma_y} \tag{8-76}$$

将 $c_{\max}$ 对 $\bar{u}$ 求导，并令$\frac{\mathrm{d}c_{\max}}{\mathrm{d}\bar{u}}=0$，解得危险风速 $\bar{u}_{\mathrm{c}}=\frac{B}{H_{\mathrm{s}}}$，再代入最大浓度计算式中可得到地面绝对最大浓度计算式：

$$c_{\text{absm}}=\frac{Q}{2\pi \mathrm{e} BH_{\text{s}}}\cdot\frac{\sigma_z}{\sigma_y}=\frac{Q}{2\pi \mathrm{e} H_{\text{s}}^2\overline{u}_{\text{c}}}\cdot\frac{\sigma_z}{\sigma_y} \tag{8-77}$$

将 $\overline{u}_{\text{c}}=\dfrac{B}{H_{\text{s}}}$代入式 $\Delta H=B/\overline{u}$，得到 $\Delta H_{\text{c}}=H_{\text{s}}$，此时有效源高为：

$$H_{\text{c}}=H_{\text{s}}+\Delta H_{\text{c}}=2H_{\text{s}}$$

上式表明，在危险风速时有效源高是烟囱几何高度的 2 倍。

出现地面绝对最大浓度的距离仍用公式 $\sigma_z=\dfrac{H_{\text{c}}}{\sqrt{2}}$确定。以上公式只适用于 σ_y/σ_z 为常数的情况。

若 $\sigma_z=\gamma_2 x^{\alpha_2}$、$\sigma_y=\gamma_1 x^{\alpha_1}$ 且 $\alpha_1\neq\alpha_2$，$\Delta H=B/\overline{u}$

则由公式 $c_{\text{absm}}=\dfrac{Q}{2\pi \mathrm{e} H_{\text{s}}^2\overline{u}_{\text{c}}}\cdot\dfrac{\sigma_z}{\sigma_y}$可得：

$$c_{\text{absm}}=\frac{Q(\alpha-1)^{(\alpha-1)}}{\pi B\gamma_1\gamma_2^{(1-\alpha)}\alpha^{\alpha/2}H_{\text{s}}^{(\alpha-1)}}\exp\left(-\frac{\alpha}{2}\right) \tag{8-78}$$

$$\overline{u}_{\text{c}}=\frac{B(\alpha-1)}{H_{\text{s}}} \tag{8-79}$$

$$\alpha=1+\alpha_1/\alpha_2 \tag{8-80}$$

出现地面绝对最大浓度的距离仍按公式 $\sigma_z=\dfrac{H_{\text{c}}}{\sqrt{2}}$计算。

8.9 城市和山区的大气扩散模式

8.9.1 城市大气扩散模式

城市是人口、工商业、交通密集地区，不仅污染源多种多样（点、线、面流动源等），而且受到城市下垫面粗糙及城市热岛效应等环境因素的影响，使得微气象特征及大气扩散规律与其他地区有明显不同。因此污染物浓度的估算是十分复杂和困难的。本书仅对几种简单情况作初步介绍。

8.9.1.1 高架点源的扩散

通常，当点源的高度超过附近建筑物高度 2.5 倍时，烟气不会被下洗气流直接带向地面；若有效源高超过周围建筑物高度 5 倍，建筑物引起的局地气流对烟流整体扩散的影响就比较小。因此，只要污染源足够高，城市对扩散的影响仅相当于增加了下垫面的粗糙度，使大气更不稳定，仍可用前面的点源公式估算污染浓度，但必须采用城市的扩散参数和有关的气象条件。城市扩散参数可以实测，或按 P-G 曲线向不稳定方向提级后使用，也可参考布里格斯（Briggs）公式城市扩散参数。

8.9.1.2 线源扩散模式

城市中的街道和公路上的汽车排气可以作为线源。线源分为无限长线源和有限长线源两类。在较长的街道和公路上行驶的车辆密度，足以在道路两侧形成连续稳定浓度的线源，称为无限长线源；在街道和公路上行驶的车辆只能在道路两侧形成断续稳定浓度的线源，称为有限长线源。

（1）无限长线源模式

当风向与线源垂直时，

$$c(x,y,0;H)=\frac{Q_L}{\pi \bar{u}\sigma_y\sigma_z}\exp\left(-\frac{H^2}{2\sigma_z^2}\right)\int_{-\infty}^{+\infty}\exp\left(-\frac{y^2}{2\sigma_y^2}\right)dy=\frac{2Q_L}{\sqrt{2\pi}\bar{u}\sigma_z}\exp\left(-\frac{H^2}{2\sigma_z^2}\right) \tag{8-81}$$

若风向与线源交角 $\varphi>45°$

$$C(x,0,0;H)=\frac{2Q_L}{\sqrt{2\pi}\bar{u}\sigma_z\sin\varphi}\exp\left(-\frac{H^2}{2\sigma_z^2}\right) \tag{8-82}$$

当 $\varphi<45°$ 时，不能应用上述模式。

（2）有限长线源模式

对于有限长线源，必须考虑线源末端引起的“边缘效应”。对于横风向有限长线源，取通过所关心的接受点的平均风向为 x 轴，线源的范围从 y_1 延伸到 y_2，且 $y_1<y_2$，则有限长线源的扩散模式为：

$$c(x,0,0;H)=\frac{2Q_L}{\sqrt{2\pi}\bar{u}\sigma_z}\exp\left(-\frac{H^2}{2\sigma_z^2}\right)\int_{p_1}^{p_2}\frac{1}{\sqrt{2\pi}}\exp\left(-\frac{p^2}{2}\right)dp \tag{8-83}$$

式中，$p_1=y_1/\sigma_y$，$p_2=y_2/\sigma_y$。上式中的积分值能从正态概率表中查出。

［例题 8-8］ 在一个风速为 4m/s、阴天的高速公路上，汽车的流量为 8000 辆/h，平均车速为 64km/h，在此车速下每辆车平均排放 HC 化合物为 0.02g/s，假设该高速公路为无限长线源，汽车排气管可忽略不计，试计算高速公路下风向 300m 处 HC 化合物的浓度为多少（假设风向和高速公路相垂直）。

解： 按无限长线源模式计算

（1）因为 $u=4$m/s，阴天，确定稳定度为 D。

（2）查表 8-9 得：

$$\sigma_z=0.104634\times 300^{0.826212}=11.65(\text{m})$$

（3）计算源强

$$Q_L=\frac{\text{车流量}}{\text{平均车速}}\times\text{每辆车平均排放率}=\frac{8000}{64\times1000}\times0.02=0.0025[\text{g}/(\text{m}\cdot\text{s})]$$

（4）计算浓度：汽车排气管与地面的距离约 0.4m

$$c(x,y,0;H)=\frac{2Q_L}{\sqrt{2\pi}\bar{u}\sigma_z}\exp\left(-\frac{H^2}{2\sigma_z^2}\right)=\frac{2\times0.0025}{\sqrt{2\pi}\times4\times11.65}\exp\left(-\frac{0.4^2}{2\times11.65^2}\right)$$
$$=4.28\times10^{-5}(\text{g/m}^3)$$

［例题 8-9］ 在一个秋季晴天 17 时，风速为 3m/s，一条长 150 m 呈直线的燃烧源，污染物总排放量为 90g/s，试计算线源中心下风侧 400m 处及一端污染物的浓度（假设风向和源相垂直）。

解： 按有限长线源模式计算

（1）秋季晴天 17 时，$u=3$m/s，稳定度为 C 级。

(2) 计算 σ_y、σ_z，查表 8-9 得：

$$\sigma_y=\gamma_1 x^{\alpha_1}=0.177154\times 400^{0.924279}=45.0(\mathrm{m})$$

$$\sigma_z=\gamma_2 x^{\alpha_2}=0.106803\times 400^{0.917595}=26(\mathrm{m})$$

(3) 计算 p_1、p_2

$$p_1=-y_1\sigma_y=-75/45=-1.67$$

$$p_2=y_2/\sigma_y=75/45=1.67$$

(4) 计算源强

$$Q_L=90/150=0.6[\mathrm{g/(m\cdot s)}]$$

(5) 计算浓度

$$c(x,0,0;H)=\frac{2Q_L}{\sqrt{2\pi}\bar{u}\sigma_z}\exp\left(-\frac{H^2}{2\sigma_z^2}\right)\int_{p_1}^{p_2}\frac{1}{\sqrt{2\pi}}\exp\left(-\frac{p^2}{2}\right)\mathrm{d}p$$

$$=\frac{2\times 0.6}{\sqrt{2\pi}\times 3\times 26}\exp\left(-\frac{0^6}{2\times 26^2}\right)\int_{-1.67}^{1.67}\frac{1}{\sqrt{2\pi}}\exp\left(-\frac{p^2}{2}\right)\mathrm{d}p$$

$$=6.139\times 10^{-3}\times 0.9051=5.56\times 10^{-3}(\mathrm{g/m^3})$$

8.9.1.3 面源扩散模式

一个城市除了有少数源强较大、源高较高的点源之外，还有大量源强较小、源高较低的污染源，如居民生活燃烧产生的烟源和工业小锅炉排烟烟源等。这些众多的低矮烟源分布在城市各个角落，占有很大比例。在研究城市大气污染问题时，不能忽略这类源的作用，但由于这类源分布密度大、数量多、源强小而又无组织排放，可以作为面源处理。下面介绍几种常用的面源扩散模式。

(1) 简化为点源的面源模式

为了计算某一城市面源对某点的影响，可把这个城市中众多的低矮污染源划分为若干面单元网格（小方格），计算各面单元网格对计算点的贡献，然后迭加，即为整个城市面源对该点的影响。

计算时，假设面单元与上风向某一虚拟点源所造成的污染等效，当这个虚拟点源的烟流扩散到面源单元的中心时，其烟流宽度正好等于面源单元的宽度（W），其厚度正好等于面源单元的高度（H），如图 8-25 所示。如果用类似点源扩散模式描述面源扩散时，这相当于在点源公式中增加了一个初始扩散参数（σ_{y0}、σ_{z0}）。

$$c(x,y,0;H)=\frac{Q}{\pi\bar{u}(\sigma_y+\sigma_{y0})(\sigma_z+\sigma_{z0})}\exp\left[-\frac{y^2}{2(\sigma_y+\sigma_{y0})^2}\right]\exp\left[-\frac{H^2}{2(\sigma_z+\sigma_{z0})^2}\right] \quad (8\text{-}84)$$

式中，σ_{y0}、σ_{z0} 常用以下经验方法确定：

$$\sigma_{y0}=\frac{W}{4.3} \quad (8\text{-}85)$$

$$\sigma_{z0}=\frac{\overline{H}}{2.15} \quad (8\text{-}86)$$

式中，$\overline{H}$ 为面源单元的平均高度，m。

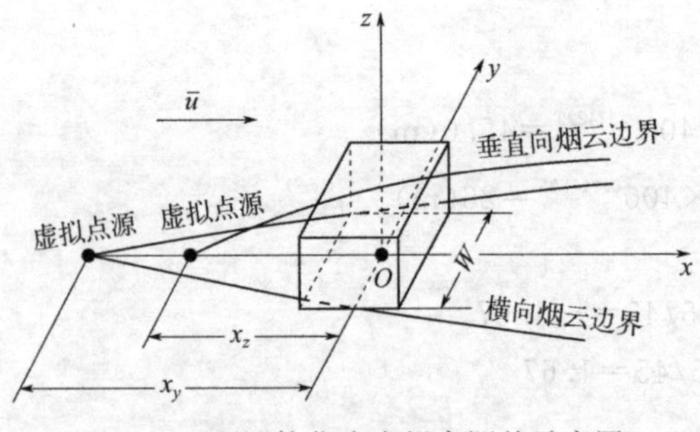

图 8-25　面源简化为虚拟点源的示意图

特别注意，当用上式求浓度时，式中 σ_y、σ_z 是计算点到面单元中心距离 x 处的扩散参数。

如果扩散参数由下式确定：

$$\sigma_y=\gamma_1 x^{\alpha_1}$$

$$\sigma_z=\gamma_2 x^{\alpha_2}$$

则虚拟点源至面源中心的距离（x_y、x_z）为：

$$x_y=\left(\frac{\sigma_{y0}}{\gamma_1}\right)^{\frac{1}{\alpha_1}} \tag{8-87}$$

$$x_z=\left(\frac{\sigma_{z0}}{\gamma_2}\right)^{\frac{1}{\alpha_2}} \tag{8-88}$$

虚拟点源法还可用于对线源和建筑物附件的排放和工厂的无组织排放的计算。

(2) 窄烟云模式

许多城市的污染源资料表明，一般面源强度的变化都不大，相邻两个面单元源强相差一般不超过两倍，而且一个连续点源形成的烟流相当狭窄，因此某点的浓度主要决定于上风向各面单元的源强，上风向两侧各面单元的影响较小。进一步研究发现，计算点所在面单元对该点浓度的贡献比它上风向相邻 5 个面单元贡献的总和还要大，因此计算点的浓度主要由它所在面单元的源强所决定，于是可以得到简化后的窄烟云模式。

$$c=A\frac{Q_0}{u} \tag{8-89}$$

若取 $\sigma_z=\gamma_2 x^{\alpha_2}$ 形式，则：

$$A=\left(\frac{2}{\pi}\right)^{\frac{1}{2}}\frac{1}{1-\alpha_2}\cdot\frac{x}{\gamma_2 x^{\alpha_2}}=\frac{0.8}{1-\alpha_2}\cdot\frac{x}{\sigma_z(x)} \tag{8-90}$$

式中，Q_0 为计算点所在面单元的源强，$mg/(m^2/s)$；x 为计算点到上风向城市边缘的距离，m。

可见，城市面源中某点的污染物浓度主要取决于它所在面单元的源强、平均风速和无因次系数 A，而 A 又取决于污染物从城市上风向边缘运行至计算点的距离 x 和它在这段距离上达到的平均厚度 $\sigma_z(x)$之比。

(3) 箱模式

箱模式是假设污染物浓度在混合层内均匀分布。若整个城市的平均面源强度为 Q（城市中低矮源总排放量与城市面积之比），城市上空混合层高度为 D，则距城市上风向边缘 x 处的浓度为：

$$c=\frac{Qx}{uD} \tag{8-91}$$

箱模式假定污染物一旦由源排出，就立即在整个混合层内均匀分布，这与实际情况不符。由封闭型扩散的讨论知，只有离源充分远后，混合层内浓度的垂直分布才较均匀。因而箱模式计算的地面浓度大大低于实际的地面浓度。

8.9.1.4 城市多源高斯模式

城市多源高斯模式由烟气抬升公式和各类源的高斯模式组成。解决城市多源扩散问题常用的方法是：将高而强的点源孤立出来，单独按高架点源计算；将低矮小点源群和线源归并为地面面源或近地面面源（10～20m）计算；对于某一计算点，将所有高架点源和面源对它的浓度贡献迭加起来，便是整个城市多源在该点造成的浓度。将整个城市区域按一定距离设计出网格，用上述方法计算网格上（或网格中心）各点浓度，用线平滑地连接各浓度相同的点，便可得到该城市或工业区污染浓度等值线图，从而了解整个城市的污染情况，作为控制城市空气污染的科学依据。当计算范围较大时（几十公里），可按下式作近似计算：

$$c'=c\exp\left(-\frac{0.693}{T}\cdot\frac{x}{\bar{u}}\right) \tag{8-92}$$

8.9.2 山区大气扩散模式

山区流场由于受到复杂地形的热力因子和动力因子影响，流场均匀和定常的假定难以成立。烟流的输送，严格地说是由一些无规律可循的气流运动完成的，烟云正态分布的假设也难以成立。但国内外很多山区扩散实验表明，风向稳定、研究尺度不大、地形较为开阔及起伏不大的地区，浓度基本上还遵循正态分布规律，只是扩散参数比平原地区大很多。对于这样的地区，高架源的扩散仍可用一般公式进行粗略估算，但扩散参数需向不稳定方向适当提级。此外，再介绍以下几种山区大气扩散模式。

8.9.2.1 封闭山谷中的扩散模式

狭长山谷中近地面源烟流的扩散受到两谷壁的限制，在离源一段距离后，经过两侧谷壁的多次反射，横向浓度接近于均匀分布，而垂直方向仍为正态分布（无上部逆温时，考虑地面的影响）。所以有下面的浓度表达式：

$$c(x,z)=A(x)\exp\left(-\frac{z^2}{2\sigma_z^2}\right) \tag{8-93}$$

$$Q=\int_0^{\infty}\int_{-\frac{W}{2}}^{\frac{W}{2}}\bar{u}c\,\mathrm{d}y\,\mathrm{d}z=\int_0^{\infty}\int_{-\frac{W}{2}}^{\frac{W}{2}}\bar{u}A(x)\exp\left(-\frac{z^2}{2\sigma_z^2}\right)\mathrm{d}y\,\mathrm{d}z \tag{8-94}$$

式中，W 为山谷的宽度，m。

解此方程组得到：

$$c(x,z)=\frac{2Q}{\sqrt{2\pi}\bar{u}W\sigma_z}\exp\left(-\frac{z^2}{2\sigma_z^2}\right) \tag{8-95}$$

当 $z=0$ 时，

$$c(x,0)=\frac{2Q}{\sqrt{2\pi}\bar{u}W\sigma_z} \tag{8-96}$$

若为高架点源，则其浓度公式：

$$c(x,z,H)=\frac{Q}{\sqrt{2\pi}\bar{u}W\sigma_z}\left\{\exp\left[-\frac{(z-H)^2}{2\sigma_z^2}\right]+\exp\left[-\frac{(z+H)^2}{2\sigma_z^2}\right]\right\} \tag{8-97}$$

与前面讨论的封闭型扩散模式类似，在烟流扩散的一段距离内，污染物在横向扩散尚未达到均匀时，应考虑横向扩散的影响。当到达一定距离后，可以认为污染物在横向达到均匀分布。显然这个距离和谷宽 W 有关，其关系为：

$$\sigma_y=\frac{W}{4.3} \tag{8-98}$$

已知谷宽 W，可以求出 σ_y，再根据大气稳定度，即可求出相应的 x 值，此距离可以认为是扩散开始受峡谷两侧壁影响的距离。在此之前仍旧按照正常的高斯模式来计算。

8.9.2.2 NOAA 和 EPA 模式

NOAA (National Oceanic and Atmospheric Administration) 和 EPA (Environmental Protection Agency) 模式计算所依据的公式仍为正态分布模式，仅修正有效源高，修正方法如下：

① 稳定度的划分仍用 P-T 法，扩散参数用 P-G 扩散曲线。

② 在中性和不稳定时，假设烟流中心线与地面始终平行，随地形起伏而起伏，有效源高不修正，地面轴线浓度可用公式 $c(x,0,0;H)=\dfrac{Q}{\pi\bar{u}\sigma_y\sigma_z}\exp\left(-\dfrac{H^2}{2\sigma_z^2}\right)$ 计算。

③ 稳定时，假设烟流中心线始终保持水平，地面线浓度用下式计算：

$$C(x,0,h_T;H)=\frac{Q}{\pi\bar{u}\sigma_y\sigma_z}\exp\left[-\frac{(H-h_T)^2}{2\sigma_z^2}\right] \tag{8-99}$$

式中，h_T 为计算点相对于烟囱底的高度，m。

当 $h_T>H$ 时，取 $H-h_T=0$，此时计算的地面污染物浓度等于烟流中心轴线污染物浓度，比实际偏高（5km 以内高出 5～10 倍，10km 以内略高于或接近观测值）。

EPA 模式在稳定度分类、扩散参数选取和浓度计算公式方面都与 NOAA 模式相同，不同点在于它对所有稳定度等级都作了地形高度修正。

8.9.2.3 ERT 模式

ERT (Environmental Research and Technology, Inc.) 仍用正态分布模式，只对有效源高作了修正，即当 $H>h_T$ 时，用 $H-h_T/2$ 作为有效源高；当 $H<h_T$ 时，用 $H/2$ 作为有效源高。

以上方法不适用于背风坡、热力环流、微风等条件。NOAA、EPA 采用平原扩散参数低估了山区的扩散速率。有条件时，山区扩散参数最好通过实测或环境风洞模拟实验确定。

8.10 长期平均浓度估算

从环境保护角度出发的工业布局、厂址选择和规划设计中，常常需要了解某一地区污染物随时间、空间变化的长期规律，因此需要计算长期（年、季、月）平均污染物浓度分布。

污染源在某地造成的长期平均污染物浓度是不能直接使用前面的扩散模式计算的，因为在长时间内，风向、风速和大气稳定度都是变化的。但是，可以把长时间分成若干个短的时段，于是可以用前面的公式算出不同类型气象条件下的若干个短期平均浓度，然后按照相应类型气象条件出现的频率加权平均，便得到长期平均浓度。公式如下：

$$\bar{c}=\sum_i\sum_l\sum_k c(D_i,V_j,A_k)f(D_i,V_j,A_k) \tag{8-100}$$

式中，$\bar{c}$ 为长期平均浓度，mg/m³；$c(D_i, V_j, A_k)$ 为风向为 D_i、风速等级为 V_j、稳定度级别为 A_k，在这种气象条件下的 1h 浓度，mg/m³；$f(D_i, V_j, A_k)$ 为相应气象条件下风向、风速和大气稳定度出现的频率。

计算时，i、j、k 取值视具体情况而定，如气象部门提供的风向资料是按 16 个方位给出的，则 $i=1\sim16$；若风速分为四个等级的，则 $j=1\sim4$；若稳定度分为六个等级的，则 $k=1\sim6$。

气象部门提供的风向资料一般是按 16 个方位给出的，每个方位相当于一个 22.5°的扇形。因此，可按每一个扇形来计算长期平均浓度。为此，我们假定：

① 在长时间内，同一扇形内各个角度具有相同的风向频率。即在同一扇形内，同一下风距离 x 上，污染物在 y 方向的浓度相等。

② 当吹某一扇形风时，假定全部污染物都集中在这个扇形内。

如图 8-26 所示，当风向为 OP 时，弧 AB 上总的地面积分浓度（由假设②）为 $\int_{-\infty}^{+\infty} c(x, y, z; H)\mathrm{d}y$。由假设①，弧 AB 上的平均浓度为其总的地面积分浓度除以 AB 弧长$\frac{2\pi x}{16}$，即：

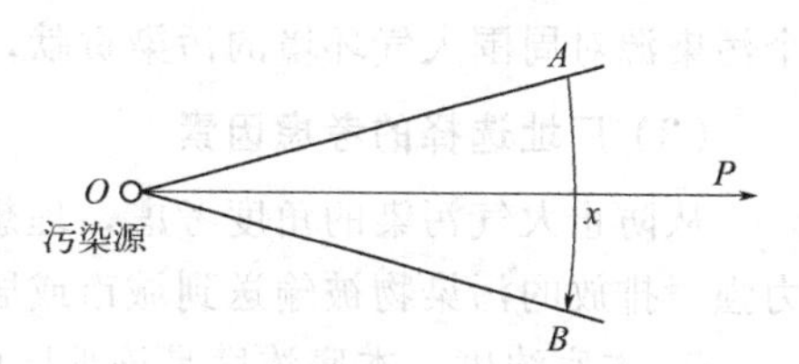

图 8-26 按扇形风计算的长期平均浓度示意图

$$c=\frac{1}{2\pi x/16}\int_{-\infty}^{+\infty} c(x,y,z;H)\mathrm{d}y \tag{8-101}$$

将式 $c(x, y, 0; H)=\frac{Q}{\pi \bar{u}\sigma_y\sigma_z}\exp\left(-\frac{y^2}{2\sigma_y^2}\right)\exp\left(-\frac{H^2}{2\sigma_z^2}\right)$代入上式积分，并考虑各种类型气象条件下出现的频率，按扇形计算出的长期平均浓度公式：

$$\bar{c}_i=\frac{2.032Q}{x}\sum_j\sum_k\frac{f(D_i,V_j,A_k)}{\bar{u}_{j,k}\sigma_{zk}}\exp\left(-\frac{H_{j,k}^2}{2\sigma_{zk}^2}\right) \tag{8-102}$$

式中，$\bar{c}_i$ 为在以 i 方位为中心的 22.5°扇形内，距源 x 处的地面长期平均浓度，mg/m³；$\bar{u}_{j,k}$、$H_{j,k}$ 分别是风速等级为 j、稳定度级别为 k 时的平均风速和有效源高；σ_{zk} 为稳定度为 k 时的垂直扩散参数。

利用上述两种方法之一，可以计算出污染源周围各网格点上的长期平均浓度，进而画出浓度等值线图，可作为规划设计、厂址选择的重要参考资料。长期平均浓度的平均时间还应与气象条件的统计时段相对应。

8.11 厂址选择

(1) 厂址选择中所需要的气候资料

① 风向、风速的资料。通常把风向、风速的资料按每小时值整理出日、月（季）、年的风向、风速分布的频率，并作成表格或风向风速玫瑰图等。山区地形复杂，风向、风速随地点和高度变化很大，则应作出不同观测点和不同高度的风玫瑰图。

由于长时间的静风会使污染物大量积累，并引起严重污染，在大气污染分析工作中，常常把静风（风速小于1m/s）和微风（风速在1～2m/s之间）的情况单独分析。不但要统计静风出现的频率，而且还要进一步分析静风的持续时间，并绘出静风持续时间的频率图。

② 大气稳定度的资料。一般气象台站没有近地层大气温度层结构的详细资料，可根据帕斯奎尔方法或帕斯奎尔-特纳尔方法，利用已往的风向、风速、总云量/低云量的原始记录，对当地的大气稳定度进行分类。然后统计出月（季）、年各种稳定度的出现频率，作出相应的图表。同时，还应特别注意统计逆温的资料，如发生时间、持续时间、发生的高度、平均厚度及逆温强度等。

（2）长期平均浓度

在厂址选择或环境评价中，更关心的是长期平均浓度的分布，通过计算某个污染源周围的污染物浓度分布情况，进而可以作出长期平均污染浓度的等值线图。由此可以评价这个污染源对周围大气环境的污染贡献，进一步决定在该地是否建这样的工厂。

（3）厂址选择的考虑因素

从防止大气污染的角度考虑，理想的建厂位置是污染物本底浓度小、大气扩散稀释能力强、排放的污染物被输送到城市或居民区的可能性最小的地方。下面作简要说明。

① 本底浓度。本底浓度是该地区已有的污染物浓度水平。在本底浓度已超过国家有关环境空气质量标准的地区不宜建新厂。有时本底浓度虽未超标，但加上拟建工厂的贡献后将超标，而且在短期内也难以解决，也不适宜建厂。

② 风向、风速与静风。污染危害的程度与受污染的时间和污染浓度有关，所以希望居住区、作物生长区等设在受污染时间短、污染浓度低的位置。故确定工厂和居民区的相对位置时，要考虑风向、风速两个因素，为此定义一个污染系数：

$$污染系数=\frac{风向频率}{平均风速}$$

某风向污染系数小，表示从该风向出来的风所造成的污染小，即该方位的下风向的污染物长期平均浓度就低，因此污染源可布置在污染系数小的方位。

全年静风频率很高（如超过40%）或静风持续时间很长的地区，可能引起严重污染，则不宜建厂。山区地面多静风，而在某高度以上仍保持一定风速，故只要有效源高足以超出地形高度的影响，达到恒定风速层内，就不致形成静风型污染，故仍可考虑建厂。

③ 大气稳定度与逆温。主要应收集逆温层的强度、厚度、出现频率和持续时间等资料，要特别注意逆温同时又出现小风和静风的情况。

逆温层对高架源和地面源产生的影响是不同的。近地层的接地逆温层对地面源的影响很大，往往导致较高的污染物地面浓度。贴地逆温（接地逆温）对高架源的影响有两种情况。一是高架源的排放口经常处在逆温层中，此时在污染源附近的地面浓度值偏低、在较远处的地面浓度值偏高。在接地逆温消失过程中，有时还产生熏烟型污染。二是高架源的烟囱口高于贴地逆温层顶，此时地面浓度值低。故在近地层逆温频率高、持续时间长的地区是不宜建厂的。

④ 地形。以下地形情况不宜建厂。a. 山谷较深，走向与盛行风向交角为45°～135°时，谷风风速经常很小，不利于扩散稀释。若烟囱有效高度又不能超过经常出现静风及小风的高度时，山谷内则不宜建厂。b. 排烟高度不可能超过下坡风厚度及背风坡湍流区高度时，在这种背风坡地区不宜建厂。c. 在谷地建厂时应考虑四周山坡上的居民区及农田的高度，

若排烟有效高度不能超过其高度时，也不宜建厂。d. 四周地形很高的深谷地区，冷空气无出口。静风频率高且持续时间长，逆温层经久不散，也不宜建厂。e. 在海陆风较稳定的大型水域与山地交界的地区不宜建厂。必须建厂时，应该使厂区与生活区的连线与海岸平行，以减少海陆风造成的污染。

习题

8-1 在铁塔上观测的气温资料如下表所示，试计算各层大气的气温直减率：$\gamma_{1.5\sim10}$、$\gamma_{10\sim30}$、$\gamma_{30\sim50}$、$\gamma_{1.5\sim30}$、$\gamma_{1.5\sim50}$，并判断各层大气稳定度。

高度 z/m	1.5	10	30	50

8-2 在气压为 400hPa 处，气块温度为 230K。若气块绝热下降到气压为 600hPa 处，气块温度变为多少？

8-3 试用下列实测数据计算这一层大气的幂指数 m 值。

高度 z/m	10	20	30	40	50
风速 u/(m/s)	3.0	3.5	3.9	4.2	4.5

8-4 某市郊区距地面 10m 处的风速为 2m/s，估算 50m、100m、200m、300m、400m 高度处在稳定度为 B、D、F 时的风速，并以高度为纵坐标，风速为横坐标作出风速廓线图。

8-5 一个在 30m 高度释放的探空气球，释放时记录的温度为 11.0℃，气压为 1023hPa。释放后陆续发回相应的气温和气压记录如下表所示。(1) 估算每一组数据发出的高度；(2) 以高度为纵坐标，以气温为横坐标，作出气温廓线图；(3) 判断各层大气的稳定情况。

测定位置	2	3	4	5	6	7	8	9	10
气温/℃	9.8	12.0	14.0	15.0	13.0	13.0	12.6	1.6	0.8
气压/hPa	1012	1000	988	969	909	878	850	725	700

8-6 用测得的地面气温和一定高度的气温数据，按平均温度梯度对大气稳定度进行分类。

测定编号	1	2	3	4	5	6
地面温度/℃	21.1	21.1	15.6	25.0	30.0	25.0
高度/m	458	763	580	2000	500	700
相应温度/℃	26.7	15.6	8.9	5.0	20.0	28.0

8-7 确定题 8-6 中所给的每种条件下的位温梯度。

8-8 污染源的东侧为峭壁，其高度比污染源高得多。设有效源高为 H，污染源到峭壁的距离为 L，峭壁对烟流扩散起全反射作用。试推导吹南风时高架连续点源的扩散模式。当吹北风时，这一模式又变成何种形式？

8-9 某发电厂烟囱高度120m，内径5m，排放速度13.5m/s，烟气温度为418K。大气温度288K，大气为中性层结，源高处的平均风速为4m/s。试用霍兰德、布里格斯（$x \leqslant 10H_s$）、国家标准GB/T 13201—91中的公式计算烟气抬升高度。

8-10 某污染源排出SO_2量为80g/s，有效源高为60m，烟囱出口处平均风速为6m/s。在当时的气象条件下，正下风方向500m处的$\sigma_y = 35.3$m，$\sigma_z = 18.1$m，试求正下风方向500m处SO_2的地面浓度。

8-11 在题8-10所给的条件下，当时的天气是阴天，试计算下风向$x = 500$m、$y = 50$m处SO_2的地面浓度和地面最大浓度。

8-12 某一工业锅炉烟囱高30m，直径0.6m，烟气出口速度为20m/s，烟气温度为405K，大气温度为293K，烟囱出口处风速4m/s，SO_2排放量为10mg/s。试计算中性大气条件下SO_2的地面最大浓度和出现的位置。

8-13 地面源正下风方向一点上，测得3min平均浓度为3.4×10^{-3}g/m^3，试估计该点两小时的平均浓度是多少，假设大气稳定度为B级。

8-14 一条燃烧着的农业荒地可看作有限长线源，其长为150m，据估计有机物的总排放量为90g/s。当时风速为3m/s，风向垂直于该线源。试确定线源中心的下风距离400m处，风吹3～15min时有机物的浓度。假设当时是晴朗的秋天下午4时。试问正对该线源的一个端点的下风浓度是多少。

8-15 某市在环境质量评价中，划分面源单元为1000m×1000m，其中一个单元的SO_2排放量为10g/s，当时的风速为3m/s，风向为南风。平均有效源高为15m。试用虚拟点源的面源扩散模式计算这一单元北面的邻近单元中心处SO_2的地面浓度。

8-16 某烧结厂烧结机的SO_2的排放量为180g/s，在冬季下午出现下沉逆温，逆温层底高度为360m，地面平均风速为3m/s，混合层内的平均风速为3.5m/s。烟囱有效高度为200m。试计算正下风方向2km和6km处SO_2的地面浓度。

8-17 某硫酸厂尾气烟囱高50m，SO_2排放量为100g/s。夜间和上午地面风速为3m/s，夜间云量为3/10。当烟流全部发生熏烟现象时，确定下风方向12km处SO_2的地面浓度。

8-18 某污染源SO_2排放量为80g/s，烟气流量为265m^3/s，烟气温度为418K，大气温度为293K。这一地区的SO_2本底浓度为0.05mg/m^3，设$\sigma_z/\sigma_y = 0.5$，$\overline{u}_{10} = 3$m/s，$m = 0.25$，试按《环境空气质量标准》的二级标准来设计烟囱的高度和出口直径。

8-19 试证明高架连续点源在出现地面最大浓度的距离上，烟流中心线上的浓度与地面浓度的比值等于1.38。

8-20 根据烟流半宽y_0和半厚z_0的定义，推导$y_0 = 2.15\sigma_y$、$z_0 = 2.15\sigma_z$。

第9章

废气净化系统的组成和设计

用通风、排气的方法可以改善车间空气环境，按照通风排气量的大小来划分，排气系统有局部排气系统、全面排气系统和事故排气系统三种。从本课程的角度来看，废气净化系统属于局部排气系统。

9.1 废气净化系统的组成

9.1.1 废气净化系统概述

废气净化系统是指利用各种治理技术及设备把废气中的污染物质分离出来或转化成无害物质的整个过程体系。主要包括废气收集装置、管道、净化设备、通风机和烟囱五个部分，如图 9-1 所示。

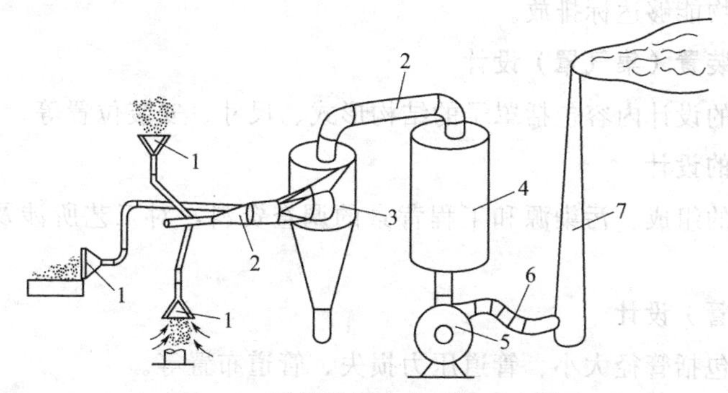

图 9-1 局部排气净化系统示意图

1—集气罩；2—管道；3—除尘器；4—净化装置；5—通风机；6—烟道；7—烟囱

（1）废气收集装置（集气罩）

集气罩是用来捕集污染空气的，其性能对净化系统的技术经济指标有直接影响。由于污染源设备结构和生产操作工艺的不同，集气罩的形式是多种多样的。有组织的排放源多数情况下不存在集气罩设计。

（2）管道（风管）

净化系统中用于输送气流的管道称为风管，通过风管使系统的设备和部件连成一个整体。

（3）净化设备

净化设备的作用是净化污染物含量超过排放标准的排气。

（4）通风机

通风机是系统中气体流动的动力。为了防止通风机的磨损和腐蚀，通常把风机设在净化装备的后面。

（5）烟囱

烟囱是净化系统的排气装置。净化后的烟气中仍含有一定量的污染物，这些污染物在大气中扩散、稀释，并最终沉降到地面，烟囱保证污染物的地面浓度不能超标。

9.1.2 废气净化系统各部分的设计内容

（1）大气污染源的调查

收集建设项目的可行性研究报告、环境影响评价报告或者其他工程设计技术资料，确定企业的平面布置图、高程图、目标厂房或设备间的设计图纸等基础资料。进一步确定目标厂房或设备间所有污染源的分布与源强数据，包括气体污染物的组成、排放量、浓度及设备年平均运行时间；颗粒污染物基本物理化学性质、粒径分布、排放量、浓度等。如果缺乏污染源分布与源强数据，可以通过类比分析、物料衡算或查阅相关设计手册等方法确定。

（2）净化工艺选择

根据建设项目的性质，查阅相关污染物排放标准和当地环保部门的特殊要求，包括总量控制要求、有无污染物减排规划等，确定污染物的最大允许排放浓度和排放量，结合污染源调查的数据，计算污染物的去除效率。确定合理的废气净化工艺流程，并进行技术经济论证，确保污染物能够达标排放。

（3）废气收集装置（集气罩）设计

废气收集装置的设计内容包括罩子的结构形式、尺寸、安装位置等。

（4）净化装置的设计

根据净化工艺的组成、污染源和工程背景的调查资料，对工艺所涉及的净化装置进行逐一设计或选型。

（5）管道（风管）设计

管道设计内容包括管径大小、管道压力损失、管道布置等。

（6）风机的选择

风机的选择设计内容主要包括风机风量及型号以及电机功率的选择等。

（7）烟囱设计

烟囱设计主要内容是烟囱高度的设计。

总的来说，整个废气净化系统的设计包括技术设计和工艺流程图设计。技术设计主要包括收集装置、管道、净化设备的设计计算及风机的选型设计，以及整个净化系统的技术经济分析、设计图绘制、工程概算等。工艺流程图设计主要包括净化系统的平面图、立面图、轴侧图、设备的总装图、零部件加工图等。

9.2 集气罩设计

9.2.1 集气罩概述

在生产车间设置集气罩的目的就是要通过集气罩罩口来控制污染气流的运动，避免工业有害物在室内的扩散和传播。集气罩的性能对局部排气系统的技术经济指标有直接影响。设计完善的集气罩能在不影响生产工艺和生产操作的前提下，用较小的排气量获得最佳的效果，保证工作区有害物浓度不超过卫生标准的规定。

(1) 集气罩设计要遵循的原则

①集气罩应尽可能将污染源包围起来，使污染物扩散限制在最小范围内，以防止横向气流干扰，减少排风量。②集气罩的吸气方向尽可能与污染气流运动方向一致，充分利用污染气流初始动能。③尽量减少集气罩的开口面积，以减少排风量。④集气罩的吸气气流不允许先经过员工的呼吸区再进入罩内。⑤集气罩的结构不应妨碍工人操作和设备检修。

(2) 集气罩的分类

按集气罩罩口气流流动方式可将其分为吸气式集气罩和吹吸式集气罩两大类。吸气式集气罩按其形状可分为两类：集气罩和集气管。对密闭的生产设备，若污染物在设备内部产生时，会通过设备缝隙逸到车间内，如果设备内部允许微负压存在，可采用集气管捕集污染物。对于密闭设备内部不允许微负压存在或污染物发生在污染源的表面时，则可用集气罩进行捕集。

按集气罩与污染源的相对位置及适用范围，吸气式集气罩分为：密闭罩、排气柜、外部集气罩、接受式集气罩等。

9.2.2 密闭罩

密闭罩是将污染源的局部或整体密闭起来的集气罩，在罩内保持一定负压，可防止污染物的任意扩散。其特点是所需排风量最少，控制效果最好，且不受室内气流干扰，设计中应优先选用。

9.2.2.1 密闭罩结构形式

按照密闭罩的围挡范围和结构特点，将其分为：局部密闭罩（图 9-2）、整体密闭罩（图 9-3）、大容积密闭罩（图 9-4）三种。

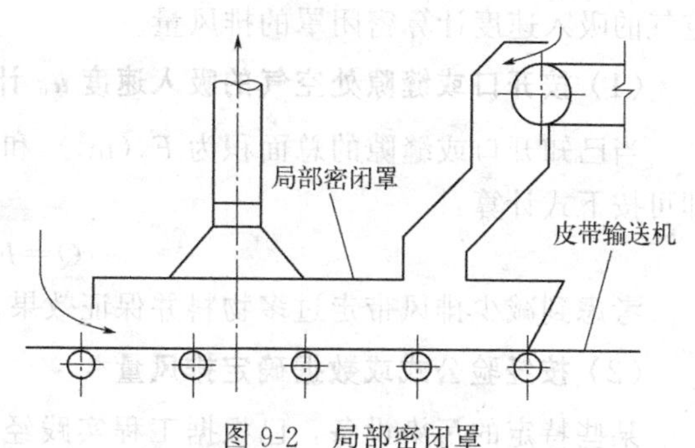

图 9-2 局部密闭罩

局部密闭罩的特点是体积小，材料消耗少，操作与检修方便。一般适用于产尘点固

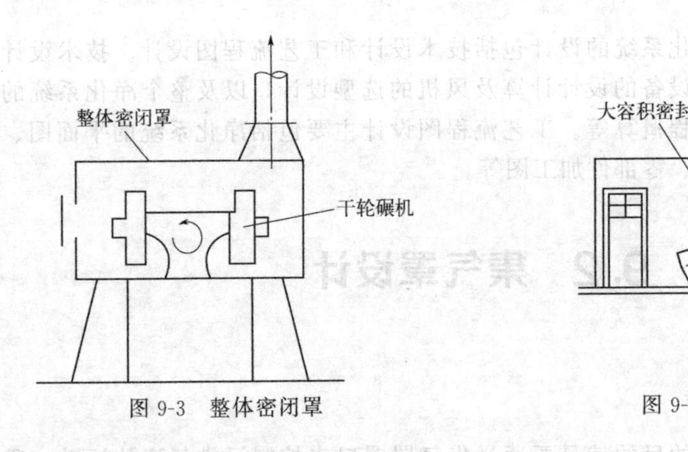

图 9-3　整体密闭罩

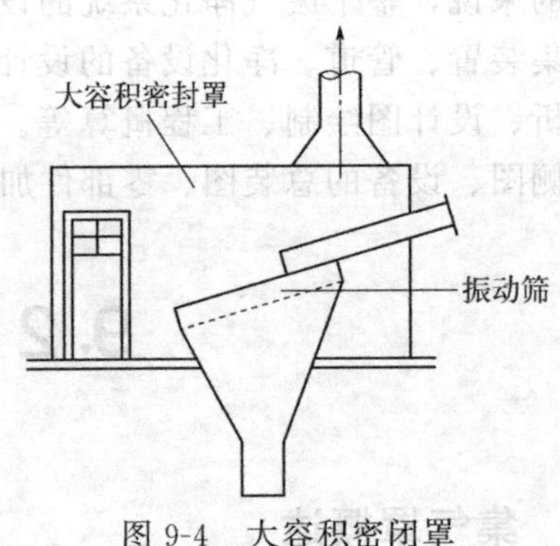

图 9-4　大容积密闭罩

定、产尘气流速度较小且连续产生的地点。

整体密闭罩的特点是容积大、密闭性好；罩体本身基本上为独立的整体，较严密。通过罩上的观察孔可对设备进行监视，设备传动部分的维修可在罩外进行。一般适用于有振动且气流速度较大的设备。

大容积密闭罩的特点是罩内容积大，可以缓冲含尘气流，并利用罩内循环气流消除或减少局部正压。通过罩上的观察孔能监视设备的运行，维修设备可在罩内进行。一般适用于多点、阵发性、污染气流速度大的设备与污染源。

9.2.2.2　密闭罩的布置要求

① 尽可能将污染源密闭，以隔断污染气流与室内气流的联系，防止污染物随室内气流扩散。罩上的观察孔和检修孔应尽量小些，并躲开气流正压较高的位置。

② 密闭罩内应保持一定的均匀负压，避免污染物从罩上缝隙外逸，为此需合理地组织罩内气流和正确地选择吸风点的位置。

③ 吸风点位置不宜设在物料集中地点和飞溅区内，避免把大量物料吸入净化系统。处理热物料时，吸风点宜设在罩子顶部，同时适当加大罩子容积。

④ 设计密闭罩，应不妨碍工艺生产操作且方便检修。

9.2.2.3　密闭罩的排气量计算

决定密闭罩排放量的原则是，要保证罩内各点都处于负压，保证从罩子开口及不严密隙缝处均匀地吸入一部分室内空气。适当的排风量应保证密闭罩内的负压不小于5Pa。密闭罩的排放量主要由运动物料带入的诱导空气量和由开口或不严密缝隙吸入的空气量这两部分组成。理论上计算密闭罩的排风量是困难的，一般是按照经验公式或按开口（缝隙）处空气的吸入速度计算密闭罩的排风量。

(1) 按开口或缝隙处空气的吸入速度 u_0 计算

当已知开口或缝隙的总面积为 F_0(m^2) 和开口或缝隙的空气的吸入速度 u_0(m/s) 时，即可按下式计算：

$$Q=F_0u_0 \tag{9-1}$$

考虑到减少排风带走过多物料并保证效果，一般取 $u_0=0.5\sim1.5$m/s。

(2) 按经验公式或数据确定排风量

某些特定的污染设备，已根据工程实践经验总结出一些经验公式。如砂轮机和抛光机的排风量可按下式计算：

$$Q = KD, m^3/h \qquad (9\text{-}2)$$

式中，K 为每毫米轮径的排风量，$m^3/(mm \cdot h)$，对于砂轮 $K=2$，对于毡轮 $K=4$，对于布轮 $K=6$；D 为轮径，mm。

某些污染设备可根据其型号、规格、密闭罩形式直接从相关手册中查出推荐风量。

9.2.3 排气柜

排气柜也称箱式集气罩。由于生产工艺操作的需要，在罩上开有较大的操作孔。操作时，通过孔口吸入的气流来控制污染物外逸。其捕集机制和密闭罩类似，即将有害气体发生源围挡在柜状空间内，可视为开有较大孔口的密闭罩。化学实验室的通风柜和小零件喷漆箱就是排气柜的典型代表。排气柜的特点是控制效果好，排风量比密闭罩大，而小于其他类型集气罩。

排气柜排气点位置，对于有效地排除有害气体，不使之从操作口泄出有着重要影响。因此，排气柜设计时应注意的问题有：①排气柜的排风效果与工作口截面上风速的均匀性有关，因此要求柜口风速不小于平均风速的 80%；②排气柜应安装活动推拉门，拉门不得将孔口完全关闭；③排气柜一般设在车间或实验室内，罩口气流容易受到环境的干扰，因此通常按推荐入口速度计算排放量，再乘以安全系数 1.1；④排气柜不宜设在来往频繁的地段以及窗口或门的附近，以防止气流干扰；⑤宜单独设置排风系统，避免相互影响，当不可能设置单独的排风系统时，每个系统连接的排气柜不应过多。

9.2.3.1 排气柜的结构形式

用于冷污染源或产生有害气体密度较大的场合，排气点宜设在排气柜的下部［图 9-5(a)］；用于热污染源或产生有害气体密度较小的场合，排气点宜设在排气柜的上部［图 9-5(b)］；对于排气柜内产热不稳定的场合，为适应各种不同工艺和操作情况，应在柜内空间的上、下部均设置排气点，并装设调节阀，以便调节上、下部排风量的比例［图 9-5(c)］。

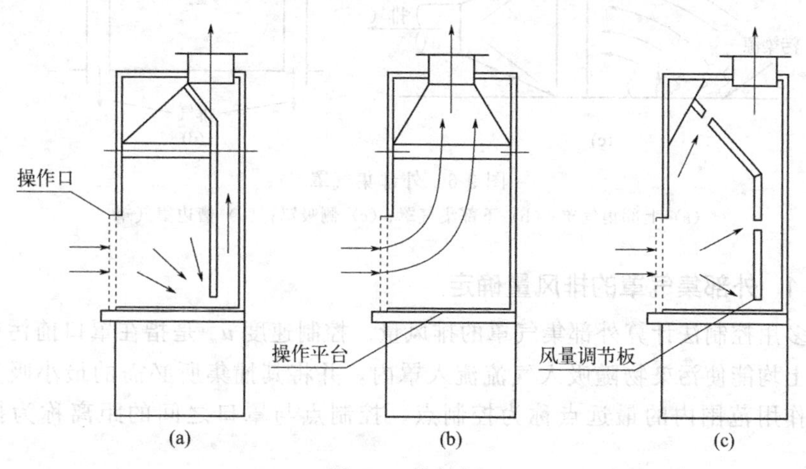

图 9-5　排气柜

(a) 排气点设于下部的排气柜；(b) 排气点设于上部的排气柜；(c) 上、下部均设排气点的排气柜

9.2.3.2 排气柜的排风量计算

排气柜的排放量可按下式计算：

$$Q=3600u_0\beta\sum F+V_B \tag{9-3}$$

式中，u_0 为工作口截面的平均吸气速度，m/s，一般取 $u_0=0.5\sim1.5$m/s，对于危害大的烟气，选用较大的 u_0；β 为泄漏安全系数，一般取 1.05～1.10，若有活动设备经常拆卸时，可取 1.5～2.0；$\sum F$ 为排气柜的孔口总面积，m^2；V_B 为产生的有害物体积，m^3。

9.2.4 外部集气罩

外部集气罩依靠罩口外吸入气流的运动而实现捕集污染物。外部集气罩类型多样，按集气罩与污染源的相对位置可将其分为四类：上部集气罩、下部集气罩、侧吸罩和槽边集气罩（图 9-6）。由于外部集气罩吸气方向与污染气流运动方向往往不一致，一般需要较大风量才能控制污染气流的扩散，而且容易受室内横向气流的干扰，致使捕集效率降低。

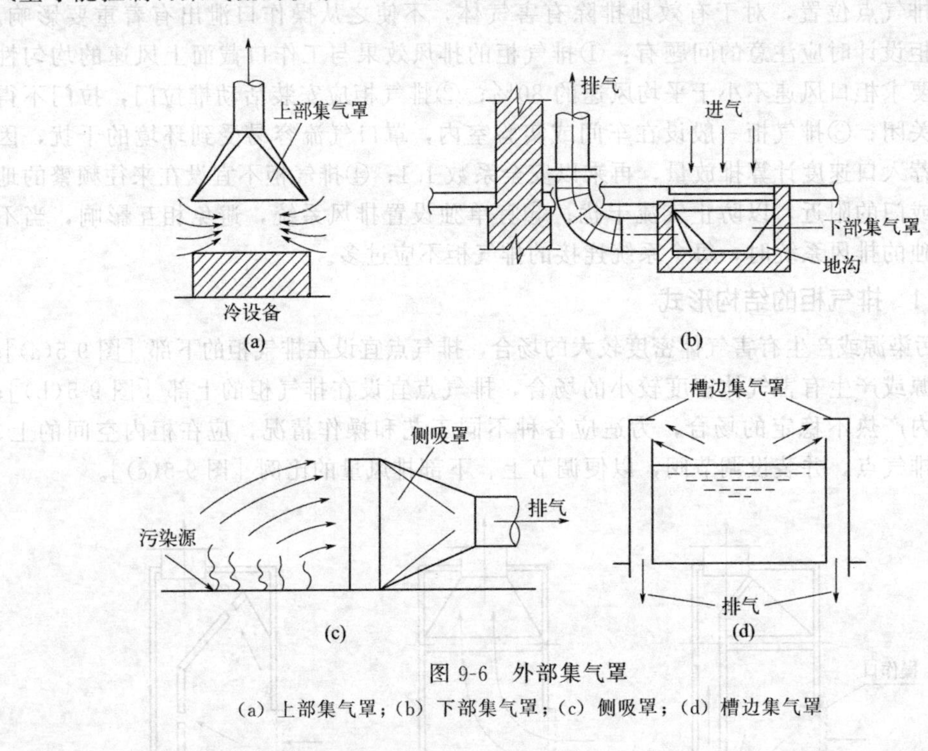

图 9-6　外部集气罩

(a) 上部集气罩；(b) 下部集气罩；(c) 侧吸罩；(d) 槽边集气罩

9.2.4.1 外部集气罩的排风量确定

目前，多用控制法计算外部集气罩的排风量。控制速度 u_x 是指在罩口前污染物扩散方向的任意点上均能使污染物随吸入气流流入罩内，并将其捕集所必需的最小吸气速度。吸气气流有效作用范围内的最远点称为控制点。控制点与罩口之间的距离称为控制距离 x（图 9-7）。

根据控制速度法计算集气罩排风量的思路如下：

计算集气罩排风量时，首先应根据工艺设备及操作要求，确定集气罩形状及尺寸，由此可确定罩口面积 F_0；再根据控制要求安排罩口与污染源相对位置，确定罩口几何中心与

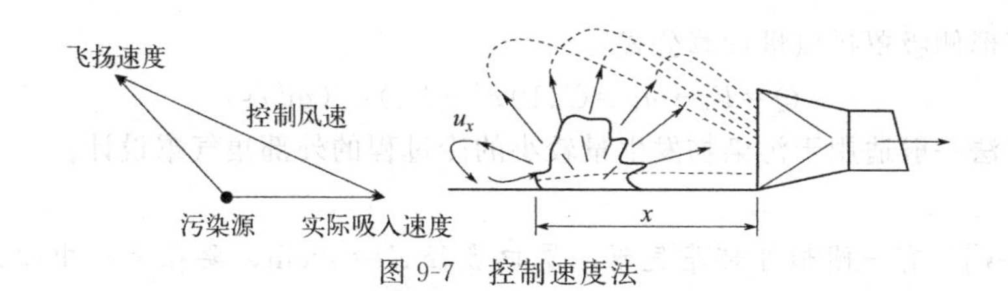

图 9-7 控制速度法

控制点的距离 x；在工程设计中，当确定控制速度后即可根据不同类型集气罩罩口的气流衰减规律求得罩口气流速度 u_0；罩口面积 F_0 乘以罩口气流速度 u_0 即为集气罩排风量 Q。

污染源的控制速度 u_x 一般是通过现场实测确定。如果缺乏现场实测数据，设计时可参考表 9-1、表 9-2 确定。

表 9-1 污染源的控制速度

有害物散发条件	举例	控制速度/(m/s)
以非常小的速度散发到几乎是静止的空气中	蒸汽的蒸发，气体或烟从敞口容器中外逸，槽子的液面蒸发，如脱油槽、浸槽等	0.25～0.5
以较小的速度散发到较平静的空气中	喷漆室内喷漆，间断粉料装袋，焊接台，低速胶带机运输，电镀槽，酸洗	0.5～1.0
以相当大的速度散发到空气运动迅速的区域	高压喷漆，快速装袋或装桶，往胶带机装料，破碎机破碎，冷落砂机	1.0～2.5
以高速散发到空气运动很迅速的区域	磨床，重破碎机，在岩石表面工作，砂轮机，喷砂，热落砂机	2.5～10

表 9-2 考虑周围气流情况及污染物危害性选择控制速度

周围气流情况	控制速度/(m/s)	
	危害性小时	危害性大时
无气流或者容易安装挡板的地方	0.20～0.25	0.25～0.30
中等程度气流的地方	0.25～0.30	0.30～0.35
较强气流的地方或者不安装挡板的地方	0.35～0.40	0.38～0.50
强气流的地方	0.5	1.0
气流非常强的地方	1.0	2.5

（1）圆形或矩形侧吸罩

对于罩口为圆形或矩形（宽长比 $W/L>0.2$）的侧吸罩，沿罩口轴线的气流速度衰减公式为：

$$\frac{u_0}{u_x}=\frac{C(10x^2+F_0)}{F_0} \tag{9-4}$$

式中，C 为与集气罩的结构形状和设置情况有关的系数。前面无障碍，四周无边的侧吸罩取 $C=1$；操作台上的侧吸罩取 $C=0.75$；前面无障碍，四周有边的侧吸罩取 $C=0.75$。x 为控制距离，m。

该式仅适用于控制距离 $x<1.5d$ 的情况（d 为吸气口的直径，m）。当 $x>1.5d$ 时，实际的速度衰减值要比计算值大。因此，一般把 $x/d<1.5$ 作为侧吸罩的设计基准。

圆形或矩形侧吸罩排风量计算公式：

$$Q=F_0\cdot u_0=C(10x^2+F_0)u_x(\mathrm{m^3/s}) \tag{9-5}$$

控制速度法一般适用于污染物发生量较小的冷过程的外部集气罩设计。

［**例题 9-1**］ 有一圆形外部集气罩，罩口直径 $d=30\mathrm{cm}$，要在罩口中心线上距罩口 0.25m 处形成 0.6m/s 的吸气速度，计算吸气口的排风量。

解：(1) 采用四周无边的侧吸罩，则 C 取 1.0，由式(9-5) 可得排风量为：

$$Q=C(10x^2+F_0)u_x=1.0\times\left(10\times0.25^2+\frac{\pi}{4}\times0.3^2\right)\times0.6=0.417(\mathrm{m^3/s})$$

(2) 采用四周有边的侧吸罩，则 C 取 0.75，可得排风量为：

$$Q=C(10x^2+F)u_x=0.75\times\left(10\times0.25^2+\frac{\pi}{4}\times0.3^2\right)\times0.6=0.313(\mathrm{m^3/s})$$

由计算结果可见，集气罩加边后，可以减少无效气流的吸入，排风量可减少 25%，节约了能源。

(2) 条缝罩

条缝罩系指宽长比 $W/L<0.2$ 的矩形侧吸罩。其罩口形状和尺寸的特殊性决定其罩口气流流速与上述罩型有差别，气流流速一般按实测流场所归纳的经验公式计算：

$$\frac{u_0}{u_x}=\frac{CxL}{F_0} \tag{9-6}$$

其排风量：$Q=CxLu_x$

式中，x 为控制距离，m；L 为条缝罩开口长度，m；C 为与条缝罩结构形式和设置情况有关的系数，四周无边 $C=3.7$，四周有边 $C=2.8$，操作平台上的条缝罩 $C=2$。

(3) 冷过程上部吸气罩

在污染源上方设集气罩，由于设备的限制，气流只能从侧面流入罩内，如图 9-8 所示。为避免横向气流的干扰，要求 $H\leqslant0.3L$（L 为罩口长边尺寸），其排风量按下式计算：

$$Q=KPHu_x \tag{9-7}$$

式中，P 为罩口周长，m；K 为考虑沿高度气流速度分布不均匀的安全系数，通常取 1.4。

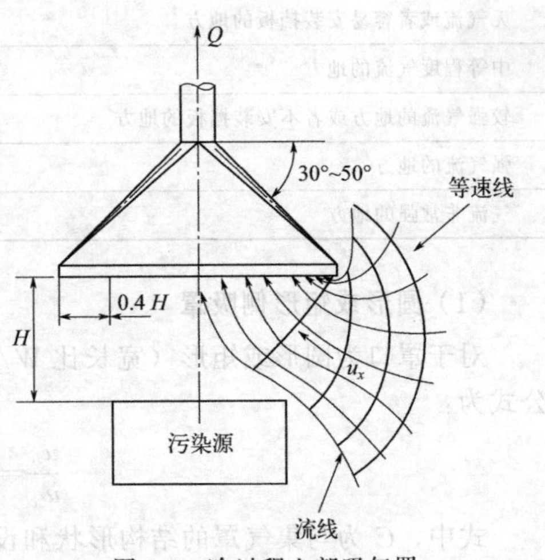

图 9-8 冷过程上部吸气罩

9.2.4.2 外部集气罩设计时应注意的问题

在不妨碍工艺操作的前提下，罩口应尽可能靠近污染物发生源，以减少横向气流的干扰。为提高集气罩的控制效果，减少无效气流的吸入，罩口应加设法兰边，一般情况下，法兰边宽度为 150～200mm。上部集气罩的吸入气流易受横向气流的影响，最好靠墙布置，或在罩口四周加设活动挡板（图 9-9）。为保证罩口吸气速度均匀，集气罩的扩张角应不大于 60°。当污染源的平面尺寸较大时，为降低罩高度，可以将罩分割成几个小罩子［图 9-10(a)］。还可以在罩口加设挡板或气流分布板，以保证罩口气流速度分布均匀［图 9-10(b)］。伞形罩和侧吸罩上的排风管应尽量设置在有害物扩散区的中心，罩口面积与排风管面积之比最大可为 16∶1，喇叭形侧吸罩的长度应为管道直径的 3 倍，以保证侧吸罩吸风均匀。在保证气流分布均匀和不妨碍操作的情况下，侧吸罩的罩口面积应尽量加大，以降低罩口速度和压力损失，扩大排风罩的吸气区域。

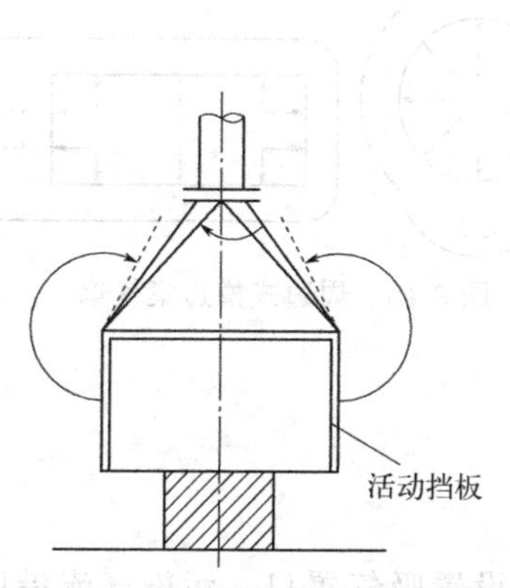

图 9-9　设有活动挡板的伞形罩

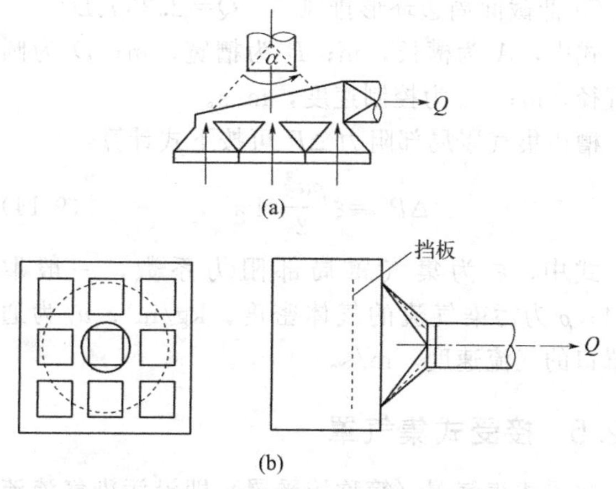

图 9-10　保证罩口气流分布均匀的技术措施

槽边集气罩是外部集气罩的一种特殊形式，专门用于各种工业槽的污染控制。它有两种基本形式：平口式和条缝式。

① 平口式一般在吸气口不设法兰边（图 9-11），故吸气范围大，排风量亦大。但当槽靠墙布置时，如同设置了法兰边，减少了排风量。槽边集气罩的布置可分为单侧和双侧两种，单侧适用于槽宽 $B \leqslant 700$mm，$B > 700$mm 时用双侧。

② 条缝式的结构特点是吸气管截面高度 E 较大（图 9-12），$E \geqslant 250$mm 的称为高截面，$E < 250$mm 的称为低截面。增大截面高度，如同在吸气口处设置了法兰边，减少了吸气范围。因此，其排风量比平口式小，且罩口气流速度分布易均匀。条缝口应保持较高的吸气速度，一般为 6～9m/s。

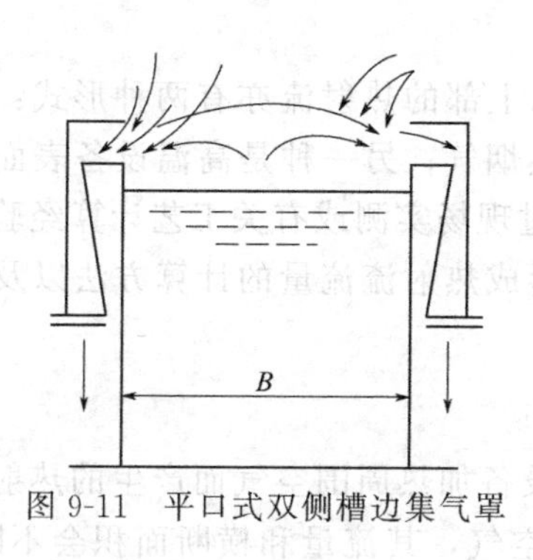

图 9-11　平口式双侧槽边集气罩

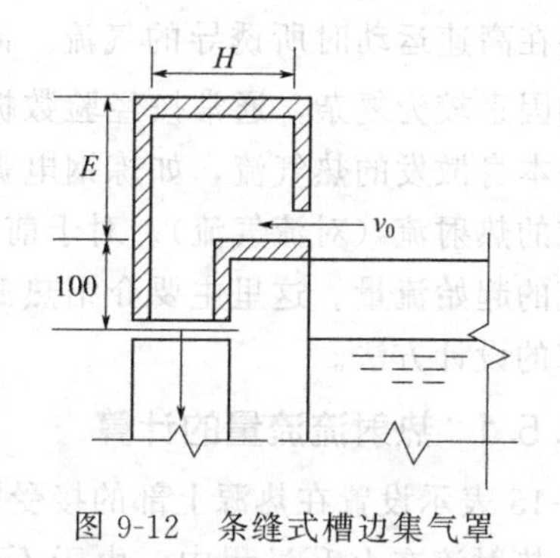

图 9-12　条缝式槽边集气罩

条缝式槽边集气罩还可以按图 9-13 的形式布置，称为周边式槽边集气罩。

各种类型的槽边集气罩的排风量计算公式：

① 高截面单侧排风 $Q=2u_xAB(B/A)^{0.2}$ (m^3/s) (9-8)

② 低截面单侧排风 $Q=3u_xAB(B/A)^{0.2}$ (m^3/s) (9-9)

③ 高截面双侧排风（总风量） $Q=2u_xAB(B/2A)^{0.2}$ (m^3/s) (9-10)

④ 低截面双侧排风（总风量） $Q=2u_xAB(B/2A)^{0.2}$ (m^3/s) (9-11)

⑤ 高截面周边环形排风 $Q=1.57u_xD^2$ (m^3/s) (9-12)

⑥ 低截面周边环形排风 $Q=2.36u_xD^2$ (m^3/s) (9-13)

式中，A 为槽长，m；B 为槽宽，m；D 为圆槽直径，m；u_x 为控制速度，m/s。

槽边集气罩局部阻力 ΔP 可按下式计算：

$$\Delta P=\xi\frac{\rho u_0^2}{2},\text{Pa} \tag{9-14}$$

式中，ξ 为集气罩局部阻力系数，一般取 2.34；ρ 为污染气流的气体密度，kg/m^3；u_0 为通过罩口的气流速度，m/s。

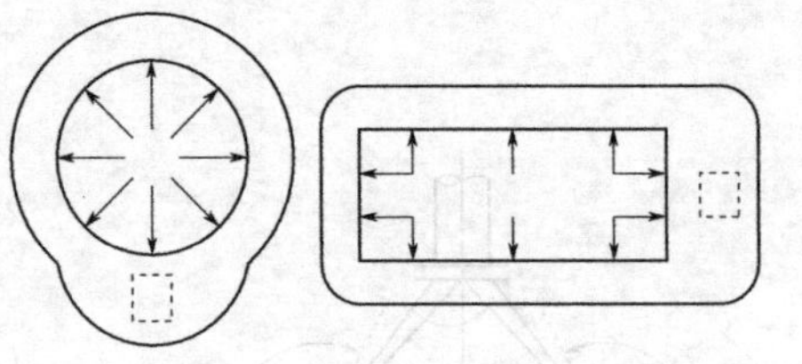

图 9-13 周边式槽边集气罩

9.2.5 接受式集气罩

接受式集气罩（简称接受罩）即沿污染气流流线方向设置吸气罩口，污染气流借助自身的流动能进入罩口，它也是一种外部集气罩（图 9-14）。

接受罩的特点是罩口外的气流运动不是由于罩子的抽吸作用，而是由于生产过程产生或诱导出来的污染气流，其排风量取决于接受的污染气流量。因此，在设计接受罩时，首先应确定污染气流量的大小，并考虑横向气流干扰等影响，适当加大接受罩的罩口尺寸和排风量。生产过程产生或诱导出来的污染气流，主要是指热源上部的热射流和粉状物料在高速运动时所诱导的气流。而后者的影响因素较为复杂，通常按经验数据确定。热源上部的热射流亦有两种形式：一种是生产设备本身散发的热气流，如炼钢电弧炉炉顶的热烟气；另一种是高温设备表面对流散热时形成的热射流（对流气流）。对于前者，一般通过现场实测或有关工艺计算经验公式求得热气流的起始流量。这里主要介绍热源对流散热形成热射流流量的计算方法以及热源上部接受罩的设计方法。

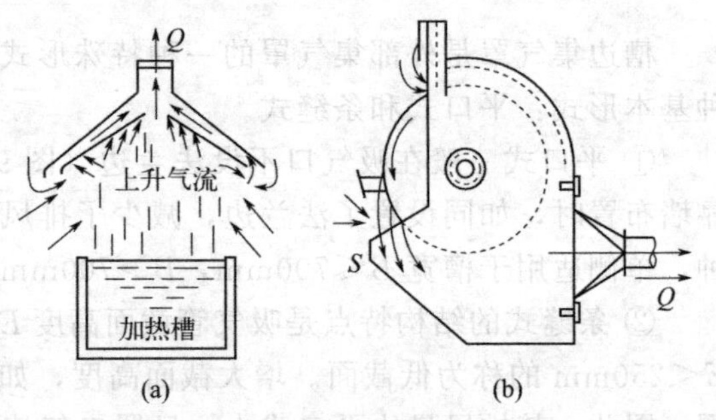

图 9-14 接受式集气罩

(a) 热源上部伞形接受罩；(b) 砂轮机接受罩

9.2.5.1 热射流流量的计算

图 9-15 表示设置在热源上部的接受罩以及罩下设备加热周围空气而产生的热射流的一般形态。热射流在上升过程中，由于不断混入周围空气，其流量和横断面积会不断增大。若热源的水平投影面积用 A 表示，当热射流上升高度 $H\leqslant1.5A^{0.5}$（或 $H<1m$）时，因上升高度较小，混入的空气量较少，可近似认为热射流的流量和横断面积基本不变。一般将

$H \leqslant 1.5A^{0.5}$ 的热源上部接受罩称为“低悬罩”，而将 $H > 1.5A^{0.5}$ 的接受罩称为“高悬罩”。

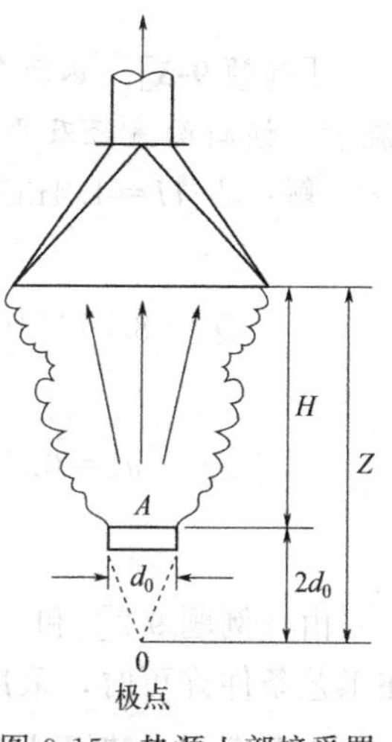

图 9-15 热源上部接受罩

（1）低悬罩热射流计算

对于低悬罩来说，其热射流量等于热设备的水平投影面积上所产生的起始流量。

其热射流起始流量 Q_0 可按下式计算：

$$Q_0 = 0.381(qHA^2)^{1/3} (\text{m}^3/\text{s}) \tag{9-15}$$

式中，q 为热源水平表面对流散热量，kW；H 为罩口离热源水平面的距离，m；A 为热源水平面投影面积，m^2。

热源水平表面对流散热量计算

热源水平表面对流散热量可按下式计算：

$$q = 0.0025 \cdot \Delta T^{1.25} A (\text{kW}) \tag{9-16}$$

式中，ΔT 为热源水平表面与周围空气温度差，K。

［例题 9-2］ 某热源水平表面直径为 0.7m，热源表面与周围的温度差为 130K，拟在其上部装设接受罩，试求热射流上部 $H=0.5\text{m}$ 处的流量。

解： $1.5A^{0.5} = 1.5 \times \left(\frac{\pi}{4} \times 0.7^2\right)^{0.5} = 0.93\text{m}$，$H = 0.5\text{m} < 0.93\text{m}$

可用式(9-16) 计算：

$$q = 0.0025 \cdot \Delta T^{1.25} A = 0.0025 \times 130^{1.25} \times \frac{\pi}{4} \times 0.7^2 = 0.422(\text{kW})$$

$$Q_0 = 0.381(qHA^2)^{1/3} = 0.381 \times \left(0.422 \times 0.5 \times \frac{\pi}{4} \times 0.7^2\right)^{1/3} = 0.16(\text{m}^3/\text{s})$$

（2）高悬罩热射流计算

当热射流的上升高度 $H > 1.5A^{0.5}$ 时，其流量和横断面积会显著增大。则热射流不同上升高度上的流量、流速及其断面直径可按下列公式计算（参见图 9-15）：

$$Q_z = 8.07 \times 10^{-2} Z^{1.5} q^{1/3} \tag{9-17}$$

$$D_z = 0.45 Z^{0.88} \tag{9-18}$$

$$u_z = 0.51 Z^{-0.29} q^{1/3} \tag{9-19}$$

式中，Q_z 为计算断面上热射流流量，m^3/s；D_z 为计算断面上热射流横面断面直径，m；u_z 为计算断面上热射流平均流速，m/s。

上述公式是以点热源为基础按热射流极点计算而得出的，当热源具有一定尺寸时，必须先用外延法求得热射流极点。热射流极点位于热射流轴线上，在热源下面 $2d_0$ 处，热射流的大致界限的确定方法是自极点引两条经过热源两侧边缘的辐射线。

极点至计算断面的有效距离 Z 可按下式计算：

$$Z = H + 2d_0 (\text{m}) \tag{9-20}$$

式中，d_0 为热源的当量直径，m；H 为热源至计算断面的距离，m。

[例题 9-3] 热源条件同 [例题 9-2]，将罩高 H 升至 1.4m 处，试求罩口处热射流流量、横断面直径及平均流速。

解： 当 $H=1.4\text{m}>0.93\text{m}$ 时，由式(9-20) 得：

$$Z=H+2d_0=1.4+2\times0.7=2.8(\text{m})$$

$$Q_z=8.07\times10^{-2}Z^{1.5}q^{1/3}=8.07\times10^{-2}\times2.8^{1.5}\times0.422^{1/3}=0.284(\text{m}^3/\text{s})$$

$$D_z=0.45Z^{0.88}=0.45\times2.8^{0.88}=1.11(\text{m})$$

$$u_z=0.51Z^{-0.29}q^{1/3}=0.51\times2.8^{-0.29}\times0.422^{1/3}=0.284(\text{m/s})$$

由 [例题 9-2] 和 [例题 9-3] 可知，高悬罩的排风量远大于低悬罩的排风量。因此，在工艺条件许可时，采用低悬罩较为合理。

9.2.5.2 热源上部接受罩的设计

在工程设计中，考虑到横向气流的影响，接受罩的断面尺寸应大于罩口断面上热射流的尺寸，接受罩的排风量应大于罩口断面上的热射流流量。

① 低悬罩罩口每边尺寸需比热设备尺寸增加 150～200mm。

② 高悬罩罩口尺寸按下式确定：

$$D=D_z+0.8H(\text{m}) \tag{9-21}$$

③ 低悬罩排风量按下式计算：

$$Q=Q_0+u'F'(\text{m}^3/\text{s}) \tag{9-22}$$

④ 高悬罩排风量按下式计算：

$$Q=Q_z+u'F'(\text{m}^3/\text{s}) \tag{9-23}$$

式中，Q 为考虑横向气流影响的接受罩排风量，m^3/s；F' 为考虑横向气流影响，罩口扩大的面积，即罩口面积减去热射流的断面积，m^2；u' 为罩口扩大面积上空气的吸入速度，通常取 0.5～0.75m/s。

[例题 9-4] 热源条件同 [例题 9-2]，试在热源上方 0.5m 处设计一接受罩。

解： 根据例题 9-2 的条件，应按低悬罩公式计算，取罩口直径比热源直径大 200mm，$u'=0.5\text{m/s}$，则：$D=d_0+0.2\text{m}=0.7+0.2=0.9(\text{m})$

$$Q=Q_0+u'F'=0.12+0.5\times\frac{\pi}{4}(0.9-0.7)^2=0.136(\text{m}^3/\text{s})$$

由此可见，即使采用低悬罩，其设计排风量也远大于热射流起始流量。

9.2.6 吹吸式集气罩

由于外部集气罩的气流速度随距罩口的距离增大而迅速衰减，因此，当外部集气罩与污染源距离较大，单纯依靠罩口抽吸作用往往不能很好地控制污染物的扩散，则可以在外部集气罩的对面设置吹气口，一侧吸气时对侧吹气，从而形成一层气幕，阻止有害物逸散(如图 9-16 所示)，同时也诱导污染气流一起向排气罩流动。这样就形成了一个吹吸式集气罩。由于气幕抑制污染物扩散，吹吸式集气罩就具有排气量小、抗干扰能力强、不影响工艺操作、效果好的特点。

设计吹吸式集气罩，必须依据吹吸气流的运动规律，使两股气流有效结合，协调一致，才能获得最佳的使用效果。

吹吸式集气罩的计算方法大致可归纳为两类：一类是从射流理论出发而提出的控制速度法；另一类则是依据吹吸气流的联合作用而提出的各种计算方法，如临界断面法等。下面仅对临界断面法的计算进行介绍。

吹吸气流是由射流（吹出气流）和汇流（吸入气流）两股气流合成的。射流的速度随离吹气口距离增加而逐渐减小，而汇流的速度随靠近吸气口而急剧增加。吹吸气流的控制能力必然随离吹气口距离增加而逐渐减弱，靠近吸气口又逐渐增强。所以吹吸气口之间必然存在一个射流和汇流控制能力皆最弱的断面，即临界断面（图 9-17）。

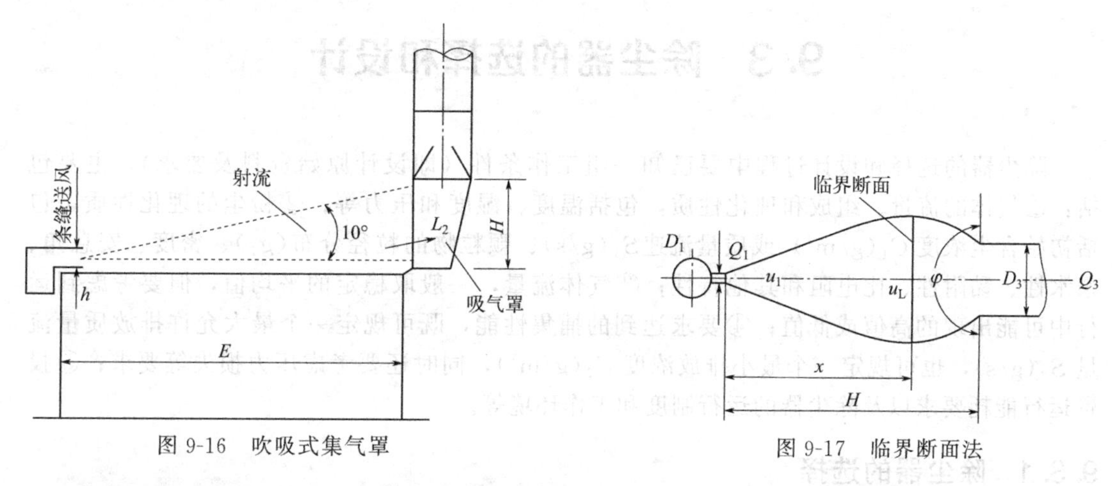

图 9-16　吹吸式集气罩　　　　图 9-17　临界断面法

临界断面一般发生在 $x/H=0.6\sim0.8$ 之间。一般近似认为，在临界断面前吹出气流基本是按射流规律扩展的。在临界断面后，由于吸入气流的影响，断面逐渐收缩。这就是说，吸气口的影响主要发生在临界断面之后。

从控制污染物外逸的角度出发，临界断面上的气流速度（称为临界速度）应取为 1～2m/s 或更大些，并且要大于污染物的扩散速度。为防止吹气口堵塞，吹气口宽度应大于 5mm，而吸气口宽度一般应大于 50mm。

设计槽边吹吸罩时，为防止液面波动，吹气口气流速度应限制在 10m/s 以下。根据临界断面法，可按以下公式设计吹吸罩：

临界断面位置：
$$x=KH\,(\mathrm{m}) \tag{9-24}$$

吹气口吹风量：
$$Q_1=K_1HL_1u_L^2/u_1\,(\mathrm{m^3/s}) \tag{9-25}$$

吹气口宽度：
$$D_1=K_1H(u_L/u_1)^2\,(\mathrm{m}) \tag{9-26}$$

吸气口排风量：
$$Q_3=K_2HL_3u_L\,(\mathrm{m^3/s}) \tag{9-27}$$

吸气口宽度：
$$D_3=K_3H\,(\mathrm{m}) \tag{9-28}$$

式中，H 为吹气口至吸气口的距离，m；L_1、D_1 分别为吹气口长度和宽度，m；L_3、D_3 分别为吸气口长度和宽度，m；u_L 为临界速度，m/s；u_1 为吹气口气流平均速度，一般取 8～10m/s；K、K_1、K_2、K_3 均为系数，由表 9-3 查得。

表 9-3 中数值是在湍流系数=0.2 的条件下得出的。

表 9-3 临界断面法有关系数

扁平射流	吸入气流夹角 φ	K	K_1	K_2	K_3
两面扩张	$3\pi/2$	0.803	1.162	0.736	0.304
	π	0.760	1.073	0.686	0.283
	$5\pi/6$	0.735	1.022	0.657	0.272
	$2\pi/3$	0.706	0.955	0.626	0.258
	$\pi/2$	0.672	0.878	0.260	0.107
一面扩张	$\pi/2$	0.760	0.537	0.345	0.142
	$3\pi/2$	0.870	0.660	0.400	0.165
	π	0.832	0.614	0.386	0.158

9.3 除尘器的选择和设计

除尘器的选择和设计过程中要已知一组工作条件（即设计原始资料及要求），主要包括：①气体的流量、组成和理化性质，包括温度、湿度和压力等；②粉尘的理化性质，包括初始含尘浓度 $C_1(\mathrm{g/m^3})$ 或质量流速 $S_1(\mathrm{g/s})$、颗粒物的粒径分布 (g_i)、密度、安息角、亲水性、黏附性、比电阻和其他特性；③气体流量，一般取稳定的平均值，但要考虑到运行中可能出现的高值或低值；④要求达到的捕集性能，既可规定一个最大允许排放质量流量 $S_2(\mathrm{g/s})$，也可规定一个最小排放浓度 $C_2(\mathrm{g/m^3})$，同时还要考虑压力损失等要求；⑤投资运行能耗要求以及除尘器的运行制度和工作环境等。

9.3.1 除尘器的选择

根据设计原始资料及要求，采用理论计算法或经验法选择适合的除尘装置。

理论计算法的步骤大致如下：①根据初始含尘浓度 $C_1(\mathrm{g/m^3})$ 和排放浓度 $C_2(\mathrm{g/m^3})$ 按式(4-6) 计算要求达到的总除尘效率，$\eta=\left(1-\dfrac{C_2}{C_1}\right)\times100\%$；②再根据各类除尘器的性能、特点以及使用条件，考虑气体及粉尘的理化性质、压力损失以及投资运行能耗要求等重要因素，最终确定除尘器类型；③确定所选除尘器的比例尺寸以及操作条件，直至设计的除尘器满足设计要求。

9.3.2 重力沉降室设计

重力沉降室的优点为结构简单、投资少、压力损失小（一般为 50～100Pa）、维修管理容易；缺点为体积大、效率低、仅作为高效除尘器的预除尘装置，除去较大和较重的粒子。重力沉降室的设计包括确定其几何尺寸（L、W、H）、分级除尘效率和总效率等。在确定其几何尺寸时，为了简便和更接近实际情况，分级除尘效率 η_i 取式(4-20) 计算值的一半。

假设被捕集的颗粒为球形颗粒，首先，确定能够 100% 被捕集的最小粒子的粒径 $d_{\min}$。再计算出粒子的沉降末速度 u_s，再按式(4-20) 计算取 η_i 的一半，则有 $L=2u_0H/u_s$。其次，确定平均气流 u_0，由选定的高度 H 求出最小长度 L，或由 L 求出最大高度 H。气流

速度 u_0 一般取 0.2～2.0m/s，视要求的除尘效率和占地空间大小而定。沉降室的宽度 W 可按 $WH=Q_v/u_0$ 确定。

在实际中为了提高沉降室的捕集效率和容积利用率，设计成多层水平隔板的多层重力沉降室，也有加设一定数量的垂直挡板，利用气流绕流的惯性作用，设计成为折流板式沉降室。

沉降室适宜净化密度大、颗粒粗的粉尘。经过精心设计，能有效捕集 40μm 以上的粒子。

[例题 9-5] 用重力沉降室净化含石灰粉尘的气流，粉尘真密度为 2670kg/m^3，浓度 27.9g/m^3，粒径分布如下表，气体流量 $1800\text{m}^3/\text{h}$。试确定：(1) 全部捕集 40μm 以上的颗粒时沉降室的尺寸；(2) 分级除尘效率；(3) 总除尘效率；(4) 出口粉尘浓度。

粒径范围/μm	0～5	5～20	20～50	50～100	100～500	>500
质量频率 g_{1i}/%	2.0	6.0	17	28	36	11

解：(1) 确定沉降室的尺寸

首先，$d_p=40\mu\text{m}$ 颗粒的重力沉降末速度 u_s

$$u_s=\frac{d_p^2\rho_p g}{18\mu}=\frac{(40\times10^{-6})^2\times2760\times9.81}{18\times1.81\times10^{-5}}=0.133(\text{m/s})$$

选取气流速度 $u_0=0.3\text{m/s}$，沉降室的高度 $H=1.2\text{m}$，则 $L=2u_0H/u_s=\frac{2\times0.3\times1.2}{0.133}=5.4(\text{m})$

沉降室的宽度 $W=\frac{Q_v}{u_0H}=\frac{1800}{3600\times0.3\times1.2}=1.4(\text{m})$

(2) 计算分级除尘效率

按式(4-20)：$\eta_i=\frac{h_c}{H}\times100\%=\frac{u_sL}{u_0H}\times100\%$ 计算出各种粒子的分级除尘效率，为了理论和实践符合得更好，取计算值的一半。

组数 i	组粒径限/μm	组中点 d_{pi}/μm	沉降末速度 u_s/(m/s)	$\frac{u_sL}{u_0H}$	η_i	质量频率 g_{1i}	$\eta_i\cdot g_{1i}$
1	0～5	2.5	5.19×10^{-4}	7.79×10^{-3}	0.003895	0.02	7.79×10^{-5}
2	5～20	12.5	1.31×10^{-2}	0.1965	0.09825	0.06	0.05895
3	20～50	35	1.02×10^{-1}	1.53	0.765	0.17	0.1301
4	50～100	75	0.467	7.005	1.00	0.28	0.28
5	100～500	300	未算	未算	1.00	0.36	0.36
6	>500	—	未算	未算	1.00	0.11	0.11
总计						1.00	

(3) 由分级除尘效率的计算结果，可得到总效率

$\eta=\sum\eta_i \cdot g_{1i}=0.8861=88.61\%$

(4) 沉降室的出口粉尘浓度

由 $\eta=\left(1-\frac{C_2}{C_1}\right)\times100\%$，得到 $C_2=C_1(1-\eta)=22.9\times(1-0.8861)=2.61(g/m^3)$

如果超过允许的排放标准的话，应设二级净化装置，或改用其他高效除尘器。

9.3.3 旋风除尘器设计

根据设计要求，选择旋风除尘器的方法一般有理论计算法和经验法。

9.3.3.1 理论计算法

理论计算法的一般步骤如下：

① 根据初始含尘浓度 $C_1(g/m^3)$ 和排放浓度 $C_2(g/m^3)$ 按式(4-6) 计算要求达到的总除尘效率，$\eta=\left(1-\frac{C_2}{C_1}\right)\times100\%$。

② 选择一种旋风除尘器的结构类型。

③ 根据实验数据或经验选取旋风除尘器的进口气流速度 u_{0g}，根据旋风除尘器的结构类型，可以在其适宜的进气速度范围内选定合适的进气速度。也可根据旋风除尘器的压力损失计算获得：

$$u_{0g}=\sqrt{\frac{2\Delta P}{\xi\rho_g}} \tag{9-29}$$

④ 确定旋风除尘器的进气口面积 $A(m^2)$、入口宽度 b 和高度 h，根据处理烟气量 $Q_v(m^3/s)$，由下式决定进气口面积 A：

$$A=bh=\frac{Q_v}{u_{0g}} \tag{9-30}$$

⑤ 确定各部分的几何尺寸：由进气口面积 A，可以确定入口宽度 b、入口高度 h、筒体直径 D、筒体长度 L、锥体长度 H 以及排气管直径 d_e 等。表 9-4 列出了常用旋风除尘器的主要尺寸。

表 9-4 常用旋风除尘器的主要尺寸

参数	XLP/A	XLP/B	XLT/A	XLT
入口宽度 b	$\sqrt{A/3}$	$\sqrt{A/2}$	$\sqrt{A/2.5}$	$\sqrt{A/1.75}$
入口高度 h	$\sqrt{3A}$	$\sqrt{2A}$	$\sqrt{2.5A}$	$\sqrt{1.75A}$
排气管直径 d_e	$0.6D$	$0.6D$	$0.6D$	$0.58D$
筒体直径 D	$3.85b$	$3.33b$	$3.85b$	$4.9b$
筒体长度 L	$1.35D$	$1.7D$	$2.26D$	$1.6D$
锥体长度 H	$1.0D$	$2.3D$	$2.0D$	$1.3D$
排灰口直径 d_1	$0.0296D$	$0.43D$	$0.3D$	$0.145D$

⑥ 根据选用的除尘器的分级效率 η_d（分级效率曲线）和净化粉尘的粒径频度分布 f_0，计算 η_T，若 $\eta_T > \eta$，即满足要求，否则按要求重新计算。

⑦ 确定型号规格。

⑧ 计算压力损失是否符合设计要求。

9.3.3.2 经验法

经验法的一般步骤如下：①计算所要求的除尘效率 η（同理论法）；②选定除尘器的结构类型；③根据选用的除尘器的 η-V_i 实验曲线，确定入口风速 V_i；④根据气量 Q，入口风速 V_i 计算进口面积 A；⑤由旋风除尘器的类型系数确定入口宽度 b、入口高度 h；⑥求出除尘器筒体直径 D，然后从手册中查到所需的型号规格。

设计者可按要求选择其他结构的旋风除尘器，但应遵循以下原则：①为防止粒子短路漏到出口管，$h \leqslant s$，其中 s 为排气管插入深度；②为避免过高的压力损失，$b \leqslant (D-d_e)/2$；③为保持涡流的终端在锥体内部，$(H+L) \geqslant 3D$；④为利于粉尘易于滑动，锥角$=7°\sim 8°$；⑤为获得最大的除尘效率，$d_e/D \approx 0.4 \sim 0.5$，$(H+L)/d_e \approx 8 \sim 10$；$s/d_e \approx 1$。

9.3.3.3 旋风除尘器的卸灰装置

各种除尘器几乎都装有卸灰装置，卸灰装置是由贮灰槽及卸灰阀所组成。卸灰装置除了收集除尘器所捕集的粉尘外，还应保证除尘系统在运行和卸灰时都具有良好的气密性。除尘系统出现漏气会严重影响除尘器的除尘效率。

卸灰装置的结构类型应根据所处理的含尘气体及粉尘的物理性质、化学性质来选择或设计。卸灰装置分为干式卸灰装置和湿式卸灰装置两类。一般来说，干式除尘器选用干式卸灰装置。为了防止干式卸灰装置在卸灰时被气流穿透，干式卸灰装置应有一定高度的灰柱，形成灰封。灰封高度（H）可按下式计算：

$$H=\frac{\Delta P}{9.8\rho_p}+0.1,\mathrm{m} \tag{9-31}$$

式中，ΔP 为除尘器下灰口与外界大气压的压差，Pa；ρ_p 为捕集到的粉尘的堆积密度，kg/m^3。

若除尘器排灰量不大，可采用固定灰斗或箱式灰斗，间歇排灰。当除尘器排灰量较大需要连续排灰时，可采用如下几种卸灰阀（锁气器）。

（1）双翻板式卸灰阀

双翻板式卸灰阀的结构如图 9-18 所示。该卸灰阀是利用翻板上的平衡锤控制阀板上的灰柱高度。当灰柱重力的力矩大于衡锤力矩时，卸灰阀板打开自动出灰。由于这种卸灰阀是上下两块翻板交替启闭清灰，因而气密性较好。

（2）回转式卸灰阀

回转式卸灰阀是一种电动卸灰阀，如图 9-19 所示。电动机带动刮片转子转动，右边粉尘充满刮片空间，由左端连续排出。出灰量用转子转速控制，刮片转速为 10～60r/min。使用该阀时一定要注意，阀体内灰尘不能排空，以防漏风。

（3）圆锥式闪动卸灰阀

圆锥式闪动卸灰阀的结构如图 9-20 所示。该锁气器通过调整重锤的位置使其卸灰口上保持一定高度的灰柱来形成密封。在运行中应注意清除平衡装置上的积灰，以免影响动作的灵活性。

（4）舌板式卸灰阀

图 9-21 是舌板式卸灰阀的结构示意图。该型锁气器结构简单、体积小。其通过调整配重使落灰管中保持一定高度的灰柱，达到锁气排灰的目的。运行中应经常清除落灰管和舌板接触面间的积灰，保证闭合良好。

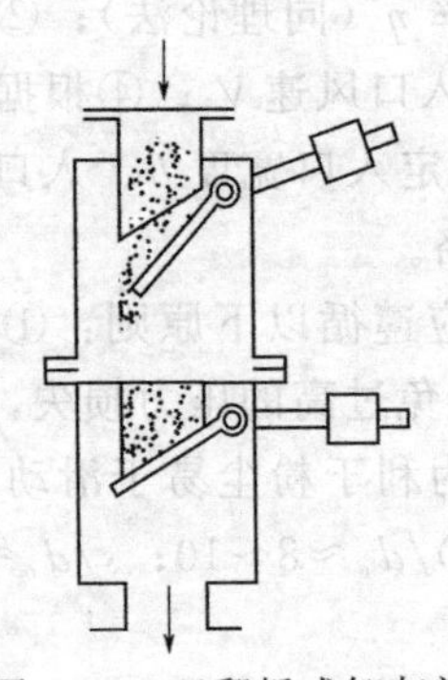

图 9-18　双翻板式卸灰阀

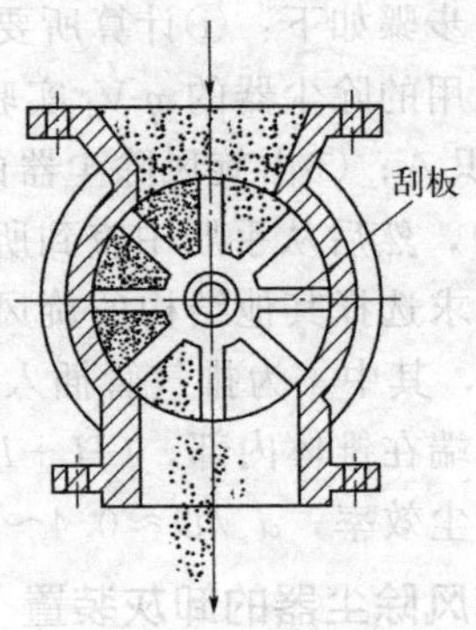

图 9-19　回转式卸灰阀

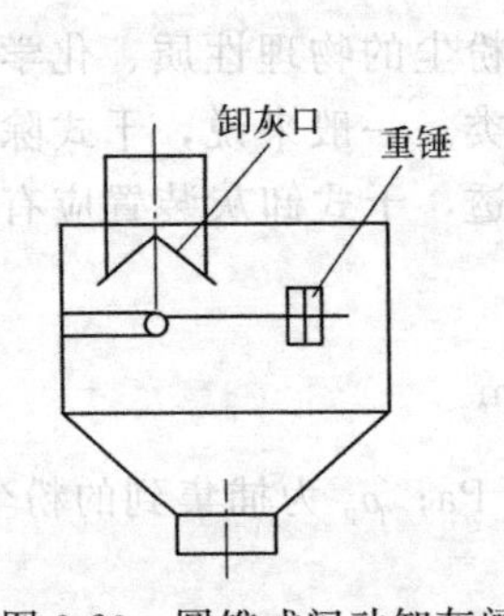

图 9-20　圆锥式闪动卸灰阀

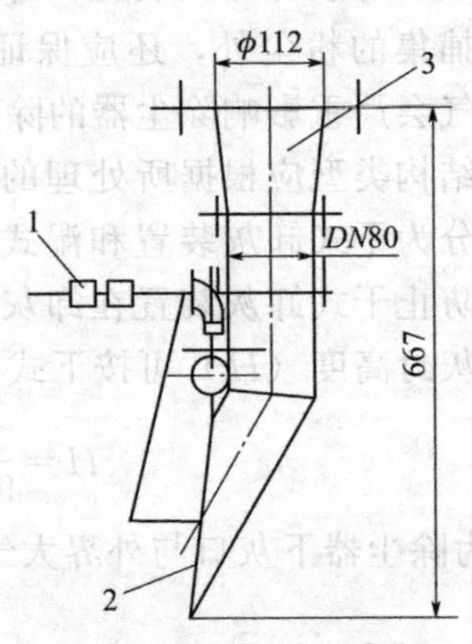

图 9-21　舌板式卸灰阀

1—配重；2—舌板；3—落灰管

［例题 9-6］ 采用旋风除尘器净化［例题 9-5］中给出的石灰石粉尘，要求到达排放浓度小于 500mg/m^3。

解：（1）根据石灰石粉尘初始含尘浓度 $C_1=22.9\text{g/m}^3$ 和排放浓度 $C_2=200\text{mg/m}^3$，则要求达到的总除尘效率 $\eta=\left(1-\dfrac{C_2}{C_1}\right)\times100\%=\left(1-\dfrac{0.5}{22.9}\right)\times100\%=97.8\%$。

（2）选用 XCX 型高效旋风除尘器，进气口气流速度取 24m/s，则进气口面积 A

$$A=bh=\frac{Q_v}{u_{0g}}=\frac{1800}{3600\times24}=0.0208(\text{m}^2)$$

（3）高效旋风除尘器其他部分的尺寸：

假设入口宽度 b 等于入口高度 h

$$b=h=\sqrt{A}=0.144(\text{m})=144(\text{mm})$$

筒体直径 $D=4.17\times h=600\text{mm}$

筒体长度 $L=1.2D=1.2\times 600=720\text{mm}$

锥体长度 $H=2.85D=2.85\times 600=1710\text{mm}$

排气管直径 $d_e=0.5D=0.5\times 600=300\text{mm}$

排灰口直径 $d_1=0.25D=0.25\times 600=150\text{mm}$

(4) 分级效率计算。由式(4-25) 和式(4-24)

$$n=1-[1-0.67(D)^{0.14}]\left(\frac{T}{283}\right)^{0.3}=1-[1-0.67(0.6)^{0.14}]\left(\frac{293}{283}\right)^{0.3}=0.620$$

$$u_{t0}R_0^{\ 0.620}=u_{0g}\left(\frac{D}{2}\right)^{0.620}$$

$$u_{t0}\left(\frac{d_e}{2}\right)^{0.620}=u_{t0}\left(\frac{0.3}{2}\right)^{0.620}=24\times\left(\frac{0.6}{2}\right)^{0.620}$$

得：$u_{t0}=36.89\text{m/s}$

又因为 $h_0=l=2.3d_e(D^2/A)^{\frac{1}{3}}=2.3\times 0.3\times\left(\frac{0.6^2}{0.0208}\right)^{\frac{1}{3}}=1.78(\text{m})$

$$d_c=\sqrt[2]{\frac{18\mu Q_v}{2\pi h_0\rho_p u_{t0}^{\ 2}}}=\sqrt[2]{\frac{18\times 1.81\times 10^{-5}\times 1800}{3600\times 2\pi\times 1.78\times 2670\times 36.89^2}}=2.00\times 10^{-6}(\text{m})\approx 2(\mu\text{m})$$

利用公式 $\eta_1=1-\exp\left[-0.693\left(\frac{d_{pi}}{d_c}\right)^{\frac{1}{n+1}}\right]$ 分别计算出各组的分级效率：

$$\eta_1=1-\exp\left[-0.693\left(\frac{d_{pi}}{d_c}\right)^{\frac{1}{n+1}}\right]=1-\exp\left[-0.693\left(\frac{2.5}{2}\right)^{\frac{1}{0.620+1}}\right]=54.86\%$$

同理 $\eta_2=88.33\%$；$\eta_3=96.31\%$；$\eta_4=99.84\%$；$\eta_5=100\%$

利用 $\eta=\sum\eta_i\cdot g_{1i}$ 得到总效率：97.7%。

基本满足排放要求。如果不能满足设计除尘效率要求，需要重新调整相关参数，直至满足要求。

[例题 9-7] 原始资料：有一台锅炉，烟气量 $Q=5000\text{m}^3/\text{h}$，排烟温度 $T=180℃$，常压下烟气密度 $\rho_g=0.8\text{kg/m}^3$，动力黏度 $\mu=2.5\times 10^{-5}\text{Pa}\cdot\text{s}$。粉尘密度 $\rho_p=2000\text{kg/m}^3$，粒度分布见下表，要求效率>80%，设计旋风除尘器。

粒径范围/μm	1～5	5～10	10～30	30～60	60～80	>80
平均粒径 d_p/μm	3	7.5	20	45	70	90

设计步骤：选择 XLP/B 型

(1) 根据式 $\eta=1-\exp\left(-0.693\frac{d_p}{d_c}\right)$ 计算得到各组的分级除尘效率，列于下表：

粒径范围/μm	1～5	5～10	10～30	30～60	60～80	>80
平均粒径 d_p/μm	3	7.5	20	45	70	90
质量频率 g_i/%	6	12	22	29	18	13
筛分理论分级效率	0.189	0.408	0.753	0.957	0.993	1

(2) 初定入口风速：18m/s。

(3) 确定入口断面积、进气管宽和高：

$A=\frac{Q}{3600u_0}=\frac{5000}{3600\times18}=0.077(\text{m}^2)$，取尺寸比 $h/b=2.5$，$A=hb$，所以 $h=0.45\text{m}$，$b=0.18\text{m}$

实际风速为：$u_{0实}=Q/(3600\times0.45\times0.18)=17.15(\text{m/s})$

(4) 由尺寸比确定筒体直径和高：

$$D=3.85b=3.85\times0.18=0.69(\text{m})$$

(5) 排气管：$d_e=0.6D=0.41(\text{m})$

(6) 锥体高度：$H\approx2.3D=1.59(\text{m})$

(7) 筒体长度：$L=1.7D=1.7\times0.69=1.17(\text{m})$

$$h_0=l=2.3d_e(D^2/A)^{\frac{1}{3}}=2.3\times0.41\times\left(\frac{0.69^2}{0.077}\right)^{\frac{1}{3}}=1.73$$

其粉尘分割径为：

$$d_c=\sqrt[2]{\frac{18\mu Q_v}{2\pi h_0\rho_p u_{t0}^2}}=\sqrt{\frac{18\times2.5\times10^{-5}\times5000}{2\pi\times3600\times2000\times1.73\times17.15^2}}\approx9.9(\mu\text{m})$$

将分割径代入理论效率公式，将所计算的分级效率填入表中。其总效率为：

$$\eta_T=\sum_{i=1}^{n}g_{1i}\eta_i$$
$$=0.06\times0.189+0.12\times0.408+0.22\times0.753+0.29\times0.957+0.18\times0.993+0.13\times1$$
$$=0.812=81.2\%$$

因 $\eta_T>80\%$，故满足设计要求。如果不能满足设计除尘效率要求，需要重新调整相关参数，直至满足设计要求。

压力损失估算：$\Delta P=\frac{1}{2}\xi\rho_g u_{0实}^2=(6\sim9)\times\frac{0.8\times17.15^2}{2}=706\sim1059\text{Pa}$

压力损失取上限，旋风除尘器阻力近似为1060Pa。

结构设计包括外形图的画法和零件图的画法（如蜗壳的画法、法兰的画法等）（该部分略）。

9.3.4 文丘里洗涤器的设计

文丘里洗涤器设计的主要内容有：①确定待净化的气体量；②确定文丘里洗涤器主要

构件的尺寸。

9.3.4.1 待净化气体量的确定

待净化气体量可根据生产工艺物料平衡和燃烧装置的燃烧计算求得。为了简化计算，在进行设计计算时，不考虑系统漏风、烟气温度降低及烟气中水蒸气对烟气体积的影响，设计计算均以文丘里管前的烟气性质和状态参数为准。

9.3.4.2 主要构件尺寸的确定

需要确定的几何尺寸有收缩管、喉管和扩张管的截面积，圆形管的直径或矩形管的高度和宽度，收缩管的收缩角，以及扩张管的扩张角等，其标注符号如图 4-26 所示。

(1) 收缩管进气端截面的主要几何尺寸

收缩管进气端的截面积，一般是按与其相连的进气管道形状相同来计算的，可按下式计算：

$$F_1=\frac{Q_{v1}}{u_{g1}} \tag{9-32}$$

式中，F_1 为收缩管进气端的截面积，m^2；Q_{v1} 为温度为 t_1 时的进气的体积流量，m^3/s；u_{g1} 为进入收缩管进气端的气体流速，m/s，此速度与进气管内气流速度相同，一般取 15～22m/s。

圆形收缩管进气端的直径为：

$$D_1=2\sqrt{\frac{F_1}{\pi}}\approx 1.128\sqrt{F_1}\ (\mathrm{m}) \tag{9-33}$$

对于矩形截面的收缩管进气端的高度和宽度可依据高宽比这个经验数据来选取，一般 $\frac{a_1}{b_1}=1.5\sim2.0$。

于是：

$$a_1=\sqrt{(1.5\sim2.0)F_1}\quad(\mathrm{m}) \tag{9-34}$$

$$b_1=\sqrt{\frac{F_1}{(1.5\sim2.0)}}\quad(\mathrm{m}) \tag{9-35}$$

(2) 扩张管出气端截面的主要几何尺寸

扩张管出气端的截面积可按下式计算：

$$F_2=\frac{Q_{v1}}{u_{g2}} \tag{9-36}$$

式中，F_2 为扩张管出气端的截面积，m^2；u_{g2} 为扩张管出气端的气体流速，m/s，一般取 18～22m/s。

圆形扩张管出气端的直径为：

$$D_2=2\sqrt{\frac{F_2}{\pi}}\approx 1.128\sqrt{F_2}\quad(\mathrm{m}) \tag{9-37}$$

对于矩形截面的扩张管出气端的高度和宽度可依据高宽比，一般 $\frac{a_2}{b_2}=1.5\sim2.0$。

$$a_2=\sqrt{(1.5\sim2.0)F_2}\quad(\mathrm{m}) \tag{9-38}$$

$$b_2=\sqrt{\frac{F_2}{(1.5\sim2.0)}}\quad(\mathrm{m})\tag{9-39}$$

(3) 喉管截面的主要几何尺寸

喉管的截面积可按下式计算：

$$F_0=\frac{Q_{v1}}{u_{g0}}\tag{9-40}$$

式中，F_0 为喉管的截面积，m^2；u_{g0} 为通过喉管的气体流速，m/s，要根据文丘里洗涤器应用的具体条件来确定。用于降温和对除尘效率要求不高时，u_{g0} 可取 40～60m/s；对于净化亚微米级粉尘粒子，要求除尘效率较高时，u_{g0} 可取 80～120m/s，甚至可取到 150m/s。

圆形喉管的直径计算方法同前。对于小型矩形文丘里洗涤器的喉管高宽比可取$\frac{a_0}{b_0}=1.2\sim2.0$，但对于卧式且通过气流量较大的喉管宽度（$b_0$）不应大于 600mm，而喉管的高度（$a_0$）不受限制。

(4) 收缩角和扩张角的确定

收缩管的收缩角（θ_1）愈小，文丘里洗涤器的气流阻力愈小，通常取 23°～30°。文丘里洗涤器用于气体降温时，θ_1 取 23°～25°，用于除尘，要求除尘效率较高时，θ_1 取 23°～28°，最大可取 30°。

扩张管的扩张角（θ_2）的取值通常与经扩张管的气流速度（u_{g2}）有关，u_{g2} 愈大，θ_2 愈小，否则不仅增大阻力，而且捕集效率也将降低，通常取 6°～7°。θ_1 和 θ_2 确定后，即可算出收缩管和扩张管的长度。

(5) 收缩管和扩张管长度的计算

圆形的收缩管和扩张管的长度可按下列公式计算：

$$L_1=\frac{D_1-D_0}{2}\cot\frac{\theta_1}{2}\tag{9-41}$$

$$L_2=\frac{D_2-D_0}{2}\cot\frac{\theta_2}{2}\tag{9-42}$$

矩形收缩管的长度可按下列公式计算，取其较大值作为收缩管的长度。

$$L_{1a}=\frac{a_1-a_0}{2}\cot\frac{\theta_1}{2}\tag{9-43}$$

$$L_{1b}=\frac{b_1-b_0}{2}\cot\frac{\theta_1}{2}\tag{9-44}$$

式中，L_{1a} 为取用收缩管进气端的高度（a_1）和喉管的高度（a_0）而计算出来的收缩管的长度，m；L_{1b} 为取用收缩管进气端的宽度（b_1）和喉管的宽度（b_0）而计算出来的收缩管的长度，m。

同理用下列两式计算的较大值作为矩形扩张管的长度。

$$L_{2a}=\frac{a_2-a_0}{2}\cot\frac{\theta_2}{2}\tag{9-45}$$

$$L_{2b}=\frac{b_2-b_0}{2}\cot\frac{\theta_2}{2}\tag{9-46}$$

式中，L_{2a} 为取用扩张管出气端的高度（a_2）和喉管的高度（a_0）而计算出来的扩张管的长度，m；L_{2b} 为取用扩张管出气端的宽度（b_2）和喉管的宽度（b_0）而计算出来的扩张管的长度，m。

（6）喉管长度的确定

喉管的长度 L_0 对粉尘粒子的捕集效率、液滴的凝聚效率，以及气流阻力损失均有较大的影响。虽然较长的喉管能增加粉尘粒子和液滴间的碰撞和凝聚作用，提高捕集效率，但阻力也必然增大。实验证明，文丘里洗涤器的捕集效率并不因喉管长度的增加而成比例地增加，喉管长度增大到一定值后，捕集效率增加甚微，但阻力增大甚多。因此，在一般情况下，对于圆形文丘里管喉管的长度取 $L_0=0.8\sim1.5D_0$，对于矩形文丘里管喉管的长度取 $L_0=(0.8\sim1.5)\times\dfrac{4F_0}{喉管的周长}$。一般来说，喉管的长度 L_0 在 200～500mm，最长不超过 500mm。

9.3.4.3 湿式除尘器的排灰装置

（1）满流排浆管

在湿式除尘器的排浆口下接锥形短管，如果出口直径与流量配合得当，可使泥浆满流排出，并在短管内保持一段液柱，起水封作用。这种排浆装置构造简单，效果好，但只用于连续、稳定排放泥浆的除尘器。满流排浆管结构示意图见图 9-22。

满流排浆管出口直径可按下式计算：

$$d=60W^{0.5}h_0^{-0.25} \tag{9-47}$$

式中，d 为排浆管出口直径，mm；W 为除尘器排浆量，m^3/h；h_0 为水封高度，mm。水封高度要在除尘器负压下，使水封保持稳定，其计算值为：

$$h_0=\frac{\Delta p}{g}+100 \tag{9-48}$$

式中，h_0 为水封高度，mm；Δp 为除尘器排浆口处的负压值，Pa；g 为重力加速度，m/s^2。

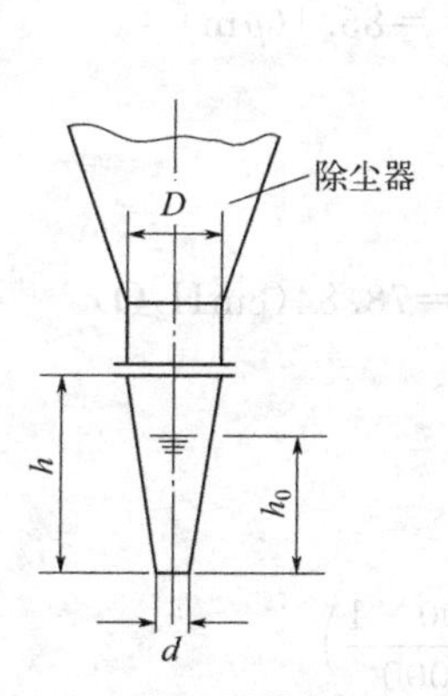

图 9-22　满流排浆管示意图

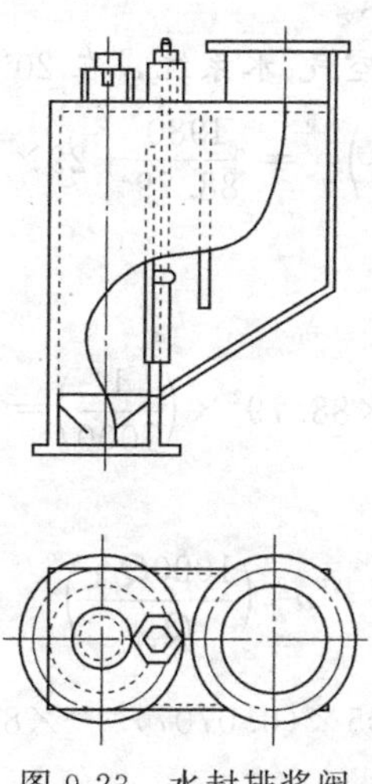
图 9-23　水封排浆阀

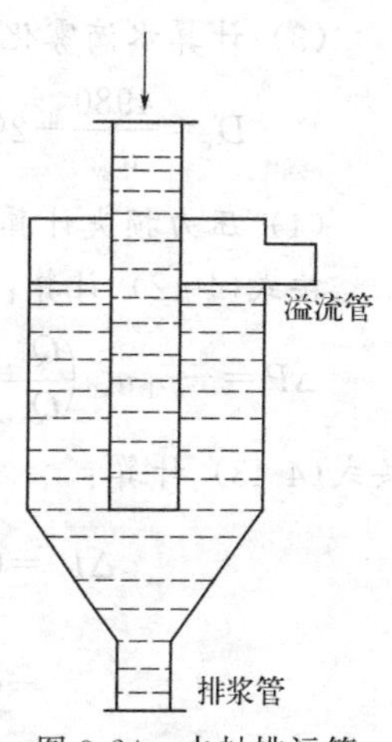

图 9-24　水封排污箱

（2）水封排浆阀

水封排浆阀（见图 9-23）结构简单，是湿式除尘器常用的配套部件，不宜用于强疏水性和黏附性物料。其水封高度可调节，一般控制在约 230mm。

（3）水封排污箱

水封排污箱结构简单、不易堵塞，适用于泥浆排放量大的场合。水封排污箱的结构示意图见图 9-24。

[例题 9-8] 从旋风除尘器（一级除尘）排出的含尘气体，拟采用文丘里洗涤器作为二级除尘设备，要求排放浓度≤150mg/m³。文丘里洗涤器的操作条件是：气体流量 $Q_v=22600m^3/h$，气体温度 20℃（与水温相同），气体压力 1atm，粉尘真密度 $\rho_p=2100kg/m^3$，粉尘浓度 $C_1=6.0g/m^3$，粉尘粒径分布符合对数正态分布（见下表）。试设计一文丘里洗涤器，确定其几何尺寸及主要性能参数。

粒径范围/μm	0～2	2～4	4～6	6～8	8～10	10～14	14～18	>18
质量频率 g_{1i}/%	10.8	22.5	16.7	13.4	8.6	11.8	6.2	10

解： 文丘里洗涤器的设计，通常是先选定一种文丘里管类型，将液体倒入系统，之后确定一组操作参数（喉管气速 u_{g0} 和液气比），使之达到总除尘性能。显然，这是一个复杂的系统分析过程，可能要多次反复计算，才能找到一组最佳操作条件。

（1）要求达到总除尘效率

$$\eta=\left(1-\frac{C_2}{C_1}\right)\times100\%=\left(1-\frac{150}{6000}\right)\times100\%=97.50\%$$

（2）选用气体雾化文丘里洗涤器，液体在喉管入口处径向导入。由于要求的除尘效率高及粉尘粒径较小（<6μm 的占 50%），所以选取喉管气速为 120～130m/s，液气比为 1L/m³。据此确定喉管直径 300mm，喉管长 300mm，喉管的截面积 $F_0=0.0707m^2$，则喉管内实际气体流速为 88.79m/s。

（3）计算水滴雾化直径，对于空气-水系统，在 20℃及常压下，由式(4-45) 得：

$$D_c=\frac{4980}{u_{g0}}+29\times\left(\frac{1000Q_{vL}}{Q_{vG}}\right)^{1.5}=\frac{4980}{88.79}+29\times\left(\frac{1000\times1}{1000}\right)^{1.5}=85.1(\mu m)$$

（4）压力损失计算

按式(4-42) 计算：

$$\Delta P=-\rho_L u_{g0}^2\left(\frac{Q_{vL}}{Q_{vG}}\right)=-1000\times88.79^2\times\left(\frac{1}{1000}\right)=7883.7(Pa)=78.84(cmH_2O)$$

按式(4-43) 计算：

$$\Delta P=0.863\rho_g(A)^{0.133}u_{g0}^2\left(\frac{1000Q_{vL}}{Q_{vG}}\right)^{0.78}$$

$$=0.863\times1.205\times(0.0707)^{0.133}\times88.79^2\times\left(\frac{1000\times1}{1000}\right)^{0.78}$$

$$=5763.7(Pa)=57.64(cmH_2O)$$

显然这两个计算结果有一定的差距，按前一个公式的计算结果来计算。

(5) 分级效率及总除尘效率的计算，根据式(4-46)：

$$P_i = \exp\left(\frac{-6.1\times10^{-9}\rho_L\rho_p C_u d_p^2 f^2 \Delta P}{\mu_g^2}\right)$$

$$=\exp\left[\frac{-6.1\times10^{-9}\times1.0\times2.1\times d_p^2\times0.1^2\times78.84}{(1.81\times10^{-5})^2}\right]=e^{-30.8d_p^2}$$

$$P_1=\frac{10.8}{100}\times e^{-30.8\times1.0^2}=4.54\times10^{-15}$$

$$\eta_1\approx1$$

同理，$P_2=\frac{22.5}{100}\times e^{-30.8\times3.0^2}$，$\eta_2\approx1$；$P_3=\frac{16.7}{100}\times e^{-30.8\times5.0^2}$，$\eta_2\approx1$；…；$P_8=\frac{10.0}{100}\times e^{-30.8\times18.0^2}$，$\eta_8\approx1$

故 $\eta\approx100\%>97.50\%$，效率符合设计要求。

(6) 文丘里管几何尺寸的确定

前已述及喉管直径300mm，喉管长300mm。取文丘里管进出口连接管内气体流速为18m/s，则 D_1 和 D_2 取650mm。取收缩角和扩张角分别为26°和6°，则：

$$L_1=\frac{D_1-D_0}{2}\cot\frac{\theta_1}{2}=\frac{650-300}{2}\cot\frac{26}{2}=758(\text{mm})$$

$$L_2=\frac{D_2-D_0}{2}\cot\frac{\theta_2}{2}=\frac{650-300}{2}\cot\frac{6}{2}=3339(\text{mm})$$

最后取收缩管长750mm，扩展管长3500mm。

9.3.5 电除尘器的设计和应用

9.3.5.1 设计方法

根据给定的运行条件和要求的除尘效率（η），确定电除尘器本体的主要结构和尺寸，包括有效断面积、集尘机板总面积、极板和极线的类型、板间距、吊挂及振打清灰方式、气流分布装置、灰斗卸灰和输灰装置、壳体的结构和保温等。在此基础上，再选取与电除尘器本体配套的供电电源和控制方式。对于一般设计者来说，在无特殊条件和要求的情况下，可以选取生产厂家的定型产品。

(1) 电除尘器型号的确定

关于电除尘器型号的确定，在第4章中已经介绍了电除尘器型号相关的知识，在此就不再赘述。

(2) 电除尘器的设计计算

以单区卧式电除尘器（干式清灰）为例介绍电除尘器的设计计算。

① 电场风速（u_g）的确定（选取）。气体在电场中的流动速度（u_g）的选取视电除尘器规格大小和烟气特性而定，一般在0.5～2.5m/s范围内，对于板式电除尘器，多为0.5～1.5m/s。对于集尘板面积一定的电除尘器而言，u_g 选取过高，不仅使电场长度增大，使电除尘器整体显得细长，占地面积增大，而且使二次扬起增加，除尘效率降低。反之，u_g 选取过低，则使断面积增大，给断面气流均匀分布增加了难度。因此，电场风速 u_g 选取适

当，要综合考虑到粉尘的特性、电除尘器总体尺寸及经济性等因素，多参考以往的实际工程经验数据。

② 横断面积的确定（初定）。根据电除尘器处理的气体流量（Q_v）和选取的电场风速（u_g），可以计算出电场的有效断面积（F）

$$F=\frac{Q_v}{u_g}\quad(\mathrm{m}^2) \tag{9-49}$$

③ 除尘效率（η）的确定。需要的除尘效率可以根据电除尘器进出口浓度来确定。出口浓度（C_2）根据排放要求来确定，进口浓度 C_1 来自设计任务。

$$\eta=\frac{C_1-C_2}{C_1}\times100\% \tag{9-50}$$

④ 有效驱进速度（ω_e）的确定。一般根据现有运行和设计经验来确定有效驱进速度（ω_e），可以参照表 4-5 给出的经验数据，表 4-5 中所列 ω_e 值是指板间距为 300mm 时的数据，若确定宽间距电除尘器的有效驱进速度，可按下式推算：

$$\omega_e'=\omega_e\frac{2\Delta b}{300} \tag{9-51}$$

式中，ω_e 为板间距为 300mm 时的有效驱进速度；Δb 为异极距，mm。

有效驱进速度（ω_e）也可根据德意希方程求得。

⑤ 比集尘表面积（f）的确定。确定了有效驱进速度（ω_e），再根据给定的气体流量（Q_v）和要求的除尘效率（η），按德意希除尘效率方程计算出所需比集尘表面积，即：

$$f=A/Q_v=\frac{1}{\omega_e}\ln\left(\frac{1}{1-\eta}\right)=\frac{1}{\omega_e}\ln\left(\frac{1}{P}\right) \tag{9-52}$$

需要强调的是，影响 f 的决定因素有很多，对于给定的应用场合来说有可能超出一般的考虑范围。图 9-25 给出了几种应用情况下 $\eta=99\%$时所需的比集尘表面积的典型值。图 9-25 表明，随着粉尘粒径的减小，所需 A/Q_v 增大；对于实际应用来说，A/Q_v 有一定的变化范围，预示着 ω_e 值有变化范围。因此还需要其他的关系，以便限定设计中的不定因素。

影响 ω_e 值的基本因素有粉尘粒径、除尘效率、粉尘比电阻及二次扬起情况等。在确定 ω_e 值以及由此而确定的电除尘器尺寸时，除尘效率起着重要作用。由于电除尘器对捕集较大尘粒很有效，所以当采用较低的除尘效率时，则选取较高的 ω_e 值。反之，在细小粉尘占比较高，且要求除尘效率较高时，应选取较低的 ω_e 值。图 9-26 给出了（荷电场强和集尘场强之积的两组不同值）电厂锅炉飞灰的 ω_e 与除尘效率 η 的关系。

选择的第二个重要因素是粉尘比电阻。若粉尘比电阻高，则容许的电晕电流密度减小，导致荷电场强减弱，粒子荷电量减少，荷电时间增长，则应选取较小的 ω_e 值（在第 4 章中已介绍）。

⑥ 电场数（n）的确定。在卧式电除尘器中，一般可将电极沿气流方向分为几段，即通称几个电场。为适应粉尘的特性，达到较好的供电效果和电极的清灰性能，单电场长度不宜过大，一般取 3.5～5.4m，对要求净化效率高的电除尘器，一般选择 3～4 个电场。

⑦ 电场高度（h）。

$$h=\sqrt{\frac{F}{2}}\,(\mathrm{m}) \tag{9-53}$$

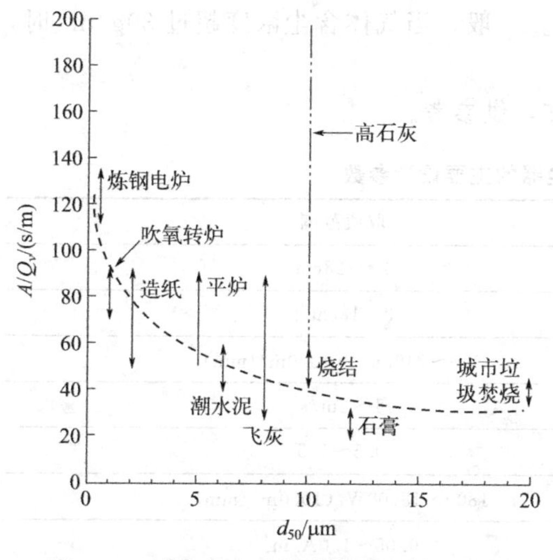

图 9-25　比集尘表面积随粉尘粒径的变化

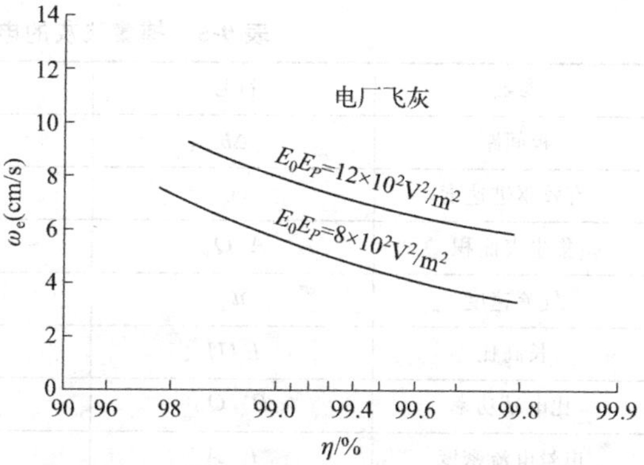

图 9-26　有效驱进速度与除尘效率的变化关系

⑧ 长高比的确定。电除尘器的长高比是集尘板有效长度与高度之比，它直接影响振打清灰时二次扬尘量。假如集尘板的长度不够长，部分下落的灰尘在到达灰斗之前可能被烟气带出除尘器，从而降低了除尘效率。当要求除尘效率大于 99%时，除尘器的长高比至少要在 1.0～1.5。

⑨ 同极距（Δb）的确定。一般电除尘器的极间距为 250～300mm。但研究表明，如果极间距加宽，就增大了绝缘距离，这样会提高火花放电电压；加宽极间距可以提高两极工作电压，粉尘的驱进速度也会提高，电除尘器内电极的安装和维修也都很方便；根据国内外的实践来看，电厂锅炉尾部使用宽间距电除尘器可以获得更高的除尘效率，对电厂锅炉来说同极距可以选 400mm。

⑩ 通道数计算。通道数按下式计算：

$$Z=\frac{F}{h(\Delta b-k')} \tag{9-54}$$

式中，k'为除尘器的阻流宽度，对于 Z 形板，k'为 0.02m。

⑪ 电场实际断面积 F'和实际风速 u'的计算。由 $Z=\frac{F'}{h\ (\Delta b-k')}$得

$$F'=Zh(\Delta b-k') \tag{9-55}$$

则实际风速

$$u'=\frac{Q}{F'}$$

⑫ 每个电场的有效长度

$$l=\frac{A}{2hZn} \tag{9-56}$$

根据上式计算的 l，每电场强度方向需要的阳极板数为：$n_1=\frac{l}{Z}$。

此外，在设计电除尘器时，还应注意气体的含尘浓度。如果含尘浓度过高，电场内尘粒的空间电荷很高，会使电除尘器电晕电流急剧下降，严重时会产生电晕闭塞。为防止电晕闭塞的发生，处理含尘浓度较高的气体时，必须采取一定措施，如提高工作电压、采用

放电强的电晕极、电除尘器前增设预除尘设备等。一般，当气体含尘浓度超过 30g/m^3 时，宜增设预除尘设备。

另外必须考虑的一些主要设计参数列于表 9-5，供参考。

表 9-5 捕集飞灰的电除尘器的主要设计参数

参数	符号	取值范围
板间距	Δb	23～28cm
有效驱进速度	ω_e	3～18cm/s
集尘表面积	A/Q_v	300～2400m^2/(1000m^3/min)
气流速度	u_g	1～2m/s
长高比	L/H	0.5～1.5
比电晕功率	P_c/Q_v	1800～18000W/(1000m^3/min)
电晕电流密度	I_c/A	0.05～1.0A/m^2
烟煤锅炉的气流速度	u_g	1.1～1.6m/s
褐煤锅炉的气流速度	u_g	1.8～2.6m/s

以上介绍的仅限于选择设计电除尘器主要几何尺寸的常用方法，并没有包括电除尘器设计的全部内容，如阴阳极的结构尺寸、固定方式和清灰方式、气流分布装置、外壳和灰斗的结构设计、供电装置的选择和设计，以及卸灰和输灰装置的设计等内容，读者可参考其他教材。

[例题 9-9] 某钢厂 90m^2 烧结机机尾烟气电除尘器的现场测试结果为：电除尘器入口含尘浓度 $C_1=26.8$g/m^3，出口含尘浓度 $C_2=0.133$g/m^3，烟气流量 $Q_v=44.4$m^3/s。该电除尘器采用 Z 形极板和星形电晕线，有效断面积 $F=40$m^2，集尘板总面积 $A=1982$m^2（两个电场）。试参考以上数据设计另一新建 130m^2 烧结机机尾烟气的电除尘器，要求除尘效率达到 99.8%，工艺设计给出的总烟气量为 70.0m^3/s。

解： 根据实测数据计算原电除尘器的除尘效率和有效驱进速度。

$$\eta=\frac{C_1-C_2}{C_1}\times100\%=\frac{26.8-0.133}{26.8}\times100\%=99.5\%$$

由德意希公式得： $$\omega_e=\frac{-\ln(1-\eta)}{A/Q_v}=-\frac{\ln(1-0.995)}{1982/44.4}=0.119(\text{m/s})$$

除尘器的电场风速 $$u_g=\frac{Q_v}{F}=\frac{44.4}{40}=1.11(\text{m/s})$$

按要求，$\eta=99.8\%$时，选 $\omega_e=0.119$m/s，求得新电除尘器的 $A/Q_v=52.4$s/m，则所需集尘极总面积 $A=52.4\times70=3668$m^2，取 3700m^2；取 $u_g=1.11$m/s，

有效断面积： $$F=\frac{Q_v}{u_g}=\frac{70.0}{1.11}=63.1(\text{m}^2)$$

可以满足设计要求。

9.3.5.2 电除尘器的应用

由于电除尘器具有高效、低阻力等特点，所以被广泛地应用于各工业行业中，特别是火电厂、冶金、建材、化工及造纸等工业。随着工业企业的日益大型化和自动化，对环境空气质量控制日益严格，电除尘器的应用数量不断增长，新型高性能的电除尘器仍在不断研究中。

我国现已研制和生产出的应用于各工业行业的各种系列的电除尘器中，板卧式电除尘器是应用最多最广的一种，产品系列很多，其中通用的有 SHWB 系列，CDWY、CDWH、CDWL、BS780 系列，GP、ZH 系列，XWD、XKD 系列等。它们应用的极板、极线各不相同，性能上也稍有差别。管式电除尘器虽然应用不多，但由于其制造、安装、调试简单、造价低，所以小型和超高压管式电除尘器仍有广泛的应用，主要有 GD 系列，GL、CDLG 系列，DLW 系列，LZD、WBD 系列等。管式三电极电除尘器的 GD 系列由鱼骨形电晕极、管状集尘极和管状辅助电极组成，更适用于捕集高比电阻粉尘。

9.3.6 袋式除尘器的设计和应用

9.3.6.1 袋式除尘器的选择

首先根据对除尘效率的要求、厂房面积、投资和设备的情况等，选定除尘器类型。其次，根据含尘气体特性，选择合适的滤料。再根据除尘器类型、滤料种类、气体含尘浓度、允许的压力损失等初步确定清灰方式。

9.3.6.2 袋式除尘器的设计

在明确净化要求（排放浓度或排放速率）的条件下，选用袋式除尘器净化，还必须考虑下列因素：①处理气体流量，此处是指工况下的气体流量。②确定运行温度，其上限应在选用滤料允许的长期使用温度之内，而下限应高于露点温度 15～20℃。当烟气中含有 SO_x 等酸性气体时，因其露点较高，应予以特别关注。③选择清灰方式及适当的滤料，选择清灰方式与滤布相适应；选择过滤介质：与温度和气体与粉尘的其他性质相适应。④确定过滤速度，主要依据清灰方式及粉尘特性确定（表 9-6）。

表 9-6 袋式除尘器的过滤速度

粉尘种类	常用过滤速度/(m/min)			粉尘种类	常用过滤速度/(m/min)		
	振打式	脉冲式	反吹式		振打式	脉冲式	反吹式
氧化铝	0.8～0.9	2.4～3.0	0.5～0.6	皮革粉尘	1.1～1.2	3.7～4.6	
石棉	0.9～1.1	3.0～3.7		石灰	0.8～0.9	3.0～3.7	0.5～0.6
铝土矿	0.8～1.0	2.4～3.0		石灰石	0.8～1.0	2.4～3.0	
炭黑	0.5～0.6	1.5～1.8	0.3～0.4	云母	0.8～1.0	2.4～3.4	0.5～0.6
煤	0.8～0.9	2.4～3.0		颜料	0.8～0.9	2.7～3.4	0.6～0.7
可可粉	0.9～1.0	3.7～4.6		纸	1.1～1.2	3.0～3.7	
黏土	0.8～1.0	2.7～3.0	0.5～0.6	塑料制品	0.8～0.9	2.1～2.7	
水泥	0.6～0.9	2.4～3.0	0.4～0.5	石英	0.9～1.0	2.7～3.4	
化妆品	0.5～0.6	3.0～3.7		岩石粉	0.9～1.1	2.7～3.0	

续表

粉尘种类	常用过滤速度/(m/min)			粉尘种类	常用过滤速度/(m/min)		
	振打式	脉冲式	反吹式		振打式	脉冲式	反吹式
搪瓷玻璃料	0.8～0.9	2.7～3.0	0.5～0.6	砂	0.8～0.9	3.0～3.7	
饲料、谷物	1.1～1.5	4.3～4.6		锯末	1.1～1.2	3.7～4.6	
长石	0.7～0.9	2.7～3.0	0.5～0.6	硅石	0.7～0.9	2.1～2.7	0.4～0.5
肥料	0.9～1.1	2.4～2.7	0.5～0.6	板岩	1.1～1.2	3.7～4.3	
面粉	0.9～1.1	3.7～4.6		肥皂、洗涤剂	0.6～0.8	1.5～1.8	0.4～0.5
石墨	0.6～0.8	1.5～1.8	0.5～0.6	香料	0.8～1.0	3.0～3.7	
石膏	0.6～0.8	3.0～3.7	0.5～0.6	淀粉	0.9～1.1	2.4～2.7	
铁矿石	0.9～1.1	3.4～3.7		糖	0.6～0.8	2.1～3.0	
氧化铁	0.8～0.9	2.1～2.4	0.5～0.6	滑石粉	0.8～0.9	3.0～3.7	
氧化铅	0.6～0.8	1.8～2.4	0.4～0.5	烟草	1.1～1.2	4.0～4.6	
硫酸铁	0.6～0.8	1.8～2.4	0.5～0.6	氧化锌	0.6～0.8	1.8～2.4	0.4～0.5

9.3.6.3 袋式除尘器的设计计算

① 计算过滤面积。根据处理气体流量，按下式计算：

$$A=\frac{Q_v}{60v_F}(\text{m}^2) \tag{9-57}$$

式中，v_F 为过滤速度，m/min；Q_v 为处理气体流量，m^3/h。

v_F 可根据含尘浓度、粉尘特性、滤料种类及清灰方式等参照表 9-6 来确定。除表 9-6 中数据外，对玻璃纤维滤袋可取 0.5～1.0m/min，一般滤布取 1～2 m/min。

② 计算气布比$\frac{Q_v}{60A}$，m^3(气体)/[m^2(滤布)·h]。

③ 除尘器出口气体浓度，可按式(4-53) 计算。

④ 计算需要的过滤面积和袋室数目。确定滤袋直径 d 和高度 l，计算每条滤袋面积 $a=\pi dl$，计算滤袋条数 $n=A/a$，在滤袋条数多时，根据清灰方式及运行条件将滤袋分成若干组，每组内相邻两滤袋之间的净距一般取 50～70mm；另外，还有滤袋的排列和间距设计等。

⑤ 壳体设计，包括除尘器箱体（框架和外壁），进、排气管形式，灰斗结构，检修孔及操作平台等。

⑥ 确定清灰方式。对于脉冲喷吹清灰袋式除尘器主要确定喷吹周期和脉冲间隔，是否停风喷吹；对于分室反吹袋式除尘器主要确定反吹、过滤、沉降三状态的持续时间和次数。

⑦ 依据上述结果查设计手册，确定所需袋式除尘器型号、规格。对于脉冲袋式除尘器，还应计算（查询）清灰气源的用量及要求的压力。

⑧ 粉尘的输送、回收及综合利用系统的设计。

[例题 9-10] 已知一水泥磨的废气量 $Q_v=6120\text{m}^3/\text{h}$，含尘浓度 50g/m^3，气体温度为 100℃，若该地区排放浓度标准为 150mg/m^3（标准状态），试设计该设备的袋式除尘系统（忽略流体在系统中的温度变化）。

解：（1）预除尘器的选型

由于水泥磨废气含尘浓度很大，考虑采用二级净化系统。第一级选用 CLG 多管旋风除尘器，考虑到管道漏风，并假设漏风率 10%，则旋风除尘器的处理气体流量为：

$$Q_1=6120\times1.1=6732(m^3/h)$$

查手册，选取 CLG-12×2.5X 型多管旋风除尘器。在正常工作时，其工作性能参数为：除尘效率 $\eta_1=80\%\sim90\%$；压力损失 ΔP 约为 670Pa。

（2）袋式除尘器的选型设计

① 处理气体流量的确定。考虑从旋风除尘器到袋式除尘器的管道漏风率为 10%，则进入袋式除尘器的风量为：

$$Q_2=6732\times1.1=7405(m^3/h)$$

② 入口含尘浓度的确定。设旋风除尘器的效率 $\eta_1=80\%$，则袋式除尘器入口气体含尘浓度为：

$$C_2=\frac{C_{初}Q_v(1-\eta_1)}{Q_2}=\frac{50\times6120\times(1-80\%)}{7405}=8.26(g/m^3)$$

③ 计算需要滤袋的总过滤面积。由于水泥磨废气温度及湿度相对较高，滤料选用“208”工业涤纶绒布；初步考虑采用回转反吹清灰，由于温度和湿度的影响，过滤风速 $v_F=1.2$ m/min，滤袋的总过滤面积：

$$A=\frac{Q_2}{60v_F}=\frac{7405}{60\times1.2}=102.8(m^2)$$

④ 确定袋式除尘器型号、规格。查设计手册及产品样品，初步确定采用 72ZC200 回转反吹扁袋除尘器。其工作性能参数为：过滤面积 110m²；过滤风速 $v_F=1.0\sim1.5$m/min；处理风量 6600～9900m³/h；滤袋数量 72 个；本体总高 6030mm；筒体直径 2530mm；入口含尘浓度≤15g/m³；正常工作压力损失约为 780～1270Pa；除尘效率≥99%。

⑤ 计算袋式除尘器正常工作时的粉尘排放浓度。工况排放浓度为：

$$C_3=C_2(1-\eta_2)=8.26\times(1-0.99)=0.0826(g/m^3)=82.6(mg/m^3)$$

折算为标准态浓度：$C_N=\frac{C_3T_{处}}{T_N}=\frac{82.6\times(273+100)}{273}=112.8(mg/m^3)<150mg/m^3$

显然，该除尘系统满足当地的排放要求。

9.3.6.4 袋式除尘器的应用

袋式除尘器作为一种高效除尘器，广泛用于各种工业的尾气除尘中，它比电除尘器结构简单、投资省、运行稳定，可以回收高比电阻粉尘；与文丘里洗涤器相比，动力消耗小，回收的干粉尘便于综合利用，不存在泥浆问题。因此对于微细的干燥粉尘，采用袋式除尘器捕集是适宜的。

袋式除尘器不适于净化含有油雾、凝结水及黏结性粉尘的气体（采用覆膜滤料除外），一般也不耐高温。尽管采用某些耐高温的合成纤维和玻璃纤维等滤料，应用温度范围有所改善，但一般情况下，气体温度宜低于 100℃。因此，用于处理高温烟气时，应采取降温措施，将烟温降到滤料长期运转所能承受的温度以下，并尽可能采用耐高温的滤料。当入口粉尘浓度过高时，宜设置预净化装置。此外，袋式除尘器占地面积较大，更换滤袋和检修不太方便，工作环境也较差。

9.4 吸收设备的选择和设计

9.4.1 吸收设备的选择

吸收设备的选择原则是有利于强化吸收过程，提高处理效率，降低设备的投资和运行费用。

伴有快速化学反应的吸收过程由扩散控制，任何有利于物质扩散的手段都会显著增加吸收过程的总速率。因而要选择气液比较大或气液相界面较大、有利于传质的设备，如喷雾塔、文丘里吸收器等。填料塔与淋降板式塔也常用于处理瞬间反应与快速反应吸收过程，这类设备有利于产生高的气液湍动和大的气液接触面积，以降低气膜的传质阻力，增大传质面积，从而提高吸收效率。若化学反应速率很低，过程属动力学控制，要求所选择的吸收设备具有持液量大、气液接触时间长的特点，以使较慢的化学反应有足够的空间和时间进行反应。宜选用鼓泡塔、鼓泡搅拌釜等吸收设备。

工程中最常用于净化气态污染物的吸收设备是填料塔，其次是板式塔。此外还有喷淋塔和文丘里吸收器等。

9.4.2 填料吸收塔的设计计算

9.4.2.1 物理吸收塔的设计计算

(1) 吸收剂用量的确定

吸收剂用量取决于适宜的液气比，而适宜的液气比是由设备费和操作费两个因素决定的。工程中，一般取最小液气比的1.1～2.0倍。

(2) 塔径计算

处理气量 Q_v 根据实际的工业过程而定，空塔气速一般由填料塔的液泛速率 u_F 确定。通常取：

$$u_0=(0.60\sim0.75)u_F \tag{9-58}$$

所以，

$$D=\sqrt{\frac{4Q_v}{\pi u_0}} \tag{9-59}$$

(3) 吸收塔高度的计算

在实际的吸收设备中，气相和液相中的组分浓度是沿接触面的高度方向而变化的。因此，吸收设备中推进动力也是变化的。在计算这种吸收设备传质速率时应取平均推动动力。若吸收器的横断面的面积为 $\Omega(m^2)$，单位体积内的有效吸收面积为 $a(m^2/m^3)$，从吸收器传质面上任取一个高为 dH 的微元，则该微元的体积为 ΩdH，吸收面积为 $dA=a\Omega dH$。

单位时间内吸收至溶液的吸收质 A 的量为 $N_A a\Omega dH$，气相中吸收质 A 减少的量为 $\Omega G_B dY$ 则：

$$N_A a\Omega dH=\Omega G_B dY$$

将 $N_A=k_y(y_A-y_A^*)$ 代入式中得：

$$k_y(y_A-y_A^*)a\,dH=G_B dY \tag{9-60}$$

积分得到（假定 k_y 为常数）：

$$H=\frac{G_B}{k_y a}\int_{Y_2}^{Y_1}\frac{dY}{y_A-y_A^*}=H_G N_G \tag{9-61}$$

式中，$H_G=\frac{G_B}{k_y a}$，为气相浓度的传质单元高度；$N_G=\int_{Y_2}^{Y_1}\frac{dY}{y_A-y_A^*}$，为气相浓度的传质单元数。

同理：

$$H=\frac{L_s}{k_x a\beta}\int_{X_2}^{X_1}\frac{dX}{(x^*-x)}=H_L N_L \tag{9-62}$$

式中，$H_L=\frac{L_s}{k_x a\beta}$，为液相浓度的传质单元高度；$N_L=\int_{X_2}^{X_1}\frac{dX}{(x^*-x)}$，为液相浓度的传质单元数。

式(9-61) 和式(9-62) 是计算完成指定任务所需填料层高度的通用公式。依据吸收过程条件进行积分，即可求得塔高。

9.4.2.2 化学吸收塔高度的设计计算

化学吸收塔的回收率定义为：$\varphi=1-\frac{c_{G2}}{c_{G1}}$；吸收因子 $A=\frac{L}{m_A G}$（操作线的斜率与平衡线的斜率之比）。

① 对于缓慢反应，其增强吸收 $\chi\approx1$。可以按照物理吸收近似计算。

② 快速反应时，由于反应基本上在液膜内进行，故液相中游离的组分 A 的浓度可以不考虑，即式(5-64) 中的 $l\,dc_A$ 可忽略；如果忽略气模阻力，则 $c_G=c_{Gi}$，联立式(5-64)、式(5-65) 和式(5-66) 可得到：

液相传质单元数的方程式：

$$N_L=\frac{\beta_{l,v}\cdot V_a}{L}=\frac{1}{q}\int_{c_{B1}}^{c_{B2}}\frac{dc_B}{\chi(c_{Ai}-c_A^*)} \tag{9-63}$$

式中，V_a 为吸收器的操作容积。

当在 χ 与 c_{Ai} 无关时，当 $\chi\approx R$，$c_A^*=0$，考虑气相阻力，可按下式求出气相传质单元数：

$$N_G=\frac{k_{g,v}V_a}{G}=-\sigma\ln^{(1-\varphi)}+\frac{1-\sigma}{R_0\sqrt{b}}\ln\left[\frac{(\sqrt{a}-\sqrt{b})(1+\sqrt{b})}{(\sqrt{a}+\sqrt{b})(1-\sqrt{b})}\right] \tag{9-64}$$

式中，$\sigma=\frac{k_{g,v}}{\beta_{g,v}}$；$a=1-\frac{1-\varphi}{AM_0}$；$b=1+\frac{1-\varphi}{AM_0}$，$\left(M_0=\frac{m_A c_{B2}}{qc_{G1}}\right)$；$R_0=\frac{\sqrt{r_{11}c_{B2}D_A}}{\beta_1}$

在液相充分混合时，可用下式求出气相传质单元数：

$$N_G=\frac{k_{g,v}V_a}{G}=-\left(\sigma+\frac{1-\sigma}{R_0\sqrt{b}}\right)\ln(1-\varphi) \tag{9-65}$$

式中的 R_0、M_0 和 b 仍按上述公式确定。

如果 $\chi\approx$常数，计算更加简化。例如在一级反应的情况下，参数 a 按式(5-44)确定，传质系数按物理吸收确定，其区别仅在于用 $\chi\beta_1$ 值代替 β_1，后面的计算按物理吸收进行。

[例题 9-11] 计算压力为 0.25MPa、温度为 30℃时，用乙醇胺水溶液从气体混合物中吸收二氧化碳的逆气流吸收器。在进料混合物中二氧化碳的含量为 25%（体积分数），要求回收率 $\varphi=0.95$，气体入口的流率为 $32000m^3/h$（0℃，0.1MPa），液体流量 $L=760m^3/h$，溶液中的乙醇胺含量为 $2.5kmol/m^3$ 在进料溶液中碳化程度（二氧化碳与乙醇胺的分子比）$\alpha=0.15$。

已知，CO_2 的扩散系数 $D_A=1.4\times10^{-9}m^2/s$；反应速率常数 $r_{11}=10200m^3/(kmol\cdot s)$；相平衡常数 $m_A=1.65$；气相中的体积传质分系数 $\beta_{g,v}=0.2s^{-1}$；液相中的传质分系数 $\beta_1=0.00022m/s$；有效接触面积为 $140m^2/m^3$。

解：二氧化碳与乙醇胺的反应为：

$$CO_2+RNH_2\longrightarrow RNHCOO^-+RNH_3^+$$

式中 R 代表基团—CH_2—CH_2OH，化学计量系数 $q=2$，进料液体的浓度为：

$$c_{B2}=[RNH_2]=2.5\times(1-2\times0.15)=1.75(kmol/m^3)$$

$$[RNHCOO^-]=[RNH_3^+]=2.5\times0.15=0.375(kmol/m^3)$$

单位时间吸收 CO_2 的量：$W_A=32000\times25\%\times0.95=7600(m^3/h)=339(kmol/h)$

$$c_{B1}=[RNH_2]=1.75-\frac{qW_A}{L}=1.75-\frac{2\times339}{760}=0.86(kmol/m^3)$$

$$[RNHCOO^-]=[RNH_3^+]=0.375+\frac{339}{760}=0.821(kmol/m^3)$$

出口液体的碳化程度：$\alpha_1=\dfrac{0.821}{2.5}=0.328$

当碳化程度小于 0.5 时，过程可视为二级快速反应。

入口处 CO_2 的浓度：$c_{G1}=\dfrac{p_T y_A}{RT}=\dfrac{0.25\times10^6\times25\%}{8.314\times(273+30)}=0.025(kmol/m^3)$

操作条件下的气体体积流量为：

$$G=32000\times\frac{0.1}{0.25}\times\frac{273+30}{273}=14206(m^3/h)$$

液气比：$\dfrac{L}{G}=\dfrac{760}{14206}=0.0535$

吸收因子：$A=\dfrac{L}{m_A G}=\dfrac{0.0535}{1.65}=0.0324$

物理吸收时液相的体积传质分系数：

$$\beta_{1,v}=\beta_1\cdot s=0.00022\times140=0.031(s^{-1})$$

物理吸收时总体积传质系数为：

$$k_{g,v}=\frac{1}{\dfrac{1}{\beta_{g,v}}+\dfrac{m_A}{\beta_{1,v}}}=\frac{1}{\dfrac{1}{0.2}+\dfrac{1.65}{0.031}}=0.0172(s^{-1})$$

$$\sigma=\frac{k_{g,v}}{\beta_{g,v}}=\frac{0.0172}{0.2}=0.086$$

取 $c_A^*=0$，$M_0=\frac{m_A c_{B2}}{q c_{G1}}=\frac{1.65\times1.75}{2\times0.025}=57.75$

$$a=1-\frac{1-\varphi}{AM_0}=1-\frac{1-0.95}{0.0324\times57.75}=0.97$$

$$b=1+\frac{1-\varphi}{AM_0}=1+\frac{1-0.95}{0.0324\times57.75}=1.027$$

$$R_0=\frac{\sqrt{r_{11}c_{B2}D_A}}{\beta_1}=\frac{\sqrt{10200\times1.75\times1.4\times10^{-9}}}{0.00022}=22.7$$

$$N_G=\frac{k_{g,v}V_a}{G}=-\sigma\ln(1-\varphi)+\frac{1-\sigma}{R_0\sqrt{b}}\ln\left[\frac{(\sqrt{a}-\sqrt{b})(1+\sqrt{b})}{(\sqrt{a}+\sqrt{b})(1-\sqrt{b})}\right]$$

$$=-0.086\ln(1-0.95)+\frac{1-0.086}{22.7\sqrt{1.023}}\ln\left[\frac{(\sqrt{0.97}-\sqrt{1.027})(1+\sqrt{1.027})}{(\sqrt{0.97}+\sqrt{1.027})(1-\sqrt{1.027})}\right]$$

$$=0.29$$

所需操作容积：$V_a=\frac{N_G\cdot G}{k_{g,v}}=\frac{0.29\times14206}{0.0172\times3600}=66(m^3)$

③ 对于瞬时反应，式(5-62) 中的 $\frac{L}{G}(c_{A1}-c_A)$ 可忽略，式(5-65) 中的 $c_A=0$。进行瞬时反应的化学吸收器计算一般分为两区进行，即表面反应区（$c_B>c_{B临}$）和内部反应区（$c_B<c_{B临}$），而每区的容积需分别算出。逆流操作时，界面上的气体浓度 $c_{G界面}$ 可由吸收器的物料衡算来确定：

$$c_{G界面}=\frac{1-\varphi+AM_0}{\frac{D_B}{D_A}+\frac{L}{G}\cdot\frac{\beta_{g,v}}{\beta_{l,v}}}\cdot c_{G1}\cdot\frac{D_B}{D_A} \tag{9-66}$$

对内部反应区（吸收器下段），传质单元数由下式计算：

$$N_G'=\frac{k_{g,v}V_a}{G}=\frac{1}{1-\frac{D_B}{A\cdot D_A}}\ln\frac{A+(AM_0-\varphi)\cdot\frac{D_B}{D_A}}{\left(A-\frac{D_B}{D_A}\right)\cdot\frac{c_{G界面}}{c_{G1}}+(1-\varphi+AM_0)\cdot\frac{D_B}{D_A}} \tag{9-67}$$

式中，$k_{g,v}$ 按物理吸收确定。

对表面反应区（吸收器上段），传质单元数由下式计算：

$$N_G''=\frac{1}{1+m_A\frac{\beta_{g,v}}{\beta_{g,v}}}\ln\frac{c_{G界面}}{c_{G2}} \tag{9-68}$$

当液相充分混合时，$c_{G界面}=\frac{\beta_{l,v}\cdot c_{B1}}{\beta_{g,v}\cdot q}\cdot\frac{D_B}{D_A}$，则内部反应区的传质单元数为：

$$N'_G=\ln\frac{A+(AM_0-\varphi)\cdot\frac{D_B}{D_A}}{A\cdot\frac{c_{G界面}}{c_{G1}}+(AM_0-\varphi)\cdot\frac{D_B}{D_A}} \tag{9-69}$$

或者

$$N''_G=\ln\frac{c_{G界面}}{c_{G2}} \tag{9-70}$$

$M_o=\frac{m_A c_{B2}}{qcG_1}$，由式(9-67)、式(9-68) 和式(9-69) 可看出，在吸收任务一定时，随浓度 c_{B2} 的变化，分区界面的气体浓度、表面反应区和内部反应区的传质单元数也随之变化。由式(9-66) 可看出，当 c_{B2} 较小时，M_o 较小，可能使得 $c_{G界面}$ 接近 c_{G2}，此时，不存在表面反应区，即化学吸收发生在液体内部。这种情况下，内部反应区的传质单元数将会增加。反之，当 c_{B2} 增大时，则产生相反结果。因此，化学吸收过程中的溶剂浓度和溶剂量对吸收器的高度都有影响。在实践中如何选择合适的吸收剂浓度是很重要的，可以通过不同方案权衡决定。

[例题 9-12] 计算用硫酸溶液从气体混合物中吸收氨的逆流吸收器容积。氨的入口浓度 $c_{G1}=0.002(\text{kmol/m}^3)$，出口浓度 $c_{G2}=0.00004(\text{kmol/m}^3)$；气相中的体积传质分系数 $\beta_{g,v}=0.5\text{s}^{-1}$；液相中的传质分系数 $\beta_{l,v}=0.0005\text{s}^{-1}$；相平衡常数 $m_A=0.00075$。气体混合物的体积流量 $G=3\text{m}^3/\text{s}$。吸收剂硫酸的入口、出口浓度（游离）分别为：(1) $c_{B2}=0.6$、$c_{B1}=0.5$；(2) $c_{B2}=1$、$c_{B1}=0.9$ (3)；$c_{B2}=0.2$、$c_{B1}=0.1$；(4) $c_{B2}=0.6$、$c_{B1}=0.4$（单位均为 kmol/m^3）。

解： 当 (1) $c_{B2}=0.6$、$c_{B1}=0.5$ 时，$\varphi=1-\frac{c_{G2}}{c_{G1}}=1-\frac{0.00004}{0.002}=0.98$

化学计量系数 $q=0.5$，

吸收剂用量：$L=G\cdot\frac{(c_{G1}-c_{G2})\cdot q}{c_{B2}-c_{B1}}=3\times\frac{(0.002-0.00004)\times0.5}{0.6-0.5}=0.0294(\text{m}^3/\text{s})$

吸收因子：$A=\frac{L}{m_A G}=\frac{0.0294}{0.00075\times3}=13.07$

假设 $D_A=D_B$，$AM_0=A\frac{m_A c_{B2}}{qc_{G1}}=13.07\times\frac{0.00075\times0.6}{0.5\times0.002}=5.88$

$$c_{G界面}=\frac{1-\varphi+AM_0}{\frac{D_B}{D_A}+\frac{L}{G}\cdot\frac{\beta_{g,v}}{\beta_{l,v}}}\cdot c_{G1}\cdot\frac{D_B}{D_A}=\frac{1-0.98+5.7}{1+\frac{0.0294}{3}\times\frac{0.5}{0.0005}}\times0.002\times1=0.0011(\text{kmol/m}^3)$$

内部反应区传质单元数：

$$N'_G=\frac{1}{1-\frac{D_B}{A\cdot D_A}}\ln\frac{A+(AM_0-\varphi)\cdot\frac{D_B}{D_A}}{\left(A-\frac{D_B}{D_A}\right)\cdot\frac{c_{G界面}}{c_{G1}}+(1-\varphi+AM_0)\cdot\frac{D_B}{D_A}}$$

$$=\frac{1}{1-\frac{1}{13.07}}\ln\frac{13.07+(5.88-0.98)}{(13.07-1)\cdot\frac{0.0011}{0.002}+(1-0.98+5.88)}=0.39$$

表面反应区传质单元数：

$$N''_G=\frac{1}{1+m_A\frac{\beta_{g,v}}{\beta_{g,v}}}\ln\frac{c_{G界面}}{c_{G2}}=\frac{1}{1+0.0075\times\frac{0.5}{0.005}}\ln\frac{0.00011}{0.00004}=3.08$$

总的传质单元数：$N_G=N''_G+N'_G=0.39+3.08=3.47$

物理吸收时总体积传质系数为：

$$k_{g,v}=\frac{1}{\frac{1}{\beta_{g,v}}+\frac{m_A}{\beta_{1,v}}}=\frac{1}{\frac{1}{0.5}+\frac{0.00075}{0.0005}}=0.286(s^{-1})$$

吸收器所需操作容积：$V_a=\frac{N_G\cdot G}{k_{g,v}}=\frac{3.47\times 3}{0.286}=36.40(m^3)$

现将几种情况的计算结果列于下表：

吸收剂浓度/($kmol/m^3$) c_{B2}	c_{B1}	吸收剂用量/(m^3/s)	内反应区传质单元数	表面反应区传质单元数	总的传质单元数	吸收器所容积/m^3
0.6	0.5	0.0294	0.39	3.08	3.47	36.40
1	0.9	0.0294	0.06	3.54	3.6	37.76
0.2	0.1	0.0294	1.30	2.07	3.37	35.35
0.6	0.4	0.0147	0.39	3.08	3.47	36.40

9.5 吸附设备的选择和设计

吸附设备的选择主要考虑：设备出口排气必须达到排放标准；设备选择要具有针对性；经济合理等。吸附设备的设计过程中主要考虑：吸附剂的选择；吸附剂用量的计算；吸附器本体的设计；吸附器压降的计算以及吸附器附属系统的设计等。

固定床吸附设备的空塔速度一般取 0.1～0.60m/s，吸附剂和气体的接触时间大于 0.5s，吸附层压力损失应小于 1kPa。在有害气体浓度较高时，为了适应工艺连续生产的需要，多采取双罐式，一罐吸附，另一罐脱附，交替切换使用。圆筒型固定床和垂直型固定床吸附设备构造简单，从小型到大型，适用于高浓度、中小风量，处理风量一般为 600～42000m^3/h。多层型固定床吸附设备构造稍复杂，适用于低浓度、大风量，处理风量一般为 3000～90000m^3/h。水平型固定床吸附设备占地面积大，适用于中高浓度，大风量，处理风量一般为 16000～120000m^3/h。固定床结构简单，投资小，其处理规模可大可小，应用方便，因此应用最为广泛。但是，固定床设备庞大，吸附剂用量大，床层导热性能差。因此，在处理大气量、吸附热大的场合，常常考虑使用移动床。

移动床吸附层空塔速度可达 0.7～1.0m/s，为固定床的 2 倍以上，其空塔速度必须控制在15%～20%的变动范围内。活性炭耗损量约为炭循环量的0.001%～0.002%，循环周期约为2～3.5h。

流化床吸附器中的气速是一般固定床的3倍以上，吸附剂内传质传热速率快，床层温度均匀，操作稳定。缺点是吸附剂磨损严重。另外，气流与床层颗粒返混，所有吸附剂颗粒都与出口气体保持平衡，无“吸附波”存在，因此，所有吸附剂都保持在相对低的饱和度下，否则出口气体中污染物浓度不易达到排放标准，因而较少用于废气净化。

9.5.1 等温固定床吸附过程的计算

固定床吸附器的计算主要是从吸附平衡和吸附速率两个方面来考虑。由于固定床吸附器的饱和区、传质区及未利用区随时间变化其位置也不断改变，因此固定床操作处于不稳定状态，影响因素很多，为简单起见，假设：①吸附体系是一个很简单的等温吸附体系；②混合气体中只有一种可被吸附的吸附质，且浓度较低（即 $y \approx Y$），该体系得到的仅有一个吸附波或传质区；③传质区以恒定模式通过吸附床层；④吸附区长度为常数，且吸附床的长度大于吸附区长度。

9.5.1.1 吸附床层厚度（高度）及传质区长度（高度）的计算

（1）希洛夫方程计算法

① 吸附床层厚度的确定。在固定床吸附流程中，当其他工艺条件一定时，保护作用时间与吸附剂床层的厚度是相互制约的。当规定了保护作用时间后，便可用希洛夫方程来确定吸附剂床层的厚度。

$$Z = \frac{\tau_B + \tau_0}{K} \tag{9-71}$$

需要说明的是，和利用希洛夫方程计算保护作用时间一样，利用希洛夫方程也只能近似计算吸附床层的厚度。

② 计算床层直径：

$$D = \sqrt{\frac{4V}{\pi u}} \tag{9-72}$$

③ 求吸附剂用量 W：

$$W = SZ\rho_b \tag{9-73}$$

为避免装填损失，可多取10%装填量。

［例题 9-13］ 用活性炭固定床吸附器吸附净化废气。常温常压下废气流量为 $1000m^3/h$，废气中四氯化碳初始浓度为 $2000mg/m^3$，选定空床气速为20m/min。活性炭平均粒径为3mm，堆积密度为 $450kg/m^3$，操作周期为40h。在上述条件下，进行动态吸附实验取得如下数据：

床层高度 Z/m	0.1	0.15	0.2	0.25	0.3	0.35
透过时间 τ_B/min	109	231	310	462	550	650

请计算固定床吸附器的直径、高度和吸附剂用量。

解： 以 Z 为横坐标，τ_B 为纵坐标将上述实验数据描绘在坐标图上得一直线。依据该

图求出直线的斜率即为 K，截距即为 $-\tau_0$，得

$K=2143\text{min/m}$，$\tau_0=95\text{min}$

将 K、τ_0、τ_B 代入希洛夫公式得：

$$Z=\frac{\tau_B+\tau_0}{K}=\frac{40\times60+95}{2143}=1.164(\text{m})$$

取 $Z=1.20\text{m}$。采用立式圆柱床进行吸附，计算出吸附床直径：

$$D=\sqrt{\frac{4V}{\pi u}}=\sqrt{\frac{4\times1000}{\pi\times20\times60}}=1.03(\text{m})$$

可取 $D=1\text{m}$。

所需吸附剂量：

$$W=SZ\rho_b=\frac{\pi}{4}\times1^2\times1.2\times450=423.9(\text{kg})$$

考虑装填损失，所需吸附剂量 W 为：$423.9\times1.1=466(\text{kg})$

（2）透过曲线计算法

透过曲线计算方法与希洛夫近似计算法相比要复杂一些。

① 传质区长度（高度）Z_a 的确定。图 9-27 为一理想透过曲线。气体的初始浓度为 y_i [kg(溶质)/kg(无溶质气体)]，气体流过床层的质量流速为 G_s[kg/(m^2·h)]，经过一段时间后流出物总量为 W [kg(无溶质气体)/m^2)]。此透过曲线是比较陡的，流出物中溶质的浓度从基本上为零迅速上升到进口浓度。以 y_b 作为破点的浓度，并认为流出物浓度升到 y_e 时，吸附剂基本上已耗竭。在破点处流出物的量为 W_b，而到吸附剂耗竭时，流出物的量为 W_e。这样，在透过曲线出现期间所积累的流出物量 $W_a=W_e-W_b$。把浓度由 y_b 变化到 y_e 这部分的床层高度称为一个吸附区或称长度（高度）。

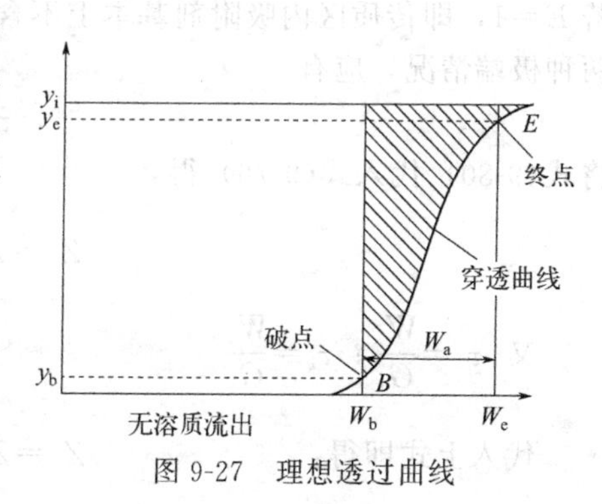

图 9-27　理想透过曲线

当吸附波形成后，随着混合气体的不断通入，传质区沿床层不断移动，令 τ_a 为吸附波移动一个传质区长度（高度）所需的时间，则：

$$\tau_a=\frac{W_e-W_b}{G_s}=\frac{W_a}{G_s} \tag{9-74}$$

传质区形成和移出床层所需的时间之和，则：$\tau_e=\frac{W_e}{G_s}$

设传质区形的时间为 τ_f，则 $\tau_e-\tau_f$ 应是自吸附波形成开始到移出床层的时间。在稳定操作时，当吸附波形成后，其前进的距离和所需要的时间之比（即吸附波前进的速度）应是一个常数。设吸附床长度（高度）为 Z，传质区长度（高度）为 Z_a，则：

$$\frac{Z_a}{\tau_a}=\frac{Z}{\tau_e-\tau_f} \tag{9-75}$$

得出传质区高度为：

$$Z_a = Z \cdot \frac{\tau_a}{\tau_e - \tau_f} \tag{9-76}$$

设气体在传质区中，从破点到床层完全耗竭所吸附的吸附质的量为U[kg/m^2(床层截面积）]，即为图 9-27 中阴影的面积。

$$U = \int_{W_b}^{W_e} (y_i - y) dW \tag{9-77}$$

若传质区中所有的吸附剂均为吸附质所饱和，则从破点到床层完全耗竭吸附剂的吸附容量应为 $y_i \cdot W_a$[kg(吸附质)/m^2]。

但实际情况是，当达到破点时，传质区内仍具有一部分吸附容量，该吸附能力通常用部分吸附能力与该区内吸附剂总的吸附能力之比E(吸附能力分率）来表示，即：

$$E = \frac{U}{y_i W_a} = \frac{\int_{W_b}^{W_e} (y_i - y) dW}{y_i W_a} \tag{9-78}$$

很显然，$1-E$ 代表了吸附区的饱和程度，E 愈大，说明吸附区的饱和程度愈低，形成传质区所需的时间愈短。当$E=0$ 时，说明吸附波形成后，吸附区内的吸附剂已全部达到饱和，此情况下，吸附形成的时间应与移动一个吸附波长度的距离所需时间相等：

$$\tau_f = \tau_a \tag{9-79}$$

若$E=1$，即传质区内吸附剂基本上不含吸附质，则传质区形成的时间基本上等于零。据此两种极端情况，应有：

$$\tau_f = (1-E)\tau_a \tag{9-80}$$

将式(9-80) 代入式(9-76) 得：

$$Z_a = Z \cdot \frac{\tau_a}{\tau_e - (1-E)\tau_a} \tag{9-81}$$

又 $\tau_a = \dfrac{W_a}{G_s}$；$\tau_e = \dfrac{W_e}{G_s}$

代入上式即得：

$$Z_a = Z \cdot \frac{W_a}{W_e - (1-E)W_a} \tag{9-82}$$

由式(9-82) 可知，要确定传质区的长度（高度）Z_a，必须通过实验得出透过曲线的形状，从而确定 W_a、W_e 和 E 的值。在实际吸附计算中，E 的值在 0～1 之间，一般取 0.4～0.6。

② 破点时吸附床饱和度。设吸附床横截面积为 S，吸附床整个床层的长度（高度）为 Z，其中吸附剂的堆积密度为 ρ_b，则吸附剂的总量应为 $S \cdot Z \cdot \rho_b$。

若床层全部被饱和，吸附剂与污染物进口浓度 c_0 平衡的静活性为 α_m，则此时吸附剂所吸附的污染物的量为：$q = \alpha_m \cdot S \cdot Z \cdot \rho_b$

实际操作中，达到破点时，总会有一部分吸附剂未达饱和，此时吸附床中实际吸附量应为饱和区的吸附量与传质区的吸附量之和。其中：

$$饱和区吸附污染物的量 = (Z - Z_a)\alpha_m \cdot S \cdot \rho_b$$

$$传质区吸附污染物的量 = Z_a(1-E)\alpha_m \cdot S \cdot \rho_b$$

于是整个吸附床的饱和度 α 为：

$$\alpha = \frac{(Z - Z_a)\alpha_m \cdot S \cdot \rho_b + Z_a(1-E)\alpha_m \cdot S \cdot \rho_b}{\alpha_m \cdot S \cdot Z \cdot \rho_b} \tag{9-83}$$

即：

$$\alpha=\frac{Z-Z_a E}{Z} \tag{9-84}$$

③ 传质区中传质单元数和传质单元高度的计算。吸附操作过程中，随着吸附的进行，床层内的传质区沿气流方向移动，移动的速度远比气流通过的速度慢。为了分析问题的方便，假定传质区移动方向与气流方向相反，则可把传质区认为是固定在某一高度，如图 9-28(a) 所示。

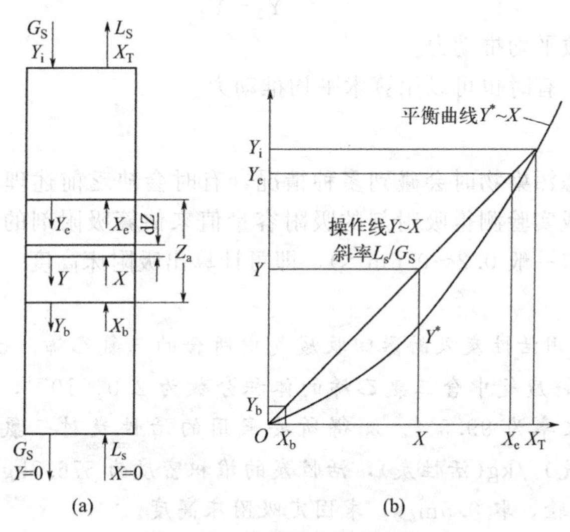

图 9-28　传质区物料平衡图

假设在床层顶面气固相达到平衡状态。可对整个床层作物料衡算：

$G_S(Y_i-0)=L_s(X_T-0)$ 即：

$$\frac{L_s}{G_S}=\frac{Y_i}{X_T} \quad \text{或} \quad Y_i=\frac{L_s}{G_S}X_T \tag{9-85}$$

式中，L_s 为吸附剂流量，kg(无吸附质固体)/(m² · h)。

式(9-85) 可以看作是吸附操作线方程，$\frac{L_s}{G_S}$为吸附操作线斜率［图 9-28(b)］。对于床层任一截面，则可有如下关系：

$$Y=\frac{L_s}{G_S}X \tag{9-86}$$

在床层中取微元高度 dZ，在单位时间单位面积的 dZ 内作物料衡算（气体中溶质的减少量等于吸附剂固体中吸附的吸附质的量）：

$$G_S \mathrm{d}Y=K_y a_p(Y-Y^*)\mathrm{d}Z \tag{9-87}$$

式中，G_S 为气体流量，kg(无溶质气体)/(m² · h)；$K_y a_p$ 为气相体积传质总系数，kg(吸附质)/(m³ · h)；Y^* 为与 X 成平衡的气相浓度，kg(吸附质)/kg(无溶质气体)。

将式(9-87) 整理并在传质区内积分，即得传质区高度：

$$Z_a=\frac{G_S}{K_y a_p}\int_{Y_b}^{Y_e}\frac{\mathrm{d}Y}{Y-Y^*}=H_G N_G \tag{9-88}$$

$$H_G=\frac{G_S}{K_y a_p};N_G=\int_{Y_b}^{Y_e}\frac{dY}{Y-Y^*} \tag{9-89}$$

上式中 H_G、N_G 可以称为传质区内的传质单元高度和传质单元数。

N_G 的求算与处理吸收计算相类似，传质单元数可用图解积分法求取。当平衡线接近直线时，也可用下式近似计算：

$$\Delta Y_m=\frac{(Y_1-Y_1^*)-(Y_2-Y_2^*)}{\ln\frac{Y_1-Y_1^*}{Y_2-Y_2^*}}$$

式中，ΔY_m 为对数平均推动力。

对于低浓度气体，有时也可以用算术平均推动力。

（3）经验估算法

用吸附法净化气态污染物时会碰到多种情况，有时会缺乏前述理论计算时所需要的数据，此时可用生产中或实验测得吸附剂的吸附容量值来估算吸附剂的用量，然后根据操作周期和经验气体流速（一般 0.2～0.6m/s），即可计算出吸附床高度。

［例题 9-14］ 拟用活性炭吸附器回收废气中所含的三氯乙烯。已知废气排放条件为 294K，1.38×105Pa，废气中含三氯乙烯的体积分数为 2.0×10^{-3}，流量为 $12700m^3/h$，要求三氯乙烯的回收率为 99.5%。测得所要采用的活性炭对三氯乙烯的吸附容量为 0.28kg(三氯乙烯蒸气) /kg(活性炭)，活性炭的堆积密度为 $576.7kg/m^3$，其吸附周期为 4h。操作气速根据经验，取 0.5m/s，求固定吸附床高度。

解： 三氯乙烯体积流量为：$12700\times2.0\times10^{-3}=25.4(m^3/h)$。

将此换算成标准状况下的体积：

$$25.4\times\frac{1.38\times10^5}{1.01\times10^5}\times\frac{273}{294}=32.226(m^3/h)$$

三氯乙烯的摩尔质量为 131.37g/mol，则得三氯乙烯质量流量为：

$$131.37\times\frac{32226}{22.4}=189.00(kg/h)$$

在 4h 内所要吸附的三氯乙烯的量为：

$$189.00\times4\times0.995=752.21(kg)$$

则所需活性炭体积为：

$$V_{炭}=\frac{752.94/0.28}{576.7}=4.66(m^3)$$

按操作气速 0.5m/s 计，所需吸附床直径为：

$$D=\sqrt{\frac{4V}{\pi u}}=\sqrt{\frac{4\times12700}{3.14\times0.5\times3600}}=3.0(m)$$

得床层截面积：$S=\frac{\pi}{4}D^2=0.785\times3^2=7.065(m^2)$

于是得床层高度为：$Z=\frac{V_{炭}}{S}=\frac{4.66}{7.065}=0.66(m)$。

也可根据实测吸附剂的平均吸附量，用物料衡算法来估算每次间歇操作的持续时间，实际操作时间的计算公式：

$$\tau_B = \frac{W(R_2 - R_1)}{uS(c_1 - c_2)} \tag{9-90}$$

式中，u 为按吸附层截面计算的气流速率，m/s；S 为吸附层截面积，m^2；c_1 为废气的初始浓度，kg/m^3；c_2 为出吸附器净气的浓度，kg/m^3；τ_B 为实际操作时间，s；W 为吸附剂的质量，kg；R_1 为再生后吸附剂中仍然残存的吸附质的质量分数；R_2 为吸附终了时吸附剂中的吸附质的质量分数。

［例题 9-15］ 在 21℃和 138kPa 操作条件下，用活性炭吸附塔回收 99.5%（以质量计）的三氯乙烯。283.2m^3/min（289K，101.3 kPa）的脱脂剂排气流中含有三氯乙烯 0.2%（以体积计），活性炭堆积密度为 577kg/m^3，静活性为 28kg(三氯乙烯) /100kg(活性炭)，吸附塔的操作周期为：吸附 4h，加热和脱附 2h，冷却 1h，备用 1h。试计算活性炭的用量和吸附塔尺寸。

解： 操作条件下混合气体的体积流量为：

$$283.2 \times 60 \times \frac{(273+21) \times 101.3}{289 \times 138} = 12688.9(m^3/h)$$

三氯乙烯的体积流量为：$0.2\% \times 12688.9 = 25.4(m^3/h)$

三氯乙烯的质量流量为：$\frac{25.4}{22.4} \times \frac{273 \times 138}{289 \times 101.3} = 1.46\,(kmol/h) = 1.46 \times 131.37 = 191.70(kg/h)$

经 4h 吸附的三氯乙烯的量：$191.70 \times 99.5\% \times 4 = 762.97(kg)$

所需活性炭的量：$762.97 \times \frac{100}{28 \times 577} = 4.72(m^3)$

若采用气流速为 0.5m/s 的立式塔，流体通过所需截面积为：

$$A = \frac{12688.9}{0.5 \times 3600} = 7.05(m^2)$$

塔径：$D = \sqrt{\frac{4Q_v}{\pi u_0}} = \sqrt{\frac{4A}{\pi}} = \sqrt{\frac{4 \times 7.05}{\pi}} = 3(m)$

活性炭层高为：$H = \frac{4.72}{7.05} = 0.67(m)$

9.5.1.2 固定床吸附器床层压降估算

流体在固定床中的流动情况较其在空管中的流动要复杂得多，固定床中流体是在颗粒间的空隙中流动的，颗粒间空隙形成的孔道是弯曲且相互交错的，孔道数和孔道截面积沿流向也在不断改变。所以流体流过床层的压降，主要是由流体与颗粒表面间的摩擦阻力和流体在孔道中的收缩、扩大和再分布等局部阻力引起，当流动状态为层流时，以摩擦阻力为主，当流动状态为湍流时，以局部阻力为主；由于影响压降的因素很多，目前尚无一个较完善的通用计算公式。在设计固定床吸附器时，多根据实际情况，结合相关条件采用经验公式进行计算，或采用实测数据，实测数据可从同类型的工业装置中获得，也可从一定规模的实验装置中获得。下面介绍几种可用于估算固定床吸附器的压降的经验公式。

（1）气体通过静止吸附剂颗粒层的压降

当气体通过静止的吸附剂颗粒层时，由于床层内堆积的是大量的粒径和形状不同的颗粒，颗粒之间的空隙结构毫无规则可言，因而造成气体流动的通道曲折复杂，难以进行理论计算，因此，对于这类固定床层可利用下面的经验公式计算床层的压降：

$$\frac{\Delta P}{Z}=\frac{\lambda}{d_p}\cdot\frac{u_h^2\rho_g^2}{2g} \tag{9-91}$$

式中，ΔP 为压降，Pa；λ 为外摩擦系数；d_p 为颗粒当量直径，m；u_h 为气体在吸附剂颗粒空隙间的真实流速，m/s；ρ_g 为气体密度，kg/m^3；g 为重力加速度，$9.81m/s^2$。

式中的 d_p 可用下式计算：

$$d_p=\frac{4\varepsilon}{a} \tag{9-92}$$

式中，ε 为床层空隙率，m^3/m^3；a 为单位体积床层中吸附剂颗粒的总表面积，m^2/m^3。

空隙率 ε 与颗粒的放置状况有关，对于均匀一致的球形颗粒，ε 可取 0.259～0.426，对于颗粒形状及大小不一的乱堆吸附剂层，其 ε 的值可按 0.4 计算。

由于气流在床层中所走的通道是弯曲的，所以式(9-91) 中的真实气速 u_h 会比空塔气速 u 高，u_h 可用下式近似计算：

$$u_h=\frac{u}{\varepsilon} \tag{9-93}$$

外摩擦系数 λ 是雷诺数的函数，即

$$\lambda=f(Re)$$

$$Re=\frac{d_p u_h \rho_g}{\mu_g} \tag{9-94}$$

式中，μ_g 为气体的动力黏度，kg/ms。

λ 也可由实验得到。由实验得知：

$$Re<20\text{ 时},\lambda=\frac{1.46}{Re} \tag{9-95}$$

$$20<Re<7000\text{ 时},\lambda=\frac{1.6}{Re} \tag{9-96}$$

$$Re>7000\text{ 时},\lambda=0.4 \tag{9-97}$$

当吸附剂颗粒当量直径与吸附床直径 D 之比 $\frac{d_p}{D}>\frac{1}{50}$ 时，λ 需乘以由实验测得的校正系数。

（2）按单一流体通过固定床压降的估算式

欧根（Ergun）从大量实验中导出了单一流体通过固定床压降的估算式（欧根公式）：

$$\left(\frac{\Delta P}{Z}\right)\frac{\varepsilon^3 d_p\rho_g}{(1-\varepsilon)G_S^2}=\frac{150(1-\varepsilon)\mu_g}{d_p G_S}+1.75 \tag{9-98}$$

式中，ΔP 为压降，Pa；d_p 为吸附剂颗粒当量直径，m；ε 为床层空隙率，m^3/m^3；ρ_g 为气体密度，kg/m^3；μ_g 为气体黏度，Pa·s；Z 为床层高度，m；G_S 为单位截面气体流

速，kg/(m^2·s)。

(3) 使用分子筛的固定吸附床压降

对于使用一般吸附剂（包括分子筛）可应用前述公式估算压降。但由于分子筛的形状和结构特点，可以采用更简单的计算方法。美国联合碳化物公司在计算分子筛床层的压降时，就使用了经过修正的简化的欧根经验式：

$$\frac{\Delta P}{Z}=\frac{\lambda C_e G_S^2}{\rho_g d_p} \tag{9-99}$$

式中，ΔP 为压降，Pa；Z 为床层厚度，m；λ 为摩擦系数；C_e 为压降系数（实验测定），m·s^2/m^2；G_S 为气体的质量流速，kg/(m^2·s)；d_p 为颗粒当量直径，m；ρ_g 为气体密度，kg/m^3。

若分子筛颗粒为柱状时，则 d_p 为：

$$d_p=\frac{d_0}{2/3+1/3(d_0/L_c)} \tag{9-100}$$

式中，d_0 为柱状分子筛颗粒的直径，m；L_c 为柱状分子筛颗粒的长度，m。

9.5.2 移动床吸附过程的计算

在移动床吸附器的吸附操作中，吸附剂固体和气体混合物均以恒定速度连续流动，它们在床层任一截面上的浓度都在不断地变化，和气液在吸收塔内的吸收类似。

移动床吸附过程的计算主要是吸附器直径、吸附段高度和吸附剂用量的计算。可以仿照吸收塔的计算来处理问题，同时由于所进行的是低浓度气态污染物的吸附处理，可以按照等温过程对待。为了简化计算，只讨论一个组分的吸附过程。

9.5.2.1 移动床吸附器直径的计算

移动床吸附器主体一般为圆柱形设备，和吸收塔计算塔径的公式相同：

$$D=\sqrt{\frac{4V}{\pi u}} \tag{9-101}$$

式中，D 为设备直径，m；V 为混合气体流量，m^3/h；u 为空塔气速，m/s。

与吸收计算一样，在吸附设计中，一般来说混合气体流量是已知的，计算塔径的关键是确定空塔气速 u。一般移动床中的空塔气速都低于临界流化气速。球形颗粒的移动吸附床临界流化气速可由下式求得：

$$u_{mf}=\frac{Re_{mf}\mu_g}{d_p\rho_g} \tag{9-102}$$

式中，u_{mf} 为临界流化气速，m/s；μ_g 为气体黏度，Pa·s；ρ_g 为气体密度，kg/m^3；d_p 为固体颗粒平均直径，m；Re_{mf} 为临界流化速度时的雷诺数，由下式求得：

$$Re_{mf}=\frac{A_T}{1400+5.22A_T^{0.5}} \tag{9-103}$$

式中，A_T 为阿基米德准数，由下式求取：

$$A_T=\frac{d_p^3\rho_g g}{\mu_g^2}(\rho_s-\rho_g) \tag{9-104}$$

式中，ρ_s 为吸附剂颗粒密度，kg/m^3。

若吸附剂是由不同大小的颗粒组成，则其平均直径应按下式计算：

$$d_p = \frac{1}{\sum_{i=1}^{n} \frac{g_i}{d_{pi}}} \tag{9-105}$$

式中，g_i 为颗粒各筛分的质量分数，%；

d_{pi} 为颗粒各筛分的平均直径，m；$d_{pi} = \sqrt{d_1 \cdot d_2}$，$d_1$、$d_2$ 分别为上下筛目尺寸，m。

计算出临界流化气速后，再乘以 0.6～0.8，即为空塔气速 u，再代入式(9-101)，求出塔径 D。

9.5.2.2 移动床吸附剂用量的计算

与吸收操作一样，如图 9-29 所示，操作线 DE 的斜率 L_S/G_S 称作“固气比”，它反映了处理单位气体量所需要的吸附剂的量。对于一定的吸附任务，G_S 都是一定的，这时希望用最少的吸附剂来完成吸附任务。若吸附剂用量 L_S 减小，则操作线的斜率 L_S/G_S 就会变小，当达到 E 点与平衡线重合到 F 点，则 L_S/G_S 达到最小，称最小固气比 $(L_S/G_S)_{min}$，最小固气比可用图解法求出。若吸附平衡线符合图 9-29(b) 的情况，则需找到进气端（浓端）气体中污染物浓度 Y_1 与平衡曲线的交点 F，从 F 点读出对应平衡线上的 X_1^* 的值，然后计算出最小固气比：

$$\left(\frac{L_S}{G_S}\right)_{min} = \frac{Y_1 - Y_2}{X_1^* - X_2} \tag{9-106}$$

得出最小吸附剂用量：

$$(L_S)_{min} = G_S \cdot \frac{Y_1 - Y_2}{X_1^* - X_2} \tag{9-107}$$

根据实际经验，操作条件下的固气比应为最小固气比的 1.1～2.0 倍，因此，实际操作条件下的吸附剂用量应是：

$$L_S = (1.1 \sim 2.0)(L_S)_{min}$$

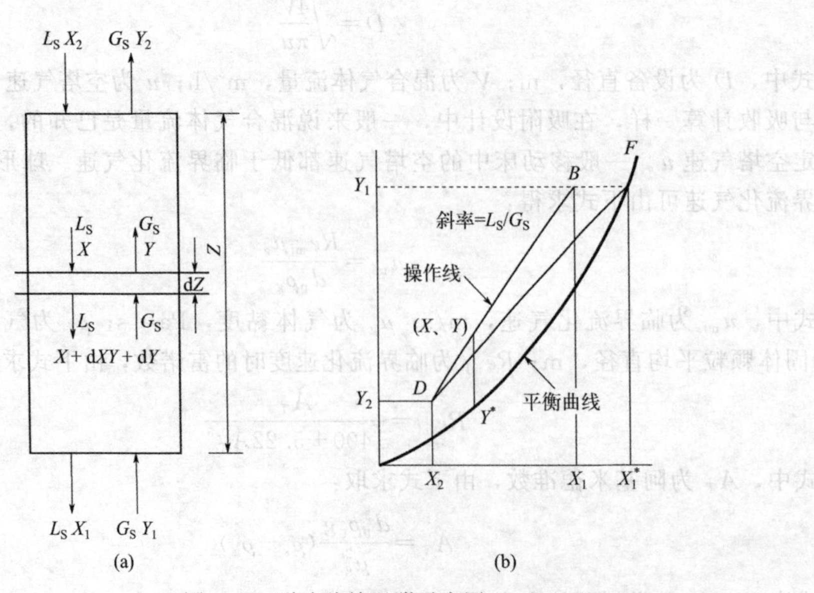

图 9-29 逆流连续吸附示意图

9.5.2.3 移动床吸附器吸附层高度的计算

在图 9-29(a) 的吸附器截面上取一微分高度 dZ 作物料衡算，得到：

$$L_S dx = G_S dY \tag{9-108}$$

又根据吸附率方程：

$$G_S dY = k_y a_p (Y - Y^*) dZ \tag{9-109}$$

上式整理后积分得传质单元数 N_G：

$$N_G = \int_{Y_2}^{Y_1} \frac{dY}{Y - Y^*} = \frac{k_y a_p}{G_S} \int_0^Z dZ = \frac{Z}{H_G} \tag{9-110}$$

由式(9-110) 得吸附床层有效高度 Z 为：

$$Z = N_G \cdot H_G \tag{9-111}$$

H_G 称为传质单元高度。

传质单元数可仿照吸收或固定吸附过程的处理方法，采用图解积分的方法求出。但要准确求出传质单元高度就显得困难一些。主要原因是还没有找出正确的方法准确地求出移动床的传质总系数 $K_y a_p$，目前移动床的传质总系数都是采用固定吸附床的数据进行估算的。但是由于在移动床中固体颗粒处于运动状态，因此其传质阻力与固定床有差别，这样处理只是一种近似估算。

[例题 9-16] 以分子筛吸附剂，在移动床吸附器中净化含 SO_2 为 3%（质量分数）的废气，废气流速为 6500kg/h，操作条件为 293K、1.013×10^5 Pa，等温吸附。要求气体净化效率为 95%。固定床吸附器操作时得到气、固传质分系数分别为：

$\beta_y a_p = 1260 G_S^{0.55}$ [kg(SO_2)/(h·m²·Δy)]；$\beta_x a_p = 3458$ [kg(SO_2)/(h·m²·Δx)]

试计算：(1) 吸附剂用量；(2) 操作条件下，吸附剂中 SO_2 的含量；(3) 移动吸附床有效高度。

解： (1) 吸附剂用量

吸附器进、出口气体组成为：

$$Y_1 = \frac{6500 \times 0.03}{6500 - 6500 \times 0.03} = 0.03 [\text{kg}(SO_2)/\text{kg}(\text{空气})]$$

$$Y_2 = \frac{6500 \times 0.03 \times 0.05}{6500 \times (1 - 0.03)} = 1.55 \times 10^{-3} [\text{kg}(SO_2)/\text{kg}(\text{空气})]$$

由实验得到用分子筛从空气中吸附 SO_2 的平衡曲线见图 9-30，由图中可查出与气相组成 Y_1 呈平衡的 $X_1^* = 0.1147$，假定吸附器进口的固相组成 $X_2 = 0$，则根据式(9-107) 得：

$$\left(\frac{L_S}{G_S}\right)_{\min} = \frac{0.03 - 0.00155}{0.1147 - 0} = 0.248$$

操作条件下的固气比取最小固气比的 1.5 倍，则：

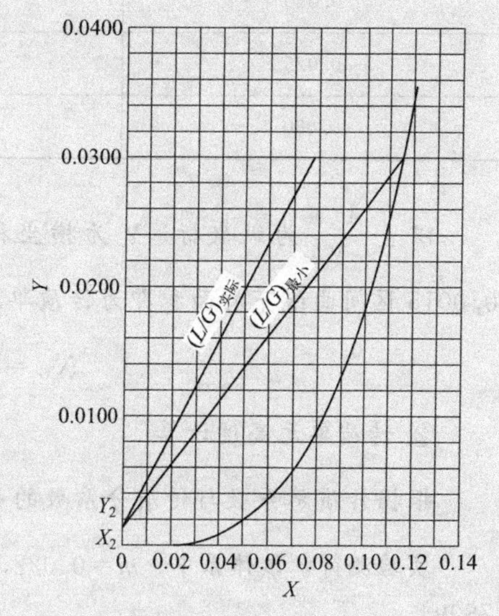

图 9-30 分子筛吸附 SO_2 的平衡曲线图

$$\frac{L_S}{G_S}=1.5\times0.248=0.372$$

吸附剂的实用量为：

$$L_S=0.372\times6500=2418(\text{kg/h})$$

(2) 操作条件下，吸附剂中 SO_2 的含量 X_1

$$X_1=\frac{G_S(Y_1-Y_2)}{L_S}=\frac{6500\times(0.03-0.0015)}{2418}=0.0766[(\text{kg}(SO_2)/\text{kg}(\text{分子筛})]$$

(3) 移动吸附床有效高度的计算

① 传质单元数计算

$$N_G=\int_{Y_2}^{Y_1}\frac{dY}{Y-Y^*}$$

用图解积分法求取传质单元数，利用图 9-30，在 $Y_1=0.03$ 到 $Y_2=0.0015$ 范围内划分一系列 Y 值，对每一个 Y 值，在操作线上查出相应的 X 值，再查出与每一个 X 值相对应的 Y^* 值，计算出 $\frac{1}{Y-Y^*}$ 的值，结果如下：

Y	Y^*	$\frac{1}{Y-Y^*}$
0.0015	0.00	645
0.005	0.00	200
0.010	0.0001	101
0.015	0.0005	69
0.020	0.0018	55
0.025	0.0043	48.3
0.030	0.0078	45

以 $\frac{1}{Y-Y^*}$ 为纵坐标，Y 为横坐标，作曲线（图 9-31）。在坐标 $Y_1=0.03$ 和 $Y_2=0.0015$ 区间曲线下的面积即为传质单元数：

$$N_G=\int_{Y_2}^{Y_1}\frac{dY}{Y-Y^*}=3.218$$

② 传质单元高度计算

根据传质总系数与传质分系数的关系有：$\frac{1}{k_y a_p}=\frac{1}{\beta_y a_p}+\frac{m}{\beta_x a_p}$

实验测得，该体系中，$m=0.022$，将 m 及 $\beta_y a_p$、$\beta_x a_p$ 代入上式，经计算得：$k_y a_p=78994$

则传质单元高度为：

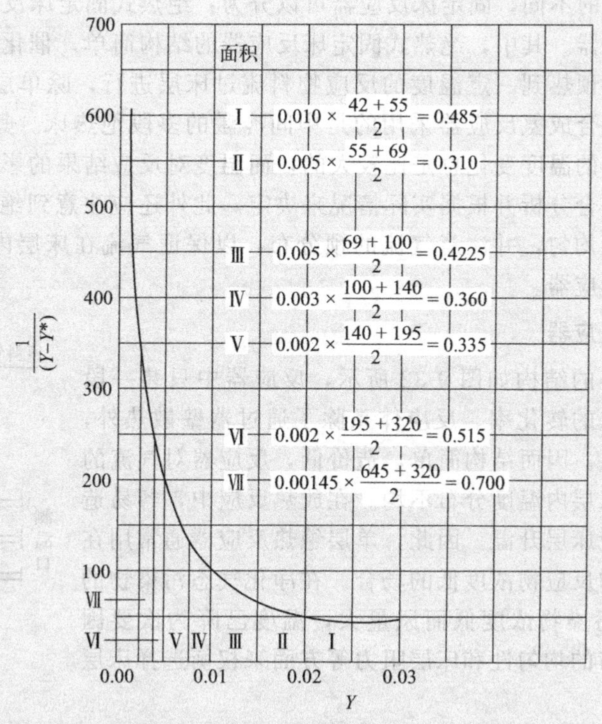

图 9-31　图解积分法求传质单元数

$$H_G=\frac{G_S}{k_y a_p}=\frac{6500}{78994}=0.082(\mathrm{m})$$

③ 吸附床有效高度计算：

$$Z=H_G\times N_G=0.082\times3.128=0.256(\mathrm{m})$$

9.6 催化转化设备的选择和设计

9.6.1 气固相催化反应器类型及选择

9.6.1.1 气固相催化反应器类型

工业上常用的气固相催化反应器分为固定床和流化床两大类，而以颗粒状催化剂组成的固定床应用最广泛。固定床是指反应器内填充有固定不动的催化剂颗粒或固体反应物的装置，其优点是催化剂不易跑损、磨损，可长期使用；又因它的流动模型最接近理想活塞流，停留时间可严格控制，能可靠地预测反应进行的情况，容易从设计上保证高转化率。另外，反应气体和催化剂接触紧密、返混小，有利于提高反应速率和减少催化剂装量。固定床反应器的主要缺陷是床层内温度分布不均匀，很难防止床层的局部过热；对于热效应大的反应，温度难以控制；压降大；催化剂的更换必须停产进行。

按照换热的形式的不同，固定床反应器可以分为：绝热式固定床反应器（单层、多段）和换热式固定床反应器。其中，绝热式固定床反应器的结构简单，催化剂均匀堆置于床内，床内没有换热装置，预热到一定温度的反应物料流过床层进行，除单层绝热床外，工业上还有用多段的，大型合成氨反应器采用的是中间冷激的多段绝热床。其应用相当广泛，技术成熟。不过绝热床的温度变化总是比较大的，而温度对反应结果的影响也是举足轻重的，因此如何取舍，要综合分析并根据实际情况来决定。此外还应注意到绝热床的高/径比不宜过大，床层填充务必均匀，并注意气流的预分布，以保证气流在床层内的均匀分布。下面简单介绍几种绝热反应器。

（1）单层绝热反应器

单层绝热反应器的结构如图 9-32 所示，反应器中只装一段催化剂即可达到要求的转化率。反应体系除了通过器壁散热外，不与外界进行热交换。因而结构简单，造价低，反应器对气流的阻力也小，但催化床层内温度分布不均。在放热反应中，容易造成反应热的累积，使床层升温。因此，单层绝热反应器通常用在化学反应热效应小和反应物浓度低的场合。在净化气态污染物的催化工程中，由于污染物浓度低而风量大，温度已降为次要因素，而多从气流分布的均匀性和床层阻力等方面来权衡选择床层的截面积和高度。

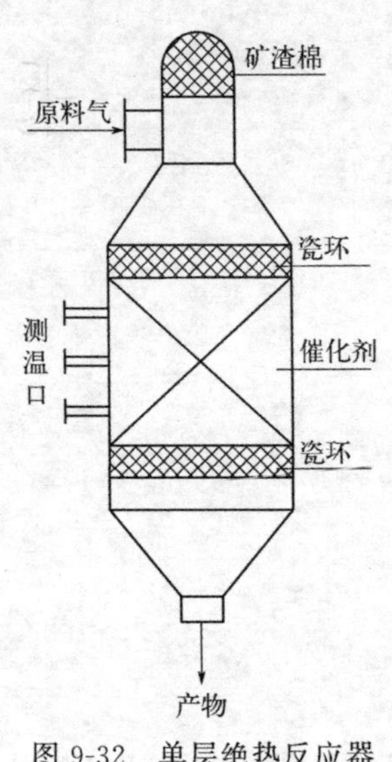

图 9-32　单层绝热反应器结构示意图

（2）多段绝热反应器

多段绝热反应器是多次在绝热条件下进行反应，反应一次之后经过换热以满足所需的温度条件，再进行下一次的绝热反应。每反应一次，称为一段，一个反应器可做成一段，也可以将数段合并在一起组成一个多段反应器，多段绝热反应器的结构如图 9-33 所示。多段绝热反应器与单层绝热反应器的本质区别在于它能有效地控制反应温度。按段间换热方式的不同，可分为三类：间接换热式、原料气冷激式、非原料气冷激式、后两类又可总称为直接换热式。

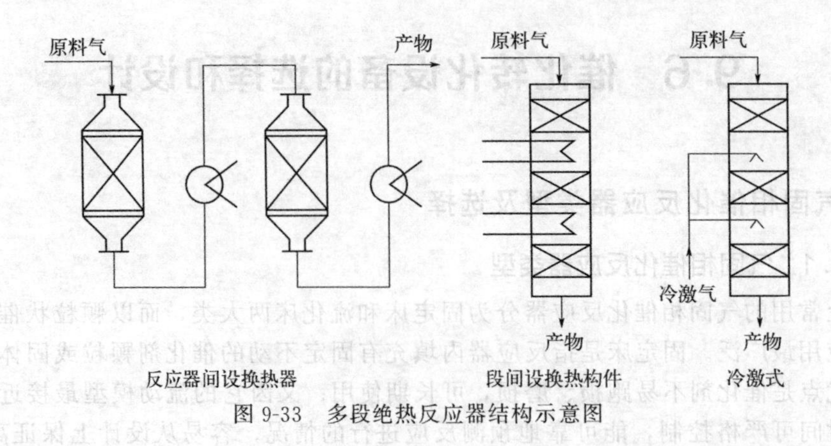

图 9-33　多段绝热反应器结构示意图

（3）列管式反应器

列管式反应器的结构如图 9-34 所示。它适用于对反应温度要求高，或反应热效应很大的情况。列管式反应器通常是管内装催化剂，管外装载热剂。载热剂可以是水或其他介质。在放热反应中也常用原料气作载热剂以降低温度，同时预热原料气。列管式反应器的管径为20～30mm，最小不小于15mm。催化剂的颗粒直径不得超过管内径的1/8，一般为2～6mm。其特点是传热效果好、结构比较复杂，不宜在高压下操作。

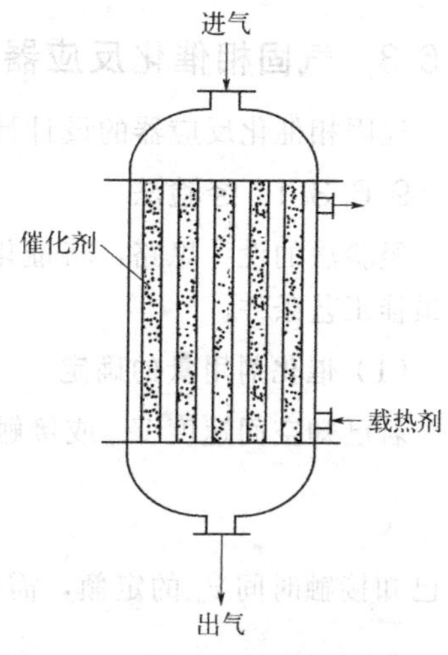

图 9-34　列管式反应器结构示意图

9.6.1.2　气固相催化反应器的选择

废气中污染物含量通常较低，用催化净化法处理时，往往有下述特点：①由于废气污染物含量低，过程热效应小，反应器结构简单，多采用固定床催化反应器；②要处理的废气量往往很大，要求催化剂能承受流体冲刷和压降的影响；③由于净化要求高，而废气的成分复杂，有的反应条件变化大，故要求催化剂有高的选择性和热稳定性。

反应器的主要作用是提供与维持发生化学反应所需要的条件，并保证反应进行到指定程度所需要的时间。因此气固相催化反应器的设计，即在选择反应条件的基础上确定催化剂的合理装置，并为实现所选择的反应条件提供技术手段。根据所处理废气的性质、反应热的大小和对温度的要求，对于固定床催化反应器，一般应遵循以下原则：①根据催化反应热的大小及催化剂的活性温度范围，选择合适的结构类型，保证床层温度控制在许可的范围内；②床层阻力应尽可能小，气流分布要均匀；③在满足温度条件前提下，应尽量使单位体积反应器内催化剂的装载系数大，以提高设备利用率；④反应器应结构简单，便于操作，造价低廉，安全可靠。

9.6.2　气固相催化反应器的设计基础

（1）停留时间与流体的流动模型

固定床的停留时间是指反应物通过催化床的时间。它决定反应的转化率，由催化床的空间体积、物料的体积流量和流动方式决定。

连续式反应器有两种理想流动模型，即活塞流反应器和完全混流式反应器。在活塞流反应器中，物料以相同的流速沿流动方向流动，而且没有混合和扩散。而在理想混合流反应器中，物料在进入的瞬间即均匀地分散在整个反应空间，反应器出口的物料浓度与反应器内完全相同。

固定床的停留时间可按下式来计算：

$$\tau=\frac{\varepsilon V_R}{Q_0} \tag{9-112}$$

式中，V_R 为催化剂体积，m^3；ε 为催化床空隙率，m^3/m^3；Q_0 为操作条件下的反应气体的初始体积流量，m^3/h。

（2）空间速度

工程上常用空间速度 $\{V_{sp},m^3/[m^3(催化剂)\cdot h]\}$ 求反应时间：

$$\tau=\frac{1}{V_{sp}}=\frac{V_R}{Q_0} \tag{9-113}$$

9.6.3 气固相催化反应器的设计计算

气固相催化反应器的设计计算大致可以分为经验法与数学模型法两种。

9.6.3.1 经验法

经验法的设计思路：将催化床作为一个整体，利用经验参数设计，再通过中间实验确定最佳工艺条件。

(1) 催化剂用量的确定

若已知空间速度 V_{sp} 或接触时间 τ，则可算出催化剂体积 V_R 为：

$$V_R=\frac{Q_0}{V_{sp}}=Q_0\tau \tag{9-114}$$

若已知接触时间 τ_0 的定额，需要处理的气体量为 Q_0，则：

$$V_R=Q_0\tau_0 \tag{9-115}$$

(2) 催化剂床层直径和床层高的确定

由颗粒状况确定空塔气流速度 u_0，得出反应器直径 D_T，床层高度为：

$$H=4V_R/[(1-\varepsilon)\pi D_T^2] \tag{9-116}$$

值得注意的是，不同的催化反应有不同的定额，就同一催化反应而言，各厂的管理水平不同，其定额也不相同。

9.6.3.2 数学模型法

用催化法净化气态污染物，由于废气中污染物浓度不高，反应放出的热量不大，所要求的反应速率也不太高，可把该过程当作绝热过程。将固定床反应器看成理想置换反应器，采用最简单的一维拟均相扩散模型（见图 9-35）进行理论计算。

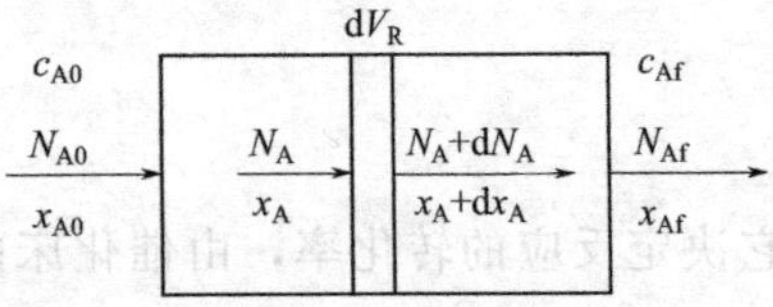

图 9-35 一维拟均相扩散模型示意图

在反应器内取微元体积 dV_R，其两端面转化率为 x_A 和 x_A+dx_A。在微元内作物料衡算：输入 A 的量－输出 A 的量＝反应消耗的量

$$N_A-(N_A+dN_A)=(-r_A)dV_R \tag{9-117}$$

$$-dN_A=(-r_A)dV_R \tag{9-118}$$

代入式(5-106) 的微分式（$dN_A=-N_{A0}dx_A$）中可得：

$$dV_R=\frac{N_{A0}dx_A}{(-r_A)} \tag{9-119}$$

$$V_R=\int_{x_{A0}}^{x_{Af}}\frac{N_{A0}dx_A}{(-r_A)} \tag{9-120}$$

同样地，也可在该微元 dV_R 内作热量衡算：

$$G_S c_{pm}T+(-r_A)dV_R(-\Delta H)=G_S c_{pm}(T+dT)+dQ_B \tag{9-121}$$

气体带入热量　　反应放热　　　气体带出热　传给外界的热

整理化简得：$G_S c_{pm}dT=N_{A0}dx_A(-\Delta H)-dQ_B$

绝热情况下：$dQ_B=0$，则上式变为：

$$dT=\frac{N_{A0}(-\Delta H)dx_A}{G_S c_{pm}}=\frac{vA_t c_{A0}(-\Delta H)dx_A}{\rho_G A_t v c_{pm}}=\frac{c_{A0}(-\Delta H)dx_A}{\rho_G c_{pm}} \tag{9-122}$$

若 N_{A0}、c_{pm} 不随温度及 x_A 变化，即取其平均值为常数，积分上式得：

$$\Delta T = T_2 - T_1 = \lambda(x_{A_2} - x_{A_1}) \tag{9-123}$$

$$T_2 = T_1 + \lambda(x_{A_2} - x_{A_1}) \tag{9-124}$$

式中，$\lambda = \dfrac{c_{A0}(-\Delta H)}{\rho_G c_{pm}}$，又称“绝热温升”。

使用式(9-121) 时应注意：①反应速率 r_A 可根据反应控制步骤简化，但必须表示成 x_A 的函数；②r_A 包含有反应常数 k，而 k 与温度有关，若为等温过程，可直接用式(5-114) 进行计算，若为变温过程，还得联立式 $T_2 = T_1 + \lambda(x_{A_2} - x_{A_1})$，建立 k 与 x_A 的关系求解。

［例题 9-17］ 用载于硅胶上的 V_2O_5 作催化剂，在绝热条件下进行 SO_2 的氧化，反应为 $SO_2 + 1/2O_2 \longrightarrow SO_3$，其反应速率方程为：

$$-r_A = (k_1 p_{SO_2} p_{O_2} - k_2 p_{SO_3} p_{O_2}{}^{1/2}) / p_{SO_2}{}^{1/2} \{\text{mol}/[\text{s} \cdot \text{g(催化剂)}]\}$$

$$\ln k_1 = 12.07 - 12900/RT$$

$$\ln k_2 = 22.75 - 224000/RT$$

T 的单位为 K，R 的单位为 J/(mol·K)。操作条件：废气量 15000m³/h；总压 1×10^5 Pa；进气温度 370℃。气体混合物组成：SO_2 8.0%，O_2 13.0%，N_2 79.0%。混合气比热 1.045J/(g·K)。反应热与温度的关系为：$\Delta H = -102.9 + 8.34 \times 10^{-3} T$，kJ/mol。此外，床层的堆积密度 $\rho_B = 600\text{kg/m}^3$，反应器直径 1.8 m，现要求 SO_2 的出口浓度低于 1.6%，试计算所需床层高度。

解： 气体的平均摩尔质量：$M = 0.08 \times 64 + 0.13 \times 32 + 0.79 \times 28 = 31.4(\text{g/mol})$

进气气体的平均密度：$\rho_G = \dfrac{PM}{RT} = \dfrac{1 \times 31.4}{0.08206 \times (273 + 370)} = 0.595(\text{kg/m}^3)$

在床层中气体的质量流率可认为不变，故：

$$G_S = \rho_G \cdot Q_0 / (\pi d^2/4) = 0.595 \times 15000 \Big/ \left(3600 \times \frac{\pi \times 1.8^2}{4}\right) = 0.975[\text{kg}/(\text{m}^2 \cdot \text{s})]$$

要使出口 SO_2 浓度低于 1.6%，SO_2 在床层中的转化率：

$$x_A = \frac{8.0 - 1.6}{8.0} \times 100\% = 80\%$$

将 r_A 换成 x_A 的函数，各组分的分压计算如下：

项目	SO_2	O_2	N_2	SO_3	总计
初始物质含量/mol	8.0	13.0	79.0	0	100.0
转化率为 x_A 时的物质含量/mol	$8.0(1-x_A)$	$13.0-4.0x_A$	79.0	$8.0x_A$	$100.0-4.0x_A$
$p/10^5$Pa	$\dfrac{8.0(1-x_A)}{100.0-4.0x_A}$	$\dfrac{13.0-4.0x_A}{100.0-4.0x_A}$	$\dfrac{79.0}{100.0-4.0x_A}$	$\dfrac{8.0x_A}{100.0-4.0x_A}$	1

将以上值代入 $-r_A$ 的表达式，并改成以单位体积催化剂为基础，即 $-r'_A = \rho_B(-r_A)$，

$$-r_A'=6\times10^6\times\frac{k_1\left[\dfrac{8.0(1-x_A)}{100.0-4.0x_A}\right]\left(\dfrac{13.0-4.0x_A}{100.0-4.0x_A}\right)-k_2\left(\dfrac{8.0x_A}{100.0-4.0x_A}\right)\left(\dfrac{13.0-4.0x_A}{100.0-4.0x_A}\right)^{1/2}}{\left[\dfrac{8.0(1-x_A)}{100.0-4.0x_A}\right]^{1/2}}$$

{mol/[s・m³(催化剂)]}

由式(9-124) 可知：$T=T_0+\lambda\ (x_{A0}-0)\ =T_0+\lambda x_A$

$$\lambda=\frac{(-\Delta H)c_{A0}}{\rho_G c_p}=\frac{(-\Delta H)c_{A0}v_0}{G_S c_p}$$

$$c_{A0}v_0=\frac{G_S\cdot y_{SO_2}}{M}=\frac{0.975\times10^3\times0.08}{31.4}=2.484[\mathrm{mol/(m^2\cdot s)}]$$

$$\lambda=\frac{(102.9-8.34\times10^{-3}T)10^3\times2.484}{0.975\times10^3\times1.045}=250.87-0.0203T$$

$$T=\frac{643+250.87x_A}{1+0.0203x_A}$$

由 $V_R=\dfrac{H\pi d^2}{4}=N_{A0}\displaystyle\int\frac{dx_A}{(-r'_A)}$，得：$L=c_{A0}u_0\displaystyle\int_0^{0.8}\frac{dx_A}{(-r'_A)}=2.482\int_0^{0.8}\frac{dx_A}{(-r'_A)}$

其中 $\displaystyle\int_0^{0.8}\frac{dx_A}{(-r'_A)}$ 可以采用数值积分法进行计算，得到 $H=2.8\mathrm{m}$，故床层高度为 2.8m，即可达到出口浓度低于1.6%的要求。

9.6.3.3 固定床的压降计算

流体通过固定床的压降，主要是由流体和颗粒表面间的摩擦阻力和流体在颗粒间的收缩、扩大和再分布等局部阻力引起。因此，可以采用欧根（Ergun）等温流动压降公式进行估算：

$$-\Delta P=\lambda_m\frac{H\rho_g u_0^2}{d_s\ \ 2}\frac{(1-\varepsilon)}{\varepsilon^3} \tag{9-125}$$

其中

$$\lambda_m=\frac{150}{Re_m}+1.75 \tag{9-126}$$

$$Re_m=\frac{d_s u_0\rho_g}{\mu_g(1-\varepsilon)} \tag{9-127}$$

式中，ΔP 为压降，Pa；ε 为床层空隙率，m^3/m^3；H 为床层高度，m；λ_m 为阻力系数；Re_m 为雷诺数；u_0 为空床时的平均气体流速，m/s；ρ_g 为气体密度，kg/m^3；μ_g 为气体黏度，Pa・s；d_s 为催化剂颗粒的比表面积当量直径，m。

9.7 烟囱高度设计

增加烟囱高度可以减轻该污染源对局部地区的污染，但烟囱超过一定高度后再增加高度对地面污染物浓度的降低收效甚微，而烟囱的造价却随高度增加而急剧增加。所以烟囱也并不是愈高愈好。设计烟囱的基本原则是，既要保证排放物造成的地面最大浓度或地面绝对最大浓度不超过国家大气质量标准，又要做到投资最省。

9.7.1 烟囱高度的计算方法

烟囱的主要尺寸及工艺参数既要满足生产工艺的要求，也要满足控制大气污染的需要。这里主要从后一角度简单介绍烟囱高度的计算方法。

9.7.1.1 按“P值法”计算烟囱高度

在本底浓度较高的地区，一般采用此法。各大城市的 P 值（地理区域性点源排放控制系数）可按国家标准 GB/T 3840—91 规定计算。

（1）利用该标准中的方法计算点源排放控制系数 P_{ki}

$$P_{ki}=\beta_{ki}\beta_k P c_{ki} \tag{9-128}$$

式中，P_{ki} 为第 i 功能区某种污染物点源排放控制系数，$t/(h\cdot m^2)$；β_{ki} 为第 i 功能区某种污染物点源调整系数（计算方法见 GB/T 3840—91）；β_k 为总量控制区某种污染物点源调整系数，若计算结果 $\beta_k>1$，则取 $\beta_k=1$；c_{ki} 为 GB 3095—2012 等国家和地方有关大气环境质量标准所规定的与第 i 功能区类别相对应的年日平均浓度限制，mg/m^3。

（2）计算有效源高及抬升高度

$$H^2=\frac{Q_{ki}\times 10^6}{P_{ki}} \tag{9-129}$$

式中，Q_{ki} 为第 i 功能区某种污染物点源（$H_s\geqslant 30m$）排放量（t/h）；H 为烟囱有效源高，m。

（3）计算烟囱高度并进行修正

采用合适的烟气抬升计算式计算出 ΔH，用 $H_s=H-\Delta H$ 计算出烟囱高度 H_s，并按后面讨论的注意事项进行修正。

9.7.1.2 按最大落地浓度计算烟囱高度

设国家环境空气质量标准中规定的污染物浓度为 c_0，当地本底浓度为 c_B，新设计烟囱高度所排放污染物产生的地面最大浓度应满足 $c_{max}\leqslant c_0-c_B$。

① 当假定 σ_y/σ_z＝常数时，由 $c(x,0,0;H)=\frac{Q}{\pi u\sigma_y\sigma_z}\exp\left(-\frac{H^2}{2\sigma_z^2}\right)$可得：

$$H_s\geqslant\left[\frac{2Q}{\pi e u(c_0-c_B)}\cdot\frac{\sigma_z}{\sigma_y}\right]^{1/2}-\Delta H \tag{9-130}$$

式中，$\frac{\sigma_z}{\sigma_y}$在 0.5～1.0 之间取值；也可以分析当地的气象条件按表 8-9 计算。

② 当 $\sigma_y=\gamma_1 x^{\alpha_1}$，$\sigma_z=\gamma_2 x^{\alpha_2}$ 且 $\alpha_1\neq\alpha_2$ 时，由 $c_{max}=\frac{Q\alpha^{\alpha/2}}{u\gamma_1\gamma_2^{(1-\alpha)}H^{\alpha}}\exp\left(-\frac{\alpha}{2}\right)$可导出：

$$H_s\geqslant\left[\frac{Q\alpha^{\alpha/2}}{\pi u\gamma_1\gamma_2^{(1-\alpha)}(c_0-c_B)}\exp\left(-\frac{\alpha}{2}\right)\right]^{1/\alpha}-\Delta H \tag{9-131}$$

式中，$\alpha=1+\alpha_1/\alpha_2$。

9.7.1.3 按绝对最大落地浓度计算烟囱高度

① 当假定 σ_y/σ_z＝常数，且 $\Delta H=B/u$时，若要求绝对最大浓度 $c_{absm}\leqslant(c_0-c_B)$，则由

式 $c_{\mathrm{absm}}=\frac{Q}{2\pi e H_s^2 \overline{u}_c}\cdot\frac{\sigma_z}{\sigma_y}$ 可得：

$$H_s \geqslant \frac{Q}{2\pi B e(c_0-c_B)}\cdot\frac{\sigma_z}{\sigma_y}=\left[\frac{Q}{2\pi e \overline{u}_c(c_0-c_B)}\cdot\frac{\sigma_z}{\sigma_y}\right]^{1/2} \tag{9-132}$$

② 当 $\sigma_y=\gamma_1 x^{\alpha_1}$，$\sigma_z=\gamma_2 x^{\alpha_2}$，$\alpha_1\neq\alpha_2$，$\Delta H=B/u$时，由 $c_{\mathrm{absm}}=\frac{Q}{2\pi e H_s^2 \overline{u}_c}\cdot\frac{\sigma_z}{\sigma_y}$可导出：

$$H_s \geqslant \left[\frac{Q(\alpha-1)^{\alpha-1}}{\pi B\gamma_1\gamma_2^{(1-\alpha)}\alpha^{\alpha/2}(C_0-C_B)}\exp\left(-\frac{\alpha}{2}\right)\right]^{\frac{1}{\alpha-1}} \tag{9-133}$$

9.7.1.4 按 $c_{\max}\leqslant c_0-c_B$ 具有一定保证率的要求计算烟囱高度

按$c_{\max}$ 和按c_{absm} 计算 H_s 的区别在于风速的取值不同。前者取平均风速，因此按 $c_{\max}$ 设计的烟囱较矮，投资较省；但当风速小于平均风速时，地面浓度会超标，概率达50%。后者取危险风速，按 c_{absm} 设计烟囱高度，不论何种风速地面浓度均不会超标，但烟囱较高，投资较大。在很多情况下，危险风速出现的频率很低，为满足这种很少出现的情况而花费过多的投资是不合理的。因此，如果能确定一个可以接受的保证率，就可根据这个保证率确定风速，再根据此风速设计烟囱高度。这个高度可保证在所要求的保证率内不会超标。对污染严重但出现频率很低的气象情况，可通过污染预报用减缩生产或改用优质燃料等办法解决。

9.7.2 烟囱高度设计中应考虑的几个问题

（1）烟流扩散模型

上述烟囱高度计算公式皆是在烟流扩散范围内温度层结相同的条件下按锥形烟流高斯模式导出的。在上部逆温出现频率较高的地区，按上述公式计算后，还应按封闭型扩散模式校核。在辐射逆温较强的地区，应该用熏烟型扩散模式校核。

（2）烟气抬升高度和扩散参数的计算

优先采用国家标准中的推荐公式，烟气抬升高度对烟囱高度的计算结果影响很大，所以应选用应用条件与设计条件相近的抬升公式。否则，可能产生较大的误差。在一般情况下，应优先采用“制订方法和原则”中推荐的公式。

（3）避免烟气下洗（下沉）

为防止烟气因受周围建筑物的影响而产生下洗现象，烟囱高度不得低于它所附属的建筑物高度的1.5倍；为防止烟囱本身对烟气产生下洗现象，烟囱出口烟气流速不得低于该高度处平均风速的1.5倍。为了利于烟气抬升，烟囱出口烟气流速不宜过低，一般宜在20～30m/s；排烟温度宜在100℃以上；当设计的几个烟囱相距较近时，应采用集合（多管）烟囱，以便增大抬升高度。

（4）增加排热率和排烟量

提高排气温度，有利于增加热力抬升。因此在烟囱设计中应尽量减少烟道（即烟囱）的热损失，对湿法脱硫后的低温烟气加热以后再排放。

[例题 9-18] 平原地区某城市远郊区某厂拟新装一台锅炉，耗煤量 5.2t/h，煤含硫 2.2%，90%的硫被氧化为 SO_2 进入烟气排放，除尘后烟气出口温度 100℃，初步设计烟囱口径 1.4m，出口速度 14m/s。当地年均气温 18℃、气压 1005hPa、风速 2.6m/s，全年以 D 类天气为主。当地 SO_2 本底一次最大浓度为 0.05mg/m^3，厂内没有其他 SO_2 污染源。若排放控制系数 $P_{ki}=26\text{t}/(\text{h}\cdot\text{m}^2)$，试按 P 值法设计烟囱高度，并计算此烟囱产生的地面最大浓度及其出现点（ΔH、和 H_s 均按 GB/T 3840—91 规定选取或计算）。

解：(1) 计算最低有效烟囱高度

SO_2 的排放量为 $Q_{ki}=5.2\times2.2\%\times0.9=0.10296(\text{t/h})$

最低有效烟囱高度 $H^2=\dfrac{Q_{ki}}{P_{ki}}=\dfrac{0.10296\times10^6}{26}$

$$H=62.9\text{m}$$

(2) 计算烟囱几何高度

热排放效率：

$$Q_H=0.35p_aQ_v\frac{T_s-T_a}{T_s}=0.35\times1005\times\frac{(100+273)-(18+273)}{100+273}\times\frac{\pi}{4}\times1.4^2\times14$$

$$=1665.7(\text{kW})<1700\text{kW}$$

烟囱出口处的风速 $\overline{u}$

$\overline{u}=2.6\left(\dfrac{H_s}{10}\right)^m$，城市 D 类，$m=0.25$

$$\Delta H=2(1.5u_sD+0.01Q_H)/\overline{u}=\frac{2\times(1.5\times14\times1.4+0.01\times1665.7)}{2.6\times\left(\dfrac{H_s}{10}\right)^{0.25}}=\frac{92.11}{2.6\times\left(\dfrac{H_s}{10}\right)^{0.25}}$$

$$H=H_s+\Delta H=H_s+\frac{92.11}{2.6\times\left(\dfrac{H_s}{10}\right)^{0.25}}=62.9$$

用试差法解得 $H_s=37\text{m}$，取烟囱高度 40m。

烟囱出口处的风速 $\overline{u}=2.6\times\left(\dfrac{40}{10}\right)^{0.25}=3.68(\text{m/s})$

$$\Delta H=\frac{92.11}{3.68}=25.0(\text{m})$$

烟囱的有效高度：$H=H_s+\Delta H=40+25.0=65(\text{m})$

(3) 计算 $c_{\max}$ 和 $x_{c_{\max}}$

按照 GB/T 3840—91 规定，平原城市远郊区 D 级稳定度则需向不稳定方向提半级后查表 8-9 计算。

$\alpha_1=0.886940$，$\gamma_1=0.189396$；$\alpha_2=0.838628$，$\gamma_2=0.126152$。

$$\sigma_z=\frac{H}{\sqrt{2}}=\frac{65}{\sqrt{2}}=45.96(\text{m})=\gamma_2x^{\alpha_2}=0.126152\times x^{0.838628}$$

$$x_{c_{\max}}=1133.4(\text{m})$$

$$\sigma_y = 0.189396 \times 1133.4^{0.886940} = 96.9(\text{m})$$

$$c_{\max} = \frac{2Q}{\pi \bar{u} H^2 \text{e}} \cdot \frac{\sigma_z}{\sigma_y} = \frac{2 \times 0.10296 \times \dfrac{1 \times 10^6}{3600}}{3.14 \times 4.37 \times 101.1^2 \times \text{e}} \times \frac{45.96}{96.9} = 2.0 \times 10^{-4}(\text{g/m}^3) = 0.2(\text{mg/m}^3)$$

预测一次污染物最大值为：0.2+0.05=0.25(mg/m^3)。

9.8 管道系统的设计

各种净化装置组合成净化系统，必须依靠完善的管道系统。因此，合理布置和设计管道系统是净化系统设计的重要环节之一。管道设计一般包括以下内容：选择管材、管路计算、管道布置设计、管道绝热设计、管道支架设计和编写设计说明书。本节主要介绍管道系统的设计计算、风机和泵的选择以及管道布置的一般原则等内容。

9.8.1 管道系统的设计计算

9.8.1.1 管道内气体流动的压力损失

管道内气体流动的压力损失包括沿程压力损失和局部压力损失，沿程压力损失也称摩擦压力损失，是指由于流体的黏性和流体质点之间或流体与管壁之间的摩擦而引起的压力损失；局部压力损失是流体流经管道系统中某些局部管件（如三通、阀门、管道出入口及流量计等）或设备时，由于流速的方向和大小发生改变形成涡流而产生的压力损失。

管道系统总压力损失 $=\sum$(摩擦压力损失+局部压力损失)

(1) 摩擦压力损失

流体流经断面不变的直管：

$$\Delta p_1 = l\,\frac{\lambda}{4R_s} \times \frac{\rho u^2}{2} = lR_m(\text{Pa}) \tag{9-134}$$

其中，

$$R_m = \frac{\lambda}{4R} \times \frac{\rho u^2}{2}(\text{Pa/m}) \tag{9-135}$$

式中，R_m 为单位长度(m) 管道的摩擦压力损失，简称比压损，Pa/m；λ 为摩擦压损系数；u 为管道内流体的平均流速，m/s；ρ 为流体密度，kg/m^3；R_s 为管道的水力半径，m。

水力半径 R_s 是指流体流经直管段时，流体的断面积 $A(\text{m}^2)$ 与润湿周边 $x(\text{m})$ 之比：

$$R_s = \frac{A}{x} \tag{9-136}$$

① 圆形管道比压损 R_m 的确定。对于气体充满直径为 d 的圆形管道的水力半径：

$$R_s = \frac{A}{x} = \frac{\dfrac{\pi d^2}{4}}{\pi d} = \frac{d}{4}, (d\ \text{为风管直径}) \tag{9-137}$$

因此，圆形管道比压损：

$$R_m=\frac{\lambda}{d}\times\frac{\rho u^2}{2} \tag{9-138}$$

摩擦压损系数 λ 的确定是计算 R_m 值的关键。λ 是管道中气体的流动状态（Re）及管道相对粗糙度（K/d）的函数［$\lambda=f(Re,K/d)$］。目前得到较广泛应用的是克里布洛克公式：

$$\frac{1}{\sqrt{\lambda}}=-2\lg\left(\frac{K}{3.71d}+\frac{2.51}{Re\sqrt{\lambda}}\right) \tag{9-139}$$

式中，K 为管道粗糙度，可以查阅有关设计手册。

在工程设计中，为了避免烦琐的计算，皆按上述公式绘制成各种形式的计算表或线解图。这类图表很多都是在某些特定条件下作出的，选用时必须注意适用条件。1977 年出版的《全国通用通风管道计算表》（以下简称“计算表”）是根据我国第一次制定的通风管道统一规格而相应编制的计算表。

② 矩形管道比压损的确定。对于矩形管道（长为 a，宽为 b），可以采用流速当量直径计算法和“计算表”直接计算法计算比压损。

a. 流速当量直径计算法。矩形管道的流速当量直径定义为，矩形管道和某圆形管道的压损系数相等、管道的流速相等、管道比压损相等时，圆形管道所具有的直径：

$$d_v=\frac{2ab}{a+b} \tag{9-140}$$

矩形管道比压损：

$$R_m=\frac{\lambda}{\frac{2ab}{a+b}}\times\frac{\rho u^2}{2} \tag{9-141}$$

b.“计算表”直接计算法。上述的“计算表”已经考虑到了矩形风管和圆形风管的差异，并已在相应表中作了变换。使用时，可根据已知的流量和选取的流速在“计算表”中直接查出需要设计的管道尺寸和 R_m 值。

（2）局部压力损失

一般用动压头的倍数表示，即：

$$\Delta p_m=\zeta\frac{\rho u^2}{2}(\text{Pa}) \tag{9-142}$$

式中，ζ 为局部压损系数（实验确定或查设计手册）；u 为断面平均流速，m/s。

9.8.1.2 管道设计计算

管道设计计算的目的主要是确定管道直径和系统压力损失，并由系统的总风量和总压力损失选择适当的风机和电机。

在除尘系统布置好以后，管道计算可按以下步骤进行：

① 确定各抽风点位置和风量、净化装置、风机和其他部件的型号规格、风管材料等。

② 根据现场实际情况布置管道，绘制管道系统轴测图，进行管段编号，标注长度和风量。管段长度一般按两管件中心线间距离计算，不扣除管件（如三通、弯头）本身长度。

③ 选择适当的气流速度。当气体流量一定时，若流速选高了，则管道断面尺寸小，材料消耗少，一次投资减少。但系统压力损失增大，噪声增大，动力消耗增大，运转费用增高。对于除尘管道，还会增加管道的磨损；反之，若流速选低了，噪声和运转费用降低，

但一次投资增加。对于除尘管道，流速过低，还可能发生粉尘沉积而堵塞管道。因此，要使管道系统设计经济合理，必须选择适当的流速，使投资和运行费的总和最小。表9-7所列的除尘管道内最低气流速度，可供设计参考。

④ 根据系统各管段的风量和选择的流速确定各管段的断面尺寸。管道断面的形状有圆形和矩形两种，各有优缺点。在相同断面积时圆形管道的压力损失较小，材料较省，而矩形管道有效断面积小，容易造成压力损失、噪声、振动等。

在已知废气流量和管内流体流速的情况下，管径由下式确定：

$$d=18.8\sqrt{\frac{Q}{u}}\ (\text{mm}) \quad 或 \quad d=1.88\sqrt{\frac{W}{\rho u}}\ (\text{mm}) \tag{9-143}$$

式中，Q 为流体流量，m^3/h；u 为流体的流速，m/s；W 为质量流量，kg/h。

对于除尘管道，为防止积尘堵塞，管径不得小于下列数值：输送细粉尘（如筛分和研磨的细粉），$d\geqslant 80\text{mm}$；输送较粗粉尘（如木屑），$d\geqslant 100\text{mm}$；输送粗粉尘（有小块物），$d\geqslant 130\text{mm}$。

确定管道断面尺寸时，应尽量采用“计算表”中所列的全国通用通风管道的统一规格，以利于工业化加工制作。

⑤ 计算压力损失。风管断面尺寸确定后，按管内实际流速计算压力损失。压力损失计算应从最不利环路（系统中压力损失最大的环路）开始。

⑥ 并联管道压力平衡计算。对于并联管道，各分支管道的压力损失要尽可能平衡。两分支管段的压力差应满足：

$$d_2=d_1\left(\frac{\Delta p_1}{\Delta p_2}\right)^{0.225} \tag{9-144}$$

除尘系统应小于10%，其他通风系统应小于15%。否则，必须进行管径调控或增设调整装置（阀门、阻力圈等），使之满足上式要求。

调整管径平衡压力损失可按下式计算：

$$\Delta p=\Delta p_1+\Delta p_{\text{m}} \tag{9-145}$$

⑦ 计算净化系统的总压力损失（即系统中最不利环路的总压力损失）。

以上计算内容可列表进行。

表9-7 除尘管道内最低气流速度 单位：m/s

粉尘性质	垂直管	水平管	粉尘性质	垂直管	水平管
粉状的黏土和砂	11	13	钢和铁(屑)	18	20
耐火泥	14	17	灰土、沙土	16	18
重矿物粉尘	14	16	锯屑、刨屑	12	14
轻矿物粉尘	12	14	大块干木屑	14	15
干型砂	11	13	干微尘	8	10
煤灰	10	12	染料粉尘	14～16	16～18
湿土(2%以下水分)	15	18	大块湿木屑	18	20
钢和铁(尘末)	13	15	谷物粉尘	10	12
棉絮	8	10	麻(短纤维粉尘、杂质)	8	12
水泥粉尘	8～12	18～22	煤尘	14	18

［**例题 9-19**］ 某有色冶炼车间除尘系统管道布置如图 9-36 所示，系统内的废气平均温度为 20℃，钢板管道的当量绝对粗糙度 $K=0.15\mathrm{mm}$，气体的含尘浓度为 $10\mathrm{g/m^3}$，旋风除尘器的压力损失为 1470Pa，集气罩 1 和 8 的局部压损系数（对应于出口的动压头）分别为 $\xi_1=0.12$、$\xi_8=0.19$。$q_{V,1}=4950\mathrm{m^3/h}$，$q_{V,2}=3120\mathrm{m^3/h}$，试确定该管路系统的压力损失。

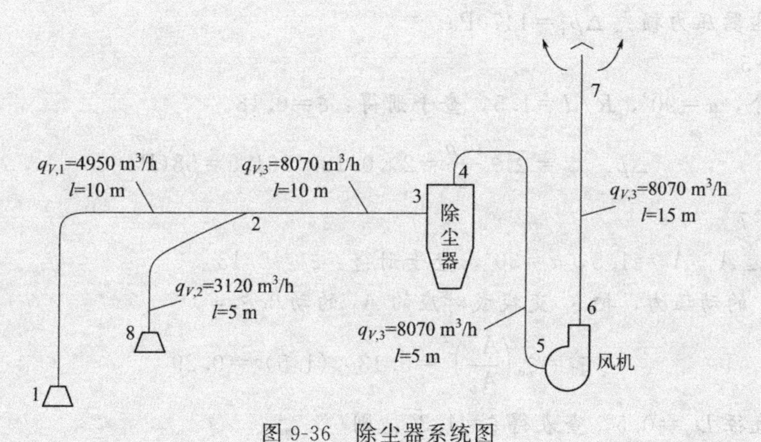

图 9-36　除尘器系统图

解：(1) 管道编号并注上各管段的流量和长度（见图 9-36），为简化计算，管道长度以中心线计算，不扣除管件（如三通、弯头）长度。

(2) 选择计算环路

$$\Delta p_{1,1\sim2}=l\frac{\lambda}{d}\frac{\rho v^2}{2}=10\times0.0562\times182=102.3(\mathrm{Pa})$$

管段 2～3，根据流量 $q_{V,3}=8070\mathrm{m^3/h}$，$v=16\mathrm{m/s}$，查“计算表”得 $d_{2\sim3}=420\mathrm{mm}$，$\lambda/d=0.0403$，实际流速 $v=16.4\mathrm{m/s}$，动压力为 161.5Pa，则

$$\Delta p_{1,2\sim3}=l\frac{\lambda}{d}\frac{\rho v^2}{2}=10\times0.0403\times161.5=65.1(\mathrm{Pa})$$

管段 4～5、6～7 中的气流量和管段 2～3 的气流量相同，选择 $d_{4\sim5}$、$d_{6\sim7}$ 均为 420mm，$\lambda/d=0.0403$，实际流速 $v=16.4\mathrm{m/s}$，动压力为 161.5Pa，则

$$\Delta p_{1,4\sim5}=l\frac{\lambda}{d}\frac{\rho v^2}{2}=5\times0.0403\times161.5=32.5(\mathrm{Pa})$$

$$\Delta p_{1,6\sim7}=l\frac{\lambda}{d}\frac{\rho v^2}{2}=15\times0.0403\times161.5=97.6(\mathrm{Pa})$$

管段 8～2，根据 $q_{V,2}=3120\mathrm{m^3/h}$，$v=16\mathrm{m/s}$，查“计算表”得 $d=260\mathrm{mm}$，$\lambda/d=0.0728$，实际流速 $v=16.7\mathrm{m/s}$，动压力为 167Pa，则

$$\Delta p_{1,8\sim2}=l\frac{\lambda}{d}\frac{\rho v^2}{2}=5\times0.0728\times167=60.8(\mathrm{Pa})$$

(3) 局部压力损失计算

管段 1～2

吸气罩：$\xi=0.12$；插板阀全开启：$\xi=0$

弯头：$\alpha=90°$，$R/d=1.5$；查手册得：$\xi=0.18$

直流三通：$\alpha=30°$，查手册得：$\xi_{21(2)}=0.33$

$$\Delta p_{m,1\sim2}=\sum\xi\frac{v^2\rho}{2}=(0.12+0.18+0.33)\times182=115(\text{Pa})$$

管段2～3没有局部压力损失。

旋风除尘器压力损失 $\Delta p_t=1470\text{Pa}$。

管段4～5

弯头2个，$\alpha=90°$，$R/d=1.5$，查手册得：$\xi=0.18$。

$$\Delta p_{m,4\sim5}=\sum\xi\frac{v^2\rho}{2}=2\times0.18\times161.5=58(\text{Pa})$$

管段6～7

渐扩管选 $A_1/A_0=1.5$，$\alpha=30°$，查手册得：$\xi_0=0.13$

对应 A_0 的动压力，把 ξ_0 变换成对应的 A_1 的动压 ξ_1：

$$\xi_1=\xi_0\left(\frac{A_1}{A_0}\right)^2=0.13\times(1.5)^2=0.29$$

风帽选 H/直径 $D_0=0.5$，查表得 $\xi=1.30$，则

$$\Delta p_{m,6\sim7}=\sum\xi\frac{v^2\rho}{2}=(0.29+1.30)\times161.5=256.8(\text{Pa})$$

管段8～2

集气罩：$\xi_2=0.19$；弯头一个：$\alpha=30°$，$R/d=1.5$，$\xi=0.18$；插板阀全开启：$\xi=0$；合流三通旁支管：$\xi_{31(3)}=0.18$。

$$\Delta p_{m,8\sim2}=\sum\xi\frac{v^2\rho}{2}=(0.19+0.18+0.18)\times167=92(\text{Pa})$$

(4) 并联管路压力损失平衡

$$\Delta p_{1\sim2}=\Delta p_{l,1\sim2}+\Delta p_{m,1\sim2}=102.3+115=217.3(\text{Pa})$$

$$\Delta p_{8\sim2}=\Delta p_{l,8\sim2}+\Delta p_{m,8\sim2}=60.8+92=152.8(\text{Pa})$$

$$\frac{\Delta p_{1\sim2}-\Delta p_{8\sim2}}{\Delta p_{1\sim2}}=\frac{217.3-152.8}{217.3}\times100\%=29.7\%>10\%$$

需要管径调控，调整后的管径：

$$d'_{8\sim2}=d_{8\sim2}\left(\frac{\Delta p_{8\sim2}}{\Delta p_{1\sim2}}\right)^{0.225}=260\times\left(\frac{152.8}{217.3}\right)^{0.225}=240(\text{mm})$$

(5) 除尘系统的总压力损失

$$\Delta p_l=(102.3+65.1+32.5+97.6)\text{Pa}=297.5\text{Pa}$$

$$\Delta p_m=(115+58+256.8)\text{Pa}=429.8\text{Pa}$$

$$\sum\Delta p_t=\Delta p_2=1470\text{Pa}$$

$$\Delta p=\Delta p_t+\Delta p_m+\Delta p_l=2197.3\text{Pa}$$

把上述计算结果填入下面的管道计算表中。

管段编号	流量 q_V/(m^3/h)	管长 l/m	管径 d/mm	流速 v/(m/s)	$\frac{\lambda}{d}$/(m^{-1})	动压力$\frac{v^2\rho}{2}$/Pa
1～2	4950	10	320	17.4	0.0562	182
2～3	8070	10	420	16.4	0.0403	161.5
4～5	8070	5	420	16.4	0.0403	161.5
6～7	8070	15	420	16.4	0.0403	161.5
除尘器	8070	—	—	—	—	
8～2	3120	5	260	16.7	0.0728	167

管段编号	摩擦压力损失 Δp_1/Pa	局部压损系数 $\sum\xi$	局部压力损失 Δp_m/Pa	管段总压力损失 $\Delta p=\Delta p_1+\Delta p_m$/Pa	管段压力损失累计 $\Sigma\Delta p$ /Pa
1～2	102.3	0.63	115	217.3	—
2～3	65.1	—	—	65.1	282.4
4～5	32.5	0.36	58.0	90.5	372.9
6～7	97.6	1.59	256.8	354.4	727.3
除尘器	—	—		1470	2197.3
8～2	60.8	0.65	92	152.8	—

9.8.1.3 管道内流动气体的压力分布

气体在管道内的流动过程中，压力在不断发生变化。在管道系统设计中，可以通过管道内压力分布图来分析设计是否合理，从而改进设计。对于已经运行的系统，也可根据它去分析存在的问题，以便提出改进措施。

一般说来，风机的压力等于净化系统的全部压力损失，风机吸入段的全压和静压均为负值，压出段为正值。

净化系统总压力损失等于各串联部分压力损失之和，并联的各管道的压力损失相等。

9.8.1.4 管道系统风量调整

风量调整是指管道系统安装完毕后，对集气罩、支管、总管的风量进行调整，使系统在各风量达到或接近设计风量的状况下运行。风量调整常通过调节手动阀门和阻力器的开度实现，因此，实际上是通过改变管段的压力损失达到调整风量的目的，风量调整效果则通过对管道系统风量的测试来判断。风量调整完成后，阀门的开度固定，管路的阻力特性也随之固定。

风量调整的手段在设计时就应予以考虑，施工时重点保证管道焊接的严密性，防止漏风。风量调整的步骤是：①根据系统图，标出各排风口、各管段和设计风量。②计算两两相邻管段间的设计流量比值。③从最不利管路开始，测量相邻管段的风量；调节干管或支管上的调节阀的开度，使所有相邻支管段间的实测风量比值与设计风量比值近似相等。④最后调节总风管的阀门使总风量达到设计风量。根据流量平衡原理，各支管、干管的风量就会按各自的比例进行分配，从而使各支路和集气罩的风量符合设计风量值。

风机运行的工作点取决于风机的工作曲线和管网的特性曲线。当管路风量调整完成后（风机入口阀门开度固定），风机的工作点随之确定，该工作点所对应的风量即为设计风量。

9.8.2 风机和泵的选择

风机是对气体压缩和气体输送机械的习惯简称，通常所说的风机包括通风机、鼓风机、压缩机、罗茨鼓风机、离心式风机、回转式风机、水环式风机，但是不包括活塞压缩机等容积式鼓风机和压缩机。

在净化系统工艺中，风机是净化系统的重要设备。风机的主要作用是提供动力，将废气从污染源输送到净化装置，经过净化后再排放到大气中。风机主要包括主机、电机以及配套的执行机构、调速装置、冷却装置、润滑装置、振动装置等。风机的良好运行不仅可以提高净化系统的工作效率，而且可以节约能耗、降低运行成本。

9.8.2.1 风机的分类与命名

（1）风机的分类

风机可根据作用原理、压力、制作材料或应用范围进行分类。根据作用原理，可将风机分为离心风机、轴流风机和混流风机；根据压力大小，可将风机分为低压风机（压力小于 1000Pa）、中压风机（1000～3000Pa）和高压风机（压力大于 3000Pa）；根据制作材料，可将风机分为钢制风机、塑料风机、玻璃钢风机和不锈钢风机等；根据用途，可将风机分为排尘风机、防腐风机、耐温风机、防爆风机、锅炉引风机及一般通风换气的通用风机等。

（2）风机的命名

风机的全称包括用途代号、名称、性能参数、风机进气形式及设计序号、机号、支撑及传动方式、旋转方向和风口位置等，如图 9-37 所示。常用风机的用途代号列于表 9-8 中。

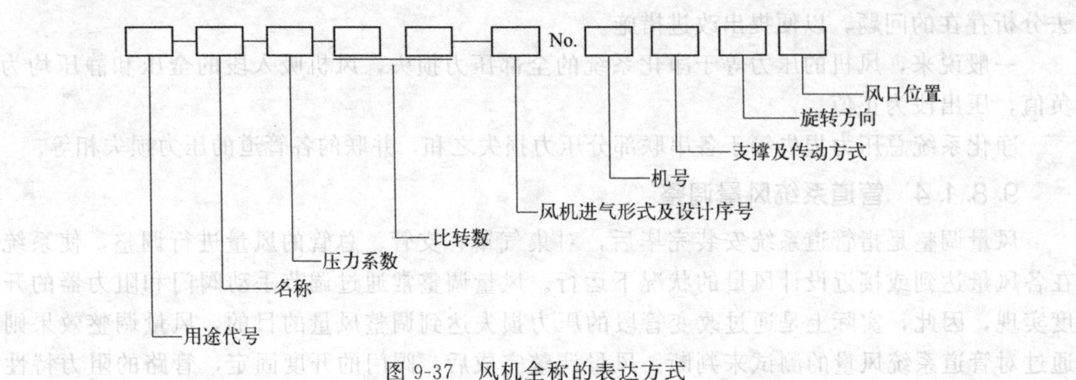

图 9-37　风机全称的表达方式

表 9-8 常用风机的用途代号

用途	代号			用途	代号		
	汉字	汉语拼音	简写		汉字	汉语拼音	简写
排尘通风	排尘	CHEN	C	矿井通风	矿井	KUANG	K
输送煤粉	煤粉	MEI	M	锅炉引风	引风	YIN	Y
防腐蚀	防腐	FU	F	锅炉通风	锅炉	GUO	G
工业炉吹风	工业炉	LU	L	冷却塔通风	冷却	LENG	LE
耐高温	耐温	WEN	W	一般通风换气	通风	TONG	T
防爆炸	防爆	BAO	B	特殊通风	特殊	TE	E

风机名称是指根据作用原理对风机的分类，包括离心风机、轴流风机和混流风机等。

风机命名中体现的风机性能参数包括压力系数和比转数。①压力系数也叫全压系数，是指风机全压和动压之比，在风机命名中一般是全压和动压之比乘以 5 的倍数取整。压力系数是一个量纲为 1 的系数，表示风机的升压能力。②比转数是从相似理论中引申出的一个综合性参数，是在一系列流量、风压的风机中，假想一台标准风机，它产生的风压为 9.81Pa、风量为 $1m^3/s$。此时，风机的转数即为比转数。凡以此标准相似比例制造的风机，都称为这个比转数系列风机。比转数较全面地反映了风机的特性，综合了风机的流量、全压和转速三者之间的关系。比转数大，说明风机在同流量下风压低；比转数小，说明风机在同流量下风压高。对于同系列的风机，不论其尺寸大小，其比转数都是相等的。不同系列风机有不同的比转数。比如，离心风机的比转数一般小于轴流风机的比转数。

风机进气形式包括双侧吸入、单侧吸入和两级串联吸入三种，在风机命名中的代号分别为 0、1 和 2。单侧吸入用单级叶轮；双侧吸入用两个背靠背的叶轮，又称双吸式风机，主要用于流量大的场合；两级串联吸入主要用于风压高的风机。设计序号是指同类型风机的设计批次号，用阿拉伯数字"1""2"等表示。

风机的机号用风机叶轮直径（dm）表示，尾数四舍五入，在前冠以"No."。

风机的支撑与传动方式共分 A、B、C、D、E、F 六种（见表 9-9 和图 9-38）。A 型风机的叶轮直接固装在风机的轴上；B 型、C 型与 E 型风机均为皮带传动，这种方式便于改变风机的转速，有利于调节；D 型和 F 型为联轴器传动；E 型和 F 型的轴承分布于叶轮两侧，运转比较平稳，大多应用于较大型的风机。

旋转方向是指离心风机叶轮的旋转方向，从传动端或电机位置看叶轮转动方向，顺时针为"右"，逆时针为"左"。

风机的风口位置分为进风口和出风口两种。离心风机的风口位置用叶轮的旋转方向和进出口方向（角度）表示。写法是：

$$\text{右(左)}\frac{\text{出风口角度}}{\text{入风口角度}}$$

出风口方向按 8 个基本方位角度表示，如表 9-10 和图 9-39 所示。特殊用途可增加风口位置。离心风机基本进口位置有 5 个：0°、45°、90°、135°、180°，特殊用途例外。若不装进气室的风机，则进风口位置不予表示，这时风口位置的写法是：右(左) 出风口位，如左 135°。

轴流式风机的风口位置请参考相关手册。

表 9-9 风机的 6 种传动方式

代号		A	B	C	D	E	F
传动方式	离心风机	无轴承，电极直联	悬臂支撑，皮带轮在轴承中间	悬臂支撑，皮带轮在轴承外侧	悬臂支撑，联轴器	双支撑，皮带在外侧	双支撑，联轴器
	轴流风机	无轴承，电极直联	悬臂支撑，皮带轮在轴承中间	悬臂支撑，皮带轮在轴承外侧	悬臂支撑，联轴器	悬臂支撑，联轴器	齿轮传动

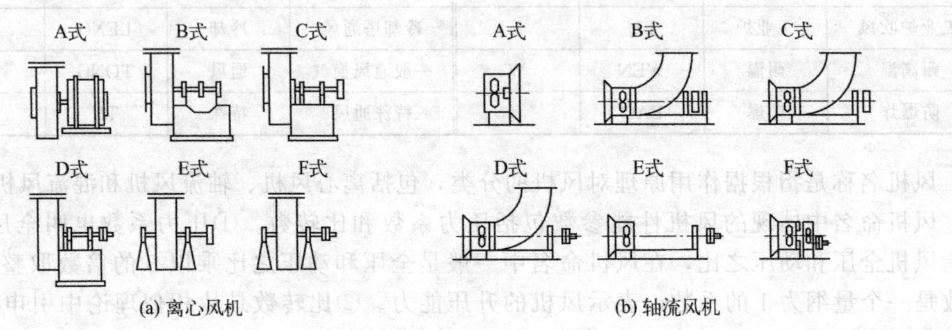

图 9-38 风机支撑与传动方式

表 9-10 离心风机出风口位置表示方法

表示方法	右 0°	右 45°	右 90°	右 135°	右 180°	右 225°	右 270°	右 315°
	左 0°	左 45°	左 90°	左 135°	左 180°	左 225°	左 270°	左 315°

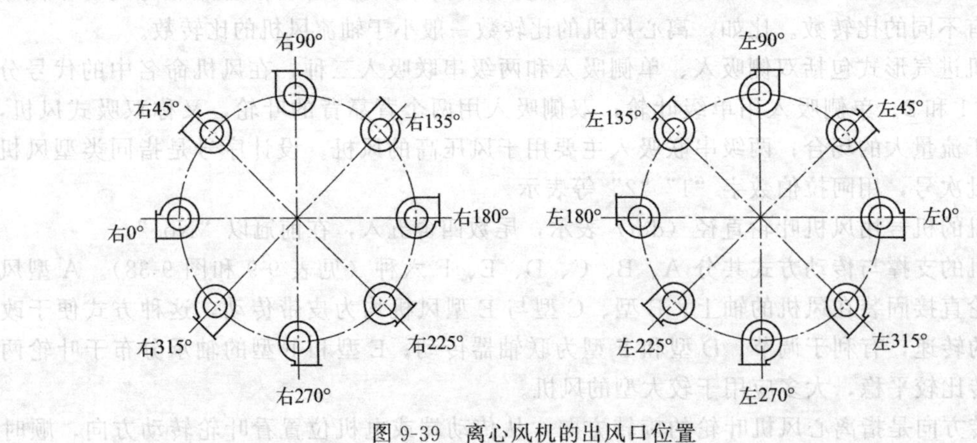

图 9-39 离心风机的出风口位置

例如，某一风机压力系数为 4、比转数为 72、单侧吸入、第一次设计、叶轮直径 1000mm、用三角皮带传动、悬臂支撑且皮带轮在轴承外侧、从皮带轮方向正视叶轮为顺时针旋转、出风口位置是向上，则其全称应为：通风（或 T）离心风机 4-72-11 No.10C 右 90°。

9.8.2.2 风机的选择

（1）选择风机的原则

在选择风机前，应了解国内风机的生产和产品质量情况，如生产的风机品种、规格和各种产品的特殊用途，新产品的发展和推广情况等，还应充分考虑环保的要求，以便择优选用风机。

根据风机输送气体的物理、化学性质的不同，选择不同用途的风机。如输送有爆炸和易燃气体的应选防爆风机；排尘或输送煤粉的应选择排尘或煤粉风机；输送有腐蚀性气体的应选择防腐风机；在高温场合下工作或输送高温气体的应选择高温风机等。

在风机选择性能图表上查得有两种以上的风机可供选择时，应优先选择效率较高、机号较小、调节范围较大的一种，当然还应加以比较，权衡利弊而决定。

如果选定的风机叶轮直径较原有风机的叶轮直径偏大很多，为了利用原有电动机轴、轴承及支座等，必须对电动机启动时间、风机原有部件的强度及轴的临界转速等进行核算。

选择离心式通风机时，当其配用的电机功率小于或等于75kW时，可不装设仅为启动用的阀门。当排送高温烟气或空气而选择离心锅炉引风机时，应设启动用的阀门，以防冷态运转时造成过载。

对有消声要求的通风系统，应首先选择效率高、叶轮圆周速度低的风机，且使其在最高效率点工作；还应根据通风系统产生的噪声和振动的传播方式，采取相应的消声和减振措施。风机和电动机的减振措施一般可采用减振基础，如弹簧减振器或橡胶减振器等。

在选择风机时，应尽量避免采用通风机并联或串联工作。当不可避免时，应选择同型号、同性能的通风机联合工作。当采用串联时，第一级通风机到第二级通风机之间应有一定的管路联结。

所选用的新风机应考虑充分利用原有设备、适合现场制作安装及安全运行等问题。

(2) 风机的总风量和总压力损失

风机的选择主要是根据净化系统的总风量和总压力损失来确定。

选择风机的风量应按下式计算：

$$Q_{V,0}=(1+K_1)Q_V \tag{9-146}$$

式中，$Q_{V,0}$、Q_V 分别为通风机和管道系统的总风量，m^3/h；K_1 为考虑系统漏风所采用的安全系数，一般管道系统取0～0.1，除尘管道系统取0.1～0.15。

选择风机的风压按下式计算：

$$\Delta p_0=(1+K_2)\Delta p\frac{\rho_0}{\rho}=(1+K_2)\Delta p\frac{Tp_0}{T_0 p} \tag{9-147}$$

式中，Δp 为净化系统的总压力损失，Pa；K_2 为考虑管道系统压力损失计算误差等所采用的安全系数，一般管道系统取0.1～0.15，除尘管道系统取0.15～0.2；ρ_0、p_0、T_0 分别为通风性能表中给出的空气密度、压力、温度。一般是 $p_0=101325$Pa，对于风机 $T_0=20$℃，$\rho_0=1.2kg/m^3$；对于引风机，$T_0=200$℃，$\rho_0=0.745kg/m^3$；ρ、p、T 分别为运行工况下的气体密度、压力和温度。

计算出 q_0 和 Δp_0 后，可按风机产品样本给出的性能曲线或表格选择所需风机的型号。

所需电动机的功率可按下式计算：

$$N_e=\frac{Q_{V,0}\Delta p_0 K}{3.6\times 10^6\eta_1\eta_2} \tag{9-148}$$

式中，N_e 为电动机功率，kW；K 为电动机备用系数，对于风机，电动机功率为2～5kW时取1.2，大于5kW时取1.3；对于引风机取1.3；η_1 为风机全压效率，可从风机样本中查得，一般为0.5～0.7；η_2 为机械传动效率，对于直联传动为1，联轴器直接传动为0.98，三角皮带传动（滚动轴承）为0.95。

9.8.2.3 离心泵的选择

根据输送液体的种类、性质和扬程范围，确定泵的类型。根据输送液体的流量和需要的扬程（管道总压力损失），按泵的产品样本提供的性能表或性能曲线选定泵的型号。

[例题 9-20] 某一除尘系统，设计风量为 $8070m^3/h$，全系统压力损失为 1535Pa，废气温度为 20℃，试选择合适的通风机与配套电机。

解：选择通风机的风量和风压计算：

$$Q_{V,0}=(1+K_1)Q_V=1.1\times 8070m^3/h=8877m^3/h$$

$$\Delta p_0=(1+K_2)\Delta p=1.2\times 1535Pa=1842Pa$$

根据上述风量和风压，在通风机样本上选择 C6-48 No.8C 风机，当转数 $N=1250r/min$ 时，$Q_V=9096m^3/h$，$\Delta p=1953Pa$，配套电机 Y160L-4，15kW，基本满足要求。

复核电动机功率：

$$N_e=Q_{V,0}\Delta p_0 K/(3.6\times 10^6\times \eta_1\eta_2)=8877\times 1842\times 1.3/(3.6\times 10^6\times 0.5\times 0.95)$$
$$=12.4(kW)$$

配套电机满足要求。

9.8.3 管道系统布置及部件

9.8.3.1 管道系统布置

管道系统布置主要包括系统划分、管网布置和管道布置等内容。

(1) 系统划分原则

系统划分应充分考虑管道输送气体（粉尘）的性质、操作制度、相互距离、回收处理等因素，以确保管道系统的正常运转。

符合以下条件者，可以合为一个管道系统：①污染物性质相同，生产设备同时运转，便于污染物统一集中处理的场合；②污染物性质不同，生产设备同时运转，但允许不同污染物混合或污染物无回收价值的场合；③尽可能将同一生产工序中同时操作的污染设备排风点合为一个系统。

凡发生下列几种情况之一者不能合为一个系统：①不同排风点的污染物混合后会引起燃烧或爆炸危险，或形成毒性更大的污染物的场合；②不同温度和湿度的污染气流，混合后会引起管道内结露和堵塞的场合；③因粉尘或气体性质不同，共用一个系统会影响回收或净化效率者。

(2) 管网布置方式

管网布置的一个重要问题就是要实现各支管间的压力平衡，以保证各吸气点达到设计风量，实现控制污染物扩散的效果。为保证多分支管系统管网中各支管间压力平衡，常用的管网布置有三种方式：

① 干管配管方式[图 9-40(a)]。与其他方式相比，管网布置紧凑，占地小，投资省，施工方便，应用较广泛。但各支管间压力计算比较烦琐，给设计增加一定的工作量。

② 个别配管方式［图 9-40(b)］。吸气（尘）点多的系统管网，可采用大断面的集合管连接各分支管，集合管内流速不宜超过 3～6m/s（水平集合管≤3m/s。垂直集合管≤6m/s），以利各支管间压力平衡。对于除尘系统，集合管还能起初净化作用，但管底应设清除积灰的装置。

③ 环状配管方式［图 9-40(c)］，亦称对称性管网布置方式。显然，对于支管多和复杂管网系统，支管间压力易于平衡，但会带来管路较长、系统阻力增加等问题。

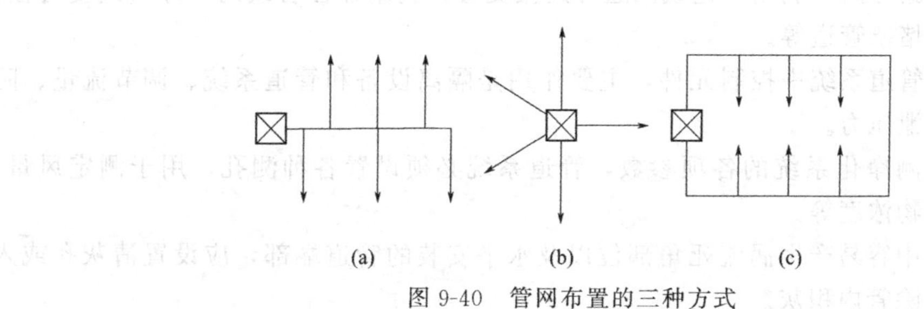

图 9-40　管网布置的三种方式

（3）管道布置的原则

管道布置应从系统总体布局出发，既要考虑系统的技术经济合理性，又要与总图、工艺、土建等有关专业密切配合，统一规划，力求简单、紧凑，缩短管线，减少占地和空间，节省投资，不影响工艺操作、调节和维修。

输送不同介质的管道，布置原则不完全相同，取其共性作为管道布置的一般原则。管道敷设分明装和暗设，应尽量明装，以便检修；管道应尽量集中成列，平行敷设，尽量沿墙或柱敷设；管道与梁、柱、墙、设备及管道之间应留有足够距离，以满足施工、运行、检修和热胀冷缩的要求。一般间距不应小于 100mm；管道通过人行横道时，与地面净距不应小于 2m，横过公路时不应小于 4.5m，横过铁路时与轨面净距不得小于 6m；水平管道敷设应有一定的坡度，以便于放气、放水、疏水和防止积尘，一般坡度不小于 0.005°，坡度应考虑斜向风机方向，并应在风管的最低点和风机底部装设水封泄液管；捕集含有剧毒、易燃、易爆物质的管道系统，其正压段一般不应穿过其他房间。穿过其他房间时，该段管道上不宜设法兰或阀门。

除尘管道布置除应遵守上述一般原则外，还应满足以下要求：

除尘管道力求顺直，保证气流通畅。当必须水平敷设时，要有足够的流速以防止积尘。对易产生积灰的管道，必须设置清灰孔；为减轻风机磨损，特别当气体含尘浓度较高时（大于 $3g/m^3$ 时），应将净化装置设在风机的吸入端。分支管与水平管或倾斜主干管连接时，应从上部或侧面接入。三通管的夹角一般不大于 30°。当有几个分支管汇合于同一主干管时，汇合点最好不设在同一断面上。输送气体中含磨琢性强的粉尘时，在局部压力较大的地方应采取防磨措施，并在设计中考虑到管件的检修方便。高温烟气的管段应设置伸缩装置。

9.8.3.2 管道材料、管件及其连接

（1）管道材料

管道的制作材料一般有砖、混凝土、石膏板、钢板、木质板（胶合板或纤维板）、石棉板、硬聚氯乙烯板等不同类型。最常用的管道材料是钢板，分为普通薄钢板和镀锌钢板两

种。对于不同废气净化系统，因其输送的气体性质不同，同时考虑到适应强度的要求，必须选用不同材质和厚度的钢板制作。

（2）管道系统部件（简称管件）

管件是管与管之间的连接部件，延长管路、连接支管、堵塞管道、改变管道直径或方向等均可通过相应的管件来实现，如利用法兰、活接头、内牙管等管件可延长管路，利用各种弯头可改变管路方向，利用三通或四通可连接支管，利用异径管或内外牙可改变管径，利用管帽或管堵可堵塞管道等。

其中，阀门是管道系统中控制元件，主要作用是隔离设备和管道系统、调节流量、防止回流、调节和排泄压力。

为了调整和检测净化系统的各项参数，管道系统必须设置各种测孔，用于测定风量、风压、温度、污染物浓度等。

除尘管道系统中容易产生涡流死角部位以及水平安装的管道端部，应设置清灰孔或入孔，以便于及时清除管内积灰。

在设有阀门、测孔、清灰孔、入孔等需要点检和维修的管件处，当维护操作人员难以接近时，应设置检修操作平台。

另外，对于直径较大的管道，在制作及安装过程中，为避免发生较大变形，必须设置管道加固筋，一般采用扁钢或型钢制作。管道系统应以结构合理的支架或吊架支撑，以保证管网的稳定性，避免产生过大的弯曲应力，满足管道热位移和热补偿的要求。

（3）管道连接

管道系统大都采用焊接或法兰连接。为保证法兰连接的密封性，法兰间应加衬垫，衬垫厚度为3～5mm，垫片应与法兰齐平，不得凸入管内。衬垫材料随输送气体性质和温度而不同：①输送气体温度不超过70℃的风管，采用浸过干性油的厚纸垫或浸过铅油的麻辫；②除尘风管应采用橡胶垫或石棉绳；③输送气体温度超过70℃的风管，必须采用石棉厚纸垫或石棉绳。

高温烟气管道，为保证管道系统密闭性，应尽量采用焊接方式。为方便检修，以焊接为主的管道系统，应设置足够数量的法兰，穿过墙壁或挡板的那段管道不宜有焊缝或法兰。

（4）管道断面形状选择

管道断面的形状有圆形和矩形两种。两者相比，在相同断面积时，圆形管道的压力损失小，省材料。

圆形管道直径较小时比较容易制作，便于保温。但圆形管道系统管件的放样、加工较矩形管道困难，布置时不易与建筑协调，明装时不易布置得美观。矩形管道不仅有效断面积小，而且其四角的涡流是造成压力损失、噪声、振动的原因。当管径较小，管内流速高时，大都采用圆形管道，例如除尘系统。但有关实验资料证明，输送高温烟气时，矩形管道的强度要比圆形管道高。当管道断面尺寸大时，为了充分利用建筑空间，有时也采用矩形管道。

9.8.3.3 管道的热补偿

高温烟气管道系统，当烟气及周围环境温度发生变化时，因管道的热胀冷缩而产生一定应力。当此应力超过管道系统的承受极限，就会造成破坏。因此，对高温烟气管道系统，必须进行热补偿设计。

（1）管道热伸长计算

管道由于温度变化引起的伸缩量 Δ l 可按下式计算：

$$\Delta l = \alpha(T_1 - T_2)l\ (\mathrm{mm}) \tag{9-149}$$

式中，α 为管材的线膨胀系数，对于普通碳素钢可取 0.012mm/(m·℃)；l 为两个固定支架间管道长度，m；T_1 为管壁最高温度，℃；T_2 为管壁最低温度，℃，一般取当地冬季室外采暖计算温度。

为了保证管道系统在热状态下的稳定和安全，吸收管道热胀冷缩所产生的应力，管道系统每隔一定距离应装设固定支架及补偿装置。

管道热伸长补偿方法有自然补偿和补偿器补偿两类。

自然补偿是利用管道自然转弯管段（L 型或 Z 型）来吸收管道热伸长形变。这类补偿方式简单，但管道变形时会产生横向位移。因此，在直径为 1000mm 以上的管道不宜采用，以免管道支架受扭力过大。

补偿器补偿是高温烟气净化系统常用的补偿方式。常用的补偿器有柔性材料套管式补偿器（图 9-41）和波形补偿器（图 9-42）等。

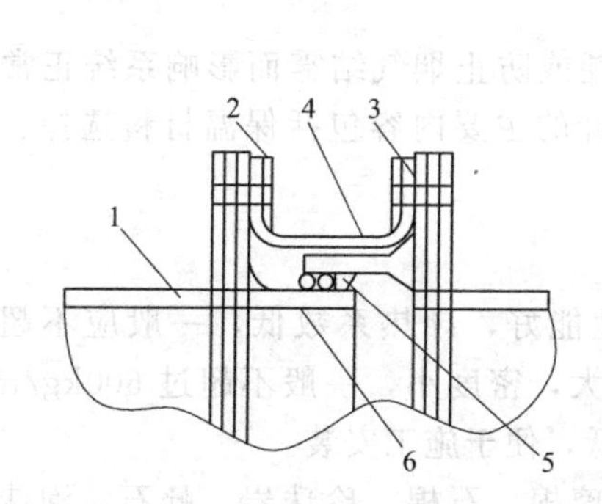

图 9-41　套管式补偿器

1—管道；2—法兰压圈；3—复合伸缩节；4—外伸缩节；5—密封盘根；6—内伸缩节

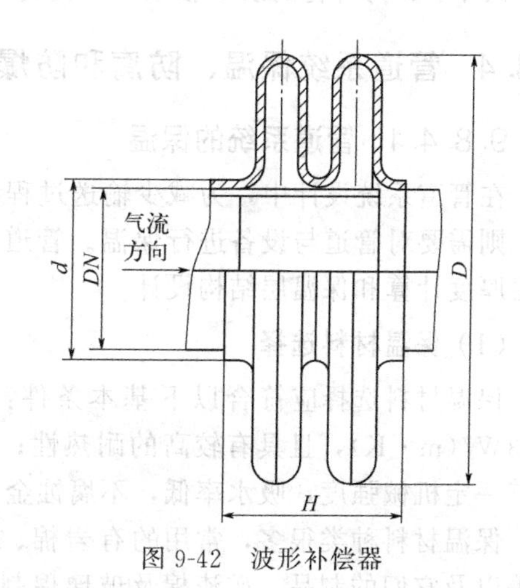

图 9-42　波形补偿器

柔性材料套管式补偿器优点是构造简单、体积较小，易于加工制作，可制成圆形或矩形与管道匹配。由于这类补偿器在吸收管道变形时，只产生摩擦力，对固定支架推力甚微，可节省支架及基础费用。补偿器材料的坚固度应与管道一致，以免破损而影响管道正常运行。

波形补偿器系依靠波形管壁的弹性变形来吸收热伸长的补偿装置，波形管采用钢板压制焊接而成，管壁较薄，一般为 2～3mm。其外形截面与所连接的管道一致，可制成圆形或矩形。与管道连接方式可用焊接或法兰连接。常以波形管节数命名，分为单波、双波和三波，一般不超过四波。图 9-42 所示为双波补偿器。

选用波节数 N 应视管道系统所需补偿量而定。工程中常采用预先拉伸（预冷紧）波形管允许补偿量的 50% 的措施。当补偿器在预拉伸条件下工作时，其单波补偿量 $\Delta l'' \approx \Delta l'$。

应该指出，在实际应用中，只取理论计算补偿量最大值的1/2～2/3，保证工程安全运行。

波形补偿器的波节数 N 按下式计算：

$$N > \Delta l / \Delta l' (\text{个}) \tag{9-150}$$

当预拉伸时：

$$N > \Delta l' / \Delta l'' (\text{个}) \tag{9-151}$$

式中，Δl 为两固定点间补偿管段的热伸长量，mm；$\Delta l'$、$\Delta l''$分别为补偿器不预拉伸和预拉伸时，每个波节的补偿量，mm。

波形补偿器补偿性能较好，材料强度高，使用寿命长。但在吸收管道变形时，产生较大的弹性回击力，对固定支架产生水平推力。在工程设计中，应对其弹性推力进行计算并落实到固定支架的结构设计中。波形补偿器在安装过程中，同样应注意保持补偿器外侧标记的箭头方向与管道内气流方向一致。

（2）管道的热变形与热应力计算

一根自由放置的长度为 l 的管子，因温度变化 ΔT 而引起的伸长为：

$$\Delta L = l\alpha \Delta T \tag{9-152}$$

式中，α 为管材的线膨胀系数，钢为 12×10^{-6}。

9.8.4 管道系统保温、防腐和防爆

9.8.4.1 管道系统的保温

在管道系统设计中，为减少输送过程中的热量损耗或防止烟气结雾而影响系统正常运行，则需要对管道与设备进行保温。管道系统保温设计的主要内容包括保温材料选择、保温层厚度计算和保温层结构设计。

（1）保温材料选择

保温材料选择应符合以下基本条件：材料绝热性能好，导热系数低，一般应不超过0.23W/(m・K)，且具有较高的耐热性；材料空隙率大，密度小，一般不超过600kg/m³，具有一定机械强度，吸水率低，不腐蚀金属；成本较低，便于施工安装。

保温材料种类很多，常用的有岩棉、矿渣棉、玻璃棉、石棉、珍珠岩、蛭石、泡沫塑料等以及它们的制品。矿渣棉及玻璃棉制品用于管道保温时一般采用管壳形式；毡类常用于管件保温。

（2）保温层厚度计算

保温层厚度的计算应以确定每米保温层的年最低操作费用为基础。这些费用由年热损失、保温层投资的年折旧、保养及检修等费用组成。

架空管道保温层厚度计算方法有经济厚度法、控制单位热损失法、控制表面温度法以及防止表面结露法等。方法参见 GB 4272—2008《设备及管道绝热技术通则》。

（3）保温结构设计

管道和设备保温结构由保温层和保护层两部分组成，保温结构设计直接影响到保温效果、投资费用和使用年限。保温结构设计应满足保温需要，有足够机械强度，处理好保温层和管道、设备的热补偿，要有良好的保护层，适应安装的环境条件和防雨防潮要求，结构简单，投资低，施工简便，维护检修方便。

管道和设备保温的常用结构形式有以下几种：

① 预制结构。在预制加工厂预制成半圆形管壳、弧形瓦或梯形瓦等，在现场用铁丝固定在管道和设备上，外加保护层。这类结构应用广泛，施工方便，外形平整，使用年限较长。

② 包扎结构。将保温材料制成带状或绳状，一层或几层包扎缠绕在管道和设备上，外加保护层。

③ 填充结构。用钢筋或扁钢作支撑环，套在管道上，在支撑环中间充填散状保温材料，外加保护层。这类结构常用于阀门和管件保温。

④ 喷涂结构。将发泡状保温材料直接喷涂到管道和设备上，保温结构整体性好，保温效果好，劳动强度小，适用于大面积和特殊设备保温。常用材料为聚氨酯泡沫塑料、膨胀珍珠岩、膨胀蛭石、硅酸铝纤维等。

管道设备保温，除选择良好的保温材料、保温层结构外，还需选择好保护层。常用保护材料有铝皮和镀锌铁皮等金属板、玻璃丝布、油毡玻璃纤维、高密度聚乙烯套管、铝箔玻璃布和铝箔牛皮纸等。

9.8.4.2 管道系统防腐

管道系统防腐是涉及系统正常运行和使用寿命的重要问题，尤其是含有腐蚀性气体的管道系统。管道系统防腐主要采用防腐涂料和防腐材料。选用防腐方法时，应考虑材料来源、现场加工条件及施工能力，经技术经济比较后确定。

（1）防腐涂料

防腐涂料由主要成膜物质（合成树脂、天然树脂、干性油与合成树脂改性油料）、辅助成膜物质（填料、稀释剂、固化剂、增塑剂、催干剂、改进剂等）和次要成膜物质（着色颜料、防锈颜料）三个部分组成。我国对涂料产品分类、命名和型号有统一规定，详见GB 2705—2003。

涂料保护又可分为内防腐和外防腐两种。内防腐为管道和设备内壁用涂料，以隔离内部腐蚀介质的腐蚀；外防腐为管道和设备外壁用涂料，以隔离大气中腐蚀介质的腐蚀，并起到装饰作用。使用目的不同，选用涂料的要求亦不相同。

（2）防腐材料

当管道系统输送腐蚀性较大的气体介质时，可以选用防腐材料加工管道和设备。

常用防腐材料有硬聚氯乙烯塑料、玻璃钢和其他复合、衬里材料。

硬聚氯乙烯塑料（硬 PVC）具有耐酸碱腐蚀性强、物理机械性能好、表面光滑、易于二次加工成型、施工维修方便等优点，但其使用温度较低（60℃以下），线膨胀系数大。玻璃钢质轻、强度高、耐化学腐蚀性优良、电绝缘性好、耐温（90～180℃）、便于加工成型；但价格较贵，施工时有气味。除上述防腐材料外，还可选用不锈钢板、塑料复合钢板、玻璃钢/聚氯乙烯（FRP/PVC）等复合防腐材料。也可在管道和设备内衬橡胶衬里或铸石衬里。

9.8.4.3 管道系统防爆

当管道输送介质中含有可燃气体或易燃易爆粉尘时，管道系统设计时应采取以下防爆措施：

（1）加强可燃物浓度的检测与控制

为防止管道系统内可燃物浓度达到爆炸浓度，应装设必要的检测仪器，以便经常监视系统工作状态，实现自动报警。在系统风量设计时，除考虑满足净化要求外，还应校核其中可燃物浓度，必要时加大设计风量，以保证输送气体中可燃物浓度低于爆炸浓度下限。

（2）消除火源

对可能引起爆炸的火源严格控制。如选用防爆风机，并采用直联或轴联传动方式；采用防爆型电气元件、开关、电机；物料进入系统前，先消除其中的铁屑等异物。

（3）管道系统防爆（阻火与泄爆措施）

设计可燃气体管道时，应使管内最低流速大于气体燃烧时的火焰传播速度，以防止火焰传播；为防止火焰在设备间传播，可在管道上装设内有数层金属网或砾石的阻火器；防止可燃物在管道系统的局部地点（死角）积聚，并在这些部位装设泄爆孔或泄爆门，气体管道中采用的连接水封和溢流水封亦能起一定的泄爆作用。

（4）设备密闭和厂房通风

当管道与设备密闭不良时，可能发生因空气漏入或可燃物泄漏而燃烧爆炸。因此，必须保证设备系统的密封性。管道系统达到绝对密闭是不可能的，还必须加强厂房通风，以保证车间内可燃物浓度不至达到危险的程度。而且，对于因设备发生偶然事故或系统发生运行故障时会散发大量可燃气体的车间，应设置事故排风系统，以备急需时使用。

习题

9-1 局部排气净化系统由哪几部分组成？局部排气净化系统设计的基本内容有哪些？

9-2 全面通风的气流组织有哪几种形式？车间应采用哪种气流组织形式？

9-3 进行事故通风系统设计有哪些注意事项？

9-4 吸气口气流速度分布具有什么特点？

9-5 等温自由射流一般具有什么特征？吸入气流与吹出气流主要有什么差别？

9-6 集气罩设计时应注意哪些问题？说明外部集气罩的设计方法和程序。

9-7 摩擦压力损失和局部压力损失是如何产生的？

9-8 说明管道布置的一般原则和对除尘管道的特殊要求。

9-9 一个完整的通风除尘系统及过程主要包括哪几个步骤？请绘出一个最常用的除尘器负压运行的除尘系统示意图，并简要说明负压运行系统的主要特点是什么。

9-10 某铜冶炼厂的烟囱高 150m，烟气抬升高度为 75m，其 SO_2 排放速率为 1000g/s，估算下风向 5km 处的 SO_2 地面浓度。假定风速为 3m/s，大气稳定度为 C。在相同条件下，若新建一座烟囱以使 SO_2 地面浓度降低为现在的 50%，烟囱高度应为多少米？

9-11 处于某市东部远郊平原地区的某燃煤电厂，烟囱有效高度为 137m，当时当地的 SO_2 污染物容许排放控制系数 $P=34\mathrm{t/(m^2 \cdot h)}$，试问该电厂 SO_2 容许排放量为多少？若该电厂增加一组发电机组，新增的发电机组燃煤锅炉的 SO_2 排放量为 0.6t/h，则新建排烟烟囱的有效高度应为多少？

9-12 某电厂的烟囱直径为 6.71m，排气速率为 24.4m/s，烟气温度 123℃。此工厂的海拔高度约为 1920m，烟囱高度 180m，因此烟囱的海拔高度约为 2100m，该高度的气压约为 790kPa，年均气温为 10℃。估算风速分别为 1m/s、3m/s、10m/s 和 30m/s 时的烟气抬升高度。

9-13 某吸收塔在常压下用清水吸收焦炉气中的氨。焦炉气在标准状态下含氨 $10g/m^3$，焦炉气的处理量为 $5000m^3/h$（标准态），吸收率不低于 99%。水用量为最小用量的 1.5 倍。混合气体 303K 时进入吸收塔，在此条件下的平衡关系为 $Y*=1.2X$，试计算气相传质单元数 N_{OG} [塔径为 1.4m，气相吸收总系数 $K_Y\alpha=220kmol/(m^3\cdot h)$]，并求填料层高度 H。

9-14 某除尘系统共设 3 个集气吸尘罩，各吸尘罩的风量、位置和计算阻力如下图所示。请回答下列问题：

(1) 从系统设计角度，计算说明该除尘系统主要存在什么问题，并提出解决办法。

(2) 该系统对除尘器而言，属于负压运行还是正压运行？该运行方式有什么优点？

(3) 系统中存在的问题解决后，该系统中的风机最小风量和最小压头应该是多少？(不考虑漏风，风量和压头的安全余量系数均取 15%。)

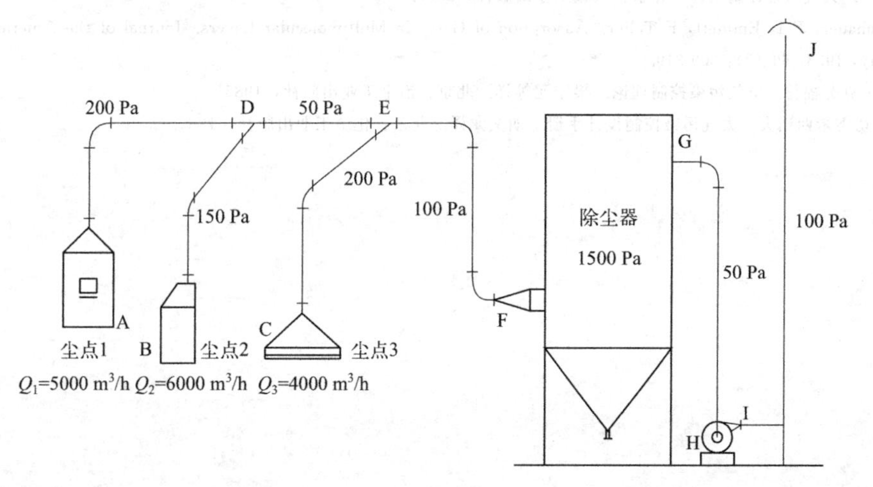

9-15 利用溶剂吸收法处理甲苯废气。已知甲苯浓度为 $10000mg/m^3$，气体在标准状态下的流量为 $20000m^3/h$，处理后甲苯浓度为 $150mg/m^3$，试选择合适的吸收剂，计算吸收剂的用量、吸收塔的高度和塔径。

9-16 采用活性炭吸附法处理含苯废气。废气排放条件为 298K、1atm，废气量 $20000m^3/h$，废气中含有苯的体积分数为 3.0×10^{-3}，要求回收率为 99.5%。已知活性炭的吸附容量为 0.18kg(苯) /kg(活性炭)，活性炭的密度为 $580kg/m^3$，操作周期为吸附 4h，再生 3h，备用 1h。试计算活性炭的用量。

参考文献

[1] 林肇信. 大气污染控制工程. 北京：高等教育出版社，1991.

[2] 郝吉明，马广大，王书肖. 大气污染控制工程. 3版. 北京：高等教育出版社，2010.

[3] 马广大. 大气污染控制工程. 2版. 北京：中国环境科学出版社，2002.

[4] 何争光. 大气污染控制工程及应用实例. 北京：化学工业出版社，2004.

[5] 黄学敏，张承中. 大气污染控制工程及实践教程. 北京：化学工业出版社，2003.

[6] 季学李，羌宁. 空气污染控制工程. 北京：化学工业出版社，2005.

[7] 林肇信. 大气污染控制工程例题与习题. 北京：高等教育出版社，1994.

[8] Noel de Nevers. Air Pollution Control Engineering（second edition，影印版）. 北京：清华大学出版社.

[9] 弗·斯尼基齐恩，阿·伊·皮卢莫夫. 烟囱的高度对空气污染的影响. 杨祯奎译. 国家环境科学技术，1987，393：153.

[10] 杜煜，黄汉廷，李子明，等. 等离子体烟气脱硫脱硝的关键技术. 广东化工，2019，7（46）：153-156.

[11] 孙一坚. 工业通风. 北京：中国建筑工业出版社，2010.

[12] 环境空气质量指数（AQI）技术规定（试行）(HJ 633—2012)

[13] H. A. ФYKC. 气溶胶力学. 顾震潮译. 北京：科学出版社，1960.

[14] 童志权. 大气污染控制工程. 北京：机械工业出版社，2007.

[15] S Brunauer，P H Emmett，E Teller. Adsorption of Gases in Multimolecular Layers. Journal of the American Chemical Society，1938，60（2）：309-319.

[16] 马丁·克劳福德. 空气污染控制理论. 梁宁元等译. 北京：冶金工业出版社，1985.

[17] P. N. 切雷米西诺夫. 大气污染控制设计手册. 胡文龙译. 北京：化学工业出版社，1985.

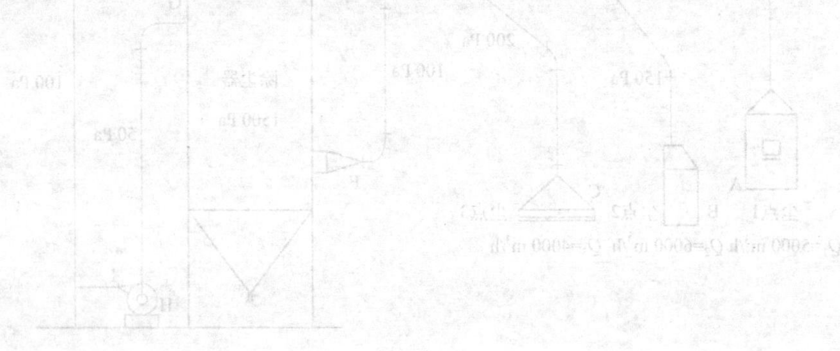